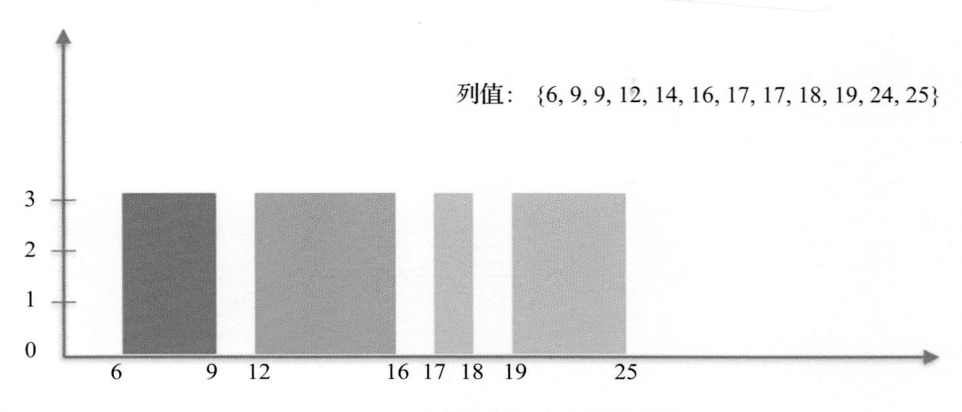

图 7.40　TiDB 数据库的直方图统计信息

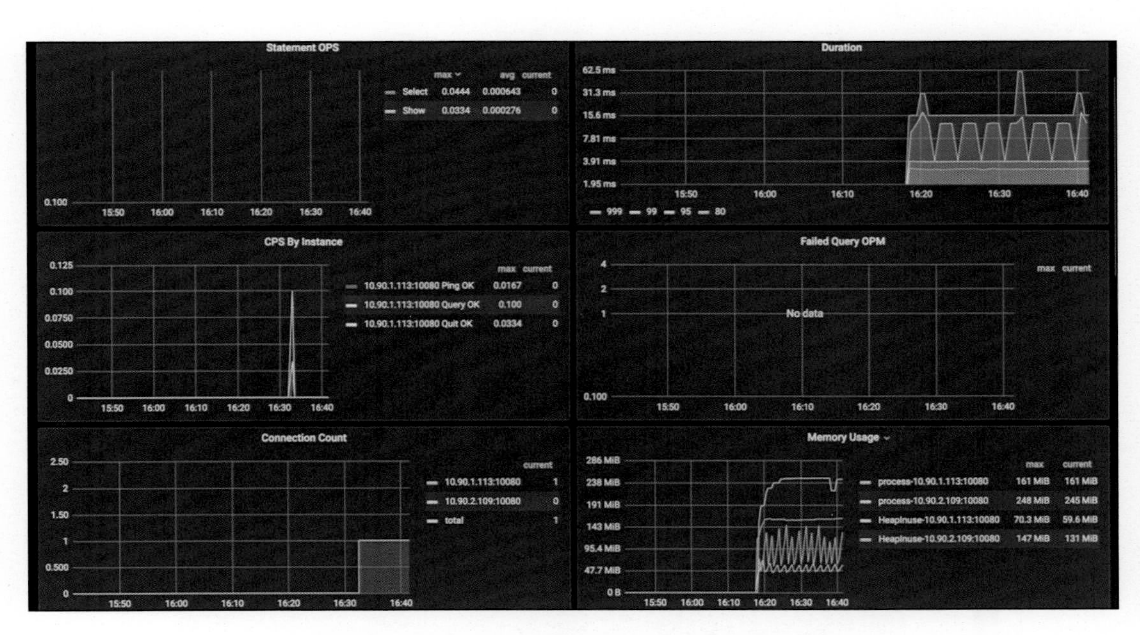

图 8.2　Prometheus + Grafana + Alertmanager 界面

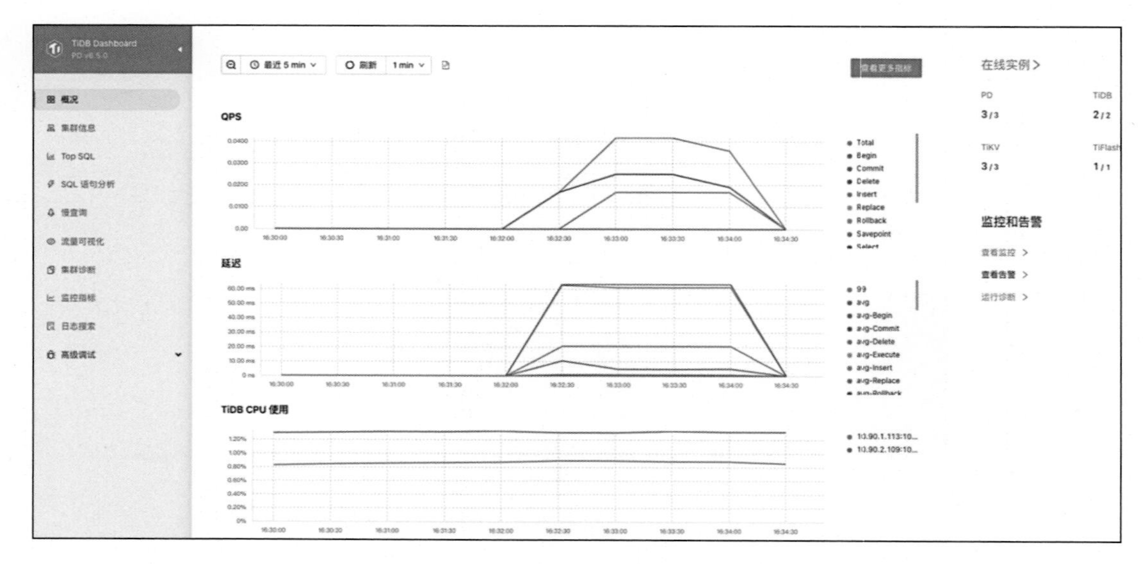

图 8.3　TiDB Dashboard 界面

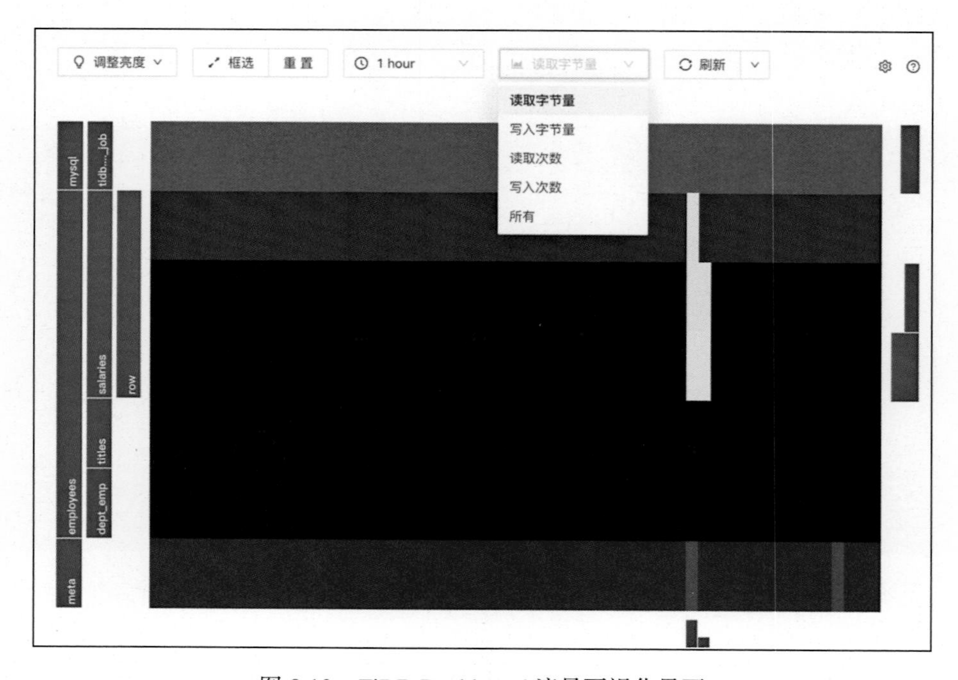

图 8.13　TiDB Dashboard 流量可视化界面

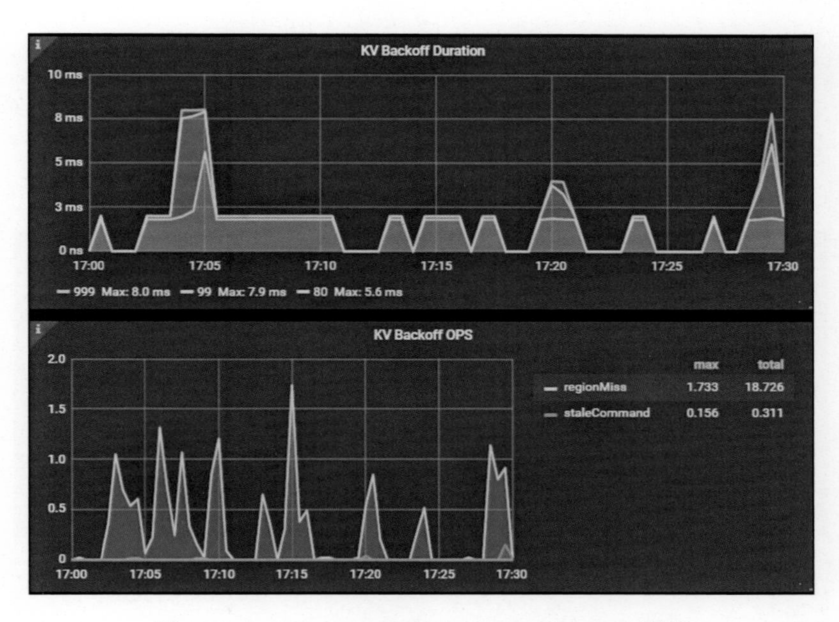

图 8.28 KV Errors-KV Backoff Duration/OPS 面板

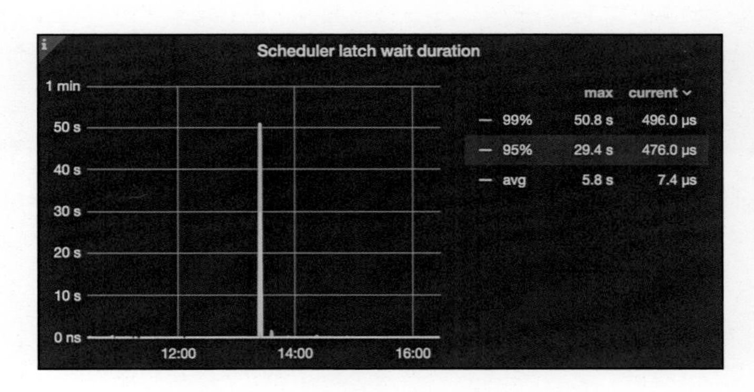

图 8.34 Scheduler latch wait duration 面板

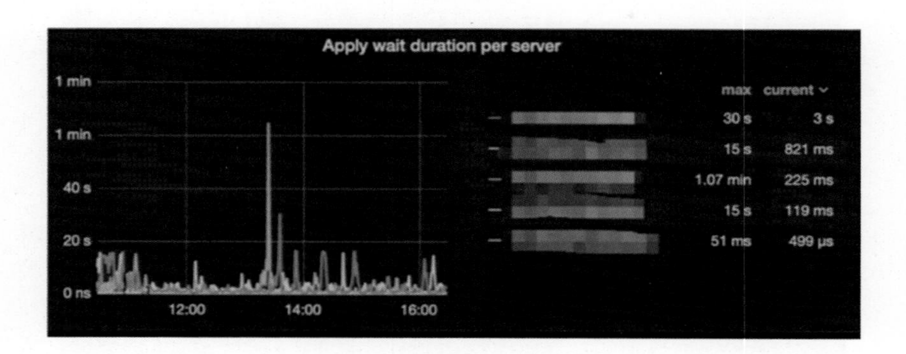

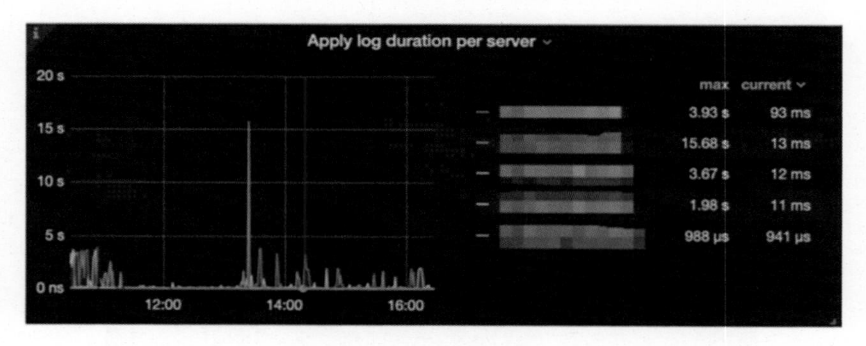

图 8.41　Apply wait duration per server 和 Apply log duration per server 面板

计算机企业核心技术丛书

TiDB:

Principles, Performance, and Architecture of Distributed Databases

分布式数据库TiDB:
原理、优化与架构设计

董菲　包光磊　王岩广　黄偲韡　编著

机械工业出版社
CHINA MACHINE PRESS

本书以 TiDB 数据库为基础介绍分布式数据库的运行原理、性能优化和应用场景架构设计。首先，剖析分布式数据库的运行原理与架构；然后，阐述分布式数据库 TiDB 在表与索引的设计优化、SQL 优化、系统级优化方面的方法论，通过融入多个有代表性的案例，帮助读者将方法论对应到生产实践中；最后，梳理场景选型和架构设计过程中读者应该掌握的主要知识点，并对一些分布式数据库的优势场景进行了详细介绍。

本书适合希望了解分布式数据库原理，学习 TiDB 数据库的开发工程师、数据库管理员和架构师阅读，也可以作为高等学校教师或学生学习分布式数据库的参考教材。

图书在版编目（CIP）数据

分布式数据库 TiDB ：原理、优化与架构设计 / 董菲等编著. -- 北京 ：机械工业出版社，2025. 1（2025. 4 重印）.（计算机企业核心技术丛书）. -- ISBN 978-7-111-77223-1

Ⅰ. TP311.133.1

中国国家版本馆 CIP 数据核字第 202420868D 号

机械工业出版社（北京市百万庄大街 22 号　邮政编码 100037）

策划编辑：梁　伟　　责任编辑：梁　伟　章承林

责任校对：张勤思　王小童　景　飞　　责任印制：邓　博

北京盛通数码印刷有限公司印刷

2025 年 4 月第 1 版第 2 次印刷

186mm × 240mm · 26 印张 · 2 插页 · 494 千字

标准书号：ISBN 978-7-111-77223-1

定价：119.00 元

电话服务	网络服务
客服电话：010-88361066	机　工　官　网：www.cmpbook.com
010-88379833	机　工　官　博：weibo.com/cmp1952
010-68326294	金　　书　　网：www.golden-book.com
封底无防伪标均为盗版	机工教育服务网：www.cmpedu.com

计算机企业核心技术丛书
编委会名单

丛书序 Foreword

科技始终是人类发展过程中绕不开的话题，它诞生于人类认知物质世界的过程中，是人类智慧的结晶，为人类创造了巨大的物质财富和精神财富。“科技”包含“科学”与“技术”，二者密不可分，但又区别明显。科学是人类解决理论问题的手段，技术则是人类解决实际问题的工具。科学和技术是辩证统一的：科学注重发现，为技术提供理论指导；技术注重实践，助科学实现实际应用。科学技术是第一生产力，这是一个老生常谈的话题，已经到了入学孩童都知晓的程度。何以称之为第一生产力？纵观人类发展史，我们可以发现，人类社会的每一次进步都离不开科技的进步，可以说科学技术是推动人类社会进步的重要因素。

人类文明的发展同样离不开科学技术的发展。现代科技显著加快了人类文明的发展速度，提高了社会生产力，为人类开拓了更加广阔的发展空间，社会和经济在现代科技的助力下突飞猛进地发展。科学技术的进步和普及为人类发展精神文明提供了新的温床，为人类传播思想文化提供了更加快捷、简便的手段。在科学技术的影响下，人们的精神生活逐渐丰富，思想观念发生了巨大变化。发展科学技术对人类文明发展和社会生产力进步都至关重要。

人类对科学和技术关系的认知在不同历史时期有不同的表现形式。人类科技的发展先后经历了优先发展技术、优先发展科学、科学和技术独立发展等多个阶段，直到现代科技的科学和技术紧密结合发展。现代科技缩短了科学研究和技术开发之间的间隔时间，越来越多的技术开始应用于产业，并实现了技术的产业化发展。当代科技革命的核心是信息技术，人类开始由工业社会向信息社会迈进，计算机技术、通信技术、光电子技术等信息技术成为当代科技革命的标志。20 世纪 90 年代后，信息技术迅速发展，高新技术变革的浪潮已经开始，科技创新成为我国科学技术发展的主旋律。

企业核心技术是企业的立身之本，更是企业掌握市场主动权、扩大自身竞争优势的关键。同时，企业发展核心技术有利于推动我国的产业发展和科技创新，建设自立自强的科技发展环境。因此，为了推动我国科技创新的发展进程，计算机企业可以寻求一条共同发展、彼此促进、相互融合的道路。发展科技之路在于共享，在于交流，在于研究。各计算机企业可以将自己独具竞争力的核心技术拿出来交流和探讨，并向学术界和企业界分享具有较高价值的专业性研讨成果，为企业核心技术的发展探索新的思路，为行业、领域的发展贡献自己的力量，为其他同行企业指引方向，从而推动整个行业的创新与进步。更重要的是，企业向相关领域分享自己的核心技术成果，有利于传播前沿科学知识，增强人才培养的针对性和专业性，从而为企业的未来发展奠定人才基础。

企业和企业之间的交流固然重要，但也不可忽视企业界和学术界之间的交流。学术界和企业界共同组成科学发展与技术应用的主力军。学术界的学者们醉心于科学研究，不断提出新的理论并付诸行动；企业界的专家们根据现有的技术成果不断推陈出新，将其应用于实际生产中。学术界和企业界的关系正如科学与技术的关系一样，密不可分，辩证统一。

出版“计算机企业核心技术丛书”正是出于这种目的。企业界与学术界的专家共聚一堂，从企业和学术的视角共同探讨未来技术的发展方向和技术应用的新途径，并对理论知识和应用技术进行归纳、整理，以出版物的形式呈现出来，向相关领域的从业人员传播前沿知识，向全社会分享科技创新成果，以便在企业和高校内培养系统级人才、底层硬件人才、交叉型人才等企业急需的专业人才。

郑纬民

中国工程院院士

清华大学教授

2022 年 4 月

推荐序一 Foreword 1

距2015年4月写下TiDB的第一行代码已经快10年了。

TiDB的构想始于我们几个程序员的饭后闲聊，在2015年NoSQL还如日中天，Sharding也几乎是解决SQL数据库扩展问题的唯一途径时，从零开始实现一个支持完整SQL，不牺牲一致性和事务能力，同时又能透明扩展的分布式数据库似乎是天方夜谭的事情。不过我很庆幸当时有点赌气的“天真”，让我们正好在硬件能力（包括网络和存储介质）飞速提升前，构建了这样的系统。

TiDB是我们设计和开发的第一个SQL数据库，我在很多场合都表达过，没有数据库从业背景（我们甚至不是专职的DBA）其实有很多好处。因为没有任何预设以及包袱，TiDB就像一张白纸，可以按照我们的想法设计，于是就有了很多有别于传统数据库的设计。当然现在回头看，有很多地方其实可以做得更好，但幸运的是，我们做对了一些更重要的决定，让TiDB至今还在保持着很健康的迭代速度。我写下这段文字的时候是TiDB 8.5发布的前夕，TiDB及其周边的工具和生态已经是一个庞大的项目。

在设计TiDB时有一个贯穿始终的原则：构建大规模的分布式系统，复杂性是真正的“敌人”。

复杂性是构建数据库时不可回避的问题，人类总是会不停尝试创造超出自己理解边界的事物，正所谓创新。而且将无穷的复杂性用有穷的代码来表示，本身就是一件充满美学的事情。就像我经常举的一个例子：TiDB的核心代码有百万余行，将其运行在3台计算机上和运行在3000台计算机上一样，都是这百万余行代码，但是3台计算机的复杂性和3000台计算机的复杂性却是千差万别的，人工管理3台计算机很轻松，但是管理3000台计算机，并让它们高效稳定地协作，肯定超出了人工管理的能力范围。

看看TiDB的设计，你会很快发现一个显著的特点：TiDB内部的各个模块之间始终保持着清晰明确的边界，每个组件都有其独特且定义明确的职责。例如最大的边界TiDB、TiKV、PD，深入每个模块内部，也会看到明显的分层，例如TiKV内部的rawkv、txnkv等，而再往深处看

TiKV 内部的 Region 的动态分裂 / 合并过程，也是由几个很基础的一致性原语组合而成的，于是我们只需要保证这些原语的正确性，就能很自然地在一个更大的集群上保证整体的正确性。

这种模块化的设计理念贯穿整个系统架构，即便在某些情况下这样的严格分离可能会带来一定的性能开销，但我们依然坚持这个原则，从长远来看，清晰的系统边界对于维护性和可靠性的价值远超过短期的性能收益；从全局来看，这种设计能更好地利用分布式系统中的硬件资源，从某种意义上来说获得更好的性价比，这在云上尤其明显。另外，这种通过组合来设计复杂系统的方式，使系统能自己调整去适应环境的变化。在这个过程中，人和业务的领域知识只是在给系统指引方向，让系统朝着这个方向演进，而并没有触碰设计大型系统的大忌——为了一个具体的场景定制。

对复杂性的敬畏也体现在对新功能的克制上，我始终认为数据库的八成用户只会用到两成的功能，于是设计的重点就放在常用的功能上，尽可能做得更易用、更灵活、更稳定，而真正优秀的用户会把这些功能发挥到极致。大多数未经过深思熟虑而加入的功能，只会徒增代码仓库的复杂性与维护难度。

当下我们又到了一个新的十字路口，云正在成为新的“计算机”，云带来的一系列变化也深刻地改变着分布式系统和数据库的设计。本书最后提到了 TiDB Serverless，如果说现在的 TiDB 架构是我们在 2015 年就定好的，那么 Serverless 就是我们面向云和未来的基础设施做出的自我革命。这是我们带着过去 10 年构建系统的经验和教训，充满对定义未来数据库系统的野心的作品。正值 2024 年年底，Serverless 才刚上线不久，希望未来我们有更多的经验和大家分享。

回想这 10 年，自己从一个 20 来岁充满野心的年轻工程师，变成了一个经验丰富的分布式系统开发者和创业者，TiDB 是我这 10 年时光的见证，而 PingCAP 也从一个仅有 3 人的团队成长为一个拥有几百名员工的公司，客户已经遍布全世界。我可以很自豪地说，TiDB 确实让世界变得更好了一点点。在此，我想感谢这 10 年来陪伴我的家人和朋友，他们的支持和鼓励支撑着我走到今天。受篇幅所限，我不能一一提及每个人，但是每一份支持都深深地印在我的心里，再次说声谢谢。

黄东旭

PingCAP 联合创始人兼 CTO

2024 年 12 月 12 日于美国硅谷

推荐序二 Foreword 2

在互联网、大数据与人工智能技术飞速发展的时代，数据的规模呈指数级增长，数据应用场景愈加复杂多样。面对挑战，数据库技术也在不断演进，呈现出新范式、新架构、新技术。云原生分布式数据库就是其中之一。TiDB 数据库充分发挥了云基础设施的虚拟化、高可用性和弹性伸缩等优点，为用户提供了更为灵活与强大的数据管理能力，是云原生分布式数据库的杰出代表之一。

本书结合 TiDB 数据库技术，深入浅出地探讨了分布式云原生数据库的基础理论，涵盖了存算分离、HTAP（混合事务和分析处理）、Serverless 架构、多租户管理以及资源隔离与管控等新兴数据库应用场景。阅读本书，读者将能够全面理解 TiDB 的设计理念及其背后的技术架构。特别是在第一部分运行原理中，作者深入剖析了 TiDB 的分布式系统设计理念和云原生技术的特点。通过对这部分内容的学习，读者不仅能够掌握 TiDB 的基本操作，还能进一步理解云原生数据库的优化艺术和架构特征。

本书结构严谨，通俗易懂，适合初学者以及有一定经验的技术人员阅读。无论是希望掌握 TiDB 技术的开发者，还是希望了解云原生数据库发展趋势的管理者，都能在本书中找到有价值的知识与见解。通过阅读本书，读者将能够更好地应对日益复杂的数据管理需求，提升自身在数据领域的竞争力。

我诚挚地推荐本书，希望它能够帮助读者学习和探索云原生数据库技术及 TiDB 数据库。

杜小勇

中国人民大学教授

CCF 数据库专业委员会原主任

CCF 大数据专家委员会原主任

Foreword 3 推荐序三

随着企业需求的日益增长和信息技术的不断发展，分布式云原生数据库已成为很多新兴企业不可或缺的关键基础设施。从传统企业到互联网企业，再到新型的数字经济企业，分布式数据库的应用广度和深度正在迅速拓展。这一趋势不仅推动了数据库技术本身的进步，也丰富了数据库理论，推动了新技术与实际应用场景的相互融合和相互加持。数据库领域的新应用、新技术和新理论成为高等院校学生和数据库从业者亟须掌握的知识与技能。

TiDB 数据库自问世以来，经历了众多复杂场景的考验，逐步完善了自身的功能，形成了成体系的技术和多套成熟的应用解决方案。在诸多成功的应用场景中，既有对高并发、高性能及事务强一致性有着严格要求的交易场景，也有对实时分析和分布式批处理有极高需求的数据分析场景。此外，制造领域的工业应用场景也在不断涌现，展示了各行各业对新型数据库的多样化需求。

本书聚焦于数据库技术的最新发展。通过阅读，读者将会发现许多传统数据库技术未曾涉及的内容，包括云原生分布式数据库的天然横向扩展能力、分布式事务协议如何确保业务对事务 ACID 特性的传统要求，以及分布式协议如何确保可用性的实现等。这些内容不仅为读者提供了系统学习分布式数据库基础理论的机会，同时有助于读者了解分布式数据库与传统数据库之间的技术差异及分布式数据库在实际应用场景中的优势，例如，高并发的密集计算业务与大量 I/O 的分析型业务如何有效地混合使用数据库资源，以及如何从云原生的角度实现非稳态业务的最高性价比支撑。

本书从理论、实践到应用场景，全面系统地解析了分布式数据库的设计与实现。内容层次分明，由浅入深，不仅适用于希望掌握分布式数据库基础的技术人员，也为从事企业级数据库开发与优化的数据库实践者提供了具体的指导，通过深入的案例分析和翔实的理论探讨，帮助读者深入理解 TiDB 及其应用场景。

希望本书不仅能为读者打开理解分布式数据库世界的一扇窗，更能为数据库技术在产业界的落地与创新提供强有力的支持。通过掌握书中的知识和技能，读者将能够在快速发展的数据领域把握机遇，促进自己的职业发展，进而为行业的进步贡献力量。

周傲英
华东师范大学教授，原副校长
CCF 数据库专业委员会主任

Preface 前言

从与 TiDB 社区技术中心（CTC）的同事们一起开发 TiDB 5.x 系列课程到现在，已经有 3 年了。目前 TiDB 数据库已演进到 8.x 版本，相关的新课程与认证也即将发布。在这 3 年中，已经有上千位工程师、DBA（数据库管理员）、架构师和高等院校师生学习过 TiDB 5.x、6.x 和 7.x 的相关课程并通过了相关的认证。

在这期间，我们不停地收集学习者的反馈和建议，“是否能够推出几本与课程对应、关于 TiDB 数据库核心原理、场景架构设计和性能优化的书籍？”是被提到较多的一条建议。于是，从 2023 年年初我们便开始着手进行本书的策划和编写工作，经过不懈的努力，本书终于可以和大家见面了。

已出版的系统介绍分布式数据库原理、架构和优化的书籍寥寥无几。分布式数据库和传统数据库在原理层面又截然不同，比如，对于传统数据库，能以极少的篇幅介绍完架构就快速切换到实践环节，而对于分布式数据库，如果没有深入理解分布式系统的运行原理，用户的优化和设计工作就几乎无从下手。所以，我们在编写本书的时候，参考了广大用户在学习 TiDB 5.x、6.x 和 7.x 官方课程时的反馈意见，并结合多年的数据库教学经验，按照原理为先、深入浅出讲解方法论、归档总结实践案例三步走的方针进行设计，旨在帮助读者以最合理、最易接受的方式来学习分布式数据库这个相对较难的技术。

在编写本书的过程中，我们尽量保留培训过程中学员反馈较好的图例、案例和表述。对于日常学员反映晦涩难懂的内容和课程中的难点，我们则发挥图书可以图文结合、详细描述的优势，使读者学习起来更加轻松。

在本书中，我们加入了较多既能深刻反映 TiDB 数据库运行原理，又具有典型方法论的真实生产案例，虽然能够满足读者希望有较多“干货”的愿望，但也请大家一定在了解了分布式数据库的运行原理和特点之后再去体会这些“干货”，这样会有更大的收获。

本书的结构与内容

本书共 15 章，分为三部分，即运行原理、性能优化和应用场景架构设计。

第一部分（第 1 ～ 5 章）主要以 TiDB 数据库为基础，介绍分布式数据库的运行原理与设计思路。这部分内容是后续内容的基础，如果读者希望未来从事与分布式数据库相关的工作，则需要理解和掌握这部分内容。在这部分中读者会学习分布式计算引擎 TiDB Server 的架构与运行原理、最核心的分布式存储引擎 TiKV 集群的运行原理，以及有着 TiDB 数据库“大脑”之称的 PD 集群的核心架构与设计思想。这部分的核心知识包括：SQL 解析流程、数据持久化、分布式数据库一致性协议 Raft、MVCC、分布式事务、协同计算、列存储（简称为列存）等。只有掌握了这些内容，才能在后面的学习或工作中做到知其然知其所以然。

第二部分（第 6 ～ 9 章）介绍分布式数据库的性能优化，这是一个方法论与实战案例相结合的部分，读者可以再细分成两个方向来学习。首先是分布式数据库 SQL 的优化，我们将介绍如何在分布式数据库上写出避免读写热点并能够利用分布式数据库并行、MPP 等优势的具有良好性能的 SQL 语句。其次我们重点介绍基于系统参数和性能监控的系统级别优化，讲解各个性能监控图与指标的含义和判断方法，并根据运行原理对相关参数进行解读，再以实战案例为切入点，总结出多套常用的系统优化方法论。

第三部分（第 10 ～ 15 章）介绍如何进行数据库架构设计和场景选型。针对架构设计中最为重要的高可用架构设计，我们详尽分析各种场景下 TiDB 分布式数据库的高可用特性和设计要点，包括同城三中心、同城两中心、同中心、两地三中心和异步复制等架构的优缺点等。针对场景选型，我们会从原理和应用两个层面对 TiDB 数据库的 HTAP 场景设计、Online DDL、资源管控、多租户和 Serverless 特性进行阐述。

请注意，本书并没有提及管理操作，而且阅读本书也不需要掌握这部分内容。这样安排是考虑到 TiDB 数据库的操作命令兼容 MySQL 数据库语法，读者很容易掌握，而且大部分读者日常只会针对 TiDB 数据库进行优化和设计，只有数据库管理员才会关注管理操作方面的内容，所以我们就没有在书中给出大量的命令行语句。如果读者希望学习 TiDB 数据库的管理命令，可以参考官方文档 https://docs.pingcap.com/zh/，或者 TiDB 数据库官方课程“TiDB 数据库管理（303）”（https://learn.pingcap.com/learner/course/1110001）。

本书目标读者与学习方法

本书适合希望了解分布式数据库原理，学习 TiDB 数据库的广大开发工程师、数据库管理员和架构师阅读，也可以作为高等学校教师或者学生学习分布式数据库的参考教材。

如果读者正在学习 TiDB 数据库官方课程或者准备认证考试，也可以将本书作为配套教材使用。

根据我们的培训经验，除了数据库管理员需要掌握所有内容外，希望在 TiDB 数据库上开发应用系统的开发工程师可以重点学习第二部分关于 SQL 优化的内容，架构师可以重点学习第三部分的内容。但是，无论是仅学习第二部分还是仅学习第三部分，都要先掌握第一部分关于分布式数据库架构和运行原理的内容。

本书的参考资料

TiDB 数据库官方文档：https://docs.pingcap.com/zh/

TiDB 数据库系列课程：https://learn.pingcap.cn/learner/home

TiDB 官方社区：https://asktug.com

TiDB 数据库博客：https://cn.pingcap.com/blog/

致谢

本书可以算作 TiDB 数据库官方系列课程的衍生书籍，而 TiDB 数据库官方系列课程是 TiDB 社区技术中心、TiDB 产品研发团队和 TiDB 社区用户共同创作的成果。所以，本书中原理的论述、方法论的总结和一线的生产案例其实是多位专家共同贡献的。记得在 TiDB 系列课程第一次发布的时候，我们写过一段话：

感谢共同作者、分布式数据库专家王天宜、王贤净、苏丹、李仲舒、房晓乐、高振娇、戚铮（按姓氏笔画排序），是他们在阴霾中举起前方的一盏盏灯！

另外，TiDB 官方培训团队的王琳琳和张昊两位老师保证了广大社区用户、学员的反馈意见能在本书中有所体现。

感谢 TiDB 生态与发展负责人陈小伟老师在本书编写过程中给予非常重要的建议和非常大的帮助。

免费视频课程获取

本书第一部分中的 TiDB 数据库原理是全书最重要的内容，也是学习者反馈难度较大的内容。经过协商，PingCAP 公司教育培训部授权将与第一部分对应的课程“TiDB 数据库核心原理与架构”的全部视频课程免费开放，视频课程共计 9.5 小时，是对 TiDB 数据库核心原理与架构的深入讲解，广大读者在阅读本书时可以参考学习。视频课程目前提供三种语言的版本，注册登录后可免费观看，地址如下。

1. 中文版本视频课程（作者录制）

- 网址：https://learn.pingcap.cn/learner/course/960001
- 课程名称：TiDB 数据库核心原理与架构

2. 英文版本视频课程

- 网址：https://eng.edu.pingcap.com
- 课程名称：TiDB Essentials for DBA

3. 日文版本课程（只有课件）

- 网址：https://jpn.edu.pingcap.com
- 课程名称：DBA のための TiDB 基礎

最后，由于我们的水平有限，书中难免有不妥之处，希望广大读者批评指正，并将阅读过程中发现的问题及时反馈给我们。大家有任何意见或者建议，可以发送到邮箱 tidbbook@163.com，我们会一一回复。

Contents 目 录

第二部分　性能优化

第三部分　应用场景架构设计

第一部分

运行原理

无论读者是要基于 TiDB 分布式数据库开发应用程序、开展 SQL 调优还是设计满足某个场景的数据库架构，都需要深入理解 TiDB 数据库的核心原理，因为只有掌握了 TiDB 数据库的运行机制，才能在实际工作中做到知其然知其所以然，进而举一反三。

在本部分中，先总体介绍 TiDB 分布式数据库的架构和设计理念，之后聚焦于每一个具体的模块，包括 TiDB Server、TiKV、PD 和 TiFlash，讨论的工作原理和设计细节。当读者学完本部分后，就会对 TiDB 分布式数据库的运行机制有比较清晰的了解了。

第 1 章 数据库架构概述

在本章中，首先介绍集中式数据库的架构特点与典型应用场景，之后介绍当前流行的分布式数据库的架构特点与适用场景。希望读者在学习的过程中，重点关注随着数据量、架构弹性和吞吐量需求的增加，分布式数据库产生的原因，以及集中式数据库和分布式数据库所适用的不同场景。

1.1 集中式数据库的特点

回顾数据库的发展历程，在过去的几十年中，数据库是从最初的集中式管理模式逐渐演变而来的。集中式管理模式提供了统一和集中的数据管理，所有的数据都存储在一个中央服务器上，使得数据的管理和维护更加方便和简单。管理员可以在一个地方进行备份、恢复、安全性控制等操作，减少了管理的复杂性和工作量。

集中式数据库具有以下优点：

（1）数据一致性　由于数据存储在单一服务器上，各个节点之间的数据一致性相对较强，维护和更新数据也比较容易。这种架构可以确保数据的准确性和完整性，并能提供更好的数据一致性保证。

（2）安全性和权限管理　由于数据存储在一个集中的服务器上，可以更容易地实施访问控制、身份验证和权限管理策略。管理员可以集中管理用户和角色，并对数据进行细粒度的权限控制，确保数据的安全性。

（3）性能表现　集中式数据库在硬件可承受范围内访问具有较好的性能表现。由于数据存储在单个服务器上，读写操作的处理速度相对较快，响应时间相对较短。

然而，随着数据规模的扩大和并发访问的增加，集中式架构也不断地面临挑战。例如，在面对大规模数据处理和高并发需求时，集中式架构很可能会遇到性能瓶颈。此外，由于整个系统依赖于单一服务器，一旦服务器发生故障，整个系统就可能会受到致命影响，存在单点故障的风险。

1.2 集中式数据库的典型架构

1.2.1 单体数据库架构

最简单的系统架构为单体数据库架构，应用服务器负责应用程序，数据库服务器存储数据，一些文件存储在文件服务器中，如图 1.1 所示。

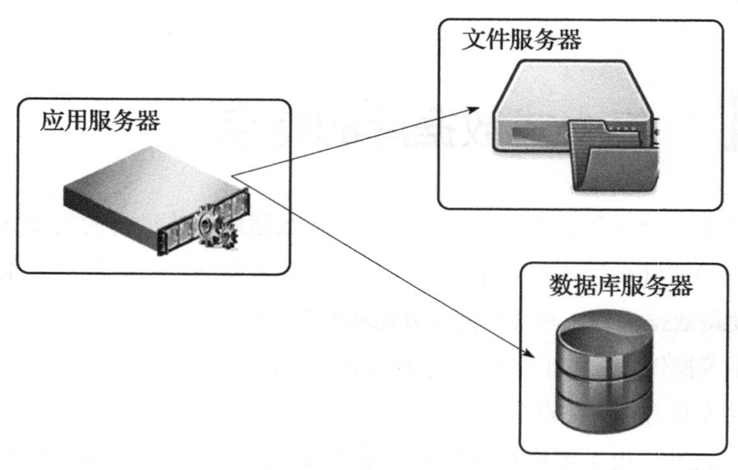

图 1.1 单体数据库架构

这种架构常见于 20 世纪 90 年代的 CS / BS 应用架构中。这种数据库架构的优点是部署非常简单，缺点更加明显，比如：当系统的并发访问量上升以后，数据库可能无法承担前端大量的并发访问等，往往最先成为性能瓶颈，一旦数据库出现问题，整个系统便处于崩溃状态。总之，这种架构在性能和高可用性上都有非常多的问题，但是基于成本和易用性的考虑，其使用还是很广泛的。

在单体数据库架构中最先出现问题的是性能，2000 年后，随着互联网的发展，用户量急剧增加，这些用户往往会在某一个集中时间进行购物、浏览内容或访问媒体等，此时单体数据库架构的性能瓶颈就显现了出来，数据库经常因为大量的并发访问而出现问题，进而造成整个系统崩溃。

1.2.2 配合缓存机制的数据库架构

为了解决高并发问题，一般会在系统中引入分布式缓存，如图 1.2 所示。

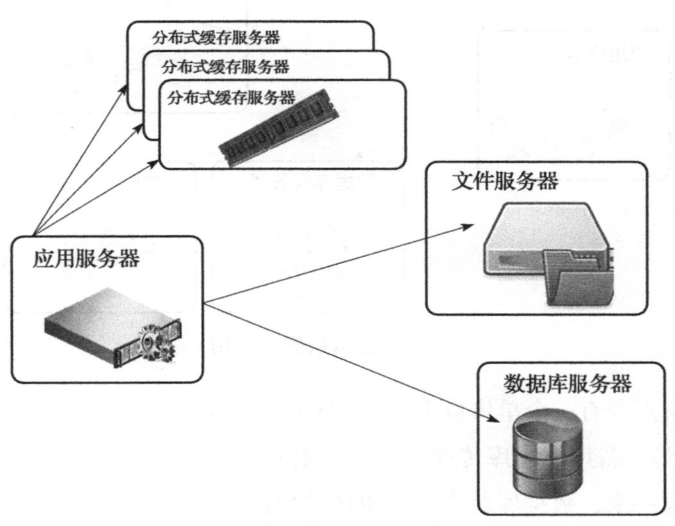

图 1.2 配合缓存机制的数据库架构

分布式缓存的作用是将最新的数据从数据库中读取出来，放在自己的内存中。分布式缓存服务器是一个集群，会有多份数据的备份，这样当大量并发访问涌入的时候，分布式缓存就可以“帮助”数据库挡住这些访问，数据库只提供数据给分布式缓存，而不需要直接面对大量的并发访问了。常见的分布式缓存有 Memcachd 和 Redis 等。

这种架构虽然可以抵挡大量的并发读访问，但是存在写操作的性能瓶颈，因为写操作需要被永久保存，分布式缓存只将数据存储在内存中，不具备永久保存数据的能力，所以，写操作时必须操作数据库来永久保存数据。另外，高可用性瓶颈依然没有解决，数据库如果出现故障，整个系统将无法访问，数据甚至会全部丢失。

1.2.3 主从数据库架构

互联网技术发展到了从免费到付费用户的阶段，就必须解决单体数据库架构的高可用性问题了。于是出现了主从（主备）架构，也叫 primary-standy 或者 master-slave 架构，如图 1.3 所示。

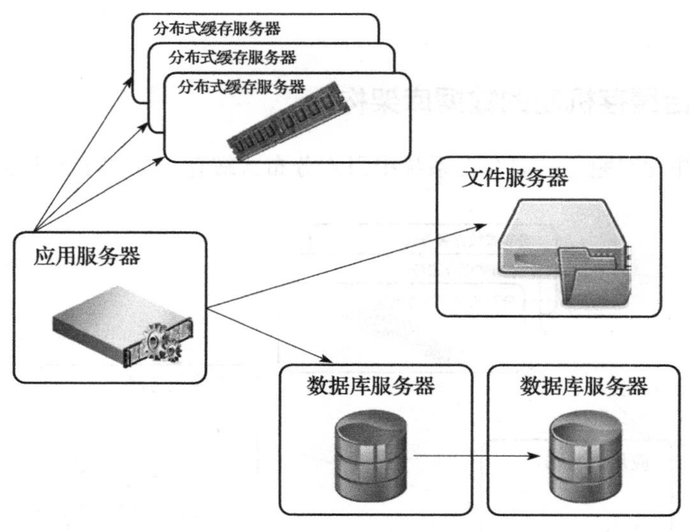

图 1.3　主从数据库架构

这种架构的特点是有一个单体数据库（主库）负责读写，当主库写完后，将主库的日志传递给备库（从库）。备库将主库传递来的日志重放，这样当前的备库就拥有和主库一模一样的数据了！这样一来，数据库就告别了单体的架构，有了一个准实时的备份（严格地说，主库和备库是不同步的，因为主库总是先写完再把日志传给备库去应用，在备库还没有应用这些日志前，两个数据库的数据是不一致的），解决了单点故障的问题。有些数据库的备库还支持读取功能，增加了数据库的读访问能力。

这种架构的优点是，避免了单体数据库架构的单点故障问题，同时备库还可以提供读扩展的能力。缺点是对于写操作的压力没有任何帮助，同时主库和备库不是同步的。但是，无论如何这种架构满足了大部分简单业务架构对于数据库的需求，也是到目前为止使用最为广泛的架构。

1.2.4　Shared-Nothing 与 Shared-Everything 架构

我们把视角从整个系统转移到其中的数据库单位上，补充一下集中式数据库除了主从方式外的其他架构方式，首先是 Shared-Nothing 架构，如图 1.4 所示。

前面的主从模式也算是 Shared-Nothing 架构，就是各个单体数据库之间都有一份数据，它们之间靠日志进行数据复制，之后的增强是使用类似 Raft 和 Paxos 等分布式协议保证数据一致性，例如 MySQL MGR 或者 Percona XtraDB Cluster。这种架构的一个改进之处就是避免了之前数据复制的异步方式而支持同步复制，甚至可以做到多点写入和读取，但是存储数据量依然受到单体数据库的限制，当表的数量增长到一定程度后，读写性能明显下降。

在主从架构之外，还有一种叫作 Shared-Everything 的架构，它将数据库的计算层和存储层进行了分离，如图 1.5 所示。

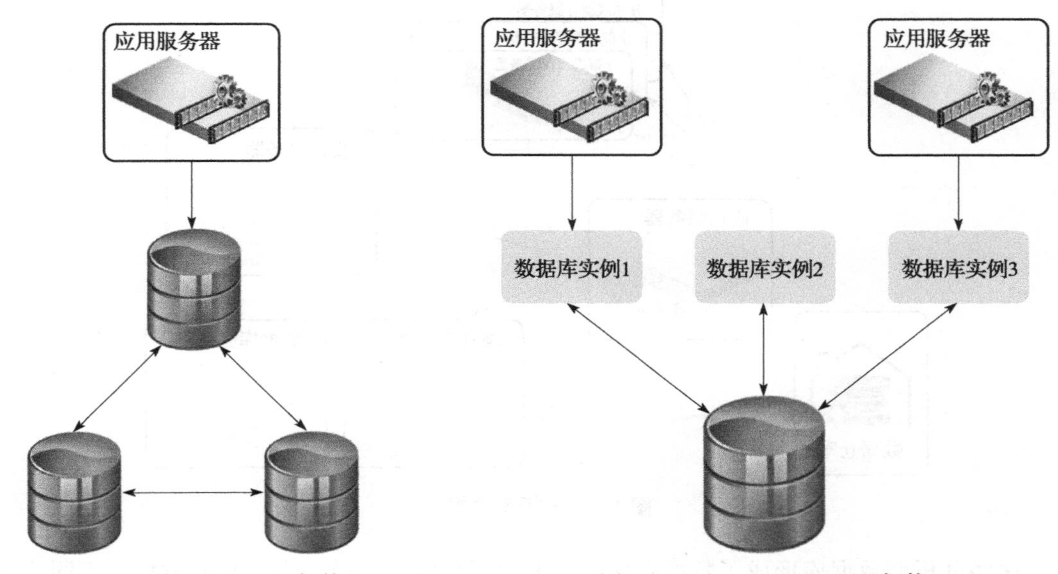

图 1.4　Shared-Nothing 架构

图 1.5　Shared-Everything 架构

图 1.5 中的数据库实例 1、数据库实例 2 和数据库实例 3 只负责 SQL 的处理，这 3 个数据库实例共享一份数据存储，如 Oracle 的 RAC 架构。这种架构的优点是计算层分离后具有高可用性和横向扩展能力，当某个实例出现问题后，依然有其他实例可以负责处理应用的 SQL 请求，而且如果有更大量的并发和计算请求到来，可以通过增加数据库实例提升计算能力。

但要注意的是数据库实例有高可用性，而数据存储则只有一份。换句话说，如果存储出现故障，整个数据库将无法提供服务，所以还需要给这种架构额外增加一个备库。另外，由于只有一份存储，所以 IO 读取能力并不能得到横向扩展。

上面就是补充的两个常见的数据库架构模式 Shared-Everything 与 Shared-Nothing，可以把它们看作一个数据库单位，负责系统内部的数据持久化、一致性事务等数据库功能。接下来，将视角再次回到整个系统架构上，从系统架构的角度来看数据库。

1.2.5 交易型数据库 + 数据仓库

主从架构是近年来最流行的数据库架构，随着互联网业务的发展，大量交易数据被积累下来形成了宝贵的数据资产。数据资产管理被提上日程，所以系统架构中出现了与之前的面向高并发和事务一致性的交易型数据库相对应的分析型数据库，如图 1.6 所示。

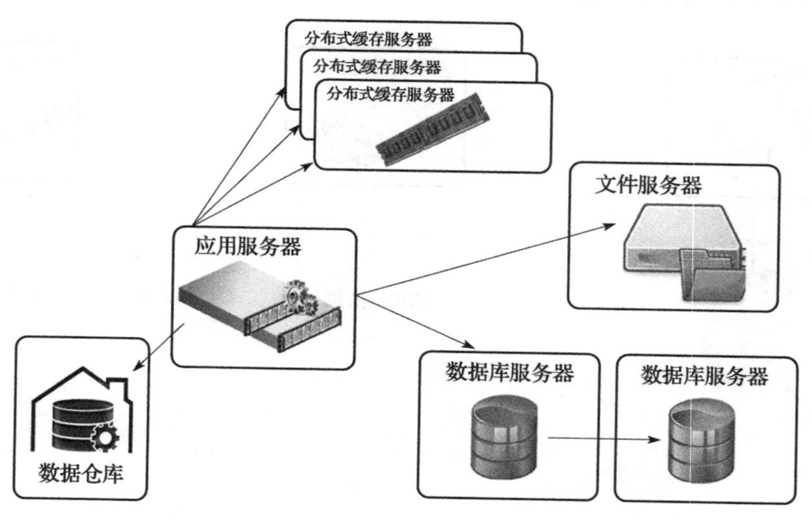

图 1.6　分析型数据库

这些分析型数据库形成了数据仓库，它的主要功能与之前面向交易的数据库不同，它不擅长从大量数据中找出某几条数据进行修改，而是擅长对大量数据进行全扫描，从而生成统计报表。与交易型数据库的另一个不同之处是它往往按照列的方式来组织数据（每次读取一列数据），被称为列存数据库，比如 Teradata 和 ClickHouse 就是面向分析的列存数据库。

同时拥有行存交易型数据库和列存分析型数据库架构的优点是，除了可以应对高并发、严格一致的交易场景（OLTP 场景）外，还可以应对大量的数据分析场景（OLAP 场景）。缺点是企业的一份数据变成了多个副本，比如联机事务处理业务的交易数据库上有一份数据，联机分析处理业务的分析数据库上至少有一份数据，管理起来非常麻烦，容易出错，而且数据在多个系统之间的流通也耗费了大量的时间和人力、物力，数据的实时分析很难实现。

1.2.6 基于分表分库中间件的数据库集群架构

这里还要提一下另一种过渡时期的数据库架构，那就是基于分表分库中间件的数据库集群架构，如图 1.7 所示。

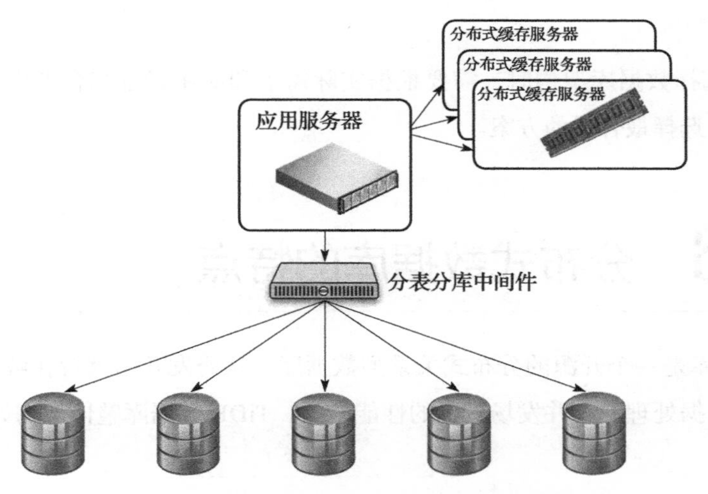

图 1.7　基于分表分库中间件的数据库集群架构

这种架构的出现是为了解决集中式数据库单表数据量过大（比如，一般每行 1 KB 数据量大小的数据表，达到上亿行）时的性能下降问题。比如，笔者在 2016 年接触了一家企业，其单表数据达到 10 亿行以上，查询和修改都遭遇了性能问题，于是采取图 1.7 中的架构，引入了分表分库中间件，将单表横向拆分，将数据表城市列值中北京、上海、广州、深圳、辽宁等不同地区的数据放在不同的单体数据库中。这样，应用的 SQL 语句经过分表分库中间件分发到不同的单体数据库中，要修改北京的订单，就会到存储北京相关数据的库中去修改。

这种分表分库的架构解决了集中式数据库的单表数据量过大后查询和写入性能下降的问题，但是也带来了很多难题：① SQL 语句必须经过分表分库中间件下发，读写效率势必会打折扣；②数据分布到各自独立的数据库中，每个数据库都拥有独立的事务系统，当一个事务涉及多个数据库的时候，根本无法保证事务的原子性；③进行统计分析时，可能涉及多个数据库中的数据，除了数据集的时间一致无法保证外，数据的聚合、排序等统计操作必须在中间件中进行，非常不合理。

为了应对这些挑战，人们不断地研究新的技术，例如，研发中间件去降低连接压力，使用更强大的主机，使用主从同步技术，分散数据库压力等。在这些技术中，有一个新型的数据库架构脱颖而出，那就是分布式数据库架构。通过不断地迭代，分布式数据库架构逐渐兴起。分布式数据库通过将数据分布到多个节点上，提供了更强的可扩展性、容错性和性能。它适用于大规模和高并发访问的场景，并通过数据复制和分片等技术来提高数据的可用性和可靠性。

因此，在选择数据库架构时，需要根据实际需求和应用场景综合考虑集中式和分布式架构的优劣，并选择最合适的方案。

1.3 分布式数据库的特点

TiDB 数据库是一个开源的分布式关系型数据库，从研发开始就旨在解决传统关系型数据库在大规模数据处理和高并发场景下的性能瓶颈。TiDB 数据库整体架构如图 1.8 所示。

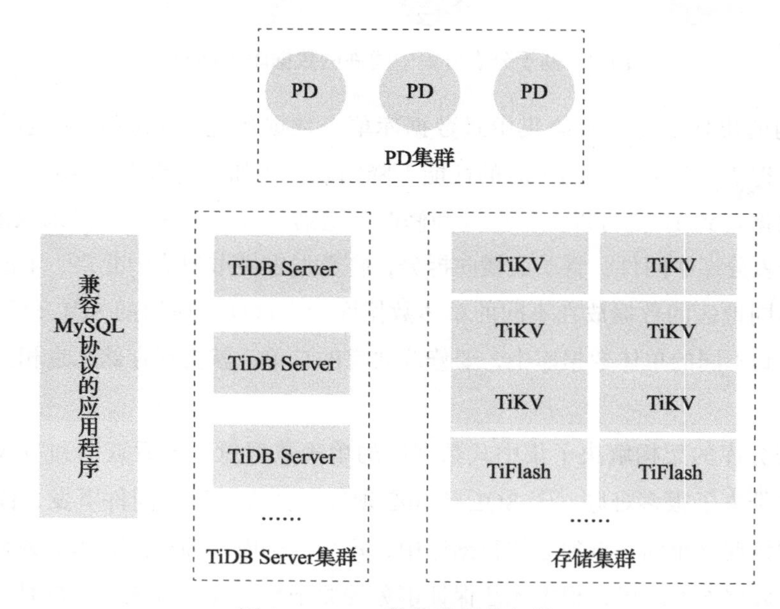

图 1.8　TiDB 数据库整体架构

TiDB 数据库具有以下 5 个特点。

（1）分布式架构　TiDB 采用水平分片存储数据，并将数据分布在多个节点上。它可以方便地扩展系统的处理能力，根据负载情况增加或减少节点数量，以适应不同规模的数据和高并发访问需求。

（2）高可用性　TiDB 使用 Raft 算法实现数据的复制和故障转移，确保系统的高可用性。当某个节点宕机时，系统会自动选举新的读写节点，保持服务的连续性。

（3）强一致性　TiDB 通过 Raft 算法实现数据的强一致性。写入操作完成后，TiDB 会等待多数节点的确认，然后才返回成功响应，确保数据的一致性。

（4）SQL 兼容性　TiDB 兼容 MySQL 协议，可以使用常见的 MySQL 客户端工具和驱动程序连接并操作数据库。这意味着现有的 MySQL 应用可以无缝迁移到 TiDB，减少了迁移成本和学习成本。

（5）实时分析和联机事务处理　TiDB 支持联机分析处理（On-Line Analytical Processing，OLAP）和联机事务处理（On-Line Transaction Processing，OLTP）。它能够在同一个数据库中满足实时的数据分析和复杂查询的需求，同时保持高性能的联机事务处理。

总之，TiDB 是一个具备分布式架构、高可用性、强一致性和 SQL 兼容性的分布式关系型数据库。它适用于大规模数据处理和高并发访问场景，为用户提供稳定可靠的数据存储和处理解决方案。

TiDB 数据库的核心组件包括 TiDB Server、TiKV、PD 和 TiFlash。

（1）TiDB Server 集群　TiDB Server 集群架构如图 1.9 所示。TiDB Server 不存储实际数据，但是负责解析和编译客户端传入的 SQL 语句，并生成执行计划。TiDB Server 执行 SQL 语句对应的执行计划，通过 TiKV 存储引擎读写数据，并整理结果集返回给客户端。此外，TiDB Server 还负责处理数据定义语言（Data Definition Language，DDL）操作和对旧版本数据进行垃圾回收（Garbage Collection，GC）的任务。可以说，TiDB Server 是整个 TiDB 数据库的计算层。

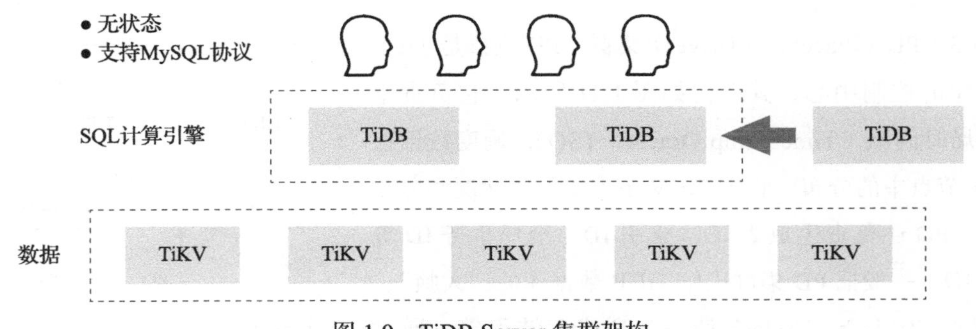

图 1.9　TiDB Server 集群架构

（2）TiKV　TiKV 是一个分布式的键值存储引擎，用于存储 TiDB 数据库中的实际数据。TiKV 集群架构如图 1.10 所示。TiKV 负责数据的持久化、多版本并发控制（Multi-version Concurrency Control，MVCC）、Coprocessor（将算子下推到 TiKV 节点），以及实现事务和自身副本的高可用性与强一致性功能。它采用 Multi Raft 机制来确保数据的可靠性和一致性。可以说，TiKV 是整个 TiDB 数据库的存储层。

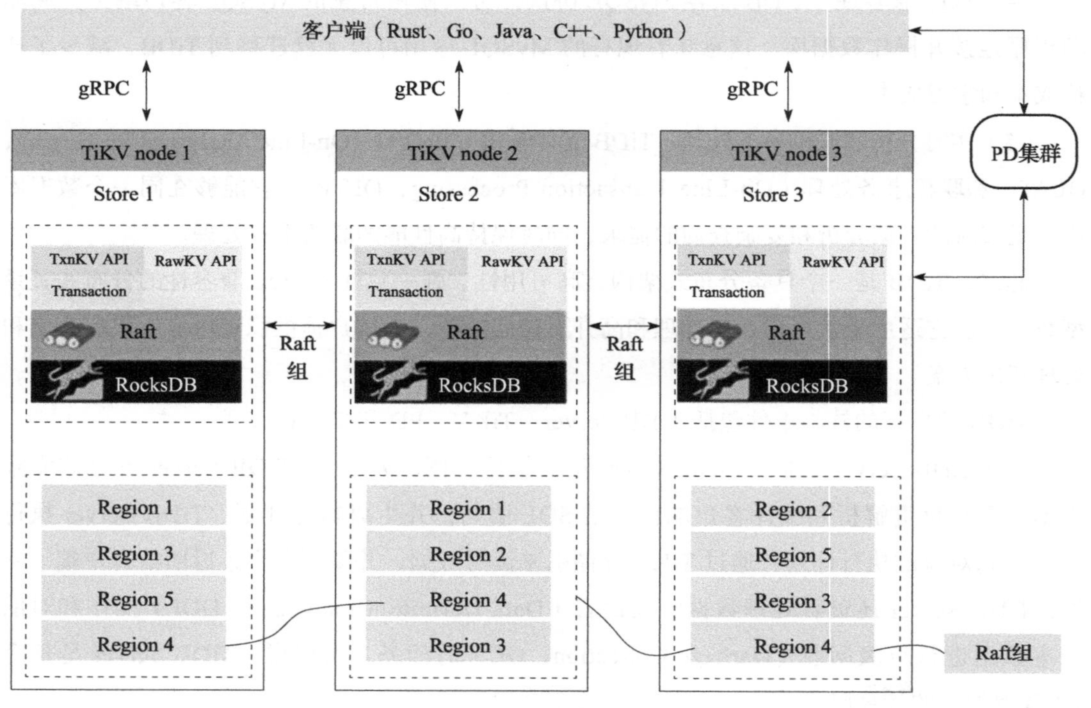

图 1.10　TiKV 集群架构

（3）PD（Placement Driver）集群　PD 集群是 TiDB 数据库的控制中心，其架构如图 1.11 所示。它负责生成全局时间戳（TimeStamp Oracle，TSO），调度数据在 TiKV 节点中的分布，收集 TiKV 节点的健康状况和分布情况。PD 还负责生成表 ID、索引 ID、全局事务 ID 等唯一 ID，一般把 PD 集群比作 TiDB 数据库的“大脑”。

（4）TiFlash　TiFlash 是一个列式存储引擎，通过扩展的 Raft 共识算法与 TiKV 实现数据同步。TiFlash 架构如图 1.12 所示。TiFlash 提供负载均衡和强一致性读取。它能够支持实时更新，可实现 OLTP 场景下的分析、查询业务隔离，并显著提升 OLAP 场景中的查询效率。

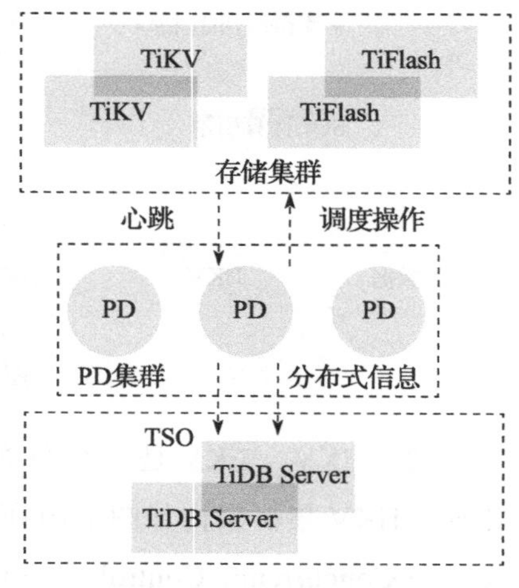

图 1.11　PD 集群架构

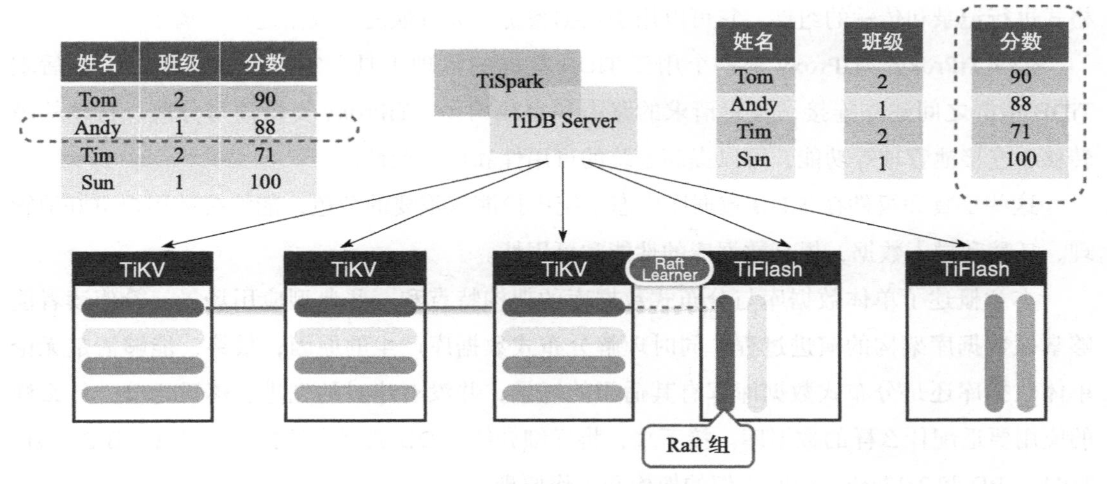

图 1.12　TiFlash 架构

以上是关于 TiDB 数据库的核心组件的简要说明。当然，TiDB 数据库中还有一些辅助的生态组件，包括以下几个。

（1）Dumpling　Dumpling 是一个开源的数据库导出工具。它支持将 TiDB 数据库中的数据导出为 SQL 文件或者 CSV 文件，提供了很多可选项来满足不同的导出需求。

（2）Lightning　Lightning 是 TiDB 的新一代快速导入工具。它可以在短时间内将 MySQL 或者其他数据库中的数据快速导入 TiDB 中，采用了并行化和增量导入的方式，大大提高了导入速度。

（3）DM（Data Migration）　DM 是一个开源的数据库迁移工具，由 PingCAP 团队开发和维护。DM 主要用于将其他数据库（如 MySQL）中的数据迁移到 TiDB 数据库，支持实时增量同步和全量数据迁移，并提供了一套灵活的配置来满足各种复杂的迁移场景。

（4）TiCDC　TiCDC 是一个用于 TiDB 数据库的变更数据捕获（Change Data Capture）工具。它可以实时捕获数据库的增、删、改操作，将变更数据同步到其他存储或分析系统中，以满足实时数据分析、数据仓库等需求。

（5）TiSpark　TiSpark 是将 Apache Spark 与 TiDB 数据库集成的组件。它允许使用 Spark 进行复杂的数据分析和处理，并直接访问 TiDB 中的数据。TiSpark 可以提供良好的 Spark 和 TiDB 的整合性能，使得用户可以通过 Spark 借助 TiDB 进行大规模数据处理、机器学习等任务。

（6）TiDB Binlog　TiDB Binlog 是一个用于将 TiDB 数据库的增量数据变更为以二进制

格式进行记录和传输的组件。它可以用于数据备份、灾难恢复、数据迁移等场景。

（7）TiProxy　TiProxy 是一个用于 TiDB 集群的代理工具。它可以在应用程序和后端 TiDB 集群之间建立连接，负责请求的路由和负载均衡。TiProxy 支持读写分离、自动故障转移、连接池管理等功能，可以提高系统的可用性和可扩展性。

这些工具和组件在 TiDB 数据库生态系统中扮演着重要的角色，能够帮助用户更好地管理、迁移和导入数据，提高数据库的性能和可用性。

本章概述了单体数据库与分布式数据库的架构特点和一些典型应用场景。希望读者能够掌握数据库架构的演进过程，同时理解分布式数据库产生的原因，最终，能够清楚无论单体数据库还是分布式数据库都有其适用的场景，并没有绝对的先进、落后之分，什么样的应用要适配什么样的数据库。接下来，将详细介绍 TiDB 数据库的核心组件 TiDB Server、TiKV、PD 和 TiFlash，说明它们的架构和工作原理。

第 2 章　计算引擎 TiDB Server 的架构与原理

本章聚焦于负责 SQL 语句处理的 TiDB Server 模块，通过描述一条 SQL 语句从输入 TiDB Server 到最终执行的整个流程展示了 SQL 解析、编译和生成执行计划的过程及其运行原理。读者可以重点掌握关系型数据与键值的转换方式和 SQL 读写原理，它们是后面进行优化工作的基础知识。

2.1　TiDB Server 的架构

TiDB Server 是 TiDB 数据库的核心组件之一，它承担着接收客户端请求、执行 SQL 语句并返回结果的任务。TiDB Server 模块图如图 2.1 所示。

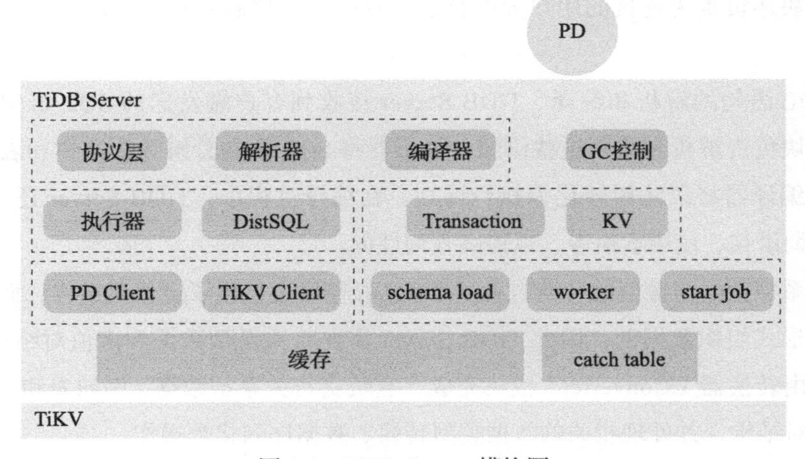

图 2.1　TiDB Server 模块图

TiDB Server 的架构可以简单地描述为以下几个模块。

（1）SQL 层　处理客户端请求并解析 SQL 语句，生成执行计划。此模块使用解析器（Parser）和编译器（Compiler）对 SQL 进行解析和优化。

（2）分布式事务管理　处理分布式事务，包括分布式 ACID 事务的实现，并通过两阶段提交（Two-Phase Commit）协议保证事务的原子性和一致性。

（3）GC 控制　为了实现多版本并发控制，TiDB Server 使用了后台 GC 进程，负责回收过期的数据，并为读取操作提供可见性。

（4）优化器　在 TiDB Server 中，可以使用不同的引擎来处理 SQL 语句，如 TiKV 存储引擎、内存表引擎或 TiFlash 引擎，可以根据业务需求进行选择。

总之，TiDB Server 作为 TiDB 分布式数据库的核心，负责接收、解析、优化和执行 SQL 语句，并通过与其他组件的协作实现分布式事务、调度和存储引擎的能力，从而提供高性能、高可用和强一致性的分布式数据库服务。

2.2 TiDB Server 的主要功能

TiDB Server 由多个模块组成，每个模块负责不同的任务以实现各项功能。

（1）处理客户端的连接　TiDB Server 提供了与客户端建立连接的能力。当客户端发起连接请求时，协议层（Protocol Layer）模块负责处理请求，进行用户认证并确保连接的安全性。该模块还负责为连接的用户分配合适的权限，以控制其对数据库的访问范围和操作权限。

（2）SQL 语句的解析和编译　TiDB Server 接收到客户端发送的 SQL 语句后，解析器和编译器模块负责解析和编译这些语句。解析器将 SQL 语句分解为语法树和表达式等基本结构，然后编译器将语法树转化为执行计划。在编译过程中，TiDB Server 还会进行优化，例如重写查询语句、使用索引等，以提高查询性能。

（3）关系型数据与键值的转换　由于 TiKV 存储底层使用了键值对结构，而关系型数据库是以表的形式组织数据的，因此 TiDB Server 需要将关系型数据和键值对结构进行转换。该转换过程由转换器（Converter）模块完成，它负责将关系型数据（例如表和索引）映射到相应的键值对结构，并处理相关的数据类型转换、数据序列化等操作。

（4）SQL 语句的执行　根据编译好的执行计划，TiDB Server 将 SQL 任务分发给 TiKV

进行执行。其中，执行器（Executor）模块负责查询操作的执行，它将执行计划转化为实际的查询操作，包括数据的读取和处理；而 DistSQL 模块负责分布式场景下的查询执行，将查询任务划分为多个子任务并在分布式环境中并行执行。同时，Transaction 模块负责处理事务相关的操作，包括事务的隔离性、一致性和持久性，确保数据库的数据完整性和可靠性。

（5）在线 DDL 的执行　TiDB Server 支持在线 DDL 操作，即在不锁定表的情况下进行表结构的变更。这一特性得益于 schema load 模块、worker 模块和 start job 模块的协同工作。当执行 DDL 操作时，schema load 模块会加载元数据并对其进行验证，worker 模块负责执行实际的 DDL 任务，而 start job 模块会启动后台任务来确保 DDL 操作的顺利完成。

（6）垃圾回收　为了回收已经过期的老版本数据，TiDB Server 配备了 GC 控制模块。该模块会定期检查数据库中不再使用的数据，并将其标记为可回收状态。随后，通过后台进程对这些标记的数据进行回收操作，以释放存储空间并提高数据存储效率。

通过上述功能，TiDB Server 构建了一个高性能、可扩展的关系型数据库服务器，它充分利用了分布式架构，为用户提供可靠的数据存储和查询服务。

TiDB Server 是 TiDB 架构中的 SQL 处理层，负责接收客户端的连接请求并执行 SQL 解析和优化，生成分布式执行计划。作为无状态的组件，它可以启动多个实例并通过负载均衡组件对外提供统一的接入地址。

TiDB Server 本身不存储数据，其主要职责是将实际的数据读取请求转发给底层的存储节点，如 TiKV 或 TiFlash。通过与存储节点协同工作，TiDB Server 确保数据的准确读取和处理，并支持高可用性和负载均衡。下面重点介绍具有分布式数据库特点的几个特性。

2.3 关系型数据与键值的转换

TiDB Server 还有一个重要任务是实现关系型数据与键值数据的相互转换。这个过程旨在将客户端写入的关系型数据以键值对的形式存储在 TiKV 中，并且能够将 TiKV 中的键值对数据以关系型数据的形式返回给客户端。

下面通过一个系列图示来解释关系型数据与键值对数据的相互转换过程。

这里有一个关系型数据表格，其中编号列可以看作主键（没有主键的表也会转换为键值对的形式存储在 TiKV 中，本书在第二部分性能优化中有详细的解释），如图 2.2 所示。

编号（PK）	姓名	生日	手机	分数
1	Tom	1982-09-28	1390811212	78
2	Jack	1996-04-12	1801222187	91
3	Frank	1982-09-28	1364571212	90
4	Tony	1977-03-12	1391113134	65
5	Jim	1992-07-19	1579915611	51
6	Sam	1978-09-12	1713665011	97

图 2.2 关系型数据表格

将编号列（即主键）视为键（Key），将其他列组成的集合视为值（Value）。由于使用主键可以唯一地定位一行数据，这样就形成了键值对的基本形式，如图 2.3 所示。

编号（PK）		姓名	生日	手机	分数
1	------	Tom	1982-09-28	1390811212	78
2	------	Jack	1996-04-12	1801222187	91
3	------	Frank	1982-09-28	1364571212	90
4	------	Tony	1977-03-12	1391113134	65
5	------	Jim	1992-07-19	1579915611	51
6	------	Sam	1978-09-12	1713665011	97
键		值			

图 2.3 关系型数据表格中的键值对形式

在整个数据库中，其他的表也可能有编号列为 1，2，…，*n* 的主键，为了在数据库中准确定位某一行数据，TiDB 需要将键加上表的唯一编号（Table ID），构成表号 + 编号（PK）的唯一键。这样一行数据就拥有了在整个数据库范围内的全局键。另外，对于没有主键的表，TiDB 数据库会为其添加一个隐藏列 RowID，这种情况本书会在第二部分中讨论。其中，Table ID 在整个集群中是唯一的，主键在表内是唯一的，这些 ID 都是 int64 类型，如图 2.4 所示。

现在，已经将关系型数据转换为了键值对形式，如图 2.5 所示。但是问题来了，如何组织这些键值对？

表号	编号（PK）	姓名	生日	手机	分数
T24	1	Tom	1982-09-28	1390811212	78
T24	2	Jack	1996-04-12	1801222187	91
T24	3	Frank	1982-09-28	1364571212	90
T24	4	Tony	1977-03-12	1391113134	65
T24	5	Jim	1992-07-19	1579915611	51
T24	6	Sam	1978-09-12	1713665011	97

键　　值

图 2.4　为关系型数据表格创建全局键

T24_ r1 -------------------- Tom,1982-09-28, 1390811212,78

T24_ r2 -------------------- Jack,1996-04-12,1801222187,91

T24_ r3 -------------------- Frank,1982-09-28, 1364571212,90

T24_ r4 -------------------- Tony,1977-03-12,1391113134,65

T24_ r5 -------------------- Jim,1992-07-19,1579915611,51

T24_ r6 -------------------- Sam,1978-09-12,1713665011,97

键　　值

图 2.5　关系型数据与键值对的转换

一般将数据库中的键值对集合称为一个 Region，这也是 TiDB 数据库进行数据读取的逻辑单位。显然，将整个数据库的所有数据放入一个 Region 中会导致读取效率非常低下。因此，当一个 Region 达到一定的大小限制时，就会发生分裂，如图 2.6 所示。

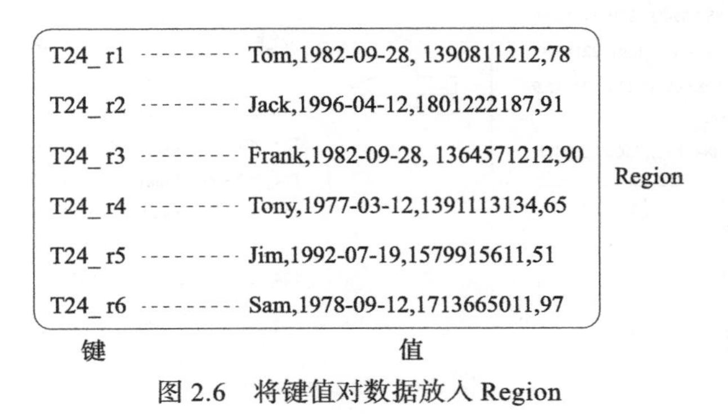

图 2.6　将键值对数据放入 Region

在 TiDB 数据库中，默认一个 Region 的初始化大小为 96 MB，如果向一个表中连续插入数据行，达到某个限制后就会再生成一个 Region。这样就避免了 Region 过大的问题，如图 2.7 所示。

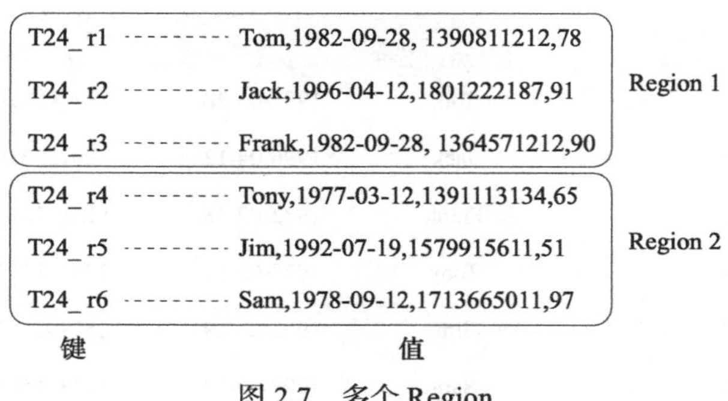

图 2.7　多个 Region

在 TiDB 数据库中，当一个 Region 形成后（假设初始化大小为 96 MB），应用程序很可能会对其中以键值对形式存储的数据行进行更新，那么势必会使得 Region 的大小小于或者超过 96 MB，比如原来行数据没有手机号，现在应用程序补录了手机号，TiDB 数据库允许修改后的 Region 大小超过 96 MB，但是如果修改后的 Region 大小超过 144 MB，这个 Region 就会发生分裂。

这里谈到的 144 MB，在 TiDB 6.1.0 版本后改为由参数 region-max-size 管理，也就是一个 Region 达到参数 region-max-size 规定的大小时，就会发生分裂。region-max-size 的默认值为 region-split-size / 2 × 3 = 144 MB（region-split-size 的默认值为 96 MB），如图 2.8 所示。

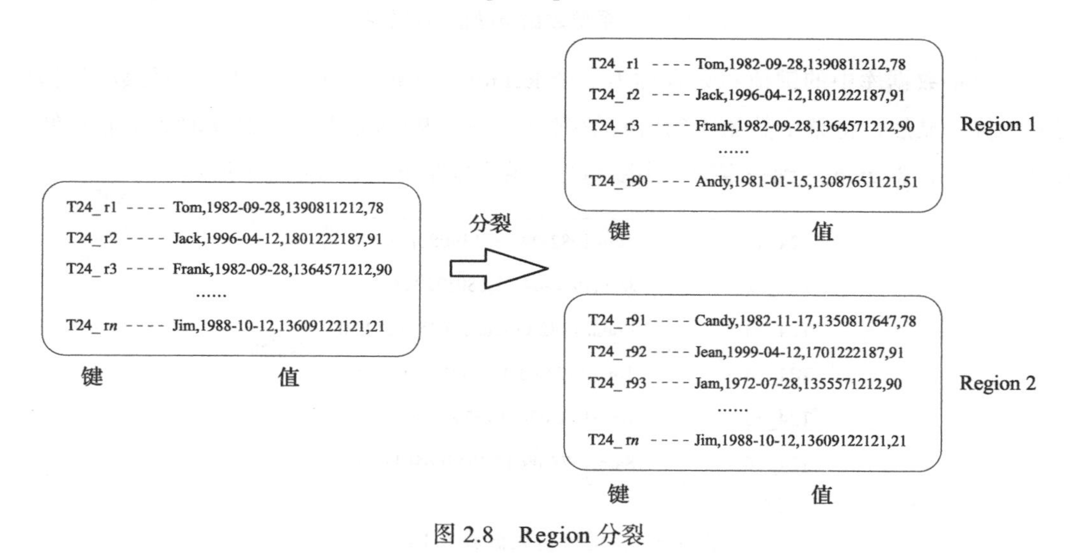

图 2.8　Region 分裂

现在读者应该理解了，在 TiDB 中 Region 是一个逻辑概念，现实中，并没有办法在存储中找到具体的或者物理的 Region，但 Region 却是一个非常重要的概念。因为，TiDB 数据库将表中的行都转化为了键值对，这些键值对以 Region 进行组织，这些 Region 所组织的键值对便可以散落在各个 TiKV 的节点中了，这样就实现了将现实世界中的表自动打散，分布到各个 TiKV 节点中，如图 2.9 所示。

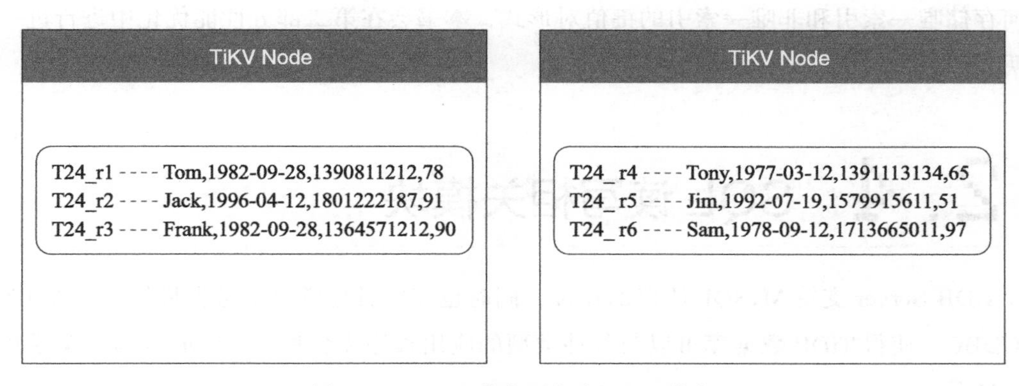

图 2.9　Region 分布到各个 TiKV 节点

在读取某张表的时候，自然是要先知道这张表的行都在哪几个 Region 中和这些 Region 又存储在哪些 TiKV 节点中，这些信息也称为 Region 的路由信息，存储在前面提到的另一个核心组件 PD 中，这样就可以按图索骥，找到对应表的数据行了，如图 2.10 所示。

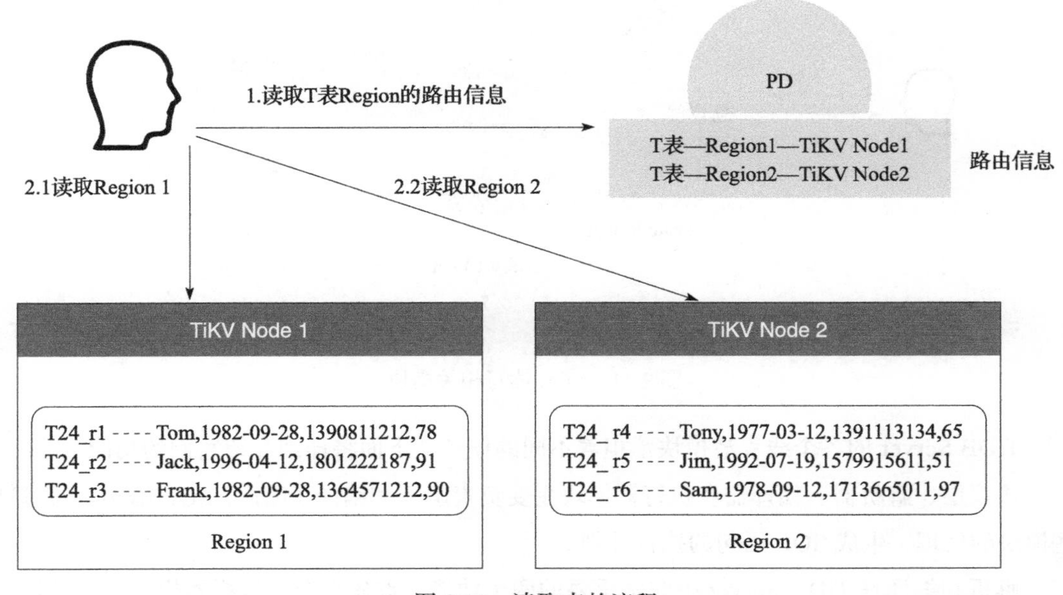

图 2.10　读取表的流程

通过以上介绍，读者应该对关系型数据与键值对数据的转换有了一定的理解，表数据在进入 TiDB 数据库后就被转换为键值对，这些键值对以 Region 的方式进行组织，自然分布在各个 TiKV 节点上，这个分布的过程是不需要人为干预的。至于详细的内容，包括如何存储唯一索引和非唯一索引的键值对形式，本书会在第二部分性能优化中进行进一步说明。

2.4 SQL 读写相关模块

TiDB Server 支持 MySQL 协议的连接，同时也兼容其他常见的数据库协议，如 JDBC 和 ODBC，使得 TiDB 数据库可以与各种类型的应用程序无缝集成。SQL 读写相关模块如图 2.11 所示。

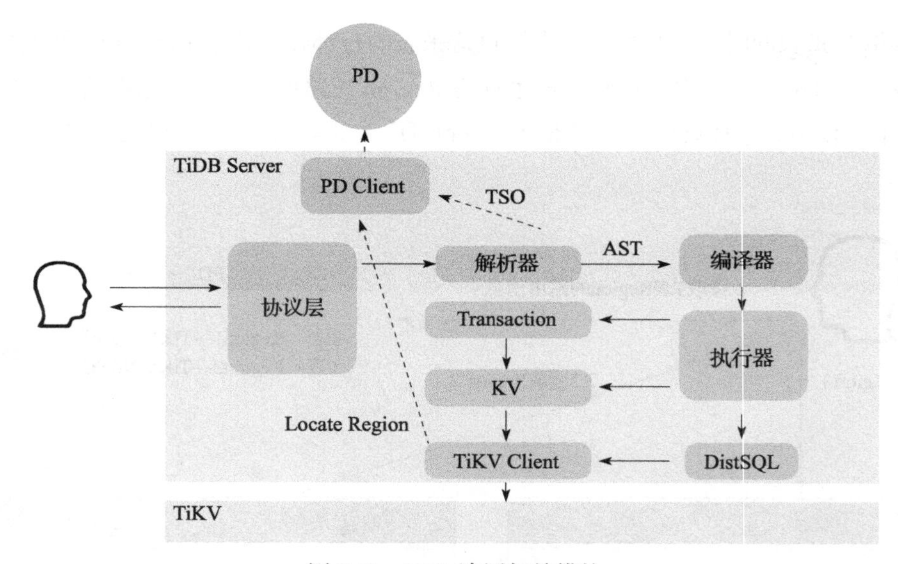

图 2.11　SQL 读写相关模块

TiDB Server 的各个线程池模块承担着不同的任务，下面将详细介绍它们的功能。

协议层、解析器、编译器和执行器模块主要负责解析和编译（优化）SQL 语句。通过这些模块的处理，生成 SQL 语句的执行计划。

解析和编译是 TiDB Server 中非常重要的两个功能。首先来介绍解析器模块。该模块使用词法分析器 lex 对 SQL 语句进行抽象，将其解析成一个个 token（词语单位），并使用语法分析器 yacc 生成抽象语法树（Abstract Syntax Tree，AST）。然后，可以对 AST 进行识别和编译。

SQL 语句经过解析后生成 AST，并传递给编译器模块。编译器模块执行以下任务：

1）进行合法性检查和名称绑定。

2）进行逻辑优化。根据关系代数的等价交换规则进行逻辑变换。TiDB 数据库的逻辑优化规则包括列裁剪、最大最小值消除、投影消除、谓词下推、子查询去关联化、外连接消除和聚合消除等。更详细的内容会在第 7 章进行介绍。

3）进行物理优化。基于逻辑优化的结果，考虑数据的分布，决定如何选择物理运算符以及最佳执行路径。物理优化过程依赖于统计信息，TiDB 数据库的物理优化规则主要通过优化查询的数据读取、表连接方式、表连接顺序、排序等技术来进行。

4）通过前面几个步骤，最终生成执行计划。

需要注意的是，物理优化阶段需要使用被查询表的元数据和统计信息，这些信息存储在 TiDB Server 的缓存中。元数据和统计信息对于合法性检查和物理优化都是必需的。具体有以下几项。

（1）执行器模块　主要用于按阶段执行 SQL 的执行计划。

（2）Transaction 模块　该模块主要处理事务，包括两阶段提交、悲观锁 / 乐观锁的管理等操作。

（3）DistSQL 模块　为了避免复杂逻辑与 SQL 层的耦合，TiDB 数据库抽象出一个统一的分布式查询接口层——DistSQL。DistSQL 模块位于 TiDB Server 和 Coprocessor 之间，它对下层的 Coprocessor 请求进行封装，为上层提供了一个简单的 Select 方法来执行单表计算任务。最顶层的 SQL 语句可能包含 JOIN、SUBQUERY 等复杂算子，涉及多个表，而 DistSQL 只涉及单个表的数据。一个 DistSQL 请求会涉及多个 Region，因此要对每个涉及的 Region 执行一次 Coprocessor 请求。

（4）KV 模块　该模块处理键值对操作与事务相关的所有请求发送到 TiKV，例如 kv get 和 batch get。

（5）TiKV Client 模块　主要负责向 TiKV 模块发送读写请求，分为两种类型。第一种是 raw KV 请求，用于获取单行数据的简单请求，例如按照主键索引或唯一索引进行的等值查询等。第二种是 Coprocessor 请求，可以理解为非第一种的其他操作，它将计算下推到 TiKV 的 Coprocessor 框架中，例如过滤、聚合或列投影等。

（6）PD Client 模块　该模块负责处理与 PD 相关的所有请求。

读者注意到了，PD Client 和 TiKV Client 模块负责与 PD 和 TiKV 进行交互，所有 TiDB Server 与这两个组件的交互都通过它们来完成。

在了解了各个模块的功能后，这里以一条查询 SQL 语句的执行为例，说明在 TiDB Server 中大致的 SQL 语句处理流程，读者可以一边看，一边对应图 2.12，用笔画出箭头并标上序号，这样就知道该 SQL 语句第一步做什么和下一步做什么了。

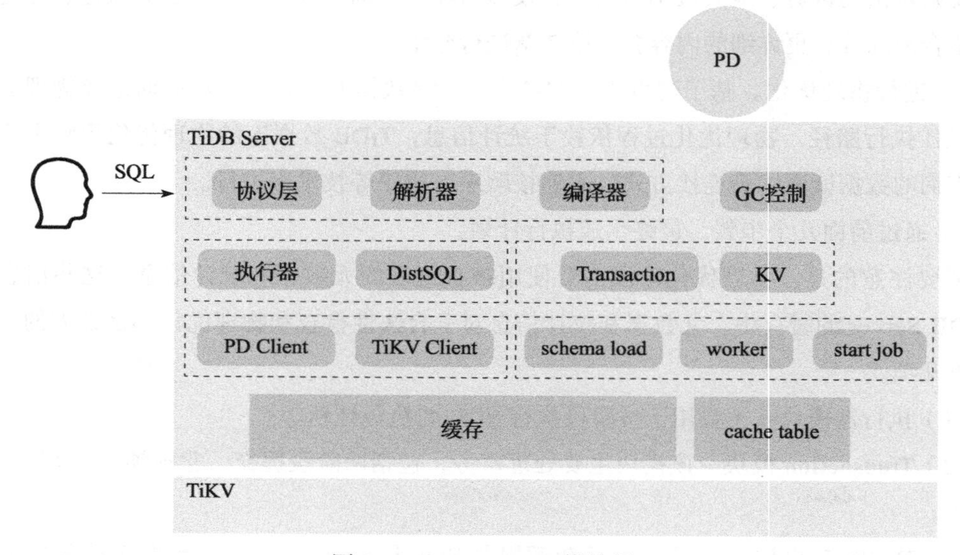

图 2.12　TiDB Server 模块图

请从最左边的人头（代表访问数据库的客户端）开始，SQL 语句到达的第一个模块是协议层，这个模块用于识别 SQL 语句，它支持 MySQL 5.7 以上的语法，之后协议层模块会将 SQL 传递给下一个解析器模块。

解析器模块也叫作解析模块，它的任务是将输入的 SQL 语句转化为程序可以处理的形式，如图 2.13 所示。

可以从图 2.13 中的 AST 语法树对 SQL 进行理解。由于数据是以键值对的方式存储在数据库中的，如果这条 SQL 语句的 where 条件中含有键值，那么 TiDB 数据库就可以发挥这种数据结构的优势直接到 TiKV 中取出数据。所以，TiDB Server 引入了一个判断，那就是类似 select * from T where 编号 =3 的语句，而“编号”这一列是主键或者唯一列时，无须再进行后面的处理，直接去 TiKV 中取数就可以了。这种直接去 TiKV 中取数的操作称为点查（Point Get），当某条 SQL 语句被判断可以进行点查操作后，就将 SQL 语句发送到执行器模块准备执行即可。也就是说在解析器模块解析后，马上判断是否可以进行点查操作，如果可以，就直接执行。

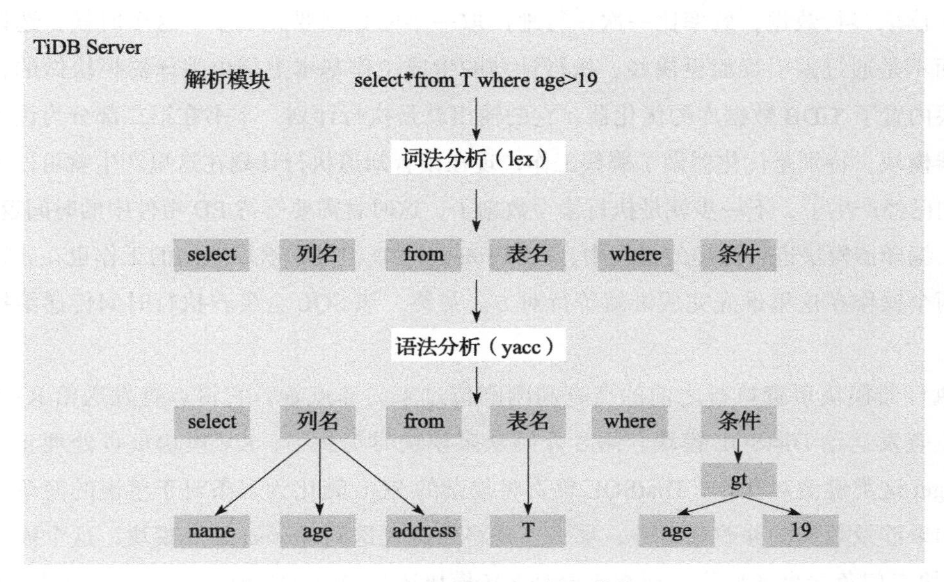

图 2.13　TiDB Server 解析模块

除了点查判断以外，每条 SQL 语句都需要知道自己开始执行的时间，这个时间是由 TiDB 数据库的 PD 组件提供的。但是，请注意这里并不是直接去向 PD 组件索要时间，而是经过 PD Client 模块，PD Client 模块就像它的名字一样承担着其他模块访问 PD 组件的代理人角色，所有模块对于 PD 组件的访问都要经过它。另一个需要注意的地方是，由于向 PD 组件请求时间的过程需要经过网络，所以会有一定的延时，如果就在这里等（block）是非常不明智的，所以实际上时间的获取是个异步过程而不是同步的，也就是说这个时候只发出了获得时间的请求，就要做后面的动作了，并不等待 PD Client 返回这个时间。到真正读取数据的时候才会需要这个时间。对于那些不属于点查的 SQL 操作，比如，全表扫描（select * from T）、范围扫描（select * from T where T.a > 100）、表连接（select * from T, S where T.a = S.a）等，就需要按部就班地生成执行计划。于是，解析器模块就将 SQL 的 AST 语法树传递给编译器模块。

在介绍编译器模块之前，请先了解什么是 SQL 语言的执行计划，其实可以将执行计划理解为一个导游图，拿着导游图，游客就知道去一个地方走哪条路最近。执行计划也一样，比如SQL语句select * from T where T.a = 100，T.a列上有索引，那么是否一定需要通过这个索引来读取数据？其实不一定，因为有可能T.a列上的索引是类似性别的列，只有两个不一样的值，数据库必须把全表一半的数据一次一行地进行读取才行。相反，全表扫描可以并发一次读取多行数据，效率比一次一行地读取一半的数据要高很多。这个时候，选择全表扫描而不是通过索引反而更快些。执行计划的生成工作基本上是由编译器模块做的，编译器模块内置了TiDB数据库的优化器，它的输出就是执行计划。本书在第二部分为读者介绍编译器模块，特别是优化器做了哪些工作，现在读者知道执行计划在这里产生就可以了。执行计划已经产生了，下一步就是执行读写数据了，这时就需要等待PD组件中的时间返回了，不过在编译器模块进行处理的过程中，PD Client从PD组件中获取时间的工作也在并行进行着，两个操作在这里谁先完成谁就等待对方。最终，该SQL会带着执行时间传递给执行器模块。

执行器模块负责执行之前的点查和刚刚传过来的非点查，它将点查发送给KV模块，将非点查发送给DistSQL模块。刚才介绍众多模块时提到了，KV模块负责处理kv get和batch get这类键值对操作，DistSQL负责将复杂的SQL转化为多条对于单表的简单查询操作。如果涉及数据的修改和事务，那么还要将信息发送到Transaction模块，这个模块配合KV模块专门负责事务操作。现在无论是KV模块还是DistSQL模块都到了需要从TiKV集群中读写数据的阶段了，和PD组件的操作一样，对于TiKV集群的访问也需要经过一个代理模块—— TiKV Client模块。

TiKV Client模块接到KV模块或者DistSQL模块的读写请求，可以直接去TiKV集群中读取数据了，问题来了，要读或者写的表到底在哪一个TiKV节点上？在介绍关系型数据与KV的转换时提到，表、Region和TiKV的对应关系就存储在PD组件中。此时必须通过PD Client模块访问PD组件中存储的表、Region和TiKV的路由信息。这个操作需要消耗一定的网络延迟，但是在TiKV Client模块中会有相关缓存，将已经访问的路由信息存储起来，这样就不会出现每次都需要通过网络访问的情况了。终于，所有的条件都具备了，TiDB Server知道了表所在的TiKV节点后，可以向TiKV集群发出读写请求了。

TiKV集群返回了应用程序需要的数据后（比如点查操作），就可以直接返回给客户端了，SQL执行完毕。但是对于SQL中还需要过滤、连接、排序、分组或者聚合之类的操作，由于所查询的数据可能分布在多个TiKV节点，所以就需要将数据汇总到TiDB Server的缓存中，进行统一操作，本章稍后会介绍TiDB Server的缓存机制。最终，TiDB Server将结果集返回给用户。

到此为止，本章就通过一条 SQL 语句的执行将 TiDB Server 内部各个模块工作的先后顺序讲述了一遍，读者可以结合图 2.12 画出的箭头指示阅读，便于理解。

2.5 Online DDL 相关模块

所谓 DDL 指的是对于表结构的修改语句，比如为表加 / 减列、加索引、修改表名或者修改列属性等。TiDB 数据库支持 Online DDL，也就是 DDL 操作不会锁表，在 DDL 执行期间，增删改查这种 DML 语句是不会阻塞的。Online DDL 的处理模块如图 2.14 所示，包括 start job 模块、workers 模块和 schema load 模块，还涉及持久化存储在 TiKV 集群中的三个队列数据结构，job queue 用于存储 DDL 任务，add index queue 用于存储专门加索引的 DDL 任务，history queue 负责存储那些已经执行完毕的 DDL 操作。

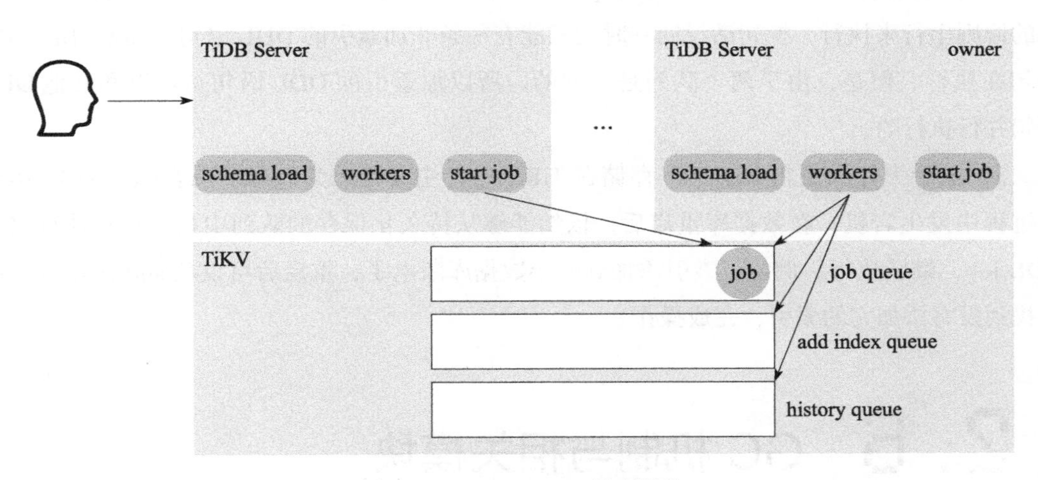

图 2.14　Online DDL 处理模块

用户发出 DDL 语句，start job 模块负责接收 DDL 请求，为 DDL 操作分配 ID，在这里通常把每个分配了 ID 的 DDL 操作叫作 job。start job 会将 job 持久化到 TiKV 中的 job queue 或者 add index queue 队列中。在队列中的 job 等待 worker 模块取走并执行它们。

整个 TiDB 数据库同一时刻只允许一个 TiDB Server 执行 DDL 操作（即同一时刻只能有一个 worker 模块修改表的结构或者添加索引）。每一个 TiDB Server 中都有一个 worker 模块，只有当前 TiDB Server 的角色为 owner 时才会启用。如果 TiDB 数据库中有多个 TiDB Server，那么这些 TiDB Server 会按照一个固定时间轮流（通过选举的方式）成为 owner 角色，这个时间就叫作任期，当一个 TiDB Server 是 owner 角色并且在任期中，它的 worker 模块就可以处理 DDL 操作。数据库当前的 owner 角色信息被持久化到 PD 中，worke 模块可以查看自己所在的 TiDB Server 当前是否为 owner 角色，当 owner 的任期到期后，PD 会发起选举，选择新的 owner。

当 worker 执行完 job queue 或者 add index queue 中的某个 DDL job 后，就将其记录在 history queue 中。DDL 语句就算是执行完毕了。

这里还有几点需要读者注意：

1）除了 worker 模块以外，还有 schema load 模块，用于在当前 TiDB Server 成为 owner 角色后加载最新的 schema 信息，这样可以保证当前 owner 角色的 TiDB Server 拥有最新的 schema 信息。

2）无论是 job queue 和 add index queue，它们的特点都是其里面的 job 只能按照先进先出的原则串行来执行，换句话说同一时刻只能有一条非加索引的 DDL 语句和加索引的 DDL 语句在执行。但是，由于两个队列是并列的，所以加索引的 DDL 语句是可以和其他 DDL 语句并行执行的。

3）至于为什么要将 DDL job 存储在 TiKV 中，主要是因为如果节点在执行 DDL 操作的过程中发生宕机，在数据库重启后，依然能够从持久化保存的队列中找到没有执行完的 DDL job，继续执行。例如，索引添加到一半数据库断电了，重启后可以从 add index queue 中找到没有添加完的索引，完成操作。

2.6 GC 机制与相关模块

TiDB 的事务实现采用了 MVCC 机制，以确保在写入新数据时不会覆盖旧数据，而是将旧数据与新数据同时保留，并通过时间戳来区分版本。GC 的任务就是清理不再需要的旧数据。第 3 章将详细介绍 MVCC 的原理和实现。

GC 的整体流程如下：在 TiDB 集群中，会选举一个 TiDB Server 实例作为 GC leader 来控制 GC 的运行，GC 会定期触发。GC 控制模块如图 2.15 所示。

每次进行 GC 时，TiDB 会首先计算一个称为“ safe point”的时间戳，然后确保所有在

safe point 之后的快照都存在的前提下，删除 safe point 之前的过期数据。safe point 机制示意图如图 2.16 所示。

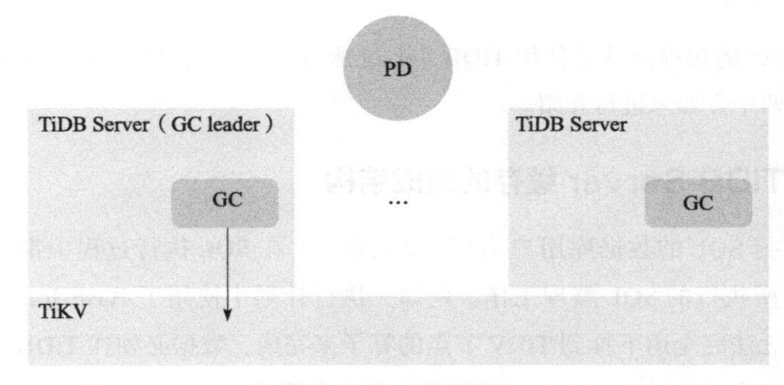

图 2.15　GC 控制模块

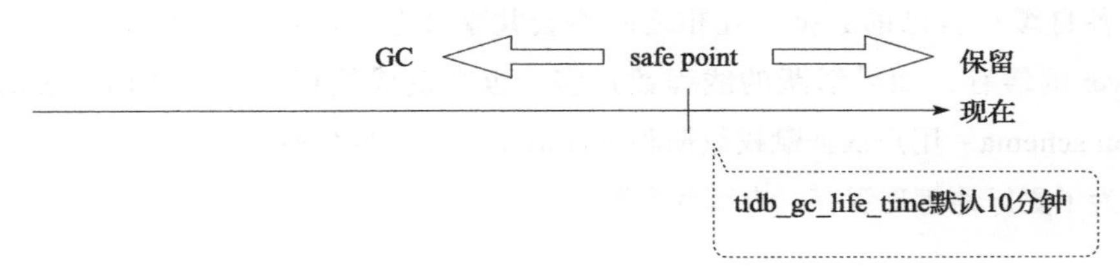

图 2.16　safe point 机制示意图

换句话说，如果数据已经被删除了，那么它还有可能保存在数据库中的时间由 safe point 来决定，safe point 由参数 tidb_gc_life_time 决定，默认是 10 min。

每一轮 GC 包括以下三个步骤：

（1）解决锁的问题　扫描所有的 Region，找出所有过期（即在 safe point 之前被修改的）数据，并清除其中的锁数据。

（2）删除范围　这个阶段快速地删除由于执行 DROP TABLE/DROP INDEX 等操作而产生的整个范围的废弃数据，需要注意的是删除操作在 safe point 之前执行。

（3）进行 GC　在这个阶段，每个 TiKV 节点将扫描自己存储的数据，并删除隶属每个键的不再需要的旧版本。默认情况下，GC 每 10 min 触发一次，每次 GC 会保留最近 10 min 的数据（即默认的 GC 过期时间为 10 min），而 safe point 的计算方式是当前时间减去 GC 过期时间。如果一轮 GC 的运行时间过长，在完成一轮 GC 之前即使到了下一次触发 GC 的时间也不会开始下一轮 GC。此外，为了确保持续时间较长的事务在超过 GC 过期时间后仍能正常运行，safe point 不会超过正在执行中事务的开始时间（start_ts）。

2.7 TiDB Server 的缓存

TiDB Server 的缓存默认是使用 TiDB Server 服务器全部内存的，接下来就从缓存的组成结构和管理两个方面来进行介绍。

2.7.1 TiDB Server 缓存的组成结构

每一个执行 SQL 的数据库用户（线程形式存在）在 SQL 执行过程中都会有自己的缓存，用来进行所执行的 SQL 整理工作。例如，执行计划中使用了 Hash Join、过多的子查询，这些计算无法完全由下推到 TiKV 节点的算子来完成，数据必须在 TiDB Server 的缓存中做整理，才能返回给用户。Update 与 Delete 涉及数据量过大也会占用大量缓存。

用户各自缓存自己的数据，互相之间不会共享缓存中的数据。线程的缓存都是使用 TiDB Server 的缓存，如果活跃的线程数过多，也会造成缓存的大量使用。表的元数据、information schema、用户认证赋权数据和统计信息是需要缓存的。

那么为了更好地管理缓存，有哪些参数？

2.7.2 TiDB Server 缓存管理

1）tidb-mem-quota-query 参数可以控制每个 Query 默认的缓存使用量，比如 tidb-mem-quota-query = 2 G，那么每个用户使用 TiDB Server 缓存的限制就是 2 G，超过这个限制后，就要按照参数 oom-action 配置指定的行为。

2）oom-action 的配置项如果使用的是"cancel"，那么当一条 SQL 的内存使用超过一定阈值后，TiDB 数据库会立即中断这条 SQL 的执行并返回给客户端一个错误，错误信息中会详细写明这条 SQL 执行过程中各个占用内存比较多的物理执行算子的内存使用情况。

通过本章的学习，读者应该理解 SQL 语句在 TiDB Server 模块中的流程，也就是 TiDB Server 的工作机制。同时，对于关系型数据与键值之间的转换、Online DDL、GC 机制和缓存机制等也有了一定的了解。总之，TiDB Server 的主要责任就是将 SQL 语句转化为执行计划并执行，在一个 TiDB 数据库集群中可以有多个 TiDB Server，它们之间是无状态的。

第3章　数据存储引擎 TiKV 的架构与原理

TiKV 模块可以说是 TiDB 分布式数据库中最重要的一个模块，因为数据全部存储在其中，分布式数据库的可扩展性也是 TiKV 的分布式特性之一。但是，这个模块也是比较难掌握的，所以建议读者按照从下到上逐层学习的方法，即先掌握 TiKV 模块如何持久化数据，做到数据不丢失，然后学习基于 Multi Raft 分布式协议的强一致性和选举，再学习 MVCC 和分布式事务的实现，最后了解 Coprocessor 机制如何利用分布式优势进行数据处理。

3.1　TiKV 的特征

TiKV 是一个分布式事务键值存储引擎，专为满足现代大规模数据存储和处理的需求而设计。TiKV 集群体系架构如图 3.1 所示。

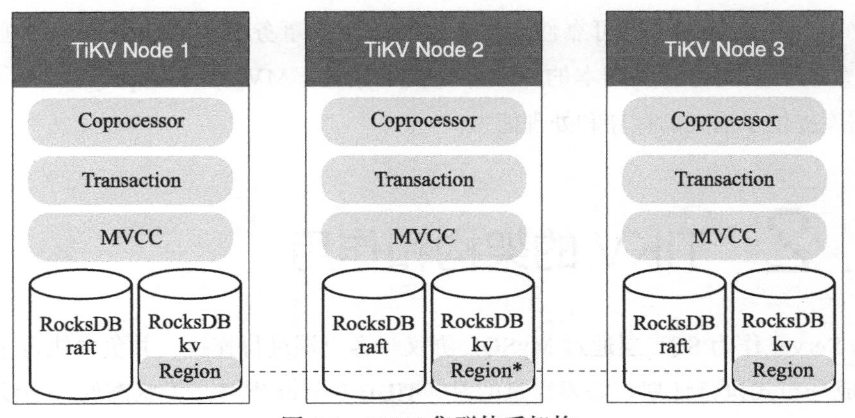

图 3.1　TiKV 集群体系架构

TiKV 具有以下特征：

（1）数据持久化　TiKV 使用了 RocksDB 作为数据的持久化存储引擎，它基于 LSM-tree（Log-Structured Merge Tree）数据结构，这种结构在写入时具有较高的吞吐量。RocksDB 还通过

WAL（Write-Ahead Log，预写日志）等机制来确保数据的持久性和一致性。数据被组织成以Key-Value形式存储的键值对，每行数据对应一个唯一的键，这个键对应一个值，这个值就是各个列的数据。

（2）多副本的一致性与高可用性　TiKV采用Multi Raft机制实现多副本之间的一致性和高可用性。数据被分片成多个Region，并在多个节点上进行复制。Raft分布式协议确保了数据的一致性和副本间的同步。同时，TiKV还支持自动分裂和合并Region，以实现动态的扩展和负载均衡。通过与PD的协作，可以灵活地调度Region，以避免热点和均衡负载。

（3）多版本并发控制　MVCC是TiKV实现高并发性能和事务隔离级别的重要机制。每个键对应的数据都会有多个版本，通过在键后添加版本号来实现。这样，读操作可以同时访问多个版本的数据，而不会阻塞写操作。同时，TiDB Server负责对历史版本数据进行垃圾回收，以及处理数据的恢复和冲突检测等任务。

（4）分布式事务支持　TiKV支持强一致性的分布式事务。它采用Percolator事务模型，在分布式环境中实现了两阶段提交。每个TiKV节点上都有单独存储锁的空间，称为列族（Lock Column Families，Lock CF）。通过与TiDB Server和PD的协作，TiKV实现了全局时间戳分配和多节点之间的数据一致性。

（5）Coprocessor功能　TiKV的Coprocessor功能可将部分计算任务下推到存储节点上执行，减少了网络传输和中间结果传递的开销。Coprocessor通过执行预定义的计算函数，可以在存储节点上进行数据过滤、聚合和转换等操作，从而提高计算效率和系统整体性能。

TiKV是一个高性能、高可靠性和可扩展的分布式事务键值存储引擎。它通过数据持久化、分布式事务支持、多副本的一致性与高可用性、MVCC和Coprocessor等功能，为TiDB数据库提供了强大的存储和处理能力。

3.2 TiKV的架构和作用

TiDB Server作为SQL层通过MySQL协议与客户端进行连接，并负责执行SQL解析、优化和生成分布式执行计划。需要注意的是，TiDB Server本身是无状态的，是没有数据要持久化保存在TiDB Server中的。

TiKV的主要功能是持久化存储TiDB数据库的数据。这个功能是通过集成RocksDB来实现的。本章将重点介绍TiKV中RocksDB的数据写入（即持久化）和读取，并介绍RocksDB中列族的功能。后者对事务和MVCC的支持起了很大作用。

在 TiDB 数据库中，TiKV 是一个分布式存储引擎。数据以 Region 为单位进行分布式存储。为了实现数据的强一致性，其使用了 Raft 共识算法。每个 Region 及其副本构成一个 Raft 组，多个 Raft 组的组合称为 Multi Raft。本书将为读者介绍 Raft 中的复制和 leader 选举，以及基于 Raft 共识算法的数据写入和读取。需要注意的是，基于 Raft 共识算法的写入 / 读取与之前提到的 RocksDB 的写入和读取有所不同。RocksDB 的写入和读取主要指的是在单个 TiKV 节点上保证数据的持久性和一致性读取，而基于 Raft 共识算法的写入 / 读取主要是针对由多个 TiKV 节点组成的集群进行操作，可以认为是在横向上进行的。

TiKV 的另一个功能是支持分布式事务和 MVCC。因此，在接下来的介绍中，本章将从事务的角度来说明它们的实现。

最后，本章介绍了 Coprocessor 功能组件。这个功能组件为 TiKV 提供了算子下推的能力。可以利用这个功能组件将部分过滤、聚合和投影等 SQL 计算交给 TiKV 完成，无须将 TiKV 中的所有数据通过网络发送给 TiDB Server，也无须将所有计算压力放在 TiDB Server 上。这样既节省了网络带宽，又减轻了 TiDB Server 的 CPU 负载。

TiKV 的功能非常丰富，初学者在学习的时候可能会感觉到无从下手，那么这里来打个比方帮助读者找到头绪。大多数读者在计算机基础学科中都学习过“计算机网络”这门课，里面有一个 TCP / IP 七层协议，在这个七层协议中，最开始只有原始的 0、1 数据在电线中传输；之后在原始的 0、1 数据两端加入了 MAC 地址（叫作包头和包尾），这样就实现了传输链路的相互打通，这就是链路层；之后再为数据包两端加上新的包头和包尾表示 IP 地址，就可以指定目标地址进行传输了，形成了网络层；之后逐层通过加入包头和包尾的方式进行包装，最终完成了 TCP / IP 七层协议。

在 TCP / IP 七层协议中，其实是把原始的数据包逐层加入包头和包尾，让它拥有更多的意义，从而实现更多的功能。TiKV 也是一样的，刚才提到的功能是逐步实现的，比如，先实现持久化数据不丢失，然后实现分布式一致性使得多个副本的数据一致，实现了高可用性，再加上 MVCC 和分布式事务机制，最后用 Coprocessor 实现了分布式的并行协同计算。

3.3 RocksDB

3.3.1 RocksDB 的作用与特点

TiKV 服务器将数据写入其内部模块 RocksDB 中落盘，而不是直接将数据写入磁盘。

RocksDB 是一个强大的开源单机存储引擎，可以满足对单机数据存取的需求。这里可以将 RocksDB 简单地理解为一个单机的键 – 值映射存储的黑盒子。

RocksDB 针对闪存、SSD 存储进行了优化，具有非常低的延迟，并采用了 LSM 数据结构来存储数据，它具有以下特点。

1）高性能的键 – 值数据存取引擎。

2）完善的持久化机制，同时保证了性能和数据安全性。

3）支持范围查询操作。

4）专为需要将 TB 级别的数据存储在本地闪存或 RAM 的应用服务器设计。

5）针对存储在高速设备上的中小规模键 – 值对进行了优化。

6）性能随着 CPU 数量的增加呈线性提升，并对多核系统非常友好。

如果读者对 RocksDB 感兴趣，可以浏览 RocksDB 的官方网站进行了解。

3.3.2 RocksDB 的写入与文件组织

本节将探索 RocksDB 的写入操作是如何进行的，通过这个过程，能够理解 TiDB 数据库是如何使用 RocksDB 引擎进行数据持久化的。RocksDB 采用了 LSM tree 的数据结构来存储键值数据。LSM tree 将所有的数据插入、修改和删除等操作都作用在内存中，当达到一定数量后，再批量写入磁盘中进行持久化。与传统的 B+ 树数据结构不同，LSM tree 在合并过程中采取直接插入新数据的方式，避免了随机写入的问题。

LSM tree 的结构横跨内存和磁盘，包括 MemTable、immutable MemTable 和 SSTable 等多个组件。本节将以一次写入操作为例，来说明 LSM tree 及其相关组件的工作流程，如图 3.2 所示。

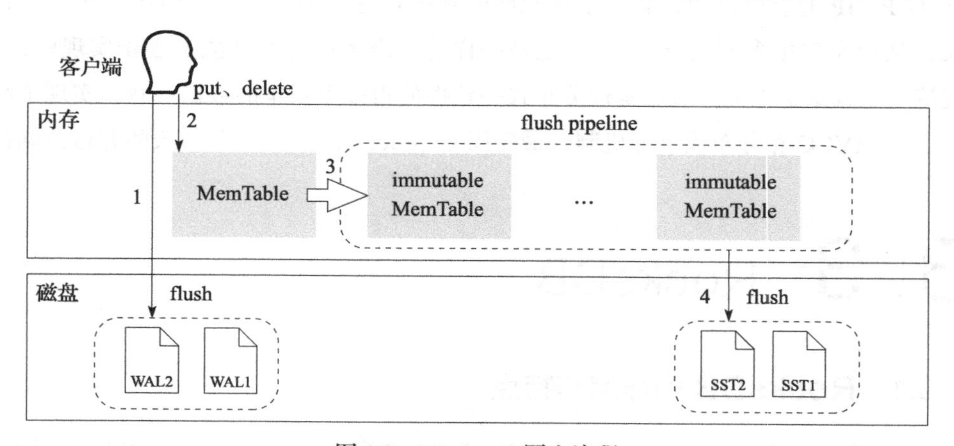

图 3.2 RocksDB 写入流程

首先，数据会通过 WAL 技术备份到磁盘上，以防止因内存断电而导致数据丢失。设置参数 sync-log = true 可以确保将 WAL 持久化到磁盘中，而不是仅保存在操作系统缓存中。

完成 WAL 后，数据会被写入 MemTable 中。MemTable 是一个内存数据结构，保存着尚未持久化到磁盘的数据。为了保持数据的有序性，MemTable 内部的数据可以使用跳跃表或搜索树等数据结构进行组织（关于跳跃表和搜索树都是数据的组织结构，目的是避免查询数据时扫描所有数据，如果读者有兴趣可以查阅数据结构相关书籍，这里不必深究）。

当 MemTable 达到一定大小（由 RocksDB 的参数 write_buffer_size 设定）时，它会转化为 immutable MemTable。immutable MemTable 是一个内存中不可修改的数据结构，用于在转存过程中不阻塞写入操作。新的写入操作将由新的 MemTable 处理，而不需要等待锁定 MemTable。

这里要说明的是，在 RocksDB 中写入的是插入和删除两种操作，比如：应用程序插入一行 id = 1，name = tom 的键值对，可以理解为写入 put (1, tom)。如果要删除这行数据，也不需要将数据查出来之后抹掉，而是直接写入 del 1 就可以了，为什么呢？因为，写入总是顺序完成的，写操作不会去读前面写过的数据，所以应用程序查询数据的时候，只需要从 memtable 开始，按照写入时由先到后的顺序找就可以了。回到例子中，一定先找到的是 del 1，所以不用去读取后面的 put (1, tom) 了。再比如，修改操作，应用程序希望将 (1, tom) 改为 (1, jack)，怎么办呢？没错，只需要插入 put (1, jack) 就可以了，这样在读取的时候就最先读到了 (1, jack) 这行数据。

WAL 可以理解为一个在磁盘（这里和后面所说的磁盘在 RocksDB 中往往指工业级的 PCIe SSD 盘）上记流水账的日志，由于它是顺序的写，所以速度比较快，写它是因为一开始新数据不是在 memtable 就是在 immutable MemTable 中，这两个地方都是缓存，如果宕机掉电，数据就彻底没有了。所以数据库在数据持久化存储在磁盘（落盘）前需要将数据先以流水账的方式记录到磁盘中的 WAL 里，防止宕机掉电后丢失数据，当数据从 immutable MemTable 转存到磁盘后，包含这些数据的 WAL 就可以清理掉了，这个是自动的，也就是说 WAL 的生命周期就是其上的数据写入磁盘之前的时间。

后台线程会将 immutable MemTable 的内容写入 SST 文件（落盘）。SSTable（Sorted String Table）是 LSM tree 在磁盘上的数据结构，包含了经过排序的键值对集合。同时，关联着这个 MemTable 的 WAL 也可以被删除。

总而言之，通过这种方式，RocksDB 能够高效地将数据持久化到磁盘，并具备较低的写入延迟。同时，LSM tree 的设计使得数据的插入和合并操作更加高效和灵活，下面重点介绍 RocksDB 数据持久化（落盘）后的文件组织方式，如图 3.3 所示。

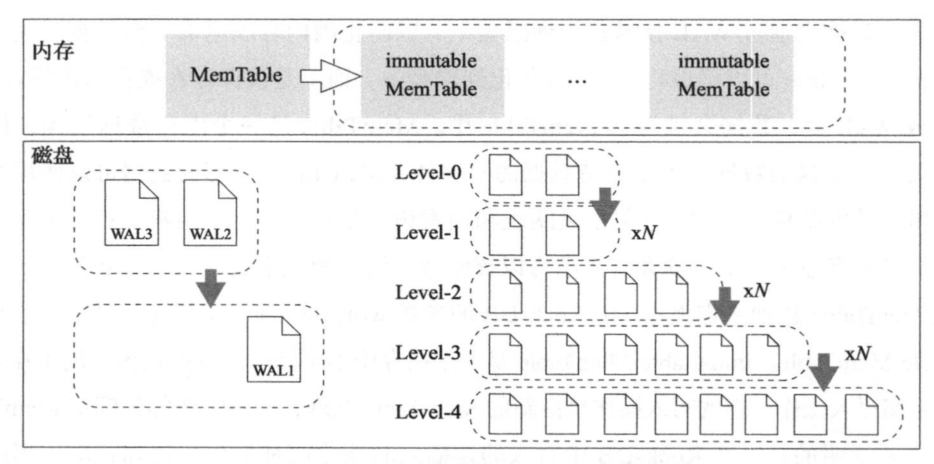

图 3.3　RocksDB 数据持久化后的文件组织方式

在磁盘上，文件被分成多个层级，通常称之为 Level-0、Level-1、Level-2 等，或者简称为 L0、L1、L2 等。其中，特殊的一层是 Level-0，它包含了刚从内存中落盘的数据，也就是 imutable MemTable 直接转存的 SST 文件，一般是一对一的，所以 Level-0 中 SST 文件的数据也是按照跳跃表数据结构组织的。当 Level-0 中的文件达到一定数量（通常为 4 个，不过可以调整，本书在这里用 *N* 表示）时，会触发 compaction（合并压缩），将这些文件合并到下一层。如果 Level-0 中的文件积压达到一定数量（通常为 10 个，可以调整），会触发 Write Stall（写入停滞），算是一种流量控制，用于防止写入压力过大和内存中数据过多。每个层级（除了 Level-0）都是一个独立的排序结果。

这里要说明一下合并压缩。例如 Level-0 层的 SST 文件达到 10 个，RocksDB 对其进行向下一层 Level-1 的压缩，将 10 个文件合并为 1 个，在合并过程中，可能会有这种情况：开始插入了 (1, Tom)，后来又将 (1, Tom) 改为 (1, Jack)，再将 (1, Jack) 改为 (1, Tim)，最后将 (1, Tim) 删除了。根据刚才的知识容易得知，可能这 10 个要做合并压缩的文件中包含了 put (1, Tom)，put (1, Jack)，put (1, Tim) 和 del 1 四个操作，但是，实际上这条数据早就不存在了。这样一来，在将 Level-0 向 Level-1 进行合并压缩的过程中，类似的这些数据都可以删掉，实际合并出的 Level-1 层的 SST 并没有这 10 个 SST 文件数据量总和大。

另外，在合并压缩中，RocksDB 使用的是 LZ4 压缩算法。

在每个非 Level-0 层级中，数据被分割成多个 SST 文件。每个 SST 文件中的键值对按照键进行排序。如果需要定位某个键，首先进行二分查找以确定该键在哪个文件中，然后再在具体的文件中进行二分查找以定位键的位置。总的来说，就是在该层级的所有键中进行二分查找。

除了 Level-0，其他层级都有目标大小。目标大小的设定旨在限制这些层级的数据量，通常采用指数增长的方式。

通过以上步骤，数据已经成功地持久化写入。可以看到，WAL 确保了写操作不会丢失。总结一下 RocksDB 的大致流程：

写入操作：首先将数据通过 WAL 写入磁盘日志，防止数据丢失；然后数据被写入内存的 MemTable 中，完成一次写操作只需要 1 次磁盘 IO 和 1 次内存操作。相比于 B+ 树的多次随机磁盘 IO，大大提高了效率。随后，这些在 MemTable 中的数据会批量合并到磁盘中的 SSTable，将随机写入变为顺序写入。

删除操作：当有删除操作时，不需要像 B+ 树一样在磁盘中找到对应的数据再删除，只需在 MemTable 中插入一条标志，如 delete key: 1233。当读操作遇到 MemTable 中的这个标志时，就知道该键已被删除。在日志合并过程中，这个被删除的数据会在合并时一起被删除。

更新操作：更新操作与删除操作类似，只在 MemTable 中进行操作，插入一个标志，实际的更新操作将延迟到合并时一并完成。

3.3.3 RocksDB 的查询

在 RocksDB 中，查询操作需要按顺序读取 MemTable、immutable MemTable、Level-0 的 SST 文件、Level-1 的 SST 文件……，如图 3.4 所示。

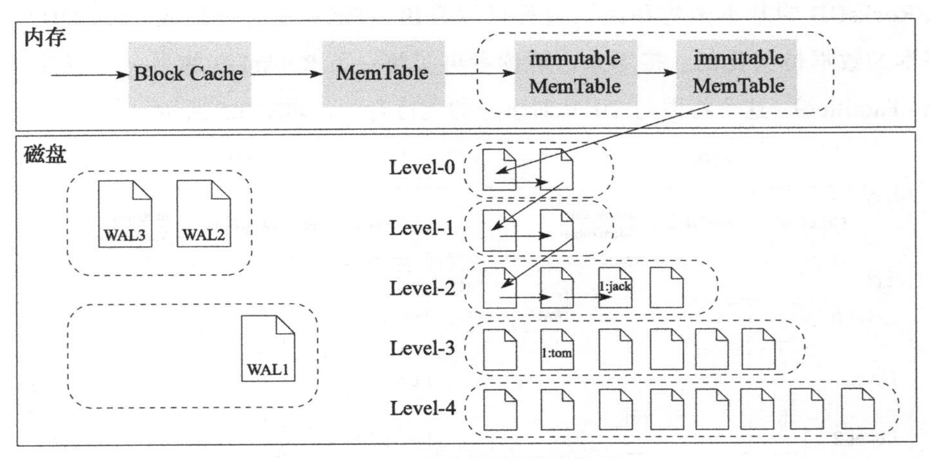

图 3.4　RocksDB 的读取流程

之所以按这个顺序读取是因为新写入时是按照这个顺序存储的。另外，MemTable、immutable MemTable、Level-0 的 SST 文件是跳跃表的数据结构，但是 Level-1 以后的 SST

文件就按照键值对的键进行排序了，所以到了 level-1 的 SST 文件后，就面临从顺序排列的键中找到是否有需要的键的问题，如果无法根据 SST 文件中键的最大值和最小值判断出键是否在某个 SST 文件中（比如要找的键为 81，而 SST 文件的最小键是 77，最大键是 91），则必须进入 SST 文件去做检索了。

基于以上观点，读者可以看出读取操作的效率略显低下。为了加快读取操作，RocksDB 使用布隆过滤器（Bloom Filter）。布隆过滤器可以判断相应 SST 文件中是否存在要读取的数据，如果布隆过滤器判断不在，则可以直接跳过该 SST 文件。

值得注意的是，布隆过滤器实际上是一个很长的二进制向量和一系列随机映射函数的组合，用于判断一个元素是否属于一个集合。它的优点是空间效率和查询时间都远远超过一般算法，但缺点是有一定的误判率。简单来说，布隆过滤器判断某个元素属于集合时，不一定准确，但判断不属于集合时则准确无误。

RocksDB 内部还有一个模块称为 Block Cache。系统为 Block Cache 分配了一块内存空间，其中保存了数据库经常访问的数据。因此，在查询操作中，会优先从 Block Cache 中读取数据。只有当数据未被缓存到 Block Cache 中时，才会开始执行上述描述的从 MemTable 中读取的流程。

3.3.4 RocksDB 的列族

从 RocksDB 的基本架构和读写过程可以看出，TiKV 是通过集成 RocksDB 引擎来实现最基本的数据持久化的。接下来，请读者再了解一下 RocksDB 的另一个特性——列族（Column Families），这个特性与 TiKV 对事务的支持有关，如图 3.5 所示。

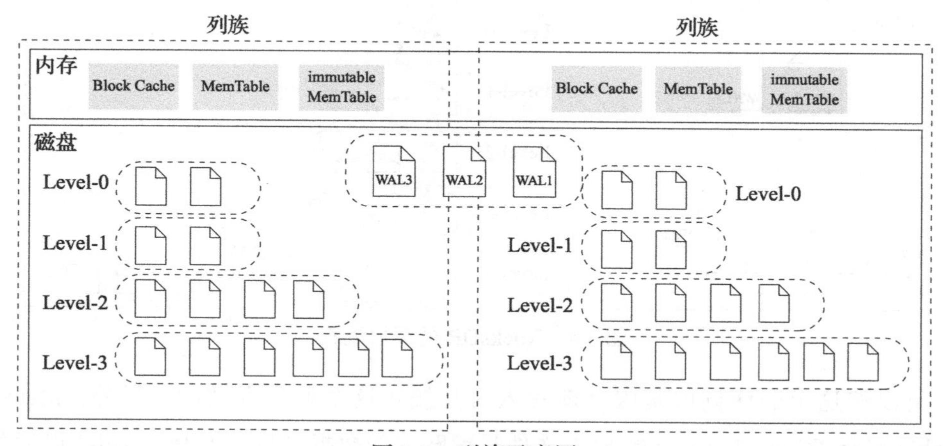

图 3.5　列族示意图

列族是从 RocksDB 3.0 版本开始引入的。在之前，无论什么类型的键值都存储在同一个系列的 MemTable、immutable MemTable、SST 文件中，这样从数据的管理角度来讲就比较混乱，现在，在 RocksDB 中，每个键值对都对应着一个唯一的列族，每个列族就是一系列的 MemTable、immutable MemTable、SST 文件。如果没有指定列族，键值对将会默认对应到名为“default”的列族，这是 RocksDB 实例的默认列族。

这样一来，对于一类特定的键值，就可以将其存储在指定的列族中了，TiKV 正是利用了列族，将用户数据、锁信息和事务的提交信息分别放在不同的列族中进行管理，本书在后面会详细为读者讲解。

列族提供了一种逻辑上对数据库进行分片的方法。它具备以下特性。

1）支持跨列族的原子写操作。这意味着您可以原子地执行类似于 Write({cf1, key1, value1}, {cf2, key2, value2}) 的操作来写数据。

2）跨列族的一致性视图。

3）允许对不同的列族进行不同的配置。

4）可以即时地添加或删除列族，而且两个操作都非常快速。

另外，需要注意的是，列族的主要实现思想是它们共享一个 WAL 文件，但是不共享 MemTable 和 SST 文件。通过共享 WAL 文件，实现了原子写操作。通过隔离 MemTable 和 SST 文件，RocksDB 可以独立地配置每个列族，并且可以快速地删除它们。

综上所述，一个 RocksDB 实例可以拥有多个列族，每个列族对应着一类键值对，每个列族都有自己的 MemTable、immutable MemTable 和 SST 文件，但是所有的列族共享一个 WAL 文件，这实际上就是 RocksDB 实例的分片机制。

3.4 Raft 与 Multi Raft

本节将介绍 Raft 分布式协议[1]与 Multi Raft 机制，如图 3.6 所示。

首先，来概述 Raft 共识算法中的几个关键术语。

[1] Diego Ongaro and John Ousterhout Stanford University. In Search of an Understandable Consensus Algorithm (Extended Version) [EB/OL]. [2014-05-20]. https://raft.github.io/raft.pdf.

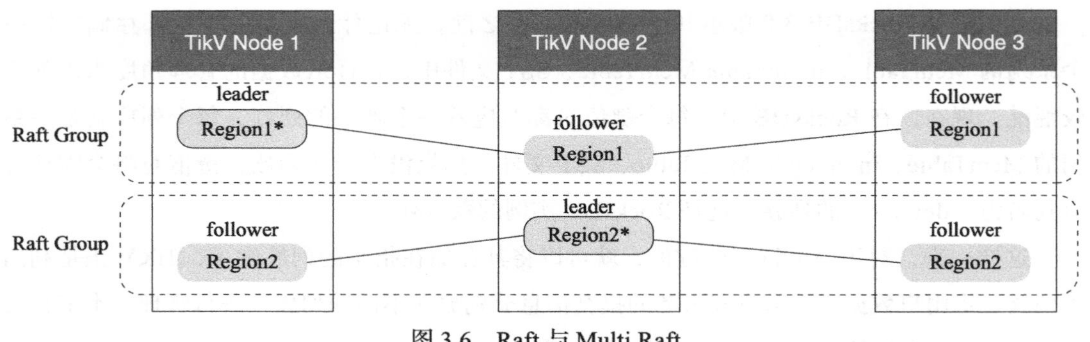

图 3.6　Raft 与 Multi Raft

主副本（leader 角色副本）：集群中负责率先处理所有客户端的读写请求，并将写操作日志发送给 follower 角色副本。通常情况下，集群中只有一个主副本，它周期性地向 follower 角色副本发送心跳信号以维持自己的统治地位。

从副本（follower 角色副本）：集群中被管理的副本，只能响应其他服务器的指令（发送过来的日志）。在长时间未收到主副本的响应后，follower 角色副本会成为 candidate 角色副本来发起新的 leader 选举。

候选副本（candidate 角色副本）：candidate 角色副本竞选成为 leader 角色，试图发起投票，也可以理解为从 follower 到 leader 过渡的中间状态。

在前面的介绍中，读者了解到 TiKV 使用 Raft 共识算法来确保分布式环境下数据的强一致性。TiDB 数据库只允许通过主副本进行写入操作，主副本将写入指令以日志形式复制给其他从副本。当集群中的大多数节点成功地接收到了这个日志，TiKV 就认为该日志已经提交，可以将其应用到持久化存储引擎（如 RocksDB）中。

默认情况下，TiDB 提供了以 Region 为单位的三个副本的支持，这三个副本组成了一个 Raft Group。换句话说，每个 Region 都有三个副本，三个副本遵守 Raft 协议来保持其强一致性。由于每个 Region 大小有限（96 ～ 144 MB），所以数据库中会有多个 Region，每个 Region 都会对应一个 Raft Group，这样的多个 Raft 组称为 Multi Raft。在 Region 内部根据键的范围进行排列，将键按照字节顺序排序，并形成一段段连续的键范围。

Region 内部键的范围采用了前闭后开的方式，即 [start,end)，对于起始键 start 来说，它属于该 Region；而对于结束键 end 来说，它实际上属于下一个 Region。

TiKV 中的每个 Region 都有一个最大大小的限制，当超过这个阈值时，会将 Region 分裂成两个，比如 [a,c) → [a,b) + [b,c)。如果一个 Region 内没有数据或只有很少的数据，也可以与相邻的 Region 合并，形成一个更大的 Region，比如 [a,b) + [b,c) → [a,c)。接下来，将重点介绍 Raft 共识算法在 TiKV 中的两个重要功能：

（1）日志复制　确保每个节点都收到并复制了主副本发送的日志，日志复制保证了一个 Region 多个副本的强一致性。

（2）leader 选举：当主副本失效或不可用时，集群会进行选举以选出新的主副本，选举保证了 Region 副本的高可用性。

3.4.1　Raft——日志复制

Raft 的日志复制在 TiKV 保证数据的强一致性上起着重要的作用，也就是 Region 的多个副本在不同 TiKV 上之所以能够保持数据一致，这一切全靠 Raft 日志复制。也请读者注意，这里谈的日志，是到目前为止一个全新的日志，叫作 Raft 日志，是 Region 的多个副本之间复制数据所特有的日志，和之前提到的 RocksDB 中的 WAL 不是一回事，或者说到现在读者完全可以把 RocksDB 当作一个黑盒子，写进去数据能够保证持久化就可以了，里面的 WAL 可以先不考虑。

接下来为读者描述 Raft 的日志复制过程。

整个 Raft 日志复制的过程可以分为 5 个阶段，这 5 个阶段都成功，日志复制才算成功，Region 之间的副本才能保持一致。这 5 个阶段就是：Propose，Append，Replicate，Committed 和 Apply。这里按照顺序来一一介绍。

1. Propose

当某个客户端通过 TiDB Server 将数据写入 TiKV 时，语句为 insert into T values(1, 'tom')，TiKV 最先做的事情就是将这个操作转化成 Raft 日志，如图 3.7 所示。

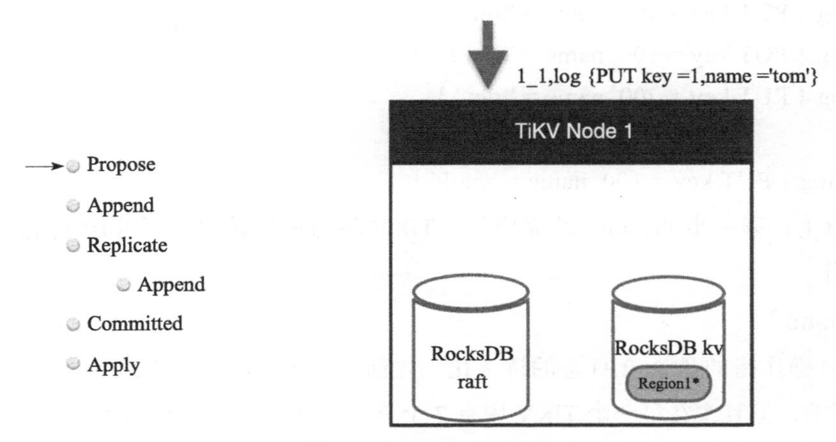

图 3.7　Propose 示意图

Raft 日志如图 3.8 所示。根据图中 Region1 和 Region2 的 Raft 日志，可以简单地理解其格式如下：每个 TiKV 都会有多个 Region，而在 Raft 日志中，TiKV 会使用 Region 的 ID 作为键的前缀，然后再加上 Raft 日志的顺序号（即第几个操作）来唯一标识一条 Raft 日志。

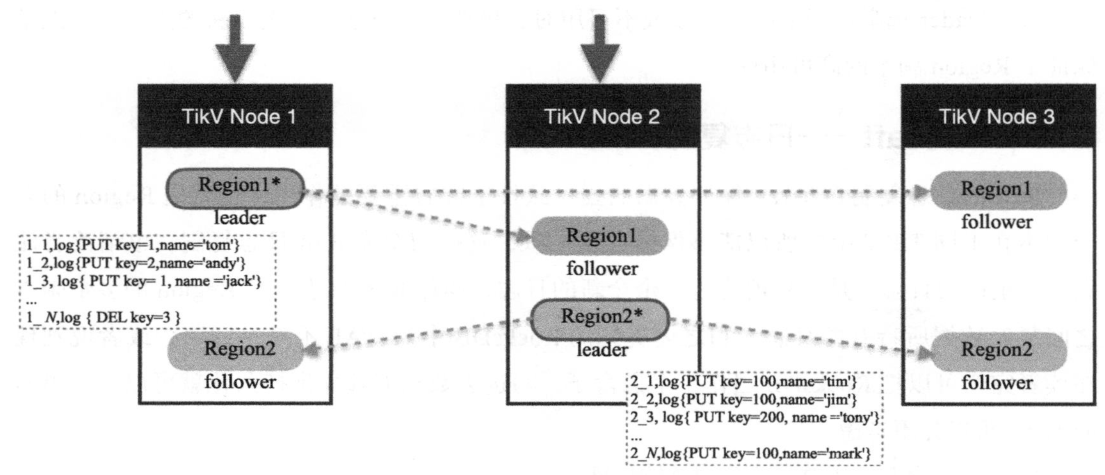

图 3.8　Raft 日志图示

例如，假设现在有两个 Region，分别为 Region 1 和 Region 2，那么 Raft 日志的格式如下：

1_1, log { PUT key = 1, name = 'tom' }

1_2, log { PUT key = 2, name = 'andy' }

1_3, log { PUT key = 1, name = 'jack' }

...

1_*N*, log { DEL key = 3 }

2_1, log { PUT key = 100, name = 'tim' }

2_2, log { PUT key = 100, name = 'jim' }

2_3, log { PUT key = 200, name = 'tony' }

...

2_*N*，log { PUT key = 100, name = 'mark' }

到此为止，第一步 Propose 就完成了，TiKV 将写操作转化为了 Raft 日志，接下来是 Append 操作。

2. Append

Append 操作指的是 Raft 日志的持久化，之前介绍 RocksDB 的时候读者知道它是负责持久化数据的，但其实在每一个 TiKV 中有 2 个 RocksDB，一个是存储和持久化数据的，叫作 RocksDB kv；另一个是存储和持久化 Raft 日志的，叫作 RocksDB raft，如图 3.9 所示。

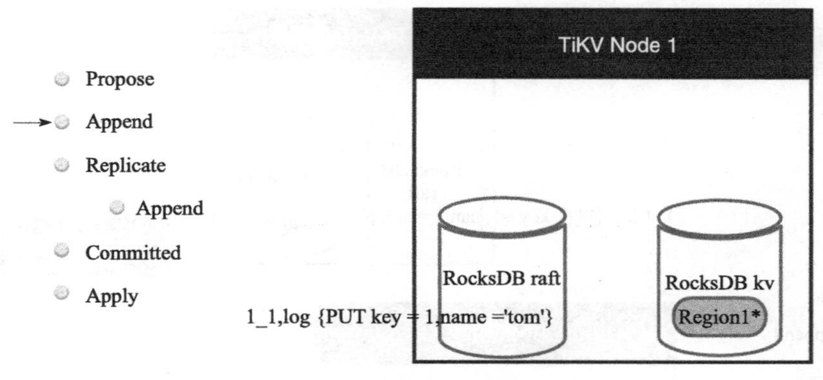

图 3.9 Append 示意图

Append 操作就是把刚才 Propose 操作转化的 Raft 日志存储在 RocksDB raft 中，保证日志不丢失。至于 RocksDB raft，读者可以把它想象成一个黑盒子，Raft 日志存进去就不会丢失。在 TiDB 6.1 的版本中，Raft 日志默认存储在一个叫作 Raft Engine 的新组件中，而不是 RocksDB 中，目的是加快日志写的效率。读者依然可以将 Raft Engine 想象成一个 Raft 日志写进去不会丢失的黑盒子，这并不影响理解整个过程。

3. Replicate

Replicate 是对于多个副本的强一致性至关重要的一步，主副本（读写副本）会通过网络将 Raft 日志复制到其他节点上的从副本。当从副本所在的节点收到这些 Raft 日志后，也会进行相同的 Append 操作，即存储在自己的 RocksDB raft 或者 TiDB 6.1 版本后的 Raft Engine 中，如图 3.10 所示。

到目前为止，Raft 日志已经被其他从副本所收到。

4. Committed

到目前为止一切正常！当从副本所在的节点收到这些 Raft 日志并进行完持久化操作后，会告知主副本：我已经收到了你发过来的 Raft 日志并且存好了，如图 3.11 所示。

到此为止，可以想象，无论主副本还是从副本都存储了这条 Raft 日志，可以理解为这个修改是一定不会丢失的，而且是多副本一致的。

这里读者要注意，根据 Raft 协议，Committed 阶段中的主副本不需要收到所有从副本的回应才算成功，只要收到多数派成员 Append 成功的响应就可以了。比如默认 3 个副本的话，收到 1 个副本的响应就可以了（主副本也要算 1 个）；默认 5 个副本的话，收到 2 个副本的响应就算成功（主副本也要算 1 个）。

TiKV Node 2
RocksDB raft
RocksDB kv
Region1
1_1,log {PUT key =1, name ='tom'}
TiKV Node 3
RocksDB raft
RocksDB kv
Region1
1_1,log {PUT key = 1,name ='tom'}
TiKV Node 1
RocksDB raft
RocksDB kv
Region1*
1_1,log {PUT key =1,name ='tom'}
Propose
Append
Replicate
Append
Committed
Apply

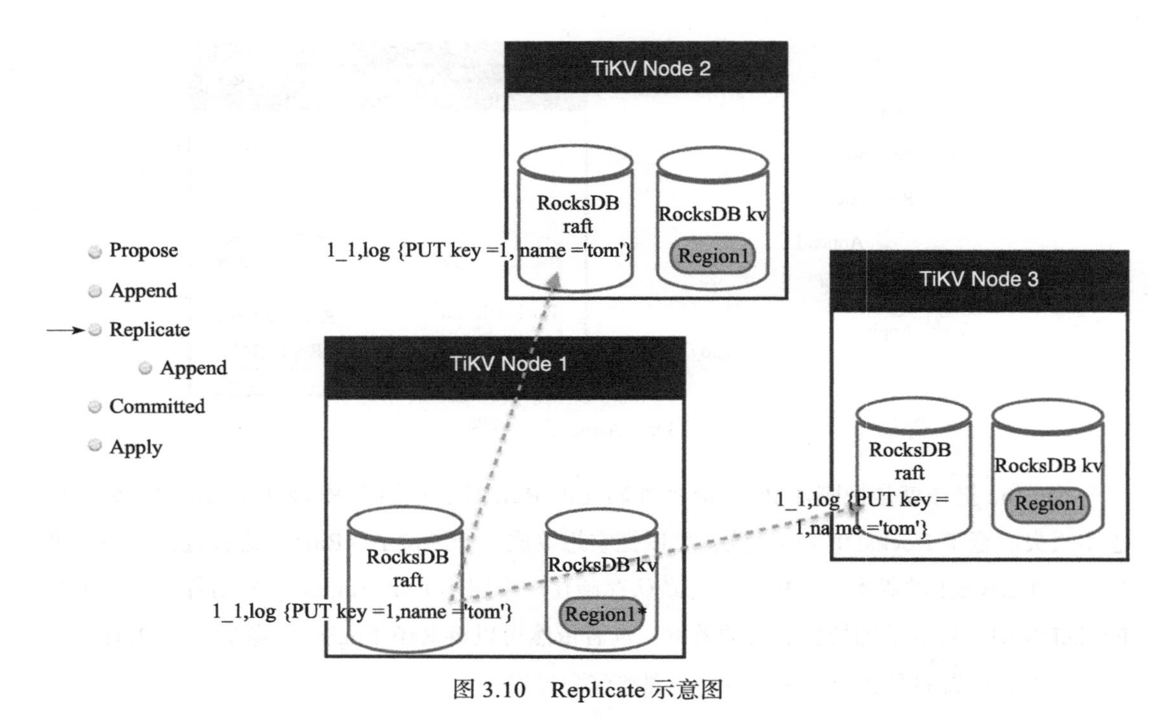

图 3.10　Replicate 示意图

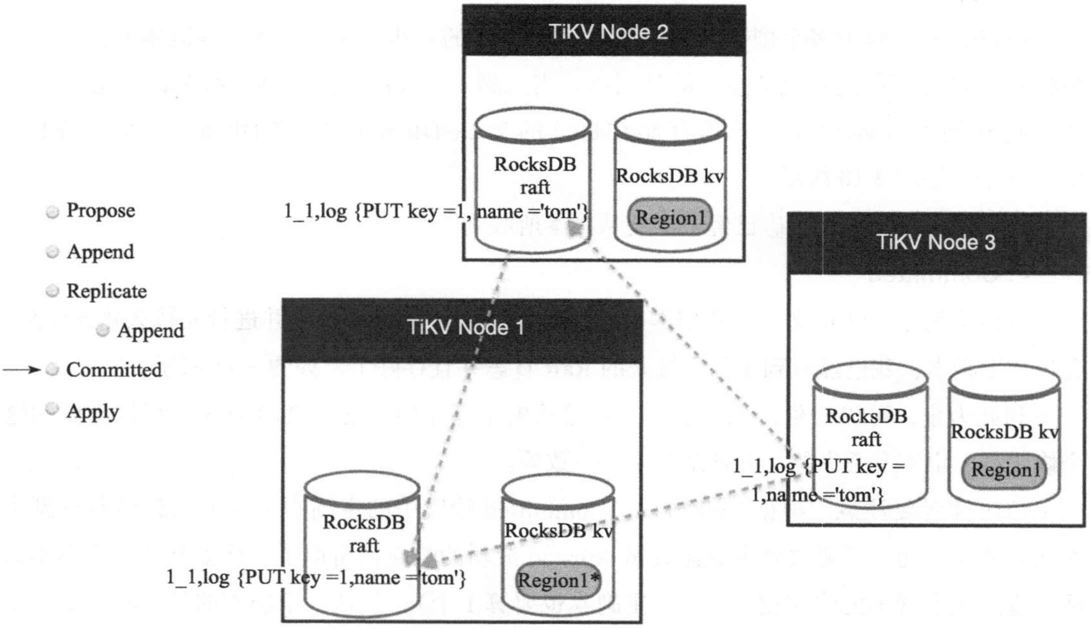

TiKV Node 2
RocksDB raft
RocksDB kv
Region1
1_1,log {PUT key =1, name ='tom'}
TiKV Node 3
RocksDB raft
RocksDB kv
Region1
1_1,log {PUT key = 1,name ='tom'}
TiKV Node 1
RocksDB raft
RocksDB kv
Region1*
1_1,log {PUT key =1,name ='tom'}
Propose
Append
Replicate
Append
Committed
Apply

图 3.11　Committed 示意图

接下来，为读者澄清一件事，如图 3.12 所示。

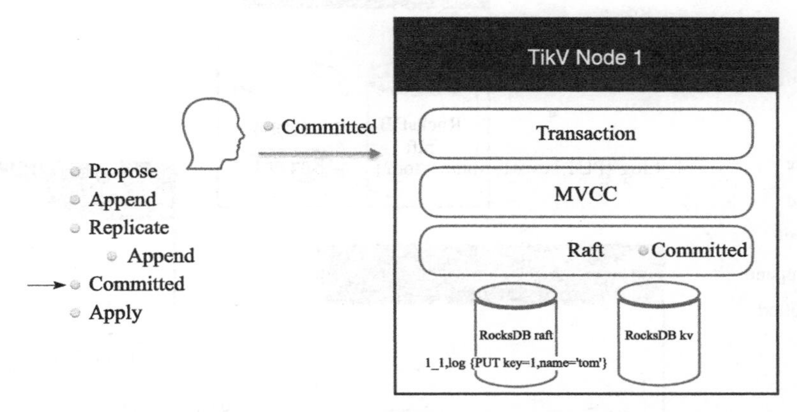

图 3.12　Raft Committed 与事务的 Committed 示意图

刚才也提到了，Raft 日志复制到了 Committed 阶段，多数派副本都持久化了 Raft 日志，这个修改是一定不会丢失了，一致性就此保持住了。但是问题来了，这一步叫作 Committed，是否意味着在程序开发代码中的 Commit 语句就成功了呢？答案是否定的。因为在程序开发代码中的 Commit 语句如果成功，写入的数据是可以被查询的，可是目前存储数据的 RocksDB kv 中还没有 (1, tom)，这条数据只存在于持久化的日志中。所以，程序开发代码中的 Commit 语句和这里的 Committed 阶段不是一个概念。到现在这一步，应用程序还没有办法读取到 (1, tom)，程序开发代码中的 Commit 语句还没有结束。接下来，就将 Raft 日志转化为具体数据，让所有会话都能查询到 (1, tom)。

5. Apply

这一步非常简单，如图 3.13 所示，就是将已经持久化的 Raft 日志从 RocksDB raft 中读出，并应用到 RocksDB kv 中。到现在，数据终于写入成功了，所有人都可以查询到 (1, tom) 了。

当应用成功后，应用程序就可以从 RocksDB kv 中查询到数据了，这个时候，刚才讨论的程序开发代码中的 Commit 语句才真正算是结束了，如图 3.14 所示。

另外，这里还有个伏笔请读者思考，那就是应用这一步的成功实际上指的是主副本的节点写成功，并不是从副本所在的 TiKV 节点写成功。这并不影响什么，因为，首先负责读写的都是主副本，只要主副本做完 Apply 就可以了；其次是在 Replicate 那一步，多数派从副本都持久化存储了 Raft 日志，因此是不会丢失的。

现在问题是，如果从副本也可以被读取，会出现什么情况呢？请读者思考，本书后面也会给出答案。

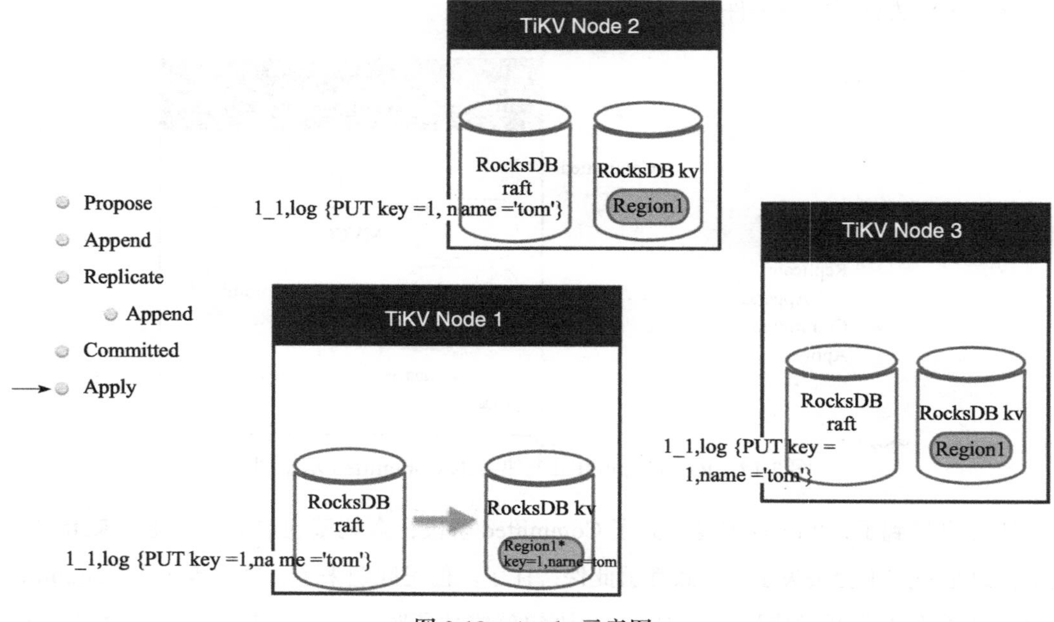

图 3.13　Apply 示意图

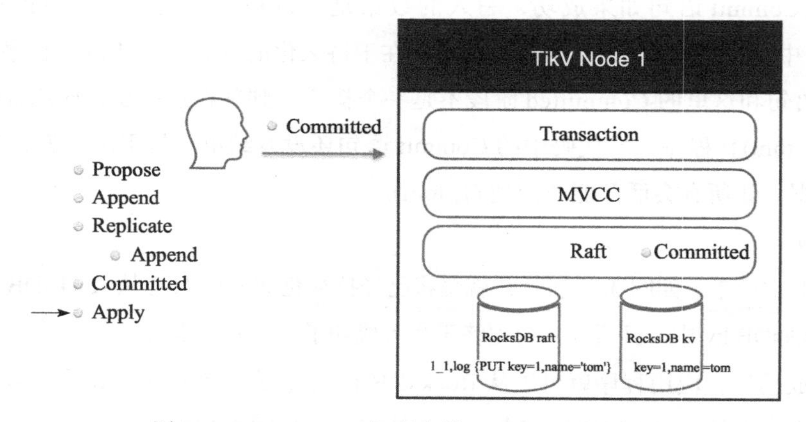

图 3.14　Raft Apply 与事务的 Committed 示意图

到现在为止，Raft 协议的日志复制就完成了，TiKV 的写操作也实现了在多个副本上的一致性，写操作的成功代表在多个副本上进行一致性的操作。既然有多个副本，那么就涉及高可用方面的问题，接下来介绍 Raft 协议在 TiDB 中的另一个重要的工程实践——选举，它保证了多个数据副本的高可用性。

3.4.2 Raft—leader 选举

下面解释一下 leader 选举的过程。

首先，引入一个概念，称为“任期”（term）。在 Raft 分布式协议中，我们可以认为任期就是一段时间，在这段时间内，只有一个 Region 副本一直作为主副本，一旦这个 Region 副本不再是 leader 角色了，那么这个任期也就结束了。每个任期的时长可以是不同的，并用连续递增的数字来标识。这些任期标识保存在每个 Region 副本中。在任期的初始阶段（还没有主副本存在）会进行选举，一旦选出了主副本，在该任期的剩余时间内，整个 Raft 集群将正常提供服务。如果没有发生异常情况，该任期将持续存在直到结束（任期的标识不会改变）。但如果发生异常情况（例如，leader 宕机或网络隔离），当前任期将结束，新的节点中的 Region 副本将递增之前的任期标识，并开始新一轮的选举。需要注意的是，在一个任期内，Raft 要确保最多只有一个主副本存在于集群中。

那么，何时会发起选举呢？当 TiKV 集群初始启动时，所有 Region 的副本都是从副本，如图 3.15 所示。

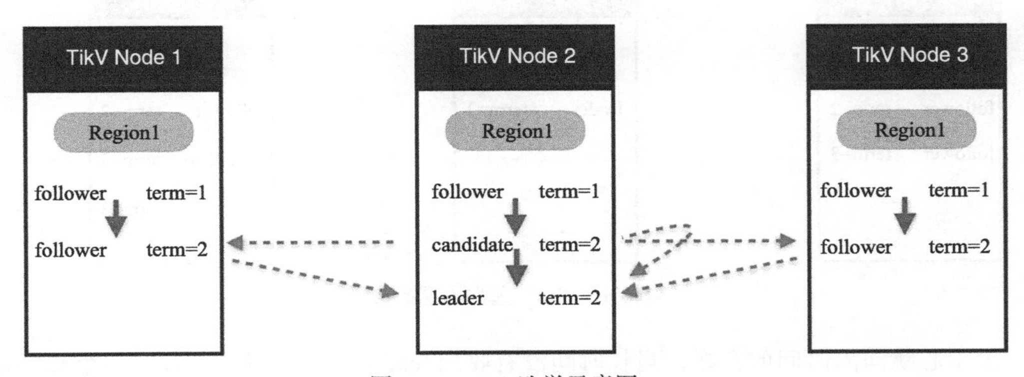

图 3.15 Raft 选举示意图一

如果一个从副本的 Region 在一段特定的时间内没有收到来自主副本或候选副本的有效消息，它就会发起选举。这段特定的时间称为选举超时时间（election timeout），并且是一个随机值（一般在 150 ～ 300 ms）。什么是有效消息呢？主副本的有效消息是指心跳，用来确认当前主副本和从副本的健康，候选副本的有效消息是指投票请求。在这个过程中，引入了两个状态变量，即选举超时时间和心跳间隔时间（leader 发送心跳的时间间隔），要求心跳间隔时间小于选举超时时间的最小值，以避免 follower 角色无谓地重新发起投票。

假设节点 2 中主副本首先超过选举超时时间，那么它将递增自己的任期标识，并转变为候选副本，随即投给自己一票。同时，它向其他节点发起投票请求，请求中包含刚递增的任期标识。其他从副本收到投票请求后，如果发来请求中的任期大于等于其当前存储的任期标识，它们会同意投票并更新自己的任期标识，并将同意信息发送给候选副本所在的节点。

在此之后，如果超过一半的 TiKV 节点中从副本同意候选副本成为 leader 角色，那么该候选副本的角色将被自己更新为 leader，并立即向所有节点发送心跳，即按照心跳间隔时间定期发送心跳给刚才投票给它的从副本所在的节点，其他从副本收到心跳后，开始重新倒计时并保持 follower 角色的状态。

至此，第一轮选举完成，leader 角色的 Region 部分选出来了，读写都直接在其上面首先进行，它会负责 Raft 日志复制等工作。

上文介绍了心跳等待超时触发选举的情况。接下来，假设正在进行数据复制的 Raft 集群中，当前的主副本所在的 TiKV 节点突然宕机（或者网络隔离），如图 3.16 所示。

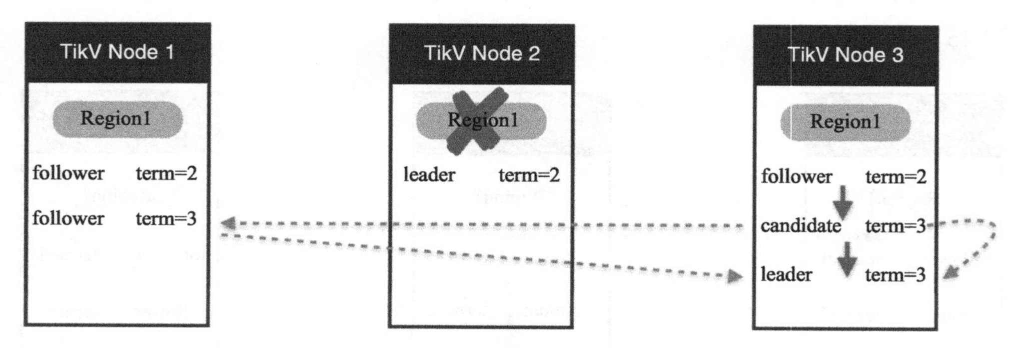

图 3.16　Raft 选举示意图二

由于心跳间隔时间的存在，当长时间没有收到 leader 的心跳时，会有另一个 follower 递增自己的任期标识，并将自己转变为 candidate 角色，马上投给自己一票，同时，它向其他 Region 副本所在节点发起投票请求，请求中包含刚递增的任期值。这将导致之前的投票过程重复进行，从而产生新的主副本。

接下来，请看一种特殊情况，如图 3.17 所示。在选举超时触发选举后，有两个或更多的节点的 Region 副本都递增了自己的任期标识，并转变为 candidate 角色，并且它们同时收到了相同数量的从副本的同意信息。那该怎么办呢？这时，系统会重新发起一个新的投票过程，直到最终产生唯一的主副本。

为了避免无法选出 leader 或多次重复选举的情况，一般可以使用一种称为“随机选举超时”的算法来降低重复选举的概率。这个算法可以理解为，每个节点在开始选举时，会随机选择一个范围内的选举超时时间，而不是采用统一的固定值来进行心跳超时的倒数。这样可以大大减少多个候选副本得票数相同的情况发生概率。

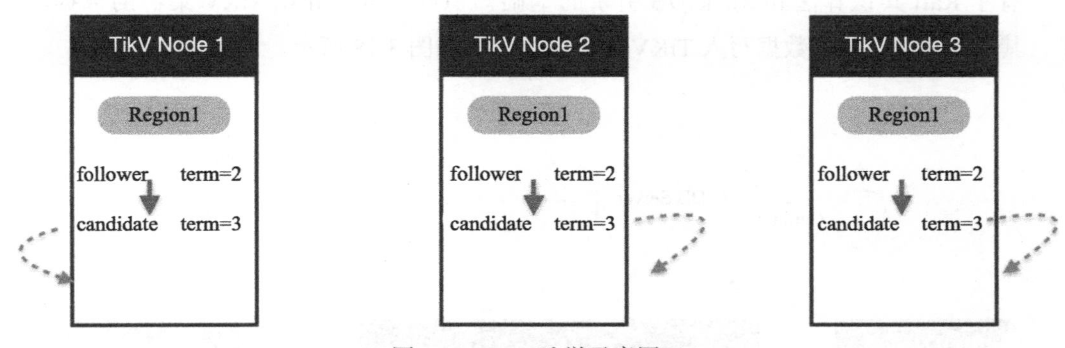

图 3.17　Raft 选举示意图三

最后，总结一下 Raft 选举的基本过程。

（1）初始状态　所有节点的 Region 副本都是 follower 角色。

（2）选举超时　如果一个节点在一定时间内没有收到主副本的心跳，它会触发选举。

（3）变为 candidate 角色　触发选举的 Region 副本变成 candidate 角色，并增加其当前任期的值。

（4）请求投票　候选副本向其他节点发送请求投票的消息，包含新的任期标识和候选副本信息。

（5）同意投票　其他节点检查候选副本的任期是否比自己的任期大，如果是，则同意投票给当前候选副本。

（6）收到多数票　当候选副本收到超过半数节点的同意票时，它成为新的 leader。

（7）发送心跳　新的 leader 向所有节点发送心跳，并定期发送心跳以保持其领导地位。

（8）平局处理　如果有多个候选副本获得相同数量的票数，会进行新一轮的选举直至只有一个候选副本获胜。

通过 leader 选举过程，Raft 算法确保在任何时候集群中只有一个主副本，保证了系统的一致性和可靠性。

到这里，TiDB 数据库中关于 Raft 与 Multi Raft 的两个重要概念——日志复制和选举就介绍完毕了，可以看到这两个重要特性保证了 Region 在 TiKV 集群中副本的一致性和高可用性。接下来，总结一下 TiDB 数据库的写入和读取流程。

3.5 数据的写入

有了 Raft 共识算法和 RocksDB 引擎的基础知识后，可以介绍 TiKV 集群的数据写入了，其实就是怎么样把数据写入 TiKV 集群的过程，如图 3.18 所示。

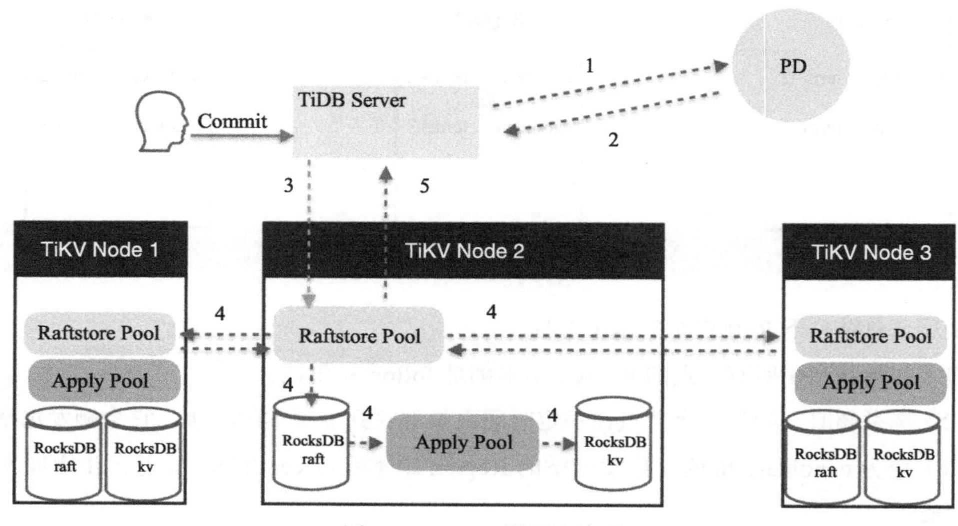

图 3.18　TiKV 的写入流程

图 3.18 中的流程描述如下：假设应用程序要写入 key = 100，value = 'Jack'。

1）客户端（一般是 TiDB Server）询问 PD 关于 key = 100 所在 Region 目前存储在哪个 TiKV 节点上。

2）PD 告知 leader 角色 Region 副本所在的位置（在哪个 TiKV 节点）。

3）客户端（一般是 TiDB Server）将写命令发送给主副本所在的 TiKV 节点。

4）主副本所在节点接受写命令之后，开始启动 TiKV 集群的写流程。

这里，TiKV 用到两个组件，一个叫作 Raftstore Pool，另一个叫作 Apply Pool，它们都是用来写入持久化存储引擎（RocksDB）的，可以看作是两个线程组或线程池，之所以是线程组或线程池，是因为它们可以并行运行。

至于存储引擎，也就是 RocksDB 实例，在一个 TiKV 中有两个 RocksDB 实例，其中一个负责持久化 Raft 日志，称之为 RocksDB raft；另一个负责持久化真正的键值对数据，即用户数据（包括业务数据、锁和提交信息），称之为 RocksDB kv。

接下来，主副本所在的节点接收到写命令，Raftstore Pool 会将其序列化成 Raft 日志，并提交给 RocksDB 进行持久化（Append log）。同时，Raftstore Pool 还负责将 Raft 日志复制（Replicate）给从副本所在的 TiKV 节点，当集群中的大多数从副本所在节点都收到了这个 Raft 日志并给了 Raft 日志已经被持久化的响应后，TiKV 就认为这个 Raft 日志已经处于 committed 状态。接下来，Apply Pool 会将已经 committed 的日志解析并应用到 RocksDB kv 中。读者看这个过程其实就是上面咱们介绍的 Raft 分布式协议中的 Raft 日志复制流程。

5）主副本将 key = 100，value = 'jack' 应用到 RocksDB kv，然后为客户端返回写入成功信息。

以上就是 TiKV 集群中数据的写入流程。

3.6 数据的读取——ReadIndex Read

当涉及数据的读取时，TiKV 集群首先要确保线性一致性。线性一致性的含义是，如果在上午 10:00:00 应用程序将 key=1，value='tom' 修改为 key=1，value='jack' 并提交了，那么从上午 10:00:00 开始，任何应用程序将无法再读取到 key=1，value='tom' 的值。现在来讨论从主副本所在的节点进行读取的情况，如图 3.19 所示。

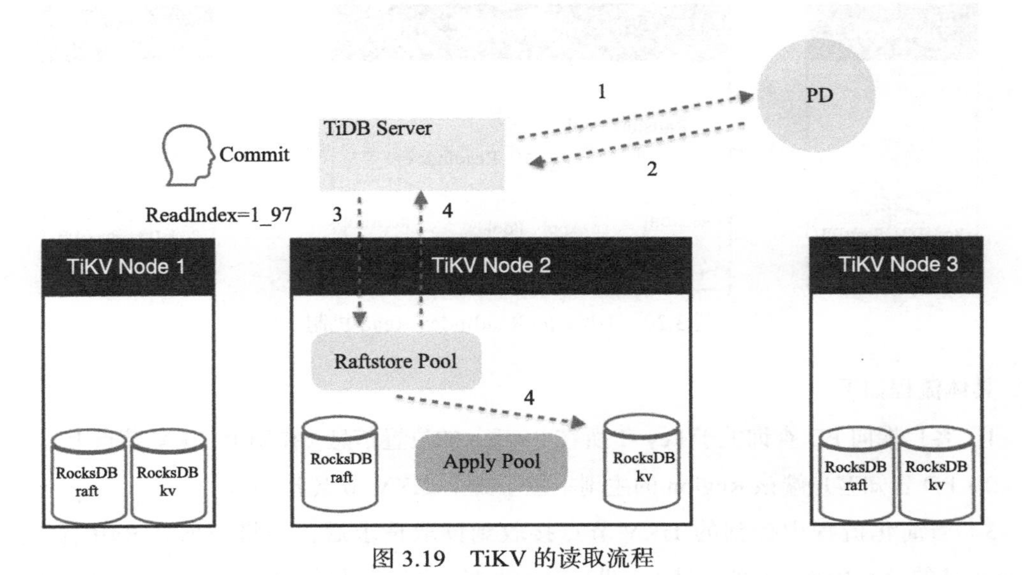

图 3.19　TiKV 的读取流程

下面是一个简化的流程。

假设应用程序要读取 key=1 的键值对。

1）客户端向 PD 查询关于 key=1 所在 Region 的位置信息（在哪个 TiKV 节点上）。

2）PD 告知客户端该 Region 的主副本位于哪个 TiKV 节点上。

3）TiDB Server 将读取命令发送给主副本所在的 TiKV 节点。

4）主副本所在节点接收到读取命令后，从 RocksDB kv 中读取对应的数据，并将结果返回给客户端。

在整个过程中，TiKV 需要解决一个问题，就是在确认了 leader 角色所在节点后，一直到读取数据的过程中，如何确保该节点仍然是主副本所在的节点，而不会发生 Region 副本 leader 角色的切换。（也可以理解为从 PD 读取到主副本所在的 TiKV 节点位置后，一直到读取这个 TiKV 节点数据的过程中，Region 副本发生了 leader 角色的切换）

为了解决这个问题，TiKV 引入了 ReadIndex Read 机制，如图 3.20 所示。

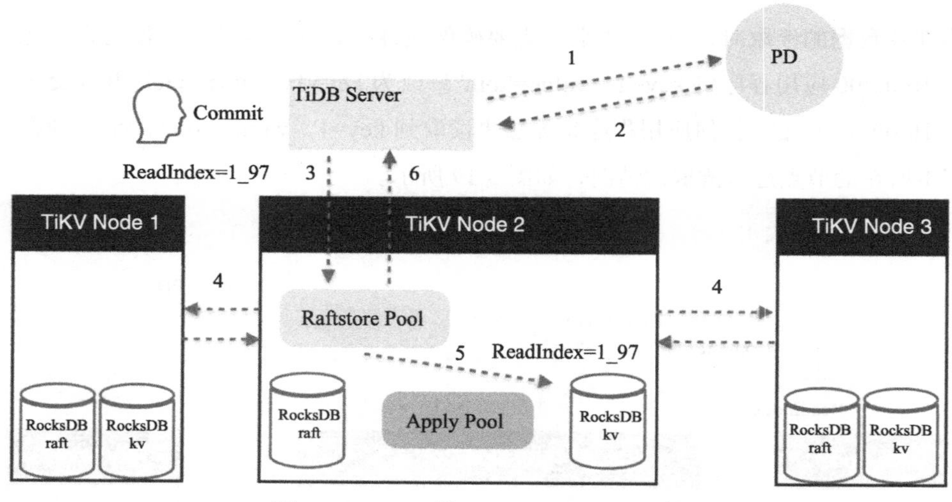

图 3.20　TiKV 的 ReadIndex Read 机制

具体流程如下。

1）客户端向 PD 查询关于 key=1 所在 Region 的位置信息（在哪个 TiKV 节点上）。

2）PD 告知客户端该 Region 的主副本位于哪个 TiKV 节点上。

3）当简化流程中提到的 TiKV 节点接收到读取请求后，会将当前在 Raft 复制中被 committed 的最大 Raft 日志的序号（也叫 Committed index）记录到一个变量中，称为 ReadIndex。

这里说明一下为什么需要表示当前在 Raft 复制中被 committed 的最大 Raft 日志的序号呢。是因为要保证读取的一致性，举个例子：在上午 11:00 应用程序希望读取 id = 1 的数据，但是在上午 10:50 发生过一个事务 -A 将 id = 1 的 value 值从 'tom' 修改为 'jack'，事务 -A 目前的 Raft 日志已经处于 committed 状态了，但是还没有被应用到 RocksDB kv，也就是事务还没有从应用程序方面表现提交成功。

这个时候，应用程序应该读取 id = 1 的 value 值为 'tom' 还是 'jack' 呢？似乎都有道理，如果读取的是 'Tom'，理由是事务 -A 的 Raft 日志还在等待应用。所以事务 -A 的提交操作还没返回。如果读取的是 'Jack'，理由是在 Raft 协议中，Raft 日志处于 committed 状态后，就一定会从应用程序方面提交成功，只不过是应用到 RocksDB kv 的早晚问题。

这么一来就有了一个引申问题，应用程序上午 11:00 发起一个读取 id =1，读取到的值取决于应用的速度快慢，如果 TiKV 集群的性能好、压力小，应用程序就可能读到 10:50 修改的新值 'jack'；如果 TiKV 集群性能差就可能读不到 10:50 修改的 'jack'。这个有点不合理吧！

于是，可以规定，每次读取的时候都以当前在 Raft 复制中被 committed 的最大 Raft 日志的序号为准！因为上午 10:50 的事务 -A 只要成功了，记录修改数据内容的 Raft 日志，就一定会在这个最大 Raft 日志的序号前。这样一来，无论 TiKV 节点应用 Raft 日志是快是慢，统一要等到在 Raft 复制中被 committed 的最大 Raft 日志的序号被应用之后再读。

回到刚才的例子，如果上午 11:00 应用程序发起读取，首先将当前在 Raft 复制中被 committed 的最大 Raft 日志的序号记录下来，一般是记录到 ReadIndex 变量中，比如 97。那么接下来，就等着 97 号 Raft 日志被应用之后再发起读取，因为 10:50 的 Tom 改为 Jack，一定在 97 号日志之前被记录，如果 TiKV 性能好，可能很快甚至已经应用到 97 号 Raft 日志了，读取完毕，id=1 的值为 'jack'，成功！如果 TiKV 性能不好，可能要等一会儿，97 号 Raft 日志被应用后，这时候一定将 'Tom' 改成 'Jack' 了。所以 ReadIndex 的引入实际上是保证了应用程序的读取不受其他因素影响，总能稳定地符合时间上的线性一致性要求。

接下来，继续讨论读取步骤。

4）完成步骤 3）后，接下来该节点向其他节点发送一个心跳（heartbeat），如果大多数节点返回了相应的心跳响应（heartbeat response），那么主副本所在的节点就能确定自己仍然是主副本所在的节点。反之，如果没有得到足够的响应，则认为该节点已经不再是主副本所在的节点了，需要 TiDB Server 重新读取数据，这个重新读取的流程叫作 Backoff，应用程序端（客户端）是感知不到的，完全由 TiKV Server 自己解决。

5）正如刚才说明中解释的，如果确认当前节点是主副本所在的节点，它会等待日志被应用，直到日志的序号（也就是被应用到的 Raft 日志序号）超过了 ReadIndex 的值，这样就能够安全地提供一致性读取。

6）主副本所在节点从自己的 RocksDB kv 中读取数据，并将结果返回给 TiDB Server。

这就是 ReadIndex Read 的流程，后面还将介绍基于此机制实现的 follower Read 功能。接下来，先介绍一种对 ReadIndex Read 的优化方法，称为 Lease Read 或 Local Read。

请重新思考一下之前介绍的 ReadIndex Read 过程。读者会发现其中的一个步骤是在读取请求到达当前节点后，该节点需要向其他节点发送一次心跳，如果大多数节点都返回了对应的心跳响应，那么此节点可以确定自己仍然是主节点。虽然单个心跳的开销比较低，但这个步骤仍然会占用一定的网络资源。Lease Read 或 Local Read 是基于这个步骤进行优化的，其工作原理如下：

首先，在 Raft 选举过程中本书介绍过一个概念，即心跳时间间隔（heartbeat time interval），要求心跳时间间隔小于最小选举超时时间。也就是说，主副本所在的节点会每隔一个心跳时间间隔发送一次心跳，并将此时的时间点标记为起始时间。如果大部分从副本所在的节点都给出了心跳响应（此时可以确定主副本所在的节点仍然是当前节点），由于 Raft 的选举机制，从副本所在的节点需要在至少选举超时时间之后才能发起重新选举，所以即使发生了选举，新的主副本所在的节点也要在选举超时时间（其实是，选举超时时间除以时钟漂移边界 <clock drift bound>，这里可以简单理解为选举超时时间也没有问题的）内被选举出来。因此，在起始时间到选举超时时间的这段时间内，主副本所在的节点仍然是当前节点，这段时间可以称之为租期或者租约（lease）。在一个租期内，节点无须发送心跳就能确认自己仍然是主副本所在的节点。这样一来，就不需要像刚才 ReadIndex Read 那样通过发送心跳来确认当前是否为主副本所在的节点，从而提高了效率。ReadIndex 中的心跳与超时如图 3.21 所示。

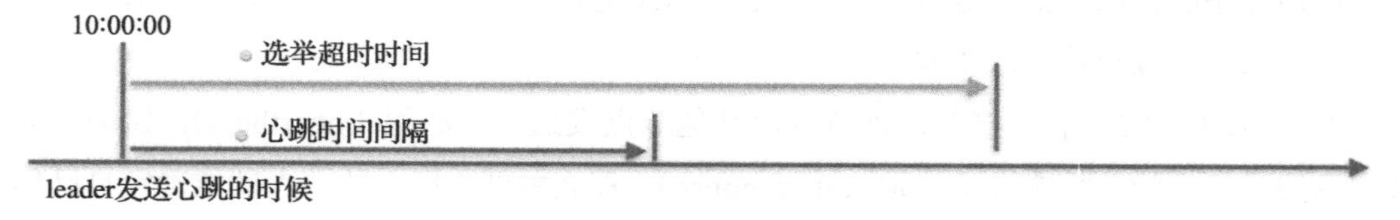

图 3.21　ReadIndex 中的心跳与超时

其次，在实际的工业实现中，需要注意以下两点。

1）各个 TiKV 服务器的 CPU 时钟时间必须准确，保证一定的精度，误差不能太大。如果各个服务器的时钟频率不同，租期机制可能会产生问题。如果出现这种情况，仍然可以使用 ReadIndex 解决，读者可以思考一下。

2）TiKV 实际上并没有通过心跳来更新租期，而是通过写操作来实现的。由于任何写入操作都会经过一次 Raft 日志记录，因此在发起写请求时，TiKV 记录下当前的时间戳作为起始时间，然后等待该请求被应用后，TiKV 就可以续约主副本所在的节点的租期。

3.7 数据的读取——Follower Read

之前介绍的读写操作都是在主副本所在的节点上进行的，那么自然而然地引出了一个想法：从副本所在的节点能否分担主副本的读写压力呢？

答案是肯定的，这个功能就叫作 Follower Read，如图 3.22 所示。

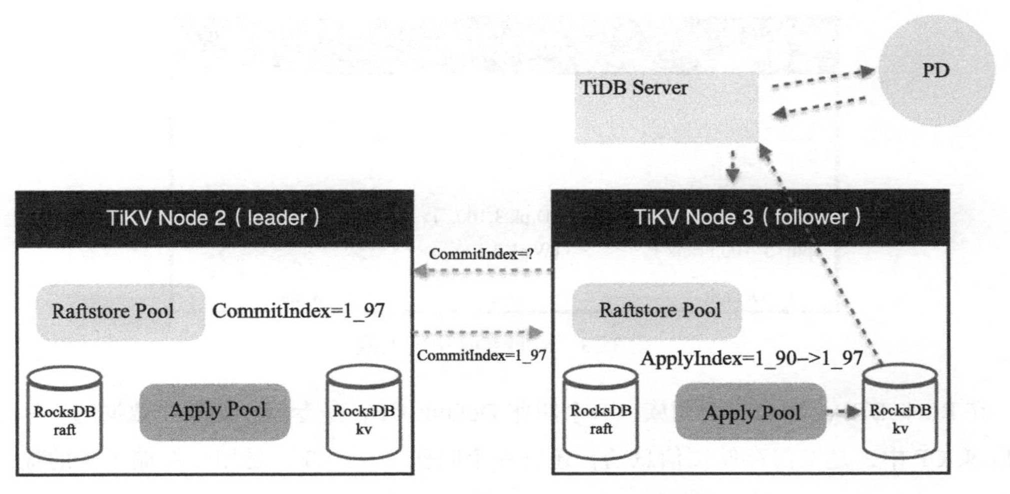

图 3.22　TiKV 的 Follower Read 机制

其实现方法主要包括以下步骤。

1）当 TiDB Server 向某个从副本所在的节点发送读请求时，该节点需要询问主副本所在的节点当前最新的已提交 Raft 日志序号。

2）主副本所在的节点将自己当前的已提交 Raft 日志序号告知从副本所在的节点。如果从副本发现自己尚未应用到这个序号的 Raft 日志，则等待。这个其实读者可以按照之前本书对于 ReadIndex 的原理来理解。

3）直到从副本确认本地已经应用到主副本所在节点刚刚发送的已提交的日志索引时，从副本和主副本已经同步，此时可以将数据返回给 TiDB Server。

这里需要注意一个问题：在上述步骤（2）中，有可能主副本所在的节点发送给从副本所在节点的已提交的日志索引对应的 Raft 日志在从副本上已经持久化并应用了（因为主副本所在的节点可能还没来得及应用日志，而从副本所在节点已经应用日志了）。这种情况下，有可能出现从副本所在节点先读到数据，而主副本所在的节点稍后才读到的现象。

3.8 MVCC

要了解 MVCC 以及后面的分布式事务，需要理解用户数据即键值是如何存储在 RocksDB kv 中的。这里用到了在 RocksDB 中介绍的列族的概念，如图 3.23 所示。

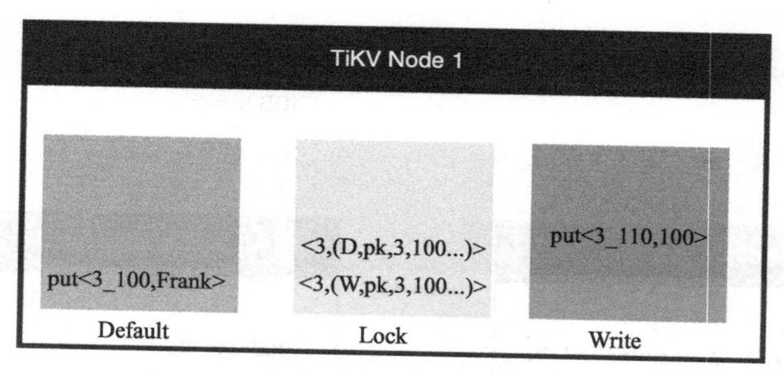

图 3.23 RocksDB 中的列族

在 RocksDB kv 中有 3 个列族，一个叫作 Default CF，是专门存储用户数据的；一个叫作 Lock CF 中，是专门存储锁信息的；还有一个叫作 Write CF，是用于存储事务的提交信息的，也就是事务一旦提交了，就会在 Write CF 中有所记录（数据的键和事务的开始时间与提交时间），但是当某行用户数据小于 255 B 的时候，TiKV 也将用户数据存储在 Write CF 中。以上这些数据都是以键值对的方式进行存储的。这里的 Default CF、Lock CF 和 Write CF 都是列族，后面有时会写为 Default、Lock 和 Write，读者知晓即可。

读者可能有这样的常识，如果某行数据正在事务中（未提交），那么对于它的读取会被阻塞或者返回错误。也就是说写操作不仅会阻塞写操作，也会阻塞读操作，虽然在理论上没有问题，但是对于高并发的系统来说，如果某行数据正在事务中，那么对于这行数据的操作马上会变为串行，效率非常低。

解决上述问题的方法叫作多版本并发控制。Oracle、MySQL、PostgreSQL 等数据库都采用这个方法。下面一起来看看 TiKV 是如何使用 MVCC 的。

在 MVCC 技术中，每当想要更改或者删除某个数据对象时，数据库不会在原地删除或者修改这个已有的数据对象本身，而是创建一个该数据对象的镜像版本（同一个数据会有两份），这样并发读取操作仍旧可以读取之前版本的数据，而写操作可以同时进行。这个模式的好处在于，可以让读取操作不再被阻塞，事实上根本就不需要锁。

我们在 RocksDB 和 Multi Raft 中已经看到了，对于数据的修改或者删除，TiKV 实际上只进行追加操作（PUT，DELETE），而不是去修改或者删除原有的数据。所以，在 TiKV 中是持有之前版本数据的，接下来就是如何找到合适的数据版本的问题了。

为了形象地说明，下面假设一个场景：

目前有 2 个事务，事务一已经提交，其 start_ts 为 100，commit_ts 为 110；事务 2 已经开始，但是没有提交，其 start_ts 为 105，如图 3.24 所示。

事务一：	事务二：
Begin (start_ts = 100)	Begin (start_ts = 115)
< 1, Tom > -> < 1, Jack >	< 1, Jack > -> < 1, Tom >
< 2, Andy > -> < 2, Candy >	< 4, Tony > -> < 4, Jerry >
Commit; (commit_ts =110)	

图 3.24　事务描述

对于 start_ts 和 commit_ts 这里说明一下，start_ts 是指事务开始的时间，commit_ts 是指事务提交的时间，比如一个事务是上午 10:00 开始的，在上午 10:30 提交了，那么 start_ts 就是 10:00，commit_ts 就是 10:30。

但是，之前提到过 TiDB 数据库集群是一个分布式系统，有一个核心“大脑”就是 PD 组件负责统一分发时间，PD 组件分发的时间叫作 TSO 时间戳，一般是物理时间 + 逻辑时间，这个 TSO 时间戳就好比整个 TiDB 数据库集群的唯一计时器，它只能递增不能递减，所以任何事务的 start_ts 和 commit_ts 都可以换算成 TSO 时间戳，在这里，事务一的 start_ts = 100 和 commit_ts = 110 以及事务二的 start_ts = 105 其实是时间的意思。下面会启动一个查询。

在 TSO 为 120 的时候，启动一个查询，查询 key = 1，key = 2，key = 4 的值。根据常识，如果没有 MVCC 机制，那么 key = 1 和 key = 4 是返回错误或者被阻塞的，因为其正在事务二中；而 key = 2 是可以查询出结果 value = 'Candy' 的，因为事务一已经完成（已提交）。

但是，如果有了 MVCC 机制，在 TSO 为 120 时的读取，不仅可以读取出 < 2, Candy >，还可以读出 < 1, Jack > 和 < 4, Tony >，因为事务二没有提交，应用程序可以读取提交之前的值（也就是镜像版本的数据）。

下面介绍 TiKV 中关于 MVCC 的实现，如图 3.25 所示。

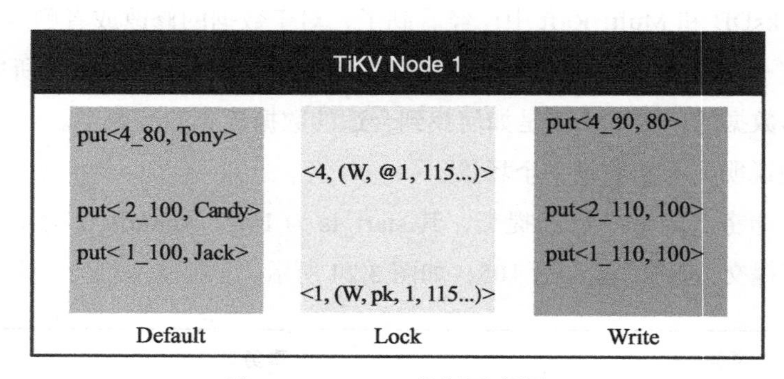

图 3.25　MVCC 机制示意图一

在这里，TiKV 中的 RocksDB 实例中的 3 个列族是按下列方式存储数据的。

1）Write CF 中，由于只有事务一提交了，所以会有在事务一中 key = 1 和 key = 2 两个值的提交记录，value 更改的开始时间都是 start_st = 100。

Write CF 中记录了已经提交成功的事务的提交信息，其组成是这样的：put< 数据的 key_ 提交的时间 (commit_ts)，事务开始的时间 (start_st)>。那么可以看到：

① put<1_110, 100> 表示 key = 1 的值最后一次修改的事务开始时间 (start_st) 是 100，提交时间 (commit_ts) 是 110。

② put<2_110, 100> 表示 key = 2 的值最后一次修改的事务开始时间 (start_st) 是 100，提交时间 (commit_ts) 是 110。

③ put<4_90, 80> 表示 key = 4 的值最后一次修改的事务开始时间 (start_st) 是 80，提交时间 (commit_ts) 是 90。

2）Default CF 中，比较关心时间的是 TSO = 100 后的新数据，它们是 key = 1，key = 2 和 key =4。

Default CF 中记录了已经提交成功的事务的用户数据，组成是这样的：put< 数据的 key_ 事务开始的时间 (start_st)，数据的 value>。这里一定要注意，Default CF 里面是已经提交的数据，至于没有提交的数据是放在内存中的，是不会存储到 Default CF 中的，那么：

① put<1_100, Jack> 表示 key = 1 的值最后一次修改的事务开始时间 (start_st) 是 100，值是 'Jack'。

② put<2_100, Candy> 表示 key = 2 的值最后一次修改的事务开始时间 (start_st) 是 100，值是 'Candy'。

③ put<4_80, Tony> 表示 key = 4 的值最后一次修改的事务开始时间 (start_st) 是 80，值是 'Tony'。

3) Lock CF 中，由于事务一已经提交，所以事务一中 key = 1，key = 2 的锁就被删除了，由于事务二没有提交，所以事务二中 key = 1 和 key = 4 的锁还是存在的。

Lock CF 中记录了目前哪些数据行还在未提交的事务中或者不能被修改，组成是这样的：put< 数据的 key，锁信息 >。那么：

① put<1, (W, pk, 1, 115...)> 表示 key = 1 的行上有锁，(W, pk, 1, 115...) 是锁信息，本书到分布式事务部分再介绍。

② put<4, (W, @1, 115...)> 表示 key = 4 的行上有锁，(W, @1, 115...) 是锁信息，本书到分布式事务部分再介绍。

那么，这些数据以什么顺序存储在 RocksDB 中呢？请读者注意以下几点：

- 对于 Default CF，KEY 是 { 用户 key } + { start_st }；对于 Write CF，KEY 是 { 用户 key } + { commit_st }；对于 Lock CF，KEY 就是 { 用户 key }。

注意：这里的 { 用户 key } 是业务上的键，而 KEY 是指存储在 RocksDB 中的键。

- 所有的列族（CF），首先，都是按照 { 用户 key } 的顺序存储的；其次，相同 { 用户 key } 的 KEY 是按照 st_start 或者 st_commit 由大到小的顺序存储的。原因是让较新的数据（即 timestamp 比较大的数据）排列在较老的数据（即 timestamp 比较小的数据）的前面。

知道了以上内容，读者就可以理解 MVCC 的运作机制了。

从 TSO 为 120 的时候（start_st = 120）开始，启动一个查询，如图 3.26 所示，查询 key = 1，key = 2 和 key = 4 的值。

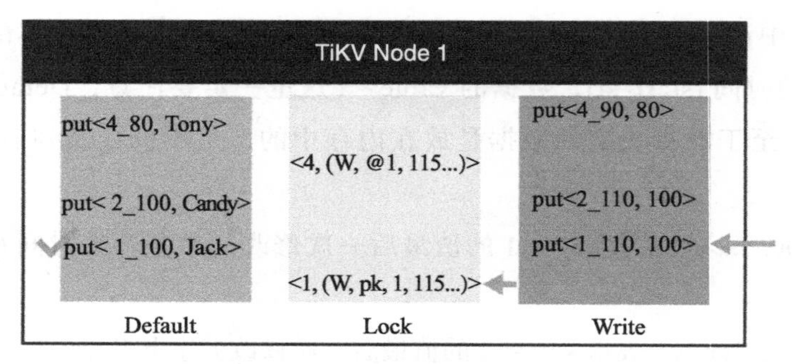

图 3.26　MVCC 机制示意图二

首先，会有 2 个指针从头扫描 Write CF 和 Lock CF。对于只读操作，在 Write CF 中，扫描到 put<1_110, 100>，即 KEY = 1_110（用户 key = 1，提交的 TSO 为 110）；在 Lock CF 中也定位到 put<1, (W, pk, 1, 115...)>，即 KEY = 1，这个锁显然是没有提交的事务，因为只是读取操作，所以不必担心会被阻塞，所以可以忽略锁的存在。

由于 Write CF 中记录的是已经提交的值，而且是按照时间由近到远的，所以 Write CF 中的 KEY = 1_110 就是 TSO 为 120 之前的最后一次提交，这样按照 Write CF 中的 put<1_110, 100>，在 Default CF 中找到了 put<1_100, Jack>，即 KEY = 1_100，VALUE = 'Jack' 这个值。到此为止，读操作完毕，写并没有阻塞读。

其次，来看如果是为了写而进行的读呢。在 Write CF 中，扫描到 put<1_110, 100>，即 KEY = 1_110（用户 key = 1，提交的 TSO 为 110）；在 Lock CF 中也定位到 put<1, (W, pk, 1, 115...)>，即 KEY = 1，这个锁显然是没有提交的事务，此时操作被阻塞或者报错，因为已经有会话在修改 KEY = 1 这一行了，当前的写阻塞了写操作。

然后，如图 3.27 所示，在 Write CF 中继续读取，扫描到 put<2_110, 100>，即 KEY = 2_110（用户 key = 2，提交的 TSO 为 110）；无论对于只读或者为了写而读的操作，在 Lock CF 中并没有找到 KEY = 2，所以不会有阻塞的情况发生。此时，由于 Write CF 中记录的是已经提交的值，而且是按照时间由近到远的，所以 Write CF 中的 put<2_110, 100>，KEY = 2_110 就是 TSO 为 120 之前的最后一次提交，这样按照 Write CF 中的 KEY = 2_110，VALUE = 100 为指引，在 Default CF 中找到了 put<2_100, Candy>，即 KEY = 2_100，VALUE = 'Candy' 这个值。

最后，如图 3.28 所示，在 Write CF 中找到了 put<4_90, 80>，即 KEY = 4_90（用户 key = 2，提交的 TSO 为 90）；Lock CF 中找到了 KEY = 4，说明用户 key = 4 正在事务中。这样，如果是写操作，就会被阻塞或者报错；如果是只读操作，可以继续读取，找到 Default CF

中 put<4_80, Tony>，即 KEY = 4_80，所以需要的值为 VALUE = 'Tony'。

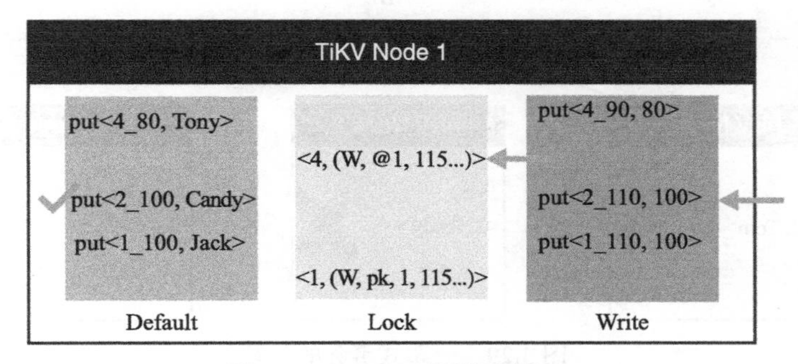

图 3.27　MVCC 机制示意图三

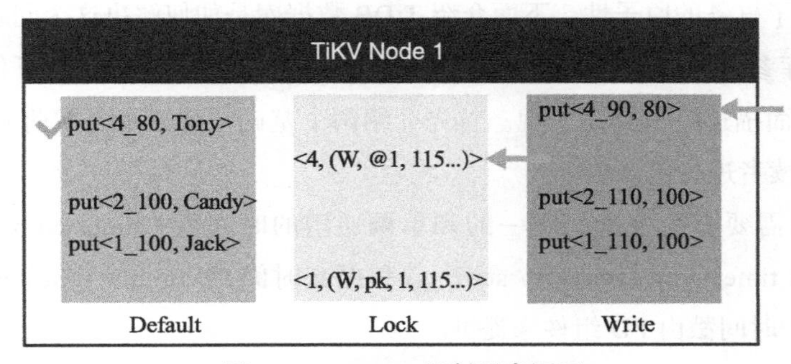

图 3.28　MVCC 机制示意图四

到此，完成了 MVCC 机制的介绍，通过这个介绍读者了解了 TiDB 数据库的 MVCC 实现，也了解了在 TiKV 中数据、锁和提交信息是如何存储在不同的列族中的，以及数据是如何从 TiKV 中读取的。这些也为本书后面对于分布式事务的介绍打下了基础。

3.9 分布式事务

如果要同时操作多行数据，而这些数据落在不同的 Region 上面（甚至可能在不同的 TiKV 上），为了保证操作的一致性，数据库就需要分布式事务。

应用程序需要在一个事务中同时将 < 1, Tom > 改为 < 1, Jack >，将 < 2, Andy > 改为 < 2, Candy >（< 员工编号，员工姓名 > 的键值对），而 < 1, Tom > 和 < 2, Andy > 存储在不同的 Region 甚至 TiKV 节点上，那么当操作结束之后，有可能会出现：< 1, Tom > 改为 < 1, Jack > 成功，< 2, Andy > 改为 < 2, Candy > 失败的情况，或者反之，如图 3.29 所示。

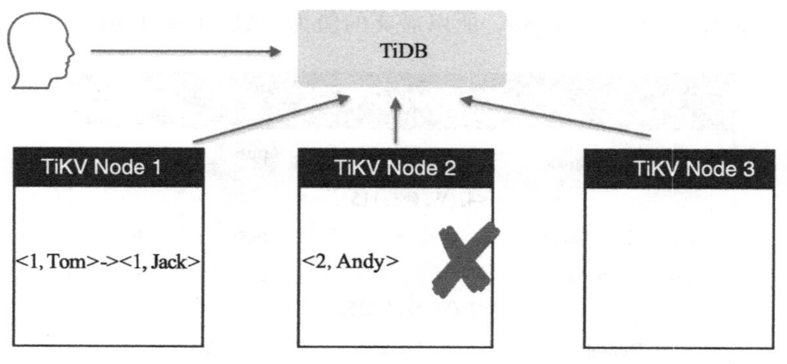

图 3.29　分布式事务的问题

这样就破坏了事务的原子性，下面介绍 TiDB 数据库是如何解决这个问题的。

TiDB 数据库参考了著名的 Percolator 事务模型，对两阶段提交进行了优化来提供分布式事务支持，下面描述一下具体实现。首先介绍两个基础知识，本书在前面的 MVCC 机制实现部分已经给读者进行了介绍。

整个数据库需要有一个全局唯一的和单调递增的时间戳（timestamp）来标识事务的开始时间戳 start timestamp (startTS / start_ts) 和提交时间戳 commit timestamp (commitTS / commit_ts)，这个时间戳由 PD 组件来提供。

Percolator 事务模型在 TiDB 数据库的工业实现中使用了 RocksDB kv 实例中的三个列族来存储数据、事务和锁信息，分别是：Lock，Default 和 Write。比如，应用程序写入 < 3, Frank >，会将 key = 3 的锁记录到 Lock CF 中；确认提交后，会将键值对“3”和“ Frank”记录到 Default CF 中；如果成功提交了，会在 Write CF 中进行记录，并删除锁信息。

接下来介绍 Percolator 事务模型中两阶段提交的具体流程。由于分布式事务的实现比较复杂，所以这里先以一个只包含一行数据修改的事务作为例子，熟悉一下流程，之后再过渡到事务中含有多行修改的情况，例子中的事务是这样的：

Begin（start_ts = 100）

< 3, Tony > -> < 3, Frank >

Commit;（commit_ts = 110）

两阶段提交示意图如图 3.30 所示。

从图 3.30 中可以看出左边是正常的 SQL 事务，右边是对应的 Percolator 事务模型步骤。Percolator 事务模型也叫作两阶段提交模型，这两阶段中，第一阶段叫作 prewrite 阶段，第二阶段叫作 commit 阶段，请注意这个 commit 阶段和左边 SQL 事务代码中的 Commit 提交不是一回事，严格地说左边 SQL 事务代码中的 Commit 包含了两阶段提交中的 Prewrite 阶段和 Commit 阶段。从图 3.30 看出，Percolator 事务模型的这两个阶段都发生在左边 SQL 事务代码中的 Commit 命令操作中，也就是提交操作中。这么说来，两阶段提交实际上是发生在 Commit 提交操作背后的事了。

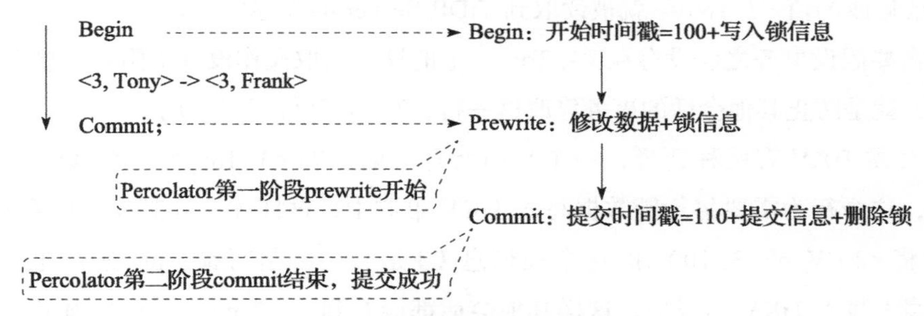

图 3.30　两阶段提交示意图

下面就以左边的程序代码执行顺序为基础，将一个分布式事务分成几部分来讲解。第一部分，就是 Begin 到 Commit 语句之前的所有代码，我们看到了这部分除了 Begin 以外，还包含所有对于行数据的修改操作。第二部分，就是 Commit 语句操作了，虽然在左侧只有 Commit 一条语句，但是它背后却是分布式数据库的两阶段提交。

请读者先看第一步，如图 3.31 所示。

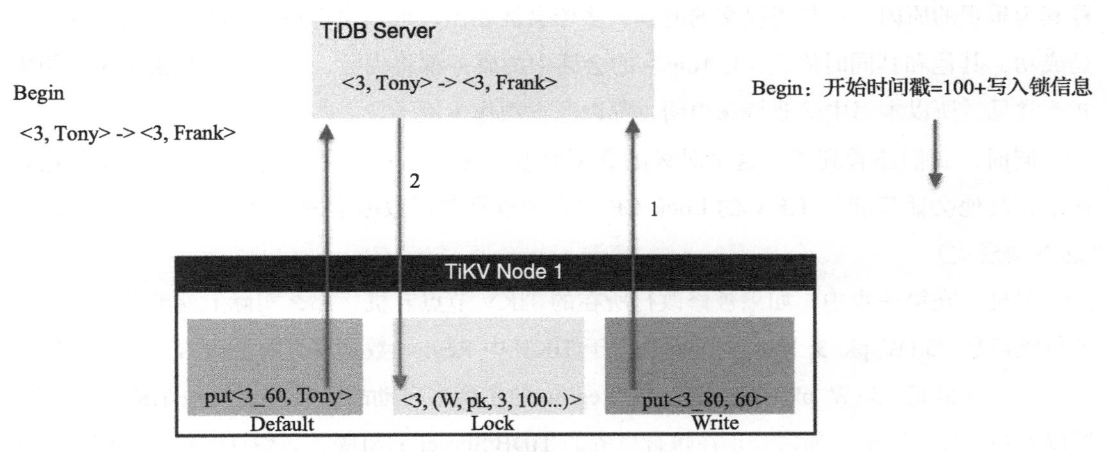

图 3.31　修改单行的分布式事务示意图一

第一步，TiDB Server 执行 Begin 语句，获得了事务开始的 TSO 时间戳，start_ts =100，接着读取 id = 3 的行放入 TiDB Server 的缓存中。根据之前 MVCC 部分中的讲解，在当前时间 start_ts = 100，先去读 Write CF 中 id = 3 的提交信息，发现时间离 start_ts = 100 最近的是 put<3_80, 60>，即在 TSO 为 60 时开始到 TSO 为 80 的时候提交结束的一个已经完成的事务。在这个事务中 id = 3 这行数据被修改了，也是应用程序能够查询到的最近一次修改。这样 TiKV 就知道去 Default CF 中读取 key = 3_60 的值。果然，读到了 put<3_60, Tony>，这样，需要修改的值 <3, Tony> 就被读取到 TiDB Server 的缓存中了。

这里需要假设事务之前没有在 <3, Tony> 上的锁，读取操作没有被阻塞，接下来，还要做一件事，就是防止其他会话的事务修改这一行，TiKV 靠行锁来实现。

这个时候 TiKV 有两种选择，一个是向所有会话声明 <3, Tony> 正在修改，其他会话不得修改，这个行为需要将行锁数据写入 TiKV 集群中，这样才会让其他会话看到锁信息，图 3.31 中将 <3,(W, pk, 3, 100...)> 这个锁信息（3 是 id，W 是写锁，pk 是主锁，其他为锁的简要信息）写入 TiKV 集群中，这样其他会话都能看到 <3, Tony> 上有写锁了，就会阻塞其他希望修改 <3, Tony> 的会话执行。这种做法叫作悲观锁模式，是目前应用最广的一种锁模式。

相对悲观锁模式，还有一种乐观锁模式，也是第二种做法，乐观锁模式省去了悲观锁模式中“将行锁数据写入 TiKV 集群中”这一步，也就是其他会话不知道 <3, Tony> 正在修改。当然，这样各个会话都可以读取到内存中准备修改了，所以可以想象，这个时候可能出现同一时间多个会话都在内存中修改 <3, Tony> 这行，各个会话都以为自己会成功，这就是称其为乐观的原因。可是当提交的时候，多个会话要比较谁提交得快，谁提交得快，谁就算是成功，其他和其同时修改 <3, Tony> 的会话中的事务都将失败，事务报错！由于乐观锁模式不常见，所以本书中除非特殊声明，都以悲观锁作为例子。

同时，我们还看到了，这个时候的数据修改实际上是在内存中进行的，新数据都在内存中，其他会话只能从 TiKV 的 Lock CF 中看到被修改行数据上的行锁，知道其正在修改。(悲观锁模式)

另外，在第一步中，如果被修改行所在的 TiKV 节点宕机，那么实际上就涉及已经写入的行锁信息 <3,(W, pk, 3, 100...)>，而且由于 TiKV 中 Region 数据具有的 Raft 高可用性，所以会将包含锁信息 <3,(W, pk, 3, 100...)> 的 Region 的主副本自动故障转移到其他 TiKV 节点上，所以不会有任何影响。如果是正在执行事务的 TiDB Server 宕机呢，显然这时候事务就不复存在了，TiKV 中存储的锁信息 <3,(W, pk, 3, 100...)> 会在 TiKV 确认事务不复存在后被删除。

事务不宜过大，因为修改的数据都会读到 TiDB Server 的缓存中，事务如果修改的行过多就会造成内存存储过多行，同时读取也花费更多时间。

一直到程序开始执行 Commit 语句前，所有操作都属于第一步，Commit 语句执行后则进入第二步，如图 3.32 所示。

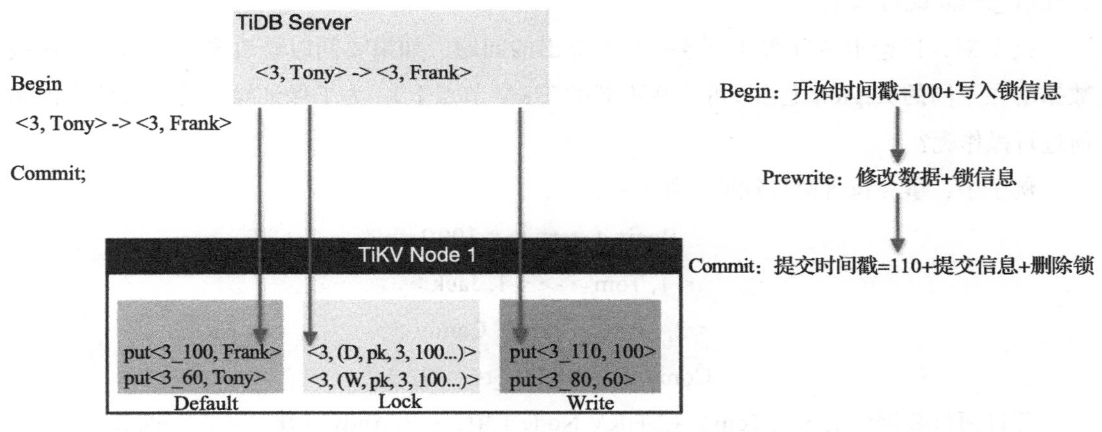

图 3.32　修改单行的分布式事务示意图二

第二步，也就是应用程序开始执行 Commit 了，Commit 背后实际就发生了 Percolator 事务模型的两阶段提交。首先是 Prewrite 阶段，这一阶段任务很重，因为有很多 IO 操作要在这一阶段来完成：①修改的数据需要从 TiDB Server 的缓存中同步到 TiKV 集群中的 Default CF 中，设想一下，如果事务中修改的行很多，图 3.32 中 put<3_100, Frank> 这一操作 IO 压力还是比较大的。②将完整的锁信息写到 Lock CF 中，对于悲观锁模式，在前面已经落地了行锁信息，这里只是补充锁的完整信息。到此为止，Prewrite 阶段完毕，然后进入 Commit 阶段。Commit 阶段是个相对轻量的操作，先写提交信息，就是在 write CF 中写入提交成功的信息，即图 3.32 中的 put<3_110, 100>。既然已经提交成功了，事务也就结束了，所以其他会话就可以修改 id = 3 这一行数据了，那么锁就不需要了，所以，最后 TiKV 将删除锁的信息写入 Lock CF 中，就是 <3, (D, pk, 3, 100...)>，这里的 D 代表 id=3 这一行的锁目前已经被删除了。

另外，如果在第二步，Percolator 事务模型的 Prewrite 阶段或者 Commit 阶段执行的时候，TiKV 宕机了，依然是 TiKV 的 Raft 机制会做主副本的故障转移，数据不会丢失，应用程序也不会受到影响。如果是 TiDB Server 宕机呢，虽然提交命令已经发出，但实际是分成两个阶段的，如果 TiDB Server 在 Prewrite 阶段宕机，由于无法判断 Prewrite 操作是否完成，那么事务会失败，已经写入 TiKV 的数据信息和锁信息会在 TiKV 确认事务不复存在后被删除；如果在 Commit 阶段宕机，因为提交命令已经发出，所以事务会做完，这时事务是会成功的。

最后，如果第二步在程序中不是发出 Commit 提交指令，而是回滚指令（rollback），由于此前所有的数据修改都是在内存中进行的，所以 TiKV 的数据根本没有受到影响，只需要将锁信息删除就可以了。

接下来，讨论本节分布式事务一开始提出的问题，如果要同时修改多行数据，而这些数据落在不同的 Region 上面（可能在不同的 TiKV 节点上），为了保证操作的一致性应该如何进行操作呢？

例子中，事务包含两行数据，如下：

Begin（start_ts = 100）

< 1, Tom > -> < 1, Jack >

< 2, Andy > -> < 2, Candy >

Commit;（commit_ts = 110）

并且两行数据中的 < 1, Tom > 在 TiKV Node 1 中，< 2, Andy > 在 TiKV Node 2 中。

第一步，如图 3.33 所示，和单行数据的事务差不多，将 < 1, Tom > 和 < 2, Andy > 两行数据分别从 TiKV Node 1 和 TiKV Node 2 中读取出来，放入 TiDB Server 的缓存中，先在缓存中修改。

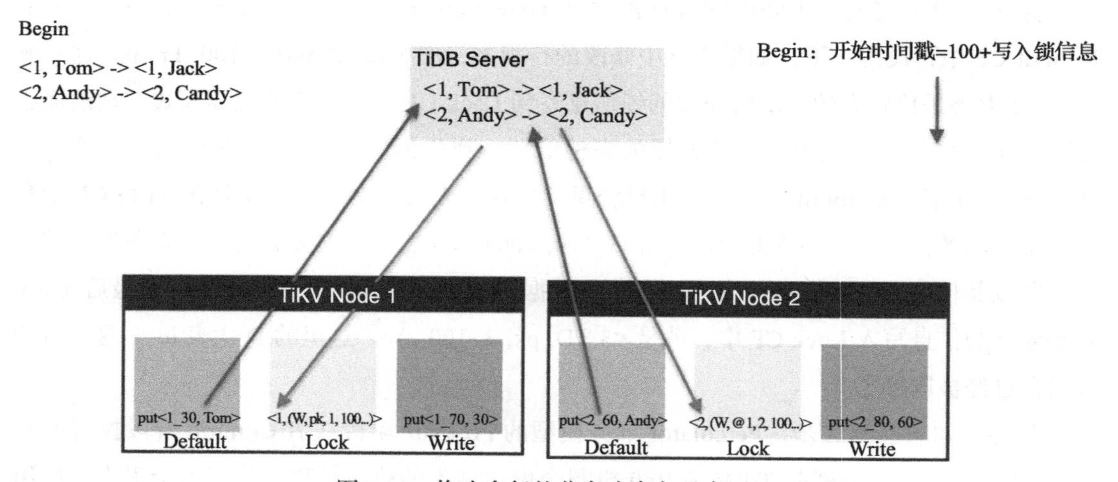

图 3.33　修改多行的分布式事务示意图一

但是对于写行锁的信息，这里有个关键点，整个事务的第一行 < 1, Tom > 对应的写锁是 <1,(W, pk, 1, 100...)>，其中，1 是 id，W 是写锁，pk 的意思不是主键而是主锁。何谓主锁呢，就是整个事务无论有多少行，需要多少行锁，都以主锁为基准，主锁存在，就所有行都上锁，主锁不在，则所有行上都没有锁。比如，< 2, Andy > 所在的 TiKV 节点 2 中，Lock CF 中的行锁是 <2, (W, @1, 2, 100 ...)>，与主锁不一样的是，此行锁中没有 pk 标识，取而代之的是 @1（可以理解为指向 id = 1 行锁的指针），代表这是一把副锁，它的存在取决于 id = 1 上的主锁是否存在。在读到某一行数据有副锁的时候，就需要根据它锁中的指针，找到对应主锁的行，如果主锁还在或者有效才能判断这把副锁有效。

这时，如果 TiDB Server 宕机，事务就不复存在了，TiKV Node 1 中存储的锁信息 <1, (W, pk, 1, 100...)> 和 TiKV Node 2 中的锁信息 <2, (W, @1, 2, 100 …)> 会在 TiKV 确认事务不复存在后被删除。如果 TiKV Node1 或者 Node 2 宕机，依然会依靠 Raft 协议的高可用性，选举出新的主副本来继续完成事务，TiDB Server 无法感知。

下面开始第二步的说明，如图 3.34 所示。

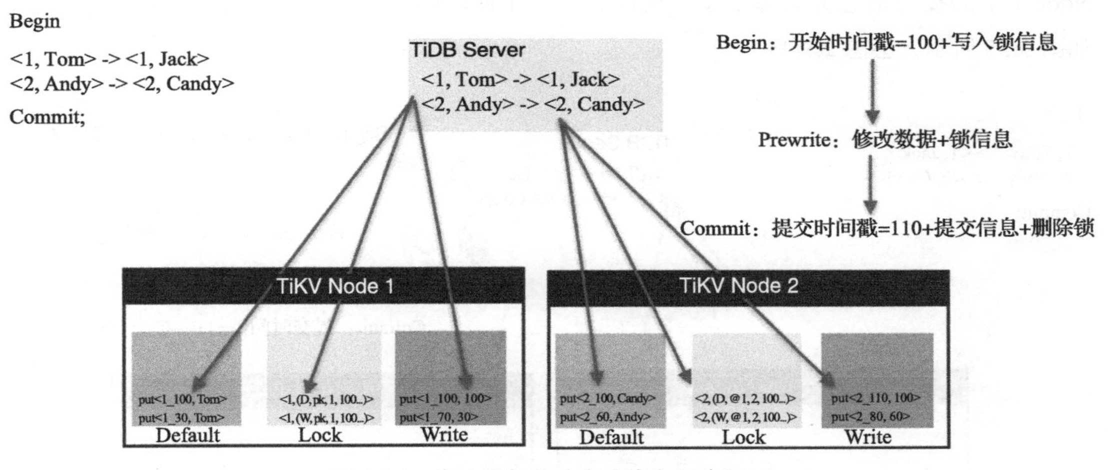

图 3.34　修改多行的分布式事务示意图二

第二步做的是应用程序开始执行 Commit 了，两阶段提交开始了，prewrite 阶段会将数据写入 TiKV Node1 和 TiKV Node2 并补全锁信息，这里，在 TiKV Node 1 的 Default CF 中，写入了 put<1_100, Tom>，在 Lock CF 中，写入了 <1, (W, pk, 1, 100 …)>，注意，这是一把主锁！在 TiKV Node 2 的 Default CF 中，写入了 put<2_100, Candy>，在 Lock CF 中，写入了 <2, (W, @1, 2, 100 …)>，注意，这是一把副锁，它指向了 id = 1 的行锁。之后的 commit 阶段，TiKV 写入提交信息并删除锁信息，在 TiKV Node 1 的 Write CF 中，写入了 put<1_100, 100>，在 Lock CF 中写入了 <1, (D, pk, 1, 100 …)>，表示 id = 1 上面的行锁被删除了，在 TiKV Node 2 的 Write CF 中，写入了 put<2_110, 100>，在 Lock CF 中写入了 <2,

(D, @1, 1, 100 …)>，表示 id = 2 上的行锁被删除了。

到此为止整个事务执行完毕，提交完成。下面看一下在故障的场景是否还能保证原子性和一致性。

首先，在 prewrite 阶段，如果 TiKV Node 1 或者 TiKV Node 2 宕机，那么利用 TiKV Raft 协议高可用机制，可以选举出新的主副本，所以不会影响事务的执行，客户端也不会收到报错；如果执行 SQL 的 TiDB Server 宕机了，由于无法判断 prewrite 操作是否完成，那么事务会失败，已经写入 TiKV 集群的数据信息和锁信息会在 TiDB 数据库确认事务不复存在后被删除。

其次，在 commit 阶段，如果 TiKV Node 1 或者 TiKV Node 2 宕机，那么利用 TiKV Raft 协议高可用机制，可以选举出新的主副本，所以不会影响事务的执行，客户端也不会收到报错；关键的问题来了，如果这个时候 TiDB Server 宕机了，宕机前只写成功了 TiKV Node 1 上的提交信息并删除了锁，还没有更新 TiKV Node 2 中的提交信息和删除锁信息，如图 3.35 所示，会怎么样呢？

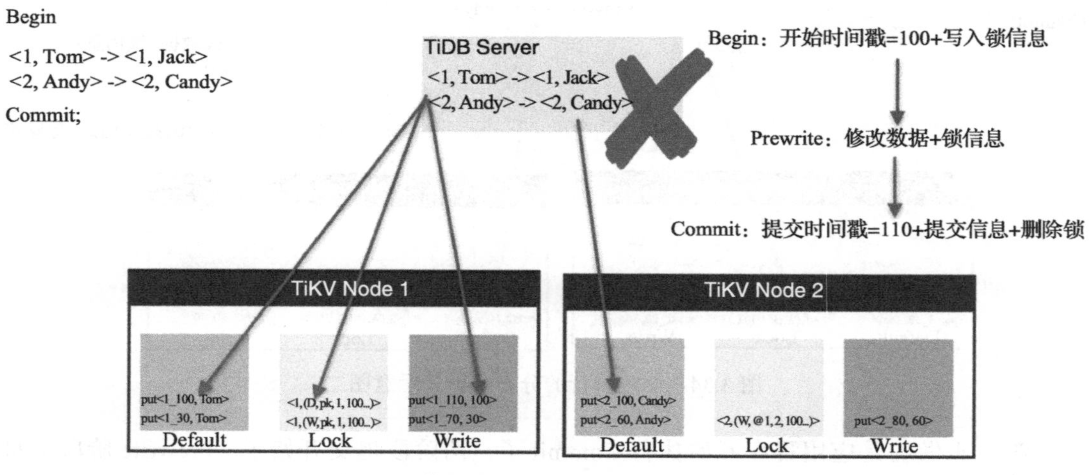

图 3.35　修改多行的分布式事务示意图三

在图 3.35 中，我们注意到，应用程序 SQL 的 Commit 语句正在执行的时候，TiDB Server 宕机了，而内部的两阶段提交刚好执行到了 commit 阶段，并且 TiKV Node 1 上存储的 id = 1 的行已经更新完毕，刚要更新 TiKV Node 2 上存储的 id = 2 数据的时候，TiDB Server 失去联系了（比如 TiDB Server 所在节点宕机了），看上去事务的原子性遭到了破坏，即一个事务中并不是所有的语句都成功。这该怎么办呢？

请别忘记，前面阐述了 Percolator 事务模型中，事务无论含有多少行，只为第一行被修改的数据加主锁。所以这个时候，一旦 TiKV Node 2 上存储的 id = 2 这行数据被读取，就会检查到 TiKV Node 2 的 Lock CF 中有 id = 2 的行锁 <2, (W, @1, 2, 100 …)> 是一把副锁，所以 TiKV 必须要找到它的主锁进行确认，也就是根据锁中信息 @1 的指针找到 id = 1 所在的 TiKV Node 1，如图 3.36 所示，在 Lock CF 中去寻找，发现 id = 1 的修改早就被提交了，锁也被删除了，于是就能够断定，commit 阶段只成功了一部分数据，于是就开始自己补充 Write CF 的提交信息和 Lock CF 中删除的锁信息，事务被自动补充完成。

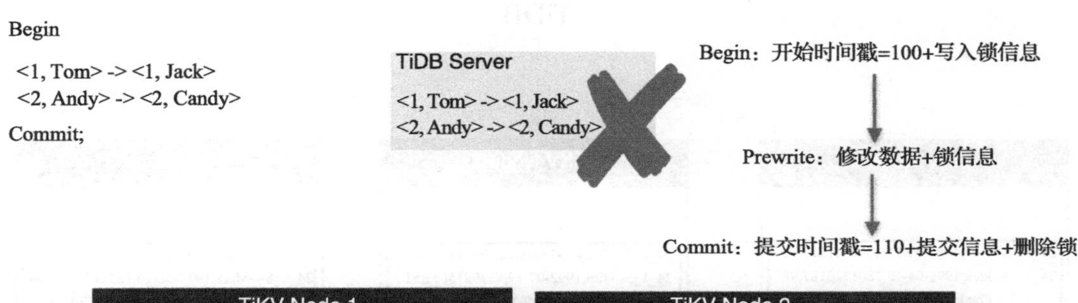

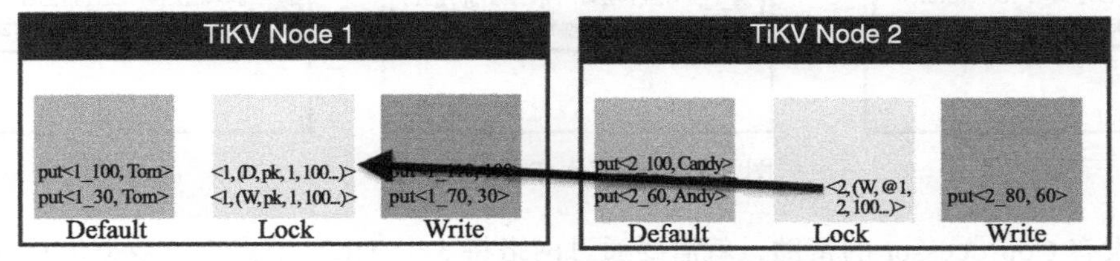

图 3.36　修改多行的分布式事务示意图四

到此，读者应该理解了 TiDB 数据库的两阶段分布式事务的内部原理，关键是无论事务有多少行，TiKV 只给第一行修改加主锁级别的行锁，其他行虽然也有锁，但是叫副锁。TiKV 在读到某一行数据有副锁的时候，就根据它副锁中的指针，找到对应主锁的行，如果主锁还在，那么说明事务还没有结束；如果主锁已经被删除，说明 commit 阶段只成功了一部分数据，需要补全。

3.10 Coprocessor

根据前述介绍，TiKV 集群已经解决了数据存储的问题。因此，在整个 TiDB 数据库的架构中，TiDB Server 是无状态的，数据存储在 TiKV 集群中。当 TiDB Server 收到来自客户端的查询请求时，会向 TiKV 集群获取数据信息，这种架构存在两个性能问题：

1）TiKV 集群返回了所有的数据，造成网络开销过大。

2）TiDB Server 需要计算所有的数据，占用大量 CPU 资源，而相对地，TiKV 集群的各个节点并没有进行太多的计算，CPU 负载很低。

应用程序要查询表 T 的行数据，而表 T 的数据分布在 TiKV Node 1，TiKV Node 2，TiKV Node 3 中，如图 3.37 所示。

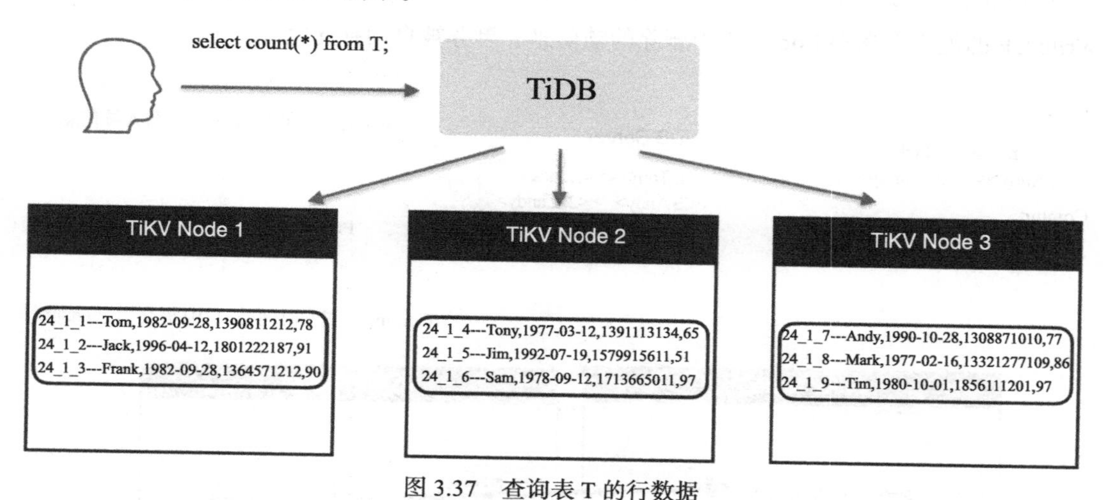

图 3.37　查询表 T 的行数据

如果没有 Coprocessor 的帮助，就需要通过网络将 3 个 TiKV 节点中的数据汇总到 TiDB Server 的缓存中，统一进行汇总计算，如图 3.38 所示。

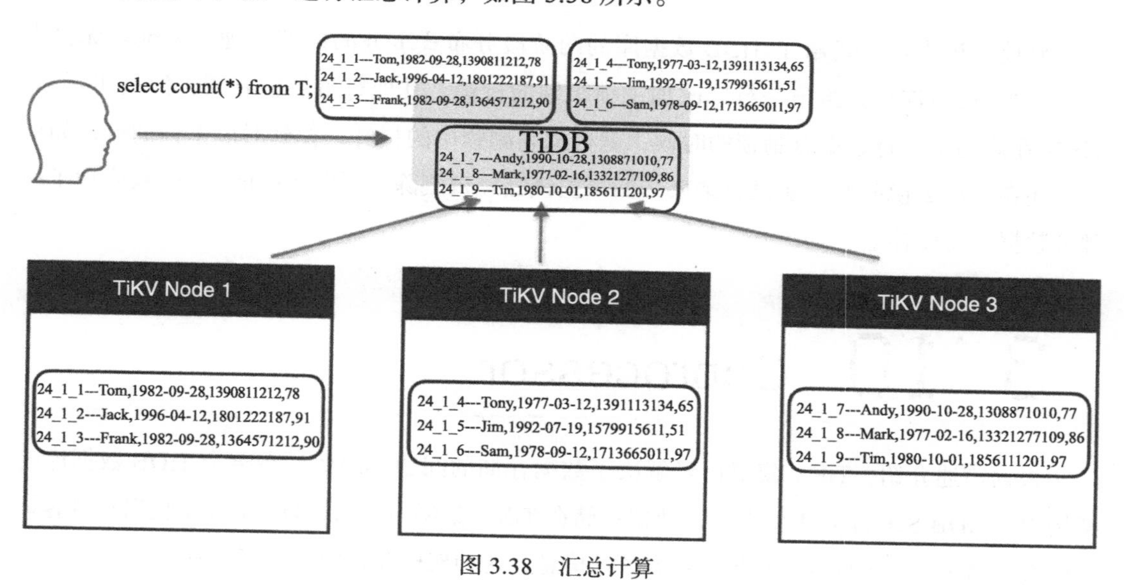

图 3.38　汇总计算

这里使用 TiKV 中的 Coprocessor 组件将 SQL 计算下推至 TiKV 节点来完成，具体流程如下：

1）当 TiDB Server 收到查询语句时，它会对语句进行解析编译出物理执行计划，然后将其转化为 TiKV 的 Coprocessor 请求。

2）TiDB Server 根据数据的分布情况将该 Coprocessor 请求分发给所有相关的 TiKV 节点，如图 3.39 所示。

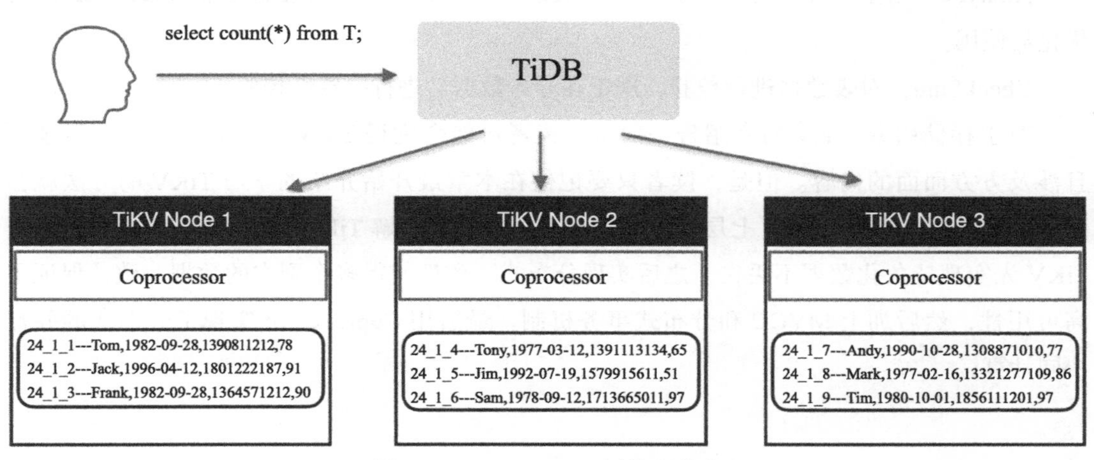

图 3.39　Coprocessor 下推至节点

3）当 TiKV Server 收到该 Coprocessor 请求后，根据请求中的算子对数据进行过滤、聚合等操作，并将结果返回给 TiDB Server。

4）TiDB Server 在接收到所有数据的返回结果后，进行二次聚合，如图 3.40 所示，并计算出最终结果，随后将结果返回给客户端。

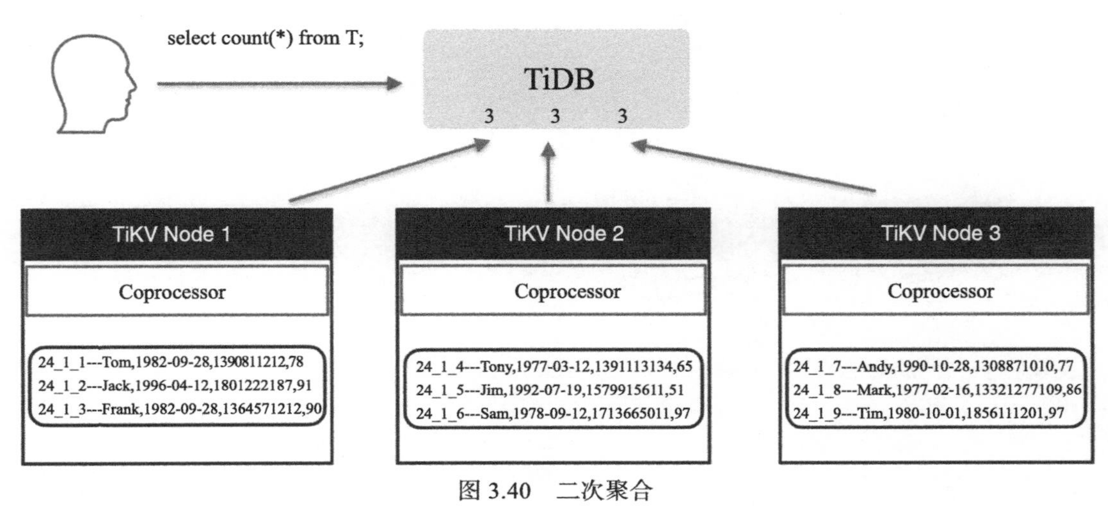

图 3.40　二次聚合

目前，TiKV 的 Coprocessor 可以处理以下三类请求。

DAG：执行物理算子，为 SQL 计算出中间结果，从而减少 TiDB Server 的计算和网络开销。这是绝大多数场景下 Coprocessor 执行的任务。目前已支持下推的物理算子包括 TableScan、IndexScan、Selection（列过滤）、limit、TopN、Aggregation 等。

Analyze：用于采样和分析表数据，生成统计信息，这些统计信息会被 TiDB Server 的优化器使用。

CheckSum：对表数据进行校验，用于在导入数据后进行一致性校验。

对于存储引擎 TiKV 的介绍告一段落，读者可能会觉得 TiKV 的原理相对比较复杂而且涉及方方面面的内容。但是，读者只要记住在本章最开始介绍的学习 TiKV 的方法就会有章可循，即参考 TCP / IP 七层协议的实现方式，逐步理解 TiKV 的内部实现原理，比如，TiKV 先实现持久化数据不丢失，之后实现分布式一致性使得多个副本的数据一致，保证了高可用性，然后加上 MVCC 和分布式事务机制，最后用 Coprocessor 实现了分布式的并行协同计算。

第4章 TiDB的“大脑”——PD的架构与原理

PD是TiDB数据库的中心控制器，被称为整个集群的“大脑”。它在TiDB数据库集群中扮演多个角色，比如存储元数据（主要是为TiDB Server提供数据路由），分配全局ID、事务ID和全局时间戳TSO的生成，处理服务发现，收集集群拓扑结构、数据分布和热点信息，并负责调度TiKV节点中的数据。此外，PD还提供TiDB Dashboard的监控服务。本章就为读者介绍PD组件的架构以及主要功能的工作原理。

4.1 PD的架构

PD的架构与组成如图4.1所示，PD本身至少由3个节点构成，PD通过集成etcd，支持自动故障转移，无须担心单点故障与数据丢失问题。同时，PD也通过etcd的Raft协议，保证了数据的强一致性，不用担心数据不一致的问题。实践中，建议部署奇数个PD节点。

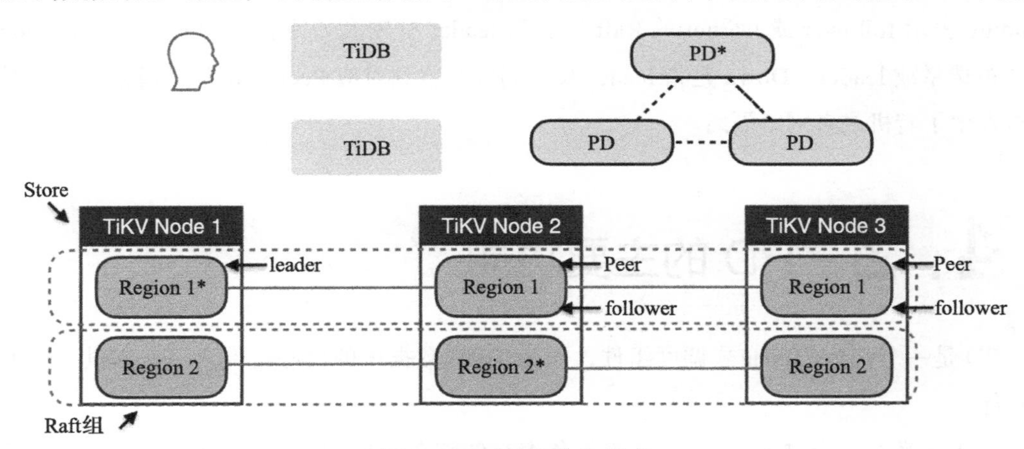

图4.1 PD的架构与组成

在 PD 集群中是由一个 leader 角色的节点对外提供无状态的服务，所有的操作都是被动触发，即使 PD 节点宕机，借助 PD 的选举机制，新选出的 PD leader 角色节点也能立刻对外服务，无须考虑任何中间状态。

为了方便后面的介绍，需要定义以下名词。

（1）Store　PD 中的 Store 指的是集群中的存储节点，也就是 TiKV 实例。注意 Store 与 TiKV 实例是严格一一对应的，即使在同一主机甚至共享同一块磁盘来部署多个 TiKV 实例，这些实例也会对应不同的 Store。

（2）Region / Peer / Raft Group　每个 Region 负责维护集群的一段连续数据（默认配置下平均约 96 MB），每份数据会在不同的 Store 中存储多个副本（默认配置是 3 副本），每个副本称为 Peer。同一个 Region 的多个副本通过 Raft 协议进行数据同步，所以 Peer 也用来指代 Raft 协议中的某个成员。TiKV 使用 Multi Raft 模式来管理数据，即每个 Region 都对应一个独立运行的 Raft 协议组，也把这样的一个 Raft 协议组叫作一个 Raft Group。

（3）leader / follower / learner　它们分别对应 Peer 的三种角色。其中 leader 负责响应客户端的读写请求；follower 被动地从 leader 同步数据，当 leader 失效时会进行选举产生新的 leader；learner 是一种特殊的角色，它只参与同步 Raft 日志，而不参与投票。

（4）Region Split　TiKV 集群中的 Region 不是一开始就划分好的，而是随着数据写入逐渐分裂生成的，分裂的过程被称为 Region Split。其机制是集群初始化时构建一个初始 Region 覆盖整个键空间，随后在运行过程中每当 Region 数据达到一定量之后就通过分裂产生新的 Region。

（5）Pending / Down　Pending 和 Down 是 Peer 可能出现的两种特殊状态。其中 Pending 表示 follower 或 learner 的 Raft 日志与 leader 有较大差距，Pending 状态的 follower 无法被选举成 leader。Down 是指 leader 长时间没有收到对应 Peer 的消息，通常意味着对应节点发生了宕机或者网络隔离。

4.2 PD 的主要功能

PD 是一个强大的分布式调度组件，作为 TiDB 数据库的核心组件之一，提供了以下主要功能。

（1）元数据的存储和管理　PD 组件负责存储整个 TiKV 集群的元数据信息，包括键范围与对应的 Region 以及 Region 所在的 TiKV 节点等。这些元数据被存储在 PD 的持久化存储中，PD 组件依靠 Raft 协议确保了其高可用性和可靠性。TiDB Server 通过从 PD 获取路由信息，实现访问相关 TiKV 节点的操作。

此外，PD 还负责存储 TiKV 集群的拓扑信息和标签信息。拓扑信息记录了整个集群的结构、节点分布和副本关系等，而标签信息允许用户自定义属性或筛选条件，用于后续的调度和管理工作。

（2）全局 ID 和事务 ID 分配　PD 扮演着全局唯一 ID 分配者的角色。它负责为每个 TiKV 节点分配全局唯一的 ID，如 store ID、region ID、peer ID、table ID、index ID 等。此外，PD 还分配和管理分布式事务的事务 ID，确保各个节点之间的数据一致性。

（3）全局时间戳生成　PD 生成全局顺序递增的时间戳（TSO），为分布式事务的正确执行提供保证。TSO 是一个严格单调递增的时间戳序列，TiKV 节点和 TiDB Server 可以通过向 PD 请求最新的时间戳，以确保事务的顺序性和一致性。

（4）集群调度和负载均衡　PD 根据 TiKV 节点定期上报的状态信息进行集群调度和负载均衡的调整工作。它根据集群的拓扑结构、负载情况和副本分布等，智能地调整 Region 在 TiKV 节点之间的分布，实现故障恢复、数据迁移和负载均衡等功能。通过优化数据分布和资源利用，PD 组件提高了整个集群的性能和可靠性。

（5）提供 TiDB Dashboard 服务　PD 还提供了 TiDB Dashboard，用于展示 TiDB 数据库的运行状况、监控指标和性能可观测性等功能。TiDB Dashboard 可以帮助用户深入了解集群的健康状态，进行故障排查、性能优化和资源规划等工作。

综上所述，PD 组件作为 TiDB 数据库的重要组成部分，具备元数据存储和管理、全局 ID 分配、全局时间戳生成、集群调度和负载均衡等多项关键功能。它通过高效的调度算法和智能的资源管理，为用户提供了高性能、高可用性的分布式数据库解决方案。

接下来介绍 PD 的核心功能，包括路由、TSO 分配、Region 的调度和 Label 功能。

4.3 路由功能

应用程序需要查询或者修改的表到底在哪些 Region 或者哪几个 TiKV 中，这些路由信息是保存在 PD 中的。PD 的路由功能如图 4.2 所示。

假设 TiDB Server 要对某个键写入一个值（插入一行数据）。

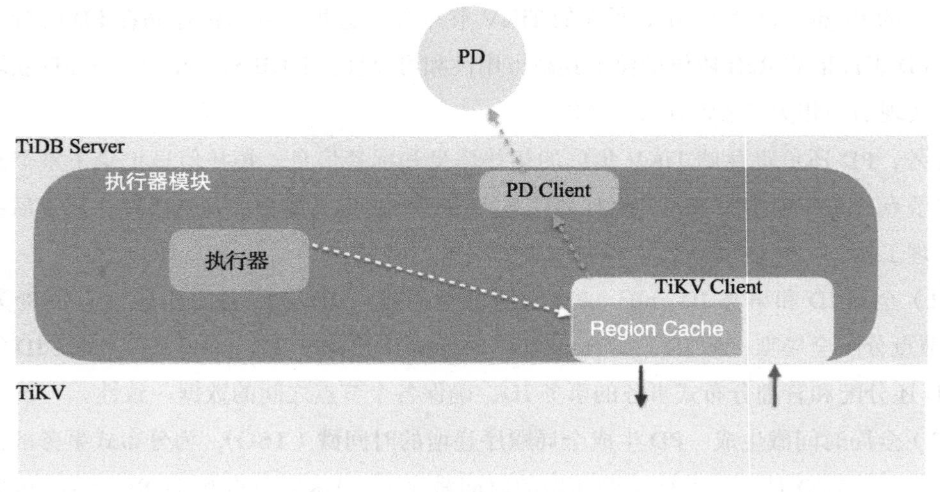

图 4.2　PD 的路由功能

TiKV Client 先从 PD 获取键属于哪一个 Region，PD 组件将这个 Region 相关的元信息返回，注意 TiKV Client 访问 PD 组件也不是直接访问的，是要通过 PD Client 进行代理的。

TiKV Client 有一个 Region Cache 可以缓存元信息，这样就不需要每次都从 PD 组件获取，直接读取主副本即可。

有可能主副本已经漂移到其他 TiKV 节点了，这样 TiKV 节点会返回“Notleader 错误”（告诉访问者主副本不在本 TiKV 节点中），说明 Region Cache 的路由信息过期了。之后，TiKV Client 会继续通过 PD Client 访问 PD，获取最新的路由信息并带上新的主副本的路由信息（在哪个 TiKV 节点中）在 Region Cache 里面更新，并重新读取或者写新的主副本，这个过程是在 TiKV 集群内部自动完成的，应用程序并无感知。

除了刚才说的主副本已经漂移到其他 TiKV 节点，也有可能 Region Cache 中这个 Region 的路由信息已经不存在了，譬如由于某种原因分裂成多个了，这时候键也可能已经落入了新的 Region 中，TiKV Client 会收到“StaleCommand 错误”（命令过期），于是 TiKV Client 重新通过 PD Client 从 PD 获取路由信息。

4.4　TSO 分配

TSO 是一个全局的时间戳，它是 TiDB 数据库实现分布式事务的时间基础。所以对于

PD 组件来说，首先要保证它能快速大量地为事务分配 TSO，同时也需要保证分配的 TSO 一定是单调递增的，不可能出现回退的情况（时间不能倒流）。

TSO 是一个 int64 的整型，它由物理时间和逻辑时间两个部分组成。物理时间是当前 unix 时间戳的毫秒时间，而逻辑时间则是一个最大 2^{18} 的计数器。也就是说 1 ms PD 最多可以分配 262 144 个 TSO，能满足绝大多数生产场景了。

1. 获取流程

所有 TiDB 与 PD 交互的逻辑都是通过一个 PD Client 的线程模块进行的，这个模块专门负责批量从 PD 获取 TSO，大致流程如图 4.3 所示。

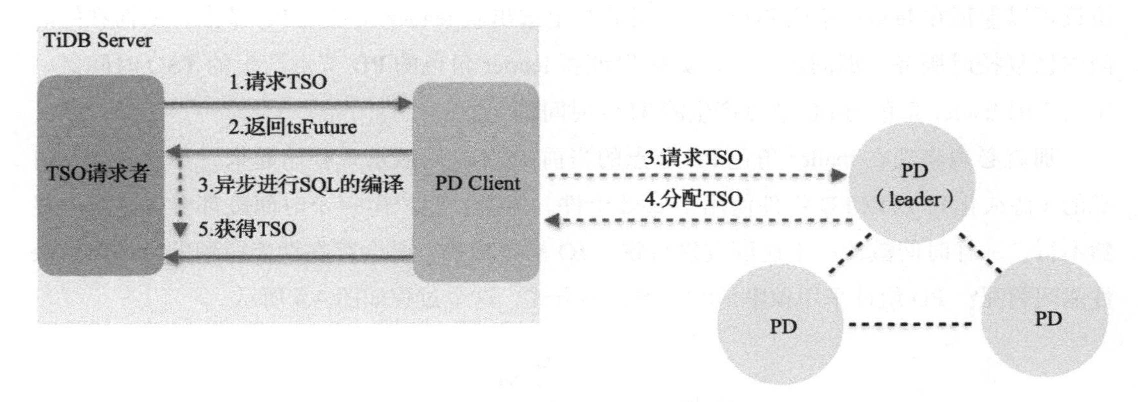

图 4.3　PD 的 TSO 获取流程

TSO 请求者代表要执行的 SQL 语句，SQL 语句在被解析后，要向 PD 请求 TSO 时间戳，这个请求并不是直接发给 PD 的，而是通过代理模块 PD Client 去向 PD 请求。

PD Client 收到 TSO 时间戳请求后，马上向请求者返回一个 tsFuture 对象，因为 PD Client 通过网络从 PD 获取 TSO 时间戳需要经历一个过程（延时），我们不希望 SQL 语句被阻塞来等待，而是希望 SQL 语句可以并行编译，毕竟编译不需要 TSO 时间戳，因此这个 tsFuture 对象就像是一把钥匙，拿着它 SQL 语句可以并行编译，异步执行完毕后用 tsFuture 对象来找到对应的 PD 返回的 TSO 时间戳即可。

PD Client 返回一个 tsFuture 对象给到 TSO 请求者后，PD Client 就向 PD 组件发出了 TSO 时间戳的请求并等待返回，TSO 请求者也开始了异步编译 SQL，并行运作开始了。

PD 组件会向 PD Client 模块返回一个 TSO 时间戳。

此时，如果 TSO 请求者的编译已经完毕，便可以凭借 tsFuture 对象获取到 PD Client 模块刚收到的 TSO 时间戳。这里要说明一下，因为 TSO 请求者的编译和 PD Client 模块向 PD

申请 TSO 是异步操作，所以，哪个工作先完成，便会等待另一个，但最终的结果是 SQL 语句获得了 TSO 时间戳后，才会继续执行。

综上所述，整个 TSO 的分配是一个异步的过程。关于 SQL 语句的解析和编译读者可以回忆第 2 章的内容。

2. 时间窗口

接下来，进入 PD 组件的内部，来讨论 PD 如何为众多的 SQL 语句提供 TSO 时间戳。

这种基于 PD 组件的单点授时机制，首先要解决的肯定是单点故障问题（如果 PD 组件出现问题，要保证 TSO 时间戳的持续提供和正确性）。本书之前提到过，PD 集群通过 Raft 协议可以保证在 leader 角色 PD 节点宕机后马上选出新 leader 角色的 PD 节点，从而在短时间内恢复授时服务。那问题来了，如何保证新 leader 角色的 PD 节点产生的 TSO 时间戳一定大于旧 leader 角色的 PD 节点产生的 TSO 时间戳呢？

那就必须将现在 leader 角色 PD 节点的当前 TSO 时间戳永久存储起来，存储必须是可靠的（持久化），所以 PD 组件使用了 etcd 组件。但是，每产生一个时间戳都要保存吗？显然不行，那样时间戳的产生速度直接与磁盘 IO 能力相关，是会存在性能瓶颈的，如何解决性能问题呢？ PD 组件采用预申请时间窗口的方式，这个过程如图 4.4 所示。

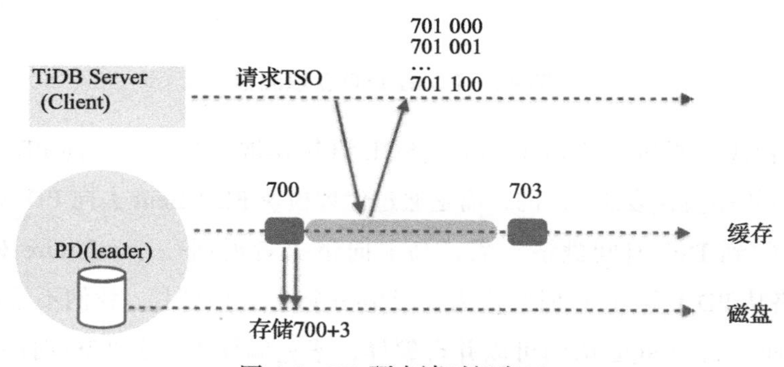

图 4.4 PD 预申请时间窗口

当前 PD 节点（leader 角色）的 TSO 时间戳是 700（为了便于讲解，采用了一个假设值），PD 组件向 etcd 申请了一个“可分配的时间窗口”。要知道时间窗口的跨度是可以通过参数指定的，系统的默认配置是 3 ms，示例采用了默认配置，所以这个窗口的起点是 PD 组件当前 TSO 时间戳 700，时间窗口的终点就在 TSO 时间戳 703 处。写入 etcd（持久化存储）成功后，PD 将得到一个 TSO 时间戳从 700 ～ 703 的“可分配时间窗口”，在这个时间窗口内 PD 可以使用系统的物理时间作为高位，拼接自己在内存中累加的逻辑时间，对外分配 TSO 时间戳。换句话说，就是目前可分配的 TSO 时间戳 700 ～ 703 放在缓存中，来自各个会话的众多 SQL 可以并发来请求 TSO 了，但是这些请求现在是统一从 PD 的缓存中读取 TSO 时间戳，不会产生磁盘的 IO 压力。

当从 700 ～ 703 的所有 TSO 时间戳分配完毕后，PD 会再给 703 加上 3 ms，并将 703 + 3 = 706 存储到自己的持久化存储中，将 703 ～ 706 放在缓存中，供众多 SQL 语句获取 TSO 时间戳。如此循环，这样一来，我们看到了 PD 的磁盘 IO 压力就被控制在 3 ms 一次了，与 SQL 语句的并发执行频率无关了。从而解决了 PD 由于 SQL 并发请求 TSO 时间戳造成的 IO 压力问题。

上述设计意味着，PD 组件已分配时间戳的高位（物理时间）永远小于 etcd 存储的最大值。那么，如果 leader 角色的 PD 宕机，新 leader 角色的 PD 节点中则只存储已经分配 TSO 时间戳的最大值。

举个例子，之前 leader 角色的 PD 节点分配的“可分配时间窗口”为 700 ～ 703，那么按照刚才的描述，PD 集群中只存储了 700 和 703 这两个值，现在一批 SQL 来请求 TSO 时间戳，它们都是从 leader 角色 PD 的缓存（目前是 700 ～ 703 的所有可用值）中为其分配的。假设，当分配到 702 的时候（700 ～ 702 已经用尽，702 ～ 703 还没有被分配出去），突然 leader 角色的 PD 节点宕机了，如图 4.5 所示。

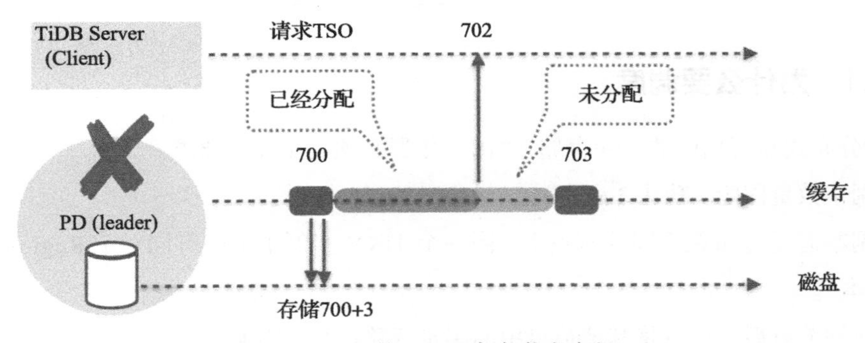

图 4.5　PD 的 leader 角色节点宕机

没关系！ PD 节点天生具有高可用性，这时候，新的 leader 角色的 PD 登场了，可以继续为 SQL 分配 TSO 时间戳。可问题是，之前整个 PD 集群中只存储了 700 和 703 两个值，旧的 leader 分配到 702 也只有旧的 leader 角色的 PD 节点知道。没办法，新的 leader 角色 PD 节点只能从 703 开始分配了，如图 4.6 所示，因为从 700 分配显然可能出现时间的倒退和重复的现象。这样一来，700 ～ 702 以及 703 ～ 706 被分配出去了，702 ～ 703 则没有使用，之后也永远不会被使用。

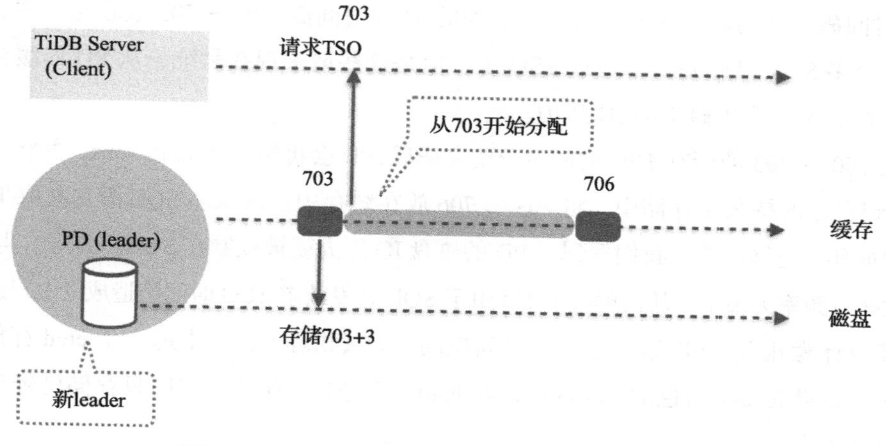

图 4.6　PD 选举出新的 leader 节点继续分配 TSO

结论是，PD 的时间窗口机制保证了 TSO 时间戳的严格递增，但无法保证其连续性。

4.5 调度

4.5.1 为什么要调度

作为分布式高可用的数据库存储，TiKV 集群必须满足如下要求。

1）副本数量固定（默认 3 副本）。

2）副本需要分布在不同的节点上（同一个 TiKV 实例中不能有同一个 Region 的两个及以上个副本）。

3）新加节点后，可以将其他节点中的副本迁移过去（要求自动）。

4）节点下线后，需要事先将该节点中的数据迁移走（要求自动）。

5）同时，还需要满足如下性能要求：

①维持整个集群中的主副本分布均匀（读写流量默认都会走主副本）；

②维持每个节点的存储容量均匀；

③维持访问热点分布均匀；

④控制数据分布均衡（Balance）的速度，避免影响其他在线的服务；

⑤管理节点状态，包括手动上线 / 下线节点，以及自动下线失效节点。

为了满足这些要求，首先，PD 需要收集足够的信息，比如每个节点的状态、每个 Raft 组的信息、业务访问操作的统计等；其次，需要设置一些策略，PD 根据这些信息以及事先约定的调度策略，制订出尽量满足前面所述需求的调度计划；最后，需要一些基本的操作来完成调度计划。

由于 TiKV 不负责 Region 的分配，只有 PD 组件具有全局视角，所以完成这个任务的只能是 PD 组件，于是整个流程为信息收集、生成调度和执行调度。PD 的调度流程如图 4.7 所示。

图 4.7　PD 的调度流程

4.5.2　信息收集

TiKV 节点以及其中的 region 会定期向 PD 组件上报两种类型的心跳：Store Heartbeat 和 Region Heartbeat，如图 4.8 所示。

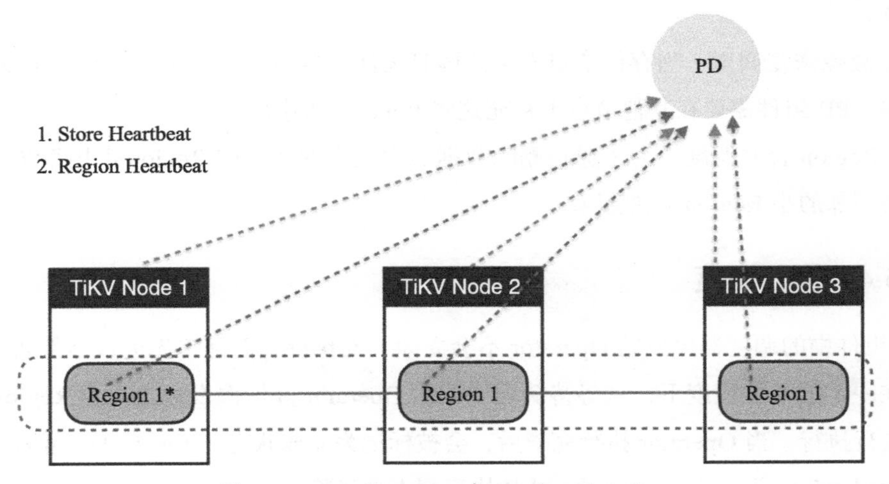

图 4.8　Store Heartbeat 与 Region Heartbeat

Store Heartbeat 包含了存储节点 TiKV 的基本信息，如容量、剩余空间、读写流量等；Region Heartbeat 包含了 Region 的范围、副本分布、副本状态、数据量、读写流量等。PD 组件内部会整理并保存这些信息，供调度时做决策用。

4.5.3 生成调度

PD 组件中有一个调度器（Scheduler）的模块或者概念，根据各个 TiKV 节点以及其中各个 region 上报来的心跳，PD 组件中会有不同的调度器来根据自身的逻辑和需求，考虑各种限制和约束，生成待执行的 Operator。Operator 可以理解为是一系列操作的集合，针对某个 Region 来实施这些操作的集合，以满足特定的调度目的。例如，“将 Region 2 的 leader 迁移到 TiKV 节点 5”，“将 Region 3 的副本迁移到 TiKV 节点 1、4、5 上”等。Operator 可由 PD 组件自行计算生成，也可通过外部 API 手动创建，常见的调度类型包括：

（1）均衡调度　将 Region 均匀地分布在集群中的所有存储节点上，可分为关注 leader 和关注 Region 两种类型，目的是分散处理客户端请求的压力和存储压力，避免磁盘满。

（2）热点调度　针对写热点，尝试打散热点 Region，将其分散到各个 TiKV 节点上；针对读热点，由于只有 leader 角色的 Region 承载读压力，也是需要尝试打散热点 leader 角色 Region。

（3）集群拓扑调度　让 PD 组件感知不同节点分布的拓扑结构，通过调度使 Region 的副本尽可能分散，以保证高可用性和容灾性，例如将 Region 的副本分布在不同的数据中心。

（4）缩容调度　将某个存储节点下线，PD 组件通过调度将该节点上的 Region 迁移至其他节点。

（5）故障恢复调度　当存储节点发生故障且无法恢复时，存在于该节点上的 Region 会缺少副本，PD 组件需要在其他节点上补充这些 Region 的副本。

（6）Region 合并调度　为了避免删除数据后大量小的或空的 Region 占用系统资源，通过调度将相邻的小 Region 合并起来。

4.5.4 执行调度

PD 组件中的调度器生成的 Operator 不会立即下发执行，而是首先进入等待队列。根据配置，在一定的并发程度下，从等待队列中取出 Operator 并依次发送给对应 Region 的主副本上面进行执行。当 Operator 执行完毕后，会被标记为完成状态（Finished），或者在超时情况下被标记为超时状态（Time Out），并从执行列表中移除。

本章主要介绍了被称为 TiDB 数据库“大脑”的 PD 组件的架构与主要原理，PD 组件在集中式数据库中是不需要的，可以说是分布式数据库的一个特性。请读者深入理解其路由存储、TSO 分配和调度原理，为理解后续的内容打下基础。接下来，读者需要了解另一个 TiDB 数据库的重要组件——TiFlash 组件。

第5章　列存与MPP计算引擎TiFlash的架构与原理

TiFlash是TiDB数据库中的一个组件，它可以视为TiKV集群的中行存数据的列式存储扩展部分。它在提供良好隔离性的同时，也兼顾了强一致性。同时，TiFlash还提供了MPP计算引擎能力，为整个TiDB数据库增加了AP计算的补充。所以，TiFlash是实现HTAP场景的一个关键部分。读者在学习时，可以重点了解列存副本通过Raft Learner协议如何进行异步复制，以及在数据读取的时候如何通过Raft协议校对索引配合MVCC的方式获得快照隔离（Snapshot Isolation）的一致性隔离级别等特性。

5.1　TiFlash的架构

TiDB数据库接入TiFlash节点后的架构如图5.1所示，这里要强调的是，TiFlash并不是TiDB数据库中必需的组件，也就是说它不像TiDB Server、TiKV和PD那样缺一不可，是可以选配的。

TiFlash提供列式存储，且拥有高效的Coprocessor层。除此以外，它与TiKV非常类似，依赖同样的Multi Raft体系，以Region为单位进行数据复制和分布。

TiFlash以低消耗不阻塞TiKV写入的方式，实时复制TiKV集群中的数据变更，并同时提供与TiKV一样的一致性读取，且可以保证读取到最新的数据。TiFlash中的Region副本与TiKV中的Region副本完全对应，且会跟随TiKV集群中的主副本同时进行分裂与合并。可以认为TiFlash是TiKV中Region副本的列存版本，因为在TiKV集群中读数据是按照行来读的，比如图5.1中左边的表格一次读取一行（Andy，1，88），而在TiFlash中，数据的读取是按照列来读的，比如右边的表格一次读取一列（90，88，71，100）。这样，

TiKV 中的行存就适合从大量数据中读取某几行的精准定位，TiFlash 中的列存则适合对大量数据的某几列进行暴力扫描，从而求出总和、平均、个数、中位数等统计分析指标。

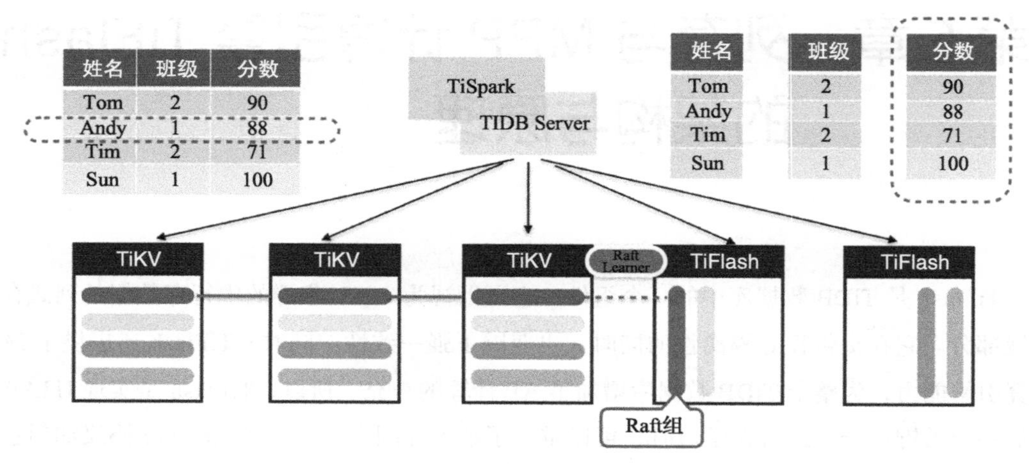

图 5.1　TiFlash 架构

TiFlash 可以兼容 TiDB 与 TiSpark，用户可以选择使用不同的计算引擎。

TiFlash 推荐使用和 TiKV 不同的节点以做到负载（workload）隔离，但在无业务隔离的前提下，也可以选择与 TiKV 同节点部署。

TiFlash 暂时无法直接接收数据写入，任何数据必须先写入 TiKV 再同步到 TiFlash。TiFlash 中的 Region 副本以 learner 角色接入 TiDB 集群，TiFlash 支持表粒度的数据同步，部署后默认情况下不会同步任何数据，需要手动创建表或者分区在 TiFlash 节点上的列存副本。

另外，对于 TiFlash 读者还需要掌握以下内容。

1）TiFlash 无法承受高并发，一般 QPS（每秒访问次数）不能超过 100。

2）TiFlash 的 Region 与 TiKV 完全一致。

3）TiFlash 适合必须将整个表或者表中大部分数据取出读取的场景。

4）TiFlash 性能提升的点在列存、聚合与表连接。

5.2 TiFlash 的关键特性

TiFlash 主要有异步复制、一致性、智能选择和计算加速等几个核心特性。

1. 异步复制

TiFlash 中的副本以特殊角色（Raft learner）进行异步的数据复制。这表示当 TiFlash 节点宕机或者网络高延迟等状况发生时，TiKV 的业务仍然能确保正常进行。

这套复制机制也继承了 TiKV 体系的自动负载均衡和高可用性：并不用依赖附加的复制管道，而是直接以多对多方式接收 TiKV 的数据传输；且只要 TiKV 中数据不丢失，就可以随时恢复 TiFlash 的副本。

2. 一致性

TiFlash 提供与 TiKV 一样的快照隔离支持，且保证读取数据最新（确保之前写入的数据能被读取）。这个一致性是通过对数据进行复制进度校验做到的。

每次收到读取请求，TiFlash 中的 Region 副本会向主副本发起进度校对（一个非常轻的 RPC 请求），只有当数据复制进度确保至少包含读取请求时间戳所覆盖的数据之后才响应读取。

3. 智能选择

TiDB Server 中的优化器可以自动选择使用 TiFlash 列存或者 TiKV 行存，甚至在同一查询内混合使用两者以提供最佳查询速度。这个选择机制与 TiDB Server 选取不同索引提供查询类似：根据统计信息判断读取代价并做出合理选择。

4. 计算加速

TiFlash 对 TiDB 数据库的计算加速分为两部分：列存本身的读取效率提升以及为 TiDB Server 分担计算。其中分担计算的原理和 TiKV 的 Coprocessor 一致：TiDB 会将可以由存储层分担的计算下推。能否下推取决于 TiFlash 是否可以支持相关下推。

接下来，本书对比较抽象的异步复制和一致性读取做原理性介绍。

5.3 异步复制

TiFlash 节点参与 TiKV 复制如图 5.2 所示，首先，我们知道 TiFlash 中的 Region 副本和 TiKV 的 Region 副本数据是相同的，只是采用了列存方式。

其次，TiFlash 中的 Region 以 learner 角色接入 TiKV 原本的 Raft 组，构成一个新的 Raft 组。但是，TiFlash 中的 Region 不参与投票或者选举，不算作多数派成员，也就是说，如果 leader 角色的 Region 写完了多数派的 follower 角色，Region 副本的复制确认就可以确认数据写入成功，不用理会 TiFlash 节点中的 learner 节点是否写入成功。这样来看，TiFlash 属于异步复制，对于 TiKV 集群的性能影响就非常小了。

最后，TiFlash 内部采用基于主键的快速更新机制，使其虽然属于异步复制，但不会与 TiKV 有太大延迟。对于基于主键的快速更新机制本书这里不展开探讨，读者有兴趣可以阅读相关源码解析文章。

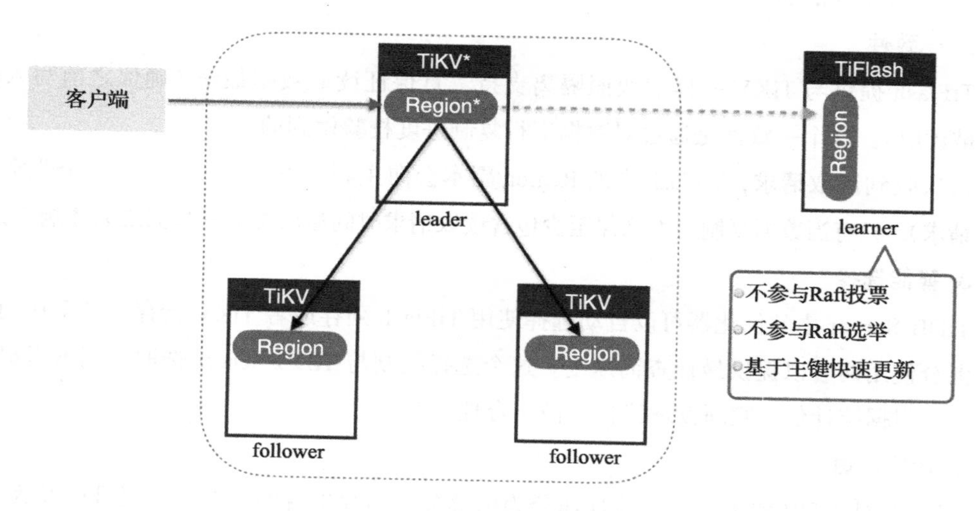

图 5.2　TiFlash 节点参与 TiKV 复制

5.4 一致性读取

所谓一致性读取是指读取的线性一致性，指从 TiFlash 上去读取数据，比如上午 10:00，那么应用程序读到的一定是上午 10:00 之前所有在 TiKV 集群上的修改的最新数据。这个过程有些抽象，这里举个例子并配图，帮助读者掌握。

在 T0 时刻，客户端写入 key = 1，value = 100；key = 999，value = 7，如图 5.3 所示。TiKV 1 中 Region 1 是 leader 角色，里面存储 key = 1，value = 100；TiKV 2 中 Region 2 是 leader 角色，里面存储 key = 999，value = 7，每个 TiKV 节点左边是 Raft 日志的示意图，表示对应 Region 1 和 Region 2 已经到了 Raft 协议中 committed 状态的 Raft 日志，其中：

idx=101 key = 1，value = 100—T0 表示：T0 时刻，committed 的 Raft 日志序号是 101，

数据是 key = 1，value = 100。

idx=22 key = 999，value = 7—T0 表示：T0 时刻，committed 的 Raft 日志序号是 22，数据是 key = 999，value = 7。

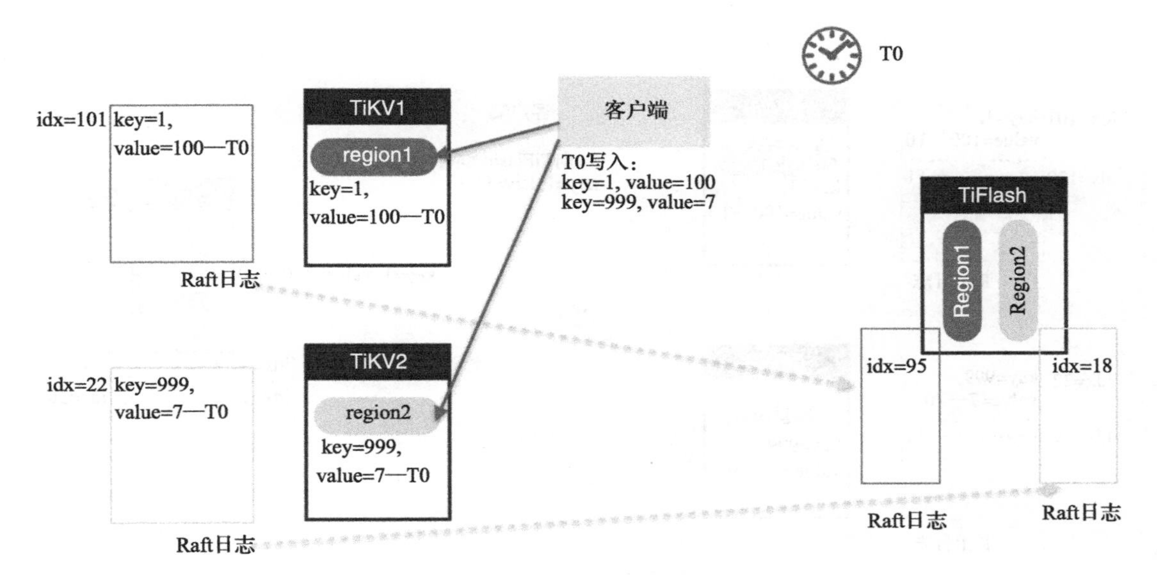

图 5.3　TiFlash 一致性读取 T0 时刻

在 TiFlash 中，一个 TiFlash 中有 Region 1 和 Region 2 的列存副本，并且还有当前收到的对应 Region 1 和 Region 2 的 Raft 日志示意图，这两个 Raft 日志主要靠 TiKV 1 和 TiKV 2 将自己的 Raft 日志传输过来，所以一定会有延时，从图 5.3 中也看到，Region 1 已经 committed 的 Raft 日志是 idx = 101，而 TiFlash 中 Region 1 的 idx = 95；Region 2 已经 committed 的 Raft 日志是 idx = 22，而 TiFlash 中 Region 2 的 idx = 18。

在 T1 时刻，客户端发起了对 TiFlash 的读取，分别读取 key = 1 和 key = 999，如图 5.4 所示。这时，TiKV1 上的 region 1 已经 committed 的 Raft 日志是 idx = 120，而 TiFlash 中 Region 1 接收到的 Raft 日志的 idx = 108；TiKV2 上 Region 2 已经 committed 的 Raft 日志是 idx = 29，而 TiFlash 中 Region 2 的 idx = 20。

这里，(key = 1, value = 100) 对应着 TiKV 1 的 Region 1 的 Raft 日志序号为 101，现在其实 TiFlash 中已经有了这个更新（108 > 101），但不幸的是，数据库当时并不知道这个写入已经传递过来了。对于 key = 999，应为 TiKV 2 上的 Region 2 对应 Raft 日志的 idx = 22，TiFlash 上 Region 2 接收的 Raft 日志才为 20，所以修改还没有同步过来。

上面步骤在 T1 时刻有一个问题，TiFlash 如何知道 T1 时刻（发起读取的时刻）之前的所有修改都已经传递到 TiFlash 的 Raft 日志中了？或者说应该在什么时刻去读取，才能够保证读取的线性一致性？

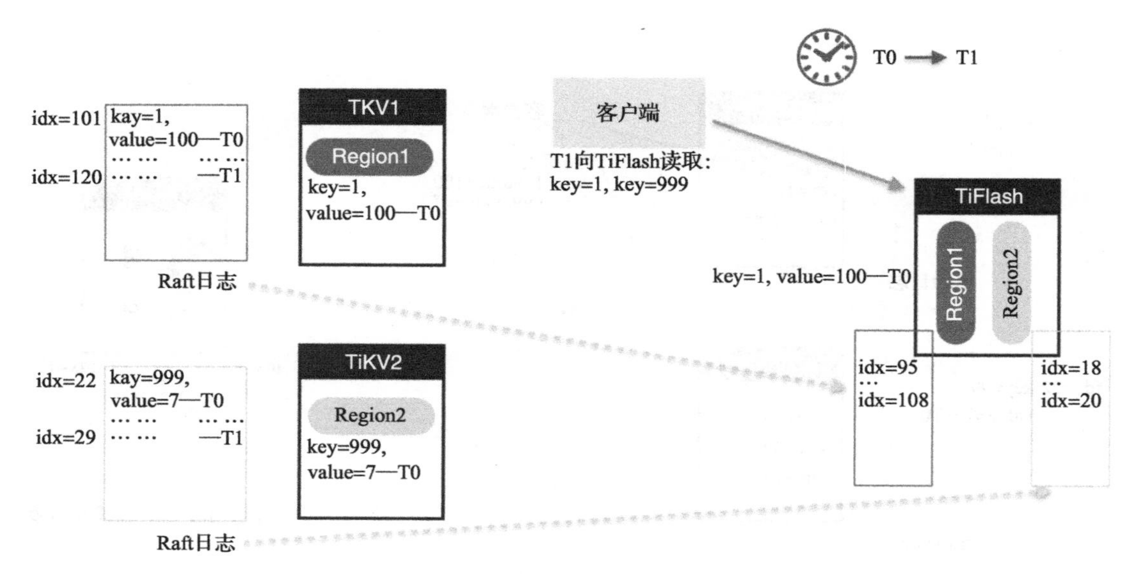

图 5.4　TiFlash 一致性读取 T1 时刻

有一个办法就是 TiFlash 在读取的时候，要先去确认 TiKV 1 的 Region 1 和 TiKV 2 的 Region 2 对应的 Raft 日志已经 committed 到什么位置了，在 T1 时刻之前所有对 Region 1 和 Region 2 的修改一定已经记录到 Raft 日志中并 committed 了。所以，在 TiFlash 上发起读取的第一步应该是去 TiKV 上确认对应 Region 的 Raft 日志已经 commited 到哪里了。

不过，这里发生了一个插曲，在 T1 时刻刚要去 TiKV 进行确认已经 committed 的 Raft 日志最新位置时，客户端又向 TiKV 1 中的 Region 1 写入一行数据，是将 key = 1，修改为 200，时刻为 T2，这个时候 key = 1 变为了 200，如图 5.5 所示。这里有一个问题，就是 T1 时刻在 TiFlash 上发起的读取，应该读到的是（key = 1, value = 200) 还是 (key = 1, value = 100)？答案是 (key = 1, value = 100)，因为 T1 时刻在 T0 时刻之后，按照线性一致性，理应读取到 T0 时刻的修改，但是 T2 在 T1 之后，T1 时刻发起的读取怎么可能读到未来发生的修改！

插曲结束之后，TiFlash 终于去 TiKV 确认 Raft 日志的 commited 序号了，如图 5.6 所示，如果 TiFlash 上接收的 Raft 日志达到了这个序号，就认为之前的修改已经都传递到了。

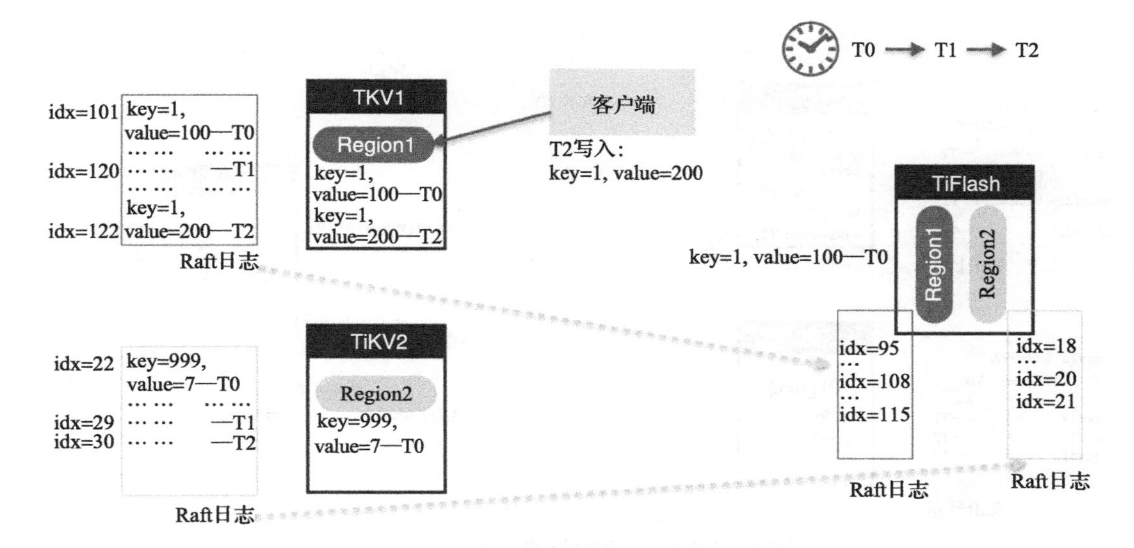

图 5.5　TiFlash 一致性读取 T2 时刻

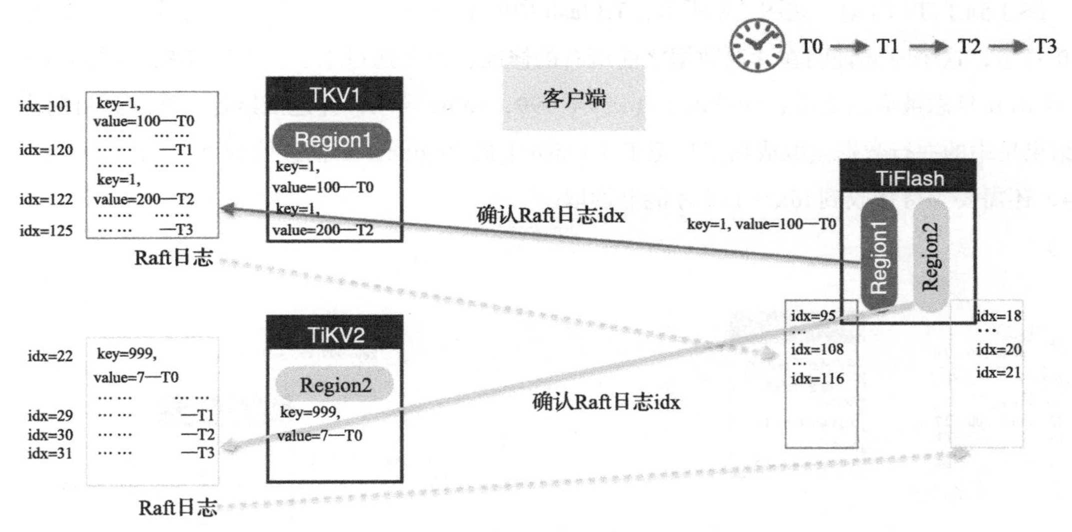

图 5.6　TiFlash 一致性读取 T3 时刻

如图 5.7 所示，TiKV1 中的 Region 1 返回了 Raft 日志的 commited 值为 125，TiKV2 中的 Region 2 返回了 Raft 日志的 commited 值为 31，再看 TiFlash，目前 Region 1 的 Raft 日志接收到了 118，Region 2 的 Raft 日志接收到了 31，还需要等待，等待接收的 Raft 日志达到刚才传递过来的位置，就是 Region 1 接收到 Raft 日志序号为 125，TiKV 2 中的 Region 2 接收到 Raft 日志序号为 31。

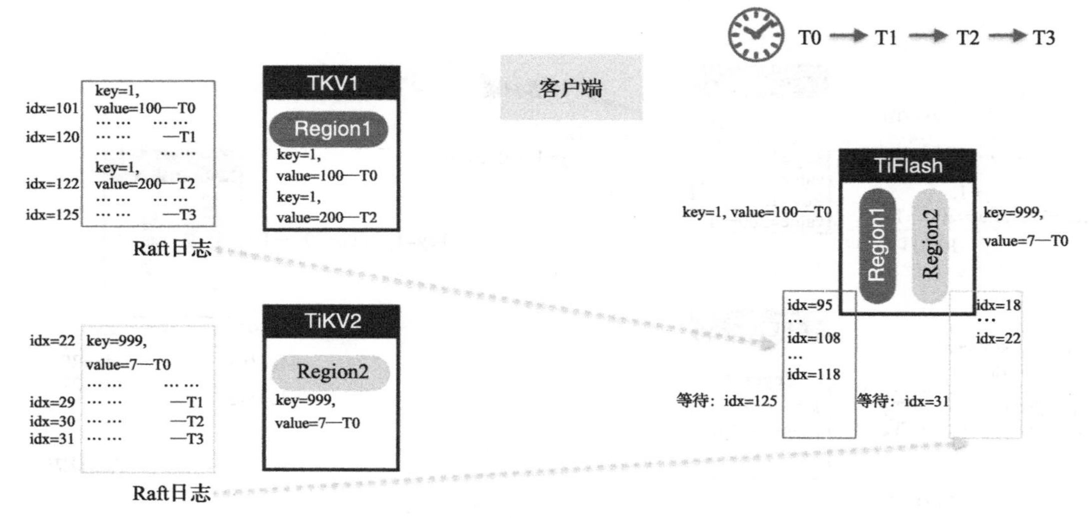

图 5.7　TiFlash 一致性读取在 T3 时刻等待

终于到了 T4 时刻，如图 5.8 所示，TiFlash 中的 Region 2 接收到了它等待的 idx = 31 号 Raft 日志，这个时候证明在读取数据之前所有的修改已经发送过来了！所以 TiFlash 等 idx = 31 号 Raft 日志被应用之后，便读取了（key = 999，value = 7），并返回给客户端。到目前为止结果集中的一行数据读取成功了！至于 TiFlash 上的 Region 1 目前接收到 Raft 日志的 idx = 124，还需要等待接收到 idx = 125 才能够读取。

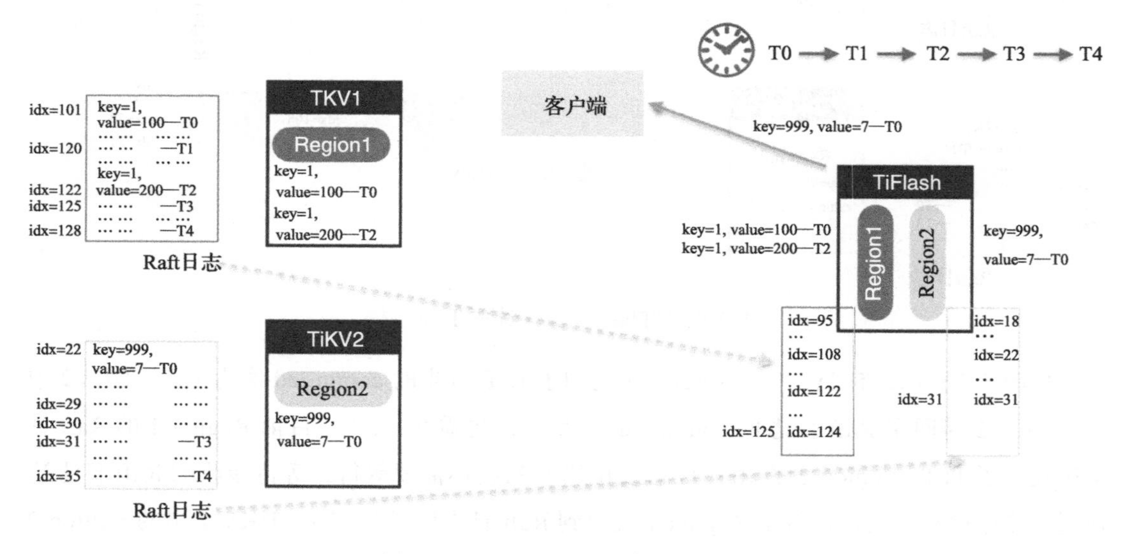

图 5.8　TiFlash 一致性读取 T4 时刻

在 T5 时刻，如图 5.9 所示，TiFlash 中的 Region 1 接收到了它等待的 idx = 125 号 Raft 日志，这个时候证明在读取数据之前所有的修改已经发送过来了。所以 TiFlash 等 idx = 125 号 Raft 日志被应用之后，便开始读取了。这里又遇到一个问题，那就是可以读取到 key = 1 两个版本的数据行，即：T0 时刻插入的 (key = 1, value = 100)，idx = 101；T2 时刻插入的 (key = 1, value = 200)，idx = 122，到底应该读取哪一个？实际上，任何的读取，无论是在 TiKV 节点上，还是在 TiFlash 节点上，都会先获取一个查询时刻的时间戳 (start_ts)，在 TiFlash 上的 start_ts 为 T1，显然，T2 这个时刻是读取不到的，应该读取 T0 时刻的 (key = 1, value = 100)。

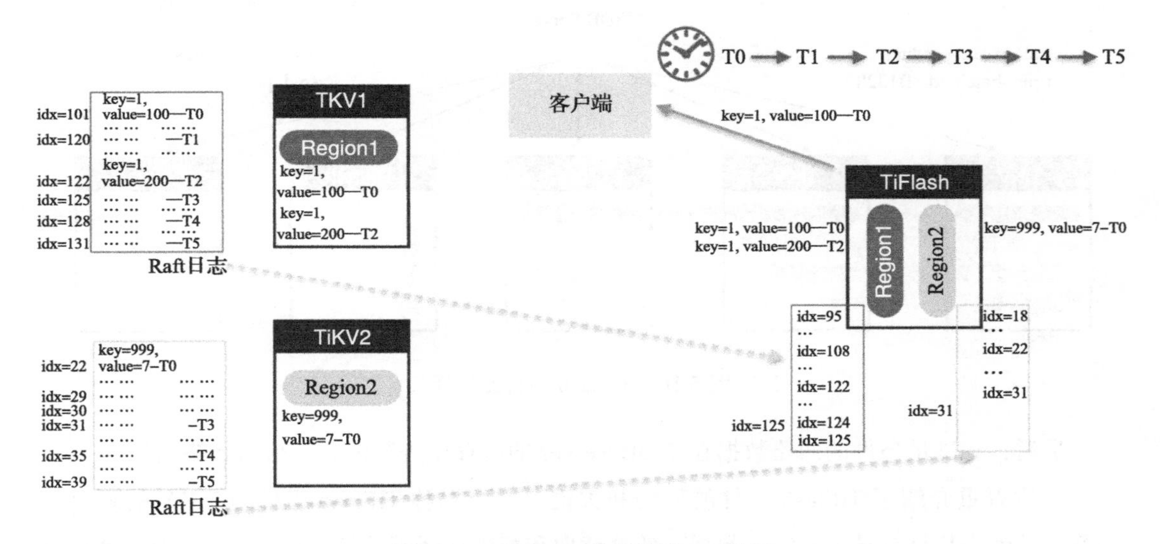

图 5.9　TiFlash 一致性读取 T5 时刻

到现在为止，读者了解了 TiFlash 上的数据读取工作，可以保证与 TiKV 上的线性一致性，这也是 TiFlash 可以支持实时数据分析的基础。

5.5 智能选择

智能选择指的是在 TiDB Server 作为协调器的情况下，可以根据优化器对于 SQL 的评估结果自动选择在 TiKV（行存）还是 TiFlash（列存）上执行 SQL，或者同时从 TiKV 和

TiFlash 中分别读取数据。

如图 5.10 所示的 SQL 语句，对于 product 表，只需要过滤条件 product.batch_id = 'B1328'，而在 product 表中存在 (pid, batch_id) 索引，因此可以选择在 TiKV 中进行索引读取（行存擅长从大量数据中读取少量数据的索引），从而过滤出满足条件的数据。

而对于 sales 表，需要对 price 列进行聚合（AVG)，并且没有过滤条件，相当于对大表进行扫描，因此更适合在 TiFlash 中进行基于列存的全表扫描操作。

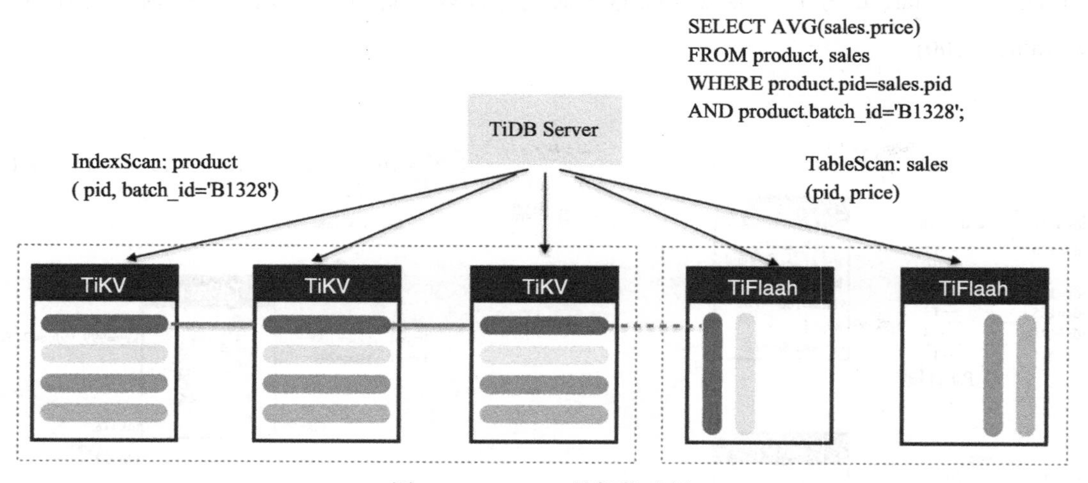

图 5.10　TiFlash 的智能选择

最后，将满足条件的两路数据在 TiDB Server 的缓存中进行汇总，得出最终结果。

本章着重介绍了 TiFlash 组件的架构和关键，之所以称 TiFlash 组件为 TiKV 的列存储引擎，是因为其具有异步复制、数据一致性读取和智能选择等特性，同时，在完成 AP 计算（如大表连接、聚合等操作）时，TiFlash 组件还作为 MPP 计算引擎发挥着计算加速的作用。

第二部分

性能优化

具备在TiDB数据库上设计、开发和调试SQL代码的能力，是大部分数据库开发工程师岗位的基本要求，而且对于数据库管理员来说，还要附加上诊断大部分数据库系统日常遇到的性能问题的能力。

本部分将介绍分布式数据库TiDB在性能优化方面的知识，其中包括如何表与索引的设计优化、SQL编程方面的查询优化以及遇到SQL问题时进行优化的最佳实践。如果希望在TiDB数据库上开发SQL程序，那么掌握上面这些内容（第6和7章）有利于读者开发出性能不错的程序代码。如果需要运维TiDB数据库，只具备上面的知识可能还不够，还需要掌握第8和9章的内容，那就是如何通过如Dashboard、Grafana + Prometheus等性能监控和诊断工具进行性能优化和诊断，以及如何进行系统变量和配置参数优化。

第 6 章　表与索引的设计优化

本章聚焦在表、索引等数据库对象的设计上，帮助读者理解在 TiDB 这种分布式数据库中如何根据具体场景设计出性能最优的表与索引来，同时指出在表与索引设计中应避免哪些问题。

6.1　TiDB 数据库中的两种表结构

在 TiDB 数据库中有两种表结构，一种叫作聚簇索引表（clustered index），另一种叫作非聚簇索引表（nonclustered index）。聚簇索引表是一种索引结构，其中数据行的排列顺序与主键索引的排列顺序完全一致。非聚簇索引表则不按照主键索引排列，而是按照系统自动生成的一个隐藏列来排列。

读者可能会觉得这种定义很抽象，下面用图示分别进行介绍。

6.1.1　聚簇索引表结构

如果用户希望创建一张聚簇索引表，那么首先要确保所创建的表有一个主键列，也就是说如果用户的表没有主键，那么是不具备创建聚簇索引表条件的，只能创建非聚簇索引表。

关系型数据表中，如果编号（PK）列是主键，则具备了创建聚簇索引表的条件，如图 6.1 所示。关于聚簇索引表中关系型数据与键值的转换、分区的形成和分裂已在第一部分中进行了介绍，这里不再赘述。

这里请注意以下结论：聚簇索引表的数据就是按照主键的结构有序存储的，那么可以认为表中的键就已经是主键了，所以不需要单独存储主键了。

编号（PK）	姓名	生日	手机	分数
1	Tom	1982-09-28	1390811212	78
2	Jack	1996-04-12	1801222187	91
3	Frank	1982-09-28	1364571212	90
4	Tony	1977-03-12	1391113134	65
5	Jim	1992-07-19	1579915611	51
6	Sam	1978-09-12	1713665011	97

图 6.1　聚簇索引表结构

6.1.2　非聚簇索引表结构

与聚簇索引表不同，用户创建非聚簇索引表是不需要表中一定含有主键列的，也就是说无论用户的表有没有主键，都能创建非聚簇索引表。

关系型数据表中，如果编号列不是主键，则不具备创建聚簇索引表的条件，接下来创建一张非聚簇索引表，如图 6.2 所示。

编号	姓名	生日	手机	分数
1	Tom	1982-09-28	1390811212	78
2	Jack	1996-04-12	1801222187	91
3	Frank	1982-09-28	1364571212	90
4	Tony	1977-03-12	1391113134	65
5	Jim	1992-07-19	1579915611	51
6	Sam	1978-09-12	1713665011	97

图 6.2　非聚簇索引表结构

TiDB 数据库为表中的每一行都分配了一个 RowID（也可以叫作 _tidb_rowid），如图 6.3 所示。这个 RowID 保证全表内的唯一性，可以作为键来定位每一行。读者也可以理解为 TiDB 数据库并没有考虑用户的表是否有主键，而是为用户的表加了一个唯一索引 RowID 的列。

RowID		编号	姓名	生日	手机	分数
xxx1	- - - - - - - - -	1	Tom	1982-09-28	1390811212	78
xxx2	- - - - - - - - -	2	Jack	1996-04-12	1801222187	91
xxx3	- - - - - - - - -	3	Frank	1982-09-28	1364571212	90
xxx4	- - - - - - - - -	4	Tony	1977-03-12	1391113134	65
xxx5	- - - - - - - - -	5	Jim	1992-07-19	1579915611	51
xxx6	- - - - - - - - -	6	Sam	1978-09-12	1713665011	97
键				值		

图 6.3　TiDB 数据库为非聚簇索引表添加了 RowID 列

这里需要说明的是：在 TiDB 数据库中，非聚簇索引表的 RowID 类型是 64 位的有符号整数（BIGINT）。每一行数据都会有一个唯一的 RowID，用于在底层存储引擎中定位并访问相应的数据。RowID 在 TiDB 中是一个隐藏的列，可以通过 SHOW COLUMNS 命令查看。需要注意的是，RowID 是由 TiDB 自动生成和管理的，不能直接手动修改或操作。

数据库需要将键加上表的唯一编号（Table ID），构成“表号 + RowID”的唯一键，如图 6.4 所示。这样，一行数据就在整个数据库范围内拥有了全局键。其中，RowID 在整个集群中是唯一的，主键在表内是唯一的，这些 ID 都是 int64 类型。

表号	RowID		编号	姓名	生日	手机	分数
T24	xxx1	- - - - - - -	1	Tom	1982-09-28	1390811212	78
T24	xxx2	- - - - - - -	2	Jack	1996-04-12	1801222187	91
T24	xxx3	- - - - - - -	3	Frank	1982-09-28	1364571212	90
T24	xxx4	- - - - - - -	4	Tony	1977-03-12	1391113134	65
T24	xxx5	- - - - - - -	5	Jim	1992-07-19	1579915611	51
T24	xxx6	- - - - - - -	6	Sam	1978-09-12	1713665011	97
键					值		

图 6.4　非聚簇索引表中关系型数据与键值的转换

现在，数据库已经将关系型数据转换为了键值形式，这些键值是以 Region 的方式存储的，如图 6.5 和图 6.6 所示。

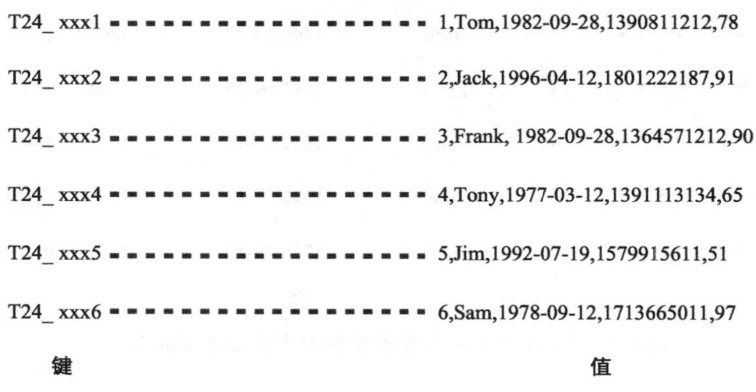

图 6.5 非聚簇索引表中以 Region 方式存储键值对

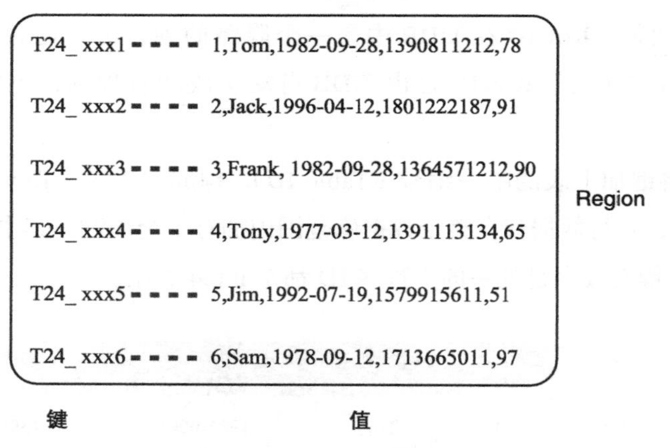

图 6.6 Region 的形成

一般将数据库中的键值集合称为一个 Region，这也是数据库进行数据读取的逻辑单位。显然，将整个数据库的所有数据放入一个 Region 中会导致读取效率非常低下。因此，当 Region 达到一定的大小限制时，就会发生分裂，如图 6.7 所示。

至于新的 Region 达到 96 MB，或者更新后达到 144 MB（TiDB 6.1.0 后改为达到 region-max-size，TiKV 配置参数设置的值）分裂，读者可以参考关于聚簇索引表分裂的描述，这里不再重复了。

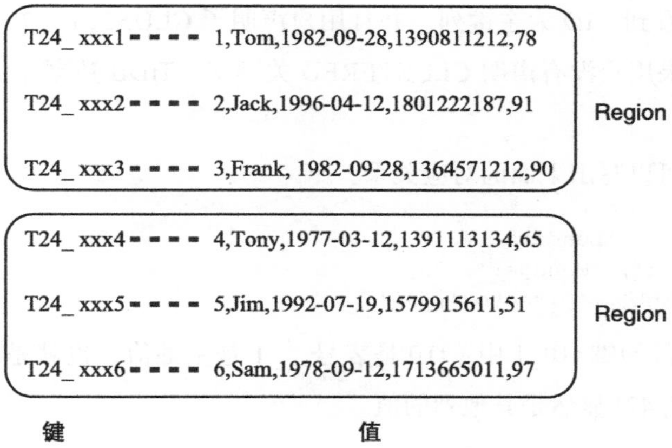

T24_ xxx1 - - - - 1,Tom,1982-09-28,1390811212,78
T24_ xxx2 - - - - 2,Jack,1996-04-12,1801222187,91
T24_ xxx3 - - - - 3,Frank, 1982-09-28,1364571212,90
Region

T24_ xxx4 - - - - 4,Tony,1977-03-12,1391113134,65
T24_ xxx5 - - - - 5,Jim,1992-07-19,1579915611,51
T24_ xxx6 - - - - 6,Sam,1978-09-12,1713665011,97
Region

键 值

图 6.7 Region 的分裂

6.2 表与键值的映射方式

下面用伪代码来说明两种表结构与键值的映射方式。

6.2.1 聚簇索引表中键值的映射方式

```
Key:   TableID_col1<PK>
Value: [col2, col3, col4]
```

这里的 col1、col2、col3 和 col4 表示表中的列，其中 col1 为主键列。

创建一张聚簇表 T，代码如下：

```
CREATE TABLE T (
        ID int not null PRIMARY KEY CLUSTERED,
        Name varchar(20),
        Role varchar(20),
        Age int,
        KEY idxAge (Age)
);

insert into T values ( 1, 'Tom', 'Leader', 42);
insert into T values (2, 'Jack',
    'Manager', 29);
insert into T values (3, 'Frank', 'Director', 30);
```

从代码中可以看到，ID 为主键列，并且用户声明了 CLUSTERED 关键字，表示这是一个聚簇索引表，如果用户没有声明 CLUSTERED 关键字，TiDB 数据库依然会默认用户创建的是聚簇索引表。

根据伪代码，可以写出下面的对应关系：

```
t10_1 -> ['Tom', 'Leader', 42]
t10_2 -> ['Jack', 'Manager', 29]
t10_3 -> ['Frank', 'Director', 30]
```

可以看到第一行的键 t10_1 中，t10 是表号，_1 是主键值，也就是表的 ID 列。第一行的值 ['Tom', 'Leader', 42] 显然是其他列的值。

6.2.2 非聚簇索引表中键值的映射方式

```
Key:   TableID_RowID
Value: [col1, col2, col3, col4]
```

这里的 col1、col2、col3 和 col4 表示表中的列。RowID 为 TiDB 数据库分配的隐藏列，是 64 位的有符号整数（BIGINT）。

创建一张非聚簇索引表 S，代码如下：

```
CREATE TABLE S (
    ID int not null PRIMARY KEY NONCLUSTERED,
    Name varchar(20),
    Role varchar(20),
    Age int,
    KEY idxAge (Age)
);

insert into S values ( 1, 'Tom', 'Leader', 42);
insert into S values (2, 'Jack', 'Manager', 29);
insert into S values (3, 'Frank', 'Director', 30);
```

从代码中可以看到，ID 虽然为主键列，但是用户声明了 NONCLUSTERED 关键字，表示这是一个非聚簇索引表，如果用户没有声明 NONCLUSTERED 关键字，TiDB 数据库就会默认用户创建的是聚簇索引表；反过来，如果 ID 不是主键，并且用户没有声明 NONCLUSTERED 关键字，TiDB 数据库就会默认用户创建的是非聚簇索引表。

读者可以这样理解，如果表中没有主键列，那么只能创建非聚簇索引表；如果表中有主键列，除非加了 NONCLUSTERED 关键字，否则创建的都是聚簇索引表。

同样，根据刚才的伪代码，可以写出下面的对应关系：

```
t11_r001 -> [1, 'Tom', 'Leader', 42]
t11_r002 -> [2, 'Jack', 'Manager', 29]
t11_r003 -> [3, 'Frank', 'Director', 30]
```

可以看到，第一行的键 t11_r001 中，t11 是表号，_r001 是 TiDB 分配的隐藏 RowID，并不是表中的 ID 主键列，第一行的值 [1, 'Tom', 'Leader', 42] 显然包含所有列的值。

6.3 TiDB 中的索引结构

索引的目的一般可以理解为在数据库中用于加速数据检索操作。它类似于书籍的目录，当用户执行一条查询语句时，数据库会使用索引来快速定位满足查询条件的数据，而不是逐行扫描整个表，从而提高查询效率。

然而，索引并非没有代价。创建索引会占用磁盘空间，也会对插入、更新和删除操作的性能产生一定的影响。因此，在设计数据库时需要权衡好索引的使用，避免过多或不必要的索引。

在 TiDB 数据库中，用户可以在表的单列上创建索引（单列索引），也可以在多列上创建索引（复合索引）。

读者还可以这样理解索引：用户的表很大，一行一行去找数据非常麻烦并耗费磁盘 IO，于是将一些经常作为查询条件的列挑出来排好序组成一个小很多的表，这张小表查询起来就轻松多了，小表的每一行都增加了一个指向原表行的指针，利用小表（索引）中列排好序并耗费很少 IO 的优势，定位到符合条件的检索列值，之后根据指针找到大表中对应的行即可，从而减少了对于大表的扫描。

同时，使用索引查找数据是一行一行来读取的，对于从大量数据中找到几行数据是可行的，但是对于那种要查找的数据（结果集）本身就有很多行的场景（比如求每一列的总和或者个数），使用索引一行一行查找就非常不方便了！第一部分中介绍的 TiFlash 列存，实际上就是解决这个问题的。

下面按照常用的索引分类，通过伪代码来介绍索引在 TiDB 数据库中是如何对应键值的。

1. 唯一索引 / 非聚簇索引表的主键

```
Key:   tableID_indexID_indexedColumnsValue
Value: RowID
```

由于聚簇索引表本身就是按照主键的顺序来排列和存储的，所以聚簇索引表的主键就是表本身，非聚簇索引表的主键是需要单独存储的。

从伪代码中得知，索引的键是 tableID（表 ID）+ indexID（索引 ID）+ indexedColumnsValue（索引键值），能够看出，通过表 ID 知道是哪一张表，通过索引 ID 知道是表中的哪个索引，通过索引键值知道是哪一行，之后再通过键对应的值找到 RowID，这个 RowID 就是表中的哪一行了，所以值中存储的 RowID 相当于索引指向表的指针。

这里说明一下：索引中值的 RowID 表示表中的键，如果是聚簇索引表，则是表 ID+ 主键值；如果是非聚簇索引表，则是表 ID + RowID（TiDB 自动分配的隐藏列）。

2. 辅助索引 / 二级索引

辅助索引或二级索引（Secondary Key）的特点是索引键值可能为空并可能有重复值。下面先了解一下其构成。

```
Key:   tableID_indexID_indexedColumnsValue_{RowID}
Value: null
```

从伪代码中看到，索引的键是 tableID（表 ID）+ indexID（索引 ID）+ indexedColumnsValue（索引键值），后面还多了一个 RowID。通过表 ID 知道是哪一张表，通过索引 ID 知道是表中的哪个索引，通过索引键值知道是哪些行。没错！与唯一索引不同的是，这里的索引键值是可以重复的，所以只能确定某些行。但是，键要求唯一锁定一行。怎么办呢？这个时候 TiDB 数据库的做法是将 RowID 放在后面，因为 RowID 相当于索引指向表的指针，所以一定可以确定某一行，这样键就可以指向表中的某一行了。再看看值，好像不需要再存储什么内容了。是的！值在辅助索引 / 二级索引中是 null。

这里说明一下：索引中键的 RowID 表示表中的键，如果是聚簇索引表，则是表 ID+ 主键值；如果是非聚簇索引表，则是表 ID + RowID（TiDB 自动分配的隐藏列）。

到目前为止，已经介绍了 TiDB 数据库中各种索引的构成方式，读者可以每次在建表的时候思考一下它们是如何存储的。最后以一个例子来总结本节的内容。

```
CREATE TABLE T1 (
    ID int not null PRIMARY KEY NONCLUSTERED,
    Name varchar(20),
    Role varchar(20),
    Age int,
    KEY idxAge (Age)
);
insert into T1 values ( 100, 'Tom', 'Leader', 40 );
```

```
insert into T1 values ( 200, 'Jack', 'Manager', 50 );
insert into T1 values ( 300, 'Frank', 'Director', 47 );
```

首先，创建了一张非聚簇索引表，虽然它有主键 ID，但是用户声明了 NONCLUSTERED 关键字。在表中还有一个辅助索引 idxAge，它是 Age 列上的非唯一索引。我们看一下表的键值映射方式的伪代码：

```
t12_xxx1 -> [100, 'Tom', 'Leader', 40]
t12_xxx2 -> [200, 'Jack', 'Manager', 50]
t12_xxx3 -> [300, 'Frank', 'Director', 47]
```

以第一行为例，键中 t12 是表号，xxx1 是非聚簇索引表 RowID。值中是所有列的值。

其次，我们看一下主键 ID 的键值映射方式的伪代码：

```
t12_i1_100 -> xxx1
t12_i1_200 -> xxx2
t12_i1_300 -> xxx3
```

以第一行为例，键中 t12 是表号，i1 是索引编号，100 是索引键值（主键）。值中是指向非聚簇索引表 RowID 的 xxx1。

最后，是辅助索引 / 二级索引的键值映射方式的伪代码：

```
t12_i2_10_xxx1 -> null
t12_i2_20_xxx2 -> null
t12_i2_30_xxx3 -> null
```

以第一行为例，键中 t12 是表号，i2 是索引编号，10 是索引键值（Age 列），xxx1 是指向非聚簇索引表的 RowID。由于是不需要值的，所以值为 null。

6.4 两种表结构的写入对比

在了解了聚簇索引表、非聚簇索引表和索引的构成方式与键值映射方式后，读者一定有疑问：到底应该创建什么结构的表呢？接下来，就解决在表设计中如何选择表结构的问题，先从数据写入方面进行对比。

6.4.1 非聚簇索引表的写入

这里有一张非聚簇索引表 T，建表语句如下：

```
CREATE TABLE T (
    ID int not null PRIMARY KEY NONCLUSTERED,
    Name varchar(20),
    tel varchar(16),
);
insert into T values ( 1, 'Tom', '1390811212');
insert into T values ( 2, 'Jack', '1801222187');
insert into T values ( 3, 'Frank', '1364571212');
insert into T values ( 4, 'Tony', '1391113134');
insert into T values ( 5, 'Jim', '1579915611');
insert into T values ( 6, 'Sam', '1713665011');
```

它在 TiDB 中的存储方式如图 6.8 所示。

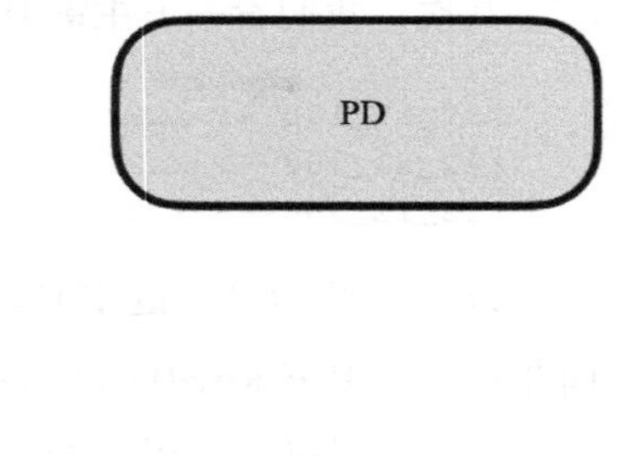

TiDB

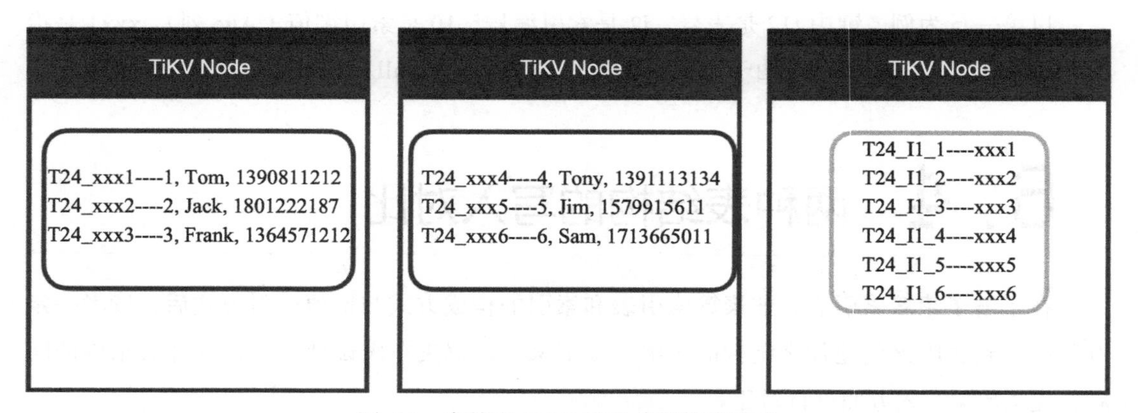

图 6.8　存储在 TiDB 中的非聚簇索引表

图 6.8 中，表的键值和索引的键值的 leader 角色的 Region 共 3 个，分布在 3 个 TiKV 节点上。下面开始写入，如图 6.9 所示。

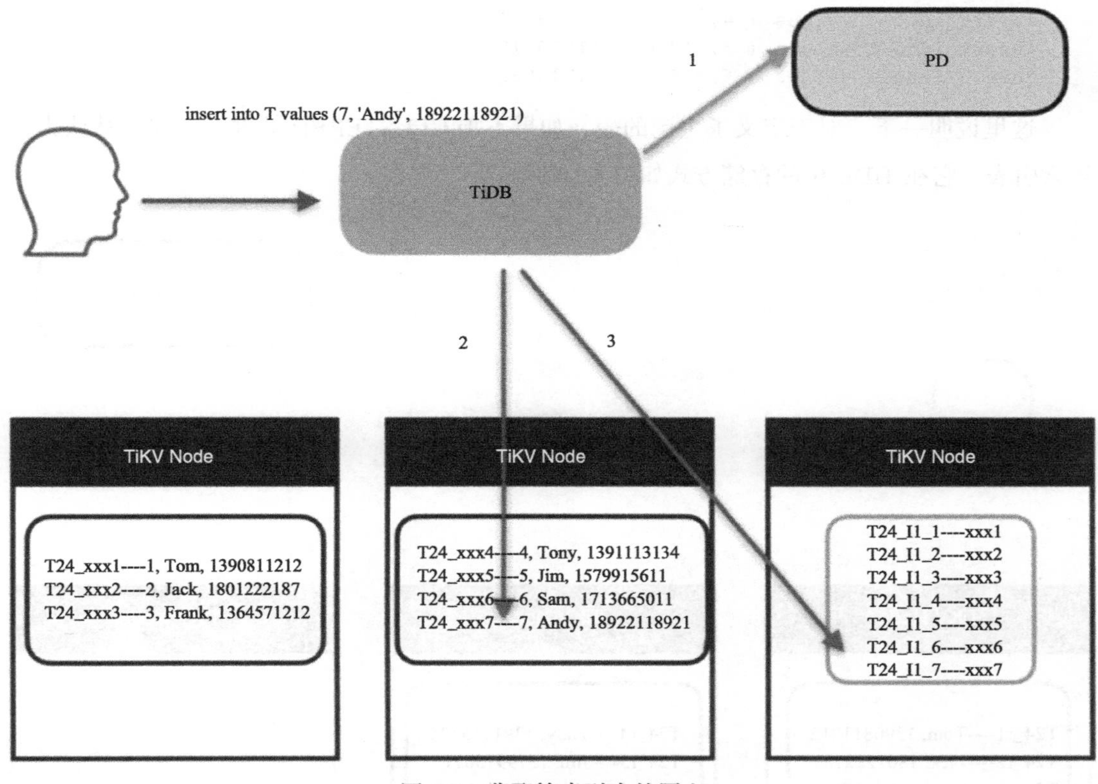

图 6.9　非聚簇索引表的写入

从图 6.9 中可以看到非聚簇索引表在写入时的 3 个重要动作：（1）在 PD 中查找 T 表的路由信息（T 表 Region 所属的位置，请参考第一部分中对于 TiKV 的介绍）；（2）将插入数据写入 TiKV 中表所在的 Region 中；（3）写主键索引所在的 Region。

6.4.2　聚簇索引表的写入

现在的表 T 是聚簇索引表，建表语句如下：

```
CREATE TABLE T (
    ID int not null PRIMARY KEY,
    Name varchar(20),
    tel varchar(16),
);
insert into T values ( 1, 'Tom', '1390811212');
insert into T values ( 2, 'Jack', '1801222187');
insert into T values ( 3, 'Frank', '1364571212');
```

```
insert into T values ( 4, 'Tony', '1391113134');
insert into T values ( 5, 'Jim', '1579915611');
insert into T values ( 6, 'Sam', '1713665011');
```

这里说明一下，对于定义了主键的表，如果不加 CLUSTERED 关键字，那么默认为聚簇索引表。它在 TiDB 中的存储方式如图 6.10 所示。

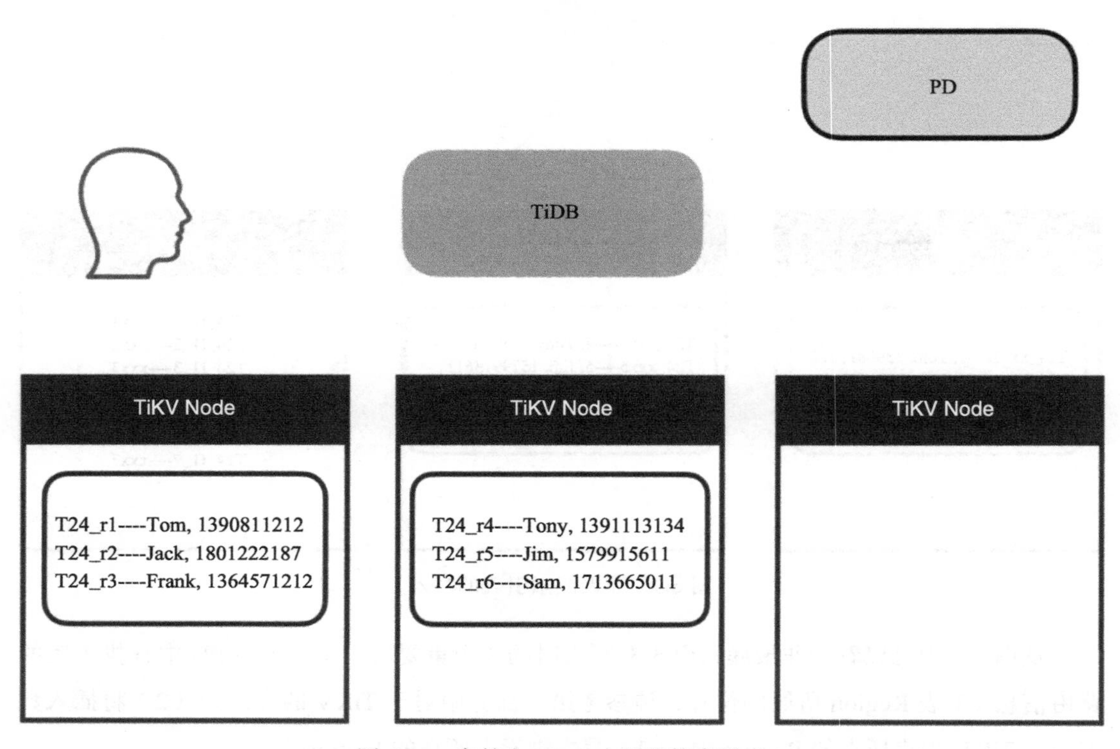

图 6.10　存储在 TiDB 中的聚簇索引表

图 6.10 中，表的键值的 leader 角色的 Region 共两个，分布在两个 TiKV 节点上。由于聚簇索引表的数据就是按照主键的结构有序存储的，可以认为表中的键已经是主键了，所以不需要单独存储主键了。下面开始写入，如图 6.11 所示。

在聚簇索引表中写入数据时，只有两个重要动作：（1）在 PD 中查找 T 表的路由信息（T 表 Region 所属的位置）；（2）将待插入数据写入 TiKV 中表所在的 Region 中。

结论是聚簇索引表由于数据本身是按照主键的结构有序存储的，所以在写入时会比非聚簇索引表减少写入主键的操作。

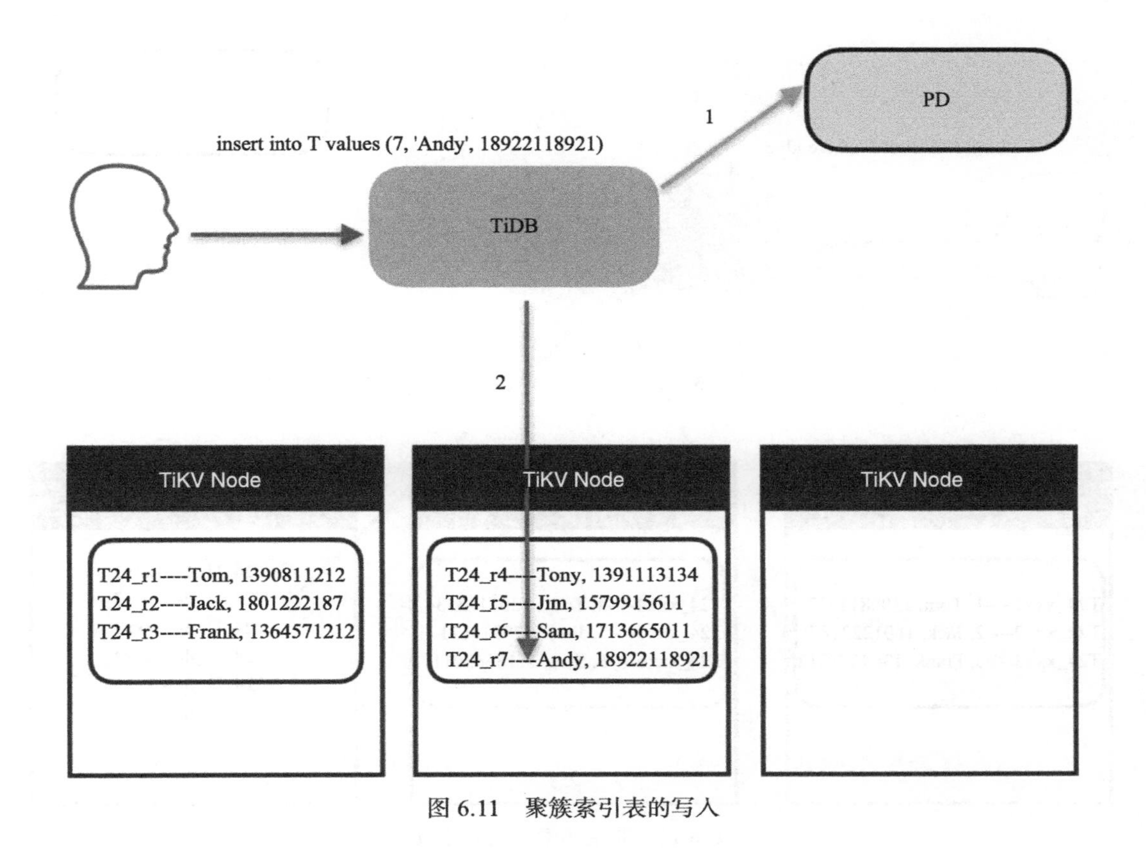

图 6.11　聚簇索引表的写入

6.5　两种表结构的读取对比

在对比了聚簇索引表和非聚簇索引表的写入操作后，再来对比一下读取操作。

6.5.1　非聚簇索引表的读取

还是先看非聚簇索引表，有一张表 T，建表语句同 6.4.1 节，它的存储方式如图 6.8 所示。

图 6.8 中，表的键值和索引的键值的 leader 角色的 Region 共 3 个，分布在 3 个 TiKV 节点上。下面开始读取，如图 6.12 所示。

从图 6.12 中可以看出，在读取的时候经历了三步：（1）在 PD 中查找 T 表的路由信息（T 表 Region 所属的位置）；（2）读取 ID 列所在的主键索引，访问一次主键索引所在的 Region；（3）读取表 T 数据所在的 Region，访问一次 TiKV。

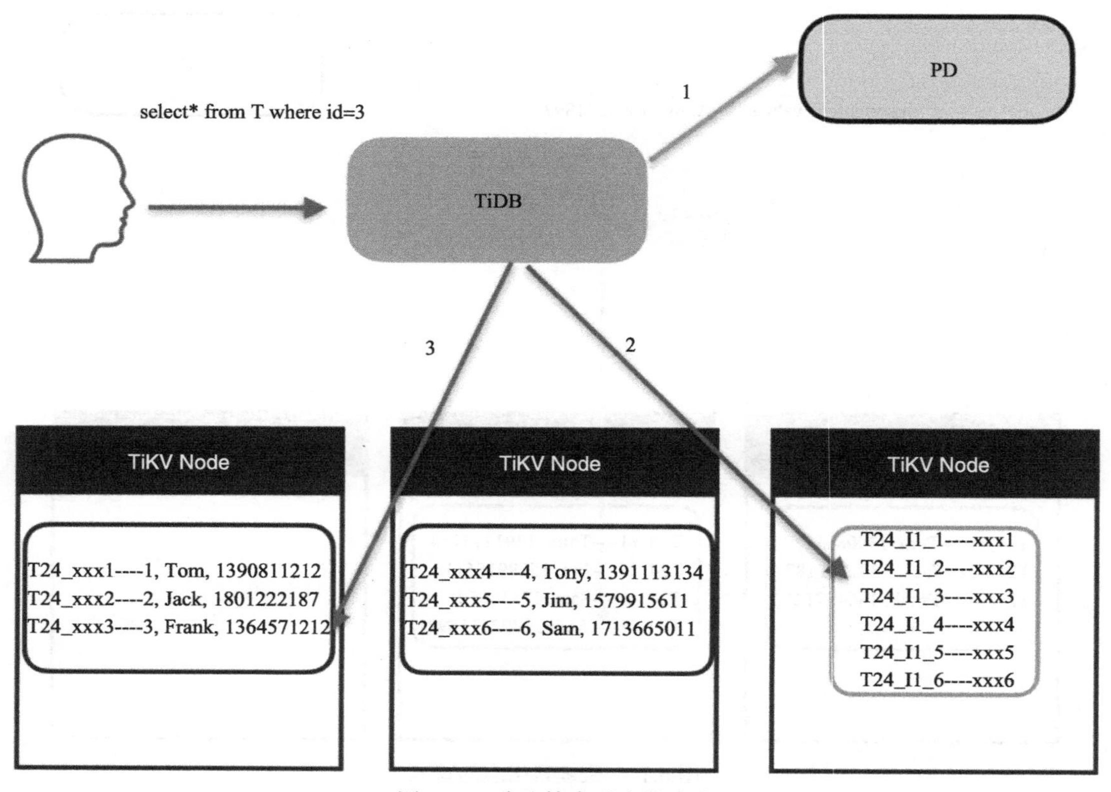

图 6.12　非聚簇索引表的读取

6.5.2　聚簇索引表的读取

现在的表 T 是聚簇索引表，建表语句同 6.4.2 节。

这里说明一下，对于定义了主键的表，如果不加 CLUSTERED 关键字，那么默认为聚簇索引表。它在 TiDB 数据库中的存储方式如图 6.10 所示。

图 6.10 中，表的键值的 leader 角色的 Region 共两个，分布在两个 TiKV 节点上。由于聚簇索引表的数据就是按照主键的结构有序存储的，可以认为表中的键已经是主键了，所以不需要单独存储主键了。下面开始读取。

在聚簇索引表中读取数据时，只有两个重要动作（如图 6.13 所示）：（1）在 PD 中查找 T 表的路由信息（T 表 Region 所属的位置）；（2）根据（1）的路由信息，到指定的 TiKV 中去读取表所在的 Region。

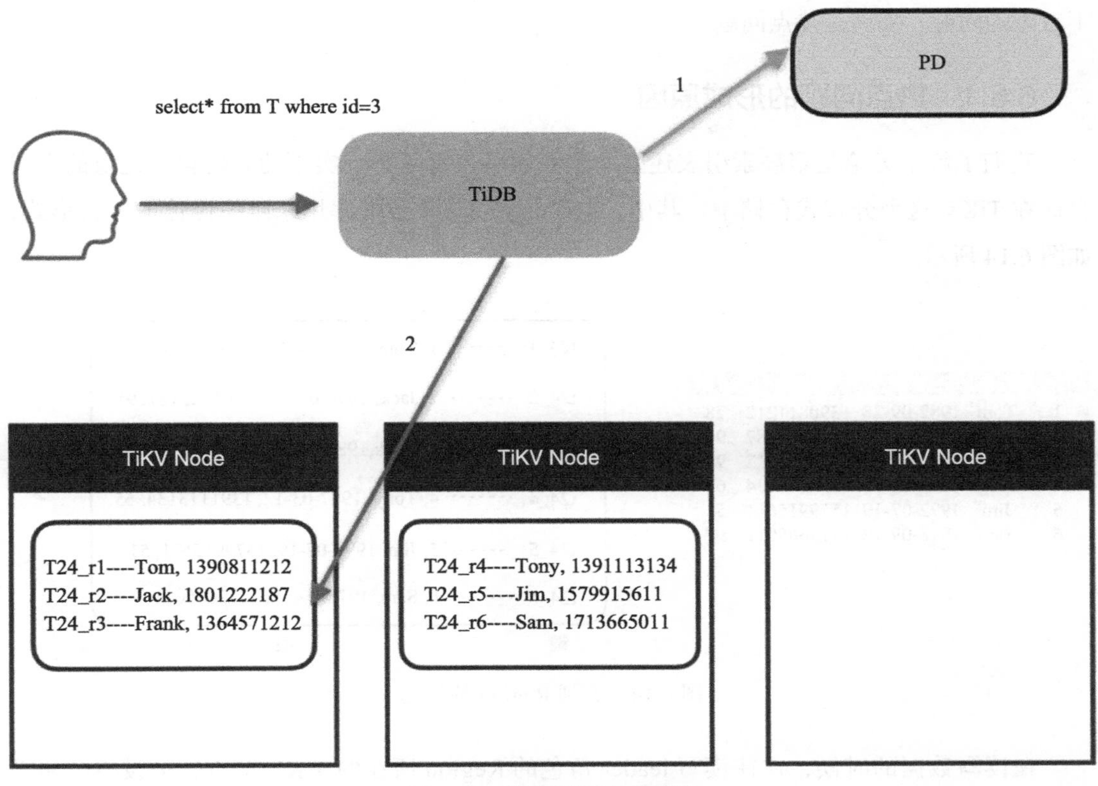

图 6.13　聚簇索引表的读取

结论是聚簇索引表由于数据本身是按照主键的结构有序存储的，所以在读取时会比非聚簇索引表减少读取主键的操作。当然，如果 where id = 3 中，id 列不是主键列，而是一个辅助索引，那么两种表结构的读取的主要动作都是确定路由信息、读取索引和读取表 3 步。

6.6 分布式数据库的热点问题

通过对聚簇索引表和非聚簇索引表读写的对比，读者可能有这样的结论：如果表本身含有主键列，并且经常需要根据主键来进行数据访问，那么最好设计为聚簇索引表，而通过辅助索引访问比较多的场景聚簇索引表和非聚簇索引表没有太大区别。

上面这个结论只能说部分正确，因为还有一个在分布式数据库的表和索引设计中不得不考虑的问题，那就是热点问题。

6.6.1 热点问题的形成原因

我们了解了无论是聚簇索引表还是非聚簇索引表都是将现实中的表转化为键值的方式存储在 TiKV 这个分布式存储中，其中，Region 是 TiDB 数据库用来组织键值的逻辑形式，如图 6.14 所示。

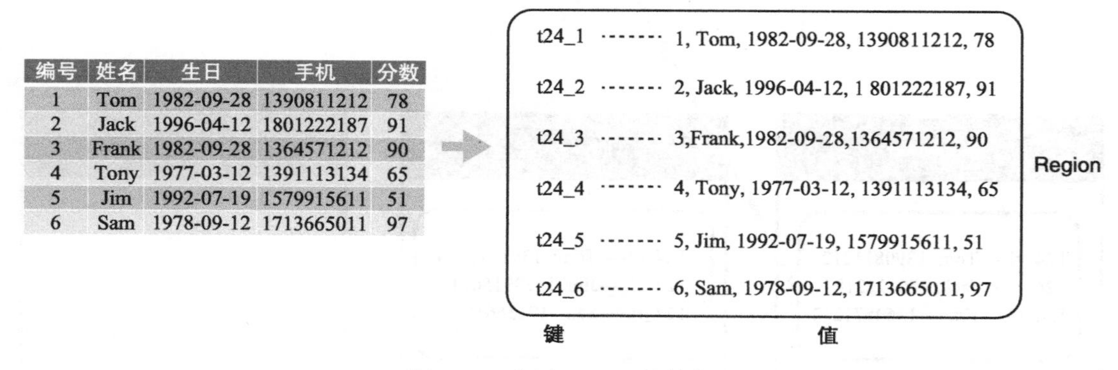

图 6.14　表到 Region 的转化

在读写数据的时候，往往读写 leader 角色的 Region 所在的 TiKV 节点，请设想，如果 leader 角色的 Region 都集中在一个 TiKV 节点中，或者某个 TiKV 节点中的 leader 角色的 Region 比其他 TiKV 节点读写得更频繁，那么这个 TiKV 节点就会相比其他 TiKV 节点更加繁忙。

我们设计和使用分布式系统（比如 TiKV），实际上是希望所有节点的读写负载都差不多，或者说读写压力均匀分布在所有的 TiKV 节点上，这样才能发挥分布式系统的优势，而不是看似分布式，实际只有某几个节点在忙，成为木桶效应的短板。这种在分布式系统中，读写压力只分布在某几个节点的现象就叫作热点现象，也是需要极力避免的。

TiKV 热点的形成如图 6.15 所示。可以看到，3 个 TiKV 节点中由于 leader 角色的 Region 在 TiKV Node 2 上，所以读写压力都集中在它上面。当 Region 写满分裂以后，TiKV Node 2 就有两个 leader 角色的 Region 了，如果这两个 leader 角色的 Region 依然还在 TiKV Node 2 上面，那么整个 TiKV 分布式系统中，就只有 TiKV Node 2 来处理读写，其他 TiKV 节点并不分摊压力，TiKV Node 2 就是系统中的热点。

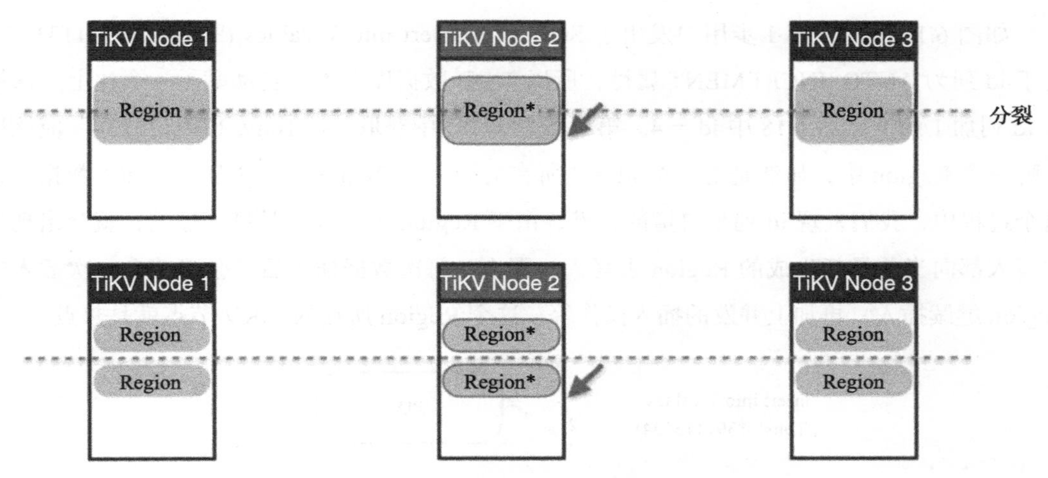

图 6.15　TiKV 热点的形成

6.6.2　不同表结构的热点问题

1. 聚簇索引表的热点问题

一般来说，用户可能会用类似下面两种方式来创建聚簇索引表。

```
CREATE TABLE sbtest1(
    id int(11) NOT NULL AUTO_INCREMENT,
    k int(11) NOT NULL DEFAULT '0',
    c char(120) NOT NULL DEFAULT '',
    pad CHAR(60) DEFAULT '' NOT NULL,
    PRIMARY KEY (id) CLUSTERED
)

CREATE TABLE sbtest2(
    id int(11) NOT NULL,
    k int(11) NOT NULL DEFAULT '0',
    c char(120) NOT NULL DEFAULT '',
    pad CHAR(60) DEFAULT '' NOT NULL,
    PRIMARY KEY (id) CLUSTERED
)
```

sbtest1 和 sbtest2 转换为键值后的键都是“表 ID_ 表主键”的形式。对 sbtest2 来说，id 列是主键，具有业务属性（如订单编号、手机号或者员工 ID 等），在插入表时可能并不连续。但是对 sbtest1 来说，由于在 id 这个主键列上加了 AUTO_INCREMENT 属性，就形成了每次插入一行，id 主键列的值都比上一行自增 1。

如图 6.16 所示，第 1 步用户发出了 SQL 语句 insert into T values ('Tony', 1391113134)，由于 id 列为 AUTO_INCREMENT 属性，所以 TiDB 数据库会为其自动赋予一个比上一次插入 id 列加 1 的值，图 6.18 中 id = 4。第 2 步是去 PD 中获取 "4, Tony, 1391113134" 应该插入哪一个 Region 中，显然是上一个 id = 3 所在的同一个 Region。第 3 步则是插入数据。在这个过程中，我们发现 id 列是自增的主键，由于 Region 中的键值是排好序的，就会出现每次写入都向当前最新生成的 Region 去写入，那么，每次数据插入后都会追着上一次插入的 Region 继续插入，再加上并发的插入操作等，这个 Region 所在的 TiKV 节点就是热点了。

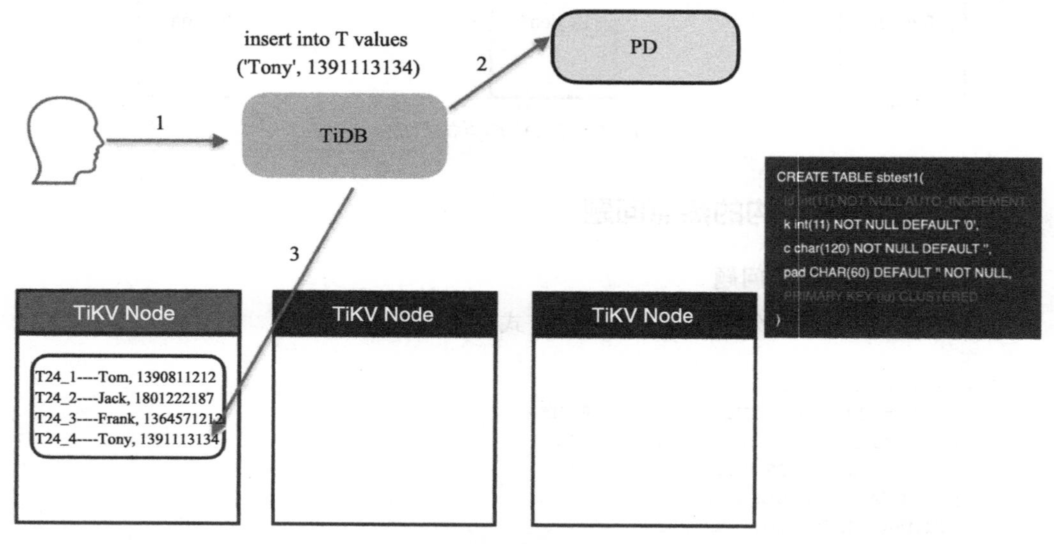

图 6.16　聚簇索引表热点的形成

结论是，在聚簇索引表中，如果用户指定了主键的 AUTO_INCREMENT 属性，在插入数据的时候，就有形成热点的可能性。

2. 非聚簇索引表的热点问题

一般来说，用户可能会用类似下面三种方式来创建非聚簇索引表。

```
CREATE TABLE sbtest1(
    id int(11) NOT NULL AUTO_INCREMENT,
    k int(11) NOT NULL DEFAULT '0',
    c char(120) NOT NULL DEFAULT '',
    pad CHAR(60) DEFAULT '' NOT NULL,
    PRIMARY KEY (id) NOCLUSTERED
)
```

```
CREATE TABLE sbtest2(
    id int(11) NOT NULL,
    k int(11) NOT NULL DEFAULT '0',
    c char(120) NOT NULL DEFAULT '',
    pad CHAR(60) DEFAULT '' NOT NULL,
    PRIMARY KEY (id) NOCLUSTERED
)

CREATE TABLE sbtest3(
    id int(11) NOT NULL,
    k int(11) NOT NULL DEFAULT '0',
    c char(120) NOT NULL DEFAULT '',
    pad CHAR(60) DEFAULT '' NOT NULL,
 NOCLUSTERED
)
```

结合之前我们理解的非聚簇索引表的键值组成原理，sbtest1、sbtest2 和 sbtest3 无论有没有定义主键列，无论是不是拥有 AUTO_INCREMENT 属性的主键列，其最终形成的键都是“表 ID_ 系统自动生成 RowID”的形式，这个“系统自动生成 RowID”如果不做任何限制，则是按照自增 1 的规则生成的。每次插入一行，“系统自动生成 RowID”的值都比上一行自增 1，也就是键都自增 1。

如图 6.17 所示，第 1 步用户发出了 SQL 语句 insert into T values ('Tony', 1391113134)，由于 id 列为 AUTO_INCREMENT 属性，所以 TiDB 数据库会为其自动赋予一个比上一次插入 id 列加 1 的值，id = 4。第 2 步是去 PD 中获取“4, Tony, 1391113134”应该插入哪一个 Region 中，但是这个 id = 4 和之前的聚簇索引表不同，它并不会存储在键中，而是和其他列一样存储在值中，所以它不会影响数据的分布。第 3 步则是插入数据。在这个过程中，我们发现影响数据分布的键是每次必自增的“系统自动生成 RowID”，由于 Region 中的键值是按照键排好序的，就会出现每次写入都向当前最新生成的 Region 去写入，那么，每次数据插入后都会追着上一次插入的 Region 继续插入，再加上并发的写入，这个 Region 所在的 TiKV 节点就是热点了。

结论是，在非聚簇索引表中，无论用户是否指定了主键，无论用户是否指定了主键的 AUTO_INCREMENT 属性，在插入数据的时候，都有形成热点的可能性。

6.6.3 热点的监控

热点问题等同于分布式系统中的节点没有一起发挥作用，也就是多个节点中只有某几个在工作。那么这些产生热点的节点就成为整个分布式系统的性能瓶颈，也有人将其称为木桶效应（形成热点的节点就好像木桶的短板，整个系统的处理能力取决于热点节点的单机处理能力，就好比木桶能够存放多少水，取决于组成木桶的木板中最短的那一块一样）。

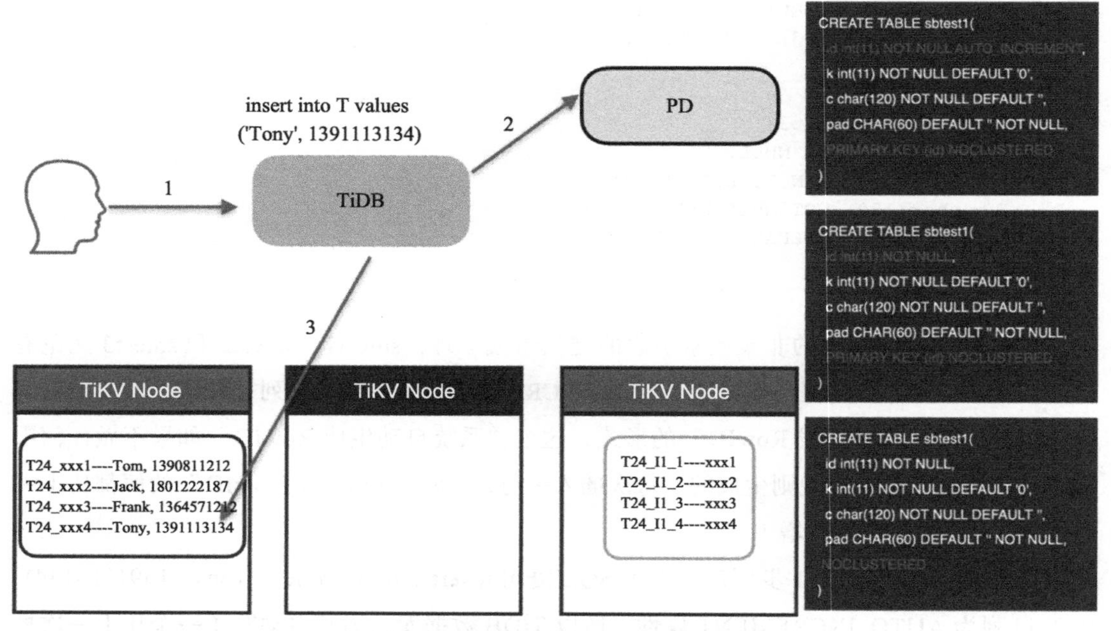

图 6.17　非聚簇索引表热点的形成

热点问题严重的系统，往往出现读写性能下降，整个系统的处理能力（吞吐量）无法满足业务要求的现象。

在讨论如何解决热点问题之前，先看一看如何监控分布式系统中是否有热点存在。

一般来说，用户可以通过热力图来监控系统中是否有热点存在。图 6.18 就是一个热力图，或者叫作流量可视化图。它的横轴是时间，纵轴代表 TiKV 中的每一个 Region。用户可以将横轴同一时刻，比如 18:00 时刻的数据库中的每一个 Region 分别看作一个小方块，按照纵轴来排列，同一个数据库的 Region 放在一起，同一张表的 Region 放在一起，同一个索引的 Region 放在一起，用不同的亮度来表示每个 Region 在 18:00 时刻的状态指标，这个状态指标可以是此 Region 当前的写入流量、读取流量、写入次数、读取次数等。这样，用户就能清楚地知道在横轴的某一个时刻用户数据库中各个 Region 的繁忙程度了，从而找出那些与众不同的 Region，比如最明亮的方块代表那些读取或写入明显高于其他 Region 的热点 Region，这个 Region 所在的 TiKV 节点很有可能就是热点。

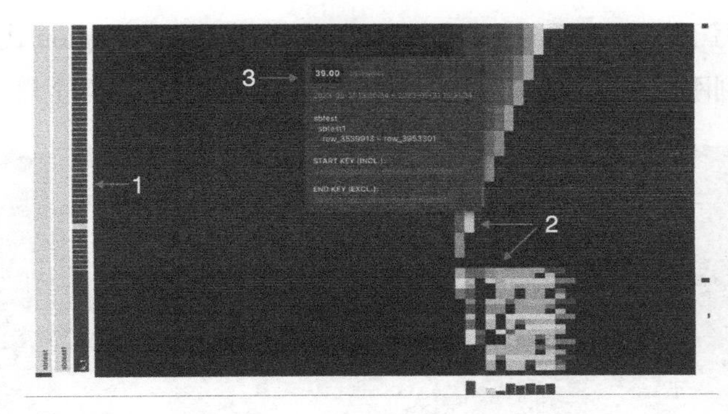

图 6.18　流量可视化图

这个流量可视化图就在 TiDB 数据库提供的 Dashboard 监控中，在第 8 章会进行介绍，用户可以选择时间范围、监控项目等。在图 6.18 中可以看到 1 指向的部分是图中的方块对应了哪些数据库、表或者索引的 Region，2 指向的是一些比较明亮的 Region，说明在这个时刻这些 Region 的读写压力明显高于其他 Region。

如图 6.19 所示，sbtest 库中的 sbtest1 表的 k_1 索引在某时间段被大量写入数据（此图的方块明暗度表示写入流量），但是在这段时间里，k_1 索引的每个 Region 的写入流量似乎很平均，因为代表 k_1 索引 Region 的方块亮度都差不多，所以可以得出结论：虽然这个时间段对于 k_1 索引大量写入，但是几乎所有的 Region 都被均匀地写入，也就是说 k_1 索引不存在明显的热点问题。

图 6.19　无明显热点的流量可视化图

不同于 k_1 索引，sbtest 库中的 sbtest1 表的流量可视化图（将明暗设置为写入流量）如图 6.20 所示，可以观察到在一个时间段内的连续时刻，每个时刻都有一个最亮的 Region 出现，而且随着时间的推移，这个最亮的 Region 在连续转移。

读者可以想象，如果 sbtest 库中的 sbtest1 表是一个聚簇索引表，用户的操作是不停地向表中插入数据，那么一定是在主键列上定义了 AUTO_INCREMENT 属性，每个时刻用户只能向一个 Region 中写入数据，也就是这个时刻只有一个方块是最亮的，当这个 Region 写满后，用户就会去写下一个 Region，所以，下一个时刻下一个 Region 代表的方块又亮起来了，但是上一个时刻刚刚最亮的那个 Region 就不会去写了，几乎是全黑。

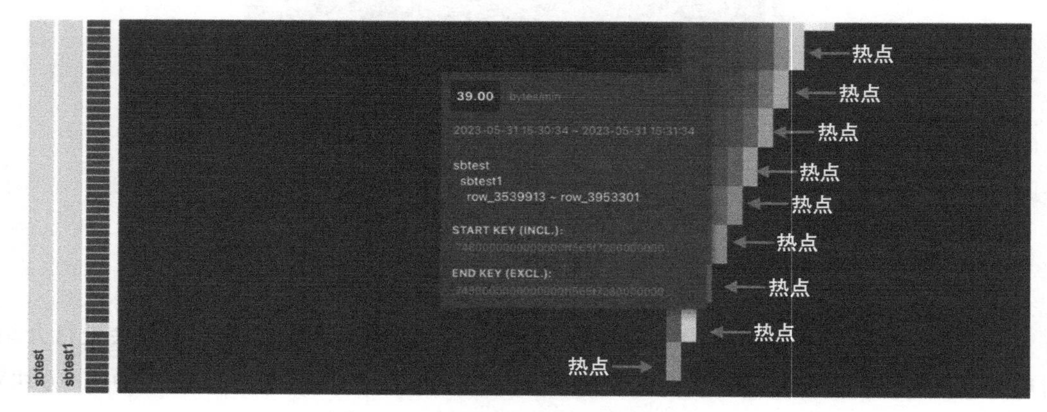

图 6.20　有明显热点的流量可视化图

这样，就能解释图 6.20 中某个时刻为什么只有一个方块是最亮的，而下一个时刻刚才最亮的 Region 马上就变黑了。在图中可以发现，每个时刻几乎所有写入流量都集中在当时的 Region 上，每个时刻都是有热点的，只不过不同时刻的热点 Region 并不相同。

读者可以再设想一下 sbtest 库中的 sbtest1 表是非聚簇索引表，这个时候的流量可视化图是不是和图 6.20 一样呢。

6.6.4　热点的解决

既然热点是分布式系统的一个大问题，那么一定要有解决的方案。没错！在本小节中，我们将焦点放在表设计上，介绍数据持续新增写入（insert 数据行）造成热点问题的解决方案。至于如何解决读热点和数据修改热点的问题，将在第 8 章中进行详细介绍。

如图 6.21 所示，TiKV Node 2 由于集中了所有主副本，所以成为整个系统的热点。解决热点问题，实际上就是将这些主副本尽量分散到多个 TiKV 节点，这样数据库集群的硬件利用率就会相对均衡，也是分布式架构中各个组件的理想状态。

当用户创建 TiDB 数据库中的表结构时，如果希望尽量避免形成读写热点，就必须让主副本尽可能分散到多个 TiKV 节点上，这个工作其实 PD 模块会帮用户来完成。而用户需要做的，是避免每次插入数据的时候都向一个 Region 中插入，也就是说防止聚簇索引表中的 AUTO_INCREMENT 属性顺序生成主键值或者防止非聚簇索引表中系统每次自动生成 RowID（TiDB 自动分配的隐藏列）都比上一次加 1，这样用户就可以做到连续插入数据时分散地向不同的 Region 中插入，只要 PD 组件将这些 Region 分布到不同的 TiKV 节点上，数据库的写压力就得到了均衡，就会避免插入数据时的热点问题。下面分别阐述两种表结构在建表时如何避免连续插入数据造成的热点问题。

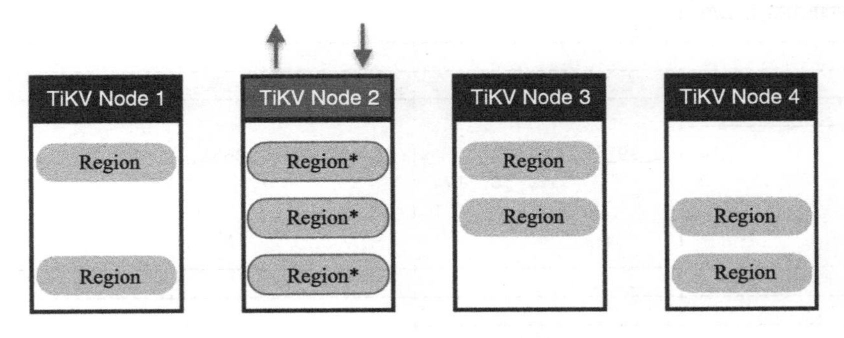

图 6.21　TiKV 中的热点形成

1. 聚簇索引表热点的解决

聚簇索引表的写入热点往往是由于其主键上设置了 AUTO_INCREMENT 属性。在 TiDB 数据库中，为了兼容 AUTO_INCREMENT 属性，我们可以将其修改为 AUTO_RANDOM，AUTO_RANDOM 也是会自动生成主键值的，但是它与 AUTO_INCREMENT 的不同之处是其自动生成的主键值具有随机性，不会按照递增的顺序生成。下面通过实际操作进行解释：

```
tidb > CREATE TABLE cluster_order (
    -> id bigint(20) unsigned AUTO_RANDOM NOT NULL ,
    -> code varchar(30) NOT NULL,
    -> order_no varchar(200) NOT NULL DEFAULT '',
    -> status int(4) NOT NULL,
    -> cancle_flag int(4) DEFAULT NULL,
    -> create_user varchar(50) DEFAULT NULL,
    -> update_user varchar(50) DEFAULT NULL,
    -> create_time datetime DEFAULT NULL,
    -> update_time datetime DEFAULT NULL,
    -> PRIMARY KEY (id) CLUSTERED
    -> );
Query OK, 0 rows affected, 1 warning (0.53 sec)
```

上面用户建立了一张聚簇索引表，与之前不同的是主键 id 列上用户设置了 AUTO_RANDOM 属性，而不是 AUTO_INCREMENT。

```
tidb > show table cluster_order regions;
+-----------------+--------------------+------------------+----------------------
+-----------------+--------------------+------------------+----------------------
```

```
+-----------------+--------------------+-----------------+-----------------
+-----------------+
| REGION_ID        | START_KEY          | END_KEY          | LEADER_ID
| LEADER_STORE_ID  | PEERS              | SCATTERING       | WRITTEN_BYTES
| READ_BYTES       | APPROXIMATE_SIZE(MB) | APPROXIMATE_KEYS | SCHEDULING_CONSTRAINTS
| SCHEDULING_STATE |
+-----------------+--------------------+-----------------+-----------------
+-----------------+--------------------+-----------------+-----------------
+-----------------+--------------------+-----------------+-----------------
+-----------------+
|               14 | t_99_              | t_281474976710651_ |             174
|                2 |        15, 98, 174 |                0 |               0
|                0 |                  1 |                0 |
|                  |
+-----------------+--------------------+-----------------+-----------------
+-----------------+--------------------+-----------------+-----------------
+-----------------+--------------------+-----------------+-----------------
+-----------------+
1 row in set (0.00 sec)
```

上面的代码中，用户通过命令“ show table cluster_order regions;”来查看 cluster_order 表的 Region 分布，发现目前整个表只有一个 Region，这非常好理解，因为表中没有数据。

设想一下，此时用户开始不停地向表中插入数据，那么一定会在开始只向一个 Region 中插入，接下来当一个 Region 达到可分裂大小限制（默认是 96 MB）后，变成两个 Region，之后向新生成的 Region 中插入，如此往复。看来热点还是有的，起码在最开始处。那么，该如何避免呢？可以采取先多生成几个空 Region 的方式，这样一开始插入数据就是同时向几个 Region 中插入了。

```
tidb > split table cluster_order between (0) and (9223372036854775807) regions 16;
+--------------------+----------------------+
| TOTAL_SPLIT_REGION | SCATTER_FINISH_RATIO |
+--------------------+----------------------+
|                 15 |                    1 |
+--------------------+----------------------+
1 row in set (0.05 sec)
```

上面的操作“ split table cluster_order between (0) and (9223372036854775807) regions 16;”的作用是预先在 0 ～ 9223372036854775807（计算机运算中最大的 64 位整数）的范围内分出 16 个空 Region，这样用户插入数据的时候，键就会落在这 16 个空 Region 上，再加上主键 id 列上用户设置了 AUTO_RANDOM 属性，会随机生成主键值，这样一来相当于会随机向这 16 个空 Region 插入数据，这 16 个空 Region 再被分布到不同的 TiKV 节点上，数据库中此表的热点马上被打散了，负载得到了均衡。

```
tidb > show table cluster_order regions;
+----------------------+---------------------------+---------------------------
+----------------------+---------------------------+---------------------------
+----------------------+---------------------------+---------------------------
+----------------------+---------------------------+---------------------------
+----------------------+
| REGION_ID            | START_KEY                 | END_KEY
| LEADER_ID            | LEADER_STORE_ID           | PEERS
| SCATTERING           | WRITTEN_BYTES             | READ_BYTES
| APPROXIMATE_SIZE(MB) | APPROXIMATE_KEYS          | SCHEDULING_CONSTRAINTS
| SCHEDULING_STATE |
+----------------------+---------------------------+---------------------------
+----------------------+---------------------------+---------------------------
+----------------------+---------------------------+---------------------------
+----------------------+---------------------------+---------------------------
+----------------------+
|                  823 | t_99_                     | t_99_r_576460752303423487
|                  825 |                         7 |             824, 825, 826
|                    0 |                        39 |                         0
|                    1 |                         0 |
|                      |
|                  827 | t_99_r_576460752303423487  | t_99_r_1152921504606846974
|                  828 |                         1 |             828, 829, 830
|                    0 |                        39 |                         0
|                    1 |                         0 |
|                      |
|                  831 | t_99_r_1152921504606846974 | t_99_r_1729382256910270461
|                  834 |                         2 |             832, 833, 834
|                    0 |                         0 |                         0
|                    1 |                         0 |
|                      |
|                  835 | t_99_r_1729382256910270461 | t_99_r_2305843009213693948
|                  837 |                         7 |             836, 837, 838
|                    0 |                        39 |                         0
|                    1 |                         0 |
|                      |
|                  839 | t_99_r_2305843009213693948 | t_99_r_2882303761517117435
|                  842 |                         2 |             840, 841, 842
|                    0 |                         0 |                         0
|                    1 |                         0 |
|                      |
|                  843 | t_99_r_2882303761517117435 | t_99_r_3458764513820540922
|                  844 |                         1 |             844, 845, 846
|                    0 |                        39 |                         0
|                    1 |                         0 |
|                      |
|                  847 | t_99_r_3458764513820540922 | t_99_r_4035225266123964409
|                  850 |                         2 |             848, 849, 850
|                    0 |                         0 |                         0
|                    1 |                         0 |
|                      |
```

```
|                      851 | t_99_r_4035225266123964409 | t_99_r_4611686018427387896
|                      853 |                          7 |               852, 853, 854
|                        0 |                         39 |                           0
|                        1 |                          0 |
|                          |
|                      855 | t_99_r_4611686018427387896 | t_99_r_5188146770730811383
|                      856 |                          1 |               856, 857, 858
|                        0 |                         39 |                           0
|                        1 |                          0 |
|                          |
|                      859 | t_99_r_5188146770730811383 | t_99_r_5764607523034234870
|                      862 |                          2 |               860, 861, 862
|                        0 |                         39 |                           0
|                        1 |                          0 |
|                          |
|                      863 | t_99_r_5764607523034234870 | t_99_r_6341068275337658357
|                      865 |                          7 |               864, 865, 866
|                        0 |                         39 |                           0
|                        1 |                          0 |
|                          |
|                      867 | t_99_r_6341068275337658357 | t_99_r_6917529027641081844
|                      868 |                          1 |               868, 869, 870
|                        0 |                         39 |                           0
|                        1 |                          0 |
|                          |
|                      871 | t_99_r_6917529027641081844 | t_99_r_7493989779944505331
|                      872 |                          1 |               872, 873, 874
|                        0 |                         27 |                           0
|                        1 |                          0 |
|                          |
|                      875 | t_99_r_7493989779944505331 | t_99_r_8070450532247928818
|                      877 |                          7 |               876, 877, 878
|                        0 |                         39 |                           0
|                        1 |                          0 |
|                          |
|                      879 | t_99_r_8070450532247928818 | t_99_r_8646911284551352305
|                      882 |                          2 |               880, 881, 882
|                        0 |                          0 |                           0
|                        1 |                          0 |
|                          |
|                       14 | t_99_r_8646911284551352305 | t_281474976710651_
|                      174 |                          2 |                 15, 98, 174
|                        0 |                        248 |                           0
|                        1 |                          0 |
|                          |
+--------------------------+----------------------------+---------------------------
+--------------------------+----------------------------+---------------------------
+--------------------------+----------------------------+---------------------------
+--------------------------+----------------------------+---------------------------
+--------------------------+16 rows in set (0.07 sec)
```

上面是 16 个空 Reigon 的具体情况。接下来插入数据：

```
tidb > insert into cluster_order(code, order_no, 'status', create_user, create_time)
    -> values (concat('CODE_', LPAD(round((rand()*1000)), 5, 0)), uuid(),
       round((rand()*100)), concat('USERID_', LPAD(round((rand()*100)), 4,
       0)), now()),
    -> (concat('CODE_', LPAD(round((rand()*1000)), 5, 0)), uuid(),
       round((rand()*100)), concat('USERID_', LPAD(round((rand()*100)), 4,
       0)), now()),
    -> (concat('CODE_', LPAD(round((rand()*1000)), 5, 0)), uuid(),
       round((rand()*100)), concat('USERID_', LPAD(round((rand()*100)), 4,
       0)), now()),
    -> (concat('CODE_', LPAD(round((rand()*1000)), 5, 0)), uuid(),
       round((rand()*100)), concat('USERID_', LPAD(round((rand()*100)), 4,
       0)), now()),
    -> (concat('CODE_', LPAD(round((rand()*1000)), 5, 0)), uuid(),
       round((rand()*100)), concat('USERID_', LPAD(round((rand()*100)), 4,
       0)), now());Query OK, 5 rows affected (0.01 sec)
Records: 5  Duplicates: 0  Warnings: 0

tidb >
tidb > insert into cluster_order(code, order_no, 'status', create_user, create_time)
    -> values (concat('CODE_', LPAD(round((rand()*1000)), 5, 0)), uuid(),
       round((rand()*100)), concat('USERID_', LPAD(round((rand()*100)), 4,
       0)), now()),
    -> (concat('CODE_', LPAD(round((rand()*1000)), 5, 0)), uuid(),
       round((rand()*100)), concat('USERID_', LPAD(round((rand()*100)), 4,
       0)), now()),
    -> (concat('CODE_', LPAD(round((rand()*1000)), 5, 0)), uuid(),
       round((rand()*100)), concat('USERID_', LPAD(round((rand()*100)), 4,
       0)), now()),
    -> (concat('CODE_', LPAD(round((rand()*1000)), 5, 0)), uuid(),
       round((rand()*100)), concat('USERID_', LPAD(round((rand()*100)), 4,
       0)), now()),
    -> (concat('CODE_', LPAD(round((rand()*1000)), 5, 0)), uuid(),
       round((rand()*100)), concat('USERID_', LPAD(round((rand()*100)), 4,
       0)), now());
Query OK, 5 rows affected (0.00 sec)
Records: 5  Duplicates: 0  Warnings: 0

tidb > select count(*) from cluster_order;
+----------+
| count(*) |
+----------+
|       10 |
+----------+
1 row in set (0.01 sec)
```

现在用户插入了 10 行数据到表 cluster_order 中，我们发现用户使用的插入语句是 2 条

insert 语句，每条插入 5 行数据。下面看一下表中的数据：

```
tidb > insert into cluster_order(code, order_no, 'status', create_user, create_time)
    -> values (concat('CODE_', LPAD(round((rand()*1000)), 5, 0)), uuid(),
       round((rand()*100)), concat('USERID_', LPAD(round((rand()*100)), 4,
       0)), now()),
    -> (concat('CODE_', LPAD(round((rand()*1000)), 5, 0)), uuid(),
       round((rand()*100)), concat('USERID_', LPAD(round((rand()*100)), 4,
       0)), now()),
    -> (concat('CODE_', LPAD(round((rand()*1000)), 5, 0)), uuid(),
       round((rand()*100)), concat('USERID_', LPAD(round((rand()*100)), 4,
       0)), now()),
    -> (concat('CODE_', LPAD(round((rand()*1000)), 5, 0)), uuid(),
       round((rand()*100)), concat('USERID_', LPAD(round((rand()*100)), 4,
       0)), now()),
    -> (concat('CODE_', LPAD(round((rand()*1000)), 5, 0)), uuid(),
       round((rand()*100)), concat('USERID_', LPAD(round((rand()*100)), 4, 0)),
       now());Query OK, 5 rows affected (0.01 sec)

Records: 5  Duplicates: 0  Warnings: 0

tidb >
tidb > insert into cluster_order(code, order_no, 'status', create_user, create_time)
    -> values (concat('CODE_', LPAD(round((rand()*1000)), 5, 0)), uuid(),
       round((rand()*100)), concat('USERID_', LPAD(round((rand()*100)), 4,
       0)), now()),
    -> (concat('CODE_', LPAD(round((rand()*1000)), 5, 0)), uuid(),
       round((rand()*100)), concat('USERID_', LPAD(round((rand()*100)), 4,
       0)), now()),
    -> (concat('CODE_', LPAD(round((rand()*1000)), 5, 0)), uuid(),
       round((rand()*100)), concat('USERID_', LPAD(round((rand()*100)), 4,
       0)), now()),
    -> (concat('CODE_', LPAD(round((rand()*1000)), 5, 0)), uuid(),
       round((rand()*100)), concat('USERID_', LPAD(round((rand()*100)), 4,
       0)), now()),
    -> (concat('CODE_', LPAD(round((rand()*1000)), 5, 0)), uuid(),
       round((rand()*100)), concat('USERID_', LPAD(round((rand()*100)), 4,
       0)), now());
Query OK, 5 rows affected (0.00 sec)
Records: 5  Duplicates: 0  Warnings: 0

tidb > select count(*) from cluster_order;
+----------+
| count(*) |
+----------+
|       10 |
+----------+
1 row in set (0.01 sec)
```

下面观察一下插入的数据。

```
tidb > select * from cluster_order;
+--------------------+--------------------+---------------------------------------
+--------------------+--------------------+---------------------------------------
+--------------------+--------------------+--------------------------------------+
| id                 | code               | order_no
| status             | cancle_flag        | create_user
| update_user        | create_time        | update_time                          |
+--------------------+--------------------+---------------------------------------
+--------------------+--------------------+---------------------------------------
+--------------------+--------------------+--------------------------------------+
| 6917529027641081857 | CODE_00657        | 0a884b9a-32d0-11ee-91dd-06e20bb8675d
|                 35 | NULL               | USERID_0080
| NULL               | 2023-08-04 14:06:00 | NULL                                 |
| 6917529027641081858 | CODE_00932        | 0a8994ba-32d0-11ee-91dd-06e20bb8675d
|                 26 | NULL               | USERID_0052
| NULL               | 2023-08-04 14:06:00 | NULL                                 |
| 6917529027641081859 | CODE_00794        | 0a8995a4-32d0-11ee-91dd-06e20bb8675d
|                 42 | NULL               | USERID_0072
| NULL               | 2023-08-04 14:06:00 | NULL                                 |
| 6917529027641081860 | CODE_00360        | 0a89962e-32d0-11ee-91dd-06e20bb8675d
|                 62 | NULL               | USERID_0004
| NULL               | 2023-08-04 14:06:00 | NULL                                 |
| 6917529027641081861 | CODE_00348        | 0a89969d-32d0-11ee-91dd-06e20bb8675d
|                 61 | NULL               | USERID_0099
| NULL               | 2023-08-04 14:06:00 | NULL                                 |
| 4035225266123964422 | CODE_00134        | 0b96a16d-32d0-11ee-91dd-06e20bb8675d
|                 70 | NULL               | USERID_0009
| NULL               | 2023-08-04 14:06:02 | NULL                                 |
| 4035225266123964423 | CODE_00345        | 0b96a2e6-32d0-11ee-91dd-06e20bb8675d
|                 46 | NULL               | USERID_0027
| NULL               | 2023-08-04 14:06:02 | NULL                                 |
| 4035225266123964424 | CODE_00964        | 0b96a34a-32d0-11ee-91dd-06e20bb8675d
|                  1 | NULL               | USERID_0017
| NULL               | 2023-08-04 14:06:02 | NULL                                 |
| 4035225266123964425 | CODE_00833        | 0b96a3a0-32d0-11ee-91dd-06e20bb8675d
|                 64 | NULL               | USERID_0070
| NULL               | 2023-08-04 14:06:02 | NULL                                 |
| 4035225266123964426 | CODE_00596        | 0b96a3ec-32d0-11ee-91dd-06e20bb8675d
|                 87 | NULL               | USERID_0056
| NULL               | 2023-08-04 14:06:02 | NULL                                 |
+--------------------+--------------------+---------------------------------------
+--------------------+--------------------+---------------------------------------
+--------------------+--------------------+--------------------------------------+
10 rows in set (0.01 sec)
```

请观察主键列 id，发现其前五个值在 6917529027641081857 ～ 6917529027641081861

中分布，后五个值在 4035225266123964422 ～ 4035225266123964426 中分布，这样在写入时最多只会写入 2 个 Region，并不是随机写入 16 个 Region。出现这种现象的原因是，用户在插入时使用了以下语句：

```
tidb > insert into cluster_order(code, order_no, 'status', create_user, create_time)
    -> values (concat('CODE_', LPAD(round((rand()*1000)), 5, 0)), uuid(),
       round((rand()*100)), concat('USERID_', LPAD(round((rand()*100)), 4,
       0)), now()),
    -> (concat('CODE_', LPAD(round((rand()*1000)), 5, 0)), uuid(),
       round((rand()*100)), concat('USERID_', LPAD(round((rand()*100)), 4,
       0)), now()),
    -> (concat('CODE_', LPAD(round((rand()*1000)), 5, 0)), uuid(),
       round((rand()*100)), concat('USERID_', LPAD(round((rand()*100)), 4,
       0)), now()),
    -> (concat('CODE_', LPAD(round((rand()*1000)), 5, 0)), uuid(),
       round((rand()*100)), concat('USERID_', LPAD(round((rand()*100)), 4,
       0)), now()),
    -> (concat('CODE_', LPAD(round((rand()*1000)), 5, 0)), uuid(),
       round((rand()*100)), concat('USERID_', LPAD(round((rand()*100)), 4,
       0)), now());
Query OK, 5 rows affected (0.01 sec)
Records: 5  Duplicates: 0  Warnings: 0
```

这种语句的特点是 value 谓词的 5 个值相当于在一个事务中插入，而一个事务中的 id 是连续递增的。所以，用户虽然插入了 10 行数据，但是只生成了 2 个随机值，也可以理解为 2 组连续的 id 主键列值。

id 主键列上用户设置的 AUTO_RANDOM 属性是如何生成随机值的呢？首先，它必须应用在 BIGINT 类型的列属性上，一般写为 AUTO_RANDOM，实际上默认为 AUTO_RANDOM(5)，代表在 64 位的 BIGINT 中，第 1 位为符号位，第 2 ～ 6 位为随机位，剩下的 58 位是自增位，如图 6.22 所示。

图 6.22 AUTO_RANDOM 示意图

对于符号位，如果声明列为 UNSIGNED BIGINT 则为 0，如果声明列为 BIGINT 则为 1；对于随机位，是当前事务开始时间的哈希随机值，用户可以自己指定随机位的位数，比如 AUTO_RANDOM(4) 表示前 4 位是随机位；对于自增位按顺序分配，每次分配完值会自增 1，系统保证了它的唯一性，当自增位耗尽后，再次自动分配时会报“ Failed to read auto-increment value from storage engine”错误。

当然用户也可以自己指定随机位和自增位，例如，AUTO_RANDOM(8, 32) 表示总长度为 32，其中 8 位是随机位。

```
tidb > select id,id>>58 from cluster_order;
+---------------------+--------+
| id                  | id>>58 |
+---------------------+--------+
| 6917529027641081857 |     24 |
| 6917529027641081858 |     24 |
| 6917529027641081859 |     24 |
| 6917529027641081860 |     24 |
| 6917529027641081861 |     24 |
| 4035225266123964422 |     14 |
| 4035225266123964423 |     14 |
| 4035225266123964424 |     14 |
| 4035225266123964425 |     14 |
| 4035225266123964426 |     14 |
+---------------------+--------+
10 rows in set (0.01 sec)
```

上面对比了随机生成的 id 列的值和其向右移动 58 位后的值，发现果然前 6 位（1 个符号位 + 5 个随机位）在每个事务中是随机生成的。

那么用户在使用 AUTO_RANDOM 属性的时候，应该如何选取随机位呢？一般随机位的位数可以设置为以 TiKV 实例数为幂、2 为底数的指数。比如，数据库集群中有 8 个 TiKV 实例，那么 2 为底数，随机位设置为 3 就可以了。读者可以看到，这么做的目的是让用户每次插入的值可以均匀分布到 8 个 TiKV 中。

2. 非聚簇索引表热点的解决

非聚簇索引表的写入热点往往是与生俱来的，因为其键中的 RowID 是系统自动加 1 后生成的，那么数据库所做的应该是不采用加 1 的方式生成这个 RowID，而是采用随机值。下面也通过实际操作进行解释：

```
tidb > CREATE TABLE noncluster_order (
    -> id bigint(20) unsigned AUTO_INCREMENT NOT NULL ,
    -> code varchar(30) NOT NULL,
    -> order_no varchar(200) NOT NULL DEFAULT '',
    -> status int(4) NOT NULL,
    -> cancle_flag int(4) DEFAULT NULL,
    -> create_user varchar(50) DEFAULT NULL,
    -> update_user varchar(50) DEFAULT NULL,
```

```
    -> create_time datetime DEFAULT NULL,
    -> update_time datetime DEFAULT NULL,
    -> PRIMARY KEY (id) NONCLUSTERED
    -> ) SHARD_ROW_ID_BITS=4 PRE_SPLIT_REGIONS=3;
Query OK, 0 rows affected (0.53 sec)
```

这里增加了 SHARD_ROW_ID_BITS 和 PRE_SPLIT_REGIONS 两个表属性，其中 SHARD_ROW_ID_BITS = 4 代表 RowID 这个 BIGINT 值的前 4 位为随机位，那么就是 $2^4 = 16$ 个随机值（也可以叫作 16 个分片），如图 6.23 所示；PRE_SPLIT_REGIONS = 3 表示在建表的时候提前设置 $2^3 = 8$ 个空 Region，这样 TiDB 生成的 RowID 所形成的键就会分散在这 8 个 Region 中了。

SHARD_ROW_ID_BITS=4:

16位	48位
随机位	隐式ID

图 6.23　SHARD_ROW_ID_BITS 示意图

```
tidb > show table noncluster_order regions;
+----------------------+--------------------------+-------------------------
+----------------------+--------------------------+-------------------------
+----------------------+--------------------------+-------------------------
+----------------------+--------------------------+-------------------------
+----------------------+
| REGION_ID            | START_KEY                | END_KEY
| LEADER_ID            | LEADER_STORE_ID          | PEERS
| SCATTERING           | WRITTEN_BYTES            | READ_BYTES
| APPROXIMATE_SIZE(MB) | APPROXIMATE_KEYS         | SCHEDULING_CONSTRAINTS
| SCHEDULING_STATE     |
+----------------------+--------------------------+-------------------------
+----------------------+--------------------------+-------------------------
+----------------------+--------------------------+-------------------------
+----------------------+--------------------------+-------------------------
+----------------------+
|                  791 | t_97_r_9223372036854775808  | t_97_r_11529215046068469760
|                  794 |                          2 |             792, 793, 794
|                    0 |                         27 |                         0
|                    1 |                          0 |
|                      |
|                  795 | t_97_r_11529215046068469760 | t_97_r_13835058055282163712
|                  798 |                          2 |             796, 797, 798
|                    0 |                         39 |                         0
|                    1 |                          0 |
|                      |
|                  799 | t_97_r_13835058055282163712 | t_97_r_16140901064495857664
```

```
|                    802 |                            2 |                800, 801, 802
|                      0 |                           39 |                            0
|                      1 |                            0 |
|                        |
|                    803 | t_97_r_16140901064495857664 | t_97_r_2305843009213693952
|                    806 |                            2 |                804, 805, 806
|                      0 |                           39 |                            0
|                      1 |                            0 |
|                        |
|                    807 | t_97_r_2305843009213693952  | t_97_r_4611686018427387904
|                    810 |                            2 |                808, 809, 810
|                      0 |                           27 |                            0
|                      1 |                            0 |
|                        |
|                    811 | t_97_r_4611686018427387904  | t_97_r_6917529027641081856
|                    814 |                            2 |                812, 813, 814
|                      0 |                           39 |                            0
|                      1 |                            0 |
|                        |
|                     14 | t_97_r_6917529027641081856  | t_281474976710651_
|                    174 |                            2 |                  15, 98, 174
|                      0 |                            0 |                            0
|                      1 |                            0 |
|                        |
|                    787 | t_97_i_1_                   | t_97_r_9223372036854775808
|                    790 |                            2 |                788, 789, 790
|                      0 |                            0 |                            0
|                      1 |                            0 |
|                        |
+-----------------------+----------------------------+----------------------------
+-----------------------+----------------------------+----------------------------
+-----------------------+----------------------------+----------------------------
+-----------------------+----------------------------+----------------------------
+-----------------------+
8 rows in set (0.04 sec)
```

这里通过“show table noncluster_order regions;”看到，随着建表语句生成了 8 个 Region。

后面的操作其实就是用户用 insert 语句插入数据后，不同事务中系统默认会生成随机的 RowID，避免了热点的形成。读者可以参考“聚簇索引表热点的解决”中的插入操作验证一下。

6.7 表与索引的设计优化总结

本章重点介绍了 TiDB 数据库中两种表的设计模式以及索引的数据结构，这些是进行优化的基础。此外，还有一个重要内容就是热点问题，本章详细阐述了热点的成因、影响和解决方案。最后，用一个最佳实践来完成本章，如表 6.1 所示。

表 6.1　TiDB 数据库表设计

表结构	聚簇索引表	非聚簇索引表
条件	必须有主键（BIGINT）	情况 1：无主键
		情况 2：有主键（BIGINT），但是指定 nonclustered
特点	键值对的键包含主键	RowID 当作键的一部分（系统自动生成自增列）
问题	AUTO_INCREAMNT 属性会产生热点	与生俱来持续插入可能产生热点
解决	将 AUTO_INCREAMNT 改为 AUTO_RANDOM	SHARD_ROW_ID_BITS 与 PRE_SPLIT_REGIONS

通过本章的介绍，相信读者已经了解了在使用分布式数据库的过程中，表和索引的热点问题是必须面对的。在设计和使用中如何避免或者解决热点问题也是在生产实践中广大工程师必须掌握的技能，希望读者能将其作为性能优化的第一步来认真对待。

第 7 章　SQL 优化

本章将详细介绍基于 TiDB 数据库进行 SQL 开发与优化工作所必需的理论和技能。理论方面，本章会介绍 TiDB 数据库优化器的工作原理，数据的存取与表连接方式和统计信息的设计原理；技能方面，本章会介绍如何查看和理解执行计划，如何管理统计信息，如何进行索引优化、表连接优化以及如何绑定执行计划。相信通过理解本章内容，读者能够写出符合 TiDB 数据库开发规范的 SQL 并能够优化系统中绝大多数由于 SQL 语句带来的性能问题。

7.1　TiDB 数据库优化器的工作原理

7.1.1　TiDB 数据库优化器的工作流程

TiDB 数据库的优化器负责将 SQL 语句转化成执行计划，也就是决定是否使用索引，使用什么样的索引或者使用什么样的表连接方式等，如何能够很好地掌握 TiDB 数据库优化器的工作原理呢？作者觉得沿着 SQL 语句在 TiDB Server 中的处理流程是一个比较好的学习路径，下面就以一条 SQL 语句的执行流程为例来为读者进行介绍。

TiDB 优化器的工作流程如图 7.1 所示，用户端发出 SQL 指令给到 TiDB 的协议层，TiDB 的协议层负责处理 TiDB Server 和用户的连接，从用户处接收 SQL 指令并返回数据给用户端。

在图 7.1 中，TiDB 的协议层右面是 TiDB Server 的 SQL 核心层，负责处理 SQL 语句，流程如下：

1）SQL 通过协议层到达 SQL 核心层，首先会被解析成一个 AST。

2）预处理主要针对点查的情况做了优化，如果是点查，将跳过优化的过程，直接下推到 SQL 执行器中。

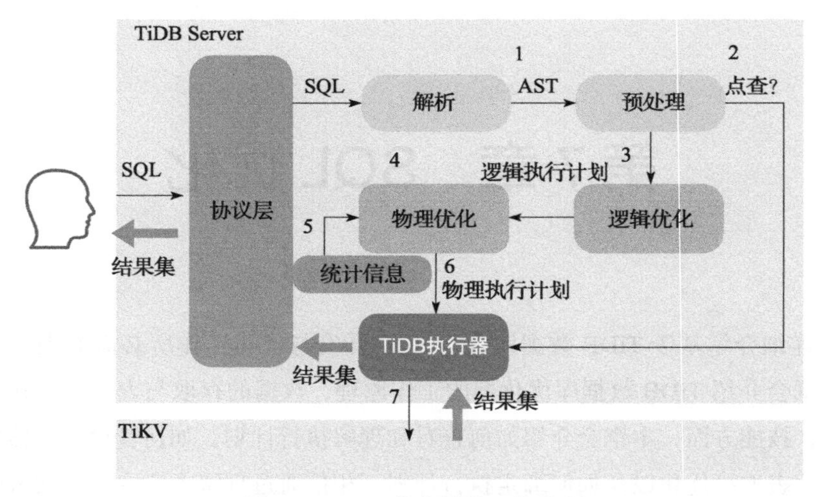

图 7.1　TiDB 优化器的工作流程

3）确认不是点查之后，AST 回到逻辑优化器，逻辑优化器会根据一些规则对 SQL 进行逻辑改写。

4）经过了逻辑优化的 AST 会进行物理优化。

5）在进行物理优化的时候，需要结合统计信息，判断具体的算子该如何选择，最后生成一个可以被执行的物理执行计划（Physical Plan）。

6）生成的物理执行计划被送到 TiDB 数据库的 SQL 执行器中执行。

7）与传统的集中式的数据库不同，分布式的 TiDB 数据库需要将执行计划下推到不同的 TiKV 中读写数据。

总结一下，一条 SQL 在优化器中主要从三个阶段进行优化：预处理阶段、逻辑优化阶段、物理优化阶段，如图 7.2 所示。接下来分别对这几种阶段的优化进行介绍。

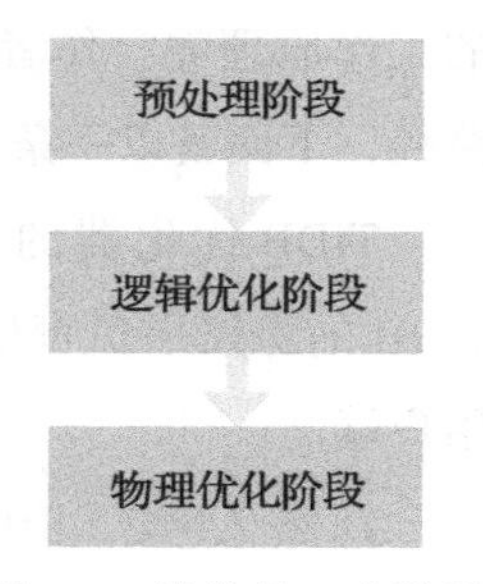

图 7.2　优化的 3 个阶段

当解析器将 SQL 文本解析生成 AST 后，第一步进行预处理优化。预处理优化的目的是得到初始的逻辑执行计划。在预处理优化阶段，主要做了两件事情，第一件是针对点查进行了优化；第二件是对于非点查的请求，构造出逻辑执行计划。

7.1.2　预处理阶段之点查

先来理解什么是点查，举例来说：

- SELECT id, name FROM emp WHERE id = 901; //id 列为主键。
- UPDATE emp SET name = 'Jim' WHERE id = 901; //id 列为主键。
- DELETE FROM emp WHERE id = 801; //id 列为主键。
- 单表的 SELECT / UPDATE / DELETE 操作。
- 只扫描表的 1 行或者 0 行，过滤条件为等值查询。

点查返回的记录条数一般为 1 行或者 0 行，那么为什么要针对点查进行优化？主要原因有以下 2 条：

1）点查本身的优化方式较为单一，也不需要进行逻辑优化和物理优化。

2）点查是一种 OLTP 系统最常见、使用频率最高的查询。

数据库一般对点查都进行了什么优化呢？其实就是跳过下面的逻辑优化和物理优化，直接下推到 SQL 执行器去取数据。

7.1.3 预处理阶段中的构造初始逻辑执行计划

在预处理阶段，优化器会对用户传递过来的 SQL 语句进行第一阶段的处理，目的是简化最初的 SQL 语句，包括以下几方面。

（1）常量折叠　指 SQL 语句中涉及的表达式带有常量的函数通过直接计算的方式将结果保存到执行计划里面，例如：

```
SELECT id, name FROM emp WHERE age > 18 + 6;
```

转化为

```
SELECT id, name FROM emp WHERE age > 24;
```

（2）表达式简化　指对于谓词语句进行逻辑优化，例如：

```
SELECT id, name FROM emp WHERE id IS NOT NULL AND id < 1002;
```

转化为

```
SELECT id, name FROM emp WHERE  id < 1002;
```

（3）子查询优化　指将嵌套子查询转化为表连接的操作，例如：

```
select * from t1 where exists ( select * from t2 where t2.id=t1.id);
```

转化为

```
select * from t1 left semi join t2 on t2.id=t1.id;
```

7.1.4 逻辑优化

逻辑优化的作用是根据 SQL 语句的 SELECT、WHERE 等谓词的特点对语句的执行进行优化，生成一个逻辑执行计划，将一些从 SQL 逻辑上可以进行优化的点进行标注和改写，并传递给物理优化器，逻辑优化包括列剪裁、分区剪裁、聚合消除、MAX / MIN 优化、投影消除、外连接消除和谓词下推等优化规则。由于这一步完全是优化器自动完成的，一般不需要用户进行调整，这里只介绍几个比较常见的规则。

列剪裁如图 7.3 所示，假设用户的表中有 id、name 和 address 三列，当用户的查询只涉及 name 和 id 列的时候，算子读到 name 列，查询中用到 id 列，剩下的 address 列是可以剪裁掉的。

SELECT name FROM emp WHERE id< 3;

id	name	address
1	Tom	ADD1
2	Jack	[illegible]
3	Frank	[illegible]
3	Tony	ADD4
4	Jim	ADD5

图 7.3　列剪裁

在列剪裁的优化方式中，优化器根据逻辑执行计划抽象语法树的逻辑顺序，自顶向下遍历，当前节点需要的列作为输出，加上父节点所需要的列累积起来反馈给子节点，将所有的节点需要统计的列累加起来，最后到根节点就是返回需要的列。

下面介绍在逻辑优化中另一个非常重要的优化规则，即谓词下推，示例如图 7.4 所示。

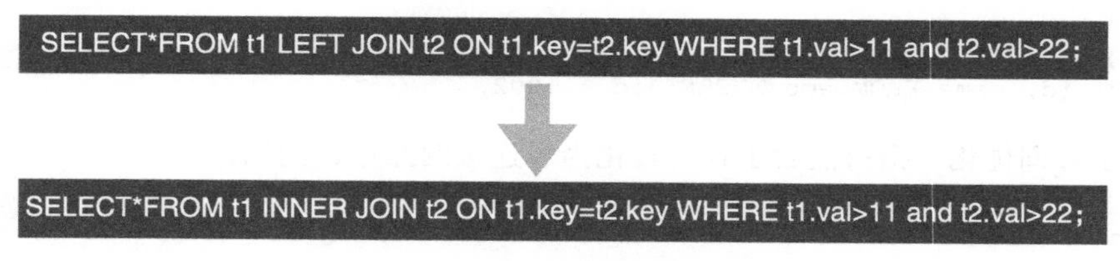

SELECT*FROM t1 LEFT JOIN t2 ON t1.key=t2.key WHERE t1.val>11 and t2.val>22;
SELECT*FROM t1 INNER JOIN t2 ON t1.key=t2.key WHERE t1.val>11 and t2.val>22;

图 7.4　外连接转为内连接

原 SQL 语句为 t1 表和 t2 表的左外连接，那么 t1 表的所有行要和 t2 表的所有行进行匹配，如果 t2 表中没有匹配的行，就会在结果集中 t2 表补上列全部为 NULL 的行后再输出。而在谓词中可以看到“ t2.val > 22”的条件，这样一来会过滤掉包含 val 是 NULL 的全部结果集，所以这里的外连接（LEFT JOIN）可以修改为内连接（INNER JOIN）做交集计算，将用于不符合条件的中间结果集通过 JOIN 方式过滤掉。

谓词下推如图 7.5 所示，如果是之前的 LEFT JOIN，由于 t1 表中要包含所有的数据，数据库必须将 t1 表全部从 TiKV 节点读取到 TiDB Server 中再进行表连接；但是，SQL 语句连接的逻辑转变为 INNER JOIN 方式，需要进行交集计算，除了关联条件的谓词外，还有对关联表的单独过滤。为了提高 TiDB Server 汇聚计算的效率，减少不必要的计算开销，可以将 t1.val > 11 和 t2.val > 22 下推到 TiKV 节点进行计算，这样上传到 TiDB Server 的 t1、t2 表数据就是过滤之后的了，减少了 IO 和网络负载。这个是典型的在谓词下推的过程中通过外连接转内连接，减少了低效的聚合计算和 IO 消耗，LEFT JOIN 转换为 INNER JOIN。

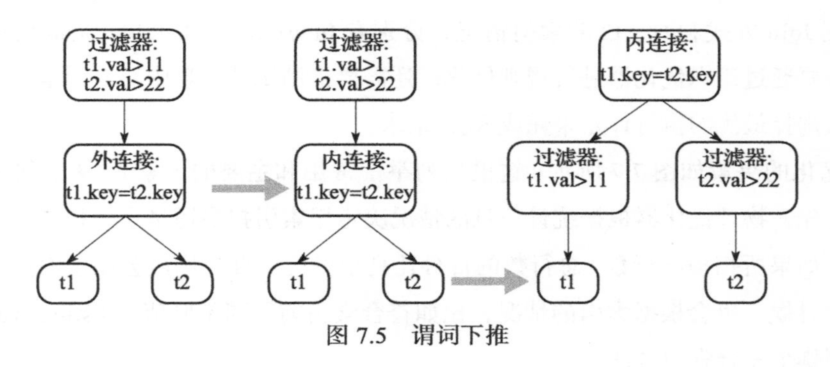

图 7.5　谓词下推

通过这个例子，读者了解到谓词下推优化在 TiDB 数据库中就是将一些过滤或聚合等操作下沉到 TiKV 节点中进行，这样可以减少 TiKV 节点本身读取和传输到 TiDB Server 中的数据量。

7.1.5　物理优化

当预处理和逻辑优化进行完毕后，物理优化会最终决定 SQL 语句如何存取数据并生成物理执行计划。之后 TiDB Server 的执行器就会按照物理执行计划规定的方式来存取数据了。

物理优化获得最优解，需要对表的行数、条件列或索引的区分度（每一列在表中不同值的个数）等因素进行考量，这些因素会以统计信息的方式存储在 TiDB Server 的缓存中，另外相应的物理机的配置以及负载也会对物理执行计划的产生有很大影响。

例如，原 SQL 文本为“ select t1.a from t1 join t2 on t1.c1 = t2.c1 order by t1.c1;”，基于成本的物理优化如图 7.6 所示。

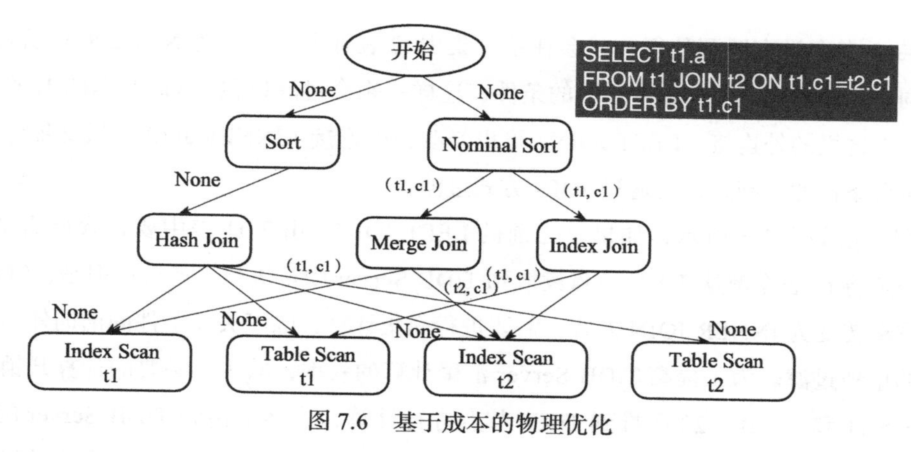

图 7.6　基于成本的物理优化

它的执行计划中 Aggregation 算子对"order by t1.c1"有 Sort 和 Nominal Sort 2 种方式，而后 Join 算子中对于 t1 和 t2 有 3 种方式，Hash Join、Merge Join 和 Index Join。在子算子层也会根据 Join 方式和 t1、t2 的索引情况，分别有 Index Scan 和 Table Scan 两种方式。这里不单单需要通过逻辑优化器进行规则优化，还需要借助统计信息中对表、集群资源及负载的描述，来选择最优的执行计划来完成 SQL 请求。

物理优化的决策如图 7.7 所示（这里只列举了常用和主要的因素），从上往下先决定扫描方式。首先，物理优化器根据统计信息的情况决定用索引扫描还是全表扫描，一般会触发索引扫描，如果所扫描的行数 / 总行数的百分比高于设置的百分比值会用全表扫描。另外在选择索引的时候，也会根据索引的情况，比如符合索引前导列不同值（distinct values）的个数来确认用哪个复合索引合适。

其次，需要确认一些 SQL 中聚合、连接和排序的物理实现方式，可以称之为算子的物理实现方式，比如聚合算子有 Hash Agg 和 Stream Agg 算子，表连接算子有 Hash Join、Index Join 和 Merge Join 算子，以及排序算子。

最后，在逻辑优化器中提到的下推是下推到子节点进行计算。物理优化中也会考虑下推，这个下推是指在 TiKV 中的 Coprocessor 模块进行计算，目前支持的下推计算的主要是聚合算子、limit 算子以及 TopN 算子等。

至于上面提到的扫描方式、聚合算子、连接算子、排序算子、limit 算子等，本书会在 7.5 节中为读者详细介绍。这里举一个如何确定表连接顺序的例子，来说明物理优化器的工作原理。

优化器在处理表连接过程中有一步比较重要的操作是确认表的连接顺序，这个过程需要参考的统计信息包括列统计信息、直方图以及数据列 Ndv 值（空值数量），至于统计信息在 7.6 节进行介绍。

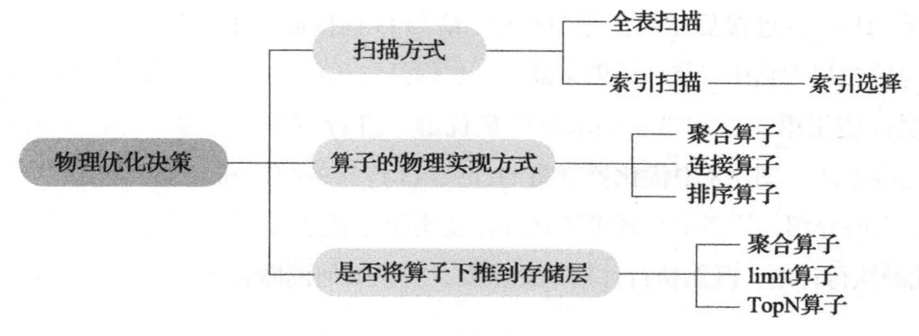

图 7.7　物理优化的决策

一般来说，如果数据量较小，采用动态规划求解最优连接顺序；如果数据量比较大，则采用贪心算法求解次优连接顺序。这里提到了两种算法分别为：

贪心算法：行数最小表和其他表进行连接估值，选择成本最小的。

动态规划：自底向上，分别计算每层最优解，然后根据穷举并计算中间结果集后，选择最优解。

比如 t1、t2 和 t3 表进行表连接查询，select * from t1, t2, t3 where t1.a = t2.a and t1.a = t3.a and t3. a = t2.a and t1.b = 700 and t2.c > 200 and t3.d like 'd001%'。数据库优化器采用动态规划的方法，将 t1、t2、t3 的表连接抽象为三层进行评估计算，如图 7.8 所示。

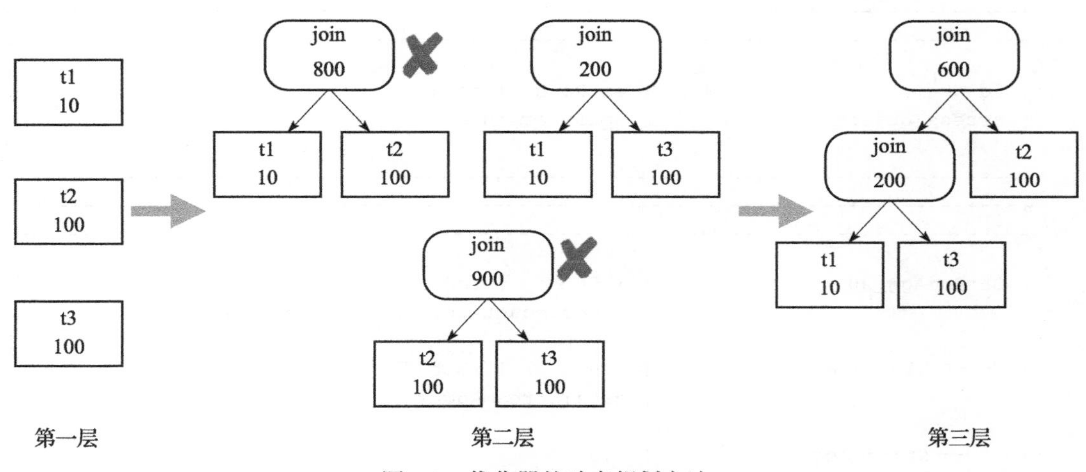

图 7.8　优化器的动态规划方法

第一层：t1、t2、t3 分别求得最优解方式，根据条件 t1.b = 700 and t2.c > 200 and t3.d like 'd001%' 选择 3 张表最优的索引，并评估出每张表过滤后参与表连接的行数。

第二层：参与表连接的表每 2 张表连接分别求得最优解方式，比如，t1 与 t2 连接后结果集是 800 行，t1 与 t3 连接后结果集是 200 行，t2 与 t3 连接后结果集是 900 行，那么先连接 t1 与 t3 显然是第二层评估中最优（结果集最小，也就是输送给下一层的行数最少）的连接方式。

第三层：使用第二层和第一层求得的最优解，进行穷举表连接，评估数据量，选择里面最优的连接方式。图 7.8 中优化器就将 t1 先与 t3 连接的结果和 t2 进行连接。

通过上面的介绍，读者应该理解了物理优化实际上就是结合统计信息，评估（往往是穷举法）出最优的执行计划。既然执行计划如此重要，应该如何读懂它呢？下面介绍查看执行计划。

7.2 查看执行计划

我们已经知道优化器最终会将自己认为最优的执行计划发送给执行器来存取数据，那么能够读懂和分析执行计划就成为工程师进行 SQL 优化必不可少的技能，本节介绍如何查看和读懂执行计划。

```
tidb > EXPLAIN SELECT count(*) FROM trips WHERE start_date BETWEEN '2017-07-01
    00:00:00' AND '2017-07-01 23:59:59';

+---------------------------+----------+----------------------------------------
+---------------------------+----------------------------------------------------
-----------------------------------------------------------------------------+

| id                        | estRows  | task
| access object             | operator info
                                                                             |
+---------------------------+----------+----------------------------------------
+---------------------------+----------------------------------------------------
-----------------------------------------------------------------------------+

| StreamAgg_20              | 1.00     | root
|                           | funcs:count(Column#13)->Column#11
                                                                             |
| └─TableReader_21          | 1.00     | root
|                           | data:StreamAgg_9
                                                                             |
|   └─StreamAgg_9           | 1.00     | cop[tikv]
|                           | funcs:count(1)->Column#13
                                                                             |
|     └─Selection_19        | 250.00   | cop[tikv]
|                           | ge(bikeshare.trips.start_date, 2017-07-01
00:00:00.000000), le(bikeshare.trips.start_date, 2017-07-01 23:59:59.000000) |
|       └─TableFullScan_18  | 10000.00 | cop[tikv]
```

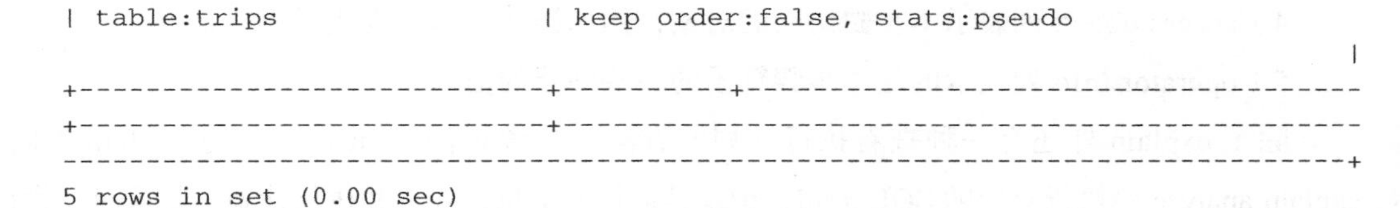

```
| table:trips                | keep order:false, stats:pseudo
                                                              |
+----------------------------+----------+------------------------------------
+----------------------------+------------------------------------------------
------------------------------------------------------------------------------+
5 rows in set (0.00 sec)
```

这里使用标准的样例数据库 bikeshare 来举例，这条 SQL 是希望统计 2017 年 7 月 1 日的行程次数，数据表是 trips，WHERE 谓词条件中对时间 start_date 进行了过滤，SELECT 后面是一个聚合操作，即符合条件的行数。

通过 EXPLAIN 命令后面加 SQL 语句的方式，读者可以清晰地看到语句的执行计划使用的算子、算子的下推情况以及预估访问的行数等信息。这里注意 EXPLAIN 命令并不会执行 SQL 语句，换句话说，它到优化器生成执行计划后便将执行计划返回，并没有将其发送到执行器去执行。

接下来，看一看 EXPLAIN 命令的结果应该如何解读。

我们看到 EXPLAIN 命令输出的结果是一张表，表中的每一行代表执行计划的一个步骤，比如上面的 SQL 执行计划有 5 行，代表执行计划分 5 个步骤完成了 SQL 的读取。另外，目前 TiDB 数据库的 EXPLAIN 会输出 5 列，它们分别是：

1）id 列代表本步骤做了什么，主要是由算子的名称和唯一标识符 ID 两部分组成的。另外，读者要注意执行计划的顺序并不是从上到下或者从下到上，这里的步骤实际是一个树形的结构，这里告诉读者一个口诀来读懂这个执行计划：靠右的行先执行，如果两行并列则靠上的行先执行。

我们先解释这个口诀的前半部分，即靠右的行先执行。在本例中，可以看到第 1 行是 StreamAgg_20，而第 2 行是 TableReader_21，第 2 行比第 1 行靠右，接下来发现，第 3 行比第 2 行靠右，第 4 行比第 3 行靠右，最靠右的是第 5 行，根据口诀“靠右的行先执行”，所以这条 SQL 语句的执行顺序就是：TableFullScan_18 → Selection_19 → StreamAgg_9 → TableReader_21 → StreamAgg_20。至于口诀的后半部分“如果两行并列则靠上的行先执行”，本书在后面进行解释。

2）estRows 列代表了优化器预估的该步骤的算子将会返回多少行的数据，这个评估是基于统计信息的。

3）task 列代表了本步骤算子的种类（在哪个组件上运行）。目前 task 分为两种，一种是 root，表示这一步在 TiDB Server 上执行，另一种是 cop [tikv]，是指该步骤被下推到 TiKV 或者 TiFlash 上执行。

4）access object 列表示本步骤访问的对象，例如访问了哪张表或者哪个索引。

5）operator Info 列表示的是本步骤算子的一些细节的信息。

除了 explain 外还有一种查看执行计划的方法，叫作 expalin analyze，与 explain 不同，explain analyze 会执行对应的 SQL 语句，记录其运行的信息，并且和执行计划一起返回。读者可以将 explain analyze 视为 explain 的扩展。对比 explain，explain analyze 会返回更多的信息。

actRows 列代表算子实际输出的数据行数，在查看执行计划时，如果 actRows 与 estRows 列相差较多，多数情况下，说明了统计信息是存在问题的，我们可以考虑重新收集统计信息。

executionInfo 列是算子的实际执行信息。比如，wall time 代表了算子的全部执行时间，loops 代表算子调用的次数，那么 wall time × loops 就可以理解为该算子的累计时间。

Memory 代表了本步骤算子占用的内存空间；Disk 代表了本步骤算子占用的磁盘空间。

对于执行计划中每一步算子代表的意思，会在下一节进行介绍，并且比较哪种算子的性能最好。

7.3 数据查询优化之索引优化

本节讨论使用最为普遍的数据查询及其优化方式，对于数据查询的优化，其实就是优化器权衡是否使用索引或者使用哪个索引的过程。为了让读者更好地理解，本节以基于表 employees 的查询为例按照算子的性能由高到低展开介绍。

employees 表的定义如下：

```
tidb > show create table employees\G;*************************** 1. row
    ***************************
           Table: employees
Create Table: CREATE TABLE 'employees' (
    'emp_no' int(11) NOT NULL,
    'birth_date' date NOT NULL,
    'first_name' varchar(14) NOT NULL,
    'last_name' varchar(16) NOT NULL,
    'gender' enum('M','F') NOT NULL,
    'hire_date' date NOT NULL,  PRIMARY KEY ('emp_no') /*T![clustered_index] CLUSTERED */,
    KEY 'idx_first_name' ('first_name'),
    KEY 'idx_gender' ('gender'),
    KEY 'idx_last_name' ('last_name')
) ENGINE=InnoDB DEFAULT CHARSET=utf8mb4 COLLATE=utf8mb4_bin1 row in set (0.00 sec)
```

employees 表是以 emp_no 为主键的聚簇索引表，其上面有 3 个二级索引，第一个是

first_name 列上的 idx_first_name 索引，第二个是 gender 列上的 idx_gender 索引，第三个是 last_name 列上的 idx_last_name 索引。下面简单了解一下 employees 表上的数据分布。

```
tidb > select * from employees limit 10;
+--------+------------+------------+-----------+--------+------------+
| emp_no | birth_date | first_name | last_name | gender | hire_date  |
+--------+------------+------------+-----------+--------+------------+
|  10001 | 1953-09-02 | Georgi     | Facello   | M      | 1986-06-26 |
|  10002 | 1964-06-02 | Bezalel    | Simmel    | F      | 1985-11-21 |
|  10003 | 1959-12-03 | Parto      | Bamford   | M      | 1986-08-28 |
|  10004 | 1954-05-01 | Chirstian  | Koblick   | M      | 1986-12-01 |
|  10005 | 1955-01-21 | Kyoichi    | Maliniak  | M      | 1989-09-12 |
|  10006 | 1953-04-20 | Anneke     | Preusig   | F      | 1989-06-02 |
|  10007 | 1957-05-23 | Tzvetan    | Zielinski | F      | 1989-02-10 |
|  10008 | 1958-02-19 | Saniya     | Kalloufi  | M      | 1994-09-15 |
|  10009 | 1952-04-19 | Sumant     | Peac      | F      | 1985-02-18 |
|  10010 | 1963-06-01 | Duangkaew  | Piveteau  | F      | 1989-08-24 |
+--------+------------+------------+-----------+--------+------------+
10 rows in set (0.01 sec)
```

从数据分布上看，first_name 和 last_name 列基本上重复的值很少，索引 idx_first_name 和 idx_last_name 的区分度很高，适合大量数据的精准定位；相反，索引 idx_gender 在全表只有 2 个值，区分度很低。下面，从性能最高的扫描方式开始，为读者总结数据查询优化中的索引优化。

7.3.1 点查 Point_Get & Batch_Point_Get

```
tidb > explain select first_name from employees where emp_no=10009;
+-------------+---------+------+-----------------+---------------+
| id          | estRows | task | access object   | operator info |
+-------------+---------+------+-----------------+---------------+
| Point_Get_1 | 1.00    | root | table:employees | handle:10009  |
+-------------+---------+------+-----------------+---------------+
1 row in set (0.00 sec)

tidb > explain select first_name from employees where emp_no in (10009,10010);
+-------------------+---------+------+-----------------
+-----------------------------------------------+
| id                | estRows | task | access object
| operator info                                 |
+-------------------+---------+------+-----------------
+-----------------------------------------------+
| Batch_Point_Get_1 | 2.00    | root | table:employees
| handle:[10009 10010], keep order:false, desc:false |
+-------------------+---------+------+-----------------
+-----------------------------------------------+
1 row in set (0.00 sec)
```

这里看到第一条 SQL 语句“explain select first_name from employees where emp_no=10009;”，

其中 where emp_no=10009 中 emp_no 列是主键，例子中的 employees 又是聚簇索引表，所以优化器无须生成执行计划，直接根据主键值便可得知键，最终可以直接到 TiKV 中找到唯一一行，这类算子是查询中最快的。如果发现当前的 SQL 中执行计划为点查，那么说明这条 SQL 语句已经没有优化余地了，是最优的执行计划了。

另外，Batch_Point_Get 是多次点查操作，性能也是最好的。

7.3.2 IndexReader（索引读）+ IndexRangeScan（索引范围扫描）

```
tidb > explain select first_name from employees where first_name in ('Parto','Sumant');
+-------------------------+---------+-----------
+-----------------------------------------------
+-----------------------------------------------------------------+
| id                      | estRows | task
| access object
| operator info                                                   |
+-------------------------+---------+-----------
+-----------------------------------------------
+-----------------------------------------------------------------+
| IndexReader_6           | 472.87  | root
|
| index:IndexRangeScan_5                                          |
| └─IndexRangeScan_5      | 472.87  | cop[tikv]
| table:employees, index:idx_first_name(first_name)
| range:["Parto","Parto"], ["Sumant","Sumant"], keep order:false |
+-------------------------+---------+-----------
+-----------------------------------------------
+-----------------------------------------------------------------+
2 rows in set (0.00 sec)
```

在上面的查询中，可以发现 where first_name in ('Parto','Sumant') 正好可以使用二级索引 idx_first_name，但是又发现，select 中查询的列恰巧是二级索引 idx_first_name 的索引列 first_name。这样一来，只要在 TiKV 节点上扫描所有的二级索引 idx_first_name，找到符合条件的索引键值并返回给 TiDB Server 就算完成了查询任务，也就是说整个过程在索引上就操作完毕了。其效率虽然不如点查 Point_Get & Batch_Point_Get，但由于只在索引上完成并不需要访问表，所以也是很高效的，本书将其排在性能第二的位置。

这里学习了两个算子，IndexRangeScan 表示在进行索引扫描，是二级索引常用的扫描形式，我们注意到它对应的 task 列是 cop[tikv]，说明 TiKV 节点利用了 Coprocessor 完成了索引读。IndexReader 表示各个 TiKV 节点将满足条件的索引值返回，TiDB Server 将其整理后得出结果集，数据库只依靠索引值就完成了读取，它对应的 task 列是 root，说明此操作在 TiDB Server 上完成。

7.3.3 IndexLookUp（回表索引读）+ IndexRangeScan（索引范围扫描）+ TableRowIDScan（根据键读取表数据）

```
tidb > explain select * from employees where first_name='Parto';
+-------------------------------+---------+-----------
+--------------------------------------------------
+---------------------------------------------------------------+
| id                            | estRows | task
| access object
| operator info                           |
+-------------------------------+---------+-----------
+--------------------------------------------------
+---------------------------------------------------------------+
| IndexLookUp_10                | 236.44  | root
|
|                                         |
| ├─IndexRangeScan_8(Build)     | 236.44  | cop[tikv]
| table:employees, index:idx_first_name(first_name)
| range:["Parto","Parto"], keep order:false |
| └─TableRowIDScan_9(Probe)     | 236.44  | cop[tikv]
| table:employees
| keep order:false                        |
+-------------------------------+---------+-----------
+--------------------------------------------------
+---------------------------------------------------------------+

tidb > explain select * from employees where first_name like 'Part%';
+-------------------------------+---------+-----------
+--------------------------------------------------
+---------------------------------------------------------------+
| id                            | estRows | task
| access object
| operator info                           |
+-------------------------------+---------+-----------
+--------------------------------------------------
+---------------------------------------------------------------+
| IndexLookUp_10                | 4.03    | root
|
|                                         |
| ├─IndexRangeScan_8(Build)     | 4.03    | cop[tikv]
| table:employees, index:idx_first_name(first_name)
| range:["Part","Paru"), keep order:false |
| └─TableRowIDScan_9(Probe)     | 4.03    | cop[tikv]
| table:employees
| keep order:false                        |
+-------------------------------+---------+-----------
+--------------------------------------------------
+---------------------------------------------------------------+
3 rows in set (0.00 sec)
```

```
tidb > explain select * from employees where first_name in ('Parto','Sumant');
+------------------------------+---------+-----------
+------------------------------------------------
+-------------------------------------------------------------+
| id                           | estRows | task
| access object
| operator info
                                                              |
+------------------------------+---------+-----------
+------------------------------------------------
+-------------------------------------------------------------+
| IndexLookUp_10               | 472.87  | root
|
|
                                                              |
| ├─IndexRangeScan_8(Build)    | 472.87  | cop[tikv]
| table:employees, index:idx_first_name(first_name)
| range:["Parto","Parto"], ["Sumant","Sumant"], keep order:false |
| └─TableRowIDScan_9(Probe)    | 472.87  | cop[tikv]
| table:employees
| keep order:false
                                                              |
+------------------------------+---------+-----------
+------------------------------------------------
+-------------------------------------------------------------+
3 rows in set (0.01 sec)

tidb > explain select * from employees where first_name between 'Parto' and 'Parzo';
+------------------------------+---------+-----------
+------------------------------------------------
+-------------------------------------------------------------+
| id                           | estRows | task
| access object
| operator info                          |
+------------------------------+---------+-----------
+------------------------------------------------
+-------------------------------------------------------------+
| IndexLookUp_10               | 24.15   | root
|
|
                                         |
| ├─IndexRangeScan_8(Build)    | 24.15   | cop[tikv]
| table:employees, index:idx_first_name(first_name)
| range:["Parto","Parzo"], keep order:false |
| └─TableRowIDScan_9(Probe)    | 24.15   | cop[tikv]
| table:employees
| keep order:false                       |
+------------------------------+---------+-----------
+------------------------------------------------
+-------------------------------------------------------------+
3 rows in set (0.00 sec)

tidb > explain select * from employees where first_name >= 'Parto' and
    first_name <= 'Parzo';
+------------------------------+---------+-----------
+------------------------------------------------
```

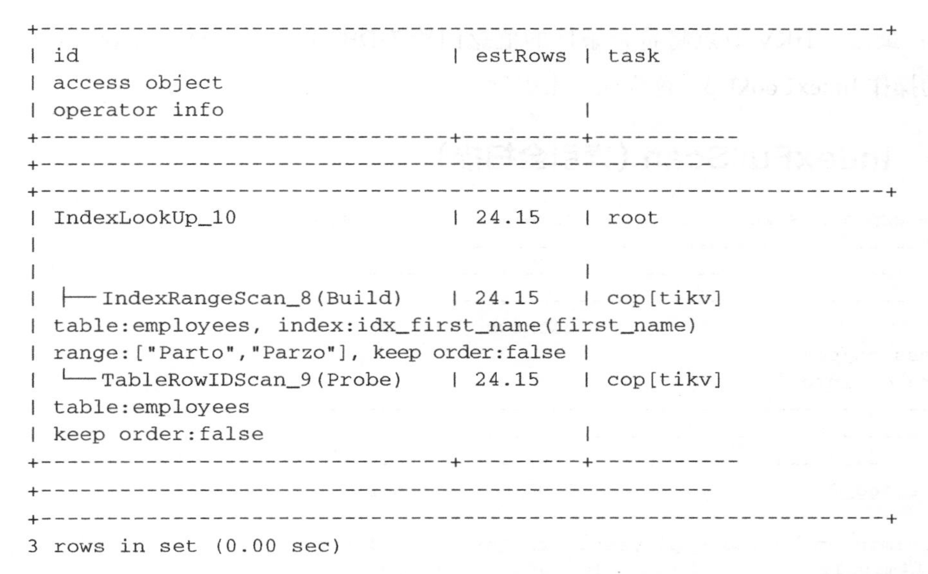

```
+------------------------------------------------------------------+
| id                              | estRows | task
| access object
| operator info                             |
+-------------------------------+---------+-----------
+--------------------------------------------------
+------------------------------------------------------------------+
| IndexLookUp_10                  | 24.15   | root
|
|                                           |
| ├─IndexRangeScan_8(Build)       | 24.15   | cop[tikv]
| table:employees, index:idx_first_name(first_name)
| range:["Parto","Parzo"], keep order:false |
| └─TableRowIDScan_9(Probe)       | 24.15   | cop[tikv]
| table:employees
| keep order:false                          |
+-------------------------------+---------+-----------
+--------------------------------------------------
+------------------------------------------------------------------+
3 rows in set (0.00 sec)
```

上面的5条SQL语句都是同一种扫描方式，观察发现它们的where谓词条件中，都可以通过二级索引idx_first_name进行查询，这一点几乎和IndexReader（索引读）+ IndexRangeScan（索引范围扫描）的方式类似，但不同点是在TiKV节点过滤完毕符合条件的索引idx_first_name后，会得到符合条件行的键，并发送给TiDB Server进行汇总，这些键可能是一个也可能是多个。

接下来的操作就与IndexReader（索引读）+ IndexRangeScan（索引范围扫描）的方式有所不同了，因为在select后面，上面的SQL语句都是select *，也就是所有列。此时，TiDB Server拿到各个TiKV返回的键，必须要再回过头去查询表employees来得到其对应的键值。因为单靠二级索引idx_first_name，只能得到索引键值first_name。

一般将这种从索引中获取表中行的键，再根据键去表中查询值的操作叫作回表操作。显然，回表操作除了要访问索引以外，还要访问表，其性能稍逊一筹，只能大致排在第三的位置了。

在7.2节中提到的执行计划读口诀“靠右的行先执行，如果两行并列则靠上的行先执行”，当时只解释了前半部分，现在本书结合这5条执行计划来给读者解释后半部分。

可以看到，第1行是IndexLookUp，它的右边还有步骤，所以可以应用“靠右的行先执行”，移步到第2行；由于第2行和第3行并列，所以口诀的后半部分就发挥作用了，那就是：“如果两行并列则靠上的行先执行”。下面解读一下：首先，第2行IndexRangeScan（索引范围扫描）被率先执行，此时所有符合索引idx_first_name过滤条件的键被从TiKV发送到TiDB Server；然后，TiDB Server根据键回到TiKV节点中去读取表中的值，也就是第3行的步骤TableRowIDScan，可以看到TableRowIDScan的task是cop[tikv]，说明它发生在

TiKV 节点；最后，TiKV 节点将符合条件的值返回给 TiDB Server，TiDB Server 最终完成了第 1 行的操作 IndexLookUp，称为回表索引读。

7.3.4 IndexFullScan（索引全扫描）

```
tidb > explain select min(first_name) from employees;
+-----------------------------+-----------+-----------
+-----------------------------------------------------
+-------------------------------------------------------+
| id                          | estRows   | task
| access object
| operator info                                         |
+-----------------------------+-----------+-----------
+-----------------------------------------------------
+-------------------------------------------------------+
| StreamAgg_9                 | 1.00      | root
|
| funcs:min(employees.employees.first_name)->Column#7 |
| └─Limit_13                  | 1.00      | root
|
| offset:0, count:1                                     |
|   └─IndexReader_21          | 1.00      | root
|
| index:Limit_20                                        |
|     └─Limit_20              | 1.00      | cop[tikv]
|
| offset:0, count:1                                     |
|       └─IndexFullScan_19    | 1.00      | cop[tikv]
| table:employees, index:idx_first_name(first_name)
| keep order:true                                       |
+-----------------------------+-----------+-----------
+-----------------------------------------------------
+-------------------------------------------------------+
5 rows in set (0.00 sec)

tidb > explain select count(first_name) from employees;
+-----------------------------+-----------+-----------
+-----------------------------------------------------
+-------------------------------------------------------+
| id                          | estRows   | task
| access object
| operator info                                         |
+-----------------------------+-----------+-----------
+-----------------------------------------------------
+-------------------------------------------------------+
| HashAgg_12                  | 1.00      | root
|
| funcs:count(Column#8)->Column#7                       |
| └─IndexReader_13            | 1.00      | root
|
```

```
| index:HashAgg_5                                          |
|    └─HashAgg_5                | 1.00       | cop[tikv]
|
| funcs:count(employees.employees.first_name)->Column#8 |
|        └─IndexFullScan_11     | 300024.00 | cop[tikv]
| table:employees, index:idx_first_name(first_name)
| keep order:false                                        |
+--------------------------+----------+-----------
+-----------------------------------------------------
+------------------------------------------------------+
4 rows in set (0.00 sec)
```

上面的两条SQL语句，读者一定觉得性能不会太好，因为连where条件都没有，索引也就不会发生作用了。没错！但是这两条SQL语句却都能使用上索引，而且性能不一定很差。

可以看到第一条SQL语句的执行计划，按照口诀“靠右的行先执行”，可以发现第一步执行的是第5行IndexFullScan，这个算子表示在TiKV节点上将整个索引进行一个全扫描，它的效率其实不是很好，但比起将表全扫描一遍要好一些，因为毕竟索引中的列没那么多。第一条SQL语句是select min(first_name)，说明只要找到first_name这一列的最小值就可以了，而索引idx_first_name正好是将列first_name的值按照从小到大的顺序排序，读者可以参考6.3节内容，那么实际上最后一行IndexFullScan只要按顺序扫描一行数据就好了，因此看到了执行计划中的倒数第二行操作Limit，这个算子的意思是利用上一步扫描的有序性获得需要的前几个值，这样效率比全部扫描要高甚至会超过回表操作的IndexLookUp。

下面为读者整理一下第一条SQL语句执行计划的全过程，首先，第5行IndexFullScan对索引idx_first_name进行全扫描，因为只需要最小值，所以第4行Limit的作用是数据库扫描第一行即可。然后，将扫描上来的索引值发送给TiDB Server，TiDB Server将最小的first_name返回，也就是IndexReader，代表整个操作由索引读取完成，不需要回表。最后，执行计划中的第1行StreamAgg本书会在7.4节聚合优化部分进行解释。

相比第一条SQL语句，第二条SQL语句的效率就不高了，因为select count(first_name)要求first_name列非空值的个数，那么数据库就必须把索引idx_first_name都扫描一遍。下面看一下过程描述。

从执行计划的第4行开始，IndexFullScan对索引idx_first_name进行全扫描，下一步的执行计划第3行和第1行的HashAgg，我们一样留在7.4节聚合优化部分进行解释，到了执行计划第2行，IndexReader，数据从TiKV节点发送给TiDB Server，数据库靠索引idx_first_name就得到了结果，同样不需要回表操作。

可以看到，IndexFullScan这种索引全扫描的性能不是非常稳定，有时候会超过IndexLookUp，有时候却必须做一个索引全扫描，如果表的行数或者索引列的个数较多，那么也会有 IO 压力。所以，将其性能排在第四的位置。

7.3.5 TableReader（表扫描）+ TableFullScan（全表扫描）

```
tidb > explain select * from employees where first_name like 'P%';
+------------------------+----------+----------+-----------------
+-------------------------------------------+
| id                     | estRows  | task     | access object
| operator info                             |
+------------------------+----------+----------+-----------------
+-------------------------------------------+
| TableReader_7          | 10311.54 | root     |
| data:Selection_6                          |
| └─Selection_6          | 10311.54 | cop[tikv] |
| like(employees.employees.first_name, "P%", 92)  |
|   └─TableFullScan_5    | 300024.00 | cop[tikv] | table:employees
| keep order:false                          |
+------------------------+----------+----------+-----------------
+-------------------------------------------+3 rows in set (0.00 sec)
```

请读者先理解这条 SQL 的执行计划，第一步是第 3 行“TableFullScan_5”，这一步在 TiKV 节点上将所有属于 employees 表的 Region 进行扫描，第二步利用 Coprocessor 进行过滤，也就是第 2 行的“Selection_6”，第三步将各个 TiKV 节点扫描过滤出来的数据汇总到 TiDB Server，TiDB Server 将数据进行整理后返回，也就是第 1 行的“TableReader_7”，表示这次查询是从表扫描出来的，没有使用索引。

由于要扫描表的每一行，所以表面上，全表扫描当之无愧是性能垫底。有的读者可能会有疑问，这条 SQL 语句的 where 谓词中也出现了 where first_name like 'P%'，为什么没有使用索引呢？原因是 first_name like 'P%'，其实是所有以 P 字母开头的名字，优化器认为这样一来结果集可能数据量过大，就不是索引的优势了，于是采用了全表扫描。

这么看来，全表扫描还是有优势的。设想在一张 1 000 万行的表中，通过索引会过滤出 500 万行的结果集，按照索引过滤的方式，数据库要先在 TiKV 中去扫描索引，也就是 IndexRangeScan（索引范围扫描），之后将索引中对应表的键返回到 TiDB Server，TiDB Server 再次到 TiKV 中去按照这些键来查询表的值。这里要注意，如果查询的结果集中表的键排列十分不连续，散落在不同 TiKV 的不同 Region 中，那么最坏会出现每一行或少量的几行要来一次完整的读取（TiDB、PD 和 TiKV 都要参与），500 万行最坏可能要接近 500 万次完整的读取，例如，数据库集群的 IO 读取带宽一次可以读取 1 G 的数据，可是现在只能读取 1 行数据，简直是太浪费了。

相反，如果这个时候数据库使用全表扫描，那么先是每个 TiKV 中按照 Region 去过滤这 1000 万行的表中的数据，之后各个 TiKV 将过滤的行返回给 TiDB Server，TiDB Server 将结果返回给用户。这里有两个优势：①数据分布在多个 TiKV 上，所以 TiKV 的扫描是并行完成的，这个是分布式数据库的自身优势；②由于 TiKV 中表的 Region 中的键值是连续的，所以每次 IO 读取可以发挥自己带宽的优势，尽量读取多行数据（比如一次读取 1 GB 的数据），相比回表索引读一次 IO 只能读一行或者几行，反而更加高效。

这么看来，全表扫描反而是有很大优势的，所以，在性能优化中，读者要根据索引列的数据分布情况、结果集大小等因素来进行进行综合考量，切不可一刀切，见到索引就用。

7.3.6 IndexMerge（索引合并）

```
tidb > explain select * from employees where first_name='Peter' or last_name='Candy';
+--------------------------------+----------+-----------
+---------------------------------------------------
+-----------------------------------------+
| id                              | estRows  | task
| access object
| operator info                             |
+--------------------------------+----------+-----------
+---------------------------------------------------
+-----------------------------------------+
| IndexMerge_11                   | 420.16   | root
|
| type: union                               |
| ├── IndexRangeScan_8(Build)     | 236.39   | cop[tikv]
| table:employees, index:idx_first_name(first_name)
| range:["Peter","Peter"], keep order:false |
| ├── IndexRangeScan_9(Build)     | 183.92   | cop[tikv]
| table:employees, index:idx_last_name(last_name)
| range:["Candy","Candy"], keep order:false |
| └── TableRowIDScan_10(Probe)    | 420.16   | cop[tikv]
| table:employees
| keep order:false                          |
+--------------------------------+----------+-----------
+---------------------------------------------------
+-----------------------------------------+4 rows in set (0.00 sec)
```

按理说，用户的一条 SQL 语句只能使用一个索引（表连接除外）来进行过滤，而这条 SQL 语句似乎与众不同。因为过滤条件为 where first_name='Peter' or last_name='Candy'，所以可以看到第一步是第 2 行 IndexRangeScan_8(Build)，即使用索引 idx_first_name(first_name) 进行索引读，第二步是第 3 行 IndexRangeScan_9(Build)，即使用索引 idx_last_name(last_name) 进行索引读，第一步和第二步均在 TiKV 上完成了扫描索引的操作，然后将这些扫描出来符合条件的键进行汇总，由于 first_name='Peter' or last_name='Candy'，所以这里取并集就可以了。之后来到了第三步，也就是第 4 行 TableRowIDScan_10(Probe)，即拿着这些键回到 TiKV 中去读取所有满足条件的值返回给 TiDB Server。最终完成第 1 行的 IndexMerge_11，将结果返回给客户端。

这种在一条 SQL 的过滤中，使用多个索引的操作叫作 IndexMerge，即索引合并，它一般在 where 条件中出现并集的时候使用，放在全表扫描的后面并不是因为它的效率不高，而是因为它比较特殊。这里读者可能注意到了一个地方：

```
├─ IndexRangeScan_8(Build)
├─ IndexRangeScan_9(Build)
└─ TableRowIDScan_10(Probe)
```

在这三步中出现了 Build 和 Probe 的字样，这两个标识说明了数据的流向，一般标有 Build 的操作会并行地先执行，之后将数据汇聚到标有 Probe 的操作中，这两个标识也可以帮助理解执行计划中各个步骤的顺序。

下面请看这条 SQL 语句：

```
tidb > explain select * from employees where first_name='Peter' and last_name='Candy';
+--------------------------------+---------+-----------
+-------------------------------------------------
+-----------------------------------------------+
| id                             | estRows | task
| access object
| operator info                                 |
+--------------------------------+---------+-----------
+-------------------------------------------------
+-----------------------------------------------+
| IndexLookUp_15                 | 0.14    | root
|
|                                               |
| ├─ IndexRangeScan_12(Build)    | 183.92  | cop[tikv]
| table:employees, index:idx_last_name(last_name)
| range:["Candy","Candy"], keep order:false     |
| └─ Selection_14(Probe)         | 0.14    | cop[tikv]
|
| eq(employees.employees.first_name, "Peter") |
|    └─ TableRowIDScan_13        | 183.92  | cop[tikv]
| table:employees
| keep order:false                              |
+--------------------------------+---------+-----------
+-------------------------------------------------
+-----------------------------------------------+4 rows in set (0.00 sec)
```

上面这条 SQL 语句中，虽然也过滤了 2 个拥有索引的列，但是只使用了一个索引 idx_last_name(last_name)。接下来，整理一下执行计划。

第一步是第 2 行 IndexRangeScan_12(Build)，有的读者可能觉得不是靠右的先执行嘛，应该是第 4 行 TableRowIDScan_13 呀！这里正好解释一下，在读取执行计划的时候如果遇到多个行并列，而其中有的行下面又含有靠右的行，就像上面的执行计划中第 2 行 IndexRangeScan_12(Build) 和第 3 行 Selection_14(Probe) 并列，但是第 3 行 Selection_14(Probe) 下面的第 4 行 TableRowIDScan_13 又比第 3 行靠右，这个时候需要优先考虑规则"并列行中靠上的先执行"。第 3 行和第 4 行可以看作一组，当按照从上到下的顺序执行到第 3 行的时候，这里考虑规则"靠右的先执行"，即先执行这一组中的第 4 行 TableRowIDScan_13，再执行第 3 行 Selection_14(Probe)。

下面，请回到第 2 行，使用 IndexRangeScan_12(Build) 操作利用索引 idx_last_name (last_name) 过滤出 last_name='Candy' 的键返回到 TiDB Server 中，之后，TiDB Server 拿着这些键再回表，到 TiKV 中做回表操作。第二步也就是第 4 行 TableRowIDScan_13 按照键返回值，注意此时只过滤了 last_name='Candy'，所以在 TiKV 节点中，还需要在 TiKV 的缓存中做一下过滤。第三步是第 3 行 Selection_14(Probe)，即将值中 first_name='Peter' 的值找出来，返回 TiDB Server，到此完成第 1 行的 IndexLookUp_15。

读者可能会觉得是因为 where 谓词条件 where first_name='Peter' and last_name='Candy' 是一个交集而不是并集。是的！在遇到交集的情况时，优化器不会主动使用索引合并，注意，是不主动！不是不会。请看下面的 SQL：

```
tidb > explain select /*+ USE_INDEX_MERGE(employees, idx_first_name, idx_last_
name) */ * from employees where first_name='Peter' and last_name='Candy';
+-------------------------------+---------+-----------
+---------------------------------------------------
+----------------------------------------+
| id                            | estRows | task
| access object
| operator info                          |
+-------------------------------+---------+-----------
+---------------------------------------------------
+----------------------------------------+
| IndexMerge_8                  | 0.14    | root
|
| type: intersection                     |
| ├── IndexRangeScan_5(Build)   | 236.39  | cop[tikv]
| table:employees, index:idx_first_name(first_name)
| range:["Peter","Peter"], keep order:false |
| ├── IndexRangeScan_6(Build)   | 183.92  | cop[tikv]
| table:employees, index:idx_last_name(last_name)
| range:["Candy","Candy"], keep order:false |
| └── TableRowIDScan_7(Probe)   | 0.14    | cop[tikv]
| table:employees
| keep order:false                       |
+-------------------------------+---------+-----------
+---------------------------------------------------
+----------------------------------------+4 rows in set (0.00 sec)
```

从上面的执行计划中看到，虽然是交集，可还是启动了索引合并，可前提是需要用户人为加一个 SQL Hints，也就是 /*+ USE_INDEX_MERGE(employees, idx_first_name, idx_last_name) */，告诉优化器开启索引合并。对于 SQL Hints，会在 7.7 节“执行计划管理”中进行详细介绍。

7.4 数据查询优化之聚合优化

所谓聚合操作，是指对数据进行汇总计算的操作。这些操作可以用于从数据库表中提取出有关数据的统计信息，如计算总和、平均值、最大值、最小值等。常见的聚合操作包括 SUM、AVG、MAX、MIN、COUNT 等。在本节会为读者介绍 TiDB 数据库对于聚合操作的相关算法，以及其适用场景。

7.4.1 HashAgg 算子

HashAgg 算子是 TiDB 数据库优化器处理聚合操作的一种方法。如图 7.9 所示，左边是每位员工的工资表，本例想求它按照“部门”分组后的聚合结果，比如总和、平均或者个数等。数据库开始逐个读取原表的每一行，将相同“部门”进行求和并统计个数。

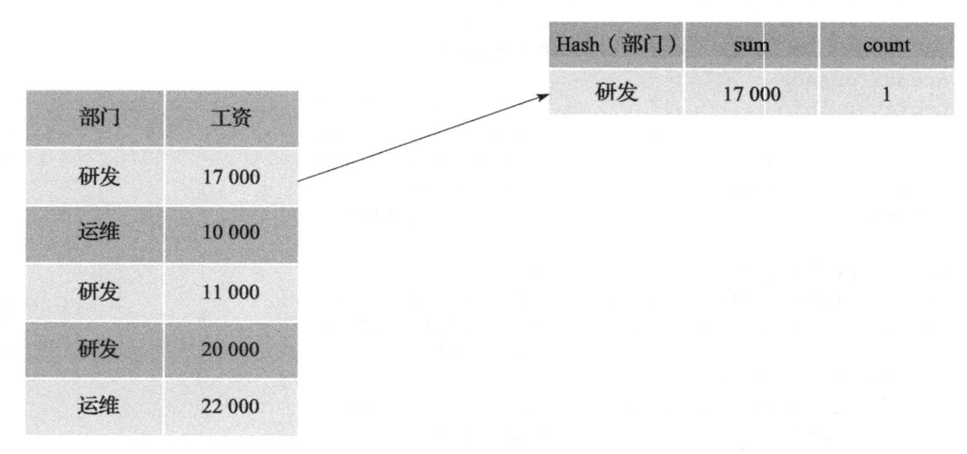

图 7.9　HashAgg 算子原理图一

如果遇到不同的“部门”，就会生成新的统计行，统计的中间结果在缓存中，如图 7.10 ～图 7.13 所示。

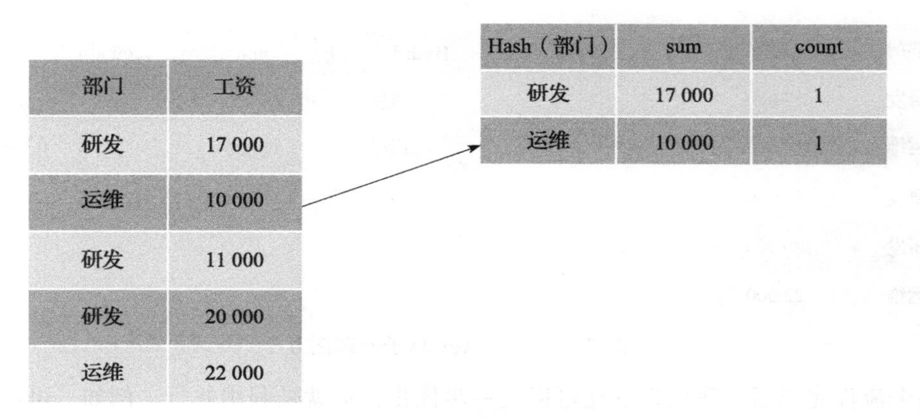

部门	工资
研发	17 000
运维	10 000
研发	11 000
研发	20 000
运维	22 000

Hash（部门）	sum	count
研发	17 000	1
运维	10 000	1

图 7.10　HashAgg 算子原理图二

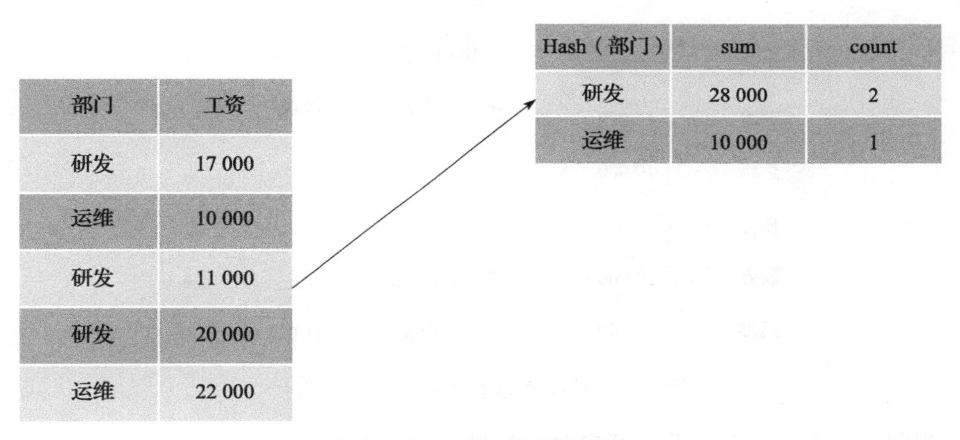

部门	工资
研发	17 000
运维	10 000
研发	11 000
研发	20 000
运维	22 000

Hash（部门）	sum	count
研发	28 000	2
运维	10 000	1

图 7.11　HashAgg 算子原理图三

部门	工资
研发	17 000
运维	10 000
研发	15 000
研发	20 000
运维	22 000

Hash（部门）	sum	count
研发	48 000	3
运维	10 000	1

图 7.12　HashAgg 算子原理图四

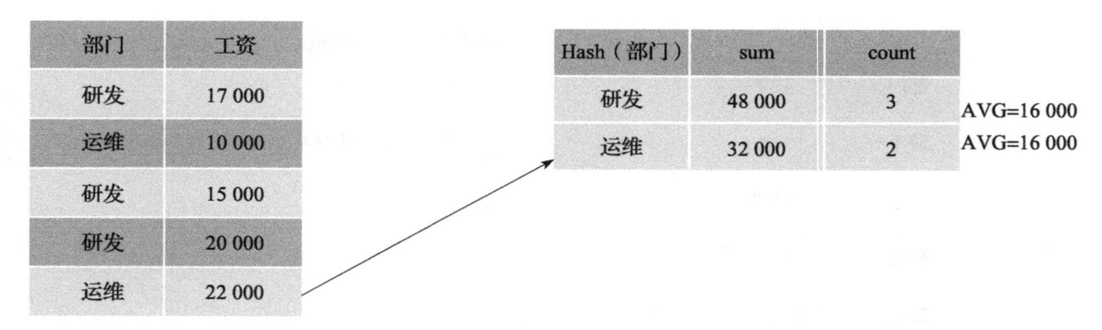

图 7.13　HashAgg 算子原理图五

整个流程完毕后，我们发现还可以进一步优化，那就是利用并行。例如，可以首先将原表分成几个部分进行扫描，如图 7.14 所示。

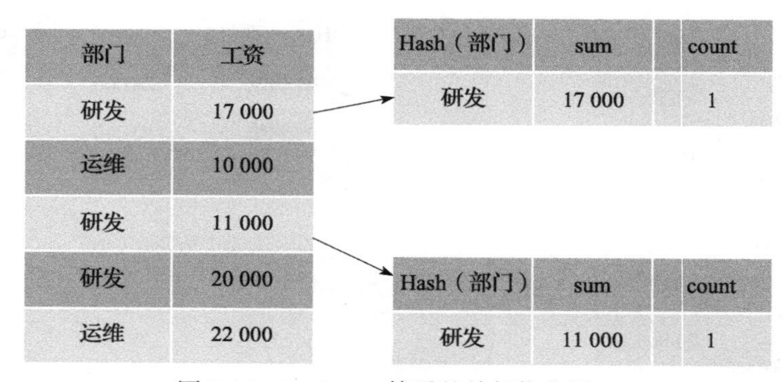

图 7.14　HashAgg 算子的并行优化图一

这里将原表分为 2 个部分，开启并行扫描，注意这个时候会有 2 个临时结果表，它们都放在缓存中，如图 7.15 和图 7.16 所示。

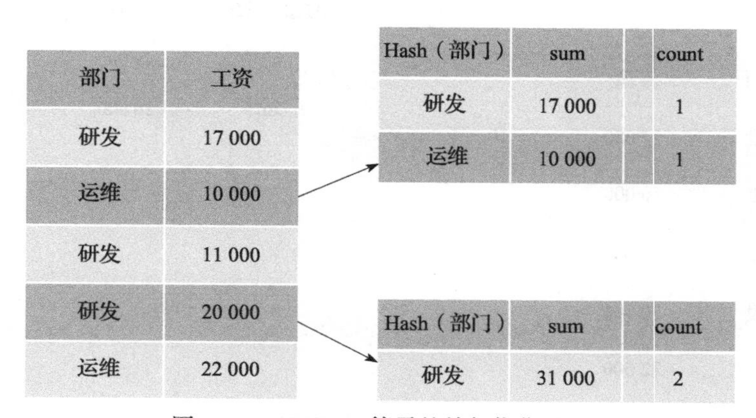

图 7.15　HashAgg 算子的并行优化图二

部门	工资
研发	17 000
运维	10 000
研发	11 000
研发	20 000
运维	22 000

Hash（部门）	sum	count
研发	17 000	1
运维	10 000	1

Hash（部门）	sum	count
研发	31 000	2
运维	22 000	1

图 7.16 HashAgg 算子的并行优化图三

当原表扫描完毕后，可以将多个（图 7.16 中是 2 个）中间结果集合并到最终结果集，求出聚合值，如图 7.17 所示。

从整个过程可以看到，HashAgg 算子由于有大量中间结果集，所以对内存的要求比较高，如果内存紧张的话，需要慎重考虑。还有就是整个扫描必须从第一行扫描到最后一行后才能得到结果，比如图 7.17 中，如果用户只想求“研发”部分的聚合结果，也必须将“运维”部门的聚合结果求出，一般称其为阻塞式执行。

部门	工资
研发	17 000
运维	10 000
研发	11 000
研发	20 000
运维	22 000

Hash（部门）	sum	count
研发	17 000	1
运维	10 000	1

Hash（部门）	sum	count
研发	31 000	2
运维	22 000	1

Hash（部门）	sum	count	
研发	48 000	3	AVG=16 000
运维	32 000	2	AVG=16 000

图 7.17 HashAgg 算子的并行优化图四

但是，HashAgg 算子的最大特点是速度快，因为它可以并行进行聚合计算。

请看一下 SQL 语句的执行计划。

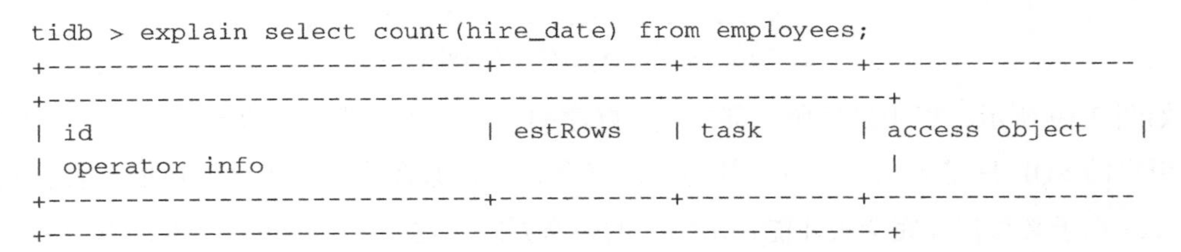

```
tidb > explain select count(hire_date) from employees;
+----------------------------+-----------+-----------+-----------------
+---------------------------------------------------+
| id                         | estRows   | task      | access object   |
| operator info                                     |
+----------------------------+-----------+-----------+-----------------
+---------------------------------------------------+
```

```
| HashAgg_11                    | 1.00      | root       |
| funcs:count(Column#8)->Column#7                          |
| └─TableReader_12              | 1.00      | root       |
| data:HashAgg_5                                           |
|   └─HashAgg_5                 | 1.00      | cop[tikv] |
| funcs:count(employees.employees.hire_date)->Column#8 |
|     └─TableFullScan_10        | 300024.00 | cop[tikv] | table:employees
| keep order:false                                         |
+-----------------------------+-----------+-----------+----------------
+-----------------------------------------------------+
4 rows in set (0.01 sec)
```

根据口诀，第一步是第 4 行的 TableFullScan_10，即在各个 TiKV 节点开始对 employees 表数据的扫描。第二步是第 3 行的 HashAgg_5，在各个 TiKV 节点求 count(hire_date)，显然 TiKV 的 Coprocessor 是支持 HashAgg 算子的。第三步是第 2 行的 TableReader_12，各个 TiKV 节点将本节点中 HashAgg 算子的结果集发送给 TiDB Server，TableReader 表示用的是表扫描。第四步是第 1 行的 HashAgg_11，TiDB Server 汇聚了各个 TiKV 的 HashAgg 算子结果集，再进行一次 TiDB Server 内部的 HashAgg。

下面再看另一种聚合算子 StreamAgg 的具体原理与性能。

7.4.2 StreamAgg 算子

StreamAgg 算子是 TiDB 数据库优化器处理聚合操作的另一种算法。如图 7.18 所示，先将表根据分组列“部门”进行排序，之后开始扫描全表，将相同“部门”的行聚合到临时表的同一行。

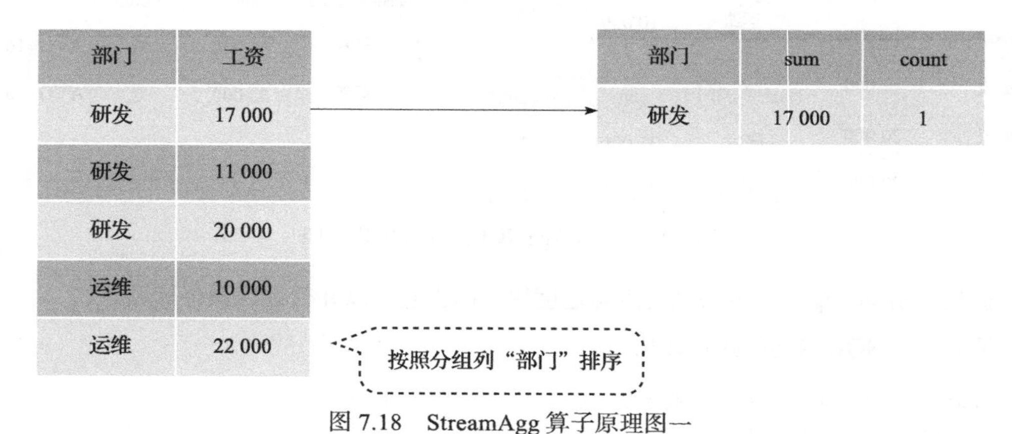

图 7.18 StreamAgg 算子原理图一

如图 7.19 所示，由于是按照“部门”排好序的，对“研发部门”的聚合就率先完成了，如果用户的 SQL 只需要统计“研发部门”的聚合结果，那么就不需要继续扫描全表。相比 HashAgg 算子必须扫描完全表才能得出结果的阻塞方式，这个方式一般称为非阻塞方式。

部门	工资
研发	17 000
研发	11 000
研发	20 000
运维	10 000
运维	22 000

部门	sum	count	
研发	48 000	3	AVG=16 000

图 7.19 StreamAgg 算子原理图二

"研发部门"的扫描结束后，开始扫描下一个"运维部门"了，如图 7.20 所示，过程和"研发部门"类似。

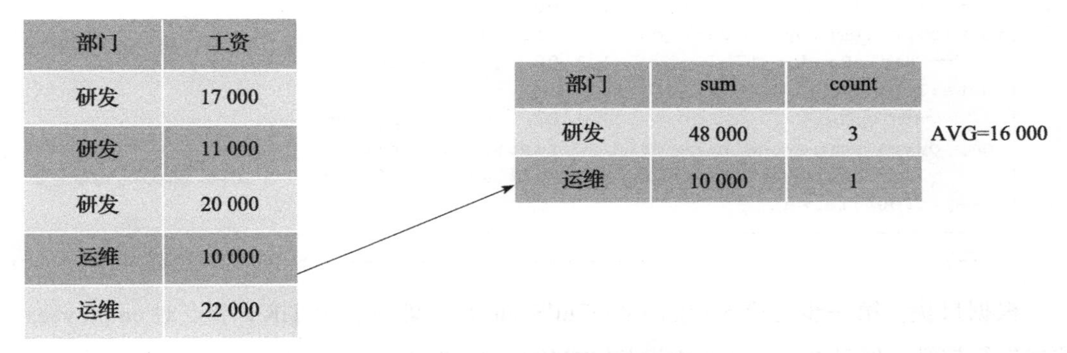

图 7.20 StreamAgg 算子原理图三

最终，如图 7.21 所示，所有"部门"的扫描完毕，得到了按照"部门"的分组聚合结果。

部门	工资
研发	17 000
研发	11 000
研发	20 000
运维	10 000
运维	22 000

部门	sum	count	
研发	48 000	3	AVG=16 000
运维	32 000	2	AVG=16 000

图 7.21 StreamAgg 算子原理图四

现在我们发现 StreamAgg 算子的特点是：①需要先对表进行排序；②只需要一张临时表，所以相比 HashAgg 算子节约内存；③如果只希望返回某几个分组，那么无须扫描全表，它是非阻塞的；④ StreamAgg 算子不支持并行操作。

请看一下 SQL 语句的执行计划。

```
tidb > explain select min(hire_date) from employees;
+----------------------------+----------+-----------+-----------------
+-----------------------------------------------+
| id                         | estRows  | task      | access object
| operator info                                 |
+----------------------------+----------+-----------+-----------------
+-----------------------------------------------+
| StreamAgg_9                | 1.00     | root      |
| funcs:min(employees.employees.hire_date)->Column#7 |

| └─TopN_10                  | 1.00     | root      |
| employees.employees.hire_date, offset:0, count:1 |
|   └─TableReader_17         | 1.00     | root      |
| data:TopN_16                                  |
|     └─TopN_16              | 1.00     | cop[tikv] |
| employees.employees.hire_date, offset:0, count:1 |
|       └─TableFullScan_15   | 300024.00 | cop[tikv] | table:employees
| keep order:false                              |
+----------------------------+----------+-----------+-----------------
+-----------------------------------------------+5 rows in set (0.00 sec)
```

根据口诀，第一步是第 5 行的 TableFullScan_15，即在各个 TiKV 节点对 employees 表数据进行扫描，但是在各个 TiKV 节点扫描的行中，“hire_date”是无序的，所以数据库还必须进行排序，幸运的是目前只需要求 min，即最小值。第二步是第 4 行的 TopN_16，在各个 TiKV 节点求按升序排好序的第一个值。第三步是第 3 行的 TableReader_17，各个 TiKV 节点将本节点中按照“hire_date”列排好序的第一行发送给 TiDB Server，TableReader 表示用的是表扫描。第四步是第 2 行的 TopN_10，TiDB Server 汇聚了各个 TiKV 的数据，之后再次进行排序。第五步是第 1 行的 StreamAgg_9，即在 TiDB Server 内部利用 StreamAgg 求出最小的一个值即可。

到这里，所有的聚合方式已经解释完毕了，可以做一个总结：

1）如果数据库的 TiDB Server 内存有限，或者只需要返回某几个分组，那么使用 StreamAgg 算子比较合适。

2）如果目标的数据量较大并且需要快速完成扫描，那么使用 HashAgg 算子比较合适。

7.5 数据查询优化之表连接优化

本节介绍表连接的几个典型算子，以及如何从性能的角度进行评估和优化，请读者先来熟悉一下案例表。

```
tidb > show create table employees\G;*************************** 1. row
    ***************************
       Table: employees
Create Table: CREATE TABLE 'employees' (
    'emp_no' int(11) NOT NULL,
    'birth_date' date NOT NULL,
    'first_name' varchar(14) NOT NULL,
    'last_name' varchar(16) NOT NULL,
    'gender' enum('M','F') NOT NULL,
    'hire_date' date NOT NULL,  PRIMARY KEY ('emp_no') /*T![clustered_index]
        CLUSTERED */,
    KEY 'idx_first_name' ('first_name'),
    KEY 'idx_gender' ('gender'),
    KEY 'idx_last_name' ('last_name')
) ENGINE=InnoDB DEFAULT CHARSET=utf8mb4 COLLATE=utf8mb4_bin1 row in set (0.00 sec)
tidb > show create table salaries\G;
*************************** 1. row ***************************
       Table: salaries
Create Table: CREATE TABLE 'salaries' (
    'emp_no' int(11) NOT NULL,
    'salary' int(11) NOT NULL,
    'from_date' date NOT NULL,
    'to_date'  date NOT NULL,
) ENGINE=InnoDB DEFAULT CHARSET=utf8mb4 COLLATE=utf8mb4_bin1 row in set (0.00 sec)
```

可以看到，表 employees 和表 salaries 目前没有任何索引。

下面介绍表连接的 Hash Join 算子。

7.5.1 Hash Join 算子

Hash Join 算子首先会基于统计信息从参与表连接的表中找出参与连接的行数最少的表作为驱动表，如图 7.22 所示。

图 7.22 中，employees 表的数据量较少，所以作为驱动表，接下来可以将驱动表放入缓存中，如图 7.23 所示。

将驱动表 employees 放入缓存后，数据库为其构建一个散列索引，举个例子，这个散列索引的函数可以是整除 10 000 后取余数，比如，用户要查询 10 001，通过散列函数后，取值为 1，在散列索引中可以建立一个连接，就是在索引中将散列值 1 对应到驱动表 employees 的 10 001，这样就完成了映射。

图 7.22　Hash Join 算子原理图一

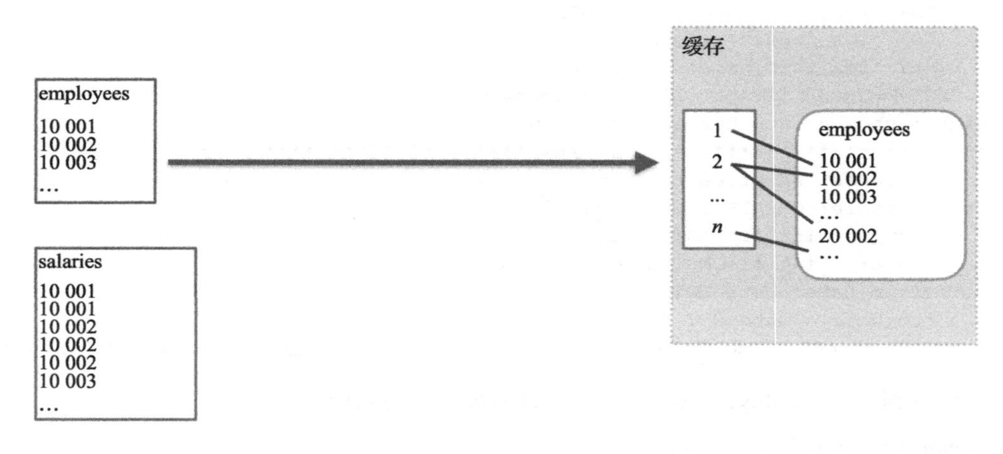

图 7.23　Hash Join 算子原理图二

这里有个问题，比如 10 002、20 002、30 002 和 40 002 等的散列值都是 2，其会对应 employees 表中的多行，这种情况叫作散列碰撞，散列索引中的散列值越多，出现散列碰撞的概率就越小。

如图 7.24 所示，数据库会扫描 salaries 表的每一行，salaries 表也叫作被驱动表，用 salaries 表行中的连接列 emp_no 通过缓存中的散列函数去匹配缓存中的 employees 表。

这样，就得到了 employees 表与 salaries 表中依靠 emp_no 列匹配的行了。实际中，TiDB 数据库也对 Hash Join 算子进行了并行优化，如图 7.25 所示。

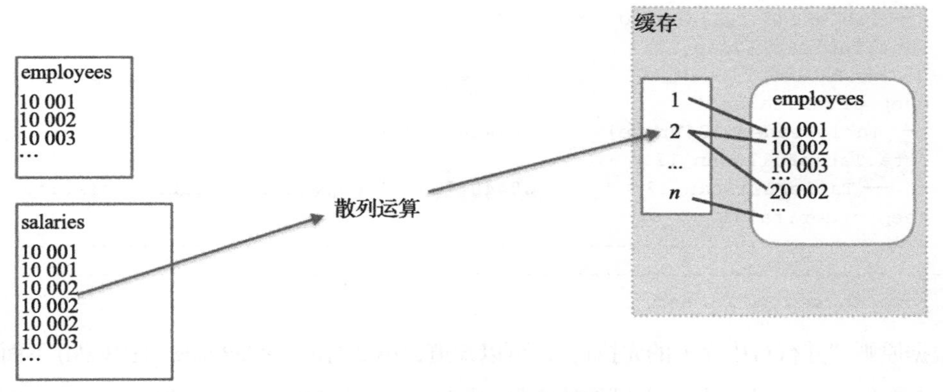

图 7.24　Hash Join 算子原理图三

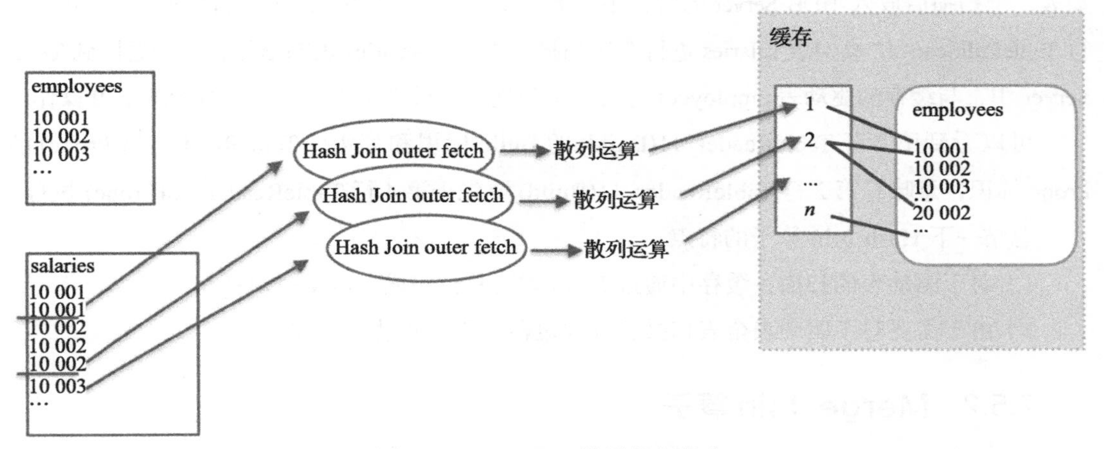

图 7.25　Hash Join 算子并行优化

图 7.25 中，将被驱动表 salaries 分成几个部分，并行来对各个部分进行扫描，并完成与缓存中驱动表的匹配连接操作。

以上就是 Hash Join 算子的原理，下面解读一下表连接查询 SQL 的执行计划。

```
tidb > explain select * from db1.employees, db1.salaries where db1.employees.
    emp_no = db1.salaries.emp_no;
+------------------------------+------------+-----------+-----------------
+------------------------------------------------------------------+
| id                           | estRows    | task      | access object
| operator info                                                    |
+------------------------------+------------+-----------+-----------------
+------------------------------------------------------------------+
| HashJoin_9                   | 2825288.58 | root      |
| inner join, equal:[eq(db1.employees.emp_no, db1.salaries.emp_no)] |
```

```
|  ├─TableReader_11(Build)     | 300024.00   | root       |
| data:TableFullScan_10                                          |
|  │  └─TableFullScan_10       | 300024.00   | cop[tikv] | table:employees
| keep order:false                                               |
|  └─TableReader_13(Probe)     | 2844047.00 | root       |
| data:TableFullScan_12                                          |
|     └─TableFullScan_12       | 2844047.00 | cop[tikv] | table:salaries
| keep order:false                                               |
+------------------------------+------------+-----------+----------------
+----------------------------------------------------------------+
5 rows in set (0.01 sec)
```

根据原则“并行行中靠上的先执行”，可以知道，第 2 行的 TableReader_11(Build) 下面的第 3 行 TableFullScan_10 最先执行，它操作的表是 employees，这两行其实就是将 employees 表作为驱动表，全扫描后放入 TiDB Server 的缓存中。下一步，第 4 行 TableReader_13(Probe) 下面的第 5 行 TableFullScan_12 会对表 salaries 进行全表扫描，之后将 salaries 表扫描得到的行返回到 TiDB Server 中，与缓存的驱动表 employees 进行匹配和连接。最终完成第 1 行的 HashJoin_9 操作。

可以看到第 2 行 TableReader_11(Build) 的 Build 标识和第 4 行 TableReader_13(Probe) 的 Probe 标识，意味着第 2 行 TableReader_11(Build) 要先于第 4 行 TableReader_13(Probe) 执行。

总结一下 Hash Join 算子的特点：

1）对于驱动表的扫描在缓存中通过 Hash 索引并行完成，速度较快；

2）由于需要对于驱动表全表扫描后放入缓存，所以驱动表不宜过大。

7.5.2 Merge Join 算子

Merge Join 算子是指参与连接的表都要扫描后放入缓存中并且按照连接列排序，如图 7.26 所示。

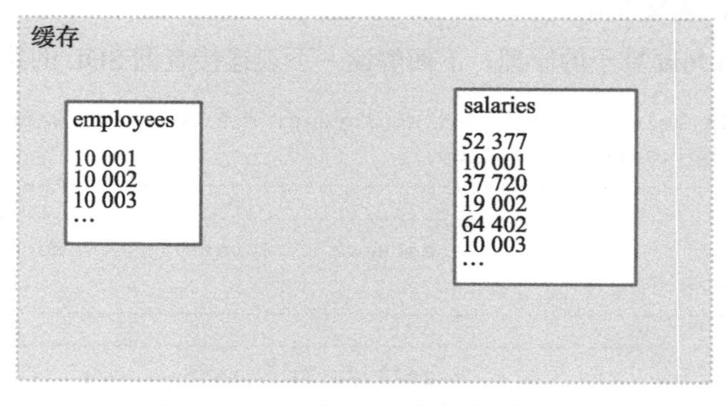

图 7.26　Merge Join 算子原理图一

Merge Join 要求参与连接的表必须都是有序的（连接列），所以需要先按照连接列排好序，如图 7.27 所示。

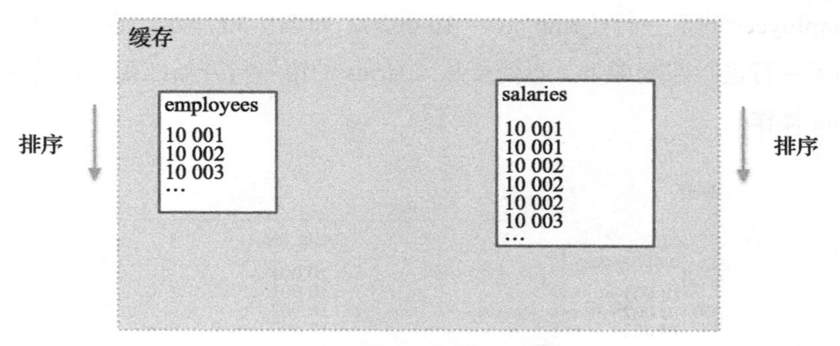

图 7.27　Merge Join 算子原理图二

接下来，就可以对两张表进行匹配操作了，如图 7.28 所示。

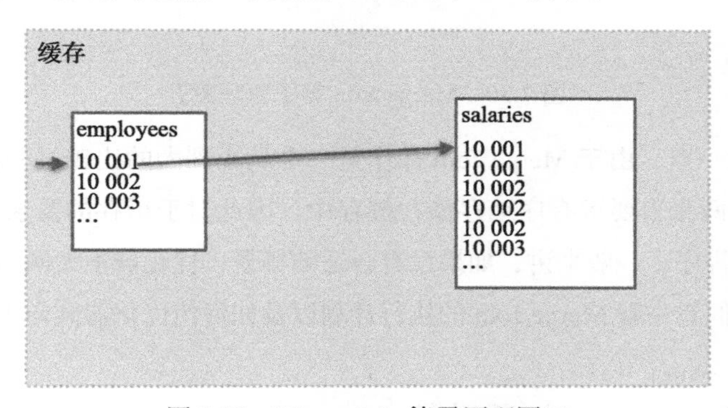

图 7.28　Merge Join 算子原理图三

图 7.28 中，从 employees 表中取一行（emp_no = 10 001），去 salaries 表匹配 emp_no = 10 001 的行。直到全部匹配完毕，如图 7.29 所示。

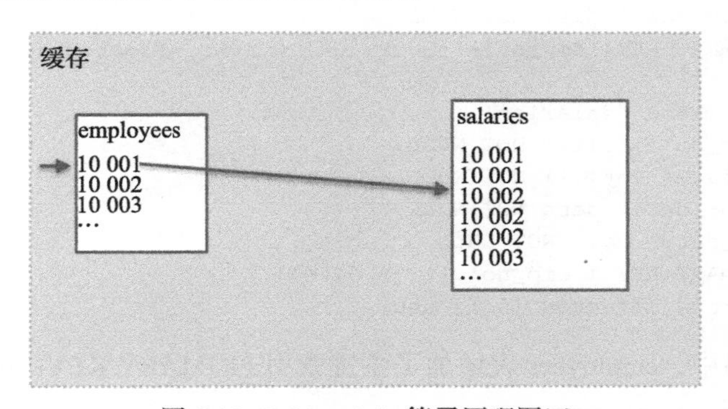

图 7.29　Merge Join 算子原理图四

图 7.29 中，两表的匹配并不需要全表扫描，因为两张表的 emp_no 均为有序，所以只要在 salaries 表中找不到相等的 emp_no 行后停止匹配即可。

对于 employees 的下一行（emp_no = 10 002），如图 7.30 所示，也只是从 salaries 表中当前比对的下一行进行匹配即可，不需要从 salaries 的第一行开始匹配。如此循环，就完成了 Merge Join 操作。

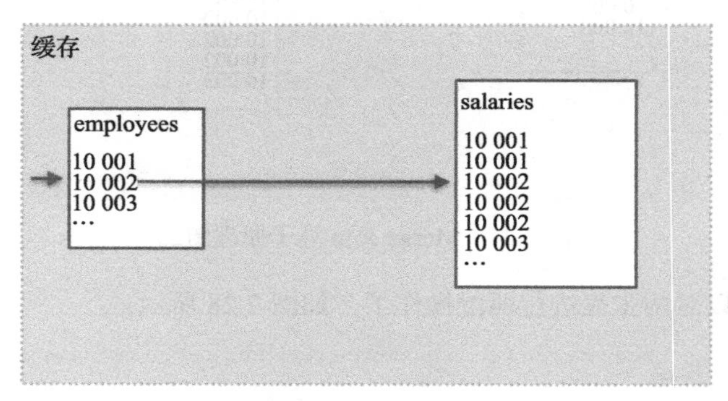

图 7.30　Merge Join 算子原理图五

这里，请注意一点，由于 Merge Join 操作是一个从小到大的比较过程，所以目前并不支持并行操作，由于两张表要求有序地存储在缓存中，因此对于缓存的要求比较高，而且还需要按照连接列进行排序。一般来讲，如果没有合适的场景，优化器不太倾向于选择 Merge Join 操作。接下来，我们看一看 Merge Join 的执行计划以及如何使优化器倾向于使用 Merge Join。

```
tidb> CREATE TABLE 'employees' (
    ->   'emp_no' int(11) NOT NULL,
    ->   'birth_date' date NOT NULL,
    ->   'first_name' varchar(14) NOT NULL,
    ->   'last_name' varchar(16) NOT NULL,
    ->   'gender' enum('M','F') NOT NULL,
    ->   'hire_date' date NOT NULL,
    ->   PRIMARY KEY('emp_no'));Query OK, 0 rows affected (0.15 sec)

tidb> CREATE TABLE 'salaries' (
    ->   'emp_no' int(11) NOT NULL,
    ->   'salary' int(11) NOT NULL,
    ->   'from_date' date NOT NULL,
    ->   'to_date' date NOT NULL,
    ->   PRIMARY KEY ('emp_no','from_date'));
Query OK, 0 rows affected (0.13 sec)
```

在上面的代码中，employees 表增加了主键索引 PRIMARY KEY('emp_no')，salaries 表增加了主键索引 PRIMARY KEY ('emp_no','from_date')。两张表又都是簇索引表，所以数据

库正常按照键读取，就能够得到按照连接列排好序的数据了，这样排序的工作就不需要了。

```
tidb> explain select * from employees, salaries where employees.emp_no =
    salaries.emp_no;
+-----------------------------+-----------+-----------+--------------------
+--------------------------------------------------------------------------+
| id                          | estRows    | task       | access object
| operator info                                                            |
+-----------------------------+-----------+-----------+--------------------
+--------------------------------------------------------------------------+
| MergeJoin_8                 | 2825288.58 | root       |
| inner join, left key:db1.employees.emp_no, right key:db1.salaries.emp_no |
| ├─TableReader_32(Build)     | 2844047.00 | root       |
| data:TableFullScan_31                                                    |
| │ └─TableFullScan_31        | 2844047.00 | cop[tikv] | table:salaries
| keep order:true                                                          |
| └─TableReader_30(Probe)     | 300024.00  | root       |
| data:TableFullScan_29                                                    |
|   └─TableFullScan_29        | 300024.00  | cop[tikv] | table:employees
| keep order:true                                                          |
+-----------------------------+-----------+-----------+--------------------
+--------------------------------------------------------------------------+
5 rows in set (0.00 sec)
```

根据执行计划，第一步是第 2 行的 TableReader_32(Build) 和第 3 行的 TableFullScan_31，即将 salaries 表全表扫描读入 TiDB Server 的缓存；第二步是第 4 行的 TableReader_30(Probe) 和第 5 行的 TableFullScan_29，即将 employees 表全表扫描读入 TiDB Server 的缓存；之后，第一步读取的 salaries 表与第二步读取的 employees 表进行第 1 行 MergeJoin_8 的 Merge Join 操作。

总结一下 Merge Join 算子的特点：

1）在匹配开始需要将所有表基于连接列进行排序，所以往往当表已经基于连接列有序时倾向于使用 Merge Join 操作。

2）由于参与匹配的表都需要放入缓存，所以对于缓存有很高要求。

3）不支持并行，但是匹配的时间复杂度一般为参与表连接的各表的总行数。

7.5.3 Index Join 算子

Index Join 算子要求被驱动表在连接列上必须有索引，且区分度要好，其在传统数据库上是相比其他连接方式性能最好的一种连接方式，但在分布式数据库中，可能未必如此。请读者先来看一下它的原理。

如图 7.31 所示，优化器一般选择参与表连接行数最少的表作为驱动表，这里是 employees 表，salaries 表为被驱动表，它在连接列上有索引，且索引的区分度还不错（索引列中不一样值数量占整个表的比例很高）。

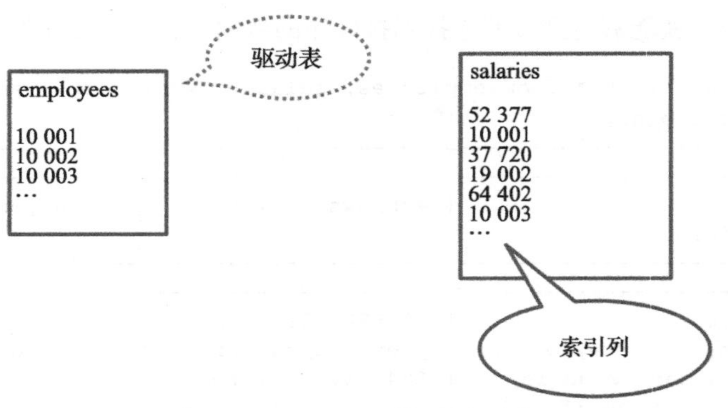

图 7.31 Index Join 算子原理图一

如图 7.32 所示，从 employees 表中读一行数据，用这一行数据的 emp_no 列值匹配 salaries 表的 emp_no 列，由于 emp_no 列在 salaries 表上有索引，所以匹配是索引读（IndexRangeScan）。这样一来，如果索引的区分度（不同值的个数）较高，那么 Index Join 的复杂度就趋近于 employees 表与 salaries 表的数据行数之和。而且，Index Join 并不像 Merge Join 和 Hash Join 那样需要在缓存中缓存数据。

图 7.32 Index Join 算子原理图二

这里有一个问题，就是驱动表 employees 中每一行都要通过索引读来从 salaries 表中读取数据，效率不是很高。TiDB 数据库在实际中会做一定的并行优化，如图 7.33 所示。

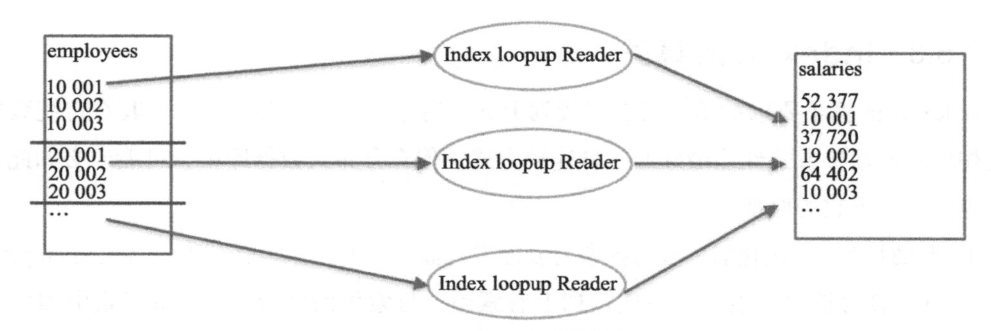

图 7.33 Index Join 算子的并行优化

TiDB 的改进就是将驱动表 employees 分成多个部分，每一个部分都有线程去对应进行扫描和索引读。这样就形成了并行进行 Index Join 的工作方式，从而提高了效率。

从原理上看，Index Join 实际上是一行一行地去进行驱动表与被驱动表的匹配，在传统的单体数据库上可能不算问题，但是到了分布式数据库，就会有一定的网络延迟了，所以读者在进行评估时必须考虑这些因素。接下来，整理一下执行计划。

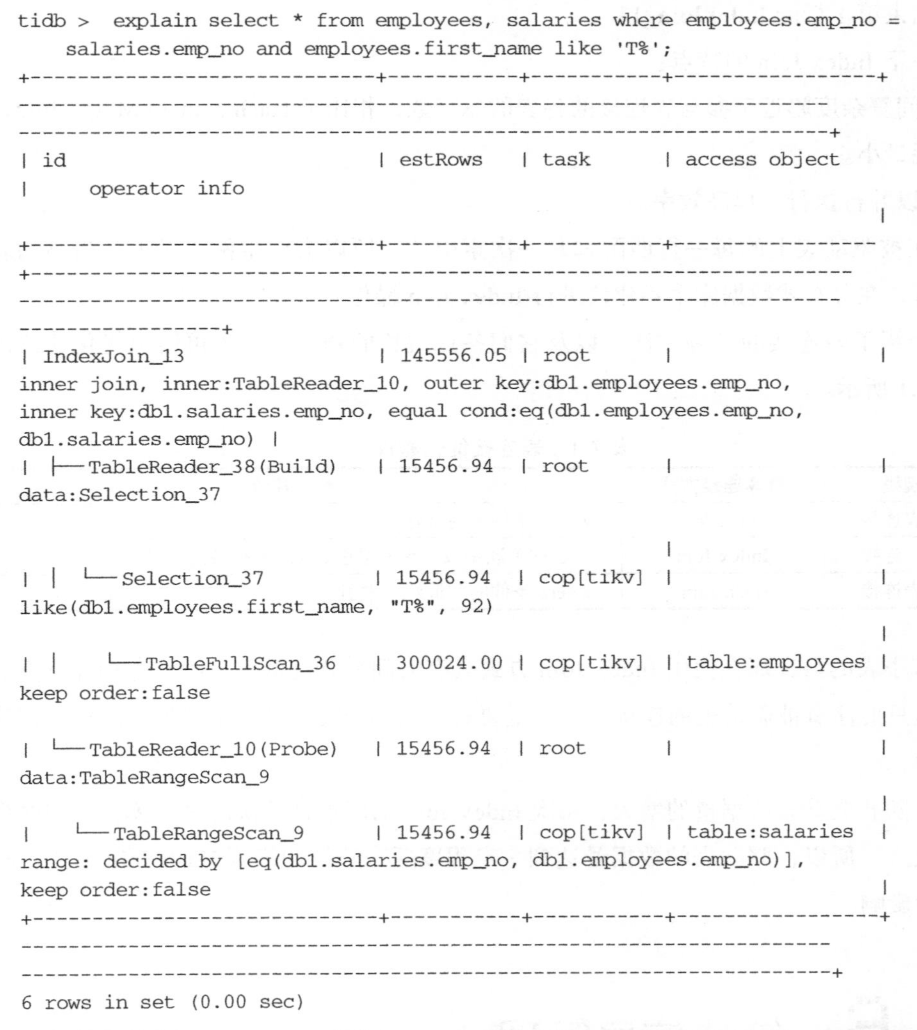

```
tidb >  explain select * from employees, salaries where employees.emp_no =
    salaries.emp_no and employees.first_name like 'T%';
+------------------------------+------------+------------+------------------+
--------------------------------------------------------------------
----------------------------------------------------------------------+
| id                            | estRows    | task       | access object
|     operator info
                                                                         |
+------------------------------+------------+------------+------------------
+----------------------------------------------------------------------
--------------------------------------------------------------------
-----------------+
| IndexJoin_13                  | 145556.05 | root       |                  |
inner join, inner:TableReader_10, outer key:db1.employees.emp_no,
inner key:db1.salaries.emp_no, equal cond:eq(db1.employees.emp_no,
db1.salaries.emp_no) |
| ├─TableReader_38(Build)       | 15456.94   | root       |                  |
data:Selection_37

                                                                         |
| │   └─Selection_37            | 15456.94   | cop[tikv]  |                  |
like(db1.employees.first_name, "T%", 92)
                                                                         |
| │     └─TableFullScan_36      | 300024.00 | cop[tikv]  | table:employees |
keep order:false
                                                                         |
| └─TableReader_10(Probe)       | 15456.94   | root       |                  |
data:TableRangeScan_9
                                                                         |
|   └─TableRangeScan_9          | 15456.94   | cop[tikv]  | table:salaries   |
range: decided by [eq(db1.salaries.emp_no, db1.employees.emp_no)],
keep order:false                                                         |
+------------------------------+------------+------------+------------------+
--------------------------------------------------------------------
----------------------------------------------------------------------+
6 rows in set (0.00 sec)
```

根据执行计划，employees 表和 salaries 表的定义与 Merge Join 一样，我们看到了当 where 条件谓词中出现了“employees.first_name like ‘T%’”这个条件后，减少了驱动表参与表连接的行数，优化器使用了 Index Join。

第一步是第 2 行的 TableReader_38(Build)、第 3 行的 Selection_37 和第 4 行的 TableFullScan_36，顺序是，第 4 行 TableFullScan_36 先在 TiKV 中进行全表扫描，然后第 3 行 Selection_37 过滤出 “employees.first_name like ‘T%’” 的行，并返回给 TiDB Server。第二步是第 5 行的 TableReader_10(Probe) 和第 6 行的 TableRangeScan_9，根据第一步从 employees 表中读取的行到 salaries 表中进行基于 emp_no 列的索引读。最终，驱动表 employees 扫描结束后，结束第 1 行的 IndexJoin_13。

总结一下 Index Join 的特点：

1）时间复杂度趋近于参与表连接的各表的总行数，相比于 Hash Join 和 Merge Join，对缓存的消耗最小。

2）可以并行执行，提高效率。

由于在被驱动表上的每一行匹配都是一次索引读，所以会产生网络延迟，当驱动表数据量较多时，在分布式数据库中不建议进行 Index Join 操作。

本节介绍了表连接的各种方法，以及它们各自擅长的场景，这里再给出优化建议供参考，如表 7.1 所示。

表 7.1　表连接优化建议

连接表规模	推荐连接方式	优化建议
小表与小表连接	Index Join	where 条件的列最好建索引
小表与大表连接	Index Join	大表的关联字段必须有索引、where 条件的列最好建索引
大表与大表连接	Hash Join	where 条件的列最好建索引

如果有小表的话，那么使用 Index Join 方式具有时间复杂度低、节约内存和并行高效的优势，这里只要注意被驱动表的连接列上一定要有索引和 where 条件中的过滤列最好创建索引进行过滤。

但是，随着驱动表数据量的增大，每次 Index Join 的匹配是单次的索引读，受到网络延迟的影响较大。所以，驱动表的数据量达到一定程度后，建议切换到 Hash Join 方式，减少网络延迟的影响。

7.6 统计信息管理

本章已经介绍了 6 种索引查询算子、2 种聚合算子和 3 种表连接算子。优化器对于这些算子的选择，其实都是基于统计信息的，没有了统计信息或者统计信息不正确，物理优化产生的物理执行计划就可能不是最优的。本节会详细介绍 TiDB 数据库统计信息的相关内容。

7.6.1 统计信息的工作原理

在 SQL 执行的过程中，被执行的 SQL 经过预处理、逻辑优化、物理优化后会被输出到 TiDB 数据库的执行器中。在物理优化的同时，优化器需要来自统计信息的反馈。在索引扫描、聚合和表连接方式的选择上，统计信息起到了重要的决策支持作用。那么统计信息到底存储在哪里呢？

可以将统计数据分为以下三类。

第一类：需要小内存消耗的基本统计信息，例如计数（count)、去重计数（distinctCount）和空值计数（nullCount)。

第二类：索引以及主键列的直方图、TopN 和 Count-Min Sketch。

第三类：非主键列的直方图、TopN 和 Count-Min Sketch。

注意：第二类和第三类需要较大的存储空间。

假设这里有 4 个 TiDB Server 节点，每个 TiDB Server 节点的“performance.force-init-stats”和“performance.lite-init-stats”配置参数都不同，如图 7.34 所示。

performance.force-init-stats 为 true 表示 TiDB 服务器在开始提供服务之前需要等待所有统计信息（需要小内存消耗的基本统计信息和索引以及主键列的直方图、TopN 和 Count-Min Sketch）加载到内存中，这个过程称为统计信息初始化；为 false 表示 TiDB 服务器可以在启动后立即提供服务，而不管统计信息是否已加载。

performance.lite-init-state 为 true 表示不将任何索引或列的直方图、TopN 或 Count-Min Sketch 加载到内存中，这个过程称为轻量级统计信息初始化；为 false 表示将索引和主键列的直方图、TopN 和 Count-Min Sketch 加载到内存中，不将任何非主键列的直方图、TopN 或 Count-Min Sketch 加载到内存中。

这里需要注意：

1）performance.force-init-stats 的默认值在早于 v7.2.0 的版本中为 false，在 v7.2.0 及以后的版本中为 true。

2）performance.lite-init-stats 的默认值在早于 v7.2.0 的版本中为 false，在 v7.2.0 及以后的版本中为 true。

3）如果有大量的表和分区，用户需要将 performance.force-init-stats 设置为 false，或

将 performance.force-init-stats 设置为 true 且 performance.lite-init-stats 设置为 true；否则，TiDB 服务器将等待很长时间，直到统计信息初始化完成后才提供服务。

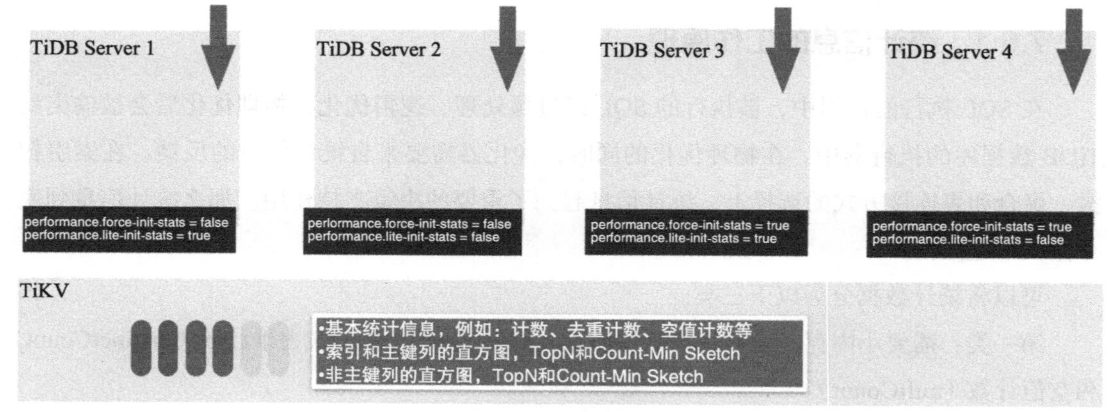

图 7.34　统计信息的分类

4）如果 performance.force-init-stats 设置为 false，则 TiDB 服务器可以在统计信息初始化完成之前提供服务。此时，在 Explain 输出的操作信息项中将标记“pseudo”标签，以指示当前的统计信息可能不是真实的。

如图 7.35 所示，即使加载统计信息过程尚未完成，TiDB Server 1 和 TiDB Server 2 也可以提供服务，因为配置参数 performance.force-init-stats 被设置为 false。另外，TiDB Server 3 和 TiDB Server 4 必须等待加载统计信息过程完成后才能提供服务，因为配置参数 performance.force-init-stats 被设置为 true。

TiDB Server 1 和 TiDB Server 3 启用了轻量级统计初始化特性，因为配置参数 performance.lite-init-stats 被设置为 true。这意味着只需要加载基本统计信息（如 count、distinctCount 和 nullCount）就可以完成统计初始化。另外，TiDB Server 2 和 TiDB Server 4 禁用了轻量级统计初始化特性，因为配置参数 performance.lite-init-stats 被设置为 false。这意味着需要将基本统计信息和索引以及主键列的直方图、TopN 和 Count-Min Sketch 加载到内存中。

目前可知，TiDB Server 4 在启动后加载了最多的统计信息，可以提供服务的时间最慢。

注意：

1）在上述 4 种情况下，非主键列的直方图、TopN 和 Count-Min Sketch 不会被加载。只有当 SQL 语句查询相关列时，它们才会被加载到内存中。

2）TiDB Server 1 和 TiDB Server 2 在 SQL 查询期间仍可能使用旧的统计信息，导致执行计划更改。用户可以检查执行计划的操作信息项来查看是否有“pseudo”标签的输出。

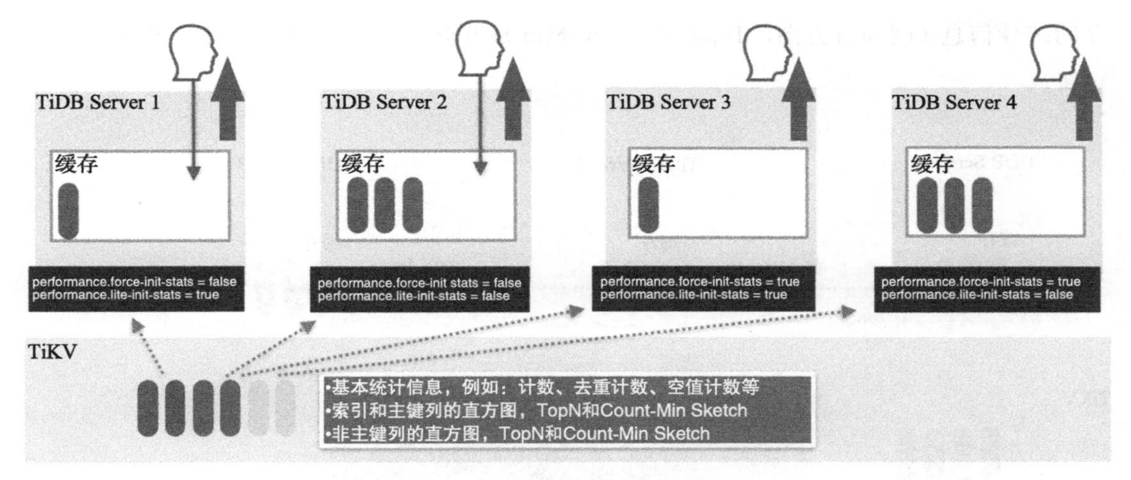

图 7.35　TiDB 数据库启动时统计信息的加载

下面，了解在 TiDB 数据库运行时统计更新如何加载到其他 TiDB Server 节点的。如图 7.36 所示，可以看到 TiDB Server 2 已经更新了统计信息（手动或自动更新），最新的统计信息存储在 TiDB Server 2 的内存中。然而，TiDB Server 1 和 TiDB Server 3 的内存仍然保存着过时的统计信息，当然，TiKV 中的统计信息也是过时的。

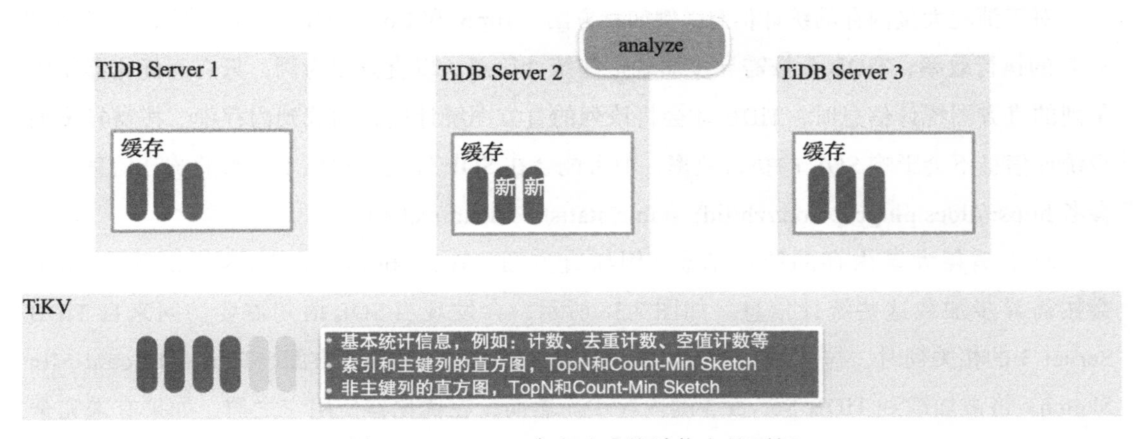

图 7.36　analyze 命令造成统计信息的更新

关于存储在 TiDB Server 1 和 Server 3 内存中的统计信息，它们将会自动更新。如图 7.37 所示，在 TiDB 数据库中，统计信息的更新有一个租约期限，这里称之为 stats_lease。当租约期限过期时，最新的统计信息将被更新到其他 TiDB Server 节点。不过，这种更新方式仅限于基础统计信息，例如 count、distinctCount 和 nullCount，至于消耗大量内存的统计信息（例如直方图、TopN 和 Count-Min Sketch 等），它们不会使用这种方式进行更新。

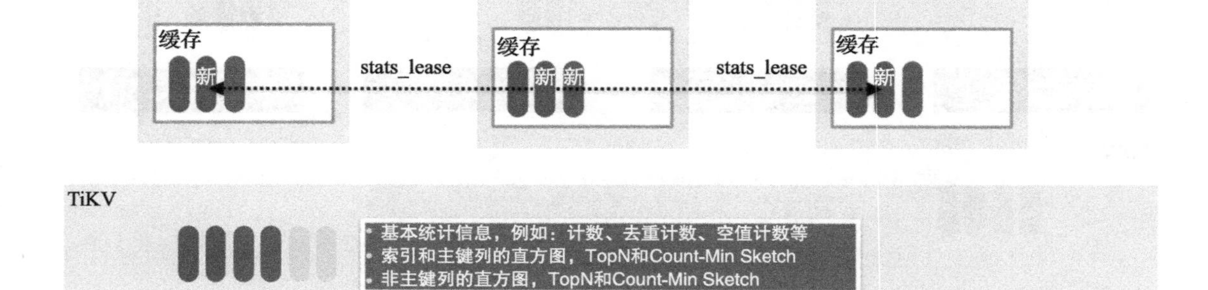

图 7.37　统计信息的更新图一

在 TiDB 的官方文档中，有如下详细的说明：

对于消耗小量内存的统计信息（例如 count、distinctCount 和 nullCount），只要列数据被更新，相应的统计信息就会自动加载到内存中用于 SQL 优化阶段。

对于消耗大量内存的统计信息（例如直方图、TopN 和 Count-Min Sketch 等），为了确保 SQL 的执行效率，TiDB 会按需异步加载这些统计信息。以直方图为例，只有当优化器使用某列的直方图统计信息时，TiDB 才会将该列的直方图统计信息加载到内存中。按需异步加载统计信息不会影响 SQL 的执行效率，但可能会在 SQL 优化中提供不完整的统计信息。请参考 https://docs.pingcap.com/zh/tidb/stable/statistics#load-statistics

对于消耗大量内存的统计信息（例如直方图、TopN 和 Count-Min Sketch 等），TiDB 会按需异步加载这些统计信息。如图 7.38 所示，会发现当 SQL 语句需要访问来自 TiDB Server 3 的相关列时，与该列或索引相关的最新统计信息（例如直方图、TopN 和 Count-Min Sketch）将被加载到 TiDB Server 3 的内存中。然而，在优化器使用它之前，如果有未完全加载到内存中的不完整统计信息，这可能会影响执行计划的生成。因此，TiDB 引入了同步加载统计信息功能。该功能允许 TiDB 在执行 SQL 语句时同步将消耗内存较大的统计信息（例如直方图、TopN 和 Count-Min Sketch 统计信息）加载到内存中，以改善 SQL 优化的统计信息完整性。

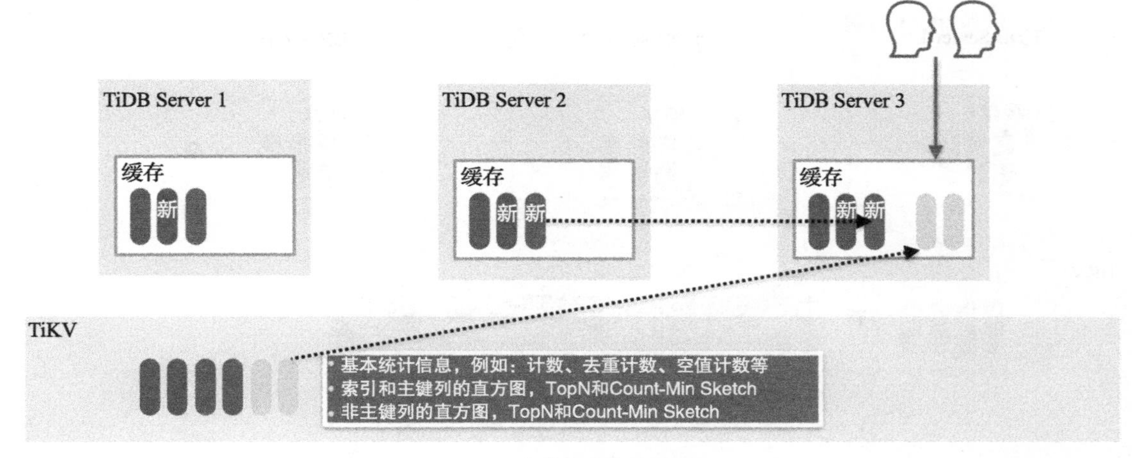

图 7.38　统计信息的更新图二

要启用同步加载统计信息的功能，请将 tidb_stats_load_sync_wait 系统变量的值设置为 SQL 优化最多可以等待的超时时间（单位为 ms），以同步加载完整列统计信息。该变量的默认值为 100，默认该功能已启用。

启用同步加载统计信息功能后，可以进一步按以下方式配置该功能：

1）要控制 TiDB 在 SQL 优化等待时间达到超时的行为，请修改 tidb_stats_load_pseudo_timeout 系统变量的值。该变量的默认值为 ON，表示超时后，SQL 优化过程不使用任何列的直方图、TopN 或 CMSketch 统计信息。如果将此变量设置为 OFF，则超时后 SQL 执行失败。

2）要指定同步加载统计信息功能可以并发处理的最大列数，请修改 TiDB 配置文件中的 stats-load-concurrency 选项的值。默认值为 5。

3）要指定同步加载统计信息功能可以缓存的最大列请求数，请修改 TiDB 配置文件中的 stats-load-queue-size 选项的值。默认值为 1000。

详细说明请参阅 TiDB 数据库官方文档 https://docs.pingcap.com/zh/tidb/stable/statistics#load-statistics。

如图 7.39 所示，当数据库正常关闭时，TiDB 服务器缓存中的新版本统计信息将被写入 TiKV 集群中，以便在下次启动数据库时仍能保证统计信息是最新版本。

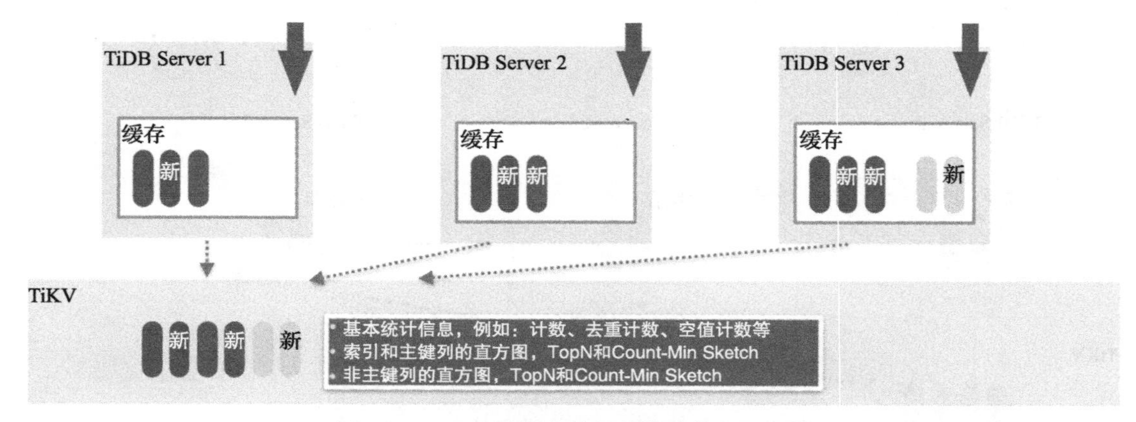

图 7.39　TiDB 数据库关闭时统计信息的存储

7.6.2　统计信息的组成

统计信息越丰富，采样率越高，更新频率越高，为优化器提供评估依据的质量就会越高，数据库就越有可能生成最优的执行计划。统计信息的基本组成如表 7.2 所示。

表 7.2　统计信息的基本组成

级别	项目
表级别统计信息	总行数
	被修改的行数
列级别统计信息	直方图
	Count-Min Sketch（只优化器 v1 版本有）
	TopN: 列或者索引出现次数前 N 的值
	不同值的分布和数量
	空值的数量

从表 7.2 可以看到，统计信息一般分两个级别，一个是表级别，一个是列级别。表级别的统计信息，包含表的总行数和从上次收集统计信息到现在被修改过的行数。列级别统计信息就比较丰富了，有直方图、Count-Min Sketch、TopN（列或者索引出现次数前 N 的值）、不同值的分布和数量、空值的数量等。

读者可能会觉得，每一列都要收集这么多项目，显然统计信息对于 TiDB Server 缓存是一个很大的挑战，不过一般在生产中，数据库用采样的方式收集统计信息，采样率直接影响统计信息的质量。下面为读者解释几个常用的列级别统计信息。

1. 基本列信息

所谓基本列信息也叫作列的元信息，指列的不同值数量以及 NULL 数量等信息。用户可以用 show stats_histograms 来查看，如下：

```
tidb >show create table T1\G;*************************** 1. row
    ***************************
       Table: T1
Create Table: CREATE TABLE 'T1' (
  'id' int(11) NOT NULL,
  'name' varchar(32) DEFAULT NULL,
  'city' varchar(16) DEFAULT NULL,
  'age' int(11) DEFAULT NULL,  PRIMARY KEY ('id') /*T![clustered_index] CLUSTERED */,
  KEY 'idx_name' ('name'),
  KEY 'idx_city' ('city')
) ENGINE=InnoDB DEFAULT CHARSET=utf8mb4 COLLATE=utf8mb4_bin1 row in set (0.00 sec)

ERROR:
No query specified

tidb >select * from T1;
+----+-------+----------+------+
| id | name  | city     | age  |
+----+-------+----------+------+
|  1 | Tom   | Beijing  |   34 |
|  2 | Jack  | Beijing  |   32 |
|  3 | Frank | Beijing  |   24 |
|  4 | Tony  | Beijing  |   30 |
|  5 | Mark  | Beijing  |   28 |
|  6 | Tom   | Shanghai |   41 |
|  7 | Candy | Shanghai |   25 |
|  8 | Andy  | Shanghai |   23 |
|  9 | Cici  | Shanghai |   22 |
| 10 | Tracy | Shanghai |   38 |
+----+-------+----------+------+10 rows in set (0.00 sec)

tidb >show stats_histograms where db_name='test' and table_name='T1'\G;
    *************************** 1. row ***************************
        Db_name: test
     Table_name: T1
 Partition_name:
    Column_name: id
       Is_index: 0
    Update_time: 2023-08-18 12:50:43
 Distinct_count: 10
     Null_count: 0
   Avg_col_size: 8
    Correlation: 1
    Load_status: allLoaded
Total_mem_usage: 442
 Hist_mem_usage: 0
 Topn_mem_usage: 442
  Cms_mem_usage: 0
*************************** 2. row ***************************
        Db_name: test
     Table_name: T1
 Partition_name:
    Column_name: name
```

```
       Is_index: 0
    Update_time: 2023-08-18 12:50:43
 Distinct_count: 9
     Null_count: 0   Avg_col_size: 5.1    Correlation: -0.12727272727272726
    Load_status: allLoaded
Total_mem_usage: 410
 Hist_mem_usage: 0
 Topn_mem_usage: 410
  Cms_mem_usage: 0*************************** 3. row ***************************
        Db_name: test
     Table_name: T1
 Partition_name: 
    Column_name: city
       Is_index: 0
    Update_time: 2023-08-18 12:50:43
 Distinct_count: 2
     Null_count: 0   Avg_col_size: 8.5
    Correlation: 1
    Load_status: allLoaded
Total_mem_usage: 125
 Hist_mem_usage: 0
 Topn_mem_usage: 125
  Cms_mem_usage: 0*************************** 4. row ***************************
        Db_name: test
     Table_name: T1
 Partition_name: 
    Column_name: age
       Is_index: 0
    Update_time: 2023-08-18 12:50:43
 Distinct_count: 10
     Null_count: 0
   Avg_col_size: 8    Correlation: -0.23636363636363636
    Load_status: allLoaded
Total_mem_usage: 442
 Hist_mem_usage: 0
 Topn_mem_usage: 442
  Cms_mem_usage: 0*************************** 5. row ***************************
        Db_name: test
     Table_name: T1
 Partition_name: 
    Column_name: idx_name
       Is_index: 1
    Update_time: 2023-08-18 12:50:43
 Distinct_count: 9
     Null_count: 0
   Avg_col_size: 0
    Correlation: 0
    Load_status: allLoaded
Total_mem_usage: 410
 Hist_mem_usage: 0
 Topn_mem_usage: 410
  Cms_mem_usage: 0*************************** 6. row ***************************
        Db_name: test
```

```
      Table_name: T1
  Partition_name:
     Column_name: idx_city
        Is_index: 1
     Update_time: 2023-08-18 12:50:43
  Distinct_count: 2
      Null_count: 0
    Avg_col_size: 0
     Correlation: 0
     Load_status: allLoaded
 Total_mem_usage: 125
  Hist_mem_usage: 0
  Topn_mem_usage: 125
   Cms_mem_usage: 06 rows in set (0.00 sec)
```

可以看到，T1 表是一张聚簇索引表，id 列是主键列，同时，KEY idx_name (name) 和 KEY idx_city (city) 是 name 列和 city 列上的 2 个索引，city 列的索引区分度不好，只有 2 个不同的值。表中有 10 行数据。

用 show stats_histograms where db_name='test' and table_name='T1'\G; 命令查看列的基本信息，比如：对于列 name 和其上的索引 idx_name，可以统计出其不同值的数量为 9（Distinct_count 项目），空值数为 0（Null_count）等；对于列 city 和其上的索引 idx_city，可以统计出其不同值的数量为 2（Distinct_count 项目），空值数为 0（Null_count）等。这个信息对于索引的选择非常有帮助。

关于 show stats_histograms 命令的具体解读，请参考 TiDB 数据库的官方文档。

2. 直方图

直方图是一种对数据（某列）分布情况进行描述的工具，如图 7.40 所示，优化器可以通过直方图判断具体值的分布情况。

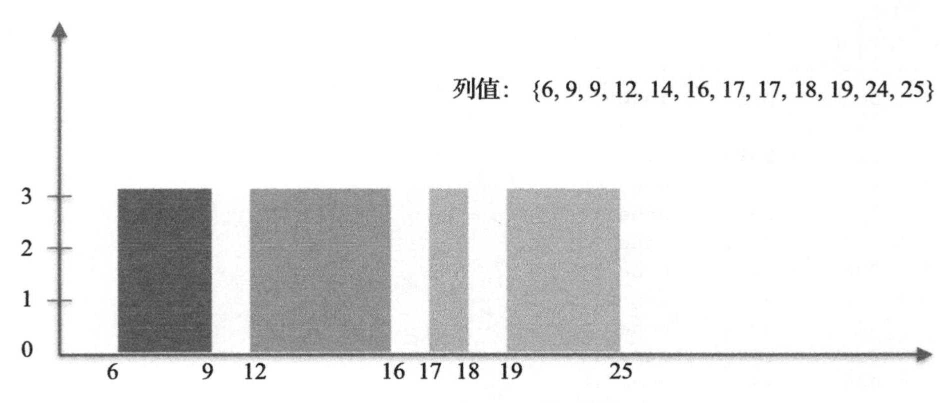

图 7.40　TiDB 数据库的直方图统计信息（见彩插）

大多数数据库优化器都会选择用直方图来进行范围查询的估算。直方图会按照值的大小进行分桶（bucket），并用一些简单的指标来描述每个桶，比如落在桶里的值的个数等。根据分桶策略的不同，常见的直方图可以分为等深直方图（也叫等高直方图）和等宽直方图。等宽直方图每个桶保存一个值以及这个值的累积频率（表中相同值的行数），等深直方图每个桶需要保存不同值的个数、上下限以及累计频率（表中相同值的行数）等。

在 TiDB 数据库中使用的是等深直方图，主要在范围查询场景中用到，所谓的等深直方图，就是落入每个桶里的值的数量要求相等。例如，对于给定的某列集合 {6, 9, 9, 12, 14, 16, 17, 17, 18, 19, 24, 25} 可以生成 4 个桶，那么最终的等深直方图如图 7.40 所示，包含四个桶 [6, 9]、[12, 16]、[17, 18]、[19, 25]，其桶深均为 3，也就是每个桶都具有 3 个值，显然桶 [17, 18] 比桶 [19, 25] 更密集，范围查询中可能返回的结果集更大。

下面，请看一下直方图在 TiDB 数据库中的具体实现。

```
tidb >show create table T2\G;*************************** 1. row
    ***************************
            Table: T2
Create Table: CREATE TABLE 'T2' (
    'id' int(11) NOT NULL AUTO_INCREMENT,
    'pname' varchar(32) DEFAULT NULL,
    'price' varchar(32) DEFAULT NULL,
    'info' varchar(32) DEFAULT NULL,  PRIMARY KEY ('id') /*T![clustered_index]
        CLUSTERED */,
    KEY 'idx_pname' ('pname')
) ENGINE=InnoDB DEFAULT CHARSET=utf8mb4 COLLATE=utf8mb4_bin AUTO_
    INCREMENT=300011 row in set (0.00 sec)

ERROR:
No query specified

tidb >select * from T2 limit 10;
+----+-------+-------+------+
| id | pname | price | info |
+----+-------+-------+------+
|  1 | 000   | 9999  | none |
|  2 | 000   | 9999  | none |
|  3 | 000   | 9999  | none |
|  4 | 000   | 9999  | none |
|  5 | 000   | 9999  | none |
|  6 | 000   | 9999  | none |
|  7 | 000   | 9999  | none |
|  8 | 000   | 9999  | none |
|  9 | 000   | 9999  | none |
| 10 | 000   | 9999  | none |
+----+-------+-------+------+10 rows in set (0.00 sec)
```

```
tidb >SHOW STATS_BUCKETS WHERE db_name = 'test' and table_name = 'T2';
+---------+-----------+----------------+-------------+----------+-----------
+---------+-----------+----------------+-------------+----------+
| Db_name | Table_name | Partition_name | Column_name | Is_index | Bucket_id
| Count   | Repeats    | Lower_Bound    | Upper_Bound | Ndv
+---------+-----------+----------------+-------------+----------+-----------
+---------+-----------+----------------+-------------+----------+
| test    | T2         |                | id          |        0 |         0
|      77 |          1 |            501 | 577         |        0 |
| test    | T2         |                | id          |        0 |         1
|     154 |          1 |            578 | 654         |        0 |
| test    | T2         |                | id          |        0 |         2
|     231 |          1 |            655 | 731         |        0 |
| test    | T2         |                | id          |        0 |         3
|     308 |          1 |            732 | 808         |        0 |
| test    | T2         |                | id          |        0 |         4
|     385 |          1 |            809 | 885         |        0 |
| test    | T2         |                | id          |        0 |         5
|     462 |          1 |            886 | 962         |        0 |
| test    | T2         |                | id          |        0 |         6
|     539 |          1 |            963 | 1039        |        0 |...
| test    | T2         |                | id          |        0 |       248
|   19173 |          1 |          19597 | 19673       |        0 |
| test    | T2         |                | id          |        0 |       249
|   19250 |          1 |          19674 | 19750       |        0 |
| test    | T2         |                | id          |        0 |       250
|   19327 |          1 |          19751 | 19827       |        0 |
| test    | T2         |                | id          |        0 |       251
|   19404 |          1 |          19828 | 19904       |        0 |
| test    | T2         |                | id          |        0 |       252
|   19481 |          1 |          19905 | 19981       |        0 |
| test    | T2         |                | id          |        0 |       253
|   19500 |          1 |          19982 | 20000       |        0 |
+---------+-----------+----------------+-------------+----------+-----------
+---------+-----------+----------------+-------------+----------+
254 rows in set (0.00 sec)
```

T2 表的 id 列是主键，pname 列上有一个二级索引 idx_pname，T2 目前有 20 000 行数据，目前只有主键 id 列每一行的值不同，其他列每行数据都相同。

用户通过语句“SHOW STATS_BUCKETS WHERE db_name = 'test' and table_name = 'T2';”来查看直方图的各个桶信息，默认情况下，直方图只有 256 个桶，从结果上看，第一行的 Column_name 项目是 id，Bucket_id 项目是桶号，Count 项目是桶中有多少个值（直方图的深度），Lower_Bound 项目是桶中的最小值，Upper_Bound 项目是桶中的最大值，也就是直方图中柱形的最左边和最右边的值，Repeats 项目是桶中最大值出现的次数，Ndv 项目是当前桶内不同值的个数（只有当 tidb_analyze_version = 2 时会收集）。

这里要注意，读者可能觉得既然是等深直方图，Count 项目每一行应该相同，为什么这里是递增呢？其实每一个桶中的个数确实相等，这里的 Count 项目只不过是以一个累加值来显示的，每一行都是当前行加上之前所有行的总和。可以看到，直方图对于索引的选择，尤其是索引范围扫描中索引的选择非常有帮助。

关于 show stats_buckets 命令的具体解读，请参考 TiDB 数据库官方文档。

3. Count-Min Sketch

从 TiDB 数据库 v5.3 开始，Count-Min Sketch 已经不是默认要收集的统计信息了，但仍然可以通过系统变量 tidb_analyze_version 来开启对它的收集。Count-Min Sketch 数据结构的目的是统计一个列（实时的数据流）中元素（某个值）出现的频率，并且可以实时回答出某个元素出现的频率，但这不是最精确的结果。

如图 7.41 所示，Count-Min Sketch 结构的基本思路是创建一个长度为 x 的数组，用来计数，初始化每个元素的计数值为 0。对于一个新来的元素通过散列函数得出 0 到 x 之间的一个数（比如散列值 i）作为数组的位置索引，这时，数组对应的位置索引 i 的计数值加 1；如此往复，元素在表列中出现一次数组对应的位置索引 i 的计数便会值加 1。

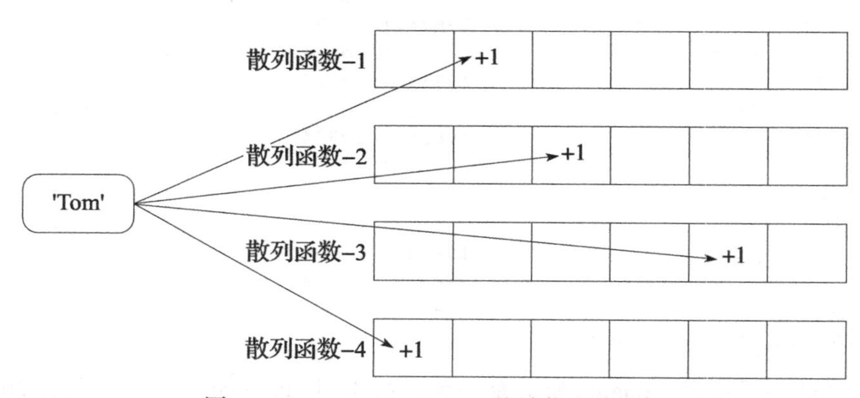

图 7.41　Count-Min Sketch 统计信息的收集

那么，当用户要查询某个元素出现的频率，如图 7.42 所示，只要简单地返回这个元素的散列值对应的数组位置索引的计数值即可。考虑到使用散列值会有冲突（散列碰撞），即不同元素的散列值对应数组的同一个位置索引，这样，频率的统计结果都会偏大。所以还需要做如下优化：

1）使用多个数组和多个散列函数，来计算一个元素对应的数组的位置索引。

2）要查询某个元素的出现频率时，返回这个元素在不同散列函数对应数组的计数值中的最小值即可。

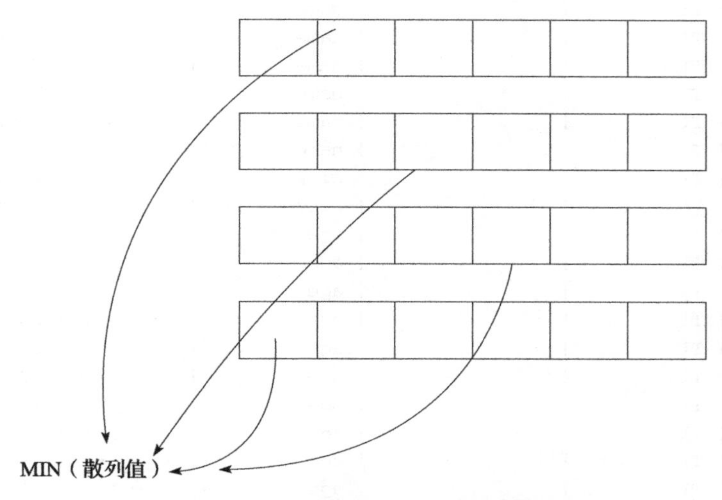

图 7.42　Count-Min Sketch 统计信息的读取

因为 Count-Min Sketch 的二维数组对缓存空间消耗过大，再加上为了减少散列碰撞，必须增加散列函数，这样就会增加对内存的消耗。所以，就默认不再收集列的 Count-Min Sketch 统计信息了。

4. TopN

TopN 统计信息也是十分实用的，它统计的是某一列或者索引值出现次数排在前面几位的值，及其相应的出现次数。当 tidb_analyze_version = 2 时，数据库默认收集 500 个 TopN。

用户可以用下面的代码展示一下 TopN 的收集。

```
tidb >SHOW STATS_TOPN WHERE db_name = 'test' AND table_name = 'T1';
+---------+------------+----------------+-------------+----------+---------+-------+
| Db_name | Table_name | Partition_name | Column_name | Is_index | Value   | Count |
+---------+------------+----------------+-------------+----------+---------+-------+
| test    | T1         |                | id          |        0 | 1       |     1 |
| test    | T1         |                | id          |        0 | 2       |     1 |
| test    | T1         |                | id          |        0 | 3       |     1 |
| test    | T1         |                | id          |        0 | 4       |     1 |
| test    | T1         |                | id          |        0 | 5       |     1 |
| test    | T1         |                | id          |        0 | 6       |     1 |
| test    | T1         |                | id          |        0 | 7       |     1 |
| test    | T1         |                | id          |        0 | 8       |     1 |
| test    | T1         |                | id          |        0 | 9       |     1 |
| test    | T1         |                | id          |        0 | 10      |     1 |
```

```
| test     | T1         |                | name        |          0 | Andy     |     1 |
| test     | T1         |                | name        |          0 | Candy    |     1 |
| test     | T1         |                | name        |          0 | Cici     |     1 |
| test     | T1         |                | name        |          0 | Frank    |     1 |
| test     | T1         |                | name        |          0 | Jack     |     1 |
| test     | T1         |                | name        |          0 | Mark     |     1 |
| test     | T1         |                | name        |          0 | Tom      |     2 |
| test     | T1         |                | name        |          0 | Tony     |     1 |
| test     | T1         |                | name        |          0 | Tracy    |     1 |
| test     | T1         |                | city        |          0 | Beijing  |     5 |
| test     | T1         |                | city        |          0 | Shanghai |     5 |
| test     | T1         |                | age         |          0 | 22       |     1 |
| test     | T1         |                | age         |          0 | 23       |     1 |
| test     | T1         |                | age         |          0 | 24       |     1 |
| test     | T1         |                | age         |          0 | 25       |     1 |
| test     | T1         |                | age         |          0 | 28       |     1 |
| test     | T1         |                | age         |          0 | 30       |     1 |
| test     | T1         |                | age         |          0 | 32       |     1 |
| test     | T1         |                | age         |          0 | 34       |     1 |
| test     | T1         |                | age         |          0 | 38       |     1 |
| test     | T1         |                | age         |          0 | 41       |     1 |
| test     | T1         |                | idx_name    |          1 | Andy     |     1 |
| test     | T1         |                | idx_name    |          1 | Candy    |     1 |
| test     | T1         |                | idx_name    |          1 | Cici     |     1 |
| test     | T1         |                | idx_name    |          1 | Frank    |     1 |
| test     | T1         |                | idx_name    |          1 | Jack     |     1 |
| test     | T1         |                | idx_name    |          1 | Mark     |     1 |
| test     | T1         |                | idx_name    |          1 | Tom      |     2 |
| test     | T1         |                | idx_name    |          1 | Tony     |     1 |
| test     | T1         |                | idx_name    |          1 | Tracy    |     1 |
| test     | T1         |                | idx_city    |          1 | Beijing  |     5 |
| test     | T1         |                | idx_city    |          1 | Shanghai |     5 |
+---------+-----------+---------------+------------+----------+----------+-------+
42 rows in set (0.00 sec)
```

命令 SHOW STATS_TOPN WHERE db_name = 'test' AND table_name = 'T1'; 用于查看表 T1 的 TopN 统计信息，可以发现表中每一列、每一个索引都在统计信息中。对于表中的 name 列和 idx_name 索引，数据库收集了它每个值（Value 项目）出现的次数（Count 项目），可以发现 'Tom' 出现了两次；对于表中的 city 列和 idx_city 索引，数据库也收集了它每个值（Value 项目）出现的次数（Count 项目），可以发现它只有 2 个值，'Beijing' 和 'Shanghai'，并且各出现了 5 次。有这样一个比表的行数都多的 TopN 统计信息，读者可能觉得优化器会生成最优的执行计划。但是，如果每个表都这样采集，统计信息就会占用过多的空间，现实中当 tidb_analyze_version = 2 时，数据库最多只默认收集 500 个 TopN 行，里面的内容也是当前正在进行的查询所需要的。

关于 show stats_topn 命令的具体解读，请参考 TiDB 数据库的官方文档。

7.6.3 统计信息监控

虽然有了丰富的统计信息，但是统计信息的即时性很重要，统计信息的采集时间越新，就越有可能生成最优的物理执行计划。下面先看一个例子。

```
tidb > show create table T2\G;*************************** 1. row ***************************
       Table: T2
Create Table: CREATE TABLE 'T2' (
  'id' int(11) NOT NULL AUTO_INCREMENT,
  'pname' varchar(32) DEFAULT NULL,
  'price' varchar(32) DEFAULT NULL,
  'info' varchar(32) DEFAULT NULL,  PRIMARY KEY ('id') /*T![clustered_index] CLUSTERED */,
  KEY 'idx_pname' ('pname')
) ENGINE=InnoDB DEFAULT CHARSET=utf8mb4 COLLATE=utf8mb4_bin1 row in set (0.01 sec)

tidb > select count(*) from T2;
+----------+
| count(*) |
+----------+
|        0 |
+----------+
1 row in set (0.01 sec)

tidb> explain select * from T2 where pname='000';
+-------------------------------+---------+-----------+----------------------------------
+----------------------------------------------------+
| id                            | estRows | task      | access object
| operator info                                      |
+-------------------------------+---------+-----------+----------------------------------
+----------------------------------------------------+
| IndexLookUp_10                | 10.00   | root      |
|                                                    |
| ├─IndexRangeScan_8(Build)     | 10.00   | cop[tikv] | table:T2, index:idx_pname(pname)
| range:["000","000"], keep order:false, stats:pseudo |
| └─TableRowIDScan_9(Probe)     | 10.00   | cop[tikv] | table:T2
| keep order:false, stats:pseudo                     |
+-------------------------------+---------+-----------+----------------------------------
+----------------------------------------------------+3 rows in set (0.00 sec)
```

本例中用户创建了一张空表 T2，id 列是主键，pname 列上有一个二级索引 idx_pname，T2 表目前没有数据，所以谈不上收集统计信息，优化器也是根据一般规则使用索引。接下来，用户插入 20 000 行数据再次查询。

```
tidb > select count(*) from T2;
+----------+
```

```
| count(*) |
+----------+
|    20000 |
+----------+
1 row in set (0.01 sec)

tidb > select * from T2 limit 10;
+----+-------+-------+------+
| id | pname | price | info |
+----+-------+-------+------+
|  1 | 000   | 9999  | none |
|  2 | 000   | 9999  | none |
|  3 | 000   | 9999  | none |
|  4 | 000   | 9999  | none |
|  5 | 000   | 9999  | none |
|  6 | 000   | 9999  | none |
|  7 | 000   | 9999  | none |
|  8 | 000   | 9999  | none |
|  9 | 000   | 9999  | none |
| 10 | 000   | 9999  | none |
+----+-------+-------+------+10 rows in set (0.00 sec)

tidb > explain select * from T2 where pname='000';
+----------------------------+---------+-----------+----------------------------------
+------------------------------------------------+
| id                         | estRows | task      | access object
| operator info                                  |
+----------------------------+---------+-----------+----------------------------------
+------------------------------------------------+
| IndexLookUp_10             | 20.00   | root      |
|                                                |
| ├─IndexRangeScan_8(Build)  | 20.00   | cop[tikv] | table:T2, index:idx_pname(pname)
| range:["000","000"], keep order:false, stats:pseudo |
| └─TableRowIDScan_9(Probe)  | 20.00   | cop[tikv] | table:T2
| keep order:false, stats:pseudo                 |
+----------------------------+---------+-----------+----------------------------------
+------------------------------------------------+3 rows in set (0.00 sec)
```

可以看到，插入了 20 000 行数据后，T2 表的执行计划依然使用了索引 idx_pname。有的读者可能会提出：pname 列每一行数据都是一样的（pname 列没有区分度），如果像上面的执行计划一样使用索引读（IndexRangeScan），回表的时候可能无法发挥 IO 的带宽优势（最坏情况是一行一行读，那么 IO 次数就接近表的总行数），性能一定没有全表扫描好（全表扫描可以利用 IO 带宽的优势批量读取处理）。

确实，在这个场景里面优化器选择的执行计划不是最优的，可以发现在 operator info 列中有一个标识 stats:pseudo，这个就是优化器给用户的警告，它的意思是当前这张表的统计信息已经过期了，物理执行计划可能不是最优的了。可优化器是怎么知道的呢?

```
tidb >  SHOW STATS_META where table_name='T2'\G; ***************************
     1. row ***************************
        Db_name: test
     Table_name: T2
Partition_name: 
    Update_time: 2023-05-11 02:16:50
   Modify_count: 20000
      Row_count: 200001 row in set (0.03 sec)
```

通过命令 SHOW STATS_META where table_name='T2'\G; 用户可以查看当前表的总行数（Row_count 项）、上一次收集统计信息的时间（Update_time 项），以及最重要的距离上次收集统计信息已经有多少数据发生了更改（Modify_count 项目）。

数据库一般根据 1-modify_count/row_count 这个百分比来评估统计信息是否过期，这个指标叫作健康度，用户也可以直接查询，如下：

```
tidb > SHOW STATS_HEALTHY where

table_name='T2'\G;*************************** 1. row ***************************
        Db_name: test
     Table_name: T2
Partition_name: 
        Healthy: 01 row in set (0.00 sec)
```

现在理解了，所谓健康度就是未被修改过的行占总行数的百分比，用户对其进行监控，便可以知道统计信息是否已经过期了。

对于健康度指标，每个企业的规定不一致，据了解，某些企业设置为健康度低于 90% 就要开始收集统计信息了，TiDB 数据库默认是 50%，大部分企业会规定健康度低于 70%，统计信息视为过期，需要重新收集。

7.6.4 收集统计信息

下面分别从版本、方式与时机、采样与精度和性能几个方面介绍统计信息的收集。

1. 版本

截至 TiDB 数据库的 v7.5 版本，目前用户会看到两种统计信息版本。版本 2 的统计信息避免了版本 1 中因为哈希碰撞导致的在较大的数据量中可能产生的较大误差，并保持了大多数场景中的估算精度。从 TiDB 数据库 v5.3.0 之后默认使用了版本 2。TiDB 统计信息的版本对比如表 7.3 所示（来自 TiDB 数据库官方文档）。

表 7.3 TiDB 统计信息的版本对比

统计信息项	版本 1	版本 2
表的总行数	收集	收集
列的 Count-Min Sketch	收集	不收集
索引的 Count-Min Sketch	收集	不收集
列的 TopN	收集	收集（增强）
索引的 TopN	收集	收集（增强）
列的直方图	收集	收集（增强）
索引的直方图	收集	收集（增强）
列的 NULL 值个数	收集	收集
索引的 NULL 值个数	收集	收集
列的平均长度	收集	收集
索引的平均长度	收集	收集

如果用户的系统是从之前优化器的版本 1 迁移过来的，SQL 是基于版本 1 来调试的。用户也可以通过系统变量 tidb_analyze_version 来修改当前数据库的优化器版本，如下：

```
tidb >show global  variables like 'tidb_analyze_version';
+----------------------+-------+
| Variable_name        | Value |
+----------------------+-------+
| tidb_analyze_version | 2     |
+----------------------+-------+1 row in set (0.00 sec)

tidb >set global tidb_analyze_version = 1;
Query OK, 0 rows affected (0.01 sec)

tidb >show global  variables like 'tidb_analyze_version';
+----------------------+-------+
| Variable_name        | Value |
+----------------------+-------+
| tidb_analyze_version | 1     |
+----------------------+-------+1 row in set (0.00 sec)
```

2. 方式与时机

在 TiDB 数据库中有两种方式来收集统计信息，分别是自动收集和手动收集，下面先来看自动收集。自动收集实际上是当表同时触发某几个条件，TiDB 数据库就会自动收集统计信息了。数据库常用的触发条件有 3 个，触发条件 1 是 tidb_auto_analyze_ratio，它是一个百分比，其实就是表中距离上一次收集统计信息到现在被修改的数据行数占总行数的比例。它是一个阈值，当修改的行数比例超过这个阈值的时候，可以开始自动收集统计信息。触发条件 2 是 tidb_auto_analyze_start_time，触发条件 3 是 tidb_auto_analyze_end_time，它们组合起来代表一个可以自动收集统计信息的时间段。

刚才在“统计信息监控”小节中插入了20 000行数据依然没有自动收集统计信息，就是因为虽然满足了触发条件1，但没有满足触发条件2和3的时间范围。所以说，触发条件1、2、3必须同时满足，才能开始收集统计信息。

TiDB数据库默认的自动收集统计信息的触发条件为：

```
tidb >show variables like 'tidb_auto_analyze_ratio';
+-------------------------+-------+
| Variable_name           | Value |
+-------------------------+-------+
| tidb_auto_analyze_ratio | 0.5   |
+-------------------------+-------+
1 row in set (0.00 sec)

tidb >show variables like 'tidb_auto_analyze_start_time';
+------------------------------+-------------+
| Variable_name                | Value       |
+------------------------------+-------------+
| tidb_auto_analyze_start_time | 00:00 +0000 |
+------------------------------+-------------+
1 row in set (0.00 sec)

tidb >show variables like 'tidb_auto_analyze_end_time';
+----------------------------+-------------+
| Variable_name              | Value       |
+----------------------------+-------------+
| tidb_auto_analyze_end_time | 23:59 +0000 |
+----------------------------+-------------+1 row in set (0.00 sec)
```

可见一天内24小时都会进行统计信息的自动采集，且表中修改的数据量必须达到总行数的50%。

在实际中，收集统计信息是非常消耗系统算力和IO的，因为其要进行全表扫描和计算，所以如果发现自动收集统计信息会影响业务的体验，那么就需要关闭自动收集统计信息功能，改为手动收集处理，如下：

```
tidb >show global variables like 'tidb_enable_auto_analyze';
+--------------------------+-------+
| Variable_name            | Value |
+--------------------------+-------+
| tidb_enable_auto_analyze | ON    |
+--------------------------+-------+1 row in set (0.00 sec)

tidb >set global tidb_enable_auto_analyze = OFF;
Query OK, 0 rows affected (0.02 sec)
```

```
tidb >show global variables like 'tidb_enable_auto_analyze';
+--------------------------+-------+
| Variable_name            | Value |
+--------------------------+-------+
| tidb_enable_auto_analyze | OFF   |
+--------------------------+-------+1 row in set (0.01 sec)
```

如果系统变量 tidb_enable_auto_analyze 为 OFF，即使触发条件全部满足，也不会自动收集统计信息。这时用户就要做好手动收集的准备了。手动收集往往在用户认为表的健康度不够，SQL 性能出现整体下降（通过慢查询监控）时开始进行，当然要本着不影响线上业务体验为原则，方式如下：

```
tidb >analyze table T2;
Query OK, 0 rows affected, 1 warning (0.41 sec)

tidb >show analyze status where table_name like 'T2';
+--------------+------------+----------------
+---------------------------------------------------------------------------
+----------------+--------------------+--------------------+----------
+-------------+----------------+------------+
| Table_schema   | Table_name           | Partition_name
| Job_info
| Processed_rows | Start_time           | End_time             | State
| Fail_reason    | Instance             | Process_ID           |
+--------------+------------+----------------
+---------------------------------------------------------------------------
+----------------+--------------------+--------------------+----------
+-------------+----------------+------------+
| test           | T2                   |
| analyze table all columns with 256 buckets, 500 topn, 1 samplerate
|          20000 | 2023-05-11 02:20:40 | 2023-05-11 02:20:41 | finished
| NULL           | 10.90.1.25:4000     |                 NULL |
+--------------+------------+----------------
+---------------------------------------------------------------------------
+----------------+--------------------+--------------------+----------
+-------------+----------------+------------+
1 rows in set (0.00 sec)
```

上面代码中，我们看到可以使用命令 analyze table T2; 来手动收集统计信息，还可以使用命令 show analyze status where table_name like 'T2'; 来查看 T2 表收集统计信息的状态（进度等），状态的主要信息如下：

Job_info 列为“ analyze table all columns with 256 buckets, 500 topn, 1 samplerate”代表了这次收集的精度是所有列和索引的直方图（256 个桶），前 500 的 TopN 值，采样率为 1。关于采样和精度，马上会为读者介绍。

Processed_rows 列为目前一共扫描了多少行。

Start_time 和 End_time 列标识这次收集统计信息的起止时间。

State 列为是否完成，如果完成为 finished，如果还在收集则为 running。

如果失败了，Fail_reason 列会告知当前失败的原因。

3. 采样与精度

在上面的代码中，命令 show analyze status where table_name like 'T2'; 的结果中有一列是 Job_info，它的内容为“ analyze table all columns with 256 buckets, 500 topn, 1 samplerate”，这就是本次采样的精度。

收集统计信息时，采样的精度越高，统计信息就越准确，优化器越有可能生成最优的执行计划。但是，精度的提升会在收集时消耗过多的算力和 IO 能力，对系统性能产生影响，此外，统计信息一般在运行时会存储在 TiDB Server 的缓存中，精度越高，就会占用越多的缓存空间，还有可能影响 SQL 语句执行时的缓存使用。所以，有经验的工程师，往往会恰到好处地调节统计信息的精度，使其“够用就好”。

如果用户使用的是自动收集统计信息的方法，那么根据系统变量 tidb_analyze_version 的设置不同，精度有所差异。不同版本的统计信息精度如表 7.4 所示，供读者参考。

表 7.4　不同版本的统计信息精度

tidb_analyze_version 设置	1	2
直方图桶数	256	256
TopN 数量	20	500
采样的数目或采样率	10 000	1
Count-Min Sketch 数组大小	[2048,5]	不支持

下面解释一下采样的数目和采样率，在 TiDB 数据库 v5.3 版本前，数据库采用 tidb_analyze_version = 1 的统计信息版本，这个时候 TiDB 数据库用的是蓄水池采样的方式，默认采样的数目是 10 000。什么是蓄水池采样呢？

蓄水池采样示意图如图 7.43 所示，上面的数组代表被采样的数据集合，下面的数组代表蓄水池（假设蓄水池大小为 k），先将被采样集合的前 k 个值放入蓄水池中，之后从 k 的下一个值 j 开始（$j = k + 1$），以 j 为最大值，随机产生一个范围从 0 到 j 的整数 r，如果 $r < k$ 则把蓄水池中的第 r 项换成第 j 项，以此向后循环，当整个被采样集合扫描完毕后，蓄水池就是得到的样本集合。

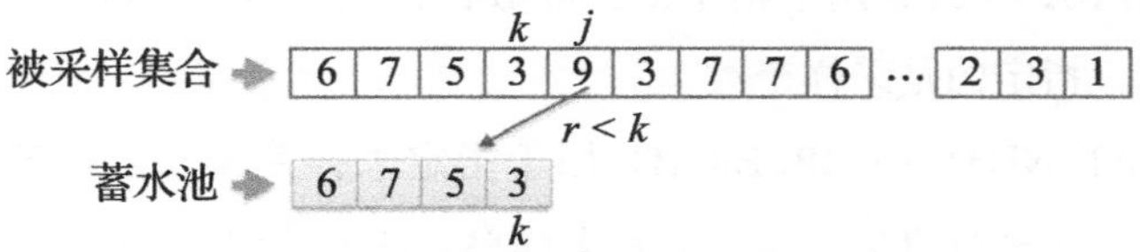

图 7.43　蓄水池采样示意图

因为当表中行数较大时蓄水池采样会产生一定的冗余结果，对内存等资源造成额外的压力。所以在 tidb_analyze_version = 2 的统计信息版本中，TiDB 数据库用了基于伯努利采样的方式收集统计信息，这个时候就采用采样率的方式。所谓基于伯努利采样的方式可以理解为被采样集合中所有的元素都按照相同的概率被采样，比如设置了采样率为 70%，那么数据库最终会采集 70% 的样本，每个元素被采集的概率也是 70%。

下面讨论如何进行手动采样，以及如何调整采样精度。

如图 7.44 所示，可以看到除了“ANALYZE TABLE 表名”是按照默认精度采集全表统计信息以外，还可以指定“INDEX 索引名”“PARTITION 分区名”和“COLUMNS 列名”，这样就可以专门收集常使用的某些索引、分区和列了。

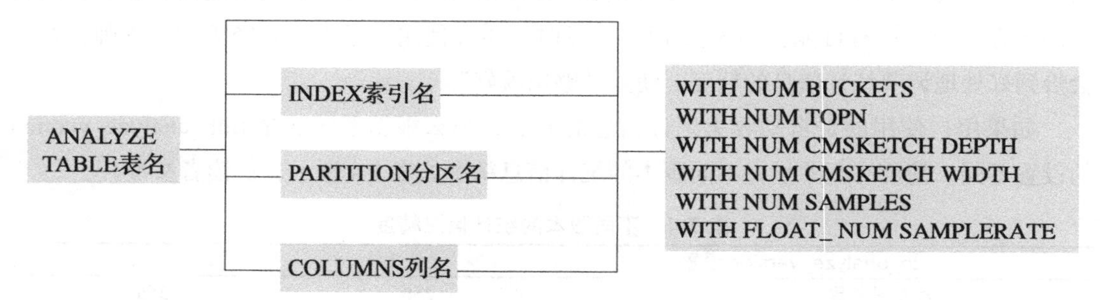

图 7.44　统计信息的手动采样

这里注意，如果要单独收集某列或者某几列的统计信息，必须配合系统变量 tidb_enable_column_tracking = ON 和 tidb_analyze_version = 2，且数据库版本在 v5.4 以上。

在“ANALYZE TABLE 表名”的后面，用户还可以指定相应的精度：

- WITH NUM BUCKETS 用于指定生成直方图的桶数量的上限。
- WITH NUM TOPN 用于指定生成 TOPN 数目的上限。
- WITH NUM CMSKETCH DEPTH 用于指定 CM Sketch 二维数组的长（只在 tidb_analyze_version = 1 时有效）。
- WITH NUM CMSKETCH WIDTH 用于指定 CM Sketch 二维数组的宽（只在 tidb_analyze_version = 1 时有效）。
- WITH NUM SAMPLES 用于指定采样的数目，如果指定了这一项，则采用蓄水池方法进行收集，指定的是采样个数。
- WITH FLOAT_NUM SAMPLERATE 用于指定采样率，如果指定了这一项，则采用伯努利采样方法进行收集，指定的是采样率，取值范围是 (0, 1]。

上面就是统计信息精度的基本概念，这里给出几个在日常工作中对于采样率精度设置的建议，供参考。十万行级别的表按照采样率 100% 采样即可（WITH 1 SAMPLERATE）；百万行及以上的表按照采样率不得低于 round(100 000/rowscount) 收集；千万行及以上的表按照采样率不得低于 round(1 000 000/rowscount) 收集。

较大的分区表最好按照分区来收集统计信息，不同分区的精度有所区别。不要设置太高的采样率，防止内存消耗过大。

4. 性能

现在理解了统计信息的收集其实就是全表扫描的过程，这个过程非常消耗 CPU 的算力和 IO，所以一定要避免在业务高峰时期来收集统计信息。

那么，在收集统计信息的过程中，如果加快它的速度，在尽量小的时间窗口内完成收集呢？

执行 ANALYZE 语句的时候，用户可以通过一些系统变量来调整采集的并发度或者分区的数量，以取得 TiDB 集群负载和执行速度的平衡。

（1）tidb_build_stats_concurrency（默认为 4） 在 ANALYZE TABLE 命令执行的时候，整个收集任务会被切分成一个个小的任务，每个任务只负责某一个列或者索引，调整该系统变量可以控制同时执行的任务数量。最大值建议不要超过所有 TiKV 节点的 CPU 核数。

注意：当这个变量被设置得较大时，会对集群的 SQL 执行性能产生一定影响，需要进行评估。

（2）tidb_distsql_scan_concurrency 这个变量用来设置表扫描操作的并发度。OLAP 类应用（分析型业务）适合较大的值，OLTP 类应用（交易型业务）适合较小的值。对于 OLAP 类应用，最大值建议不要超过所有 TiKV 节点的 CPU 核数。

注意：这个系统变量不是给统计信息收集专用的，调整该系统变量会对所有 SQL 中涉及表扫描的操作都有影响。

（3）tidb_index_serial_scan_concurrency 这个变量用来设置顺序扫描操作的并发度（索引的扫描），OLAP 类应用适合较大的值，OLTP 类应用适合较小的值。对于 OLAP 类应用，最大值建议不要超过所有 TiKV 节点的 CPU 核数。

注意：这个系统变量不是给统计信息收集专用的，调整该系统变量会对所有 SQL 中涉及表扫描的操作都有影响。

7.6.5 统计信息的导入与导出

所谓统计信息的导入与导出，是指将当前某张表或者某几张表的统计信息导出来，并导入其他有相同表的数据库中。一般可以应用在如下场景：

1）在某些情况下，对于超大表（十几亿行以上），系统不具备收集统计信息的时间窗口，收集统计信息会严重影响性能，而当前的健康度已经很低，性能开始下降时，用户可以启用一个备库，在数据量和数据分布基本相同的情况下，在备库中收集统计信息，之后将统计信息导入主库中以此来优化执行计划。

此外，如果需要做某些变更操作，如升级、加减列、索引等，用户可以将线上生产环境的统计信息导出，在实验环境中将线上生产环境的统计信息导入，测试无误后再进行变更。

2）在某些情况下，用户可以联系 TiDB 数据库原厂工程师获得技术支持。TiDB 原厂工程师可能需要提供表的统计信息和执行计划，来排查优化器的问题，此时用户就需要将统计信息导出提交给 TiDB 原厂工程师。

导出统计信息的方法为：

```
http://${tidb-server-ip}:${tidb-server-status-port}/stats/dump/${db_name}/${table_name}
```

`{tidb-server-ip}` 为 TiDB Server 的主机 IP 地址。

`{tidb-server-status-port}` 为 TiDB Server 的主机端口号，默认是 4000。

`{db_name}` 为用户要导出统计信息表所在的数据库。

`{table_name}` 为用户要导出统计信息的表名。

导出的统计信息一般存储在一个 json 文件中，导入统计信息的方法为：

```
LOAD STATS 'file_name';
```

关于统计信息的导入和导出的详细命令说明，读者可以参考 TiDB 数据库官方文档，这里不再赘述。

7.7 执行计划管理

对于执行计划的管理，分两个部分来介绍。第一部分是除了修改索引和 SQL 逻辑，如何改变某一条 SQL 的执行计划，第二部分是除了修改索引和改写 SQL 语句，如何改变所有类似 SQL 的执行计划。先来看第一部分。

7.7.1 Optimizer Hints

如果用户觉得优化器为某条 SQL 语句生成的执行计划并不是最优的，而用户目前无法为表增减索引或者修改 SQL 的业务逻辑，最好的办法是通过 Optimizer Hints 来改变其执行计划了。

Optimizer Hints 的语法为：将用户指定的执行计划（如使用什么样的索引、表连接的方式等）放在 /*+ ... */ 注释内，将 /*+ ... */ 注释放在 SELECT、UPDATE 或 DELETE 关键字的后面。注意，INSERT 关键字后不支持 Optimizer Hints。先来看一个例子。

```
tidb > explain select * from employees, salaries where employees.emp_no = salaries.emp_no;
+------------------------------+------------+-----------+--------------------
+-----------------------------------------------------------------------------+
| id                           | estRows    | task      | access object
| operator info                                                               |
+------------------------------+------------+-----------+--------------------
+-----------------------------------------------------------------------------+
| MergeJoin_8                  | 2825288.58 | root      |
| inner join, left key:db1.employees.emp_no, right key:db1.salaries.emp_no |
| ├──TableReader_32(Build)     | 2844047.00 | root      |
| data:TableFullScan_31                                                       |
| │ └──TableFullScan_31        | 2844047.00 | cop[tikv] | table:salaries
| keep order:true                                                             |
| └──TableReader_30(Probe)     | 300024.00  | root      |
| data:TableFullScan_29                                                       |
|   └──TableFullScan_29        | 300024.00  | cop[tikv] | table:employees
| keep order:true                                                             |
+------------------------------+------------+-----------+--------------------
+-----------------------------------------------------------------------------+
5 rows in set (0.00 sec)

tidb > explain select /*+ HASH_JOIN(employees, salaries) */ * from employees,
    salaries where employees.emp_no = salaries.emp_no;
+------------------------------+------------+-----------+--------------------
+-----------------------------------------------------------------------------+
| id                           | estRows    | task      | access object
| operator info                                                   |
+------------------------------+------------+-----------+--------------------
+-----------------------------------------------------------------------------+
| HashJoin_27                  | 2825288.58 | root      |
| inner join, equal:[eq(db1.employees.emp_no, db1.salaries.emp_no)] |
| ├──TableReader_29(Build)     | 300024.00  | root      |
| data:TableFullScan_28                                           |
| │ └──TableFullScan_28        | 300024.00  | cop[tikv] | table:employees
| keep order:false                                                |
| └──TableReader_31(Probe)     | 2844047.00 | root      |
| data:TableFullScan_30                                           |
|   └──TableFullScan_30        | 2844047.00 | cop[tikv] | table:salaries
| keep order:false                                                |
+------------------------------+------------+-----------+--------------------
+-----------------------------------------------------------------------------+
5 rows in set (0.00 sec)

tidb > explain select /*+ INL_JOIN(employees, salaries) */ * from employees,
```

```
    salaries where employees.emp_no = salaries.emp_no;
+-----------------------------+------------+-----------+------------------------
+--------------------------------------------------------------------------------
---------------------------------------------------------------------------------+
| id                          | estRows    | task      | access object
| operator info
                                                                                 |
+-----------------------------+------------+-----------+------------------------
+--------------------------------------------------------------------------------
---------------------------------------------------------------------------------+
| IndexJoin_12                | 2825288.58 | root      |
| inner join, inner:TableReader_9, outer key:db1.employees.emp_no, inner key:db1.
salaries.emp_no, equal cond:eq(db1.employees.emp_no, db1.salaries.emp_no)        |
| ├─TableReader_27(Build)     | 300024.00  | root      |
| data:TableFullScan_26
                                                                                 |
| │ └─TableFullScan_26        | 300024.00  | cop[tikv] | table:employees
| keep order:false
                                                                                 |
| └─TableReader_9(Probe)      | 300024.00  | root      |
| data:TableRangeScan_8
                                                                                 |
|   └─TableRangeScan_8        | 300024.00  | cop[tikv] | table:salaries
| range: decided by [eq(db1.salaries.emp_no, db1.employees.emp_no)], keep order:
false                                                                            |
+-----------------------------+------------+-----------+------------------------
+--------------------------------------------------------------------------------
---------------------------------------------------------------------------------+
5 rows in set (0.00 sec)
```

可以发现，上面三条 SQL 语句的逻辑是一样的，第一条 SQL 语句使用了优化器指定的执行计划，主要是 Merge Join 的连接方式，但是用户希望使用其他连接方式，于是，第二条 SQL 语句中，用户加入了 Optimizer Hints，/*+ HASH_JOIN(employees, salaries) */ 将 employees 表和 salaries 表的连接方式换为 Hash Join，同样，第三条 SQL 语句中，用户用 /*+ INL_JOIN(employees, salaries) */ 将 employees 表和 salaries 表的连接方式换为 Index Join。

通过上面的例子，读者应该对如何用 Optimizer Hints 去改变 SQL 语句的执行计划有了一定的了解，常用的 Optimizer Hints 有：

- SELECT /*+ USE_INDEX(t1, idx1) */ count(*) FROM t t1 WHERE t1.a = 100；指定使用 t1 表的 idx1 索引。
- SELECT /*+ INL_JOIN(t1, t2) */ * FROM t1, t2 WHERE t1.id = t2.id; 指定使用 Index Join 表连接方式。
- SELECT /*+ HASH_JOIN(t1, t2) */ * FROM t1, t2 WHERE t1.id = t2.id; 指定使用 Hash Join 表连接方式。

- SELECT /*+ MERGE_JOIN(t1, t2) */ * FROM t1, t2 WHERE t1.id = t2.id; 指定使用 Merge Join 表连接方式。
- SELECT /*+ HASH_AGG() */ count(*) FROM t1, t2 WHERE t1.a > 10 GROUP BY t1.id; 指定使用 HashAgg 聚合方式。
- SELECT /*+ STREAM_AGG() */ count(*) FROM t1, t2 WHERE t1.a > 10 GROUP BY t1.id; 指定使用 StreamAgg 聚合方式。
- SELECT /*+ MEMORY_QUOTA(1024 MB) */ * FROM t; 限定 SQL 使用的 TiDB Server 缓存大小。

更详细和丰富的 Optimizer Hints，读者可以参考 TiDB 数据库官方文档。

7.7.2 执行计划绑定

学习过 Optimizer Hints，读者可能会进一步提出如果用户希望修改执行计划的 SQL 语句是已经在其他人写的程序代码中，或者是在应用代码中的上百个地方出现过，该如何修改执行计划呢。

这个时候，就要结合执行计划绑定（SQL Plan Management，SPM）这个功能了。

```
tidb > explain select * from employees, salaries where employees.emp_no =
    salaries.emp_no;
+-----------------------------+------------+-----------+--------------------
+-------------------------------------------------------------------------+
| id                          | estRows    | task      | access object
| operator info                                                           |
+-----------------------------+------------+-----------+--------------------
+-------------------------------------------------------------------------+
| MergeJoin_8                 | 2825288.58 | root      |
| inner join, left key:db1.employees.emp_no, right key:db1.salaries.emp_no |
| ├─TableReader_32(Build)     | 2844047.00 | root      |
| data:TableFullScan_31                                                   |
| │ └─TableFullScan_31        | 2844047.00 | cop[tikv] | table:salaries
| keep order:true                                                         |
| └─TableReader_30(Probe)     | 300024.00  | root      |
| data:TableFullScan_29                                                   |
|   └─TableFullScan_29        | 300024.00  | cop[tikv] | table:employees
| keep order:true                                                         |
+-----------------------------+------------+-----------+--------------------
+-------------------------------------------------------------------------+
5 rows in set (0.00 sec)

tidb >create binding for
    -> select * from employees, salaries where employees.emp_no = salaries.emp_no
    -> using
```

```
    -> select /*+ HASH_JOIN(employees, salaries) */ * from employees, salaries
        where employees.emp_no = salaries.emp_no;
Query OK, 0 rows affected (0.00 sec)

tidb >explain select * from employees, salaries where employees.emp_no =
    salaries.emp_no;
+------------------------------+-----------+----------+-----------------
+---------------------------------------------------------------------+
| id                           | estRows    | task      | access object
| operator info                                                       |
+------------------------------+-----------+----------+-----------------
+---------------------------------------------------------------------+
| HashJoin_27                  | 2825288.58 | root      |
| inner join, equal:[eq(db1.employees.emp_no, db1.salaries.emp_no)] |
| ├─TableReader_29(Build)     | 300024.00  | root      |
| data:TableFullScan_28                                               |
| │ └─TableFullScan_28        | 300024.00  | cop[tikv] | table:employees
| keep order:false                                                    |
| └─TableReader_31(Probe)     | 2844047.00 | root      |
| data:TableFullScan_30                                               |
|   └─TableFullScan_30        | 2844047.00 | cop[tikv] | table:salaries
| keep order:false                                                    |
+------------------------------+-----------+----------+-----------------
+---------------------------------------------------------------------+
5 rows in set (0.00 sec)
```

从上面的代码中可以看到，第一条SQL使用了Merge Join的连接方式，用户希望在不对SQL语句进行任何改写（包括Optimizer Hints）的情况下改变它的执行计划，于是第二条语句中，用户用命令create binding for "当前SQL语句" using "目标SQL语句";进行了执行计划的绑定。绑定之后可以发现，再次执行第一条SQL语句，它变成了Hash Join的连接方式。也就是说用户将自己希望的执行计划绑定到原SQL上，这样数据库只要遇到被绑定的SQL语句就会使用指定的执行计划。

用户可以用show bindings来查看所有被绑定执行计划的SQL语句，如下：

```
tidb >show bindings\G;
*************************** 1. row ***************************
Original_sql: select * from ( 'db1' . 'employees' ) join 'db1' . 'salaries'
    where 'employees' . 'emp_no' = 'salaries' . 'emp_no'
    Bind_sql: SELECT /*+ HASH_JOIN('employees', 'salaries')*/ * FROM ('db1'.
        'employees') JOIN 'db1'.'salaries' WHERE 'employees'.'emp_no' =
        'salaries'.'emp_no'
  Default_db: db1
      Status: enabled
 Create_time: 2023-05-12 14:50:23.592
 Update_time: 2023-05-12 14:50:23.592
     Charset: utf8
   Collation: utf8_general_ci
```

```
      Source: manual
  Sql_digest:
b09ecd45970895b644bef4a763d0c10cb5ef6d8d6c93e217943b84bdc232892c
 Plan_digest:
1 row in set (0.00 sec)
```

此外，用户可以删除已有的绑定，如下：

```
tidb >drop binding for select * from employees, salaries where employees.
    emp_no = salaries.emp_no;
Query OK, 0 rows affected (0.00 sec)
tidb> show bindings;
Empty set (0.00 sec)
tidb> explain select * from employees, salaries where employees.emp_no =
    salaries.emp_no;
+------------------------------+------------+-----------+-----------------
+-----------------------------------------------------------------------+
| id                           | estRows    | task      | access object
| operator info                                                         |
+------------------------------+------------+-----------+-----------------
+-----------------------------------------------------------------------+
| MergeJoin_8                  | 2825288.58 | root      |
| inner join, left key:db1.employees.emp_no, right key:db1.salaries.emp_no |
| ├─TableReader_32(Build)      | 2844047.00 | root      |
| data:TableFullScan_31                                                 |
| │ └─TableFullScan_31         | 2844047.00 | cop[tikv] | table:salaries
| keep order:true                                                       |
| └─TableReader_30(Probe)      | 300024.00  | root      |
| data:TableFullScan_29                                                 |
|   └─TableFullScan_29         | 300024.00  | cop[tikv] | table:employees
| keep order:true                                                       |
+------------------------------+------------+-----------+-----------------
+-----------------------------------------------------------------------+
5 rows in set (0.00 sec)
```

删除了刚才为 select * from employees, salaries where employees.emp_no = salaries.emp_no; 绑定的执行计划，优化器还会按照之前的 Merge Join 来进行表连接。

还要注意，执行计划的绑定是有作用范围的，刚才的执行计划绑定只影响了本会话，如果希望影响整个系统，需要指定 global 作用范围，如下：

```
tidb > explain select * from employees, salaries where employees.emp_no =
    salaries.emp_no;
+------------------------------+------------+-----------+-----------------
+-----------------------------------------------------------------------+
| id                           | estRows    | task      | access object
| operator info                                                         |
+------------------------------+------------+-----------+-----------------
+-----------------------------------------------------------------------+
| MergeJoin_8                  | 2825288.58 | root      |
| inner join, left key:db1.employees.emp_no, right key:db1.salaries.emp_no |
```

```
|  ├─TableReader_32(Build)    | 2844047.00 | root        |
| data:TableFullScan_31                                                    |
|  │  └─TableFullScan_31      | 2844047.00 | cop[tikv] | table:salaries
| keep order:true                                                          |
|  └─TableReader_30(Probe)    | 300024.00  | root        |
| data:TableFullScan_29                                                    |
|    └─TableFullScan_29       | 300024.00  | cop[tikv] | table:employees
| keep order:true                                                          |
+----------------------------+------------+-----------+----------------
+--------------------------------------------------------------------------+
5 rows in set (0.00 sec)

tidb > create global binding for
    -> select * from employees, salaries where employees.emp_no = salaries.emp_no
    -> using
    -> select /*+ HASH_JOIN(employees, salaries) */ * from employees, salaries
       where employees.emp_no = salaries.emp_no;
Query OK, 0 rows affected (0.01 sec)

tidb > explain select * from employees, salaries where employees.emp_no =
    salaries.emp_no;
+----------------------------+------------+-----------+----------------
+--------------------------------------------------------------------------+
| id                         | estRows    | task      | access object
| operator info                                                            |
+----------------------------+------------+-----------+----------------
+--------------------------------------------------------------------------+
| MergeJoin_8                | 2825288.58 | root        |
| inner join, left key:db1.employees.emp_no, right key:db1.salaries.emp_no |
|  ├─TableReader_32(Build)    | 2844047.00 | root        |
| data:TableFullScan_31                                                    |
|  │  └─TableFullScan_31      | 2844047.00 | cop[tikv] | table:salaries
| keep order:true                                                          |
|  └─TableReader_30(Probe)    | 300024.00  | root        |
| data:TableFullScan_29                                                    |
|    └─TableFullScan_29       | 300024.00  | cop[tikv] | table:employees
| keep order:true                                                          |
+----------------------------+------------+-----------+----------------
+--------------------------------------------------------------------------+
5 rows in set (0.00 sec)

tidb> exit

...
Your MySQL connection id is 40431
Server version: 5.7.25-TiDB-v6.5.0 TiDB Server (Apache License 2.0) Community
    Edition, MySQL 5.7 compatible

Copyright (c) 2000, 2023, Oracle and/or its affiliates.

Oracle is a registered trademark of Oracle Corporation and/or its
```

```
affiliates. Other names may be trademarks of their respective
owners.

Type 'help;' or '\h' for help. Type '\c' to clear the current input statement.

tidb> explain select * from employees, salaries where employees.emp_no = salaries.emp_no;
+------------------------------+------------+-----------+-----------------
+-------------------------------------------------------------------+
| id                           | estRows    | task      | access object
| operator info                                                     |
+------------------------------+------------+-----------+-----------------
+-------------------------------------------------------------------+
| HashJoin_27                  | 2825288.58 | root      |
| inner join, equal:[eq(db1.employees.emp_no, db1.salaries.emp_no)] |
| ├─TableReader_29(Build)      | 300024.00  | root      |
| data:TableFullScan_28                                             |
| │ └─TableFullScan_28         | 300024.00  | cop[tikv] | table:employees
| keep order:false                                                  |
| └─TableReader_31(Probe)      | 2844047.00 | root      |
| data:TableFullScan_30                                             |
|   └─TableFullScan_30         | 2844047.00 | cop[tikv] | table:salaries
| keep order:false                                                  |
+------------------------------+------------+-----------+-----------------
+-------------------------------------------------------------------+
5 rows in set (0.00 sec)
```

可以看到，当用户用 create global binding for 命令来绑定执行计划时，在本会话中其实并不会生效（其他正在连接的会话也不会生效），但是当应用程序会话重新连接后，新的会话中语句 select * from employees, salaries where employees.emp_no = salaries.emp_no; 使用了绑定的执行计划。也就是说，如果用户指定了 global 范围，系统新的会话中被绑定的 SQL 会受到执行计划绑定的影响。

关于执行计划绑定的详细语法和注意事项，读者还可以参考 TiDB 官方文档。

可以看到拥有了执行计划绑定这个功能，用户就可以修改生产中那些性能很差，但又无法直接修改 SQL 代码的语句了。

7.8 SQL 优化最佳实践

TiDB 数据库中 SQL 语句优化流程图如图 7.45 所示。读者掌握了 SQL 优化的理论知识和技巧，再结合流程图，基本可以对实战中遇到的性能问题给出合适的解决方案了。

从图 7.45 中可以看出，SQL 语句优化的基本的思路如下：

（1）调查执行计划是否发生改变（可以通过 TiDB Dashboard 中的“慢查询”或者“SQL 语句分析”功能，在第 8 章会介绍），如果执行计划没有改变，考虑当前索引或者表连接是否有逻辑问题，进行索引和表连接方面的优化。

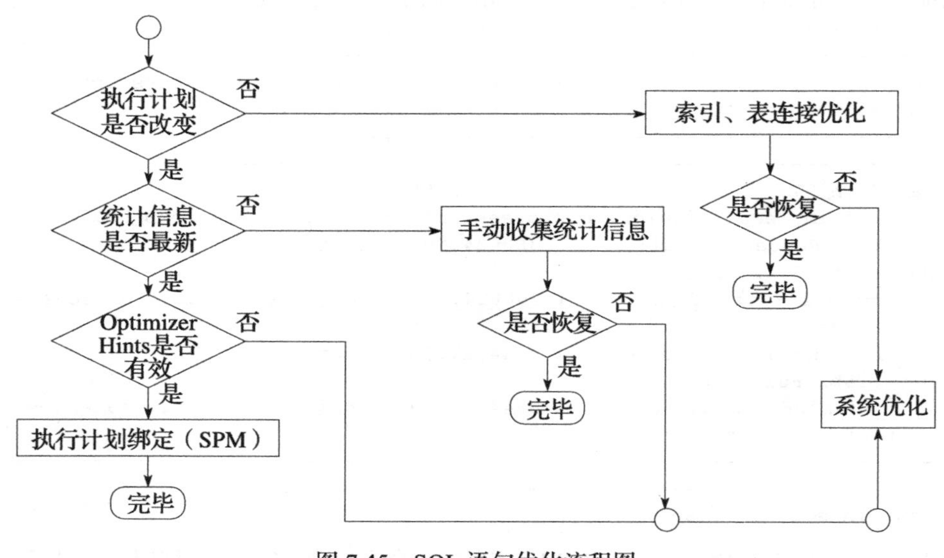

图 7.45　SQL 语句优化流程图

（2）如果执行计划发生改变，首先就要调查统计信息是否最新，一般通过健康度就可以检测到。如果统计信息过旧（健康度低），可以开始手动收集统计信息。

（3）如果统计信息是最新的，说明优化器已经尽力了，用户不应再指望它给出更好的物理执行计划了。这个时候用户就要自己动手，尝试各种 Optimizer Hints，看看能否找到比现在更好的执行计划，当然，这一步是把用户自己当作优化器。

（4）如果通过 Optimizer Hints 找到了更好的执行计划，用户就动用执行计划绑定来修改线上 SQL 的执行计划，完成 SQL 优化。

最后，当索引、表连接优化，收集统计信息，Optimizer Hints 等功能都无济于事的时候，它们纷纷走向了系统优化。那么系统优化又如何展开呢？这些会在后面的章节中介绍。

SQL 优化无论在单体数据库还是分布式数据库中，都是开发工程师和数据库管理员必须长期面对的问题。本章讨论的优化器工作原理、执行计划、索引优化、表连接优化、统计信息管理和执行计划管理等内容，都是最基本和常用的和 SQL 优化有着直接关系的内容和方法。在生产实践中，读者会面临千奇百怪的 SQL 性能问题，有的时候可能比较棘手，但是只要掌握好本章介绍的基本知识，经过举一反三，就能够解决绝大多数 SQL 方面的性能问题。

第 8 章　性能监控与诊断

本章介绍 TiDB 数据库性能监控相关的内容。首先介绍 TiDB 数据库的监控体系，包括 Prometheus + Grafana + Alertmanager 和 TiDB Dashboard（4.0 版本引入）这两个监控工具；然后介绍常见的监控使用方法与性能问题的诊断思路。读者在阅读的时候，可以从实践出发，结合自己遇到的性能问题，看看当时的诊断思路是否与书中介绍的方法相符。如果是初学者，也可以根据书中的案例，做问题诊断的模拟，从而加深印象。

8.1　性能监控概述

日常与客户的交流中客户提出较多的问题是，监控指标那么多，该如何使用呢？鉴于此，本章将按照常见的性能问题场景来讲解，出现了某些问题该从哪些监控指标开始排查故障。下一章依然会继续以这些场景为主线，介绍调整哪些系统变量与配置参数能够影响系统的行为，将监控诊断、变量与参数调优串联起来，这样读者就可以在工作中对于常见的性能问题做到有章可循了。请注意，本章和下一章实际上是一体的，都在描述如何进行 TiDB 数据库的系统调优。

下面以 TiDB v6.5、v7.1 和 v7.5 为基础介绍监控体系。

8.2　TiDB 数据库的监控体系

8.2.1　Prometheus + Grafana + Alertmanager

TiDB 数据库的监控系统由时序数据库 Prometheus 作为监控和性能指标信息存储方案，使用 Grafana 作为可视化组件进行展示。目前，Prometheus + Grafana + Alertmanager 是对于

TiDB 数据库系统监控方面最全面的工具，它的指标非常之多，所以是一款适合于数据库管理员进行性能调优和故障解决的工具。

Prometheus Server 用于收集和存储时间序列数据，Grafana 用于定制程序中需要的指标并显示，Alertmanager 用于实现报警机制。TiDB 数据库的监控系统的运行原理如图 8.1 所示。

第一步，Prometheus Server 组件将需要监控的数据从被监控的 TiDB 实例、TiKV 实例和 PD 实例中拉取（pull）出来，并且存储在 Prometheus Server 组件的时序数据库中。

第二步，Grafana 展示系统负责以一定的时间间隔查询 Prometheus Server 中存储的时序数据，并将结果展现出来。

第三步，当时序数据超过某些设置的阈值时，则会触发 Alertmanager 模块进行报警处理，报警处理可以是通过邮件、短信或者即时聊天工具接口实现。

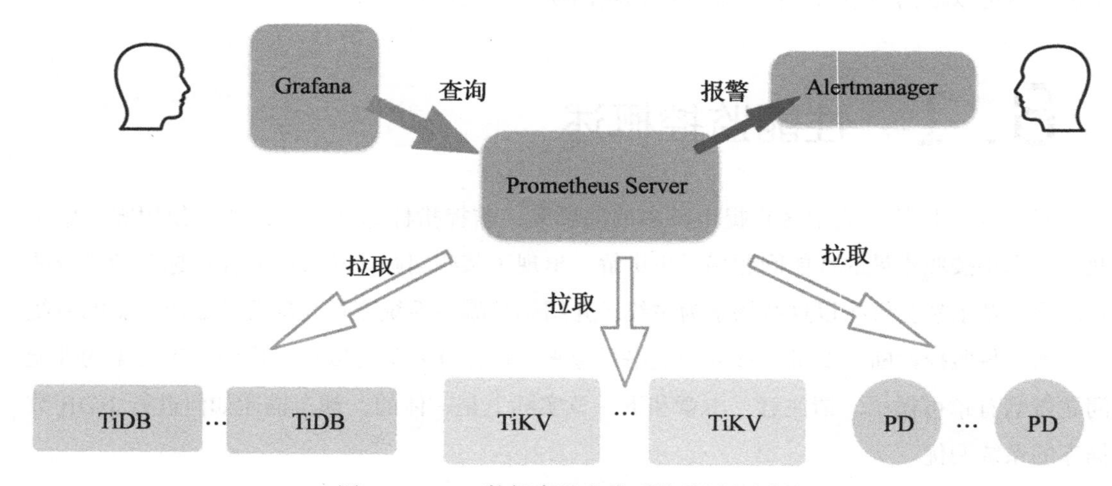

图 8.1　TiDB 数据库的监控系统的运行原理

如果用户需要为数据库集群配置 Prometheus + Grafana + Alertmanager，可以通过 TiUP 组件进行部署，并且在部署过程中设置 monitoring、grafana 和 alertmanager。那么就可以通过地址 http://{Grafana 服务器 IP 地址 }:3000 来访问 Grafana 监控页面，默认用户名和密码均为 admin，其界面如图 8.2 所示。

如果在部署的时候用户没有设置监控系统，之后可以手动通过 TiUP 组件进行 TiDB 集群监控的部署。

关于详细的部署和使用方式，请参考 TiDB 数据库官方文档和课程。

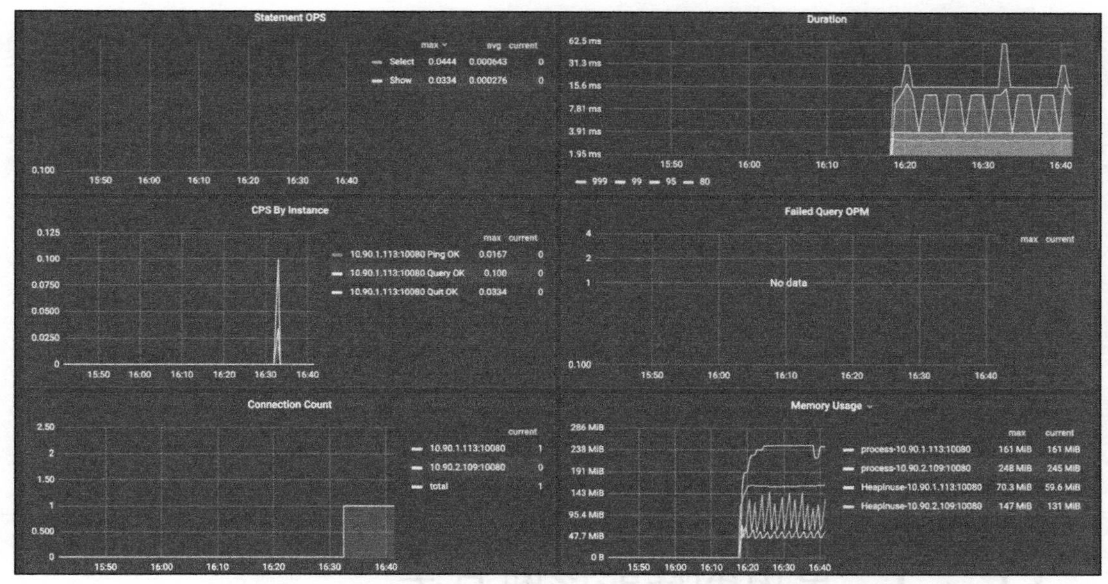

图 8.2　Prometheus + Grafana + Alertmanager 界面（见彩插）

8.2.2　TiDB Dashboard

TiDB Dashboard 默认是随着 TiDB 数据库集群一起部署的，它就安装在 PD 节点上，所以无需额外的服务器。用户可以通过命令 tiup cluster display < 集群名 > 获得其地址，用 root 用户和密码登录，其界面如图 8.3 所示。

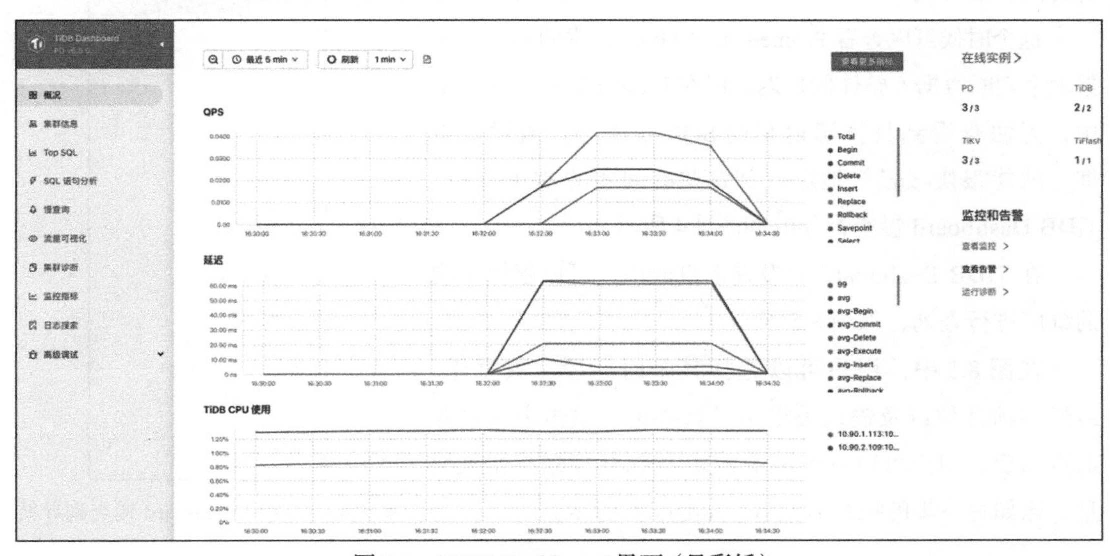

图 8.3　TiDB Dashboard 界面（见彩插）

显然它的指标没有 Prometheus + Grafana + Alertmanager 丰富，但从 TiDB Dashboard 中用户可以了解到集群整体的运行概况，包括集群整体 QPS 数值、执行耗时、消耗资源最多的几类 SQL 语句等概况信息；可以查看整个集群中 TiDB、TiKV、PD 和 TiFlash 组件的运行状态及其所在主机的运行情况；还可以对于热点进行查看和分析，特别是 TiDB v6.1 以后，推出了 Top SQL 功能，可以帮助用户监控某个 TiKV 或 TiDB Server 上负载较高的 SQL 语句。

总之，TiDB Dashboard 适合于应用开发工程师调试自己的 SQL 语句，数据库管理员可以通过其了解 TiDB 数据库当前运行的总体情况，定位慢查询和热点问题，从而完成日常的巡检任务等。

关于详细的部署和使用方式，请参考 TiDB 数据库官方文档和课程。

8.3 常见的性能诊断方法

8.3.1 定位慢查询

某些时候会接到业务方的反馈，某一时段的 SQL 执行时间突然升高。

这个时候可以查看 Prometheus + Grafana 中的 Overview 报表来判断数据库整体的延迟。但在 Prometheus + Grafana 中，无法查看到具体延迟高的 SQL 是哪些。通过慢查询，就能很快很轻松地定位到这些有问题的 SQL 语句。TiDB Dashboard 慢查询导航如图 8.4 所示。

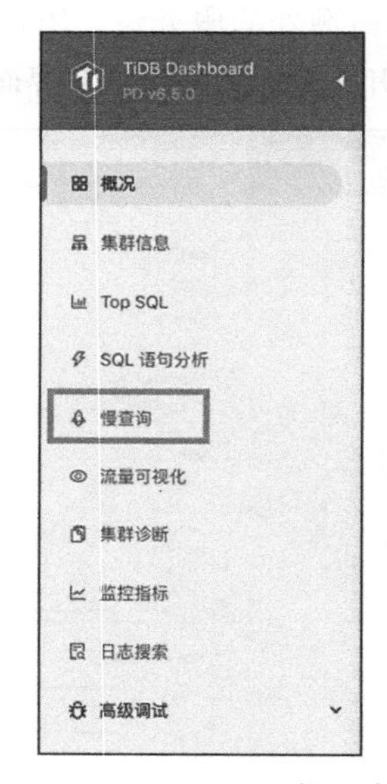

图 8.4　TiDB Dashboard 慢查询导航

在 TiDB Dashboard 的慢查询页面中，可以根据不同的维度进行查询，如图 8.5 所示。

在图 8.5 中，用户可以选择某个时间段、数据库、最慢的前几位以及输入关键字进行查询。单击进入慢查询页面后，用户可以看到该条 SQL 的执行计划与相关信息，比如每一步的执行时间等，如图 8.6 所示。

图 8.5　TiDB Dashboard 慢查询界面

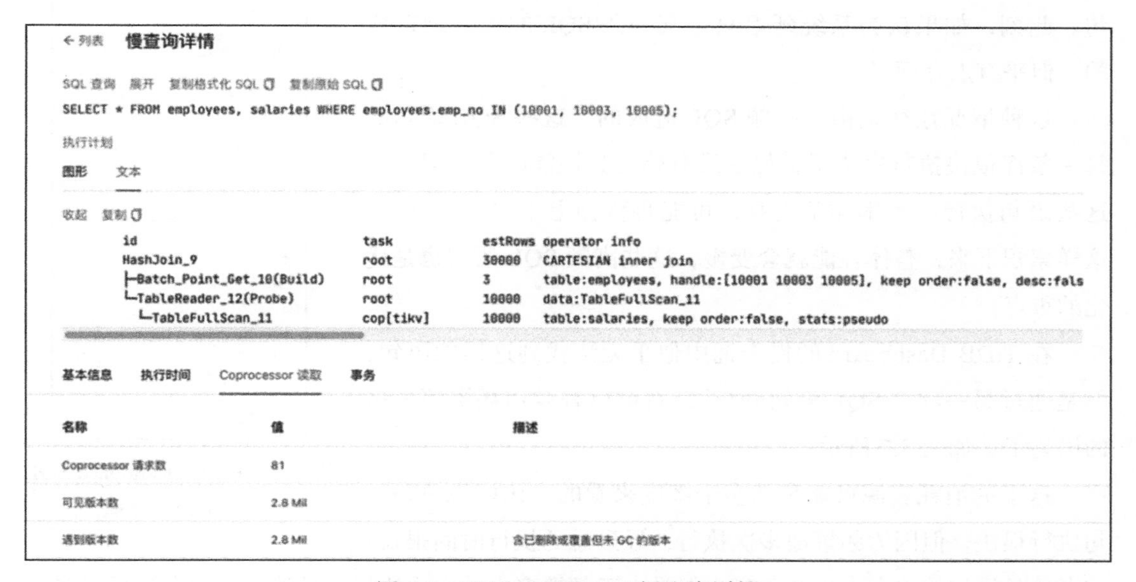

图 8.6　TiDB Dashboard 慢查询详情

TiDB Dashboard 可以在紧急情况下快速地帮用户定位到哪些 SQL 是需要优化的，从而有针对性地解决问题。这里请注意，SQL 语句是否能够被收集进慢查询日志取决于系统变量 tidb_slow_log_threshold，它默认是 300 ms，很多用户将其调为 1 000 ms，这个需要根据业务特点来评估，如下：

```
tidb >show global variables like 'tidb_slow_log_threshold';
+-------------------------+-------+
```

```
| Variable_name            | Value |
+--------------------------+-------+
| tidb_slow_log_threshold  | 300   |
+--------------------------+-------+
1 row in set (0.00 sec)
```

除了 TiDB Dashboard 中有慢查询外，还可以在 TiDB Server 的日志 tidb_slow_query.log 中以及视图 information_schema.cluster_slow_query 中进行慢查询，它们的内容是一致的，但是个人觉得 TiDB Dashboard 中的慢查询是最方便的。

8.3.2 定位有问题的 SQL

某些时候会接到业务方的反馈，似乎所有 SQL 都慢了，但是在慢查询中却找不到慢得特别明显的或者有问题的 SQL 语句。此刻，如果认为系统延迟只是某一条 SQL 的慢查询造成的，似乎有点片面了。

这种情况往往是由于高频 SQL 造成的，这些 SQL 语句的每一条都很快执行完毕了，似乎没有感觉到性能问题，但由于这些语句执行的频率非常之高，可能每秒钟上千次、上万次，这样累积下来，整体性能就会变慢，这些高频 SQL 语句也是优化的重点。

在 TiDB Dashboard 的慢查询中似乎无法找到这样的语句，但是通过另一项"SQL 语句分析"，就可以查看消耗资源较多的语句了，如图 8.7 所示。

图 8.7　TiDB Dashboard SQL 语句分析导航

这里的消耗资源可能是从多个维度来看的，比如说单条语句执行很快，但因为频繁地多次执行，导致总的执行时间很长；或者单条语句的内存占用并不高，但是由于频繁多次并发地执行，导致总的内存消耗较多。

TiDB Dashboard SQL 语句分析界面如图 8.8 所示，可以看到"累计耗时"最多的语句 SELECT 'version' () 单次执行时间不到 1 ms，但是由于其执行次数很高，所以大部分数据库的时间都消耗在这条 SQL 语句上面了。这就是当前数据库最耗时的 SQL 语句。

可以单击相应的 SQL 语句，来查看执行详情，如图 8.9 所示，可以看到 SQL 的全部文本、完整的执行计划、该条 SQL 的基本信息、执行时间、Coprocessor 读取、事务等信息。用户可以根据当前的详细信息，判断是否可以通过创建索引来优化 SQL 语句，如果有了索引，是否可以使用点查算子。如果表的数据相对静止，没有过多的变化，是否可以考虑将结果进行缓存等。

TiDB Dashboard

概况
集群信息
Top SQL
SQL 语句分析
慢查询
流量可视化
集群诊断
监控指标

最近 30 min　所有数据库　所有类型　关键字过滤　查询　选择列

基于设置的时间窗及过期时间，当前显示数据的时间范围：今天 18:30 (UTC+08:00) ~ 今天 19:30 (UTC+08:00)
得到 6 条结果。

SQL 模板	累计耗时	平均耗时	执行次数	计划数
SELECT `version` ()	14.3 ms	279.6 μs	51	1
SELECT `floor` (`unix_timestamp` (min (`summary_begin_time`…	8.4 ms	4.2 ms	2	1
SELECT DISTINCT `stmt_type` FROM `information_schema`.`clust…	4.3 ms	4.3 ms	1	1
DESC `information_schema`.`cluster_statements_summary_histor…	293.7 μs	293.7 μs	1	1
SELECT @@global.tidb_enable_stmt_summary AS `tidb_enable_stm…	203.8 μs	203.8 μs	1	1
SHOW DATABASES	103.1 μs	103.1 μs	1	1

图 8.8　TiDB Dashboard SQL 语句分析界面

对于这些高频 SQL 语句的优化，是数据库系统优化中非常重要的内容，所以需要重视“SQL 语句分析”中比较耗时、耗内存的高频 SQL。

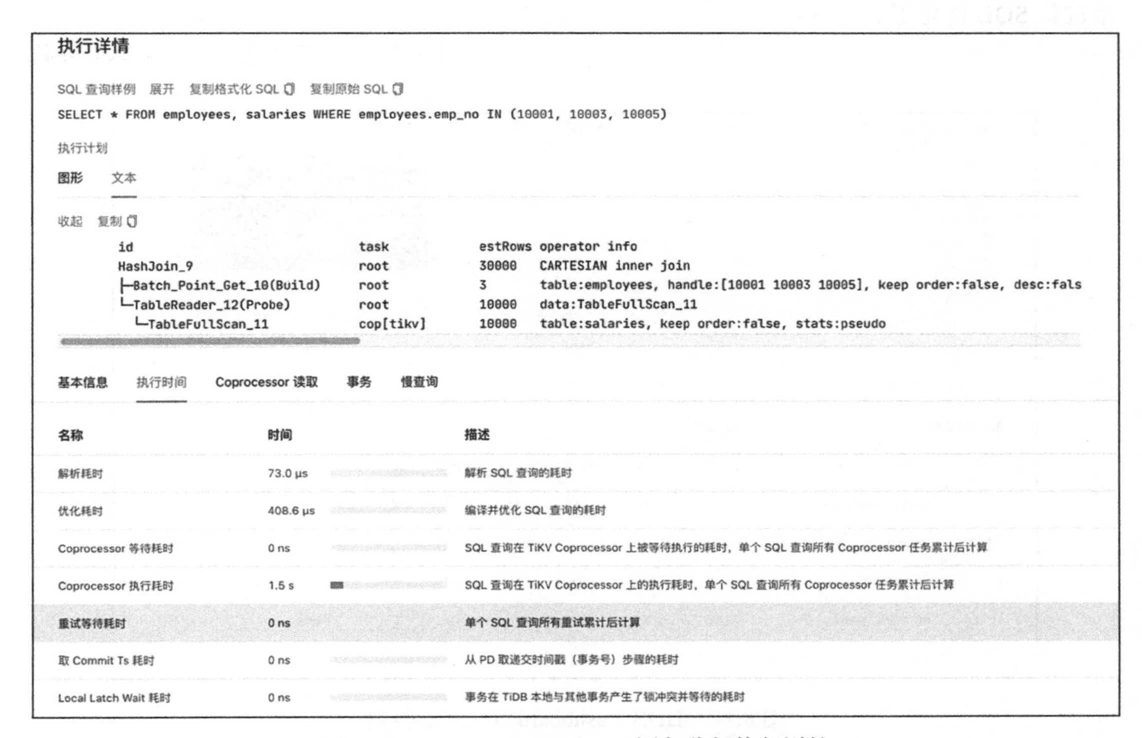

图 8.9　TiDB Dashboard SQL 语句分析执行详情

8.3.3 定位 TiDB Server 或 TiKV 上最耗时的 SQL

在分布式数据库中，某些 SQL 语句的执行只限于某些 TiDB Server 或 TiKV，那么反过来，数据库就会遇到某些 TiDB Server 或者 TiKV 节点的 CPU 使用率很高的情况，这个时候该如何定位是哪些 SQL 语句造成的呢？

在 TiDB 6.1 版本之后，TiDB Dashboard 上增加了 Top SQL 项，如图 8.10 所示。

图 8.10　TiDB Dashboard Top SQL 导航

在 Top SQL 中，用户可以选择某个 TiDB Server 或 TiKV、某个时间范围，这个时候会显示累计 CPU 耗时排在前五位的 SQL 语句，如图 8.11 所示。

这些语句很有可能是高频 SQL 执行了多次，也有可能是某条 SQL 出现了慢查询现象。这样，就可以针对某个 TiDB Server 或者 TiKV 节点的 CPU 使用率进行 SQL 优化了。

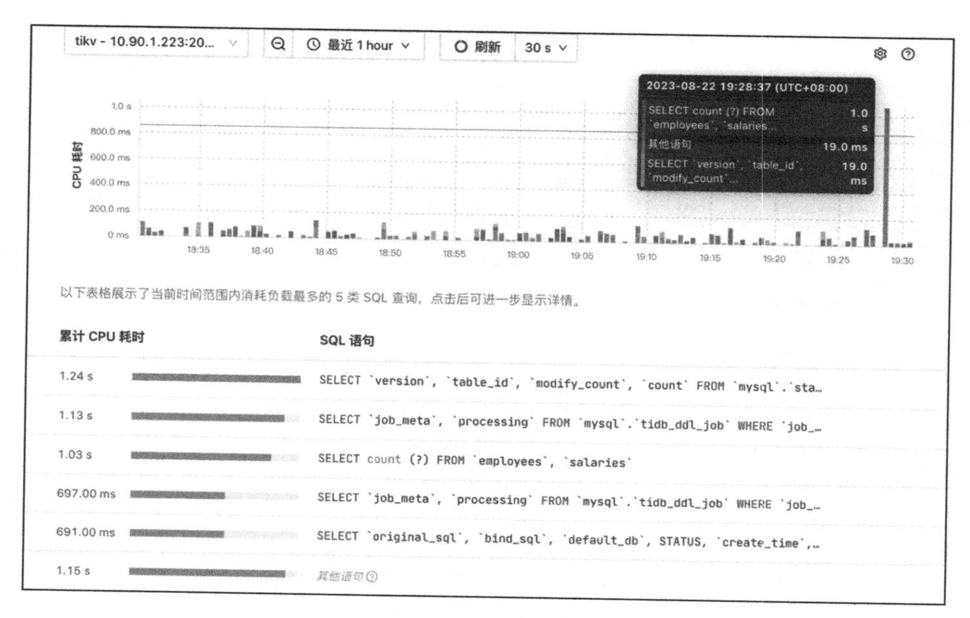

图 8.11　TiDB Dashboard Top SQL 界面

8.3.4 定位热点问题

如果遇到分布式数据库的热点问题，最有效的检测方法是通过 TiDB Dashboard 的流量可视化（热力图）来监控，如图 8.12 所示。

用户可以选择某个时间范围内的读写流量或读写次数等指标，通过某个对象的明暗程度来确定热点，如图 8.13 所示。

关于流量可视化图的详细使用方法，第 6 章进行了详细的说明，读者可以参考，这里不再赘述。

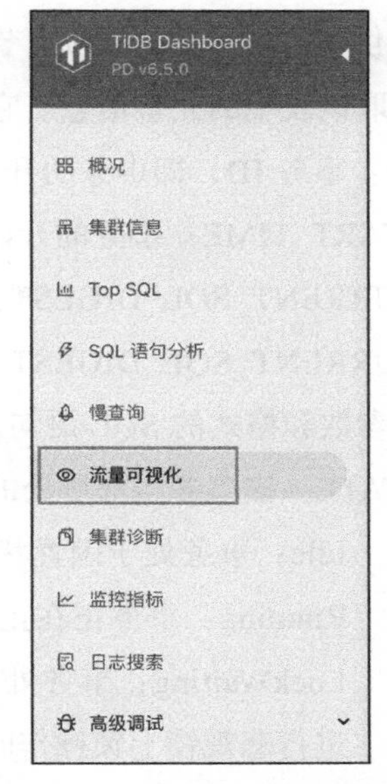

图 8.12 TiDB Dashboard 流量可视化导航

8.3.5 锁与事务的诊断

使用锁视图（Lock View）诊断锁问题。锁视图是在 TiDB v5.1 后引入的，它的出现极大地简化了用户在 TiDB 数据库事务上的排查难度。下面介绍四个常用的事务与锁视图，它们均在 INFORMATION_SCHEMA 中可以找到。

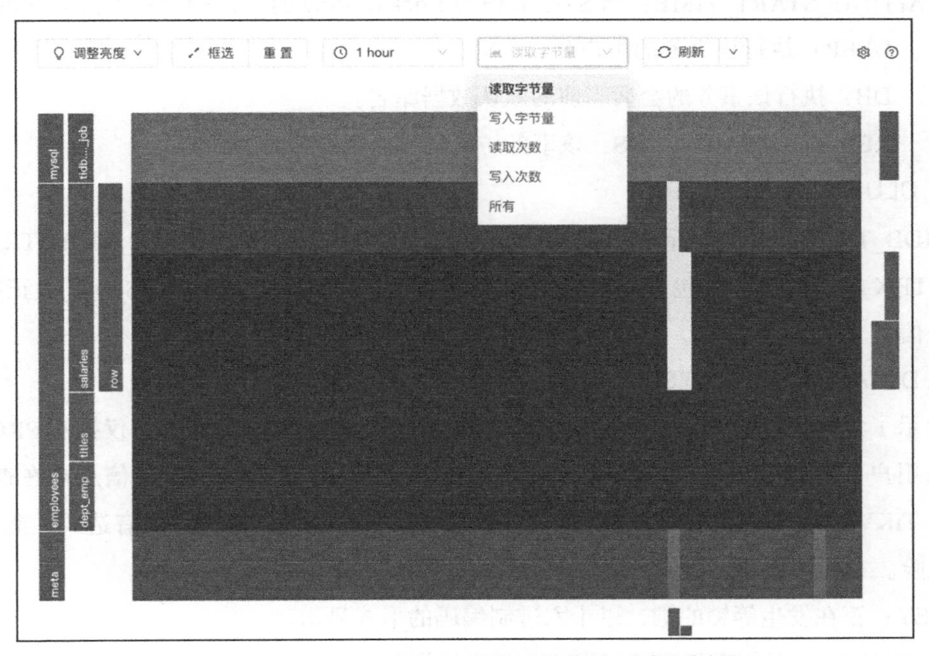

图 8.13 TiDB Dashboard 流量可视化界面（见彩插）

1. TIDB_TRX

提供了当前 TiDB Server 节点上正在执行的事务的信息，仅拥有 PROCESS 权限的用户可以获取该表中的完整信息。它的关键列有：

ID：事务 ID，即事务的开始时间戳 start_ts。

START_TIME：事务的开始时间，即事务的 start_ts 所对应的物理时间。

CURRENT_SQL_DIGEST：该事务当前正在执行的 SQL 语句的摘要。

CURRENT_SQL_DIGEST_TEXT：该事务当前正在执行的 SQL 语句的归一化形式，即去除了参数和格式的 SQL 语句。与 CURRENT_SQL_DIGEST 对应。

STATE：该事务当前所处的状态。其可能的值包括以下几项。

- Idle：事务处于闲置状态，即正在等待用户输入查询。
- Running：事务正在正常执行一个查询。
- LockWaiting：事务处于等待悲观锁上锁完成的状态。需要注意的是，事务刚开始进行悲观锁上锁操作时即进入该状态，无论是否有被其他事务阻塞。
- Committing：事务正在提交过程中。
- RollingBack：事务正在回滚过程中。

WAITING_START_TIME：当 STATE 值为 LockWaiting 时，该列显示等待的开始时间。

USER：执行该事务的用户名。

DB：执行该事务的会话当前的默认数据库名。

RELATED_TABLE_IDS：该事务访问的表、视图等对象的 ID。

2. CLUSTER_TIDB_TRX

TIDB_TRX 只是查询所在 TiDB Server 正在执行的事务，CLUSTER_TIDB_TRX 是在 TIDB_TRX 的查询结果外包含了 INSTANCE 字段，其返回了所有 TiDB Server 上正在执行的事务信息。

3. DATA_LOCK_WAITS

展示了集群中所有 TiKV 节点上当前正在发生的悲观锁等锁的情况，仅拥有 PROCESS 权限的用户可以查询该表。另外，要注意，DATA_LOCK_WAITS 表中的信息是在查询时，从所有 TiKV 节点实时获取的。如果集群规模很大、负载很高，查询该表有造成性能抖动的潜在风险。它的关键列有：

KEY：正在发生等锁的键，以十六进制编码的形式显示。

KEY_INFO：对键进行解读得出的一些详细信息。

TRX_ID：正在等锁的事务 ID。

CURRENT_HOLDING_TRX_ID：当前持有锁的事务 ID。

SQL_DIGEST：当前正在等锁的事务中被阻塞的 SQL 语句的摘要。

SQL_DIGEST_TEXT：当前正在等锁的事务中被阻塞的 SQL 语句的归一化形式，即去除了参数和格式的 SQL 语句。与 SQL_DIGEST 对应。

下面请看一个案例，会话一中启动一个事务但是并不提交。

```
tidb >begin;
Query OK, 0 rows affected (0.00 sec)

tidb >select * from T;
+----+-------+
| id | name  |
+----+-------+
|  1 | Tom   |
|  2 | Jack  |
|  3 | Frank |
|  4 | Tony  |
+----+-------+
4 rows in set (0.01 sec)

tidb >update T set name = 'Mark' where id=3;
Query OK, 1 row affected (0.00 sec)
Rows matched: 1  Changed: 1  Warnings: 0
```

会话二（与会话一在同一个 TiDB Server 上进行）中，启动一个事务，并与会话一的事务产生冲突，锁等待发生，但是注意有超时时间，后面两步要在超时时间内完成。

```
tidb >begin;
Query OK, 0 rows affected (0.00 sec)

tidb >update T set name = 'Jim' where id=3;
```

会话三（与会话一和会话二在同一个 TiDB Server 上执行）中，查询 TIDB_TRX、CLUSTER_TIDB_TRX 和 DATA_LOCK_WAITS。

```
tidb >select * from information_schema.TIDB_TRX\G;
*************************** 1. row ***************************
                     ID: 443867594796040193         START_TIME: 2023-06-14
11:01:40.168000
     CURRENT_SQL_DIGEST: NULL
CURRENT_SQL_DIGEST_TEXT: NULL
                  STATE: Idle
     WAITING_START_TIME: NULL
        MEM_BUFFER_KEYS: 1
```

```
    MEM_BUFFER_BYTES: 0
          SESSION_ID: 1206353371670249877
                USER: root
                  DB: test
     ALL_SQL_DIGESTS:
        ["e6f07d43b5c21db0fbb9a31feac2dc599787763393dd5acbfad80e247eb02ad5
        ","e5796985ccafe2f71126ed6c0ac939ffa015a8c0744a24b
        7aee6d587103fd2f7","71bce5f902e162239ef426ce89e2f625a40272bfb46b07
        58e42516ca304001f7"]
   RELATED_TABLE_IDS: 80*************************** 2. row ***************************
                  ID: 443867605203156994              START_TIME: 2023-06-14
  11:02:19.868000
  CURRENT_SQL_DIGEST: 71bce5f902e162239ef426ce89e2f625a40272bfb46b0758e4251
      6ca304001f7CURRENT_SQL_DIGEST_TEXT: update 't' set 'name' = ? where 'id' = ?
               STATE: LockWaiting     WAITING_START_TIME: 2023-06-14
     11:08:41.587893
     MEM_BUFFER_KEYS: 0
    MEM_BUFFER_BYTES: 0
          SESSION_ID: 1206353371670249879
                USER: root
                  DB: test
     ALL_SQL_DIGESTS: ["e6f07d43b5c21db0fbb9a31feac2dc599787763393dd5acbfa
        d80e247eb02ad5","71bce5f902e162239ef426ce89e2f625a40272bfb46b0758e
        42516ca304001f7"]
   RELATED_TABLE_IDS: 80
2 rows in set (0.00 sec)
tidb >
tidb >select * from information_schema.DATA_LOCK_WAITS\G;***************************
    1. row ***************************
                 KEY: 7480000000000000505F728000000000000003
            KEY_INFO: {"db_name":"test","table_name":"T","handle_type":"int",
                "handle_value":"3","db_id":2,"table_id":80}
              TRX_ID: 443867605203156994
CURRENT_HOLDING_TRX_ID: 443867594796040193
          SQL_DIGEST: 71bce5f902e162239ef426ce89e2f625a40272bfb46b0758e42516
              ca304001f7
SQL_DIGEST_TEXT: update 't' set 'name' = ? where 'id' = ?
tidb >
tidb >select * from information_schema.CLUSTER_TIDB_TRX\G;
*************************** 1. row ***************************
            INSTANCE: 10.90.1.238:10080
                  ID: 443867594796040193              START_TIME: 2023-06-14
                      11:01:40.168000
  CURRENT_SQL_DIGEST: NULL
CURRENT_SQL_DIGEST_TEXT: NULL
               STATE: Idle
  WAITING_START_TIME: NULL
     MEM_BUFFER_KEYS: 1
    MEM_BUFFER_BYTES: 0
```

```
              SESSION_ID: 1206353371670249877
                    USER: root
                      DB: test
         ALL_SQL_DIGESTS: ["e6f07d43b5c21db0fbb9a31feac2dc599787763393dd5acbfad
            80e247eb02ad5","e5796985ccafe2f71126ed6c0ac939ffa015a8c0744a24b
            7aee6d587103fd2f7","71bce5f902e162239ef426ce89e2f625a40272bfb46b07
            58e42516ca304001f7"]
       RELATED_TABLE_IDS: 80
*************************** 2. row ***************************
                INSTANCE: 10.90.1.238:10080
                      ID: 443867605203156994            START_TIME: 2023-06-14
                          11:02:19.868000
      CURRENT_SQL_DIGEST: 71bce5f902e162239ef426ce89e2f625a40272bfb46b0758e4251
        6ca304001f7CURRENT_SQL_DIGEST_TEXT: update 't' set 'name' = ? where 'id' = ?
                   STATE: LockWaiting     WAITING_START_TIME: 2023-06-14
                          11:08:41.587893
         MEM_BUFFER_KEYS: 0
        MEM_BUFFER_BYTES: 0
              SESSION_ID: 1206353371670249879
                    USER: root
                      DB: test
         ALL_SQL_DIGESTS: ["e6f07d43b5c21db0fbb9a31feac2dc599787763393dd5acbfa
            d80e247eb02ad5","71bce5f902e162239ef426ce89e2f625a40272bfb46b0758e
            42516ca304001f7"]
       RELATED_TABLE_IDS: 80*************************** 3. row
        ***************************
                INSTANCE: 10.90.1.238:10080
                      ID: 443867717885755393            START_TIME: 2023-06-14
                          11:09:29.718000
      CURRENT_SQL_DIGEST: NULL
 CURRENT_SQL_DIGEST_TEXT: NULL
                   STATE: Idle
      WAITING_START_TIME: NULL
         MEM_BUFFER_KEYS: 0
        MEM_BUFFER_BYTES: 0
              SESSION_ID: 1206353371670249881
                    USER: root
                      DB:
         ALL_SQL_DIGESTS: ["a200e35b257452d27bbad7f5cb67435a0f5804848baafbc6674
            212c917816245"]
       RELATED_TABLE_IDS: 3 rows in set (0.01 sec)
```

通过 information_schema.TIDB_TRX 的结果，可以发现目前该 TiDB Server 上有 2 个正在运行的事务，其中一个事务的 ID 是 443867594796040193，状态是 Idle；另一个事务的 ID 是 443867605203156994，状态是 LockWaiting，那么到底它在等谁呢？

通过 information_schema.DATA_LOCK_WAITS 的结果，可以发现：TRX_ID 是 443867605203156994，而 CURRENT_HOLDING_TRX_ID 是 443867594796040193，说明 4438676

05203156994 等的是 443867594796040193。从“ SQL_DIGEST_TEXT: update 't' set 'name' = ? where 'id' = ?”可以知道是哪一条 SQL 语句。

另外，从 information_schema.CLUSTER_TIDB_TRX 中可以查询到所有发生在 TiDB 数据库集群上的事务，包括它本身的查询也算一个事务。

会话四（与会话一和会话二不在同一个 TiDB Server 上执行）中，查询 TIDB_TRX、CLUSTER_TIDB_TRX 和 DATA_LOCK_WAITS。

```
tidb > select * from information_schema.TIDB_TRX\G;
Empty set (0.00 sec)
tidb >
tidb> select * from information_schema.DATA_LOCK_WAITS\G;***************************
    1. row ***************************
                   KEY: 7480000000000000505F728000000000000003
              KEY_INFO: {"db_name":"test","table_name":"T","handle_
                 type":"int","handle_value":"3","db_id":2,"table_id":80}
                TRX_ID: 443867605203156994
CURRENT_HOLDING_TRX_ID: 443867594796040193
            SQL_DIGEST: 71bce5f902e162239ef426ce89e2f625a40272bfb46b0758e42516
                ca304001f7
       SQL_DIGEST_TEXT: update 't' set 'name' = ? where 'id' = ?
1 row in set (0.01 sec)

ERROR:
No query specified
tidb >
tidb > select * from information_schema.CLUSTER_TIDB_TRX\G;
*************************** 1. row ***************************
              INSTANCE: 10.90.2.181:10080
                    ID: 443867795651035137              START_TIME: 2023-06-14
                        11:14:26.369000
    CURRENT_SQL_DIGEST: NULL
CURRENT_SQL_DIGEST_TEXT: NULL
                 STATE: Idle
    WAITING_START_TIME: NULL
       MEM_BUFFER_KEYS: 0
      MEM_BUFFER_BYTES: 0
            SESSION_ID: 1094871688706789333
                  USER: root
                    DB: test
       ALL_SQL_DIGESTS: ["a200e35b257452d27bbad7f5cb67435a0f5804848baafbc6674
            212c917816245"]
     RELATED_TABLE_IDS: *************************** 2. row
        ***************************
              INSTANCE: 10.90.1.238:10080
                    ID: 443867594796040193              START_TIME: 2023-06-14
                        11:01:40.168000
```

```
       CURRENT_SQL_DIGEST: NULL
  CURRENT_SQL_DIGEST_TEXT: NULL
                    STATE: Idle
       WAITING_START_TIME: NULL
          MEM_BUFFER_KEYS: 1
         MEM_BUFFER_BYTES: 0
               SESSION_ID: 1206353371670249877
                     USER: root
                       DB: test
          ALL_SQL_DIGESTS: ["e6f07d43b5c21db0fbb9a31feac2dc599787763393dd5acbfad
              80e247eb02ad5","e5796985ccafe2f71126ed6c0ac939ffa015a8c0744a24b
              7aee6d587103fd2f7","71bce5f902e162239ef426ce89e2f625a40272bfb46b07
              58e42516ca304001f7"]
        RELATED_TABLE_IDS: 80
*************************** 3. row ***************************
                 INSTANCE: 10.90.1.238:10080
                       ID: 443867605203156994            START_TIME: 2023-06-14
                           11:02:19.868000
       CURRENT_SQL_DIGEST: 71bce5f902e162239ef426ce89e2f625a40272bfb46b0758e4251
            6ca304001f7CURRENT_SQL_DIGEST_TEXT: update 't' set 'name' = ? where
            'id' = ?
                    STATE: LockWaiting     WAITING_START_TIME: 2023-08-28 11:14:09.151438
          MEM_BUFFER_KEYS: 0
         MEM_BUFFER_BYTES: 0
               SESSION_ID: 1206353371670249879
                     USER: root
                       DB: test
          ALL_SQL_DIGESTS: ["e6f07d43b5c21db0fbb9a31feac2dc599787763393dd5acbfad
              80e247eb02ad5","71bce5f902e162239ef426ce89e2f625a40272bfb46b075
              8e42516ca304001f7","71bce5f902e162239ef426ce89e2f625a40272bfb46b07
              58e42516ca304001f7"]
        RELATED_TABLE_IDS: 803 rows in set (0.01 sec)

ERROR:
No query specified
```

由于会话四和会话一、会话二不在同一个 TiDB Server 上，从 information_schema.TIDB_TRX 上查不到任何事务，但是通过 information_schema.CLUSTER_TIDB_TRX 可以看到所有的事务，包括它本身的查询也算一个事务。

通过 information_schema.DATA_LOCK_WAITS，还可以看到锁的情况，与会话三的结果一致。

4. DEADLOCKS

提供当前 TiDB 节点上最近发生的若干次死锁的信息。DEADLOCKS 表中需要用多行来表示同一个死锁事件，每行显示参与死锁的其中一个事务的信息。当该 TiDB Server 节点记录了多次死锁错误时，需要按照 DEADLOCK_ID 列来区分，相同的 DEADLOCK_ID 表示同一个死锁事件。需要注意，DEADLOCK_ID 并不保证全局唯一，也不会持久化，因而其只能在同一个结果集里表示同一个死锁事件。关键列为：

DEADLOCK_ID：死锁事件的 ID。当表内存在多次死锁的信息时，需要使用该列来区分属于不同死锁的行。

OCCUR_TIME：发生该次死锁错误的时间。

TRY_LOCK_TRX_ID：试图上锁的事务 ID。

CURRENT_SQL_DIGEST：试图上锁的事务中当前正在执行的 SQL 语句的摘要。

CURRENT_SQL_DIGEST_TEXT：试图上锁的事务中当前正在执行的 SQL 语句的归一化形式。

KEY：该事务试图上锁、但是被阻塞的键，以十六进制编码的形式显示。

KEY_INFO：对键进行解读得出的一些详细信息。

TRX_HOLDING_LOCK：该键上当前持锁并导致阻塞的事务 ID。

5. CLUSTER_DEADLOCKS

CLUSTER_DEADLOCKS 表返回整个集群上每个 TiDB Server 节点中最近发生的数次死锁错误的信息，即将每个节点上的 DEADLOCKS 表内的信息合并在一起。CLUSTER_DEADLOCKS 还包含额外的 INSTANCE 列展示所属节点的 IP 地址和端口，用以区分不同的 TiDB 节点。

下面来看一个实验，会话一中启动一个事务，先修改一行数据（id = 3）。

```
tidb >begin;
Query OK, 0 rows affected (0.00 sec)

tidb >update T set name = 'Mark' where id=3;
Query OK, 1 row affected (0.00 sec)
Rows matched: 1  Changed: 1  Warnings: 0
```

会话二（与会话一在同一个 TiDB Server 上进行）中，也启动一个事务，并不与会话一的事务产生冲突，修改另一行，这里是 id = 4。

```
tidb >begin;
Query OK, 0 rows affected (0.00 sec)

tidb >update T set name = 'Tim' where id=4;
Query OK, 1 row affected (0.00 sec)
Rows matched: 1  Changed: 1  Warnings: 0
```

接下来，回到会话一，修改 id = 4，会发现这一行被会话二锁住了，如下：

```
tidb >update T set name = 'Jim' where id=4;
```

回到会话二，继续修改 id =3，这时由于会话一锁住了 id = 4，死锁发生，并且被检测发现，事务失败，如下：

```
tidb >update T set name = 'Lucy' where id=3;
ERROR 1213 (40001): Deadlock found when trying to get lock; try restarting transaction
tidb >
```

显然，会话二应该是报错了，这时可以发现会话一对于 id = 4 的锁解除了。

```
tidb >update T set name = 'Jim' where id=4;
Query OK, 1 row affected (26.91 sec)
Rows matched: 1  Changed: 1  Warnings: 0
```

会话三（与会话一和会话二在同一个 TiDB Server 上进行）中，查询 DEADLOCKS 和 CLUSTER_DEADLOCKS。

```
tidb >select * from information_schema.DEADLOCKS\G;*************************** 1.
    row ***************************
            DEADLOCK_ID: 1              OCCUR_TIME: 2023-06-14 11:34:33.497094
              RETRYABLE: 0
        TRY_LOCK_TRX_ID: 443868091506491393
     CURRENT_SQL_DIGEST: 71bce5f902e162239ef426ce89e2f625a40272bfb46b0758e4251
         6ca304001f7CURRENT_SQL_DIGEST_TEXT: update 't' set 'name' = ? where 'id' = ?
                    KEY: 7480000000000000505F728000000000000004
               KEY_INFO: {"db_name":"test","table_name":"T","handle_type":
                   "int","handle_value":"4","db_id":2,"table_id":80}
       TRX_HOLDING_LOCK: 443868097444052993*************************** 2.
           row ***************************
            DEADLOCK_ID: 1              OCCUR_TIME: 2023-06-14 11:34:33.497094
              RETRYABLE: 0
        TRY_LOCK_TRX_ID: 443868097444052993
     CURRENT_SQL_DIGEST: 71bce5f902e162239ef426ce89e2f625a40272bfb46b0758e42516ca3
         04001f7CURRENT_SQL_DIGEST_TEXT: update 't' set 'name' = ? where 'id' = ?
                    KEY: 7480000000000000505F728000000000000003
               KEY_INFO: {"db_name":"test","table_name":"T","handle_type":
                   "int","handle_value":"3","db_id":2,"table_id":80}
       TRX_HOLDING_LOCK: 4438680915064913932 rows in set (0.00 sec)

tidb >select * from information_schema.CLUSTER_DEADLOCKS\G;
*************************** 1. row ***************************
               INSTANCE: 10.90.1.238:10080
            DEADLOCK_ID: 1              OCCUR_TIME: 2023-06-14 11:34:33.497094
              RETRYABLE: 0
        TRY_LOCK_TRX_ID: 443868091506491393
     CURRENT_SQL_DIGEST: 71bce5f902e162239ef426ce89e2f625a40272bfb46b0758e42516ca3
```

```
    04001f7CURRENT_SQL_DIGEST_TEXT: update 't' set 'name' = ? where 'id' = ?
                       KEY: 7480000000000000505F728000000000000004
                  KEY_INFO: {"db_name":"test","table_name":"T","handle_type":
                      "int","handle_value":"4","db_id":2,"table_id":80}
          TRX_HOLDING_LOCK: 443868097444052993*************************** 2.
        row ***************************
                  INSTANCE: 10.90.1.238:10080
               DEADLOCK_ID: 1              OCCUR_TIME: 2023-06-14 11:34:33.497094
                 RETRYABLE: 0
           TRY_LOCK_TRX_ID: 443868097444052993
        CURRENT_SQL_DIGEST: 71bce5f902e162239ef426ce89e2f625a40272bfb46b0758e42516ca3
    04001f7CURRENT_SQL_DIGEST_TEXT: update 't' set 'name' = ? where 'id' = ?
                       KEY: 7480000000000000505F728000000000000003
                  KEY_INFO: {"db_name":"test","table_name":"T","handle_type":
                      "int","handle_value":"3","db_id":2,"table_id":80}
          TRX_HOLDING_LOCK: 4438680915064913932 rows in set (0.00 sec)
```

这里可以发现，两个视图中结果相同，DEADLOCK_ID 相同的行代表是同一个死锁影响的事务。

会话四（与会话一和会话二在同一个 TiDB Server 上进行）中，查询 DEADLOCKS 和 CLUSTER_DEADLOCKS。

```
tidb >select * from information_schema.DEADLOCKS\G;
Empty set (0.00 sec)

tidb >select * from information_schema.CLUSTER_DEADLOCKS\G;
*************************** 1. row ***************************
                  INSTANCE: 10.90.1.238:10080
               DEADLOCK_ID: 1              OCCUR_TIME: 2023-08-28 11:34:33.497094
                 RETRYABLE: 0
           TRY_LOCK_TRX_ID: 443868091506491393
        CURRENT_SQL_DIGEST: 71bce5f902e162239ef426ce89e2f625a40272bfb46b0758e42516ca3
    04001f7CURRENT_SQL_DIGEST_TEXT: update 't' set 'name' = ? where 'id' = ?
                       KEY: 7480000000000000505F728000000000000004
                  KEY_INFO: {"db_name":"test","table_name":"T","handle_type":
                      "int","handle_value":"4","db_id":2,"table_id":80}
          TRX_HOLDING_LOCK: 443868097444052993*************************** 2.
        row ***************************
                  INSTANCE: 10.90.1.238:10080
               DEADLOCK_ID: 1              OCCUR_TIME: 2023-08-28 11:34:33.497094
                 RETRYABLE: 0
           TRY_LOCK_TRX_ID: 443868097444052993
        CURRENT_SQL_DIGEST: 71bce5f902e162239ef426ce89e2f625a40272bfb46b0758e42516ca30
    4001f7CURRENT_SQL_DIGEST_TEXT: update 't' set 'name' = ? where 'id' = ?
                       KEY: 7480000000000000505F728000000000000003
                  KEY_INFO: {"db_name":"test","table_name":"T","handle_type":
                      "int","handle_value":"3","db_id":2,"table_id":80}
          TRX_HOLDING_LOCK: 4438680915064913932 rows in set (0.01 sec)
```

可以看到，只有 information_schema.CLUSTER_DEADLOCKS 视图可以查询到死锁，因为死锁相关的事务并没有发生在会话四所在的 TiDB Server 上。

8.3.6 如何诊断整体读写性能问题

遇到业务侧反馈集群写入或者读取慢，建议首先排查问题出在突然有大量 SQL 语句执行造成负载上升，还是某几条 SQL 执行缓慢，亦或是集群本身出现了性能下降，TiDB 整体读写性能诊断流程图如图 8.14 所示。

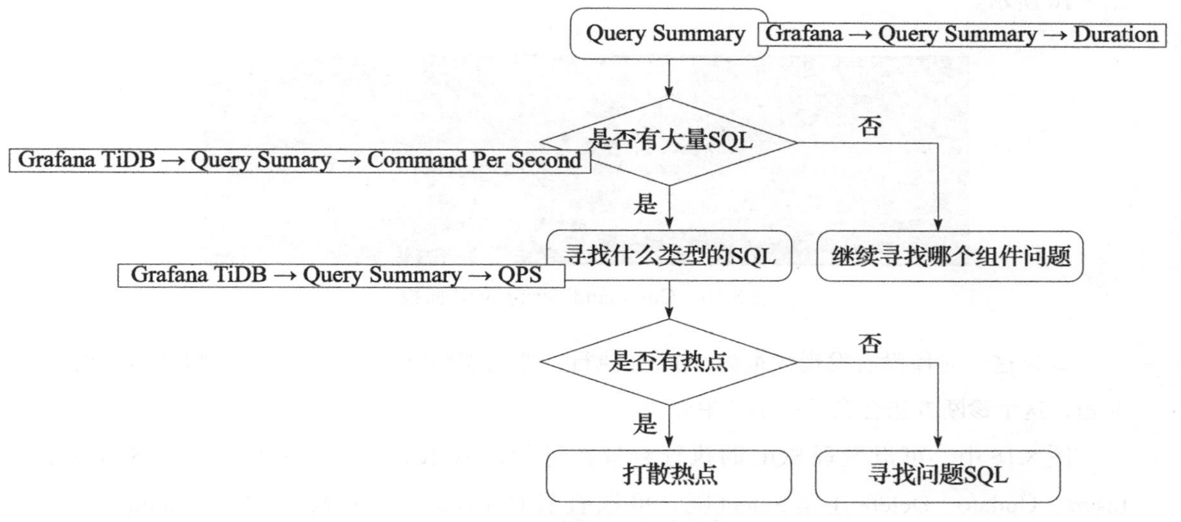

图 8.14 TiDB 整体读写性能诊断流程图

例如，业务侧反馈说，从 10:00 开始，客户发现集群写入慢，我们可以根据现象的特征，确认集群中的平均延迟情况，查看 Grafana 监控 TiDB → Query Summary → Duration 面板，如图 8.15 所示。

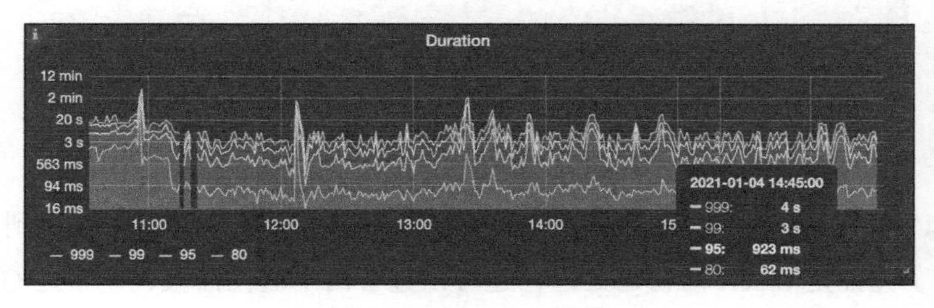

图 8.15 Duration 面板

可以观察到，从 10:00 开始，SQL 延时的 99 线和 999 线都很高，这与现象是一致的。（这里的 99 线指的是按照从小到大 99% 的 SQL 语句的平均延迟，同理 999 线指的是按照延迟从小到大 99.9% 的 SQL 语句的平均延迟，如果 99 线和 999 线一致，说明 SQL 整体延迟基本差不多，不是个别 SQL 引起的问题，如果 999 线很高而 99 线不高，则说明个别业务的某些 SQL 引起了性能问题）

接下来，我们希望知道这个时段是否有大量的 SQL 执行，查看 Grafana 监控 TiDB → Query Summary → Command Per Second 面板，看到这段时间 SQL 的执行数量很高，如图 8.16 所示。

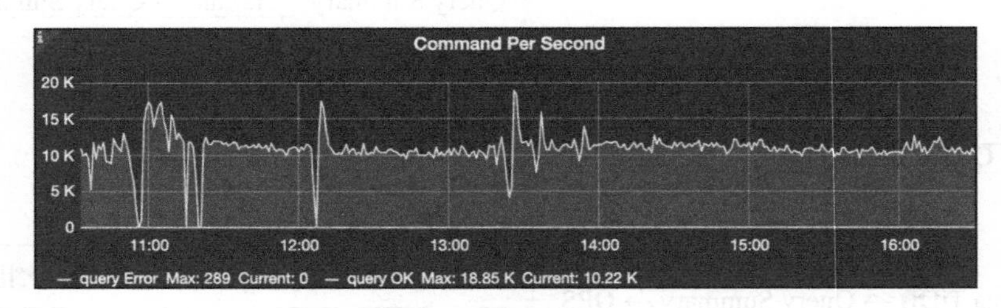

图 8.16 Command Per Second 面板

如果这个时候没有发现大量的 SQL 在执行，那么需要继续调查是系统的哪个组件出了问题，这个诊断方法会在下一小节中介绍。

图 8.16 中，可以发现 SQL 的执行数量在每秒钟 10 K 以上，但具体是什么 SQL 呢，Insert、Update、Delete 还是 Select 呢？可以查看 Grafana 监控 TiDB → Query Summary → QPS 面板来观察，如图 8.17 所示。

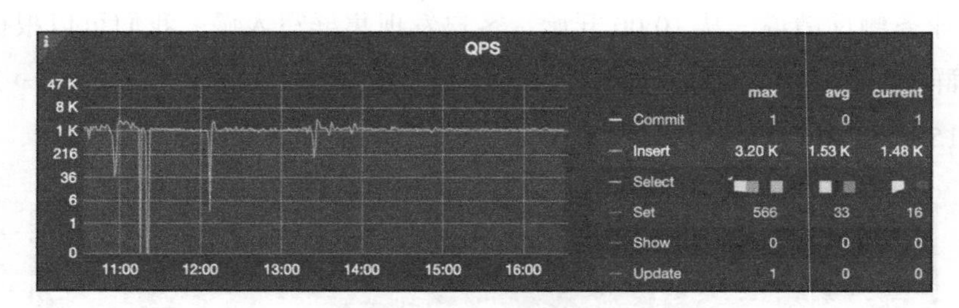

图 8.17 QPS 面板

在图 8.17 中可以发现，Insert 语句的 QPS 远远高于其他 SQL 语句，每秒达到 1.5 K 左右。接下来，为了佐证是 Insert 语句的延迟，还可以查看两个监控面板，一个是 Grafana 监控 TiDB → Query Summary → Slow query 面板，如图 8.18 所示。

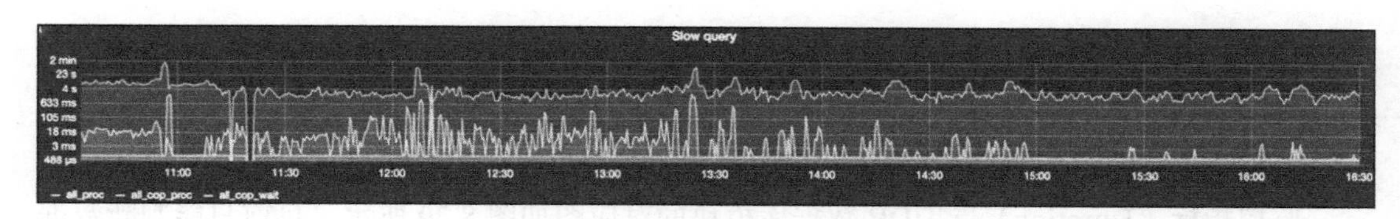

图 8.18　Slow query 面板

发现确实有 SQL 在这个时候的性能较差，延时明显高于其他 SQL。另一个是查看 Grafana 监控 TiKV Details → Cluster → CPU 面板，如图 8.19 所示。

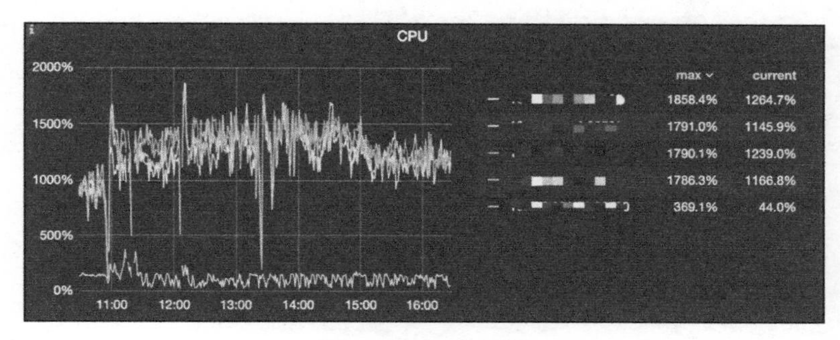

图 8.19　CPU 面板

可以看到从 10:00 开始，几乎所有 TiKV 的 CPU 使用率都很高，1000% ～ 1800%，说明这段时间每个 TiKV 都比较繁忙。但正是因为几乎所有 TiKV 都比较繁忙，利用率很均匀，所以可以排除热点影响写入性能的可能性。这里，如果出现某个 TiKV 的 CPU 使用率较高，可以怀疑是热点造成的，于是继续探索 TiDB Dashboard 的“流量可视化”来寻找热点。

通过刚才的分析，得出了如下结论：问题时间段数据库集群的延迟 99、999 线很高，基本在 4 s 左右，同时排查出主要是 Insert 的 SQL 语句执行较多，大概每秒执行（QPS）在 1.5 K 次左右。

这样，就定位到了是业务持续写入慢，又通过各个 TiKV CPU 利用率高且均衡这个现象，可排除写入热点情况，并且得出可能是有大规模的数据插入（写入）操作造成整个 TiKV 集群负载上升，处理能力下降，从而出现的延迟。接下来，就可以通过 TiDB Dashboard 的“慢查询”或者“SQL 语句分析”去寻找具体的 SQL 语句了。

8.3.7　如何诊断问题出现在哪个组件

在上一小节“如何诊断整体读写性能问题”中，如果没有发现有大量 SQL 在问题时间出现，就要去调查是由于分布式数据库的哪一个组件出现的问题。

一般来说，性能问题可能出现在以下几个地方：TiDB Server、网络或者 TiKV 存储上。如何来排查呢？

这里继续用上一小节中的延迟在 10:00 后升高的例子来进行讲解。

监控指标（Duration）与 TiDB 数据库模块的对应图如图 8.20 所示，目前只能判断数据库整体响应慢，并无法判断是由哪个模块引起的。

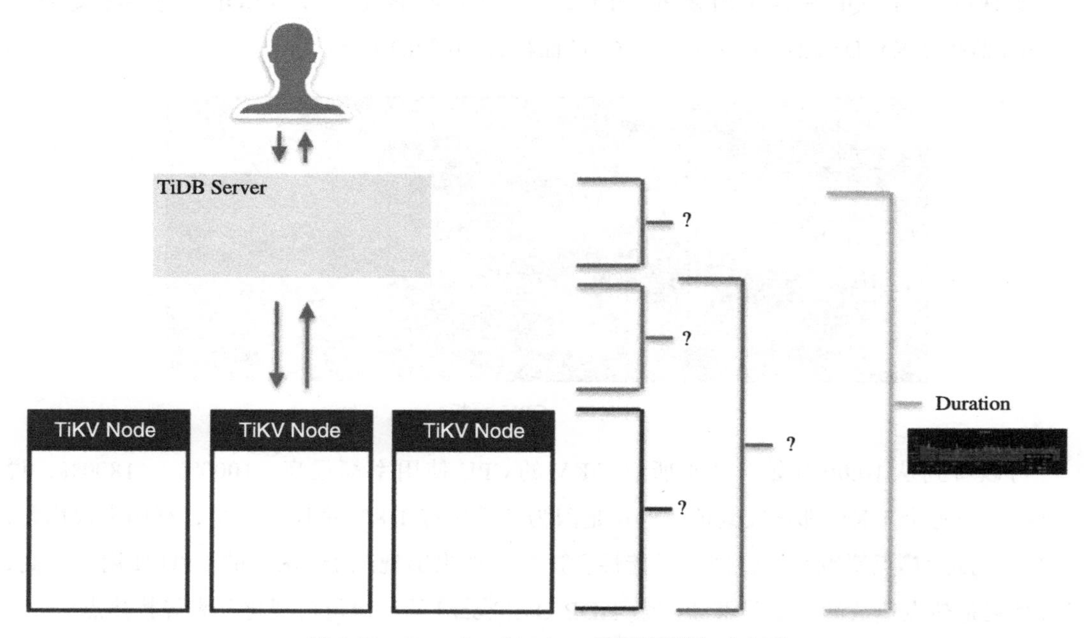

图 8.20　Duration 与 TiDB 数据库模块对应图

目前只有延迟这个监控指标，看来远远不够，接下来可以引入 Grafana 监控 TiDB → KV Request → KV Request Duration 99 by store / type 面板，如图 8.21 所示。

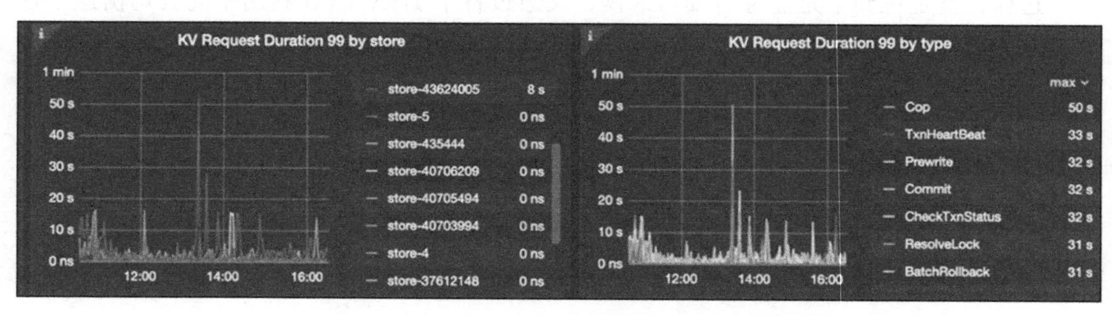

图 8.21　KV Request Duration 99 by store / type 面板

这个面板显示的是 TiDB Server 将 SQL 请求通过网络发出，之后经过 TiKV 的处理，再返回的耗时，从图 8.21 中可以看到，网络和 TiKV 的耗时与整体的延迟相同，那么基本排除了 TiDB Server 上的问题。

监控指标（KV Request Duration 99 by store / type）与 TiDB 数据库模块的对应图如图 8.22 所示，目前排除了 TiDB Server 性能问题的可能性。

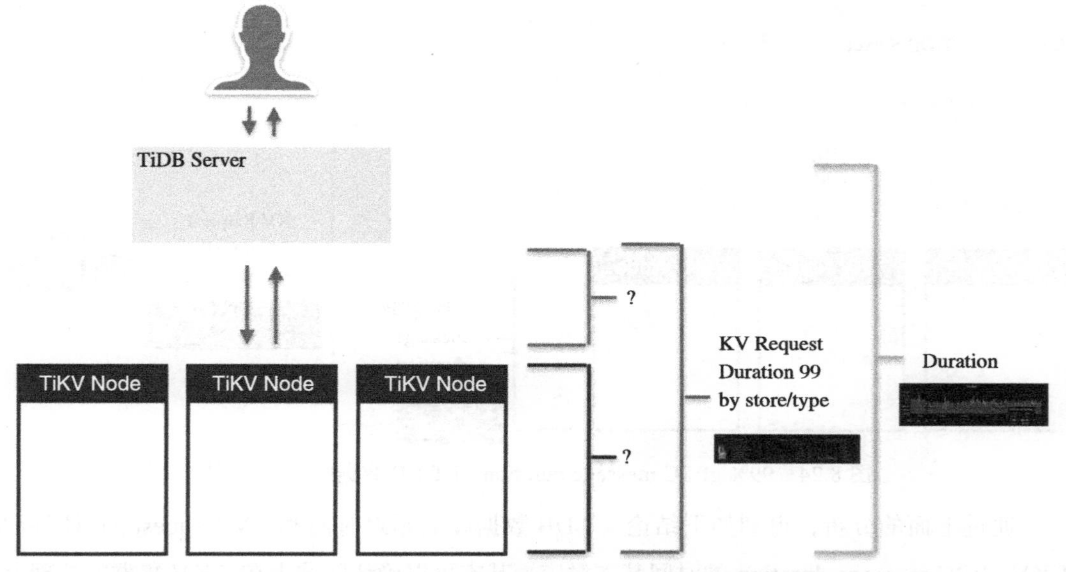

图 8.22　KV Request Duration 99 by store / type 与 TiDB 数据库模块对应图

接下来，就需要定位是网络问题还是 TiKV 的问题了，此时引入 Grafana 监控 TiKV Details → gRPC → 99% gRPC message duration 面板，显示的是单纯在 TiKV 上的耗时，如图 8.23 所示。

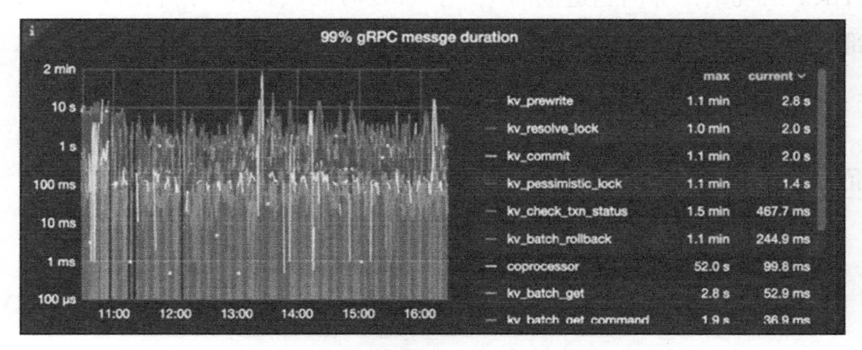

图 8.23　99% gRPC message duration 面板

可以看到在 TiKV 上的延迟基本和整体延迟一致，说明大部分时间都消耗在 TiKV 上了。

监控指标（99% gRPC message duration）与 TiDB 数据库模块的对应图如图 8.24 所示，目前排除了 TiDB Server 和 TiDB Server 与 TiKV 之间网络性能问题的可能性。

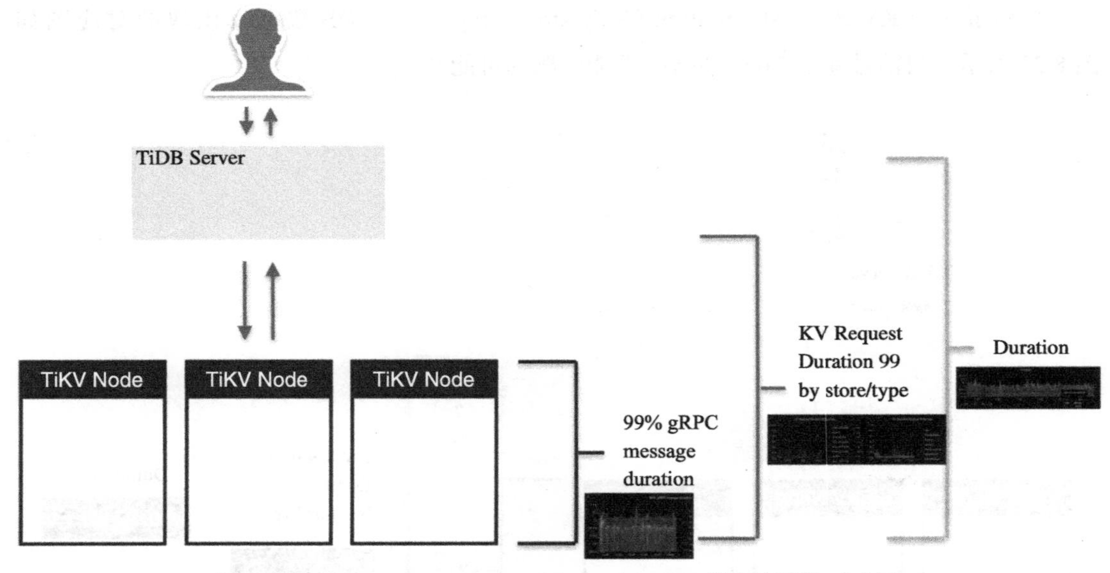

图 8.24　99% gRPC message duration 与 TiDB 数据库模块对应图

通过上面的分析，得到如下结论：TiDB 数据库的延迟时间和 KV Request 的时间以及 TiKV gRPC message duration 的时间基本对应，基本可以确认问题出在 TiKV 集群的处理上。后续排查重点可以放在 TiKV 集群的相关监控中，从而也排除了网络出现问题的可能性。至于 TiKV 中写入和读取问题的诊断将在下一小节进行介绍。

如果是 TiDB Server 出现了问题，延迟可能是由于获取 PD 的 TSO 时间戳慢，解析和编译慢或者 TiKV 出现重试等问题造成的（关于 TSO 时间戳获取、解析编译和重试读者可以参考第一部分的具体介绍）。TSO 获取慢诊断流程图如图 8.25 所示。

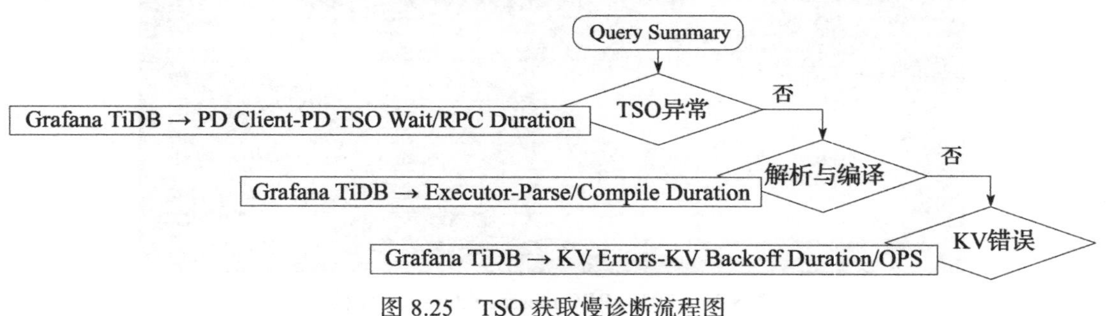

图 8.25　TSO 获取慢诊断流程图

查看 Grafana 监控 TiDB → PD Client-PD TSO Wait/RPC Duration 面板，可以确认是否在获取 TSO 时出现了问题，如图 8.26 所示。

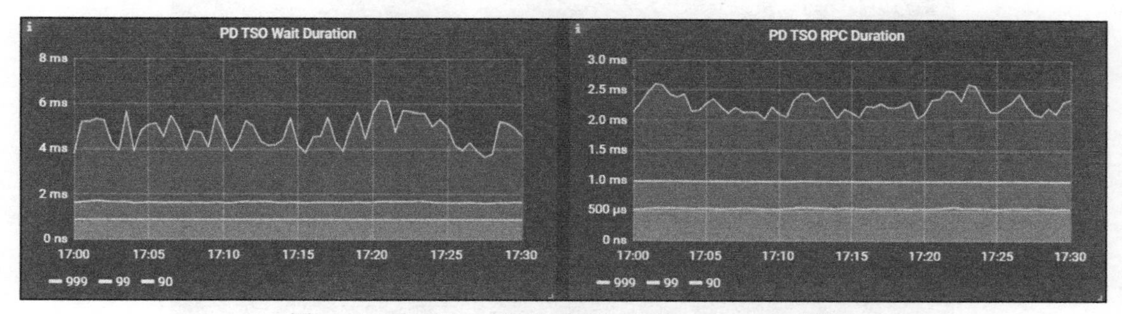

图 8.26　PD Client-PD TSO Wait/RPC Duration 面板

查看 Grafana 监控 TiDB → Executor-Parse/Compile Duration 面板，可以确认解析编译时是否有问题，如图 8.27 所示。

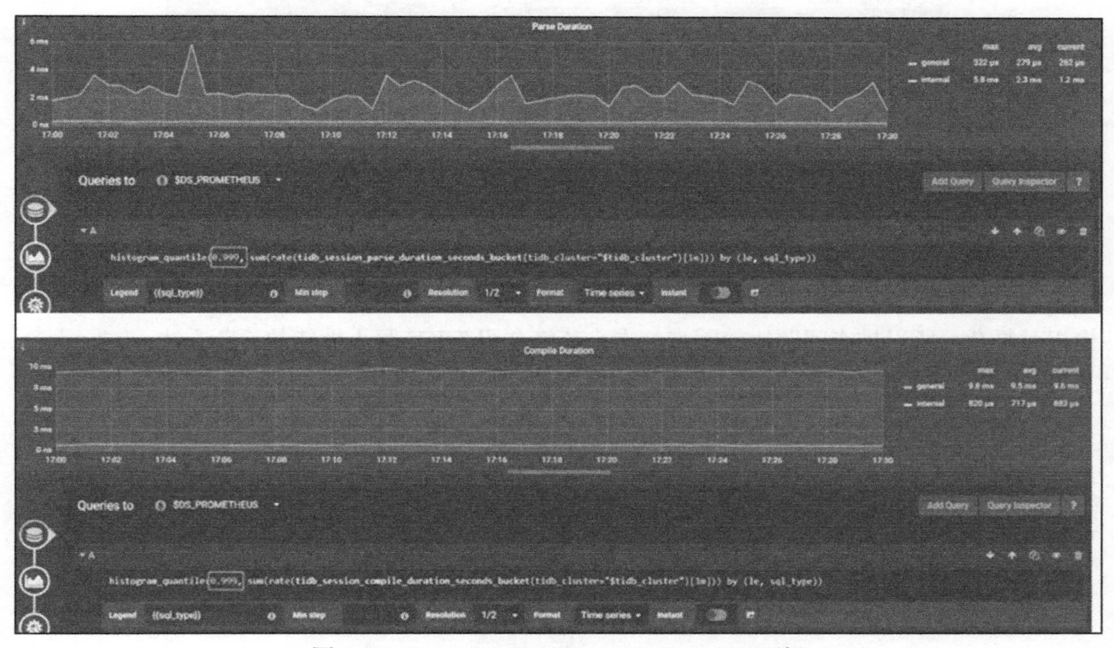

图 8.27　Executor-Parse/Compile Duration 面板

查看 Grafana 监控 TiDB → KV Errors-KV Backoff Duration/OPS 面板，可以确认是否由于发送给 TiKV 的请求经常出现重试现象，如图 8.28 所示。

有了上面这些监控指标，基本可以确定是哪个组件出现问题了。接下来，本书具体讲解下在 TiKV 中的写操作慢或者读操作慢该如何诊断。

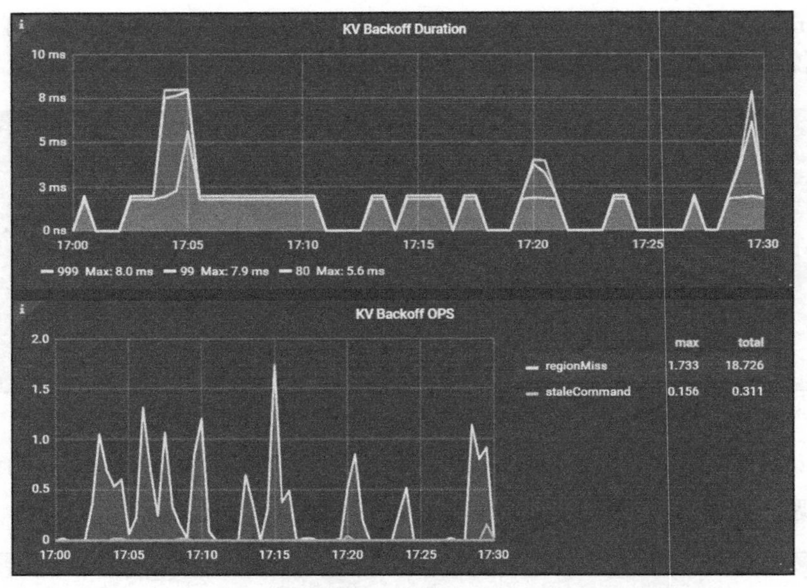

图 8.28　KV Errors-KV Backoff Duration/OPS 面板（见彩插）

8.3.8　写入性能的诊断方法

在使用和测试 TiDB 数据库集群时，一些用户可能会面临 TiDB 数据库集群写入性能较差的问题。原因是 TiDB 数据库集群在执行写入时，包含了 TiDB Server、TiKV 和 PD 这三个基础组件，同时，还有可能包含 Binlog、TiCDC 和 TiFlash 等周边生态组件，使得整体架构相对复杂，所以排查问题比较困难。本小节将介绍 TiKV 写入性能的诊断方法。

1. TiDB 数据库写入流程简述

本小节的内容主要对应 TiDB 数据库的数据写入操作，所以强烈建议读者阅读并理解第一部分中关于 TiKV 分布式事务和 Raft / Multi Raft 日志复制的章节再来阅读。作者也假设各位理解了 TiKV 分布式事务和 Raft / Multi Raft 日志复制的原理和设计。

TiDB Server 的写入流程如图 8.29 所示。

1）从客户端读取一条 SQL。

2）为 SQL 语句赋予一个标识（Token）。

3）从 PD 获取 TSO（异步获取，此处拿到一个 tsFuture，后续的流程中可以通过 tsFuture 拿到真正的 TSO）。

4）使用解析器将 SQL 解析为 AST 语法树。

5）编译器将 AST 语法树编译为执行计划（此过程包含很多细节，此处合为一个步骤）。

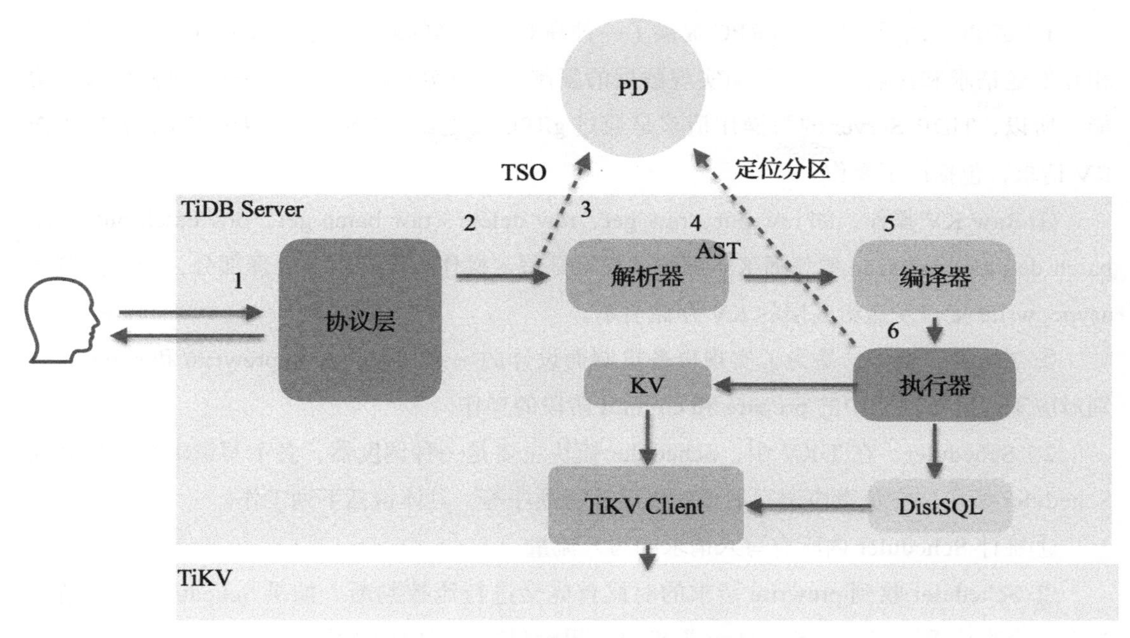

图 8.29 TiDB Server 的写入流程

6）执行第 5）步得到的执行计划，最底层的执行器会根据这条 SQL 处理的键范围构建出多个要下发到 TiKV 的请求，并通过不同的 InsertExec、UpdateExec、DeleteExec 执行器调用表接口写入数据。

TiKV 的写入流程如图 8.30 所示。

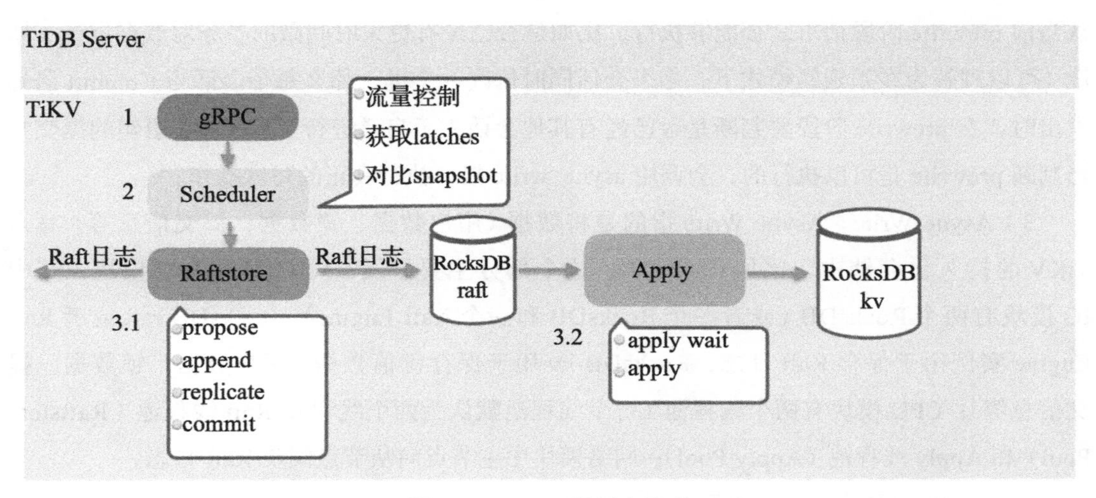

图 8.30 TiKV 的写入流程

1）gRPC 接收写请求。gRPC 提供了一种高效、可靠的通信机制，使得 TiKV 节点能够相互发送请求和接收响应，从而实现数据的复制、数据分片的管理、数据查询和写入等功能。所以，TiDB Server 的写操作请求是通过 gRPC 发送给 TiKV 的。这些读写请求也叫作 KV 请求，包括以下操作。

① Raw KV 操作，如 raw put、raw get、raw delete、raw batch get、raw batch put、raw batch delete、raw scan 等普通 KV 操作。如果是写入操作，没有事务处理部分，会直接调用 async_write 接口发送给底层的 KV 存储引擎。

② Txn KV 操作，是为了实现事务机制而设计的一系列操作，如 prewrite 和 commit 分别对应于两阶段提交中的 prepare 和 commit 阶段的操作。

2）Scheduler。在 TiKV 中，Scheduler 模块主要是一种调度器，各个写请求都会先来到 Scheduler 模块，它负责协调写请求的先后执行顺序等，具体包括下列工作。

①统计 Scheduler 内所有写入请求的写入流量。

② Scheduler 收到 prewrite 请求的时候首先会进行流控判断。如果 Scheduler 里的请求过多，会直接返回“SchedTooBusy”消息，提示阻塞一段时间再发送；否则进入下一步。

③获取内存锁（latch）。在事务模式下，为了防止多个请求同时对同一个键进行写操作，请求在写这个键之前必须先获取这个键的内存锁。每个内存锁对应一个等待队列，这个等待队列中没有拿到内存锁的请求按先进先出的顺序再入队并等待。

④获取内存锁成功之后把 prewrite 请求交给 Scheduler Pool 线程池进行处理。

⑤ Scheduler Pool 线程池收到 prewrite 请求之后，主要工作是从拿到的数据库快照里确认当前 prewrite 阶段请求是否能够执行，比如是否已经有更大时间戳的事务对数据进行了修改（可以理解为在乐观锁模式下，多个会话同时修改一个键，那么每个会话当 Commit 语句发出时，在 prewrite 阶段要判断是否已经有其他会话先于自己进行了 Commit 语句的提交）。当判断 prewrite 是可以执行的，会调用 async_write 接口执行真正的写入操作。

3）Async Write。Async Write 指的是将数据（用户数据、锁数据、提交信息等）写入 TiKV 的持久化存储中，比如 RocksDB。这个部分主要涉及 IO、CPU 和网络模块，其中 IO 模块有两个 RocksDB（或者一个 RocksDB 和一个 Raft Engine），RocksDB raft 或者 Raft Engine 实例用于保存 Raft 日志，RocksDB kv 用于保存键值数据（用户数据、锁数据、提交信息等）；CPU 模块有两个线程池（每个线程池默认为两个线程），Raft 线程池（Raftstore Pool）和 Apply 线程池（Apply Pool）；网络模块中主节点向从节点同步 Raft 日志。

Async Write 具体的流程如下：

① Raftstore Pool 线程池模块进行 Raft 日志的复制操作。

propose：发送写请求给 Raftstore Pool，并转化为 Raft 日志。

append：把 Raft 日志写入 RocksDB raft 或者 Raft Engine 中，进行日志持久化。

replicate：将 Raft 日志发送给从节点。

commit：确认了从节点已经完成了 Raft 日志的持久化。

② Apply Pool 线程池模块将已经完成日志复制的 Raft 日志应用到 RocksDB kv 中。

apply wait：Raft 日志提交后，会等待 Apply Pool 线程池模块读取到自己并应用到 RocksDB kv 中，这里可能会因为资源繁忙而出现等待的情况。

apply：当资源充足时，此时会应用这条 Raft 日志，而应用是指把用户数据写入 RocksDB kv 中。

最后，当 Async Write 执行成功或失败之后，会调用 Scheduler 的 release_lock 函数来释放内存锁并且唤醒等待在那些还在队列中等待内存锁的请求继续执行。

2. 写入操作的诊断方法

通过上面的流程说明，可以看到 TiDB 数据库是一个比较复杂的系统，出现的写入性能问题，可能有比较常见的问题，也可能有不常见的问题。所以这里整理写入操作的诊断方法的时候，将问题分为了两类，一类问题是典型问题，包括：物理环境（如网络抖动、资源争抢、资源瓶颈等），业务变更新业务上线、在线 DDL，近期慢查询语句，写入热点问题。另一类是非典型问题，属于复杂问题，需要对照 TiDB Server 的写入流程对集群进行排查，定位写入性能问题的原因并寻求解决方法。

集群写入性能诊断流程图如图 8.31 所示。

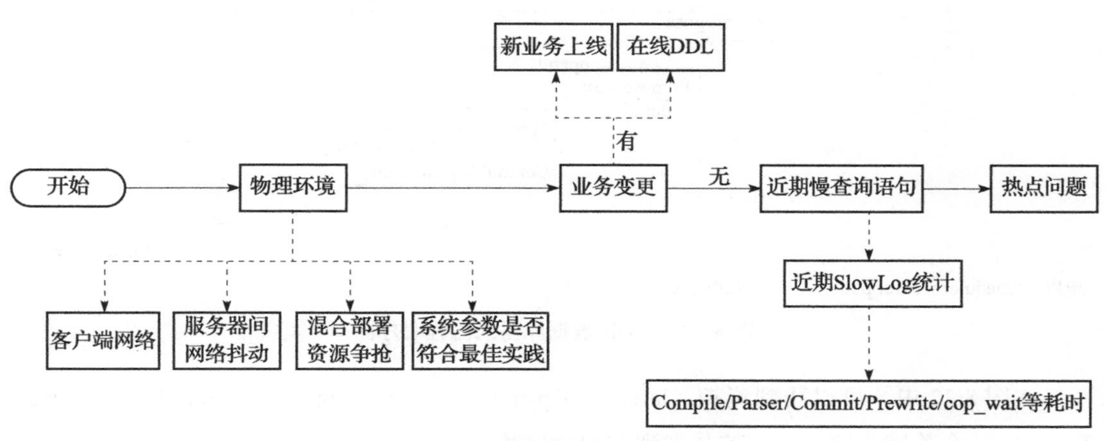

图 8.31　集群写入性能诊断流程图

综上，读者如果遇到集群响应变慢可以用图 8.31 所示的流程图作为指导，从物理环境和业务变更确认入手，逐步排查，最好要找到相关监控指标的佐证。当外界因素排查完毕后，就要诊断数据库集群问题，先用前面学到的几种诊断方法从宏观上进行排查，例如：

1）用本书在 8.3.6 节“如何诊断整体读写性能问题”中的诊断方法，确认是集群整体问题，还是某些业务的 SQL 引起了性能问题，是否有明显的 TiKV 热点问题。

2）如果是某些慢 SQL 的问题，可以用在 8.3.2 节“定位有问题的 SQL”中的诊断方法，找出慢 SQL 语句。

3）如果是集群整体问题，用在 8.3.7 节“如何诊断问题出现在哪个组件”中的诊断方法，找出是在哪个组件变慢的。

4）如果 3）中发现是 TiDB Server 的处理慢了，那么按照 8.3.7 节中关于 TiDB Server 处理的诊断方法来确认具体是什么问题。

5）如果 2）中 SQL 变慢需要进一步分析读写或者如果 3）中指向了 TiKV 组件变慢，那么这里就要进行 TiKV 组件的写入性能排查了。

3. TiKV 写入性能排查

将前面总结的 TiDB 数据库写入流程总结为一张时序图，图中对应了相应的监控项目，如图 8.32 所示。

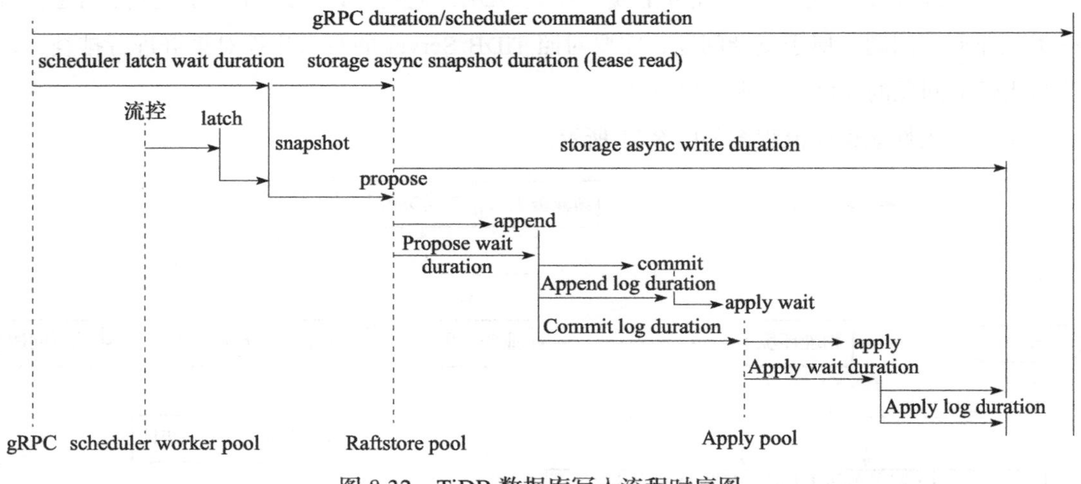

图 8.32　TiDB 数据库写入流程时序图

在图 8.32 中，可以找到流控、latch、snapshot、propose、append、commit、apply wait 和 apply 几个关键步骤，它们按从左到右的顺序执行。竖虚线代表线程池 gRPC、scheduler worker pool、Raftstore pool 和 Apply pool，在第 9 章“系统变量与配置参数的优化”中会详细为读者介绍。箭头上的标识对应这个过程的延迟监控。接下来介绍如何将这些性能监控指标与流程相对应起来，这里假设已经定位到 TiKV 集群在 10:00 am 出现了大量写入延迟，现在希望定位哪个环节出了问题。

查看 Grafana 监控 TiKV Details → Scheduler-prewrite → Scheduler command duration 面板，如图 8.33 所示。

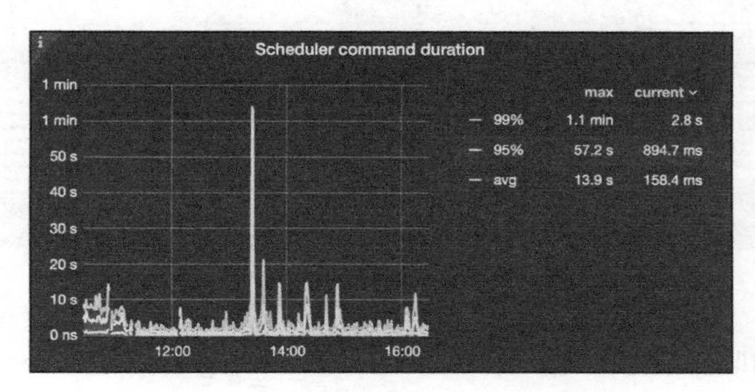

图 8.33　Scheduler command duration 面板

Scheduler command duration 的延迟大小和集群整体的延迟大小趋势相同，目前还不能断定是 Scheduler 部分的流控、内存锁获取或快照对比还是 Async Write 中的 Raft 日志复制出了问题。

1）Scheduler 延迟确认　查看 Grafana 监控 TiKV Details → Scheduler-prewrite → Scheduler latch wait duration 面板，如图 8.34 所示。

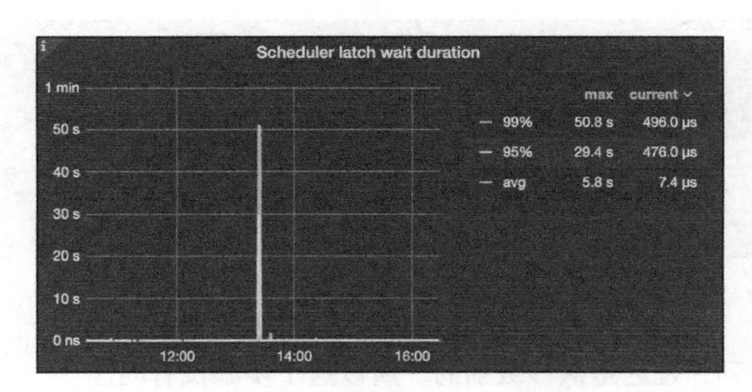

图 8.34　Scheduler latch wait duration 面板（见彩插）

通过监控可以看到 Scheduler latch wait duration 不高，建议进一步排查 async write duration 的耗时情况。

2）Async Write 延迟确认　Async Write 耗时包含了 Raft 日志复制的几乎所有步骤，可以通过 Grafana 监控 TiKV Details → Storage → Storage async write duration 面板来查看它的整体耗时情况，如图 8.35 所示。

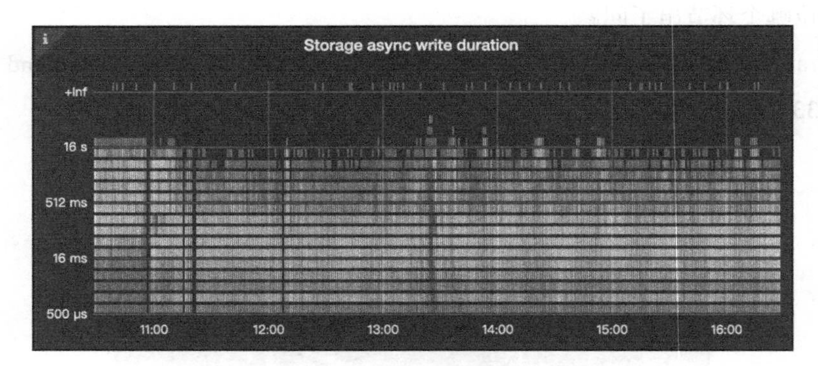

图 8.35　Storage async write duration 面板

通过图 8.35 的监控指标，可以看出基本慢在了 Storage async write duration（Raft 日志复制），一般情况下这个指标的 99 线最好不要超过 50 ms，而 Async Write 包括 Raft 日志的 propose、append 以及 apply 等关键流程节点。并且 Async Write 的整体耗时是下面 5 个部分的总和：Propose wait duration、Append log duration、Commit log duration、Apply wait duration、Apply log duration。请继续来看各个部分的耗时情况。

Propose wait duration 通过查看 Grafana 监控 TiKV Details → Raft Propose → Propose wait duration per server 面板来获取，如图 8.36 所示。

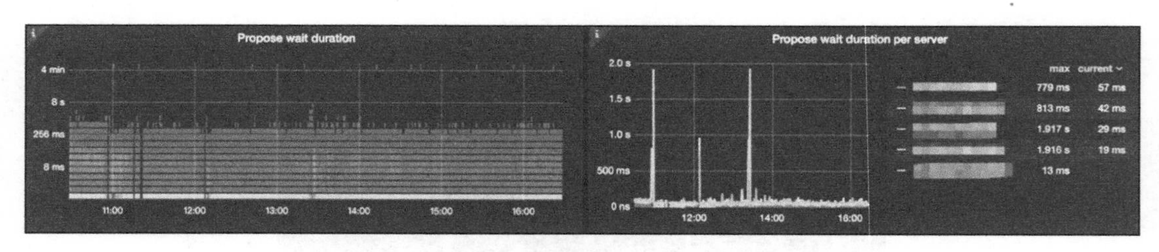

图 8.36　Propose wait duration per server 面板

从图 8.36 中看到，延迟是毫秒级别的，所以这个步骤没有问题。

Append log duration 通过查看 Grafana 监控 TiKV Details → Raft IO → Append log duration 面板来获取，如图 8.37 所示。

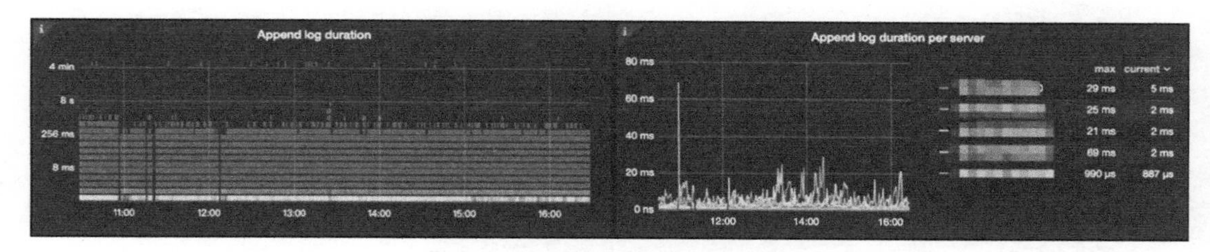

图 8.37　Append log duration 面板

从图 8.37 中看到，延迟是毫秒级别的，所以这个步骤也没有问题。

Commit log duration 通过查看 Grafana 监控 TiKV Details → Raft IO → Commit log duration 面板来获取，如图 8.38 所示。

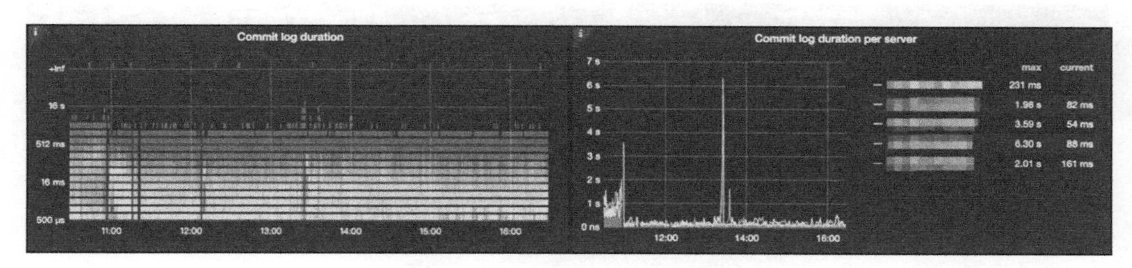

图 8.38　Commit log duration 面板

从图 8.38 中看到，延迟是毫秒级别的，所以这个步骤也没有问题。

Apply wait duration 通过查看 Grafana 监控 TiKV Details → Raft Propose → Apply wait duration 面板来获取，如图 8.39 所示。

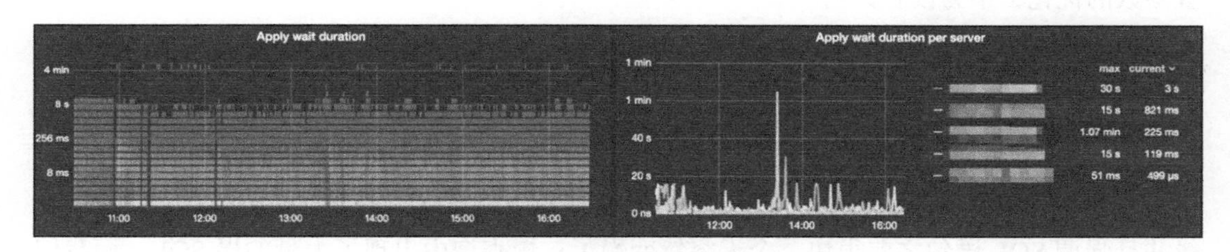

图 8.39　Apply wait duration 面板

从图 8.39 中看到，延迟是秒级别的，显然这个步骤可能会有问题！

Apply log duration 通过查看 Grafana 监控 TiKV Details → Raft IO → Apply log duration 面板来获取，如图 8.40 所示。

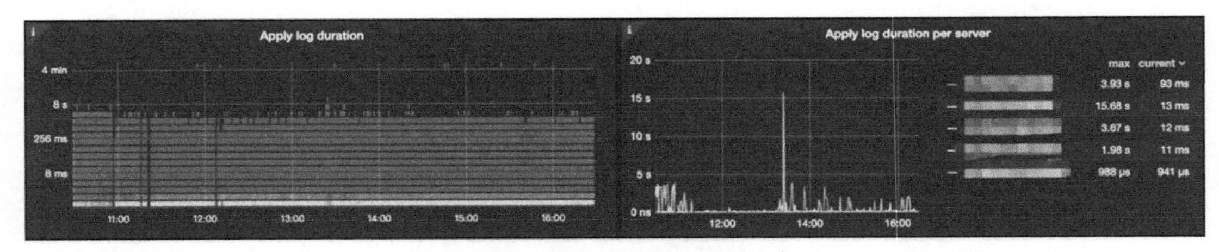

图 8.40　Apply log duration 面板

从图 8.40 中看到，延迟是毫秒级别的，所以这个步骤没有问题。

3）定位问题　这里对比了 Apply wait duration per server 和 Apply log duration per server 两个面板，如图 8.41 所示。

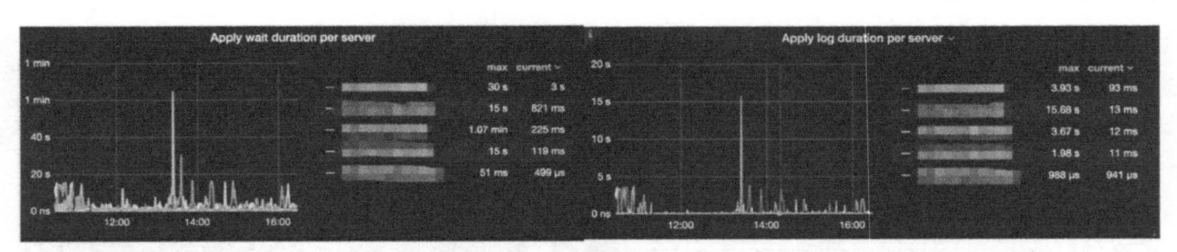

图 8.41　Apply wait duration per server 和 Apply log duration per server 面板（见彩插）

由于这两个步骤有先后关系，apply wait 指的是等待 Apply pool 读取 RocksDB raft（或者 Raft Engine）中的 Raft 日志并应用到 RocksDB kv 中，而 apply 指的是 Raft 日志到了 Apply pool 后的应用，所以这里推理出 Apply pool 可能处理速度缓慢，出现了严重的堆积和等待。

现在终于定位到了问题出在哪一步，至于原因和解决方法将在第 9 章“系统变量与配置参数的优化”中为读者介绍。

8.3.9　大量查询超时的诊断方法

在使用和测试 TiDB 数据库集群时，一些用户可能会面临 TiDB 数据库集群读操作性能较差的问题。但是当我们进行调查的时候往往会出现下列情况：业务侧反馈没有新的业务上线并且强调 SQL 语句之前很快，今天突然变慢了；慢查询中出现了大量的慢 SQL。而我们面对上百个监控指标却不知道如何下手。

在本小节中，我们为读者介绍大量查询超时的一般诊断方法。首先来回顾一下 TiDB 数据库的读取流程。

1. TiDB 数据库读取流程简述

TiDB Server 的读取流程如图 8.42 所示。

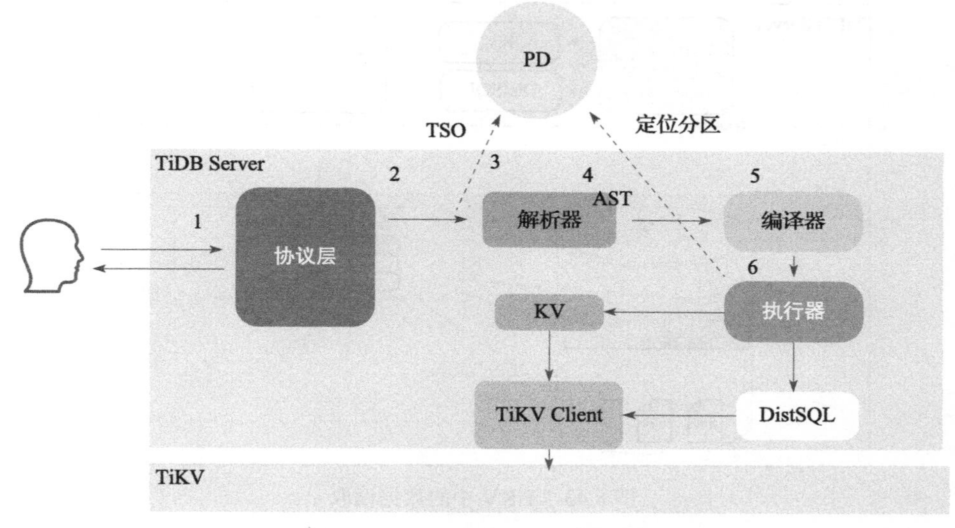

图 8.42　TiDB Server 的读取流程

1）从客户端读取一条 SQL。

2）为 SQL 语句赋予一个标识（Token)。

3）从 PD 获取 TSO（异步获取，此处拿到一个 tsFuture，后续的流程中可以通过 tsFuture 拿到真正的 TSO)。

4）使用解析器将 SQL 解析为 AST 语法树。

5）编译器将 AST 语法树编译为执行计划（此过程包含很多细节，此处合为一个步骤)。

6）执行第 5）步得到的执行计划，最底层的执行器会根据这条 SQL 处理的键范围构建出多个要下发到 TiKV 的请求，根据 SQL 的查询类型（点查或非点查）分别调用 KV API 或 DistSQL API 到各个 TiKV 获取目标数据。

接下来，TiKV 中的数据读取如图 8.43 所示。

TiKV 节点收到 gRPC 请求之后，Unify Read Pool 会根据读取数据量的不同将各个请求放到不同优先级的处理队列中，所谓 Unified Read Pool 就是一个具有优先级的线程池。例如，发送到 TiKV 节点的请求很多，其中前面有一个查询需要扫描大量数据（上千万行数据)，其他的查询都是点查操作。如果按照先进先出的队列进行管理，大的查询排在前面，就会占据很多的时间，那么其他的点查操作就要排队等它。Unify Read Pool 就是用来解决这种问题的，它会将不同类型的查询给到执行优先级不同的线程。

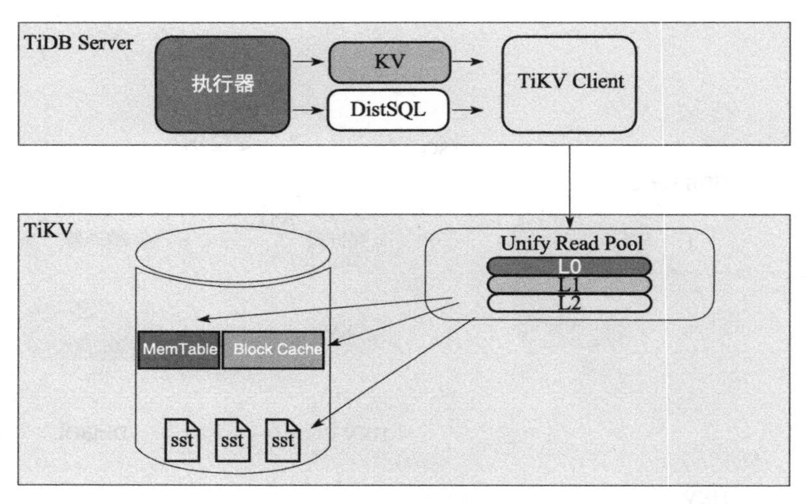

图 8.43　TiKV 中的数据读取

Unify Read Pool 将点查操作分配到优先级较高的线程，这样优先被执行的概率很高，用户可以很快得到结果；而一些大量的数据查询操作，就交给优先级比较低的线程。

之后，Unify Read Pool 中的线程就会到 TiKV 节点中的 RocksDB 中去读取数据，读者可以参考第一部分中 RocksDB 读取的流程，主要有如下几步：

1）如果在 RocksDB 的 Block Cache 中能够直接命中，则马上返回。

2）如果 Block Cache 没有命中，则去 MemTable 或者 Immutable memtable 查找数据，命中则马上返回。

3）如果 1）、2）均未命中，那么只能到磁盘中按照 L0，L1，…的顺序去检索数据文件（SST 文件）。检索数据文件（SST 文件）的方法包括最大值最小值比较、布隆过滤器和二分查找法，在这里不再详述。

4）经过 1）、2）、3）这几步就完成了数据的检索，之后返回数据或者没有检索到的消息。

5）注意，在检索的过程中，除了比对数据本身的键以外，还要进行时间戳的比对，例如，从 10:21 到 10:30 在不停地修改 key = 1 对应的值，假设改了 100 多次，那么它存储在数据库中的值就有 100 多个，这时就有 100 多个 key = 1 的键值对存储在数据库中。假设查询是 10:29 发出的，那么就必须要在 100 多个 key = 1 的键值对中找提交时间离 10:29 最近的那个（这个时间戳往往在键里面包含）。所以，每一次查询对于数据库还有一个时间切面的概念（也可以叫作快照），除了键要符合 SQL 的要求，快照的时间戳也要考虑。

在了解了 TiDB 数据库的基本读取流程后，再来看看大量查询超时应该如何诊断。

2. 大量查询超时的诊断方法

当遇到数据库整体性能下降的问题时，无论读写操作，都可以使用 8.3.8 节中“写入操作的诊断方法”介绍的五步先从宏观上了解数据库的性能状态，再细分写入和读取的操作排查。

3. 大量查询超时的诊断

这里以一个案例来为读者介绍 TiKV 大量查询超时的诊断，客户反映从 21:00 开始，数据库中的慢查询明显增多，经过宏观诊断，发现集群整体的延迟并没有较大上升，select 操作较多，且从 TiDB Dashboard 中的“慢查询”和“SQL 语句分析”中发现有一条 SQL 语句扫描的键的数量变成了之前正常时的 2 倍以上（在 SQL 详细的“Coprocessor 读取”子菜单中，显示这个 SQL 扫描的键的数量），这条 SQL 语句采用了索引全扫描的执行计划。于是，将问题定位到某些业务 SQL 引起了性能下降。

现在先来确认 TiKV 中的读取到底在哪一步耗时较多，不过读者还要注意，需要使用 8.3.7 节“如何诊断问题出现在哪个组件”中介绍的诊断方法，排除网络延迟的可能性。这里假设已经确认了，就是慢在 TiKV。

查看 Grafana 监控 TiKV-Details → Thread CPU → Unified read pool CPU 面板，如图 8.44 所示。

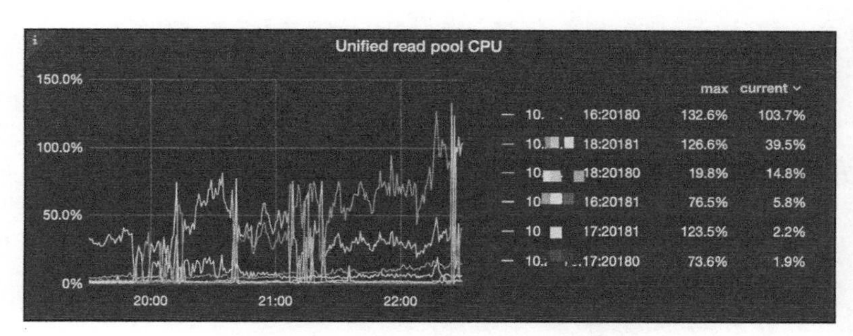

图 8.44　Unified read pool CPU 面板

图 8.44 显示 Unify Read Pool 的 CPU 使用率，所有的读取请求（包括 kv get、kv batch get、raw kv get、Coprocessor 等）都会在这个线程池中执行。可以发现，各个 TiKV 节点的 Unify Read Pool 的 CPU 利用率均不高，CPU 不是资源瓶颈。但可以明显看到，同一时刻各个 TiKV 的资源利用率并不均衡，如 18:20181 这个 TiKV 从 21:20—22:20 将近 1 小时的 CPU 使用率高于其他 TiKV 节点，可以怀疑这个 TiKV 节点出现了热点问题。

下面排查是不是 Unify Read Pool 在调度读取优先级和准备读取的时候出了问题呢，查看 Grafana 监控 TiKV-Details → Coprocessor Detail → Wait duration 面板，如图 8.45 所示。

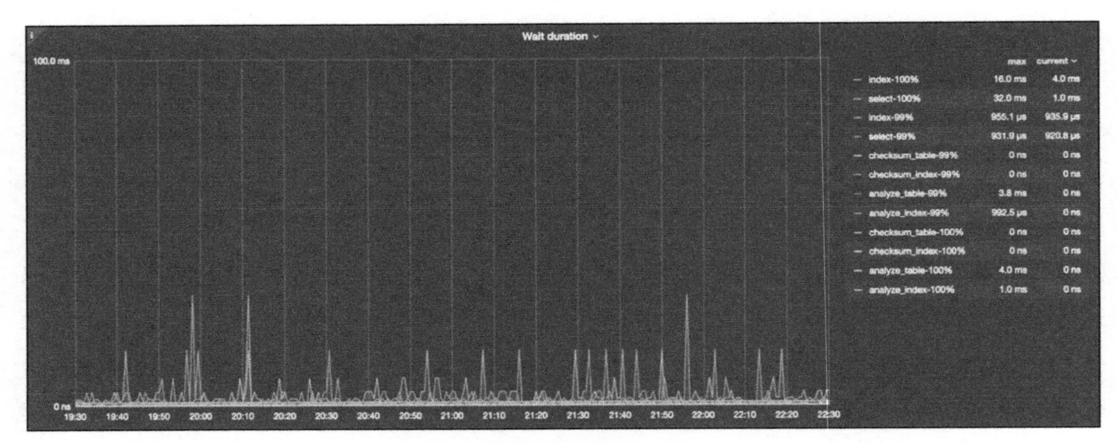

图 8.45 Wait duration 面板

图 8.45 包含了 Unify Read Pool 在调度读取优先级和准备读取前的延迟时间，从图中看到时间非常短，所以不是瓶颈。

既然 CPU 不是瓶颈，Unify Read Pool 调度上也没有问题，下面来看下是否真的是 TiKV 在读取数据时候遇到了问题，查看 Grafana 监控 TiKV-Details → Coprocessor Detail → Handle duration 面板，如图 8.46 所示。

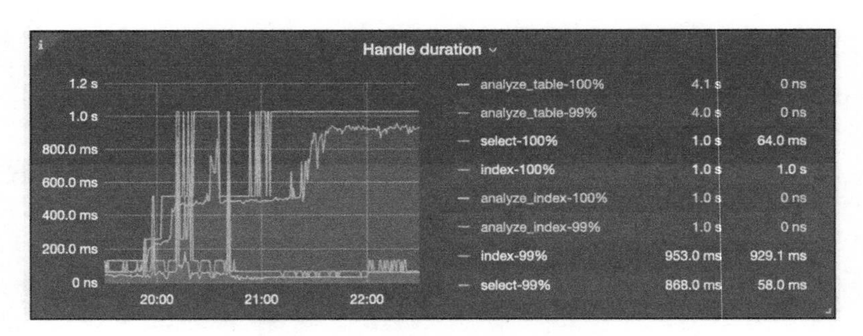

图 8.46 Handle duration 面板

图 8.46 中显示在 TiKV 中，Coprocessor 处理各种 SQL 请求的时间，可以发现图中 select 以及 index 读耗时在问题时间段有明显的升高。下面看一看这种升高是某些 TiKV 节点还是所有 TiKV 节点，查看 Grafana 监控 TiKV-Details → Coprocessor Detail → 95% Handle duration by store 面板，如图 8.47 所示。

从图 8.47 中发现，确实是某几个 TiKV 会比较高，比如 18:20181 的 TiKV 从 21:20—22:20 将近 1 小时的耗时高于其他 TiKV 节点，再次强化了图 8.44 监控中怀疑的热点问题了。这个时候，用户可以转到 8.3.4 节“定位热点问题”来诊断热点问题。

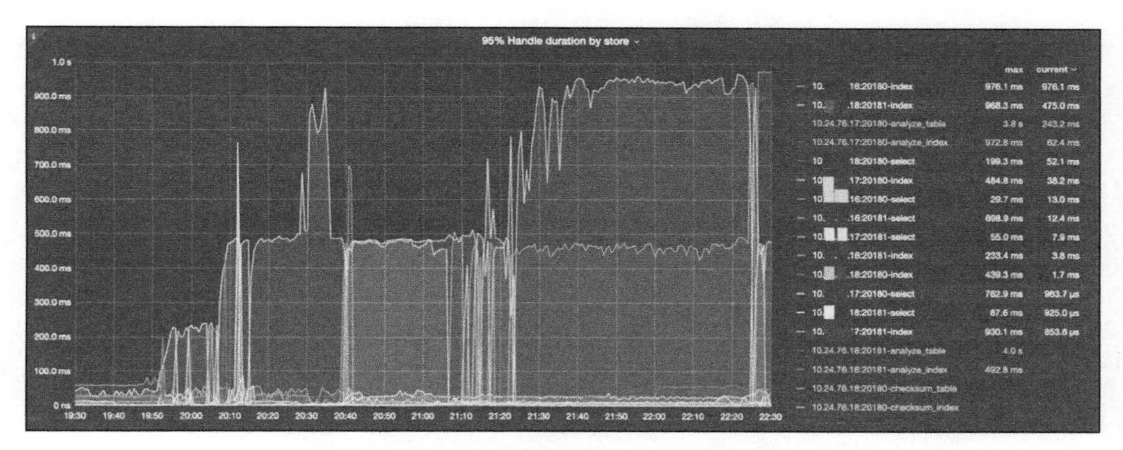

图 8.47　95% Handle duration by store 面板

但是，在 SQL 查询过程中，扫描了大量的键的问题该如何排查呢？

查看 Grafana 监控 TiKV-Details → Coprocessor Detail → Total Ops Details 面板，可以明确是何种操作中需要处理的数据量发生了变化，这里经过对比，发现大约从 21:00 起，索引读的 processed_keys 的数量逐渐升高，如图 8.48 所示。

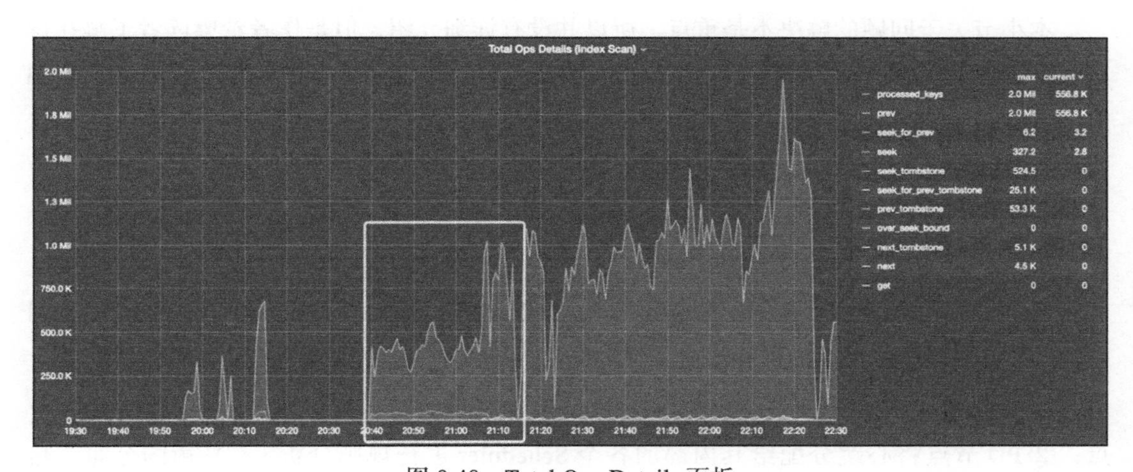

图 8.48　Total Ops Details 面板

升高的趋势和反应 TiKV 整体延迟的 99% gRPC message duration 面板中监控指标的升高趋势基本一致，如图 8.49 所示。

现在可以确定，是索引读操作的键的数量有明显上升。有了这个结论，再回过头去看慢查询语句的执行计划使用的是索引全扫描，也得到了吻合。

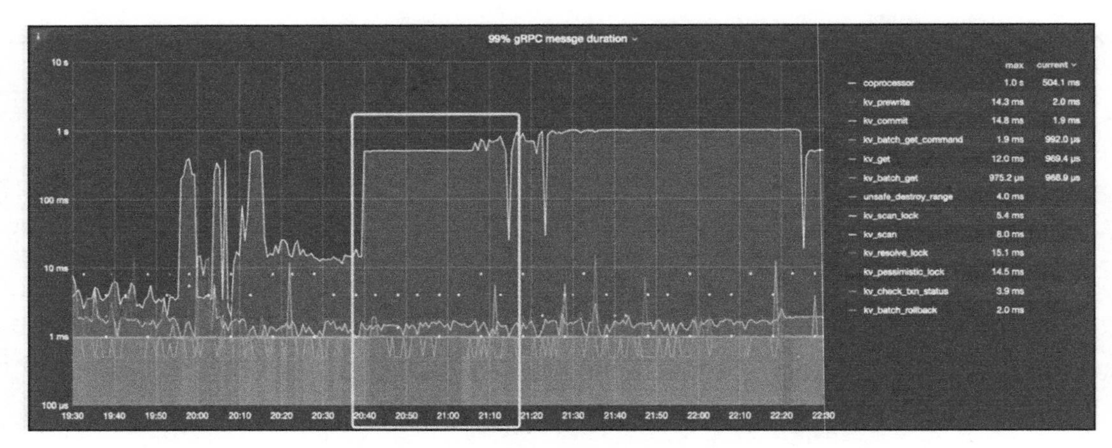

图 8.49　99% gRPC message duration 面板

那么为什么突然扫描的键的数量上升了呢？最终业务方证实，由于业务需要，他们向表中导入了大量新数据，这样就造成了索引全扫描的数据量升高，同时由于导入的数据产生了热点（表设计不合理），在这次性能问题中也有热点的现象。解决方案为：改变表的执行计划，避免使用复杂度与数据量正相关的索引全扫描方式，打散已有热点。

本小节关于问题的解决不是重点，所以并没有详细介绍，但是作者希望读者了解在诊断过程中使用的几个监控指标，也就是理解如何用这几个监控指标排查问题出在 Unify Read Pool 的调度上，还是实际的读取中，是索引读还是全表扫描等造成的延迟上升。这样，就可以对大量读取造成的性能问题有比较明确的诊断思路了。

8.3.10　PD 调度慢的诊断方法

本书在第一部分中介绍过 TiDB 数据库的 PD 组件负责调度各个 TiKV 上的 Region 副本，可以起到平衡和消除热点等作用。

PD 组件的调度流程如图 8.50 所示：①各个 Region 和 TiKV 节点发送心跳给到 PD 节点；② PD 节点将心跳分配给其内部的各个 Scheduler 进行规则分析（不平衡的分布、热点等）；③各个 Scheduler 生成 Operator，Operator 代表对于 TiKV 的具体调度操作；④将 Operator 发送到各个 TiKV 节点，开始调度 Region。

所以，当出现 TiKV 节点中 Leader / Region 分布不均衡、热点 Region 分布不均匀、空 Region 过多 / Region 整合过慢时，需要首先检查 PD 组件的相关 Operator，特别关注 Operator 的生成和执行情况。读者可以参考 9.5 节的相关内容。

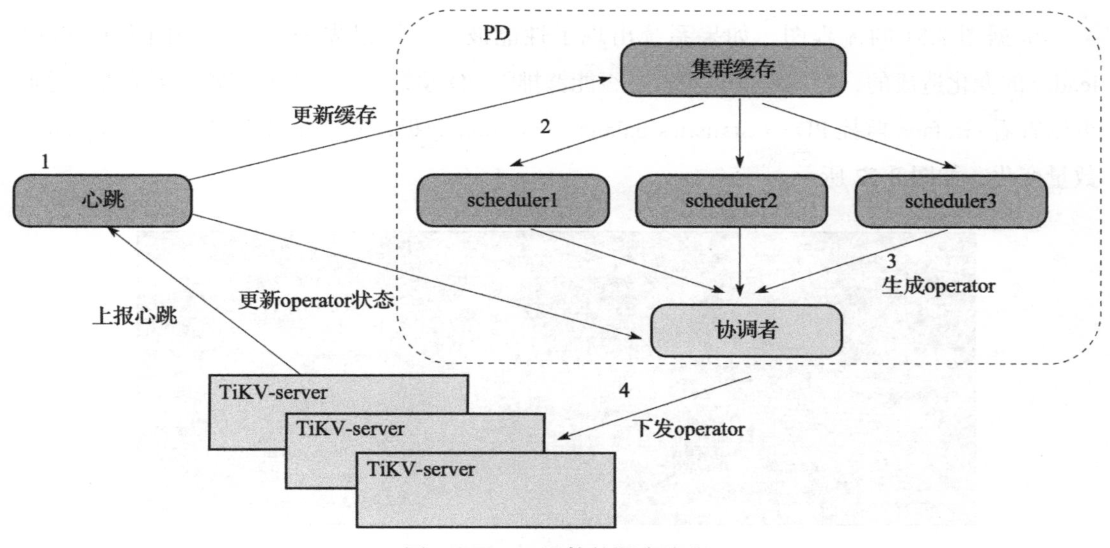

图 8.50　PD 组件的调度流程

8.3.11　PD 频繁调度的诊断方法

TiDB 数据库在某些特殊的情况下，可能会触发频繁的调度，也就是 Region 在各个 TiKV 节点中被调度和漂移并对性能产生一定的影响，本书给出一个诊断方法。PD 频繁调度的诊断流程图如图 8.51 所示。

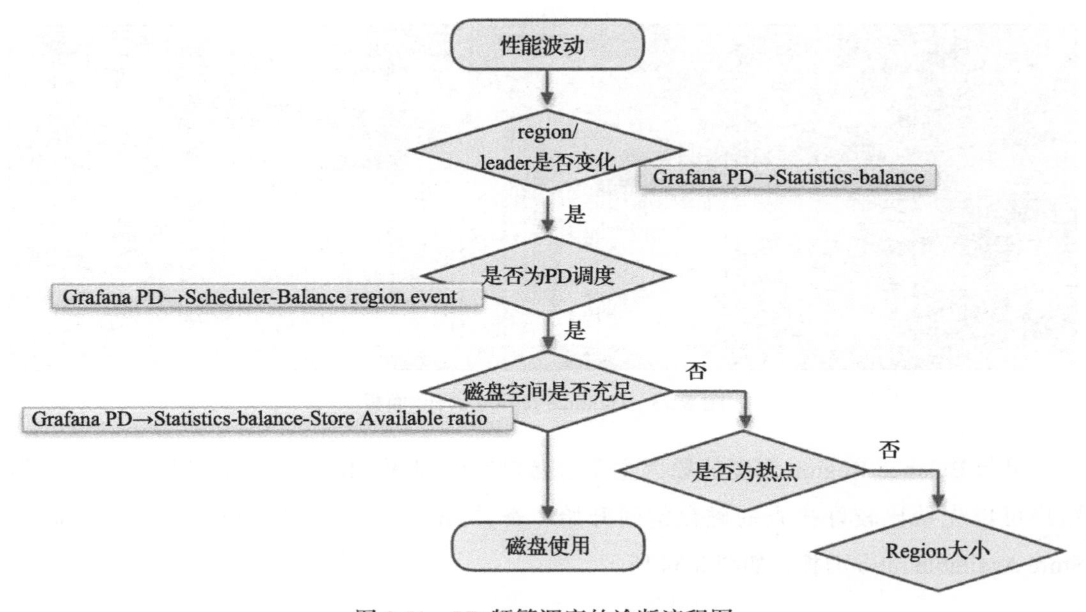

图 8.51　PD 频繁调度的诊断流程图

根据图 8.51 的流程图，如果系统出现了性能波动，可以先来确认是否因为 Region / leader 的变化造成的，也就是说先看看是否能够排除 PD 频繁调度而引起问题的可能性。这时可以查看 Grafana 监控 PD → Statistics-balance → region 面板，它表示各个 TiKV 上 Region 的数量变化，如图 8.52 所示。

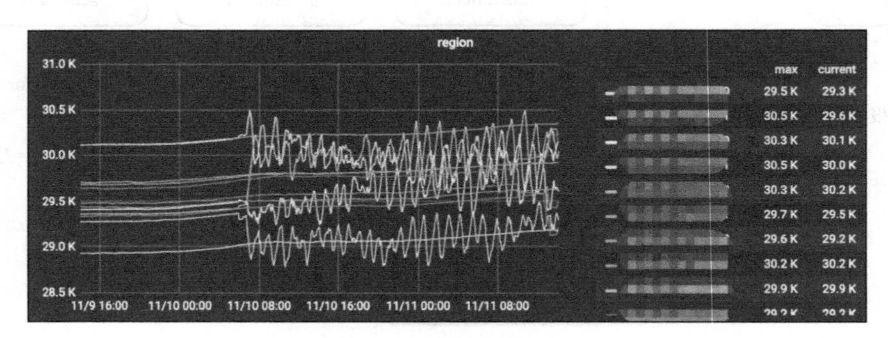

图 8.52　region 面板

果然，能够发现从横坐标的 11 月 10 日开始，各个 TiKV 上 region 的数量都开始变化了。既然是 Region 的数量出现了抖动，一定是 PD 节点发出了 Operator 进行调度，用户需要明确是何种调度。查看 Grafana 监控 PD → Scheduler → Balance region event 面板中 Scheuler 的状态，发现起因是 PD Scheduler 进行频繁的 Balance Region 调度，如图 8.53 所示。

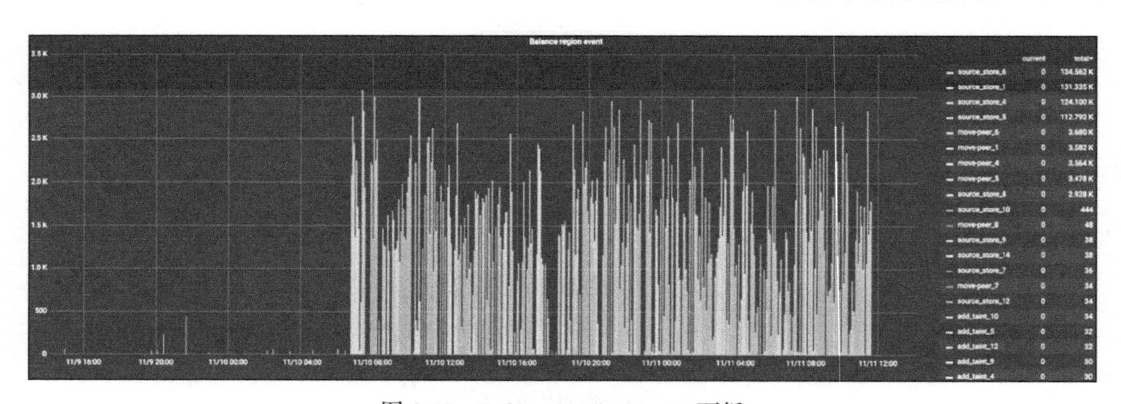

图 8.53　Balance region event 面板

引起 Balance Region 调度的原因主要有磁盘空间问题、Region 大小问题和热点问题，用户可以先从比较好排查的磁盘空间开始。查看 Grafana 监控 PD → Statistics-balance → Store Available ratio 面板，如图 8.54 所示。

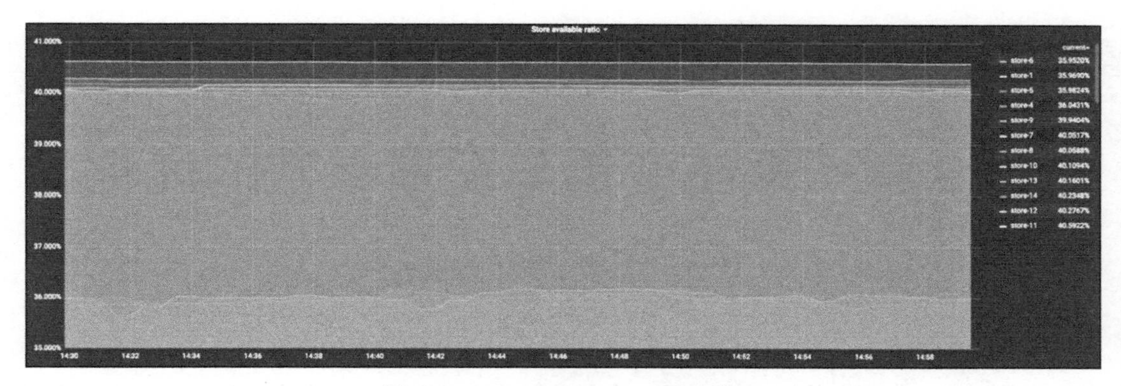

图 8.54　Store Available ratio 面板

图 8.54 中可以发现有几个 TiKV 节点的磁盘可用空间同时在 40% 左右徘徊，这里补充一个 PD 的配置参数 schedule.high-space-ratio，它的默认值是 0.6，当数据库 TiKV 节点的可用空间小于 1-schedule.high-space-ratio 时，就认为磁盘的空间不是那么充裕了，于是就会在评估是否调度 Region 时考虑剩余空间的因素。这个时候，Region 就更有可能被调度到其他 TiKV 节点（那些剩余空间没有达到 1-schedule.high-space-ratio 的 TiKV 节点）。但是，那些 Region 被调去的 TiKV 节点的剩余空间可能也快到 1-schedule.high-space-ratio 以下了，当一部分 Region 调度过来以后，剩余空间降到了 1-schedule.high-space-ratio，所以在评估是否调度的时候，那些被调入 Region 的 TiKV 也考虑了剩余空间，这样可能 Region 又会被调离，于是就出现了 Region 在几个 TiKV 节点被调度来调度去的情况。

解决办法可以是将 schedule.high-space-ratio 参数调大，或者为系统扩容。关于解决方案，可以参考 9.5 节中关于“存储空间阈值配置参数”的优化方法。

到此为止，本章为读者总结了 11 种常见的性能监控与诊断方法，读者可能会觉得有的诊断比较复杂，其实当读者日常巡检或者对系统进行诊断时，记得多对照上面的性能监控指标去进行实践，日积月累可能会积累更多的诊断方法。下面，本书着重介绍遇到之前提到的这些性能问题，应该如何去解决。

第 9 章　系统变量与配置参数的优化

本章主要为读者介绍 TiDB 数据库集群在运行时与性能相关的系统变量与配置参数，在理解了其原理、作用和使用方法之后，读者进行系统级别的性能优化时就可以对它们进行调整从而去解决性能问题了。由于 TiDB 数据库的系统变量与配置参数非常丰富，本书以 TiDB 数据库 v6.5 和 v7.1 为基础，对一些常用的系统变量和配置参数进行介绍。至于更多的系统变量与配置参数，读者可以在使用的时候参考 TiDB 数据库的官方文档。

9.1 硬件与操作系统的配置优化

9.1.1 CPU 配置

关于 CPU，要注意调整 CPU 功耗策略为高性能模式（Performance）。因为一般服务器的 CPU 都应用了动态节能技术，目的是降低服务器功耗。通过选择系统空闲状态不同的电源管理策略，可以实现不同程度降低服务器功耗的目的，更低的功耗策略意味着 CPU 唤醒更慢，对性能影响更大。但是，数据库属于对于时延和性能要求很高的应用，建议关闭 CPU 的动态节能功能，禁止 CPU 休眠，并把 CPU 频率固定到最高。这里列举 CPU 的 5 种模式：

（1）Performance　顾名思义只注重效率，将 CPU 频率固定工作在其支持的最高运行频率上，而不动态调节。

（2）Userspace　最早的 cpufreq 子系统通过 Userspace 调节器为用户提供了这种灵活性。系统将变频策略的决策权交给了用户态应用程序，并提供了相应的接口供用户态应用程序调节 CPU 运行频率。可以通过手动编辑配置文件进行配置。

（3）Powersave　将 CPU 频率设置为最低的“省电”模式，CPU 会固定工作在其支持的最低运行频率上。

（4）Ondemand　按需快速动态地调整 CPU 频率，一有 CPU 计算量的任务出现，就会立即达到最大频率运行，等执行完毕就立即回到最低频率。不同于 Userspace 的内核态检测，用户态调整效率低，Ondemand 正是人们长期以来希望看到的一个完全在内核态下工作并且能够以更加细粒度的时间间隔对系统负载情况进行采样分析的调节器。如果 Ondemand 调节器监测到系统负载超过 up_threshold 所设定的百分比，说明用户当前需要 CPU 提供更强大的处理能力，Ondemand 调节器便会将 CPU 设置在最高频率上运行。但是如果 Ondemand 调节器监测到系统负载下降，可以降低 CPU 的运行频率时，到底应该降到哪个频率？ Ondemand 调节器的最初实现是在可选的频率范围内调低至下一个可用频率，例如 CPU 支持三个可选频率，分别为 1.67 GHz、1.33 GHz 和 1 GHz，如果 CPU 运行在 1.67 GHz 时 Ondemand 调节器发现可以降低运行频率，那么 1.33 GHz 将被选作降频的目标频率。

（5）Conservative　与 Ondemand 不同，其可以平滑地调整 CPU 频率，频率的升降是渐变式的，会自动地在频率上下限调整，和 Ondemand 的区别在于它会按需分配频率，而不是一味追求最高频率。

综上所述，为保证服务性能应选用 Performance 模式，将 CPU 频率固定工作在其支持的最高运行频率。设置命令为：

```
cpupower frequency-set --governor performan
```

9.1.2　内存配置

在 Linux 中大页分为两种：Huge pages（标准大页）和 Transparent Huge pages（透明大页）。内存是以块（即页）的方式进行管理的，当前大部分系统默认的页（page）大小为 4096 B，即 4 K。1 MB 内存等于 256 页，1 GB 内存等于 256 × 1024 页。CPU 拥有内置的内存管理单元，包含这些页面的列表，每个页面通过页表条目引用。当内存越来越大的时候，CPU 需要管理这些内存页的成本也就越来越高，这样会对操作系统的性能产生影响。

标准大页是从 Linux Kernel 2.6 后被引入的，目的是通过使用大页内存来取代传统的 4 KB 内存页面，以适应越来越大的系统内存，让操作系统可以支持现代硬件架构的大页面容量功能。标准大页有两种格式大小：2 MB 和 1 GB，2 MB 页块大小适合用于 GB 级别的内存，1 GB 页块大小适合用于 TB 级别的内存，2 MB 是默认的页大小。

透明大页（THP）是 RHEL（Redhat Enterprise Linux）6 开始引入的一个功能，在 Linux 6 上透明大页是默认启用的。由于标准大页很难手动管理，而且通常需要对代码进行重大的更改才能有效地使用，因此 RHEL 6 开始引入了透明大页，透明大页是一个抽象层，能够自动创建、管理和使用传统大页。

透明大页为系统管理员和开发人员减少了很多使用传统大页的复杂性，因为透明大页的目标是改进性能，因此其他开发人员（来自社区和Redhat）已在各种系统、配置、应用程序和负载中对透明大页进行了测试和优化。这样可让透明大页的默认设置改进大多数系统配置性能。但是，不建议对数据库工作负载使用透明大页。

这两者最大的区别在于：标准大页管理是预分配的方式，而透明大页管理则是动态分配的方式。所以，对于数据库应用，不推荐使用THP，因为数据库往往具有稀疏而不是连续的内存访问模式，且当高阶内存碎片化比较严重时，分配THP页面会出现较大的延迟。若开启针对THP的直接内存规整功能，也会出现系统CPU使用率激增的现象，因此建议关闭THP。

9.1.3 NUMA绑定

所谓NUMA绑定就是将内存直接绑定在CPU上，CPU只有访问自身管理的内存物理地址时，才会有较短的响应时间；而访问其他CPU管理的内存地址上的数据，就需要通过InterConnect通道访问，响应时间就会增加。与其相对应的是SPM架构，二者如图9.1所示。

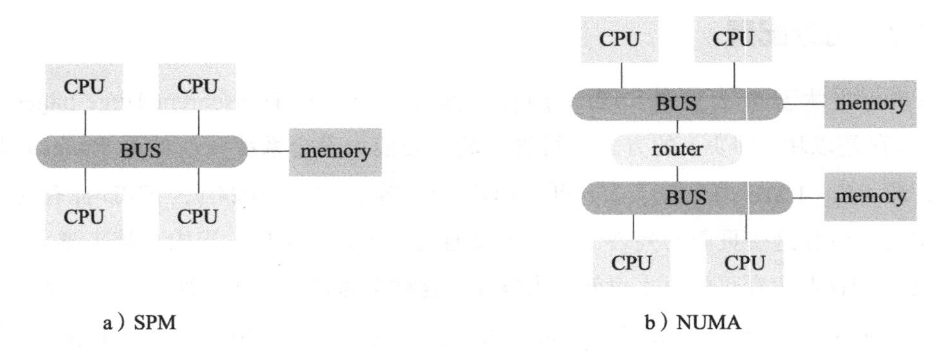

图9.1　SPM与NUMA

所以一般建议用户采用NUMA架构的服务器，通过绑定NUMA节点，尽可能地避免跨NUMA访问内存，提升服务器的性能。

9.1.4 IO配置

对于IO配置，主要关注IO调度（IO scheduler）和Mount Parameters两个问题。这里

先来看一下 IO 调度。

Linux 内核 IO 调度程序的工作任务是以合理和优化的方式将数据传递到底层存储设备。根据 IO 调度程序的策略，TiDB 数据库实例的性能可能会有所不同。当然，如果当前的系统负载较低，IO 调度器不会有太大的不同。但是，如果用户面临 IO 限制并且您的系统必须处理高负载，选择正确的 IO 调度程序是至关重要的。通常，Linux 支持以下 IO 调度程序。

（1）NOOP　NOOP 是所有 IO 调度程序中最简单的。它只是将数据发送到 FIFO（先进先出）队列，合并请求以保存在磁盘上查找并传递数据。

（2）CFQ　完全公平调度程序（Completely Fair Scheduler，CFQ）的思想是给属于同一优先级的所有进程相同大小的时间片。执行顺序 IO 的进程可能比执行随机 IO 的进程获得更多的带宽（在数据库中随机 IO 在 OLTP 工作负载期间经常发生）。CFQ 是默认值，通常是桌面应用程序的首选，它应该保持响应。对于数据库服务器来说，这不一定是最优配置。

（3）DEADLINE　DEADLINE 调度程序试图确保没有进程会遭受饥饿。内核为每个 IO 强加了一个截止日期。实际测试表明，使用 DEADLINE 实际上总是比依赖默认值（CFQ）快。但是，在许多情况下，它们没有区别。

对于 SSD 设备，宜设置为 NOOP。

接下来，讨论 Mount Parameters 的设置优化，默认的方式下 Linux 会记录文件访问的时间 atime，文件系统记录了文件被访问、创建、修改等的时间戳，比如文件创建时间、最近一次修改时间和最近一次访问时间，这在绝大部分的场合都是没有必要的。

因为系统运行的时候要访问大量文件，如果能减少一些动作（比如减少时间戳的记录次数等）将会显著提高磁盘 IO 的效率，提升文件系统的性能。如果遇到机器 IO 负载高或是 CPU WAIT 高的情况，可以尝试使用 noatime 和 nodiratime 禁止记录最近一次访问时间戳。所以，读者可以尝试做如下设置：读取文件时使用 noatime 将禁用对元数据的更新，读取目录时使用 nodiratime 将禁用对元数据的更新。

9.1.5　网络配置

对于网络，除了对于带宽要求以外，Bonding 网卡一般有两类需求：

1）带宽满足（≥万兆网卡），通过主备模式的 bond0 的 Bonding 技术来确保网络的高可用能力。

2）带宽不足（<万兆网卡），通过平衡轮巡模式的 bond1 的 Bonding 技术来增加网络带宽吞吐能力。

这里建议读者使用大于万兆的双网卡，并设置主备模式 bond0 来提升网络线路的高可用性。

9.1.6 操作系统配置

1. 操作系统版本

关于操作系统的版本，建议读者要选择官方文档中建议的版本，因为那些版本均是进行了完整测试后符合要求的。

以 TiDB v6.5 和 v7.1 为例，支持的操作系统与 CPU 架构如图 9.2 所示。

操作系统	支持的 CPU 架构
Red Hat Enterprise Linux 8.4 及以上的 8.x 版本	x86_64 ARM 64
Red Hat Enterprise Linux 7.3 及以上的 7.x 版本 CentOS 7.3 及以上的 7.x 版本	x86_64 ARM 64
Amazon Linux 2	x86_64 ARM 64
麒麟欧拉版 V10 SP1/SP2	x86_64 ARM 64
UOS V20	x86_64 ARM 64

图 9.2　TiDB 6.x 与 7.x 支持的操作系统与 CPU 架构

2. limit 配置

对于集群的部署用户，要打开文件最大数量的软限制和硬限制，并设置使用堆栈大小（单位为 KB）。如下：

```
## <deploy-user> 为部署、运行 TiDB 集群的用户
<deploy-user>     soft    nofile     1000000
<deploy-user>     hard    nofile     1000000
<deploy-user>     soft    stack      10240
```

3. irqbalance 配置

每个硬件设备都需要和 CPU 有某种形式的通信以便 CPU 及时知道发生了什么，这样 CPU 可能就会放下手中的事情去处理应急事件，硬件设备主动打扰 CPU 的现象就可称为硬件中断（irq）。就像正在一心一意的写代码时，突然微信“叮咚”地响起来，这时我们就知道有事情需要处理，这里的“叮咚”声就可以理解成一次中断。针对每个硬件操作系统都会分配给其一个唯一的中断编号及 irq 号。

irqbalance（中断均衡）是一个守护进程，用于帮助平衡所有系统 CPU 之间由中断产生的 CPU 负载，它避免了单 CPU 负载过重情况的出现。通过 irqbalance 服务让多 CPU 的服务器可以有效地平衡管理各类中断请求，避免出现某些 CPU 非常忙，而某些 CPU 又无事可做的窘境。

所以，建议用户启用 irqbalance 服务。

4. 防火墙配置

建议用户禁用 SELinux，对于 Firewall 配置，建议关闭或为 TiDB 集群各服务添加允许规则。

5. 透明大页

在刚才内存的配置中已经介绍了，建议禁用透明大页。

6. Swap 配置

建议 Swap 关闭，如下配置：

```
vm.swappiness: 0
vm.overcommit_memory: 0 或 1
```

7. 存储配置

存储配置中，请注意设置文件系统的 fs.file-max: 1000000 配置，检查 ext4 分区的挂载参数，并确保挂载参数包含 nodelalloc、noatime 选项。

还有就是对于 IO 调度，如果使用 SSD 盘，建议设置为 NOOP。

8. 网络配置

对于网络配置，建议如下：

```
net.ipv4.tcp_tw_recycle: 0
net.ipv4.tcp_syncookies: 0
net.core.somaxconn: 32768
```

9.1.7 TiDB 数据库部署检测

读者可能觉得上面如此之多的硬件和操作系统配置，在部署 TiDB 数据库时会非常麻烦，为了简化人工检查的步骤，TiUP 工具提供了 check 子命令，它用于自动检查指定集群的机器硬件和软件环境是否满足正常运行条件。除了对以上各项进行检查外，还包括部署服务器的端口冲突检测，以及快速对服务器进行磁盘性能压测等，非常方便快捷。

若集群尚未部署，需要传递将用于部署集群的拓扑描述文件，即 topology.yml 文件，TiUP 集群会根据该文件的内容连接到对应机器去检查，若集群已经部署，则可以使用集群的名字。

```
tiup cluster check <topology.yml | cluster-name> [flags]
```

另外，如果读者希望快速地对 CPU、内存、磁盘性能逐一进行检查，还可以通过添加以下几个选项来自动完成对硬件基本要求的检测。

```
tiup cluster check --enable-cpu --enable-disk --enable-mem <topology.yml |
    cluster-name>
```

在上面的命令中，加入了对于硬件性能的检测选项，分别是：

--enable-cpu：该选项用于启用 CPU 核心数检查。

--enable-disk：该选项用于启用 fio 磁盘性能测试。

--enable-mem：该选项用于启用内存大小检查。

最后，TiUP 集群的 check 命令除了可以默认对多个问题进行检查外，还可以通过添加 --apply 参数尝试对以上检查项进行自动修复，命令如下：

```
tiup cluster check --apply <topology.yml | cluster-name>
```

可以看到，虽然数据库集群对于硬件和操作系统有很多要求，但是 TiUP 集群的 check 工具可以帮助读者进行自动检查并修复，非常便捷。

9.1.8 TiDB 数据库的推荐硬件配置

关于 TiDB 数据库的推荐配置，建议读者根据企业的实际需要参考官方文档的推荐配置与详细要求，以 TiDB v6.5 和 v7.1 为例，推荐的生产配置如图 9.3 所示。

组件	CPU	内存	硬盘类型	网络
TiDB	16 核 +	48 GB+	SSD	万兆网卡（2 块最佳）
PD	8 核 +	16 GB+	SSD	万兆网卡（2 块最佳）
TiKV	16 核 +	64 GB+	SSD	万兆网卡（2 块最佳）
TiFlash	48 核 +	128 GB+	1 or more SSDs	万兆网卡（2 块最佳）
TiCDC	16 核 +	64 GB+	SSD	万兆网卡（2 块最佳）
监控	8 核 +	16 GB+	SAS	千兆网卡

图 9.3　TiDB 6.x 与 7.x 推荐的生产配置

9.1.9 TiDB 数据库的混合部署

有时候，在生产环境中为降低硬件设备成本，且更高效地压榨硬件资源，读者可以选择单机多实例部署，常见的混合部署策略如下：

1. TiDB Server 与 TiDB Server 混合部署

1）满足多路 CPU 处理要求。

2）内存是推荐配置的 *N* 倍（*N* 为计划混合部署的服务节点数量）。

3）各服务节点通过 NUMA 方式进行资源隔离。

2. TiKV 与 TiKV 混合部署

1）TiKV 需要配置主机级别的 Label 属性（关于 Label 将在第三部分“应用场景架构设计”中介绍）。

2）满足多路 CPU 处理要求。

3）内存是推荐配置的 *N* 倍（*N* 为计划混合部署的服务节点数量）。

4）各服务节点通过 NUMA 方式进行资源隔离。

3. TiDB Server 与 PD 混合部署

在主机资源配置充足，且业务初期压力并不大的情况下，可以考虑此方案进行部署。但是，对查询操作响应速度要求很高的场景不建议使用此方式混合部署。

9.2 TiDB 数据库的系统变量优化

接下来介绍 TiDB 数据库中一些常见的系统变量，系统变量大部分是和数据库处理 SQL 的行为有关的，在介绍的时候作者会结合第 8 章中性能监控方面的指标，告诉读者在性能诊断中哪些监控指标可以联系到相关的系统变量。

9.2.1 并发控制

提高性能的一个主要手段就是并发处理，当系统资源空闲较多时，设置更高的并发度让资源被利用得更充分可以提升整体性能，但是更高并发往往消耗更多系统资源，在资源紧张时反而会降低整体性能。所以说，要根据系统当前的资源状况尤其是 CPU 和 IO 的利用率，来调节并发度，在 TiDB Server 中用户可以调整并发控制参数来提升或者降低并发度，如表 9.1 所示。

表 9.1 并发控制参数

参数	作用
tidb_distsql_scan_concurrency	控制 Table Scan 和 Index Scan 算子的并发度
tidb_executor_concurrency	统一设置各个 SQL 算子的并发度，包括 Index Lookup、Index Lookup Join、Hash Join、Hash Agg、Window、Projection 的并发度
tidb_build_stats_concurrency	设置 ANALYZE 语句执行时的并发度
tidb_ddl_reorg_worker_cnt	控制 DDL 加索引的并发度

tidb_distsql_scan_concurrency 参数是表和索引扫描的并发度，当用户的应用程序是事务型（OLTP 业务）的时候，没有必要设置过大，因为 SQL 基本都是精准定位表中的某行或者某几行数据，不会有太多全表扫描操作；如果是分析型（OLAP 业务）的时候，这个参数可以考虑调大。但是，如果表的数据量过大或者扫描频率过高（尤其是分区表），此参数过大可能引起 TiKV 内存溢出，所以要格外小心。对于 TiKV 的内存监控可以查看 Grafana 监控 TiKV-Details → Cluster → Memory 面板（关注各个 TiKV 的机器内存资源使用是否均衡及使用率多少），如图 9.4 所示。

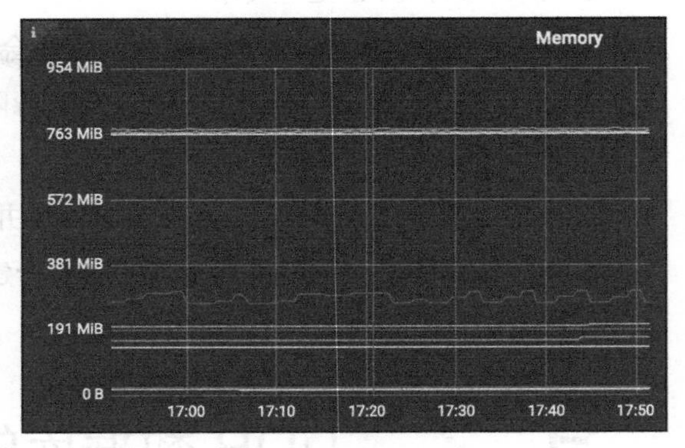

图 9.4 Memory 面板

tidb_executor_concurrency 参数是从 TiDB 数据库 v5.0 后引入的，如果用户设置了该参数则会影响到一系列的算子的并发度，包括：Index Lookup、Index Lookup Join、Hash Join、Hash Agg、Window 和 Projection。当然用户也可以单独设置这些算子的并发度，比如，用户希望 Hash Join 的并发度提升，可以单独设置 tidb_hash_join_concurrency 的并发度为 8，此时，如果 tidb_executor_concurrency 的并发度是 4，那么所有的 Hash Join 并发度按照 8 来进行。也就是说哪个参数的值高，以哪个参数为准。相关的参数包括：

```
tidb_index_lookup_concurrency
tidb_index_lookup_join_concurrency
tidb_hash_join_concurrency
tidb_hashagg_partial_concurrency
tidb_hashagg_final_concurrency
tidb_projection_concurrency
tidb_window_concurrency
```

在单独设置上面这些参数的时候可能会遇到警告，被告知此参数已经废弃，但我们知道其依然会有作用即可。

对于 tidb_build_stats_concurrency 和 tidb_ddl_reorg_worker_cnt 这两个参数，如果调高它们，会提高收集统计信息和创建索引的效率，但是一定会影响线上的正常业务性能，所以建议在业务空闲时进行相关的提速操作。

使用参数时要注意，一般在发现系统的 CPU 利用率和 IO 利用率不太高的时候，可以考虑调高和并发相关的参数来提升系统的性能。用户可以通过监控指标来进行判断。

查看 Grafana 监控 TiKV-Details → Unified read pool CPU 面板，如图 9.5 所示。

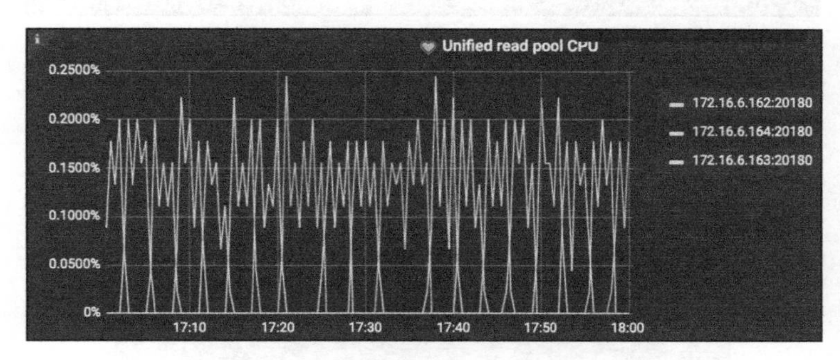

图 9.5 Unified read pool CPU 面板

图 9.5 中的监控指标是 Unified read pool 线程池的 CPU 利用率，所有的读取请求（包括 kv get、kv batch get、raw kv get、Coprocessor 等）都会在这个线程池中执行，所以如果它的 CPU 利用率已经很高了，就不要再提高并发度了。

查看 Grafana 监控 TiKV-Details → Cluster → CPU 面板，如图 9.6 所示。查看 Grafana 监控 TiKV-Details → Cluster → IO utilization 面板，如图 9.7 所示。查看 Grafana 监控 TiKV-Detail → Cluster → Memory 面板，如图 9.8 所示。

图 9.6 至图 9.8 表示各个 TiKV 节点的 CPU、内存、IO util 是否均衡及利用率多少，在调节并发度之前也一定看一看这三个监控指标，如果发现利用率很高，则说明并发度无须调整，可能需要优先解决其他问题（比如 SQL 优化等）。并且强烈建议设置适当的告警阈值，避免相关资源到达阈值后出现异常导致可用性降级。

另外，对于并发参数还要注意一点，就是其值不应超过运行进程节点主机的 CPU 核数，原因很简单，多线程的原理就是多个 CPU 核同时处理，比如，用户的服务器中只有一个 CPU 核，那么谈不上并发处理了。

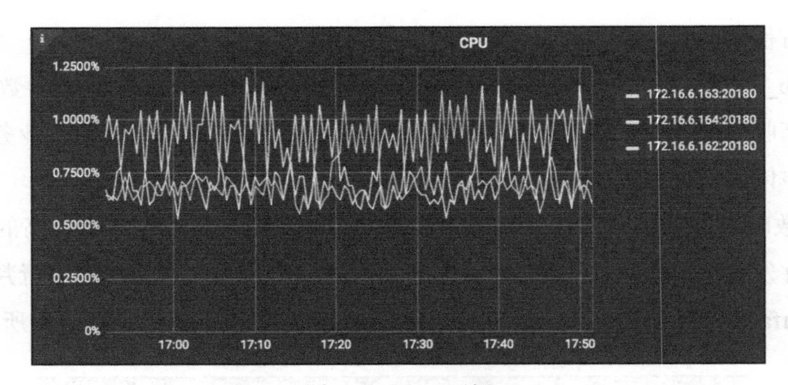

图 9.6　CPU 面板

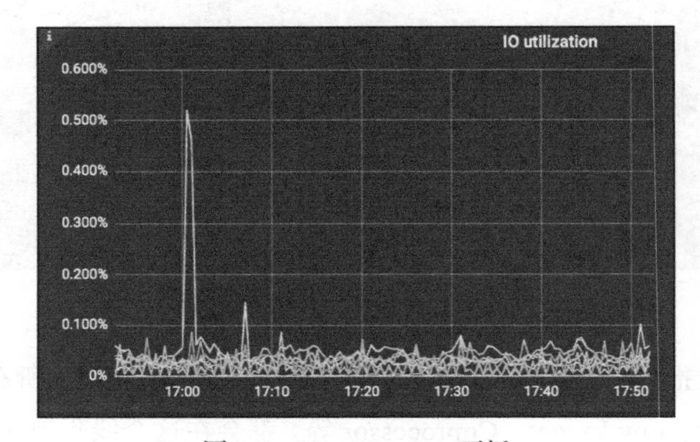

图 9.7　IO utilization 面板

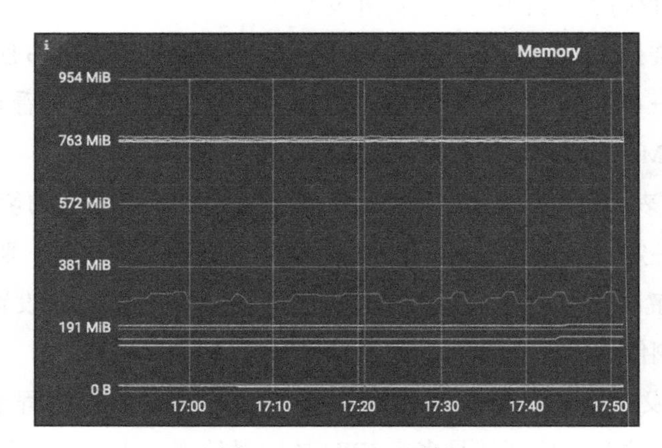

图 9.8　Memory 面板

tidb_committer_concurrency 参数控制一个事务 commit 阶段的最大并发数量。对于一个大事务来说，提交事务需要向 TiKV 集群发送大量写请求，如图 9.9 所示。设置更大的并发

（默认是 128）可能让大事务更快提交完成，但是也可能会造成 TiKV 瞬时压力过大，请求堆积，无法响应。

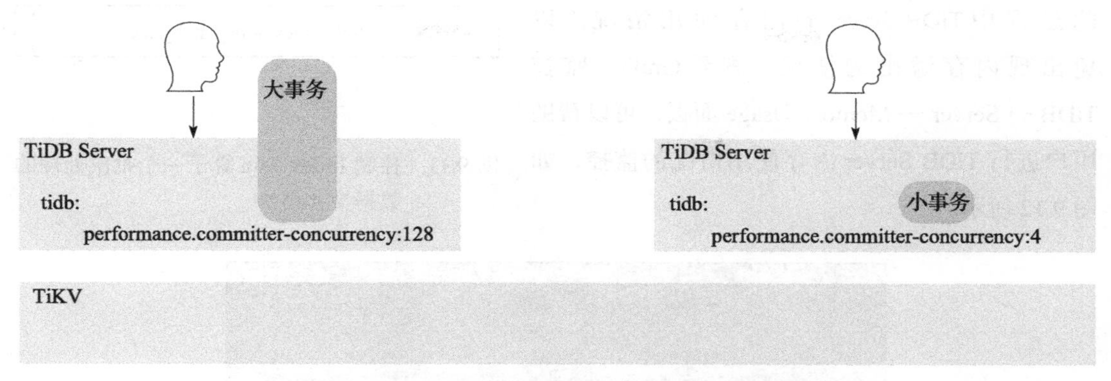

图 9.9　控制一个事务 commit 阶段的最大并发数量

9.2.2　批处理

tidb_init_chunk_size/tidb_max_chunk_size 参数是指当 TiDB Server 在执行 SQL 语句时（执行器模块负责），并不是按照一行一行为单位来执行获取数据的，而是以块（Chunk）作为单位。一个块包含多行数据，执行器以块为单位来执行获取数据、表达式求值和 JOIN 等操作，当结果集较大时，申请较大的块大小（Chunk size）可以提升性能，当结果集很小时，申请过大的块大小可能会造成内存浪费。

一个算子执行时，第一次创建 tidb_init_chunk_size（默认值 32）大小的块，当结果集比初始的块大小大的时候，下次执行的时候会对块自动扩容，也就是增加块的大小，如果结果集仍然超过块大小，会再一次扩容，直到达到 tidb_max_chunk_size（默认值 1024）设置的上限，如图 9.10 所示。

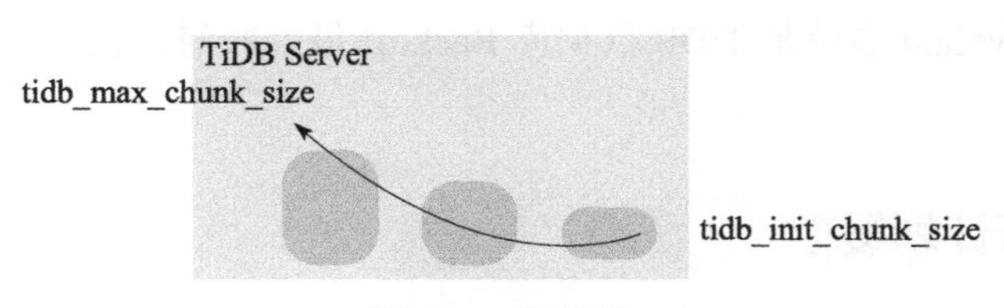

图 9.10　块扩容

tidb_index_join_batch_size 参数可控制 Index Join 算子一个批次处理的数据量大小，设置更大的大小会增加 Hash Join 的处理效率，可能会提升性能，但代价是消耗更多内存，如图 9.11 所示。

使用参数时要注意，批处理操作一般可以提升SQL的执行效率，但是一定要监控此过程中TiDB Server的内存使用情况，以免出现内存溢出的情况。查看Grafana监控TiDB → Server → Memory Usage面板，可以帮助用户进行TiDB Server内存使用情况的监控，如图9.12所示。

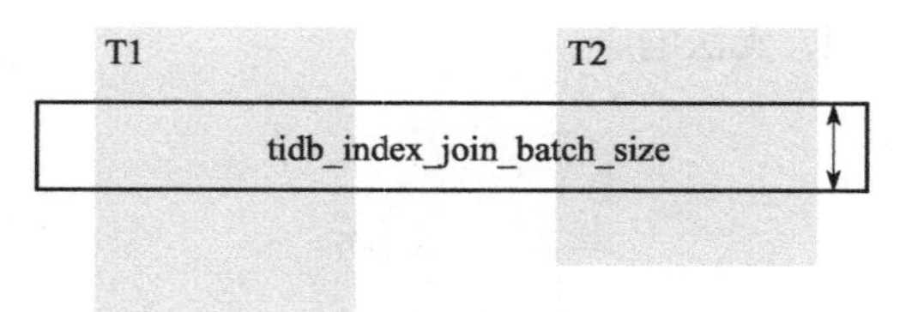

图9.11　控制Index Join算子一个批次处理的数据量大小

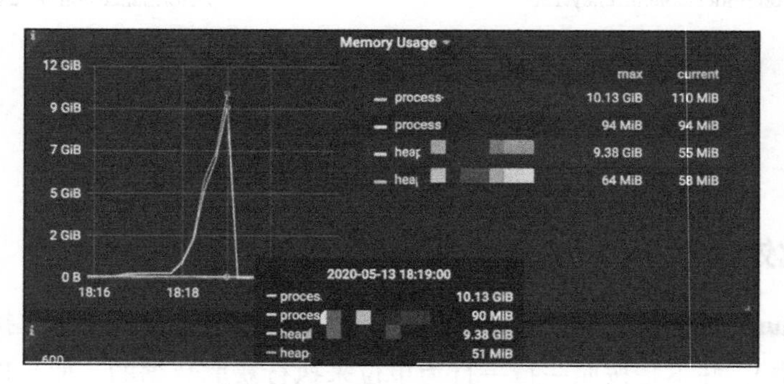

图9.12　Memory Usage面板

9.2.3　Backoff

在第一部分中为读者介绍过Backoff，所谓Backoff并不会将错误返回给用户端，而是继续重试。在请求遇到可重试的错误时，在重试前需要等待一段时间，这个时间设置得过大，会增加延迟，如果设置得过小，会造成很多无谓的重试，消耗过多的系统资源，所以需要调节相关的参数。

tidb_backoff_weight参数是TiDB数据库Backoff最大时间的权重，通过这个变量来调整最大重试时间。

9.2.4　执行计划缓存

当开启执行计划缓存（Prepared Plan Cache）功能后，每条使用Prepare命令的语句第一次执行时会检查当前查询是否可以使用执行计划缓存。执行计划缓存示意图如图9.13所示，TiDB Server内部的内存区域由LRU链表数据结构管理，用于存储已经解析过的执行计划，如果没有可用的执行计划缓存，则在此后将生成的执行计划放进执行计划缓存中。在后续的执行同类语句的过程中，会先从执行计划缓存中获取执行计划，并检查是否可用，如果获取和检查成功，则跳过生成执行计划这一步，否则重新生成执行计划并放入缓存中。执行计划缓存可以削减大量同类 SQL 语句在生成执行计划时消耗的时间（主要是 CPU 负载），但是 TiDB 数据库的执行计划缓存是会话级别的，也就是说不同会话间是不能共享缓存的执行计划的。

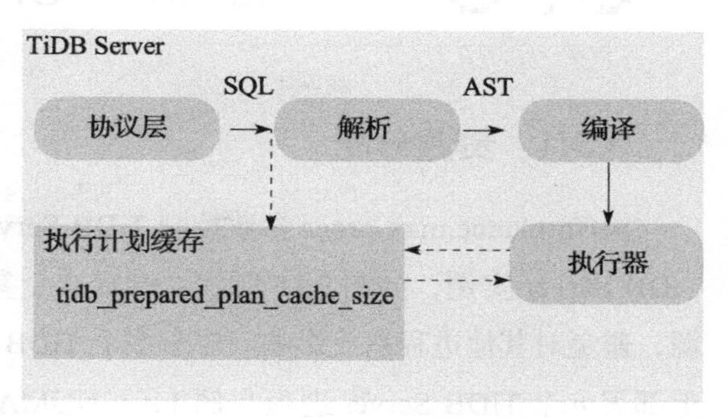

图 9.13　执行计划缓存示意图

执行计划缓存开启后会减少执行计划造成的计算开销，让同样类型的语句使用相同的执行计划、提升性能，代价是当数据或查询条件变化时，所用的执行计划可能不是最好的。

系统变量 tidb_prepared_plan_cache_size（TiDB v7.1 后改为系统变量 tidb_session_plan_cache_size，默认值是 100）用来限制缓存的大小，控制单个会话的执行计划缓存最多能够缓存的执行计划数量，使用时避免占用过多内存。如果应用使用了大量不同类型的请求，超过了上限，计划缓存的效果会打折扣。所以用户会通过查看 Grafana 监控 Executor → Plan Cache Memory Usage 和 Plan Cache Plan Num 面板来监控，如图 9.14 所示（此图来自 TiDB 数据库官方文档）。

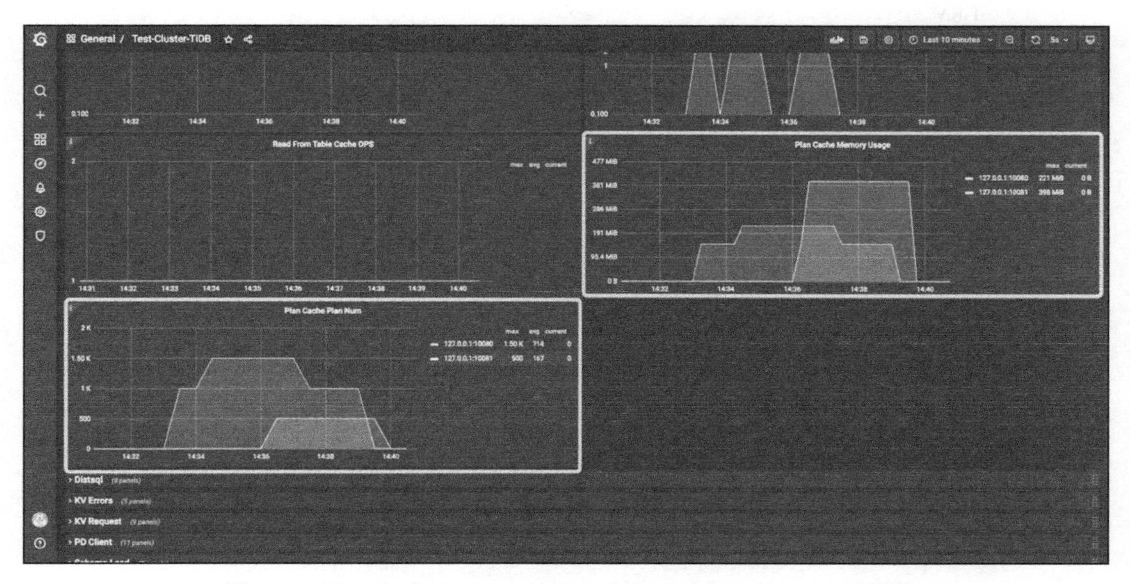

图 9.14　Plan Cache Memory Usage 和 Plan Cache Plan Num 面板

9.3 TiDB Server 的配置参数优化

9.3.1 资源分配

performance.max-procs 参数控制 TiDB Server 使用的 CPU 核数。在单台机器上部署多个 TiDB Server 实例，如图 9.15 所示。设置这个参数可以限制单个 TiDB Server 实例使用的资源，避免对其他进程造成影响。对于多个 TiDB Server 混合部署，建议在 NUMA 架构服务器上部署 *n* 个 TiDB Server 进程实例（*n* = NUMA CPU 的个数），同时将 TiDB 的 performance.max-procs 参数的值设置为与 NUMA CPU 的核数相同。

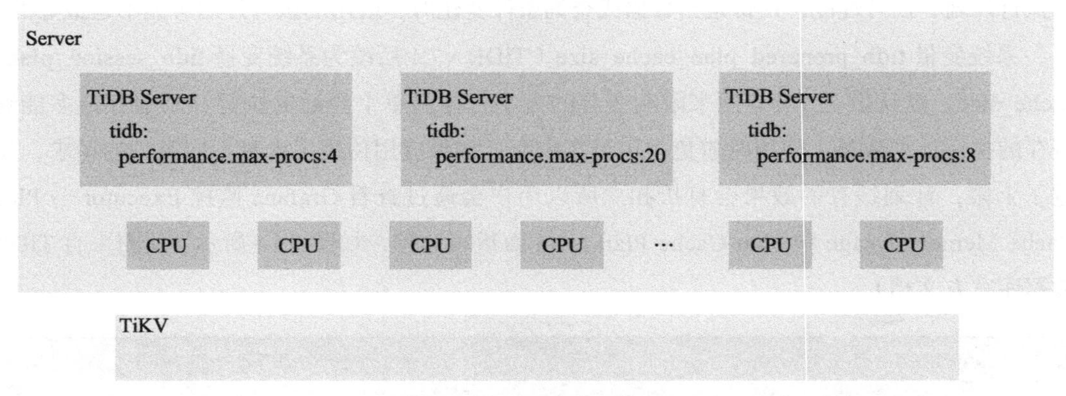

图 9.15　在单台机器上部署多个 TiDB Server 实例

另外，该参数控制着整个 TiDB Server 实例进程能使用的 CPU 核心数量，默认情况下为当前机器或者 cgroups 的 CPU 核心数量。TiDB Server 实例进程运行时会定期使用一定比例的线程进行内存回收等后台工作。在混合部署模式下，如果不对这一参数进行限制，内存回收等后台操作会占用过多的 CPU 资源。

performance.force-priority /instance.tidb_force_priority / 系统变量 tidb_force_priority 这三个参数控制 TiDB Server 实例的请求被 TiKV 处理的优先级，设置后，所有该 TiDB Server 实例的请求都会使用该优先级来执行，用户可以将一些对响应时间要求不是很高的请求（无须迅速返回数据）连接到优先级比较低的 TiDB Server 实例，将对响应时间要求很高的请求（要求迅速返回结果）连接到优先级比较高的 TiDB Server 实例，这样，TiKV 就会优先处理对响应要求高的请求了。

TiDB Server 支持的优先级包括：NO_PRIORITY、LOW_PRIORITY、DELAYED 以及 HIGH_PRIORITY，默认为 NO_PRIORITY。

performance.force-priority 的使用场景如图 9.16 所示。

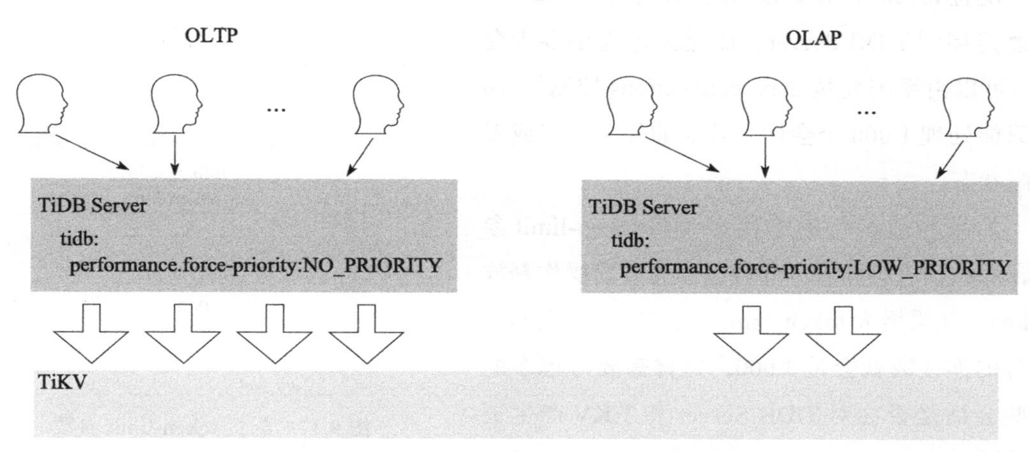

图 9.16　performance.force-priority 的使用场景

场景一：如果用户需要为 OLAP 查询指定专属服务器池，可将该参数设置为 LOW_PRIORITY，以保证 TiKV 服务器优先处理其他 TiDB Server 收到的 OLTP 请求。这样可以使 OLTP 性能更稳定，但 OLAP 性能可能会稍有下降（查询分析业务，对于响应时间要求不高）。

场景二：TiDB 自动将表扫描设置为 LOW_PRIORITY，通过将 DML 设置为 HIGH PRIORITY 或 LOW PRIORITY，可重写一条语句的优先级。

场景三：数据库低速导出配置 --params "tidb-force-priority=LOW_PRIORITY,tidb_distsql_scan_concurrency=5" 能够调低导出语句执行优先级并降低 TiDB 数据库导出数据时扫描数据的并发度，从而实现对数据库低影响的慢速备份数据。

这里要注意，配置参数 performance.force-priority、instance.tidb_force_priority（TiDB v6.1 版本引入）和系统变量 tidb_force_priority（TiDB v6.1 版本引入）的作用是一样的，修改哪个都可以，只不过优先级不同。首先是系统变量 tidb_force_priority，然后是配置参数 instance.tidb_force_priority，最后是配置参数 performance.force-priority，设置了前面的值，后面的就忽略掉了。

9.3.2 并行处理

token-limit：配置可以同时执行请求的会话数量，可以用于流量控制，避免并发请求数过多造成 TiDB Server 的资源耗尽，服务无法响应，默认值是 1000。

配置 token-limit 参数如图 9.17 所示。如果 token-limit = 1000，并不是说只有 1000 个会话能连接到 TiDB Server，而是无论连接多少会话（可以由系统变量 max_connections 控制），同时只能处理 1 000 个会话，其他的处于等待或者休眠状态。

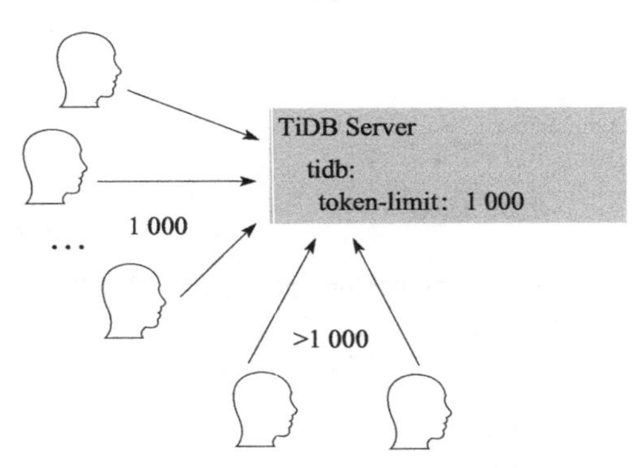

图 9.17 配置 token-limit 参数

如果当前运行的连接多于该 token-limit 参数，那么请求会阻塞，等待已经完成的操作释放 Token。如果增大 token-limit 到 3 000，那么同时运行的连接数就会是 3 000，这样需要考虑多的这些会话是否会对 TiDB Server 和 TiKV 产生更大的压力。

可以查看 Grafana 监控→ over view → System Info 面板，如图 9.18 所示，如果峰值业务时间段的系统资源占用很低，那么增加 token-limit 应该没有问题，如果正处于峰值时间段，系统负载已经很高，业务延时也比较高，那么建议尽量不调整或者少调高一些。

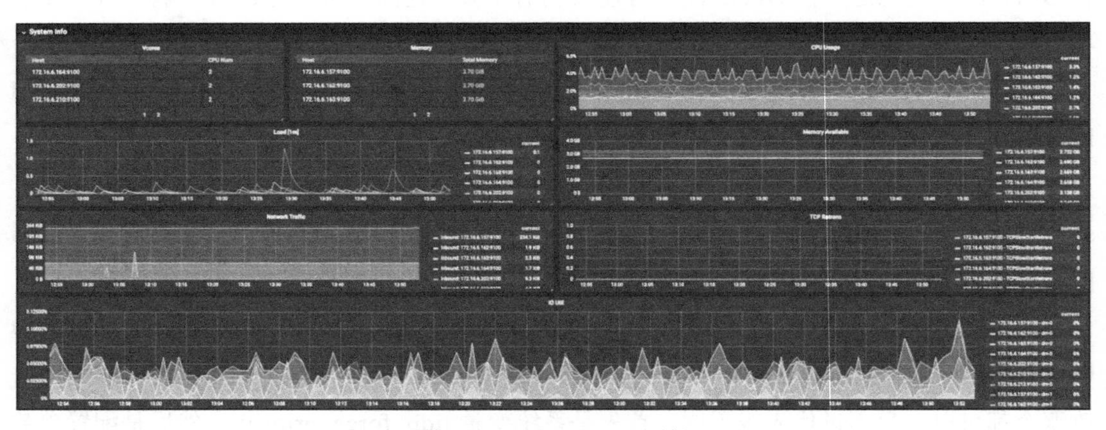

图 9.18 System Info 面板

tikv-client.grpc-connection-count 参数设置 TiDB Server 和每个 TiKV 之间的 gRPC 连接数量。当大量并发请求发送到一个 gRPC 连接的时候，单个 gRPC 连接串行发送请求可能会成为瓶颈，当 gRPC 连接成为瓶颈时，设置更大的 gRPC 连接数可以提升性能，但代价是消耗更多的系统资源，如图 9.19 所示。

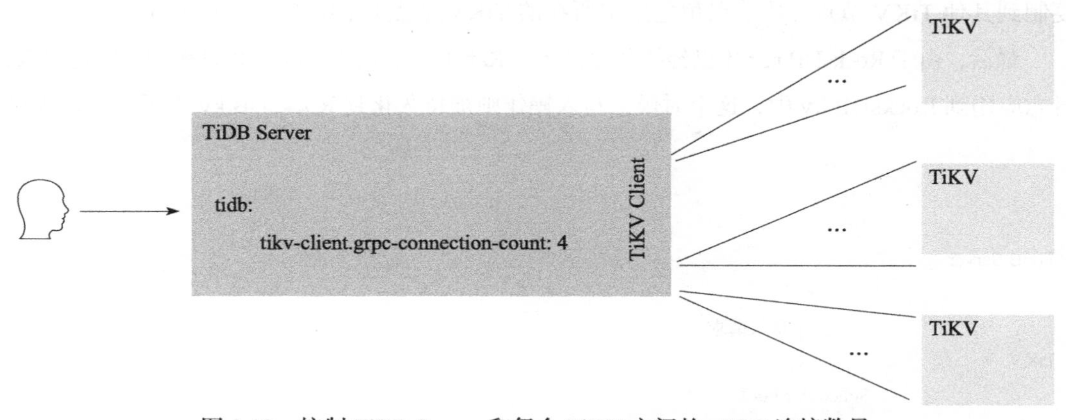

图 9.19　控制 TiDB Server 和每个 TiKV 之间的 gRPC 连接数量

9.4 TiKV 集群的配置参数优化

TiKV 集群是 TiDB 数据库的数据存储引擎，这里按照写入、读取和 RocksDB 三个方面来介绍它的参数及其优化方法。

9.4.1　TiKV 写入配置参数的优化

对于写入来讲 TiKV 可以按照 3 个模块来划分功能，每个功能模块是一个线程池，负责完成相关的任务。

（1）Scheduler Pool 模块　负责协调事务并发写入冲突，并将收到的修改操作向下写入。

（2）Raftstore Pool 模块　在收到 Scheduler Pool 模块的写请求后，将写请求转化为 Raft 日志并写入 RocksDB raft 中，同时会将 Raft 日志复制到其他 TiKV 节点（包含写入分区的从节点角色副本）上的 RocksDB raft 中，准备将日志应用到从节点角色的分区副本上。

（3）Apply Pool 模块　会将这些 Raft 日志应用到本地的 RocksDB kv 中。

TiKV 中写入模块示意图如图 9.20 所示。首先，Scheduler Pool 模块负责协调事务并发写入冲突，并将收到的修改操作向下写入，当有键值写入冲突（例如锁冲突、版本冲突等）时，Scheduler Pool 使用内存锁来进行协调，获得内存锁的线程会将写入请求发送给 Raftstore Pool 模块，没有获得内存锁的线程会处于等待状态。

其次，Raftstore Pool 模块收到写请求后，将写请求转化为 Raft 日志后，写入 RocksDB raft 中，RocksDB raft 负责持久化这些 Raft 日志。同时，Raftstore Pool 模块会将 Raft 日志复制到其他 TiKV 节点（从节点角色副本所在的 TiKV 节点）上的 RocksDB raft 中。

最后，由于 RocksDB raft 中已经持久化存储了 Raft 日志，所以 Apply Pool 模块会将这些 Raft 日志应用到 RocksDB kv 中，这个时候，写入操作则被持久化到 RocksDB kv 中了，写入成功。

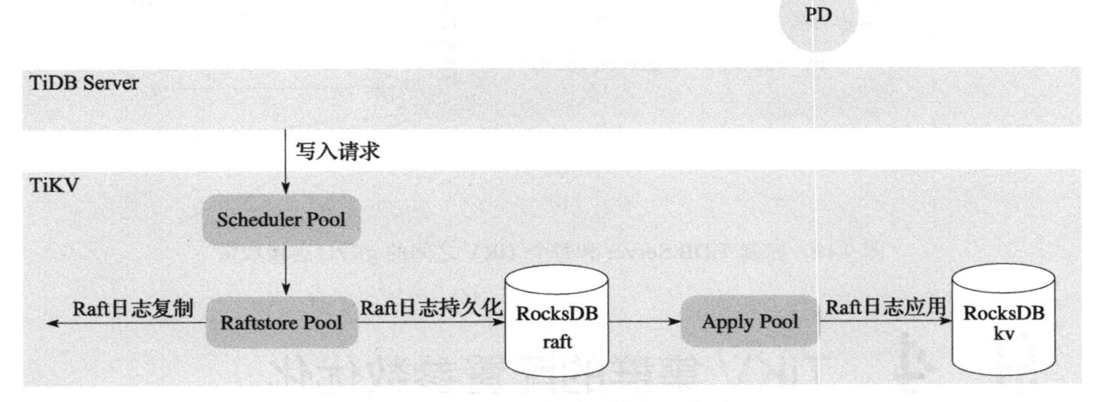

图 9.20　TiKV 中写入模块示意图

这里需要用户调整的就是 Scheduler Pool、Raftstore Pool 和 Apply Pool 线程池的并发度和批处理大小。TiKV 中写入模块的配置参数如图 9.21 所示。

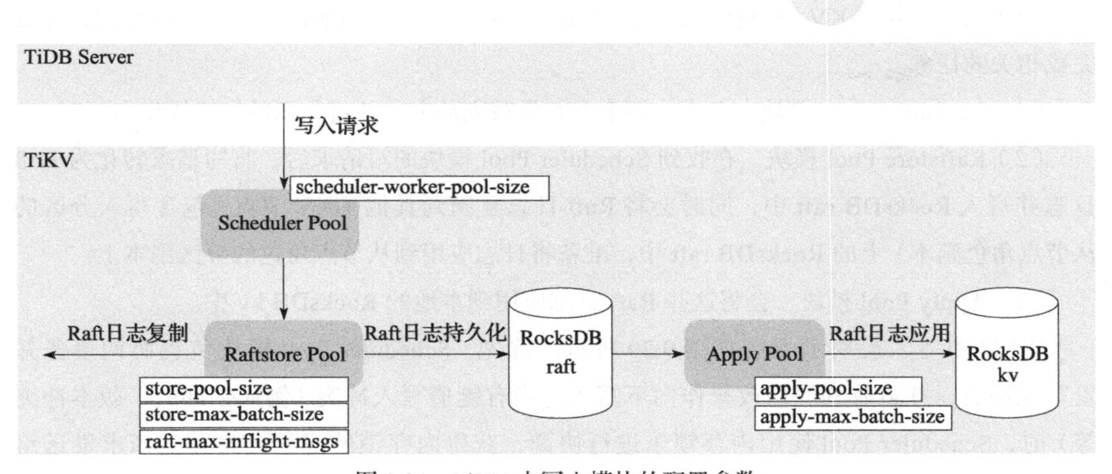

图 9.21　TiKV 中写入模块的配置参数

TiKV 写入模块相关配置参数如表 9.2 所示。

表 9.2　TiKV 写入模块相关配置参数

模块	配置参数名	作用
Scheduler Pool	storage.scheduler-worker-pool-size	scheduler 线程个数（并发处理度），主要负责写入之前的事务一致性检查工作。如果 CPU 核心数量大于等于 16，参数设置为 8，否则默认为 4
Raftstore Pool	raftstore.store-pool-size	表示处理 Raft 的 Raftstore Pool 中线程的数量，即 Raftstore 线程池的大小（并发处理度）
	raftstore.store-max-batch-size	指定每批最多可有多少 Raft 日志落盘（批处理）
	raftstore.raft-max-inflight-msgs	待 Committed 的 Raft 日志排队数，如果超过这个数量将会减缓发送日志的个数
Apply Pool	raftstore.apply-pool-size	处理将已经 Committed 过的 Raft 写入 RocksDB kv 中线程的数量（并发处理度）
	raftstore.apply-max-batch-size	处理将已经 Committed 过的 Raft 写入 RocksDB kv 时，一次写入的日志数量（批处理）

表 9.2 中对于 storage.scheduler-worker-pool-size 的调整，用户要参考监控指标。查看 Grafana 监控 TiKV → Details → Thread CPU → Scheduler worker CPU 面板，如图 9.22 所示。整体使用率保持在 50% ～ 75% 之间较为合适，如果 CPU 利用率过高，需要调小该参数，这样可以避免多线程切换带来的资源浪费；如果 CPU 利用率较低（小于 50%），可以调大该参数来获得更好的性能。

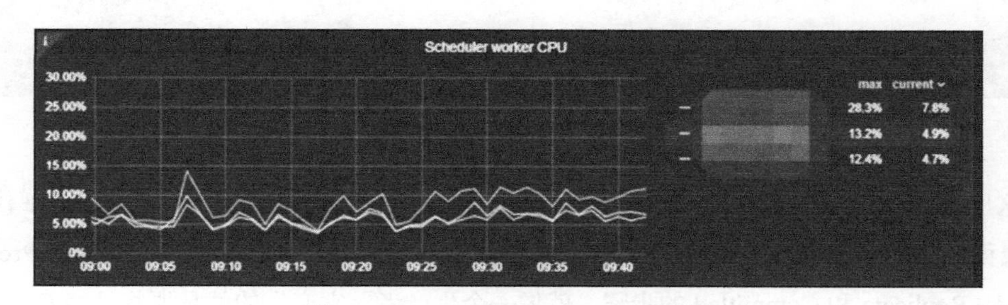

图 9.22　Scheduler worker CPU 面板

这里注意，一般看到的利用率是多个线程的累加值，比如 storage.scheduler-worker-pool-size = 16，刚才说的利用率保持在 50% ～ 75% 之间较为合适，反映到 Scheduler worker CPU 上就是 800% ～ 1200%。

当然，如果系统负载很低，利用率很低就能满足，也没有关系。

raftstore.store-pool-size 的调整要参考 Grafana 监控 TiKV → Details → Thread CPU → Raft store CPU 面板，如图 9.23 所示。整体使用率保持在 60% 以下较为合适（注意这里是整体的使用率，最终显示要考虑多线程的情况，也就是要乘线程数）。

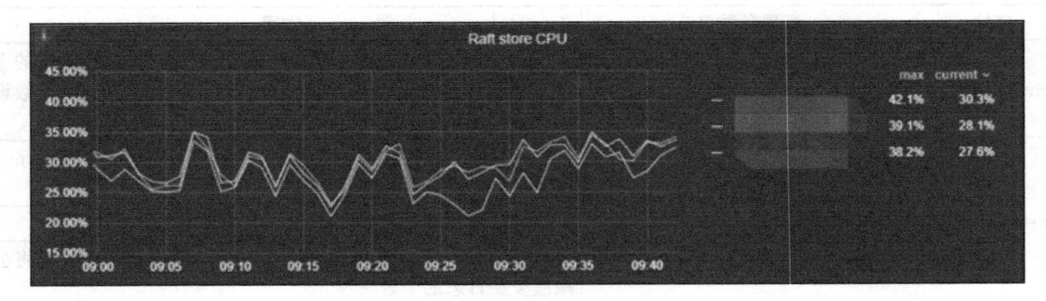

图 9.23　Raft store CPU 面板

raftstore.apply-pool-size 的调整要参考 Grafana 监控 TiKV → Details → Thread CPU → Async apply CPU 面板，如图 9.24 所示。整体使用率保持在 80% 以下较为合适（注意这里是整体的使用率，最终显示要考虑多线程的情况，也就是要乘线程数）。

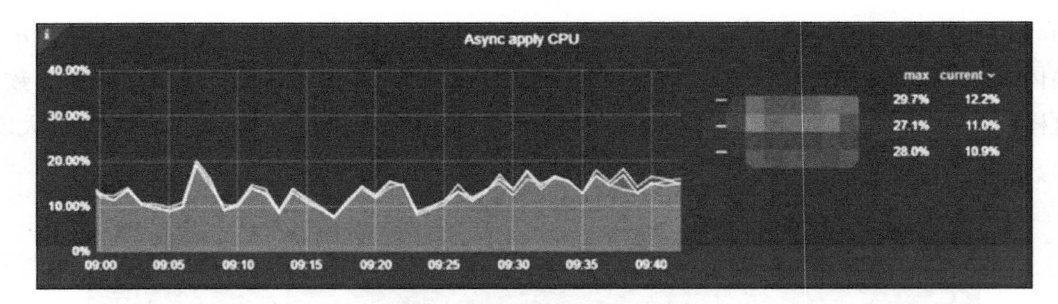

图 9.24　Async apply CPU 面板

这里还要注意一个问题，就是 raftstore.store-pool-size 与 raftstore.apply-pool-size 代表的两个线程池实际上是生产者和消费者的模式，Raftstore Pool 一直处理着 Raft 日志的 Propose、Append、Replicate 和 Committed 的步骤，就像一个生产者，它产生的就是那些已经 Committed 的 Raft 日志。而 Apply Pool 就像一个消费者，将生产者产生的已经 Committed 的 Raft 日志应用到 RocksDB kv 中。

Raft 日志的应用案例如图 9.25 所示，图中有两个 TiKV 的配置参数，一个是 store-pool-size，代表 Raftstore Pool 中线程并发的数量为 8；另一个是 apply-pool-size，代表 Apply Pool 中线程并发的数量为 2。

```
tikv :
```

```
raftstore.store-pool-size = 8
raftstore.apply-pool-size = 2
```

考虑到该集群配置了 store-pool-size = 8（默认为 2），这样 Raftstore Pool 以较高速度产生了待 Apply Pool 应用的任务，但是由于 apply-pool-size 设置依然为 2（默认为 2），所以在 Apply Pool 侧处理相对比较慢，这样就形成了较大的待处理队列，增加了 Apply Pool 的延时。

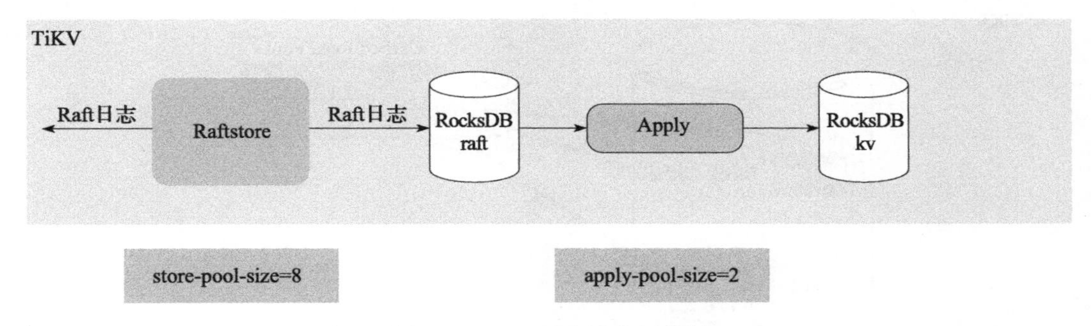

图 9.25　Raft 日志的应用案例

所以，在配置 TiKV 写入参数时，用户还要参考第 8 章中关于“写入性能的诊断方法”中的监控指标（如 Storage async write duration、Propose wait duration per server、Append log duration、Commit log duration、Apply wait duration 和 Apply log duration）来监控调节参数前后 TiKV 写入性能的延时改变。

9.4.2　TiKV 读取配置参数的优化

TiKV 中读取模块示意图如图 9.26 所示，可以按照两个模块来划分功能。

1）Unified Read Pool 是一个具有优先级的线程池，负责将读取操作按照优先级分类，之后去执行读操作。

2）RocksDB kv 模块存储着数据，Unified Read Pool 从其中读出数据。

TiKV 实例收到 gRPC 请求之后，Unified Read Pool 会根据优先级以及执行时长的不同被放到不同的任务队列中，之后开始从 RocksDB kv 中读取数据，步骤如下：

1）如果在 RocksDB 的 Block Cache 中能够直接命中，则马上返回。

2）如果 Block Cache 没有命中，则去 MemTable 或者 Immutable memtable 查找数据，命中则马上返回。

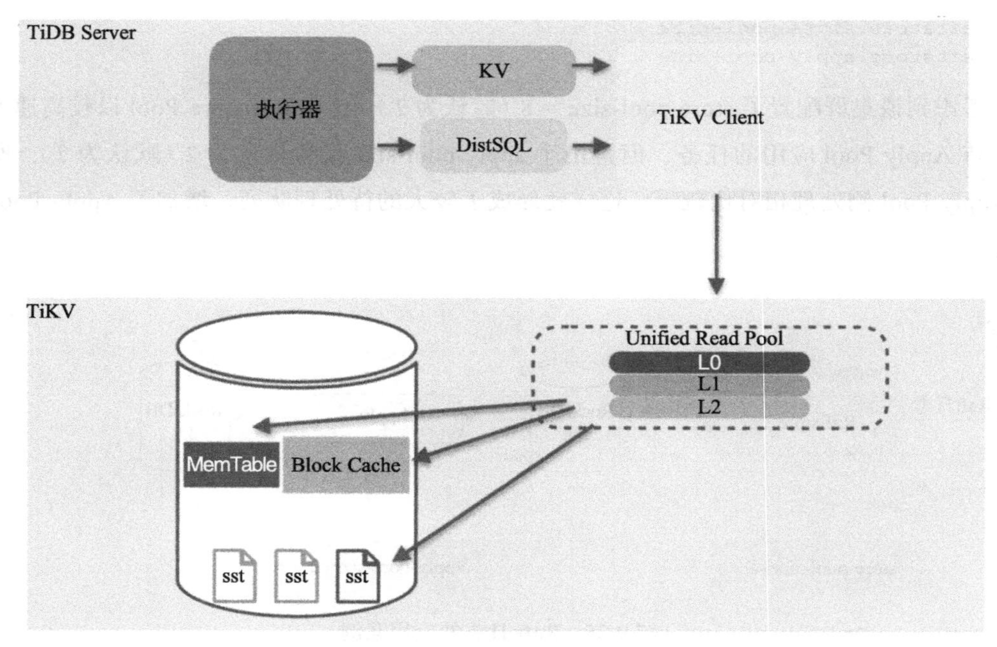

图 9.26　TiKV 中读取模块示意图

3）如果 1）和 2）均未命中，那么只能到磁盘中按照 L0，L1，…的顺序去检索数据文件（SST 文件）。检索数据文件（SST 文件）的方法包括最大值最小值比较、布隆过滤器和二分查找法，在这里不再详述，有兴趣的读者请看第一部分中关于 RocksDB 读取数据的部分。

4）经过 1）、2）、3）这几步就完成数据的检索，之后返回数据或者没有检索到的消息。

这里需要用户调整的是 Unified Read Pool 和 RocksDB kv 两个模块的参数，TiKV 中读取模块的配置参数如图 9.27 所示。

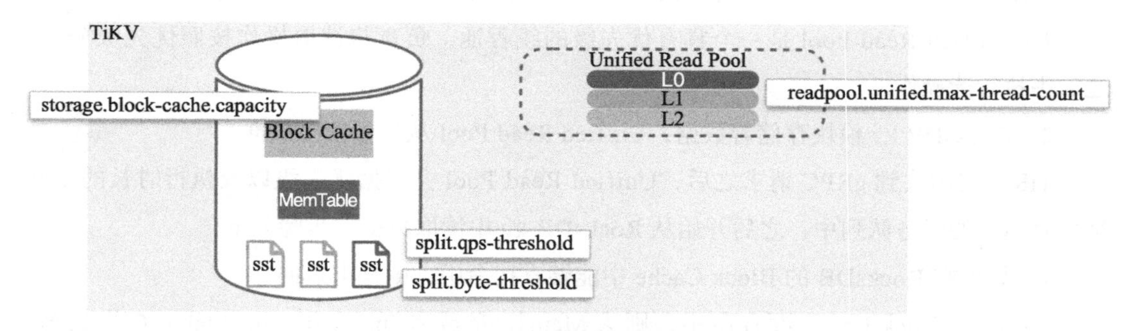

图 9.27　TiKV 中读取模块的配置参数

TiKV 读取模块相关配置参数如表 9.3 所示。

表 9.3　TiKV 读取模块相关配置参数

模块	配置参数名	作用
Unified Read Pool	readpool.unified.max-thread-count	由于 Unifed Read Pool 负责处理所有的读取请求，这个参数是其线程池的最大线程数量
RocksDB kv	storage.block-cache.capacity	RocksDB 多个 CF 之间共享 block cache 的大小。一般可以调节为内存的 45% ～ 50%，这里要注意混合部署的问题
	split.qps-threshold	控制某个 Region 被识别为热点 Region 的 QPS 阈值，注意单位为 QPS 数
	split.byte-threshold	控制某个 Region 被识别为热点 Region 的流量阈值，注意单位是 B

readpool.unified.max-thread-count 参数默认配置大小为机器 CPU 数的 80%（如机器 CPU 为 16 核，则默认线程池大小为 12，不过这里要考虑混合部署的情况）。通常建议不修改这个值。从 TiDB 数据库 v6.3 开始，引入了参数 auto-adjust-pool-size，此参数会根据 Unified Read Pool 的 CPU 利用率自动地动态调整线程池的线程数量，建议将其开启。另外，也建议根据 Unified read pool CPU 面板中的数据来监控 CPU 整体使用率，如图 9.28 所示。

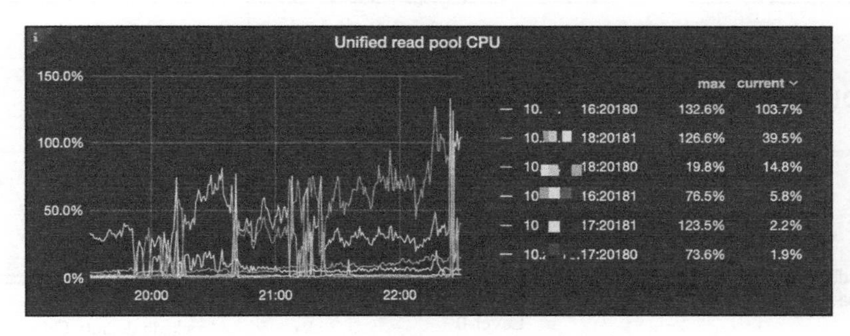

图 9.28　Unified read pool CPU 面板

如希望其 CPU 整体使用率在 60% ～ 90% 之间，如果 readpool.unified.max-thread-count = 12，则反映到 Unified read pool CPU 上就是 720% ～ 1080% 之间。

Load Base Split 是 TiKV 从 4.0 版本后引入的特性，旨在解决 Region 访问分布不均匀造成的热点问题，比如小表的全表扫描。基于统计信息自动拆分 Region，通过统计信息识别出哪些读流量在 10 s 内持续超过阈值的 Region，并在合适的位置将这些 Region 拆分。在选择拆分的位置时，会尽可能平衡拆分后两个 Region 的访问量，并尽量避免跨 Region 的访问。

控制配置参数 split.qps-threshold，默认值为 3 000 QPS，配置参数 split.byte-threshold（v5.0.0 版本新增），默认值为 30 MB/s。调节方式如下：

```
set config tikv split.qps-threshold = 2000
set config tikv split.byte-threshold = 15728640
```

9.4.3 RocksDB 相关配置参数的优化

由于 TiKV 节点中采用两个 RocksDB 作为 Raft 日志和键值对数据的存储，所以当 Memtable 或者 Level-0 的数量过多时，RocksDB 就会对于写入进行限流，从而达到自我保护的目的，这就叫作 Write Stall。此时用户的感觉是写入阻塞了。RocksDB 写入模块示意图如图 9.29 所示。

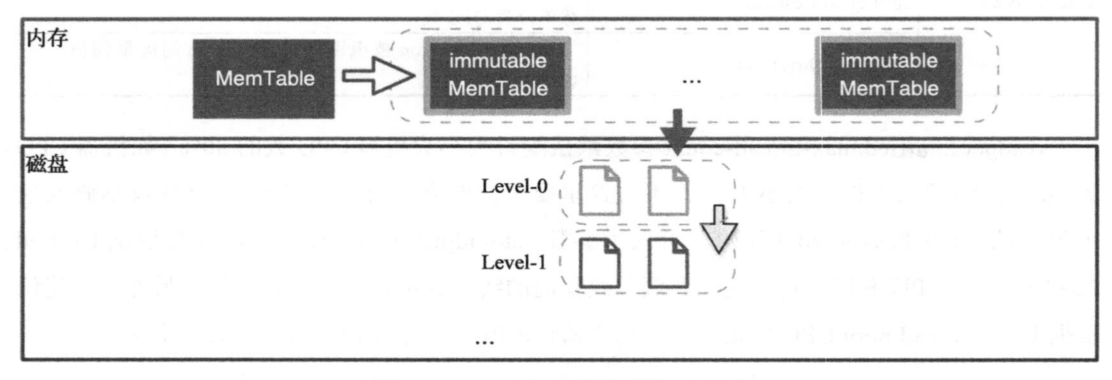

图 9.29　RocksDB 写入模块示意图

RocksDB Write Stall 触发相关参数示意图如图 9.30 所示。[1]

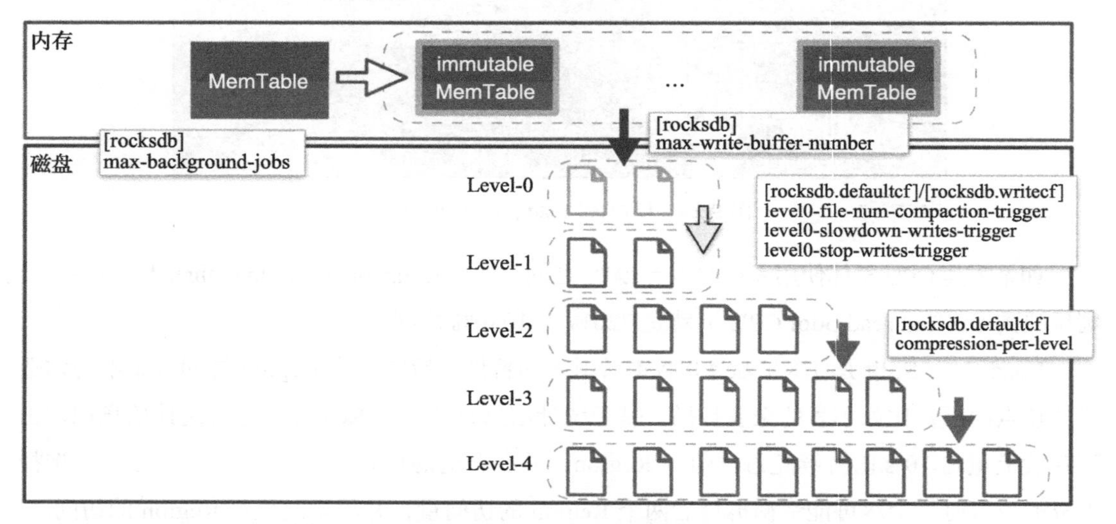

图 9.30　RocksDB Write Stall 触发相关参数示意图

[1] 下面的参数都应带 rocksdb.defaultcf | rocksdb.writecf | rocksdb.lockcf 前缀，作者省略了。

immutable Memtable 数量控制如图 9.31 所示。

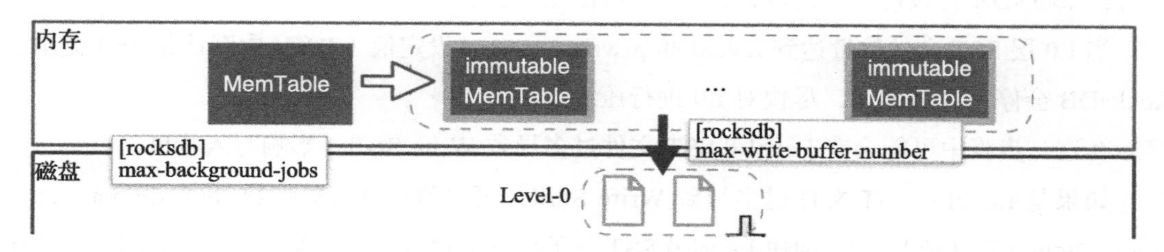

图 9.31　immutable Memtable 数量控制

当写入 Memtable 的数据大小达到 write_buffer_size 参数设置值，Memtable 会转变成 immutable 等待被刷到 L0 层。如果内存中 immutable Memtable 数据量达到了 max_write_buffer_number 限制，那么会触发 RocksDB 的 Write Stall，等待 immutable Memtable 被刷到 L0 层。

这种由于 immutable Memtable 太多导致 Write Stall 的情况一般是因为瞬间写入量比较大，immutable Memtable 被刷到磁盘比较慢导致的。如果磁盘写入速度不能改善，并且只有当业务高峰值时才会出现这种情况，可以通过调大对应 cf 的 max_write_buffer_number 参数来缓解。

write_buffer_size 控制写内存 Memtable 的大小，当这个 Memtable 写满之后，数据会被固化到磁盘上，这个值越大，批量写入的性能越好。max_write_buffer_number 控制 immutable Memtable 在内存中可以存储的最大数量（超过就会触发流控）。但是这两个值不是越大越好，太大会延迟一个 RocksDB 实例重新启动时的数据加载时间。

Level-0 文件数量控制如图 9.32 所示。

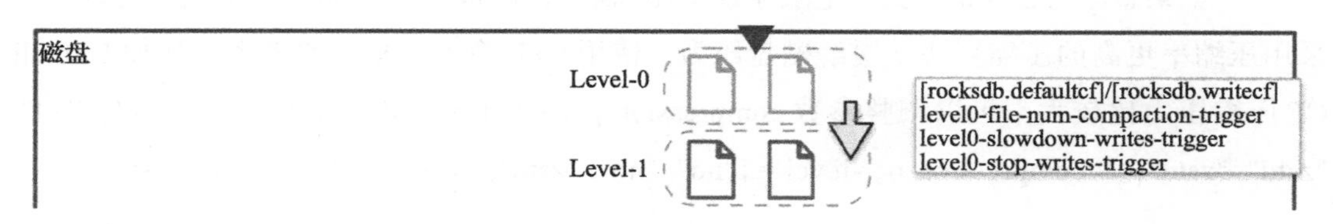

图 9.32　Level-0 文件数量控制

L0 压缩采用通用压缩（按大小分层）的方式进行压缩（可以理解为将 Level-0 的 SST 数据文件压缩为 L1 的过程）。触发压缩的条件：L0 层 SST 文件数量达到 level0-file-num-compaction-trigger 设定值，TiKV 中默认是 4。

当 L0 层 SST 文件数量达到 level0-slowdown-writes-trigger 设定值（TiKV 中默认是 20）之后，RocksDB 会减慢写入速度，让 L0 尽快压缩下去。

当 L0 层 SST 文件数量达到 level0-stop-writes-trigger 设定值（TiKV 中默认是 36）之后，RocksDB 会停止写入文件，尽快对 L0 进行压缩。

在这一步骤中可能会有 Level-0 SST 文件过多导致 Write Stall，影响写入速度。

如果是 Level-0 SST 文件过多导致 Write Stall，可以修改 TiKV 参数 rocksdb.max-sub-compactions（默认值是 3），加快 Level-0 SST 往下压缩的速度，该参数的意思是将从 Level-0 到 Level-1 的压缩任务最多切成 max-sub-compactions 数量的子任务交给多线程并发执行。

pending bytes 过大：immutable Memtable 刷到 L0 是转储复制，L0 ～ L6 刷到下一层是压缩，需要做压缩处理，Compaction pending bytes 表示等待压缩的大小。Compaction pending bytes 太多会导致 Write Stall，当 Compaction pending bytes 达到 rocksdb.defaultcf.soft-pending-compaction-bytes-limit 参数值（默认是 64 G）之后，RocksDB 会放慢写入速度；如果 Compaction pending bytes 达到 rocksdb.defaultcf.hard-pending-compaction-bytes-limit 参数值（默认是 256 G）之后，RocksDB 会停止写入。

如果是 Compaction pending bytes 过多导致 Write Stall 有以下几种解决方案：

1）调大 soft-pending-compaction-bytes-limit 和 hard-pending-compaction-bytes-limit 参数，防止触发 Write Stall，但是这个只是治标不治本，根本原因应该是压缩慢。调试方法一般是：确认用户是否有做过压缩限流，如果有，那需要放开一点限制看看，如果没有问题，再逐步放开。

2）如果磁盘 IO 能力持续跟不上，建议扩容。

3）如果磁盘的吞吐量达到了上限导致 Write Stall，但是 CPU 资源比较充足，可以尝试采用压缩率更高的压缩算法来缓解磁盘压力，使用 CPU 资源换取磁盘资源。比如 Default CF 压缩压力比较大，可以调整参数 compression-per-level = ["no", "no", "lz4", "lz4", "lz4", "zstd", "zstd"] 为 compression-per-level = ["no", "no", "zstd", "zstd", "zstd", "zstd", "zstd"]

9.5 PD 的配置参数优化

第一部分中介绍了 PD 组件有生成调度的作用，所以在这里介绍的一些配置参数就与 PD 的调度功能有关系，现在先来简单回忆一下 PD 组件的调度流程，如图 9.33 所示。

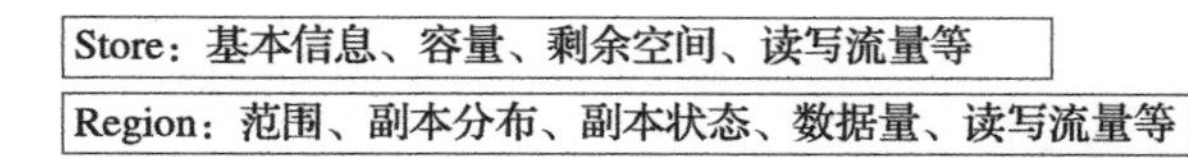

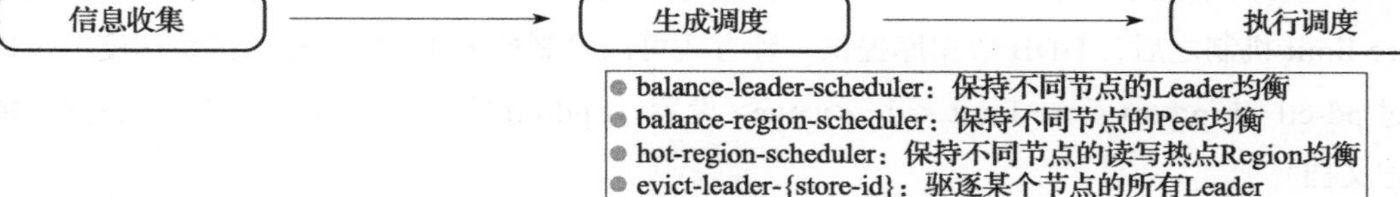

图 9.33　PD 组件的调度流程

宏观上来看，调度流程大体可划分为以下 3 个部分。

（1）信息收集　TiKV 节点周期性地向 PD 组件上报 Store 和 Region 的信息。

- Store：基本信息、容量、剩余空间、读写流量等。
- Region：范围、副本分布、副本状态、数据量、读写流量等。

（2）生成调度　不同的调度器从自身的逻辑和需求出发，考虑限制和约束后生成待执行的 Operator：

- balance-leader-scheduler：保持不同节点的 Leader 均衡。
- balance-region-scheduler：保持不同节点的 Peer 均衡。
- hot-region-scheduler：保持不同节点的读写热点 Region 均衡。
- evict-leader-{store-id}：驱逐某个节点的所有 Leader。

（3）执行调度　生成的 Operator 进入等待队列，PD 组件根据配置从等待队列中取出 Operator，把每个 Operator Step 下发给对应 Region 的 Leader。

所以，需要调整的参数主要集中在 PD 组件生成调度的效率上，目前 PD 组件有 5 种 limit 配置参数，都是用来控制相关 Operator 的产生速度，表示同一时间最多有多少个该类型的 Operator 同时执行。Store 消费的越快，单位时间执行的越多。这里先为读者介绍 5 种相关的 limit 配置参数，如表 9.4 所示。

表 9.4　limit 配置参数

配置参数	默认值	作用
region-schedule-limit	2 048	同一时间最多有多少个该类型的 Operator 执行，是所有 limit 配置参数的可用总和（hot-region-schedule-limit 除外），如果其设置为 0，则其他 limit 配置参数无效
leader-schedule-limit	4	同时进行 leader 调度的任务个数
replica-schedule-limit	64	同时进行副本复制调度的任务个数
hot-region-schedule-limit	4	控制同时进行的热点调度任务。该配置项独立于 Region 调度
merge-schedule-limit	8	同时进行的 Region 合并调度的任务，设置为 0 则关闭 Region 合并

9.5.1 TiKV 消费速度控制

用户可以单独指定某个 TiKV 节点对于调度的消费速度，这叫作 Store limit 机制，引入 Store limit 机制之后，TiDB 数据库提供一种方式可以限制单个 TiKV 节点的消费速度，可以通过 pd-ctl -u ip:port store limit <id> <value> 设置。（pd-ctl 的使用，请参考 TiDB 数据库的官方文档）

Store limit 机制可以理解为，每个 TiKV 节点一个周期内只会处理指定数量的 Operator，超过这个数量后，无论 PD 组件再怎么发 Operator 指令，TiKV 节点都会忽略掉。直到下个周期再从头开始。

Store limit 与 PD 组件其他 limit 相关的参数（如 region-schedule-limit、leader-schedule-limit 等）不同的是，Store limit 限制的主要是 Operator 的消费速度，而其他的参数主要是限制 Operator 的产生速度。引入 Store limit 机制之前，调度的限速主要是全局的，所以即使限制了全局的速度，但还是有可能存在调度都集中在部分 TiKV 节点上面，因而影响集群的性能。而 Store limit 通过将限速的粒度进一步细化，可以更好地控制调度的行为。

9.5.2 存储空间阈值配置参数

PD 组件会对每个 TiKV 节点计算一个分数（Score），然后根据分数的高低，产生调度，PD 组件会通过调度尽可能使各个 TiKV 节点的分数平均。存储空间的阈值参数示意图如图 9.34 所示。

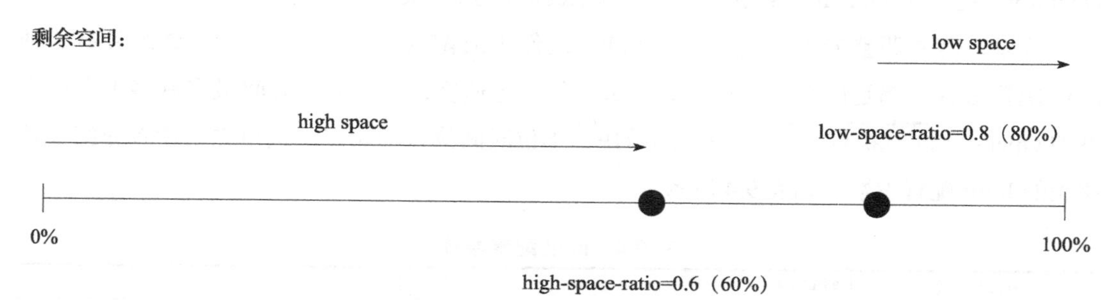

图 9.34 存储空间的阈值参数示意图

（1）schedule. high-space-ratio 默认是 0.6，当节点的存储空间占用比例小于该值时，PD 组件调度时会忽略剩余可用空间指标，主要依据实际数据量计算分数进行调度，确保各节点使用空间尽量均衡。

（2）schedule. low-space-ratio 默认是 0.8，当节点的存储空间占用比例超过该值时，

PD 组件尽可能避免往对应节点调度数据，主要依据剩余空间大小计算分数进行调度，避免对应节点磁盘空间被耗尽。

这里可以得出一个结论，一旦空间超过 schedule. high-space-ratio，分数可能会出现比较大的变化。在第 8 章“PD 频繁调度的诊断方法”和这两个配置参数有关系。

9.5.3 leader-schedule-limit / region-schedule-limit

leader 以及 Region 分布不均衡，一般情况下是指 leader 或者 Region 在各个 TiKV 中出现较大的差异，查看 Grafana 监控 PD → Statistics - balance → Store leader score 和 Store leader count（Store leader size/Store region size/Store region score/Store region count）面板，如图 9.35 和图 9.36 所示。

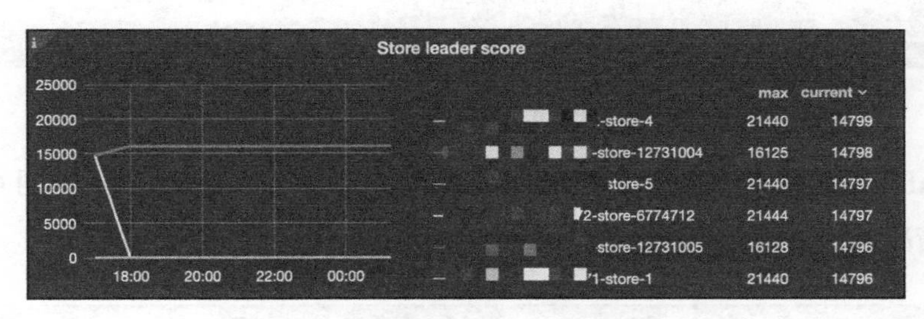

图 9.35 Store leader score 面板

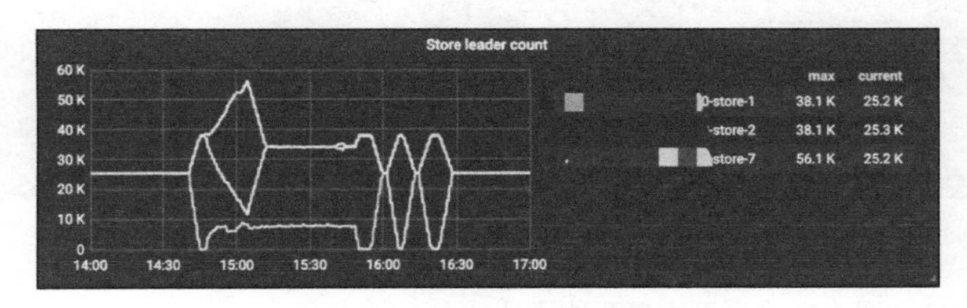

图 9.36 Store leader count 面板

在图 9.35 和图 9.36 中，当出现较大差异的时候，用户需要进一步检查 PD 组件的相关 Operator，特别关注 Operator 的生成和执行情况。

查看 Grafana PD → Operator → Schedule operator create 面板获取 Operator 的创建情况（数量），如图 9.37 所示。

查看 Grafana PD → Operator → Schedule operator finish 面板获取 Operator 执行耗时的情况，如图 9.38 所示。

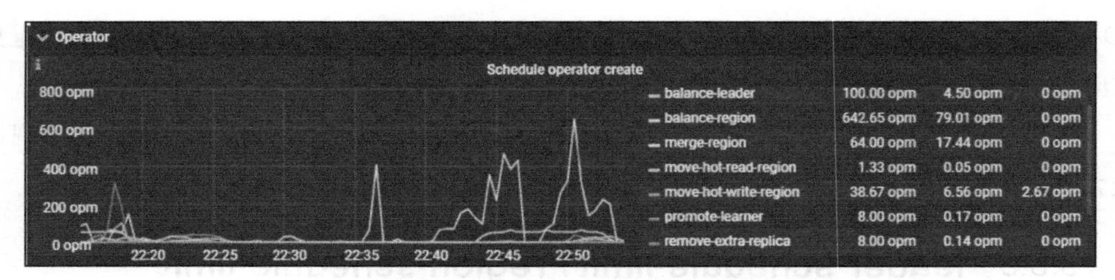

图 9.37　Schedule operator create 面板

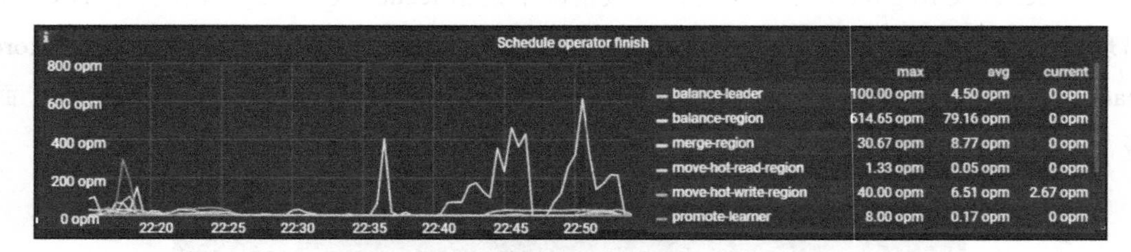

图 9.38　Schedule Operator finish 面板

查看 Grafana PD → Operator → Operator step finish duration 面板获取不同 Operator Step 执行耗时的情况。

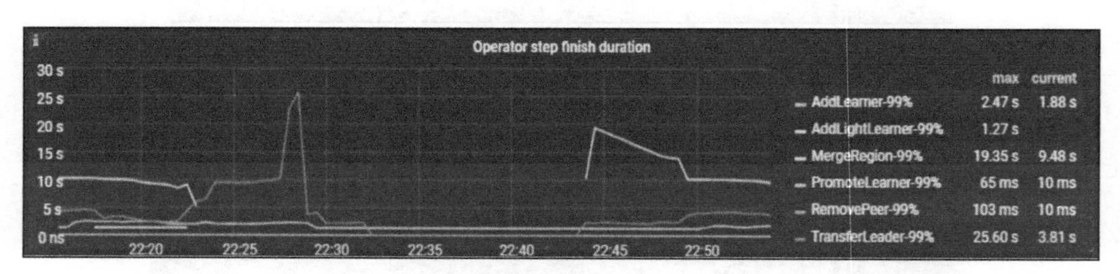

图 9.39　Operator step finish duration 面板

从图 9.37 ～图 9.39 会看到大概两种情况。

1. 生成对应的均衡调度

生成的调度是正常的，但是调度的速度很慢，可能的原因如下：

1）调度速度受限于 limit 配置。

- PD 默认配置的 limit 比较保守，在不对正常业务造成显著影响的前提下，可以酌情将 leader-schedule-limit 或 region-schedule-limit 调大一些。
- Store limit 的配置过于保守，限制了 operator 消费的速度。

2）系统中同时运行有其他的调度任务，产生竞争，导致均衡速度上不去。这种情况下如果均衡调度的优先级更高，可以先停掉其他的调度或者限制其他调度的速度。例如，Region 没均衡的情况下做下线节点操作，下线的调度与 Balance Region 会抢占 region-schedule-limit 配额，此时用户可以把 replica-schedule-limit 调小，将下线调度的速度限制住，或者使用 pd-ctl 工具设置 enable-replace-offline-replica = false 来暂时关闭下线流程（pd-ctl 的使用，请参考 TiDB 官方文档）。

3）调度执行得太慢。可以检查 Operator Step 的耗时来进行判断。如果耗时明显过高，可能是 TiKV 压力过大或者网络等方面的瓶颈导致的，需要具体情况具体分析。

2. 未生成对应的均衡调度

没能生成对应的均衡调度，有以下几种原因：

1）调度器未被启用，比如对应的 Scheduler 被删除了，或者 limit 被设置为 0。

2）由于其他约束无法进行调度，比如系统中有 evict-leader-scheduler（pd-ctl 工具通过命令 scheduler add evict-leader-scheduler 1 添加），此时无法把 leader 迁移至对应的 TiKV 节点（Store）。再比如设置了 Label 属性，也会导致部分节点不接受 leader。此时看到的现象是某个 TiKV 上的 leader 的数量为 0，以 evict-leader 为例查看 Grafana PD 监控 Scheduler → Scheduler is running 面板来确认集群中是否存在 evict-leader 调度，如图 9.40 所示。

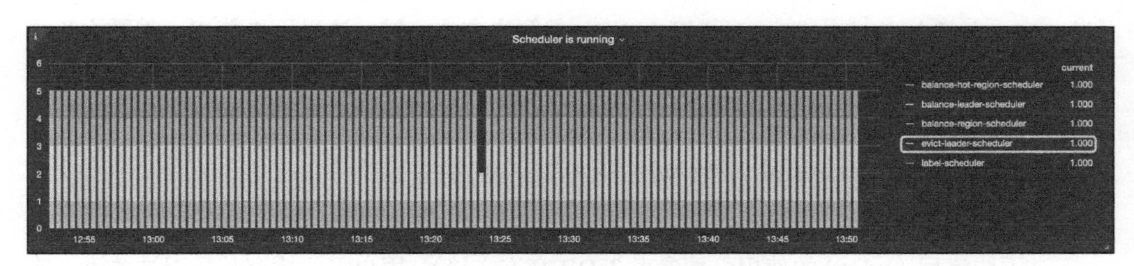

图 9.40　Scheduler is running 面板

图 9.40 中，用户可以使用 pd-ctl config show all 确认存在 evict-leader 的 TiKV，之后，使用 pd-ctl 将 TiKV 上的 evict-leader 调度移除（pd-ctl 的使用，请参考 TiDB 官方文档）。

3）集群拓扑的限制导致无法均衡，比如 3 个数据中心的集群，由于副本隔离的限制，每个 Region 的 3 个副本都分别分布在不同的数据中心，假如这 3 个数据中心的 TiKV 节点数不一样，最后调度就会收敛在每个数据中心均衡，但是全局不均衡。

Balance 问题处理流程图如图 9.41 所示。

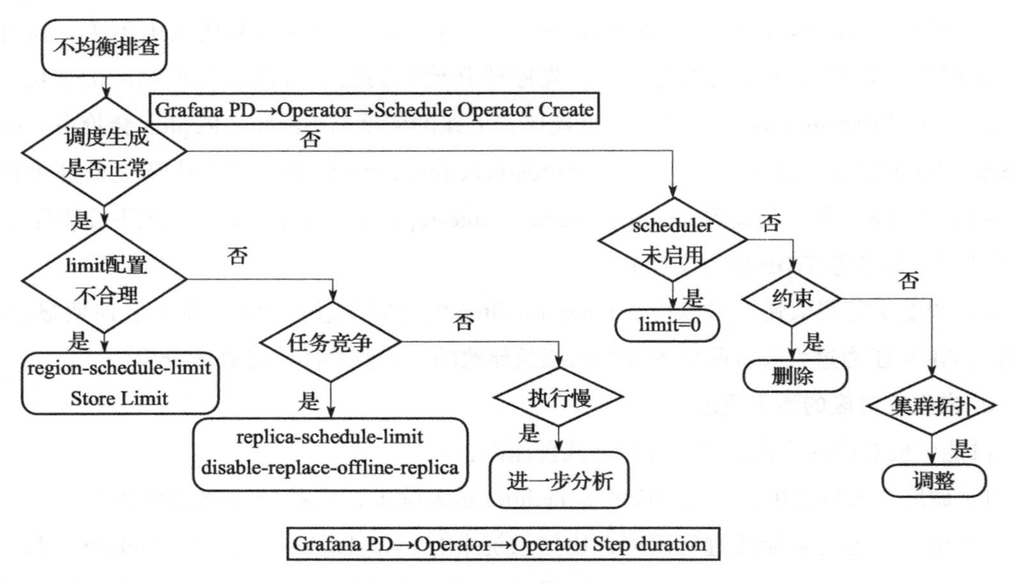

图 9.41　Balance 问题处理流程图

9.5.4　replica-schedule-limit

当 TiKV 节点下线（缩容）后，如果出现了 Region 调度不及时，出现均衡慢的情况，和 leader-schedule-limit / region-schedule-limit 的解决方法一样，这里不再赘述。需要注意的是，做 TiKV 节点下线（缩容）是需要 replica-schedule-limit 调度的，所以需要额外对其进行检查，也就是确认是否有 TiKV 节点下线（缩容）的动作，诊断如下。

如果没有对应的 Operator 调度生成，则：

- 下线调度被关闭，pd-ctl 工具设置 enable-replace-offline-replica = false 可以暂时关闭下线流程（pd-ctl 的使用，请参考 TiDB 官方文档），用户需要检查其是否被关闭，或者 replica-schedule-limit 是否被设为 0。
- 下线（缩容）时，找不到 TiKV 节点来转移 Region。例如，相同 Label 的替代节点容量都大于 80%（参数 low-space-ratio），PD 组件为了避免爆盘的风险会停止调度。这种情况需要添加更多节点，或者删除一些数据释放空间。

TiKV 节点下线（缩容）过慢问题处理流程图如图 9.42 所示。

另外，上线新的 TiKV 节点（扩容）操作比较简单，读者参考 leader-schedule-limit / region-schedule-limit 的解决方法即可。

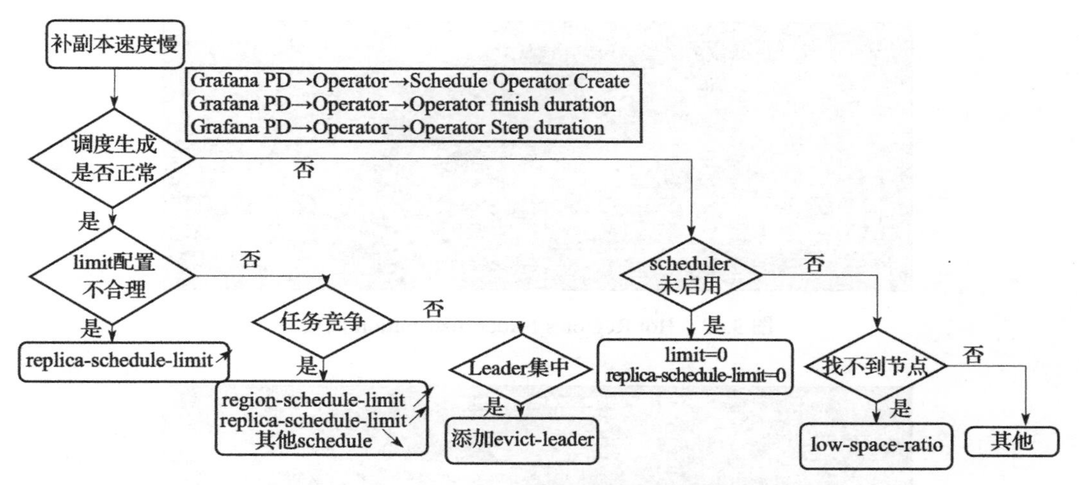

图 9.42　TiKV 节点下线（缩容）过慢问题处理流程图

9.5.5　hot-region-schedule-limit

在 TiDB 数据库中，最佳的效果是每一个 TiKV 节点上读写流量都是一个较为均衡的状态，并能通过热点调度算法达到这个目标。但是在实际生产环境运行中，还是会出现热点分布不均衡的情况。一般可以通过下面的方式来确认集群中的读写流量的均衡情况，是否有某一个 TiKV 节点异常高于其他 TiKV 节点。

查看 Grafana PD 监控→ Statistics - hot write → Hot Region's leader distribution 面板监控每个 TiKV 实例上成为写入热点的 leader 的数量，如图 9.43 所示。

可用同样的方法查看以下写热点监控指标：

Total written bytes on hot leader Regions：每个 TiKV 实例上所有成为写入热点的 leader 的总的写入流量大小。

Hot write Region's peer distribution：每个 TiKV 实例上成为写入热点的 peer 的数量。

Total written bytes on hot peer Regions：每个 TiKV 实例上所有成为写入热点的 peer 的写入流量大小。

Store Write rate bytes：每个 TiKV 实例总的写入的流量。

Store Write rate keys：每个 TiKV 实例总的写入键。

查看 Grafana PD 监控→ Statistics - hot read → Store read rate bytes 面板获取每个 TiKV 实例总的读取的流量，如图 9.44 所示。

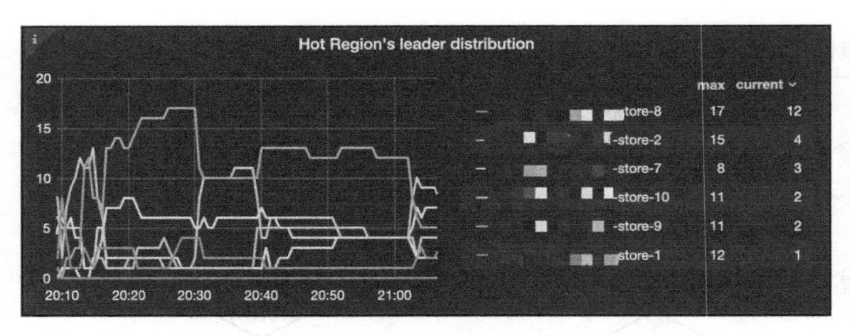

图 9.43　Hot Region's leader distribution 面板

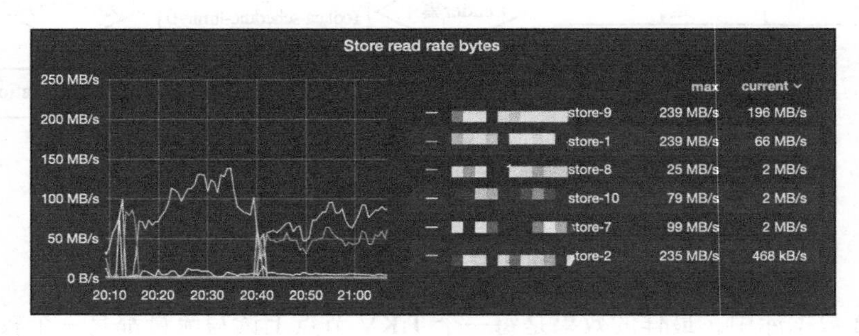

图 9.44　Store read rate bytes 面板

可用同样的方法查看以下读热点监控指标：

Hot Region's leader distribution：每个 TiKV 实例上成为读取热点的 leader 的数量。

Total read bytes on hot leader Regions：每个 TiKV 实例上所有成为读取热点的 leader 的总的读取流量大小。

Store read rate keys：每个 TiKV 实例总的读取键。

根据上面的监控指标，可以分两种思路来解决热点问题：①某个 TiKV 节点中多个 Region 形成的热点，用户可以加快热点调度的速度；②某一个或几个 Region 形成的热点，用户可以采取手工干预的方式。

热点调度速度慢：从 PD 的监控指标能看出来有不少热点 Region，但是调度速度跟不上，不能及时地把热点 Region 分散开来。

加大 hot-region-schedule-limit，并减少其他调度器的 limit 配额，从而加快热点调度的速度。

hot-region-cache-hits-threshold（设置识别热点 Region 所需的分钟数）：只有当 Region 处于热点状态持续时间超过此分钟数时，PD 组件才会参与热点调度，默认值是 3，调小一些可以使 PD 组件对流量的变化更快做出反应。

单一 Region 形成热点：一般是指大量请求频繁扫描一个小表，可以从业务角度或者 TiDB Dashboard 流量可视化统计的热点信息看出来。

调整 Load Base Split 相关的参数如 split.qps-threshold、split.byte-threshold 等（请参考 9.4 节）。

手动添加 split-region 调度将这样的 Region 拆开：先使用 TiDB Dashboard 流量可视化确认热点 Region；再使用 pd-ctl operator add split-region {region_id} --policy=approximate，来手动分裂目标 Region（pd-ctl 的使用，请参考 TiDB 官方文档）。

9.5.6 merge-schedule-limit

Region 合并指的是为了避免删除数据后大量小甚至空的 Region 消耗系统资源，通过调度把相邻的小 Region 合并的过程。Region 合并由 PD 组件中的 mergeChecker 模块负责，PD 组件在后台遍历，发现连续的小 Region 后发起合并调度。查看 Grafana PD 监控→Region health 面板，如图 9.45 所示。当发现空 Region 过多时，就应该对空 Region 问题予以重视了。

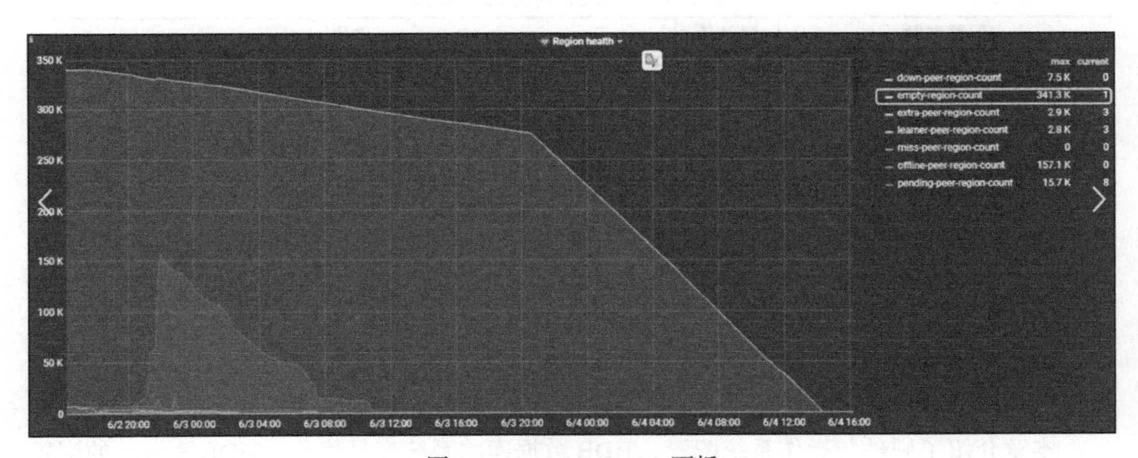

图 9.45　Region health 面板

集群中出现空 Region 时，一般情况下都伴随集群中大量的删除数据的现象，比如 Drop、Truncate Table 以及 Delete 等。可以从以下几个方面来处理：

1. 调整 merge-schedule-limit

Region 合并速度慢也很有可能是受到 limit 限制（Region 合并同时受限于 merge-schedule-limit 及 region-schedule-limit），或者是与其他调度器产生了竞争，处理方法不再赘述。

2. 调整 max-merge-region-size、max-merge-region-keys 及 patrol-region-interval

假如用户已经从监控中得知系统中有大量的空 Region，这时可以通过把 max-merge-region-size 和 max-merge-region-keys 调整为较小值来加快合并速度。这是因为合并的过程涉及副本迁移，于是合并的 Region 越小，速度就越快。如果想进一步加快 Merge Operator 生成的速度可以把 patrol-region-interval 调整为“10 ms”，这样能加快巡检 Region 的速度，但是会消耗更多的 CPU。

若集群中出现大量空 Region 却无法合并，还有一种特殊情况：曾经创建过大量表，然后又清空了（Truncate 操作），此时如果开启了 split table 特性，这些空 Region 是无法合并的，此时需要调整以下参数关闭这个特性：

TiKV 中将 split-region-on-table 设为 false，该参数不支持动态修改。

PD 中 key-type 设为 txn 或者 raw，该参数支持动态修改。key-type 保持 table，同时设置 enable-cross-table-merge 为 true，该参数支持动态修改。

Region 合并相关参数如表 9.5 所示。

表 9.5　Region 合并相关参数

配置参数	默认值	作用
schedule.enable-cross-table-merge	20 MB	控制 Region 合并的大小上限，当 Region 的大小大于指定值时，PD 不会将其与相邻的 Region 合并
schedule.enable-cross-table-merge	200 000	控制 Region 合并的键个数上限，当 Region 中键的个数大于指定值时 PD 不会将其与相邻的 Region 合并
schedule.enable-cross-table-merge	10 ms	控制 PD 组件检查 Region 健康状态的运行频率，越短则运行越快，通常状况不需要调整
coprocessor.split-region-on-table	false	开启按表分裂 Region 的开关，建议仅在 TiDB 模式下使用（注意：这是一个 TiKV 的配置参数）
schedule.enable-cross-table-merge	true	设置是否开启跨表合并，即不同表能够合并到同一个 Region 中

Region 合并慢诊断流程图如图 9.46 所示。

本章介绍了硬件与操作系统配置、TiDB 数据库的系统变量优化、TiDB Server 的配置参数优化、TiKV 集群的配置参数优化、PD 的配置参数优化的内容。读者尤其是初学者可能会觉得分布式数据的性能优化比较难，其实当读者在生产环境中遇到问题并解决问题后就会发现，其实每一个问题都可以溯源到最基本的 CPU 利用率、IO、网络和访问并发量几个方面，有经验的工程师都是从最基本的现象出发，结合数据库运行原理进行归纳和分析，最终定位到相关组件的参数中的。所以，对于运行原理的掌握和归纳分析能力就是优秀工程师的必备技能。

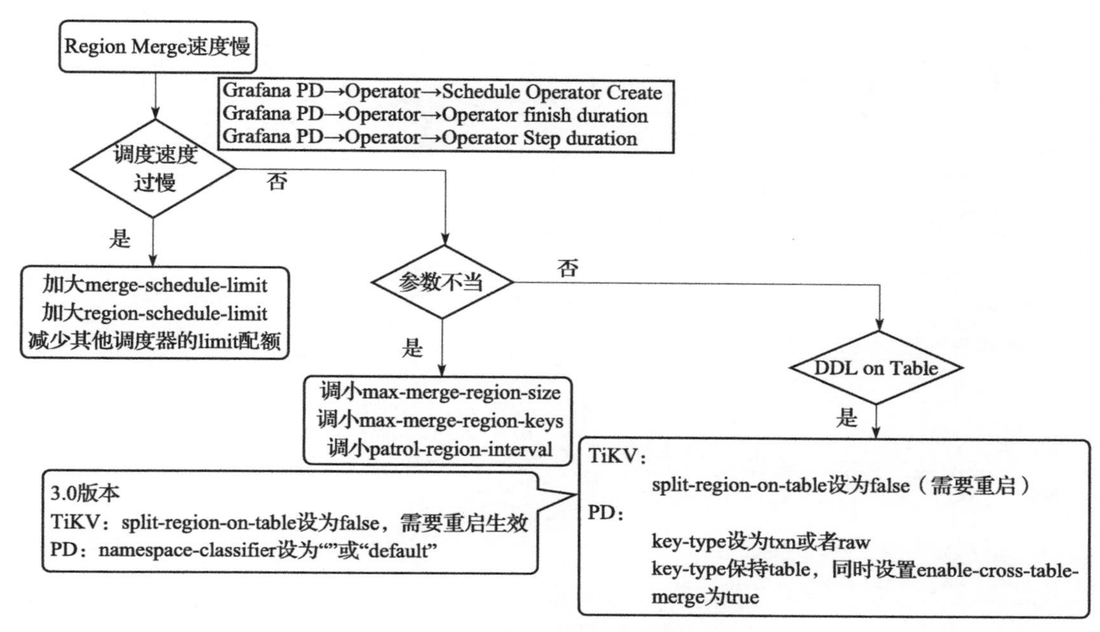

图 9.46　Region 合并慢诊断流程图

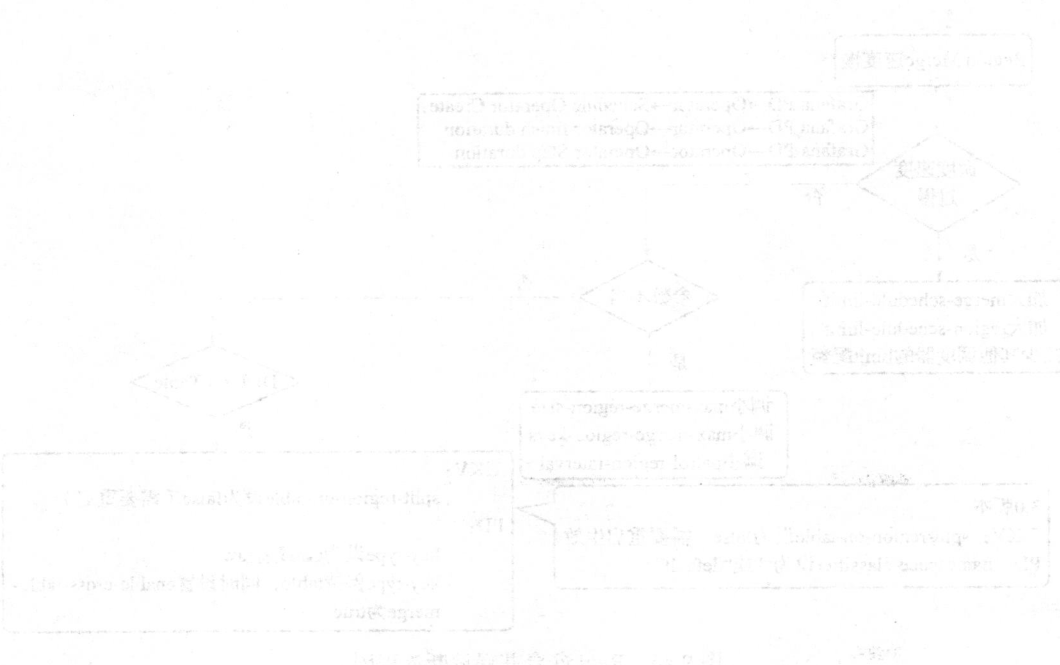

第三部分

应用场景架构设计

当架构师、数据库工程师进行应用程序架构设计的时候，必须事无巨细地考量系统的高可用能力、并发处理能力、故障恢复能力等一系列与场景相关的架构特性，一旦某方面被忽略就会为系统上线后的正常运行埋下隐患，轻则造成人力物力的损失，重则整个系统推倒重来。所以说，了解数据库各个场景架构是进行系统设计的前提条件，这部分内容也是软件架构师必学的内容。

第三部分会着重为读者讲解分布式数据库的高可用架构设计、异步复制架构设计、HTAP 和 Online DDL（在线 schema 变更）四个常用场景的架构设计。而这四个场景的架构设计除了异步复制架构外，都与传统数据库有很大的差别。读者通过本部分的学习，能够对分布式数据库的各种场景架构设计有比较深入的了解，在日常的系统架构设计和使用中，也可以针对分布式数据的特点尽量发挥其优势。本部分依然以分布式数据库 TiDB v6.5 和 v7.5 作为基础，其中涉及较新的特性会特别说明。

第 10 章　高可用架构设计

本章讲解分布式数据高可用的理论依据与设计思想，同时告诉读者如何去评估分布式数据库的高可用能力，并且以 TiDB 数据库为例，讲解了常见的高可用场景架构设计，以及每种高可用架构的特点和能力。

读者在学习时，可以先掌握分布式数据库高可用架构设计的理论原理，之后结合各个场景高可用设计的实践去掌握高可用架构设计的方法。

10.1 分布式数据库的高可用概述

在分布式系统设计中，有一个著名的 CAP 理论：一个分布式系统最多只能同时满足一致性（Consistency）、可用性（Availability）和分区容错性（Partition Tolerance）这三项中的两项，如图 10.1 所示。

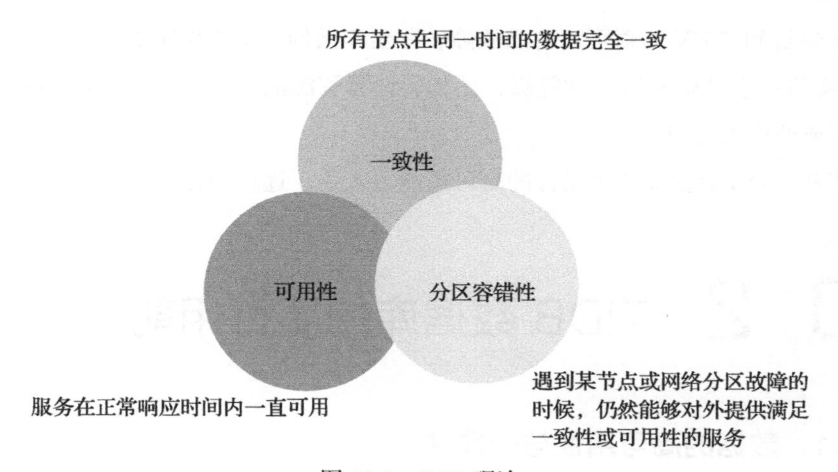
所有节点在同一时间的数据完全一致
一致性
可用性
分区容错性
服务在正常响应时间内一直可用
遇到某节点或网络分区故障的时候，仍然能够对外提供满足一致性或可用性的服务

图 10.1　CAP 理论

（1）一致性　指“all nodes see the same data at the same time”，即所有节点在同一时间的数据完全一致。

（2）可用性　指“Reads and writes always succeed”，即服务在正常响应时间内一直可用。好的可用性主要是指系统能够很好地为用户服务，不出现用户操作失败或者访问超时等用户体验不好的情况。可用性通常情况下与分布式数据冗余、负载均衡等有着很大的关联。

（3）分区容错性　指“the system continues to operate despite arbitrary message loss or failure of part of the system”，即分布式系统在遇到某节点或网络分区故障的时候，仍然能够对外提供满足一致性或可用性的服务。

所以说，TiDB 数据库只能满足 CP 两项，原因是：数据一致性是提供可靠服务的保障，无法提供一致性数据时，拒绝服务是关系型数据库应具备的能力；发生网络分区时，如果集群被分隔的多个部分都提供服务，可能会发生脑裂而导致数据不一致。

读者可以理解为，TiDB 数据库首先要保证所有节点中的数据在任何时候都严格一致，但是当某些节点被网络隔离开以后，少数派节点则不能提供服务，多数派节点可以继续提供服务，其高可用架构的共性可以总结为：

1）TiDB 数据库提供强一致性，新的数据一旦写入，在任意副本任意时刻都能读到新值。

2）如不能保证强一致性，则拒绝服务。

3）在 PD 集群和 TiKV 集群至少存活半数以上副本的情况下，容忍一定限度内的节点宕机或被隔离。

4）PD 集群和 TiKV 集群可以自动故障转移至存活的大多数副本处。

5）故障解决会伴随有服务的降级，比如，计算资源的减少，故障转移带来的延迟，短时间不可用或调度的开销。

本章将从 TiDB 数据库各个组件的高可用能力入手，逐步展开介绍。

10.2 TiDB 数据库的高可用能力

10.2.1 数据的高可用性与一致性

TiDB 数据库中的 TiKV 集群是负责数据的持久化与强一致性的组件，TiKV 集群是靠

Raft 协议来保证数据的高可用性和一致性的。在第 3 章中，对 Raft 协议进行了详细的介绍，其中的日志复制保证了多副本的一致性，选举机制保证了高可用性。如果读者有兴趣，可以参考第 3 章的内容。

简单来说，Raft 是一种分布式一致性算法，在 TiDB 集群的多种组件中，PD 集群和 TiKV 集群都通过 Raft 协议实现了数据的容灾，Raft 协议的灾难恢复能力通过如下机制实现：

Raft 成员的本质是日志复制和状态机，Raft 成员之间通过复制日志来实现数据同步；Raft 成员在不同条件下切换自己的成员状态，其目标是选出 leader 角色成员以提供对外服务。

Raft 协议是一个表决系统，它遵循多数派协议，在一个 Raft 组中，某成员获得大多数投票，它的成员状态就会转变为 leader 角色。也就是说，当一个 Raft 组还保有大多数（majority）节点时，它就能够选出 leader 角色的成员以提供对外服务。

基于 Raft 协议，TiKV 组件具有如下高可用和一致性特点。

（1）高可用（故障恢复） 少数从副本故障或隔离不影响 leader 服务；leader 角色成员故障或者隔离后，follower 角色成员感知心跳超时会自动开始新的 leader 选举；只要有一半以上节点存活，一定能选出新的 leader 角色的成员，从而恢复服务。

（2）数据一致性 写入数据时，leader 角色的成员会保证日志被复制到大多数成员所在节点（多数派）；当一部分成员故障或隔离后，只要有一半以上成员存活，其中至少有一个成员包含最新的日志。Raft 协议总是选择包含最新日志的成员当作 leader 角色。

综上所述，符合约束，则不会发生数据丢失。

另外，PD 组件是整个 TiDB 数据库的大脑，它的高可用性和一致性是本身设计时具备的，其原理也是依赖于 Raft 协议。PD 组件架构如图 10.2 所示。

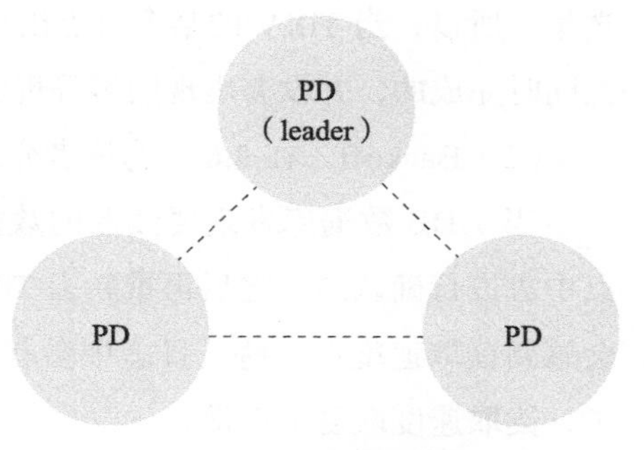

图 10.2 PD 组件架构

1）leader 角色节点提供所有 PD 集群的服务，follower 角色节点为备用状态。

2）依赖于内嵌 etcd 实现 leader 选举。

3）有一致性的要求：分配严格单调递增的 TSO 时间戳，同一时刻只能有一个 leader 角色成员提供服务。

最后，TiDB Server 只负责处理 SQL 语句，不存储数据，所以它可以是无状态的。它的特点如下：

1）无状态 数据由 TiKV 存储，数据在 TiDB Server 中是不落地的；TiDB Server 之间不通信；可以随时添加或者删除 TiDB Server 节点；多个 TiDB Server 节点都可以接受 SQL 语句，从而实现多活。

2）TiDB Server　本身不支持故障转移，需要业务配合；但是请注意，TiKV 组件是具备自动故障转移能力的，下面会介绍。

10.2.2　自动故障转移能力

自动故障转移（auto failover）能力在有些数据库中是需要靠额外组件提供的，比如：MySQL 数据库的主从架构，需要类似 MHA 等组件，MySQL InnoDB Cluster 需要 MySQL Router 与 MGR，PostgreSQL 数据库也需要借助 EFM 或者 repmgr 等额外组件，Oracle 数据库的 DataGuard 需要借助 Oracle Data Guard Broker 实现自动故障转移。主要原因是，在自动故障转移过程中，除了将应用的流量导入新的节点外，还需要保证数据的一致性，比如备库要补数据等，所以实现起来还是有一定难度的。

再加上，如果提出更严苛的要求，在自动故障转移过程中，应用的查询和事务不允许中断，那么上面提到的几款数据库，目前也只有 Oracle 可以借助 JDBC 的扩展功能（Application Continuity and Transaction Guard）完成。

但是，TiDB 数据库中的 TiKV 组件实际上是自带自动故障转移能力的，原因是有 Raft 协议和 Backoff 机制的保证，下面分别为读者描述。

（1）Raft　Raft　协议本身保证了各个副本的数据一致性（多数派），并且可以自动完成选举。所以，当 TiKV 的某个节点出现故障后，新 leader 角色成员的选举与数据一致性复制是同时完成的，并没有出现脑裂等现象。这一点就完成了最基本的自动故障转移。

（2）Backoff　在 3.6 节为读者介绍过 Backoff 机制。

当 TiDB 数据库发现要读取的数据已经不在原来的 TiKV 节点上时，是会重新到 PD 节点中去进行确认的，之后再重新去 TiKV 集群中读取，这个过程客户端是没有感知的，只是会感到读取速度慢一些，日志中会有 Backoff 的记录，随后的读取便切换到新的 TiKV 节点了，读取速度恢复了正常。

这里需要注意，TiKV 集群发生支持自动故障转移，并且正在进行的读写是不受影响的。但是，如果 TiDB Server 出现问题了，那么客户端肯定连接中断了，需要连接到新的 TiDB Server，目前 TiDB 数据库是靠 TiProxy 组件来完成 TiDB Server 的自动故障转移，TiDB Server 本身并不具备自动故障转移能力，关于 TiProxy 详细介绍，请参考 TiDB 数据库官方文档。

（3）副本数设计　在设计高可用架构时，设计者往往会思考副本的数量，这里请读者注意，原生 Raft 协议对于偶数副本的支持并不是很友好，所以一般设计者选择 3 副本或者 5 副本的方式。关于副本数设计，这里给出如下建议：

1）TiKV3 副本设计成本低，默认配置；写入性能较高，因为只需要多数派 2 个副本落地即可；适合于一般业务、批处理系统、报表系统等。

2）TiKV5 副本设计成本较高；读取性能比 3 副本好，写性能不如 3 副本；高可用性强于 3 副本，可以容忍连续故障，比如丢失 1 个副本后，马上短时间又有 1 个副本丢失（网络隔离），因为多数派是 3 副本，所以此时高可用性不受影响；适合于对于高可用性有较高要求的联机交易系统。

另外，也能理解，高可用性其实是和副本数有关的，和服务器数、机房数、数据中心数关系不大，比如默认副本数是 3 副本：想克服任意 1 台服务器（Host）的故障，应至少提供 3 台服务器；想克服任意 1 个机柜（Rack）的故障，应至少提供 3 个机柜；想克服任意 1 个数据中心（Data Center，DC，又称机房）的故障，应至少提供 3 个数据中心；想应对任意 1 个城市的灾难场景，应至少规划 3 个城市用于部署。

另外，由于基于 Raft 协议的 TiKV 节点对于网络带宽（一般同城要求 10 Gbit/s 以上）和延时（一般小于 1.5 ms）的要求较高，所以同城三数据中心是最适合部署 Raft 的高可用及容灾方案（默认 3 副本）。

最后，TiDB 数据库推出的 Placement Rules in SQL 功能可以单独设置某些表的副本数，比如默认 3 副本的 TiKV 集群中，希望某些表的容灾能力更强，那么可以单独设置这张表的副本数是 5。后面，会为读者介绍 Placement Rules in SQL 功能，即用 SQL 语句就可以完成设置了。

（4）Label 设计　Label 设计指的是规划 TiDB 数据库放置 Region 在哪个 TiKV 实例的步骤，Label 在高可用中起着非常重要的作用。

Region 分布如图 10.3 所示，为了说明 Label 的功能，在图 10.3 中，DC 1 ～ 3 代表 3 个独立的数据中心，Rack 1 ～ 6 代表 6 个机柜（机架），TiKV-1 ～ TiKV-12 代表 12 台主机，每台主机上有 1 个 TiKV 实例。接下来，讨论 3 组 Region 的分布情况，假设都是默认 3 副本。

1）Region 1 的分布情况是 1 个 leader 角色成员和 1 个 follower 角色成员分别在 Rack 4 机柜的 2 台主机 TiKV-7 和 TiKV-8 上，另一个 follower 角色成员在 DC 3 的 Rack 6 机柜中。这样部署的风险是，如果 DC 2 出问题或者 Rack 4 出了问题，都会造成 Region 1 的不可用。

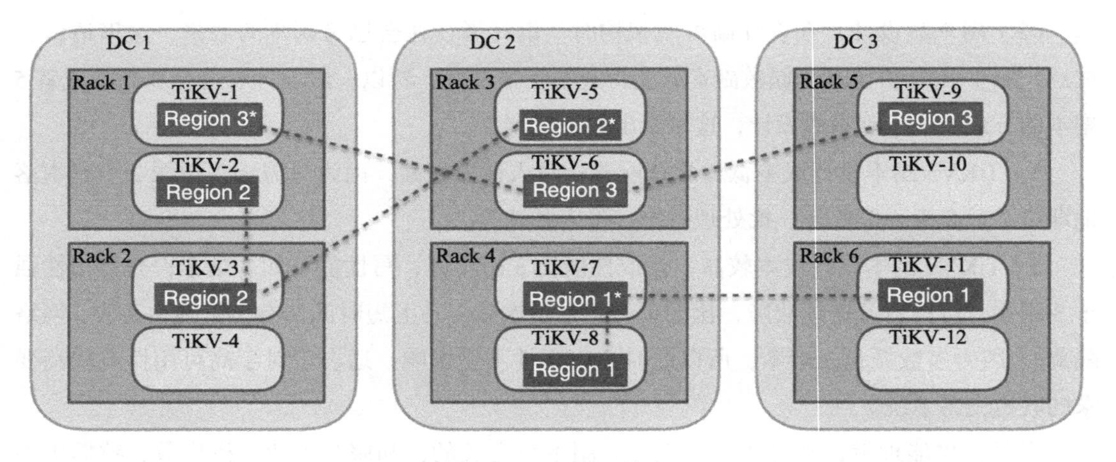

图 10.3　Region 分布

2）Region 2 的分布情况是 1 个 leader 角色成员和 2 个 follower 角色成员分别在不同的机柜中，所以任何一个机柜单独出现了问题，Region 2 都可用，这点是比 Region 1 强的。但是，如果 IDC 1 出了问题，Region 2 又不可用了。

3）Region 3 的分布情况是 1 个 leader 角色成员和 2 个 follower 角色成员分别在不同的数据中心中，这样无论是数据中心、机柜还是主机出现问题，都不会影响 Region 1 的可用性。

对比了 Region 1、Region 2 和 Region 3 的分布，发现不同的 Region 分布对于可用性是有影响的，尤其是某些 Region 中如果存放的是数据库的元数据，比如 information schema 中的用户账户信息或者表定义信息等，那么一个 Region 的不可用会造成整个数据库的不可用。

可是，Region 的原始分布是 PD 组件随机部署的，PD 组件仅仅保证同一个 TiKV 实例中不会放置一个 Region 的多个副本，但是对于数据中心、机柜和主机这些概念 PD 组件是一无所知的。

于是就有了 Label 的概念，也就是常说的打标签，可以再为每个 TiKV 实例设置一个 Label，用于标识其在哪个数据中心的哪个机柜中的哪个主机上。而 PD 组件约定好 Label 的格式，这样 PD 组件在初始分布 Region 的时候，就可以根据 TiKV 节点上设置好的 Lable，感知到数据中心、机柜和主机的位置了，从而最大限度地实现高可用的分布。那么如何设置 Label 呢，本书接下来阐述。

Label 的设置如图 10.4 所示。

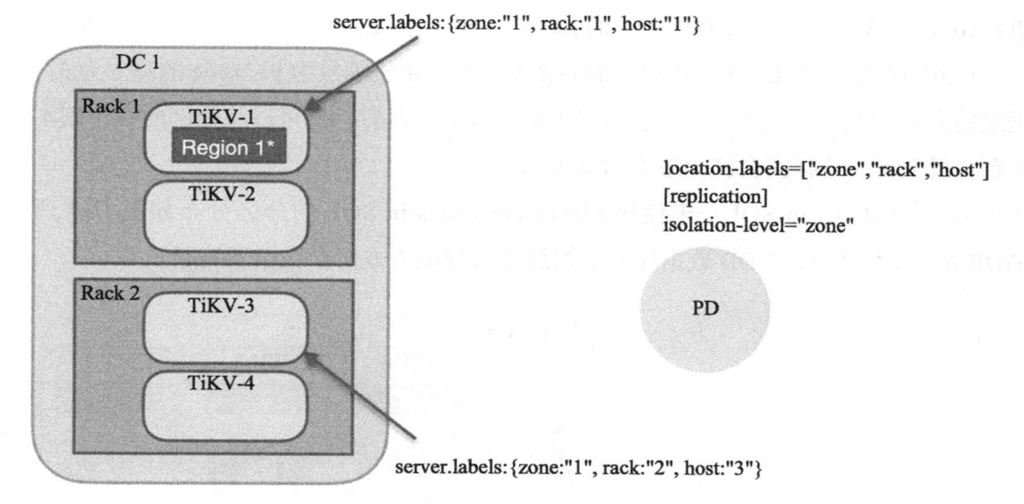

图 10.4　Label 的设置

首先，在 PD 节点中要标识出 Label 的格式信息，也就是源信息，如下：

```
[replication]
location-labels = ["dc", "zone", "rack", "host"]
```

其中，"dc" "rack" 和 "host" 分别表示数据中心、机柜和主机，都是物理位置或者设备，非常好理解。

但是，"zone" 这个概念其实是个逻辑概念，用来表示副本可以隔离的最小位置，它的数量始终与副本一致。举个例子，如果默认是 3 副本，如果有 3 个数据中心，那么就设置 3 个 zone，每个 zone 对应一个数据中心，副本也放在不同的 zone 上。如果有 1 个数据中心，但是有 3 个机柜，那么也设置 3 个 zone，每个 zone 对应一个机柜，副本也放在不同的 zone 上。

其次，看一下 TiKV 的配置。(配置来自于 TiDB 数据库官方文档)

```
tikv_servers:
    - host: 10.63.10.30
      config:       server.labels: { dc: "1", zone: "1", rack: "1", host: "1" }
          - host: 10.63.10.31
      config:       server.labels: { dc: "2", zone: "2", rack: "3", host: "6" }
          - host: 10.63.10.32
      config:       server.labels: { dc: "3", zone: "3", rack: "5", host: "9" }
```

解读如下：

主机：10.63.10.30 所在 DC 1 数据中心的 rack 1 机柜，主机编号为 1，zone 的编号为 1。

主机：10.63.10.31 所在 DC 2 数据中心的 rack 3 机柜，主机编号为 6，zone 的编号为 2。

主机：10.63.10.32 所在 DC 3 数据中心的 rack 5 机柜，主机编号为 9，zone 的编号为 3。

根据之前介绍的知识，当 PD 组件感知到 3 个主机的位置后，就可以将分区的三个副本放置在 3 台主机上了，这样就会获得最大的高可用性。

（5）Placement Rules in SQL　未使用 Placement Rules in SQL 的分区分布如图 10.5 所示。在 TiDB 6.0 版本之前，TiDB 数据库在数据放置管理能力方面存在以下问题。

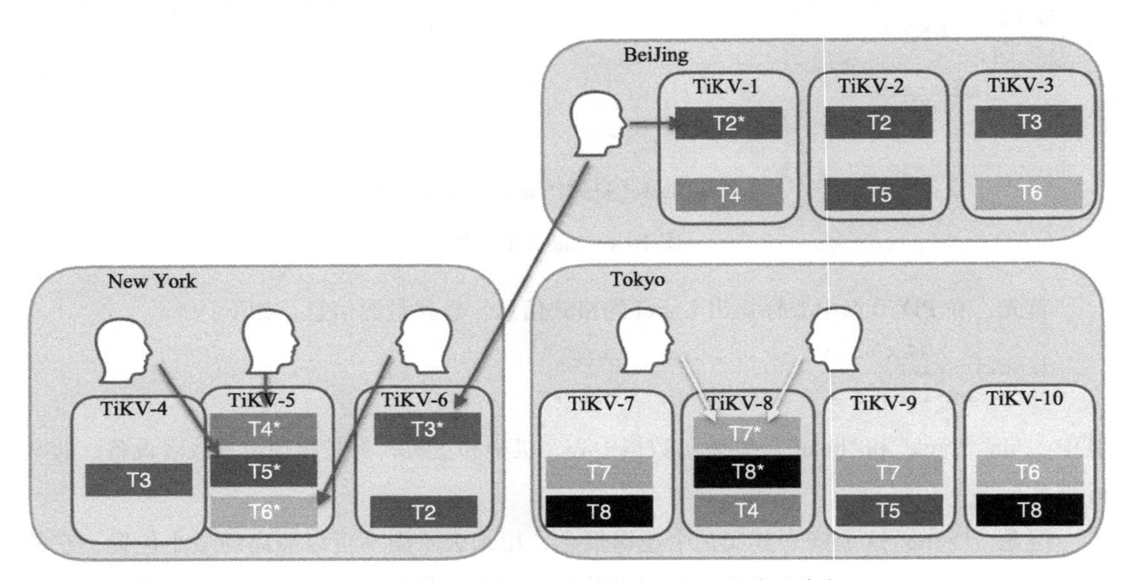

图 10.5　未使用 Placement Rules in SQL 的分区分布

1）跨地域部署的集群，无法本地访问。从图 10.5 可知，BeiJing 的一个用户需要跨区域到 NewYork 去读写 T3 表的数据，原因是 TiDB 数据库没有办法在创建表的时候指定其存储的物理位置。

2）无法根据业务隔离资源。在图 10.5 中，NewYork 的 3 位用户，分别需要访问 T4、T5 和 T6 3 张表，而不凑巧的是这 3 张表的大部分 leader 角色的 Region 副本数据都分布在了 TiKV-5 这一台服务器上，如果能够根据业务属性去放置数据，让三位用户分别从不同的服务器来读写 T4、T5 和 T6 表将会避免热点的产生。

3）难以按照业务等级配置资源和副本数。在图 10.5 中，Tokyo 的 2 位用户都需要访问 T7 表，而 T7 表又是一张非常重要的表，用户希望它的副本数为 5 而不是默认的 3，同时 T8 表是一张历史表，用户希望 T8 表可以存储在性能一般的 TiKV-7、TiKV-9 和 TiKV-

10 这 3 台服务器上，而不占用性能较高的 TiKV-8 服务器，也就是有冷热分离的数据摆放需求。

有了 Placement Rules in SQL 之后，TiDB 数据库就可以做精细化的数据放置。使用 Placement Rules in SQL 之后的分区分布如图 10.6 所示。

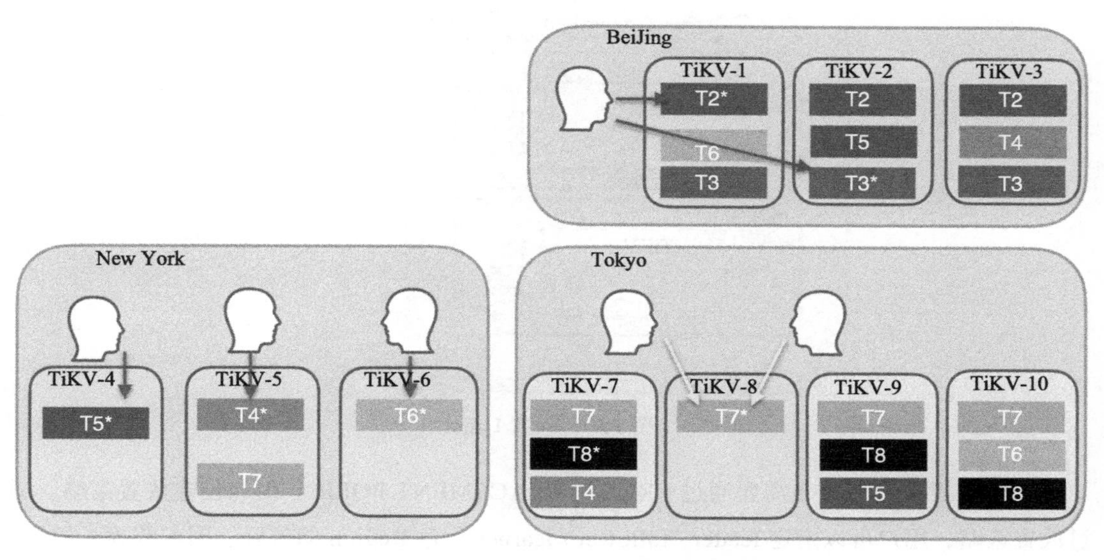

图 10.6　使用 Placement Rules in SQL 之后的分区分布

将 T2 表和 T3 表放在了 BeiJing 区域的集群，实现了跨地域部署的集群，支持本地访问。

在 NewYork 区域，用户将 T5、T6 和 T7 3 张表设置为 leader 角色的 Region 分别放在了 TiKV-4、TiKV-5 和 TiKV-6 这 3 台服务器上，做到了根据业务隔离资源。

关于冷热数据分离，在 Tokyo 区域，T7 表的 leader 角色的 Region 副本放置在了性能较好的 TiKV-8 服务器上，而 T8 表则使用了性能一般的 TiKV-7、TiKV-9 和 TiKV-10 这 3 台服务器。另外，我们也看到了 T7 表的副本数是 5 个，与其他表不同，这样就实现了按照业务等级配置资源和副本数。

下面，介绍如何使用 Placement Rules in SQL 功能。首先，需要为每一个区域、机柜和服务器配置 Label。有了 Label，就解决了在哪里的问题，也就是可以用 SQL 语句来指定数据对象放在什么位置了。设置 Label 如图 10.7 所示。

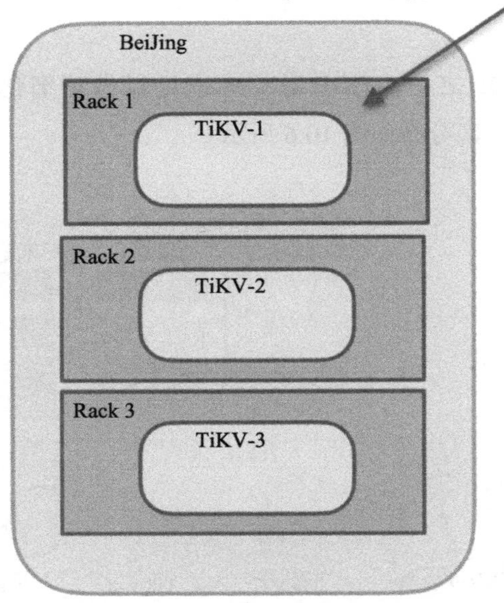

图 10.7　设置 Label

指定放置规则，首先需要通过 CREATE PLACEMENT POLICY 语句创建放置策略。通过放置策略，用户可以指定 leader / follower / learner 角色 Region 的位置、副本数等，如下：

```
CREATE PLACEMENT POLICY P1
PRIMARY_REGION = "TiKV-5"                              -- leader 角色 Region 位置
REGIONS = "BeiJing, Tokyo, ShangHai, London"  -- follower 角色 Region 位置
FOLLOWERS = 4;                                        -- follower 角色副本数量
```

有了 Lable 和放置策略，用户就可以在创建 schema（数据库）、表或分区的时候规定其相应的位置了，这样就实现了精细化的数据放置。如下：

```
CREATE TABLE T5 (id INT) PLACEMENT POLICY=P1;
```

另外，用户不仅可以通过 create 语句在创建时指定数据放置，还可以通过 alter 语句修改数据对象的放置位置，但是由于这个操作会造成数据移动，所以不可以在业务高峰时进行。

最后，我们看到 Placement Rules in SQL 功能使用户可以更细粒度地控制 schema、表、分区，它的主要应用有：精细化数据放置，控制本地访问与跨区域访问；指定副本数，提高重要业务的可用性和数据可靠性；将业务按照等级、资源需求或者数据生命周期进行隔离；业务数据整合，降低运维成本与复杂度。

10.3 TiDB 数据库常用的高可用架构

在本节中，我们为读者介绍一些常用的 TiDB 数据库高可用架构，分别是同城三中心架构、同中心架构、同城两中心架构和两地三中心架构。在介绍这些高可用架构前，先来熟悉高可用架构评估中的两个指标：一个是 RTO，表示灾难发生到业务系统恢复服务功能所需要的最短时间；另一个是 RPO，表示业务系统所能容忍的数据丢失量。

1. 恢复时间目标

恢复时间目标（Recovery Time Objective, RTO）是指所能容忍的业务系统停止服务的最长时间，也就是灾难发生到业务系统恢复服务功能所需要的最短时间，如图 10.8 所示。

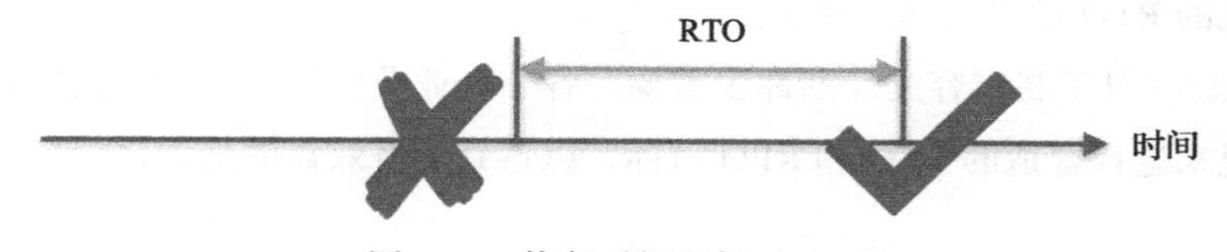

图 10.8　恢复时间目标（RTO）

如果 RTO 为 1 h，这意味着能容忍业务系统停止服务的时间为 1 h，即虽然业务系统在这 1 h 内不能提供服务，但业务上的损失是可以接受的或者没有损失的。但是，如果业务系统在 1 h 后仍不能恢复，则生产业务可能会遭受无法弥补的损失。

2. 恢复点目标

恢复点目标（Recovery Point Objective, RPO）是指业务系统所能容忍的数据丢失量，如图 10.9 所示，所标示的灾难发生到最近一次数据备份的时间。

图 10.9　恢复点目标（RPO）

例如，业务系统数据在每天零点进行备份，在某天上午 8 点发生事故，导致有 8 h 的数据丢失。如果原先设置的业务系统 RPO 为 24 h，则并无大碍，但如果 RPO 为 4 h，则会导致业务受到影响以致造成损失。

RTO 和 RPO 都是使用时间来度量。RTO 是指灾难发生到服务恢复的时间，这个时间也包含了数据恢复的时间；RPO 是指灾难发生到数据上一次备份的时间。

虽然 RTO 和 RPO 都使用时间来度量，但是使用它们的目的却不相同。RTO 关注于应用或系统的可用性，RTO 虽然包含数据恢复的时间，但更多的是描述应用停机的时间限制；RPO 关注数据的完整性，描述所能容忍的最大数据丢失限制。业务系统服务不可用会带来经济损失，如果丢失的是客户交易数据，则导致的损失更是灾难性的。

在制定企业的容灾计划时，需要考虑 RTO 和 RPO 目标，然而 RTO 和 RPO 目标的成本存在差异。维护一个高要求的 RTO 目标的成本可能比 RPO 目标的成本要高，这是因为 RTO 涉及整个业务基础架构，而不仅仅是数据。

要实现 RPO 目标，只需要以正确的时间间隔执行数据备份，数据备份可以很容易地自动化实现，因此自动化的 RPO 策略很容易实现。另外，由于 RTO 涉及恢复的所有操作，因此完全自动化的 RTO 策略实现更复杂。

RTO 和 RPO 对于制定容灾计划都很重要，各个企业业务场景不同，这需要架构设计师根据实际情况来选择合适的 RTO 和 RPO 目标，以达到经济效益的最大化。

10.3.1 同城三中心架构

同城三种中心架构是目前 TiDB 数据库最成熟的高可用方案之一，一些金融客户的核心系统基本上采用此架构来部署。

同城多数据中心方案提供的保障是，任意一个数据中心故障时，集群能自动恢复服务，不需要人工介入，并能保证数据一致性。注意，当发生故障时，调度机制总是第一优先考虑可用性而不是性能。

同城三中心架构如图 10.10 所示。数据中心 1、数据中心 2、数据中心 3 分别具备独立的电力设备、空调设备、网络和消防设施等，而且 3 个数据中心相距 50 ～ 100 km，这里读者注意，比如某些城市（无锡与苏州）相聚在 50 km 以内，这样不管几个城市，都可以算作此架构范畴。

1. 架构特点

1）所有的数据副本分布在 3 个数据中心或者可用区（Raft 倾向于奇数个副本），当某一个副本丢失后，PD 组件会组织进行补副本的工作，防止由于二次事故造成数据丢失。

2）同城网络延迟低（小于 1.5 ms），带宽达到万兆，满足分布式数据库要求。

3）各个数据中心都可以提供服务。（满足多活）

4）任何一个数据中心失效后，另外两个数据中心会自动发起 leader 选举，并在合理的时间内（通常情况 20 s 以内）恢复服务，并且不会产生数据丢失，所以，RTO 较小（30 s 以内），RPO 为 0。（注意，这里的指标为多次实践的经验总结和评估可以作为参考）

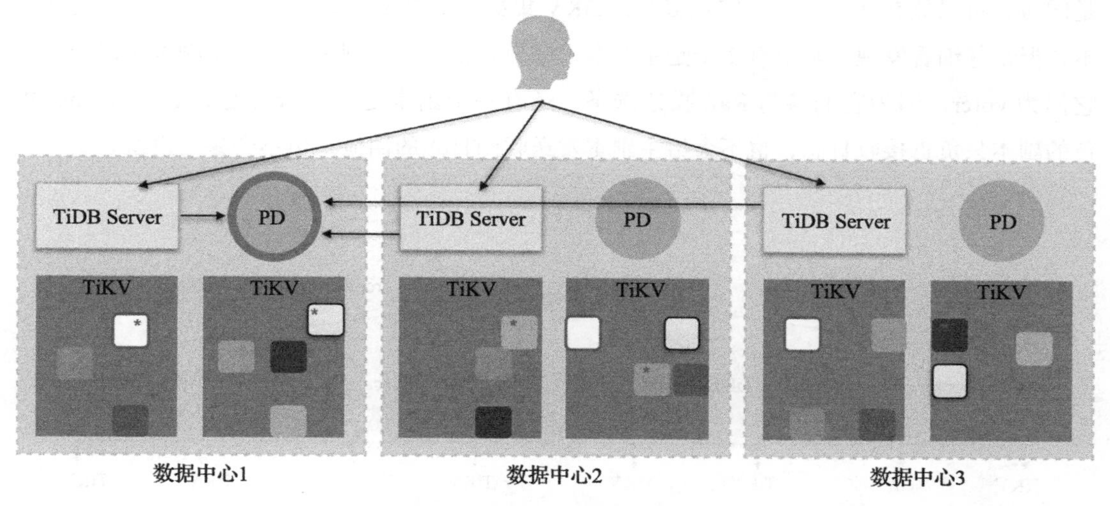

图 10.10　同城三中心架构

2. 注意事项

1）对于写入的场景，所有写入的数据需要同步复制到至少 2 个数据中心，由于 TiDB 数据库的写入过程使用两阶段提交，故写入延迟至少需要 2 倍数据中心间的延迟。

2）对于读请求来说，如果数据的主副本与发起读取的 TiDB Server 节点不在同一个数据中心，也会受网络延时影响。所以，建议将关键业务所访问的主副本放在业务应用所在的同一数据中心，避免延时。

3）TiDB 数据库中的每个事务都需要向 PD 组件的 leader 角色节点获取 TSO，当 TiDB Server 与 PD 组件的 leader 角色节点不在同一个数据中心时，它上面运行的事务也会因此受网络延迟影响，每个有写入的事务会获取两次 TSO。所以，建议将关键业务应用服务器节点和 leader 角色的 PD 节点放在同一数据中心，也可以避免延时。

10.3.2　同城两中心架构

同城三中心架构是目前 TiDB 比较推荐的高可用方案，但是也有不少客户提出了需求，就是目前只能提供同城两中心，而且要求做到灾难发生时 RPO 必须为 0。那么接下来就为读者介绍同城两中心的高可用方案。

同城两中心架构如图 10.11 所示。同城（50 km 内）有两个数据中心分别是生产数据中心和灾备中心，PD 组件有 2 个（包括 leader 角色的）放在生产数据中心；TiDB Server 由于是同城，可以放在两个中心，实现多活；TiKV 集群中的 Region，这里有些特殊，它是 4 副本，但是仔细看发现，其中有 1 个是主副本，另外有 2 个是从副本，这 3 个副本可以统一称它们为 voter，因为它们参与 Raft 投票选举，还有一个副本是 learner 角色，这个 learner 角色的副本只负责接收日志，也不会给主副本发送收到日志的回应，更不会参与投票。

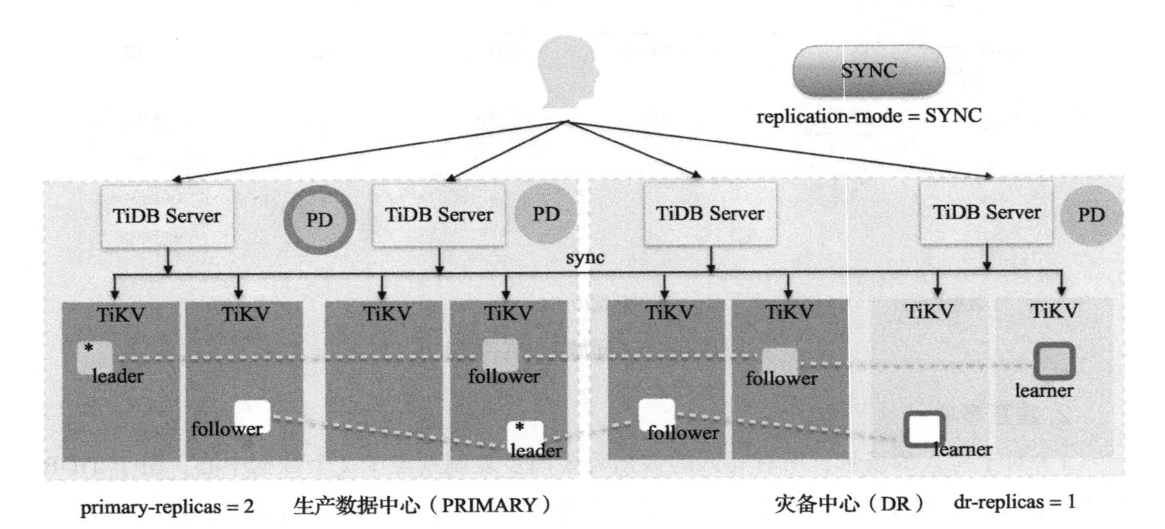

图 10.11　同城两中心架构

1. 架构原理

下面，详细解释一下 TiKV 集群中 Region 这样放置的原因，如图 10.12 所示。

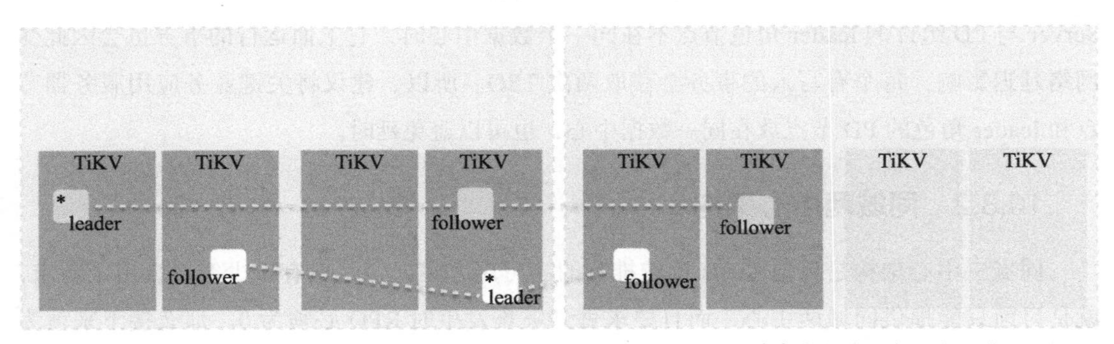

图 10.12　同城两中心架构中的 Region 放置（3 副本）图一

图 10.12 是默认 3 副本的情况，这里发现有两个问题：第一，由于生产数据中心的 2 个副本距离很近，又包含有 leader 角色的副本，所以在 Raft 复制的过程中，总是在生产中心会达成多数派，之后灾备中心的 follower 角色节点可能会有很大延时，这样发生切换后可能数据不一致，或者很长时间才能补齐数据，如图 10.13 所示。

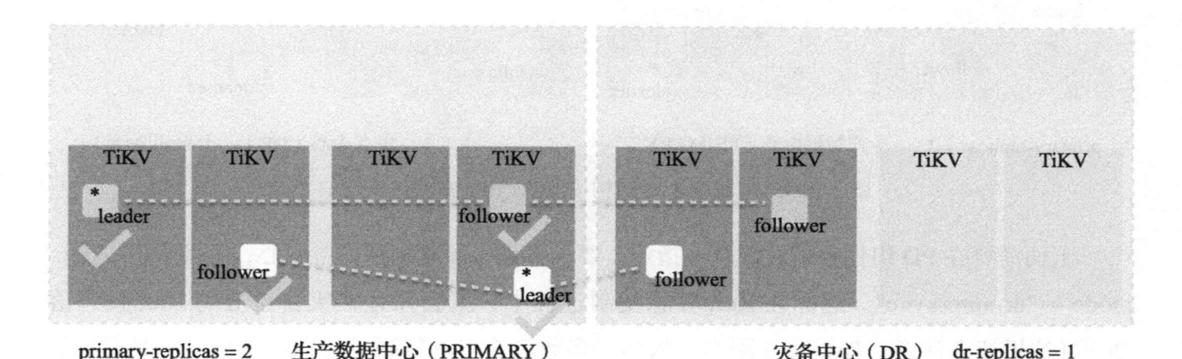

图 10.13　同城两中心架构中的 Region 放置（3 副本）图二

第二，当生产数据中心出现故障以后，灾备中心只有 1 个副本，所以根本无法恢复，整个集群不可用。如图 10.14 所示。

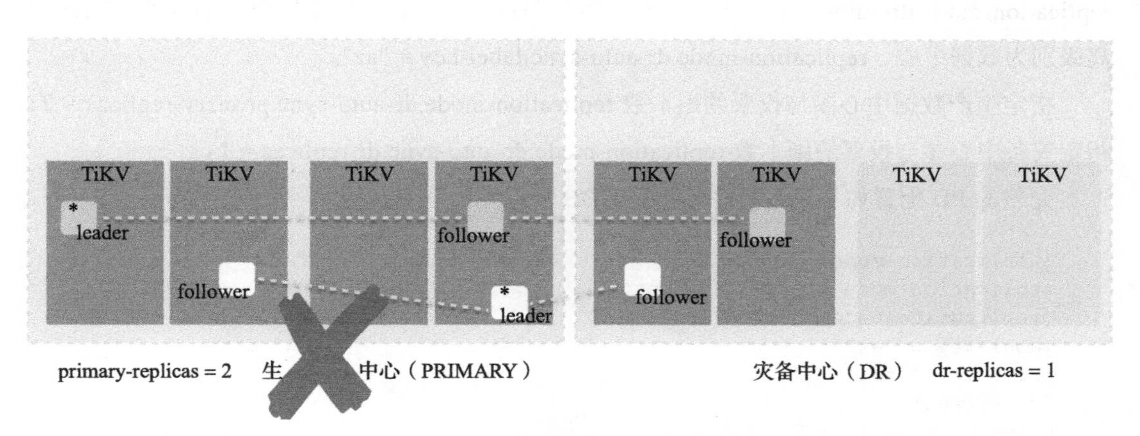

图 10.14　同城两中心架构中的 Region 放置（3 副本）图三

针对这两个问题，可以做出如下改进，如图 10.15 所示。

在图 10.15 中，采取了如下配置：指定生产数据中心的副本数，指定灾备中心的副本数，并且将 Raft 复制设置为同步模式（dr-auto-sync），也就是 Raft 复制必须保证在灾备中心也复制了最新的日志才算复制成功。这样，灾备中心就不会出现延时了。

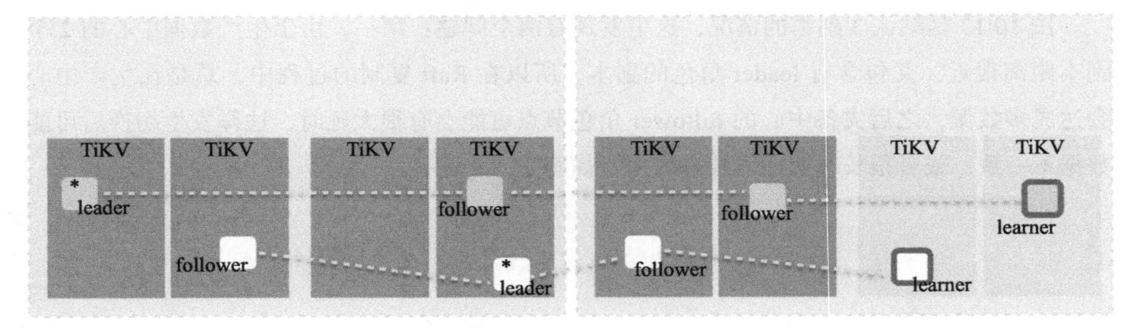

图 10.15　同城两中心架构中的 Region 放置（4 副本）

上面需要在 PD 组件的配置参数中指定：要求日志必须复制到灾备中心，配置 replication-mode = "dr-auto-sync"，这样在 Raft 日志复制过程中，就会保证在灾备中心有 Raft 日志落地了（这里读者注意，如果是 3 副本，依然是多数派 2 副本复制成功即可，只不过要求必须有 1 个副本是在灾备中心复制成功的）。这种配置被称为 Data Replication Auto Synchronous（DR Auto-Sync），也就是说保证了灾备中心和生产数据中心的数据一致性。

需要指定生产中心和灾备中心，配置 replication-mode.dr-auto-sync.primary = "east"; replication-mode.dr-auto-sync.dr = "west"，其中 "east" 和 "west" 是数据中心的标签，指定隔离级别为数据中心，replication-mode.dr-auto-sync.label-key = "az"。

指定生产数据中心参与投票的副本数 replication-mode.dr-auto-sync.primary-replicas = 2；指定灾备中心参与投票的副本数 replication-mode.dr-auto-sync.dr-replicas = 1。

完整的 PD 配置如下（此配置来自于 TiDB 数据库的官方文档）：

```
[replication-mode]
replication-mode = "dr-auto-sync"
[replication-mode.dr-auto-sync]
label-key = "az"
primary = "east"
dr = "west"
primary-replicas = 2
dr-replicas = 1
wait-store-timeout = "1m"
```

这样，在灾备中心还会增加第 4 个副本（默认 3 副本），第 4 个副本是 learner 角色，只接收日志，这样当生产中心故障后，只要先将生产中心的 follower 角色副本和 learner 角色副本变为一致状态，就可以在灾备中心恢复业务了。

接下来，看各种灾难恢复的场景。

2. 灾难恢复

1）灾备中心故障。灾备中心故障如图 10.16 所示。我们发现 PD 组件少了一个，但是 leader 角色的 PD 节点还正常对外提供服务，TiDB Server 节点在灾备中心的都不能使用了，所以可能系统的一部分业务要切换到生产数据中心，这里读者注意，可能在灾备中心会放一些不太重要的业务查询，因为不影响重要的正常业务，这个时候如果将这些业务导流到生产数据中心，可能会影响正常业务。

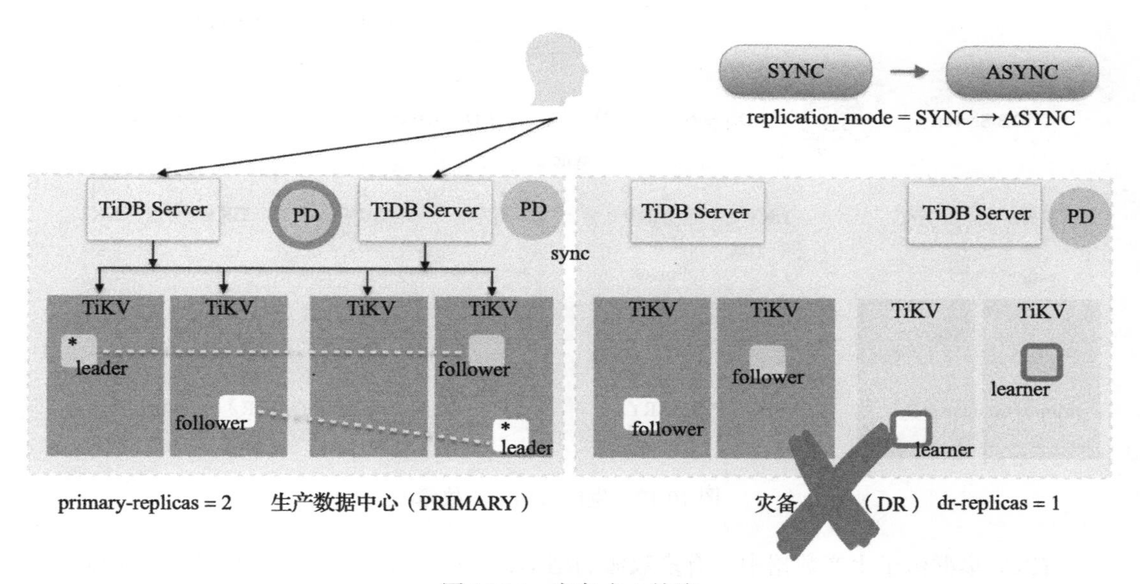

图 10.16　灾备中心故障

TiKV 集群由于生产数据中心有多数派的副本，并且 leader 角色的副本没有受到影响，这时，依然可以对外提供服务。但是刚才提到了 DR Auto-Sync 的概念，也就是说这时候，由于灾备中心不可用了，TiKV 的 Raft 复制没有办法将 Raft 日志发送过去，这时就会出现事务等待的情况。用户可以通过参数 replication-mode.dr-auto-sync.wait-store-timeout 来设置等待时间，上面例子中，设置为 1 min。也就是说，1 min 后会自动解除等待，Raft 算法使用经典的多数派方式复制日志。相应的代价就是，生产数据中心和灾备数据中心是异步复制模式（async）。

所以，如果灾备中心发生故障，生产数据中心继续提供服务，这时集群使用的是异步复制。当灾备中心逐步恢复后，一定要人工进行监控，确认已经恢复到同步复制模式。因为只有恢复为同步复制模式，才能保证二次故障后（生产数据中心故障），灾备中心的数据RPO 为 0，也就是不丢失数据。

2）生产数据中心故障。生产数据中心故障如图 10.17 所示。我们发现 PD 组件少了 2 个，leader 角色的 PD 节点无法对外提供服务；TiDB Server 节点在生产数据中心的都不能使用了，所以此时业务无法正常运行。

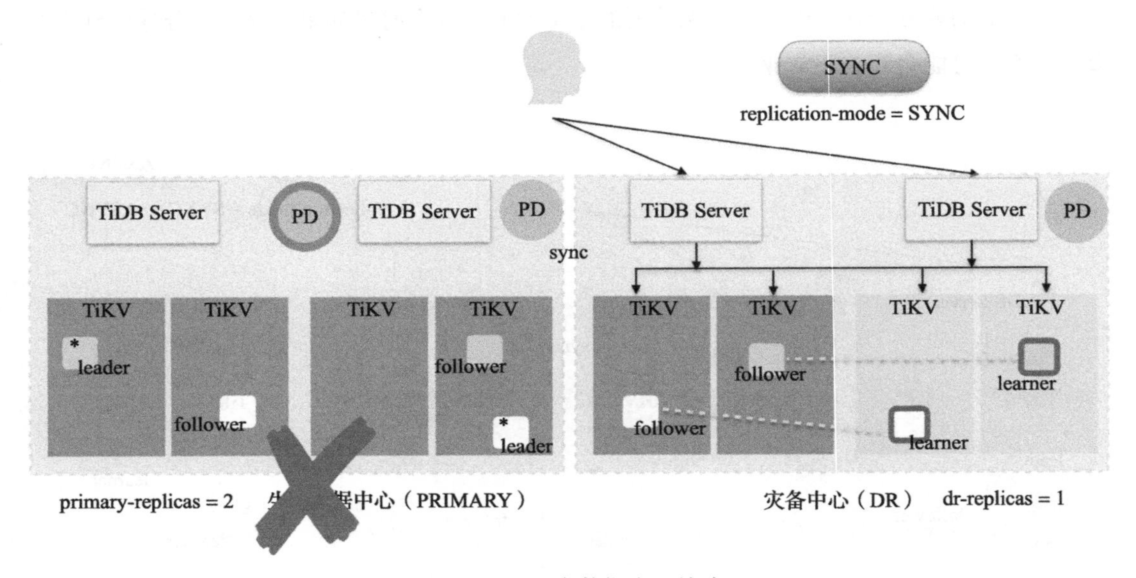

图 10.17　生产数据中心故障

TiKV 集群由于生产数据中心有多数派的副本，这时也无法对外提供服务。但是刚才提到了 DR Auto-Sync 的概念，也就是说在 replication-mode = "dr-auto-sync" 模式下，会保证灾备中心总是有最新 Raft 日志落地，那么其实数据并没有丢失，只不过目前由于灾备中心只有一个 follower 角色的副本和一个 learner 角色的副本（不参投票，日志也可能落后），无法选举出新的 leader 角色的副本。所以，灾备中心的 TiKV 中实际上是有一致性的最新数据的，能够保证 RPO = 0。

接下来，要做的就是手动到灾备中心进行恢复，主要工作是使 learner 角色的副本和 follower 角色的副本数据一致，并将 learner 角色的副本变为 follower 角色或者 leader 角色。同时 PD 节点也要恢复起来。目前，有成熟的恢复工具，恢复时间是分钟级别。

不过这里注意，一旦灾备中心上线使用，原来生产数据中心数据就作废了，必须通过备份恢复技术进行恢复。

3. 注意事项

在同城两中心架构中，有如下注意事项：

1）PD 组件中的生产数据中心要打上 PRIMARY 标签，灾备中心打上 DR 标签，并做好相应的配置。

2）同步复制要求 DR 标签的 TiKV 落地数据（replication-mode = "dr-auto-sync" 模式）。

3）确保灾难发生时，是 SYNC 复制模式，才能保证 RPO = 0。

4）生产数据中心故障可以保证 PRO = 0，但是需要人工介入恢复，所以 RTO 无法为 0。

5）同城（50 km 以内）网络延迟小于 1.5 ms，带宽达到万兆。

10.3.3 同中心架构

同中心架构指的是一套 TiDB 数据库集群部署在一个数据中心，也是目前 TiDB 数据库部署方式最多的一种，如图 10.18 所示。

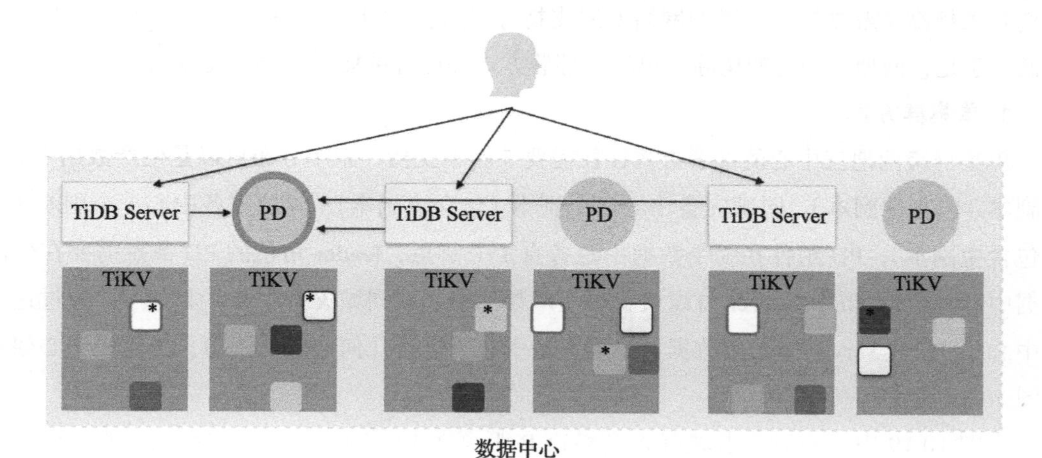

图 10.18 同中心架构

从图 10.18 中可以看到，整个场景只有一个数据中心，具备独立的电力设备、空调设备、网络和消防设施等。有些用户的数据中心本身具有楼与楼、层与层、机房与机房之间的隔离。架构特点与注意事项如下。

1）所有的数据副本（默认 3 副本）分布在 3 个隔离的可用区，最起码是独立的机柜。（Raft 倾向于奇数个副本），当某一个副本丢失后，PD 组件会组织进行补副本的工作，防止由于二次事故造成数据丢失。

2）同中心网络延迟和带宽容易满足要求。

3）数据中心的任何一个隔离区域出现故障，另外两个隔离区域会自动发起 leader 选举，并在合理长的时间内（通常情况 20 s 以内）恢复服务，并且不会产生数据丢失，所以，RTO 较小（30 s 以内），RPO 为 0。（注意，这里的指标为多次实践的经验总结和评估可以作为参考）

10.3.4 两地三中心架构

两地三中心架构，即生产数据中心、同城灾备中心、异地灾备中心的高可用容灾方案。在这种模式下，两个城市的三个数据中心互联互通，如果生产数据中心发生故障或灾难，同城灾备中心可以正常运行并对关键业务或全部业务实现接管。这里，同城两中心一般指相聚在 50 km 以内的两个数据中心，异地一般需要在 1 000 km 以外。

TiDB 分布式数据库通过 Raft 算法可以原生支持两地三中心架构的建设，并保证数据库集群数据的一致性和高可用性。但是由于 1 000 km 以外的异地灾难备中心对于网络延时和带宽要求极高（需要较高等级的网络专线支持），造成了单集群部署方式成本极高，性价比偏低。于是，两地三中心架构除了单集群部署方式外还有单集群 + 异步复制的方式。

1. 单集群方式

单集群跨两地三中心的部署方式往往需要 5 副本支持，副本分布可以是生产数据中心 2 个副本（包含主副本）、同城灾备中心 2 个副本（包含主副本）、异地灾备中心 1 个副本（不可包含主副本）；PD 组件在 3 个数据中心各有 1 个节点，leader 角色的 PD 节点需要在生产数据中心。至于 TiDB Server 可以放置在生产数据中心和同城灾备中心，业务可以通过这两个中心的 TiDB Server 来访问数据。异地灾备中心不进行任何业务的读写，两地三中心架构如图 10.19 所示。

在图 10.19 中，一般要求城市 A 和城市 B 距离在 1 000 km 以上（网络延迟在 20 ms 左右），同城网络延迟容易达标（小于 1.5 ms），带宽达到万兆。接下来讲解出现故障的情况。

2. 异地灾备中心（异地城市）故障

异地灾备中心故障如图 10.20 所示，从图中看到无论是 PD、TiKV 或者 TiDB Server 上面的业务都不会受到影响，TiKV 中 5 副本变为了 4 副本；PD 变为 2 个节点，但都没有发生选举。所以，系统基本无感知。

3. 同城灾备中心故障

同城灾备中心故障如图 10.21 所示，从图中看到 PD 组件变为 2 个节点，其他没有受到影响；TiKV 中 5 副本变为了 3 副本，并且可能之前在同城灾备中心的主副本切换到了生产数据中心；之前在同城灾备中心的 TiDB Server 上的业务会全部中断。所以，之前连接到同城灾备中心的业务需要重连接，某些访问可能由于 TiKV 的 leader 切换出现延迟，但是整个系统依然可用。

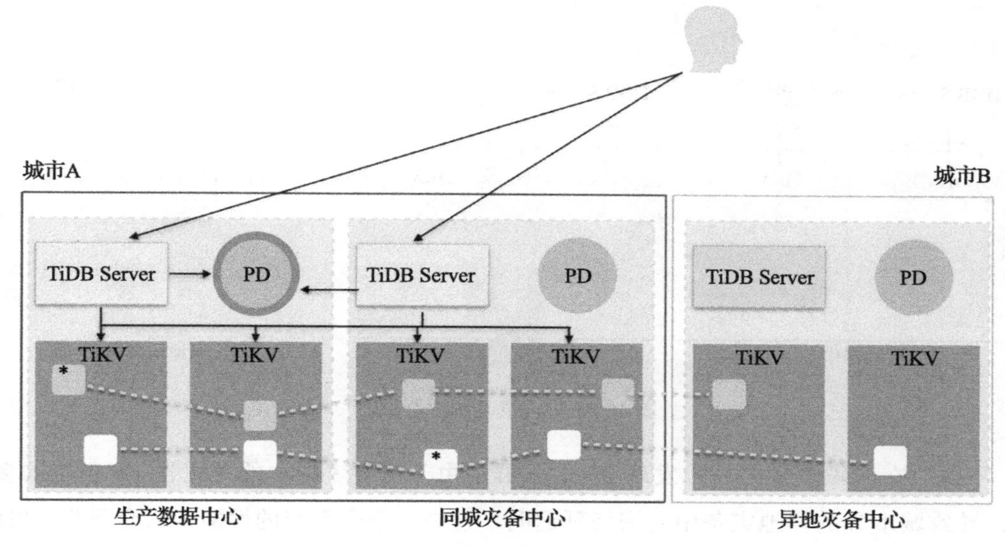

图 10.19　两地三中心架构

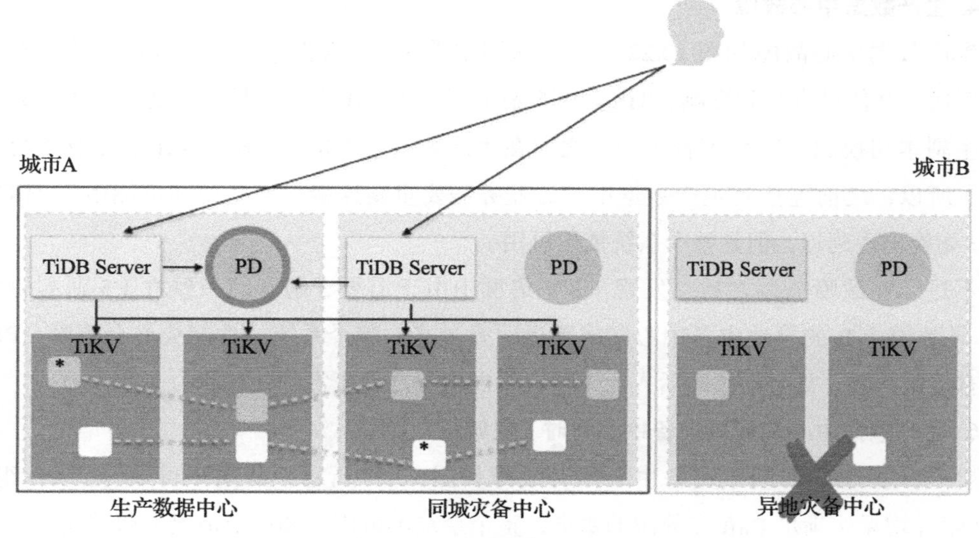

图 10.20　异地灾备中心故障

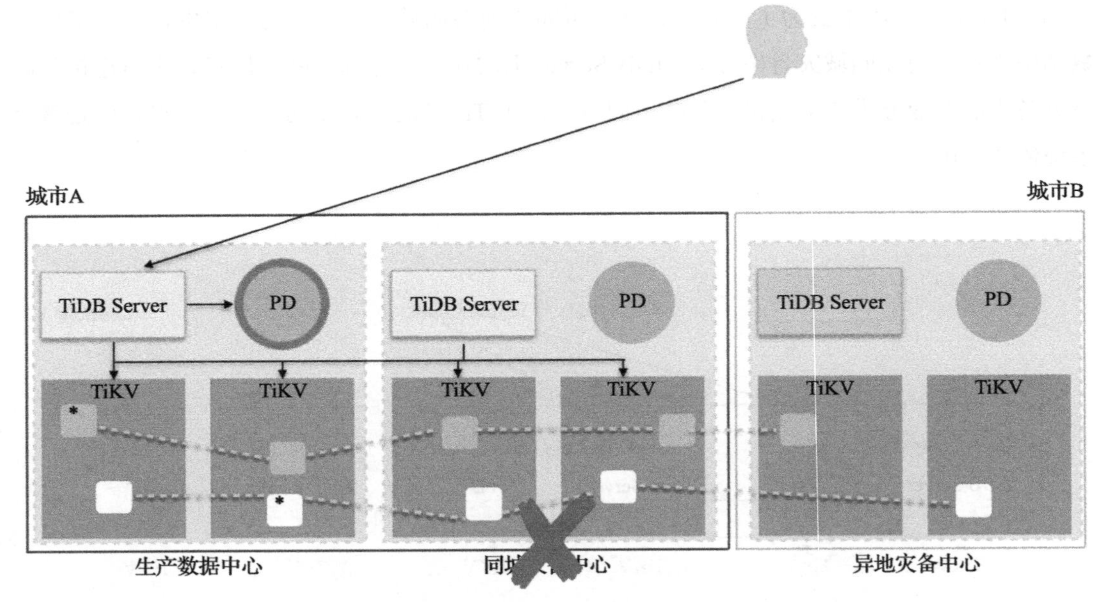

图 10.21　同城灾备中心故障

不过，在故障恢复之后，发现 TiKV 集群中由于需要 3 副本的一致性（5 副本的多数派），导致城市 B 的异地灾备中心网络延迟明显过高，整个系统的性能势必会下降，PD 组件也有类似问题，需要在故障后人为干预，才能恢复之前正常的处理能力。

4. 生产数据中心故障

生产数据中心故障如图 10.22 所示，从图中看到 PD 组件变为 2 个节点，并且发生了选举切换，其他没有受到影响；TiKV 中 5 副本变为了 3 副本，并且可能之前在生产数据中心的主副本切换到了同城灾备中心；之前在生产数据中心的 TiDB Server 上的业务会全部中断。所以，之前连接到生产数据中心的业务需要重新连接，某些访问可能由于 TiKV 的 leader 切换出现延迟，但是整个系统依然可用。

不过，在故障恢复之后，发现 TiKV 集群中由于需要 3 副本的一致性（5 副本的多数派），导致城市 B 的异地灾备中心网络延迟明显过高，整个系统的性能势必会下降，PD 组件也有类似问题，需要在故障后人为干预，才能恢复之前正常的处理能力。

5. 生产数据中心和同城灾备中心同时（主城市）故障

生产数据中心和同城灾备中心同时故障如图 10.23 所示，从图中可以看到 PD 组件、TiKV 组件均无法满足 Raft 多数派的要求，整个系统不可用。和这个情况类似的还有，生产数据中心和异地灾备中心同时故障，同城灾备中心和异地灾备中心同时故障，整个系统依然会不可用。请自行推演。此时，也有可能人为去恢复唯一可用数据中心的数据，但是那个时候，数据库就无法保证数据的一致性了。

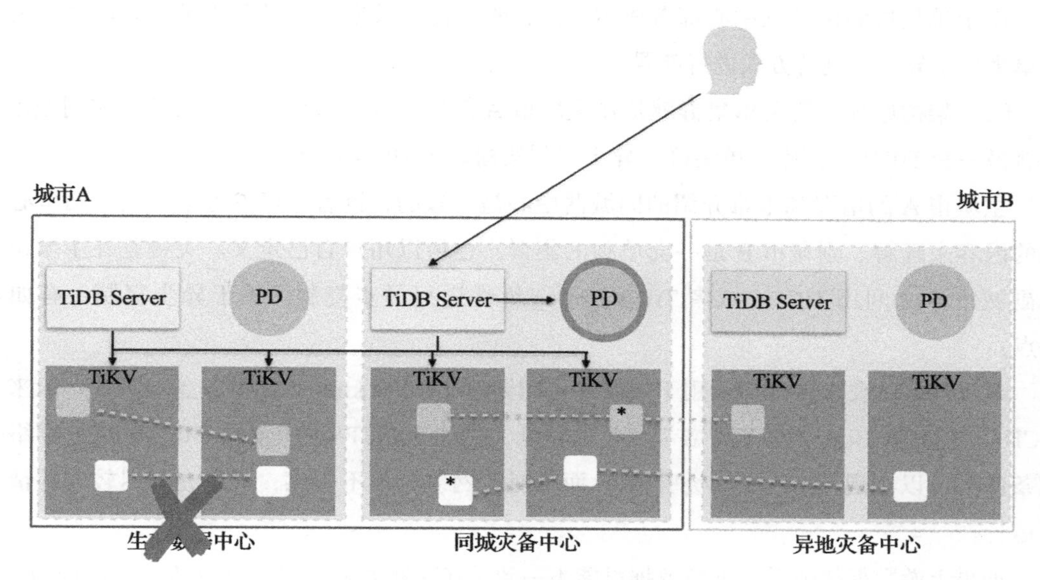

图 10.22　生产数据中心故障

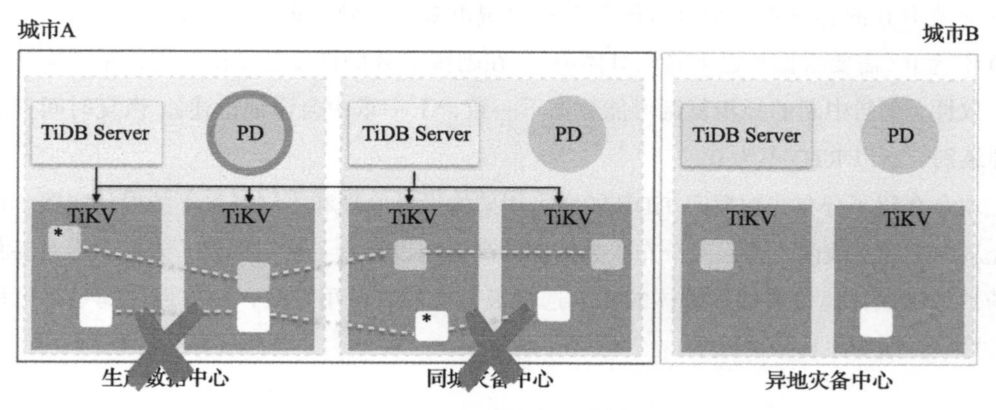

图 10.23　生产数据中心和同城灾备中心同时故障

单集群的两地三中心架构的特点是：只可以容忍单数据中心级别故障，主城市故障后，灾备城市可能丢失数据（RPO 不为 0），且不保证恢复的数据一致。

6. 单集群 + 异步复制

由于单集群的两地三中心部署成本极高，收效往往较低，所以有些场景架构师们使用了单集群 + 异步复制的方式进行部署。

（1）架构原理　所谓单集群就是在主城市 A 部署一套同城两中心的集群，在副城市 B 部署另一套 TiDB 数据库。单集群 + 异步复制架构如图 10.24 所示。

主城市 A 的情况和本章介绍的同城两中心是一致的，读者可以参考上面同城两中心架构的内容来理解。副城市 B 是一套单独的集群，也可以用户自己定义。关键是在主城市 A 和副城市 B 之间用 TiCDC 或者 TiDB Binlog 组件进行异步复制，关于异步复制，有如下特点：

对于网络的要求较低，适用于同城灾备和异地（1 000 km）以上的灾备场景，一般来说 TiCDC 与 TiDB Binlog 对于网络带宽要求较低，例如 500 TPS 的指标在 50 Mbit/s 的网络带宽条件下可以实现（实践中的经验值），而且对于网络延迟不敏感，可以在延迟较大的情况下运行。

如果上游数据故障后，下游数据可能不一致（有数据丢失），所以无法保证 RPO = 0。

（2）灾难恢复　主要分为副城市故障与主城市故障。

1）副城市故障如图 10.25 所示，从图中可以看到如果是副城市故障，也就是容灾集群不可用，基本上对业务毫无影响，这个时候 RTO 和 RPO 都为 0。

2）主城市故障如图 10.26 所示，从图中可以看到主城市发生了故障，由于是异步复制，所以副城市 B 的容灾集群很有可能数据和主城市 B 不一致，即有丢失数据的风险，所以，RPO 不为 0（需要根据延迟来确认具体值）。在副城市 B 的恢复需要用户进行手动确认数据的一致性（突然中断的异步复制可能数据不一致，下一章中会详细论述），恢复时间一般是分钟级别，所以 RTO 不为 0。

本章介绍了分布式数据库 TiDB 的高可用架构设计原理和不同场景下的设计实践。读者已经从原理和实践两个方面对分布式数据库的高可用设计有了一定了解，未来在面对各种复杂场景的时候，建议要根据具体的需求选择最合适的高可用方案，一方面要满足高可用要求，另一方面要注意架构成本。

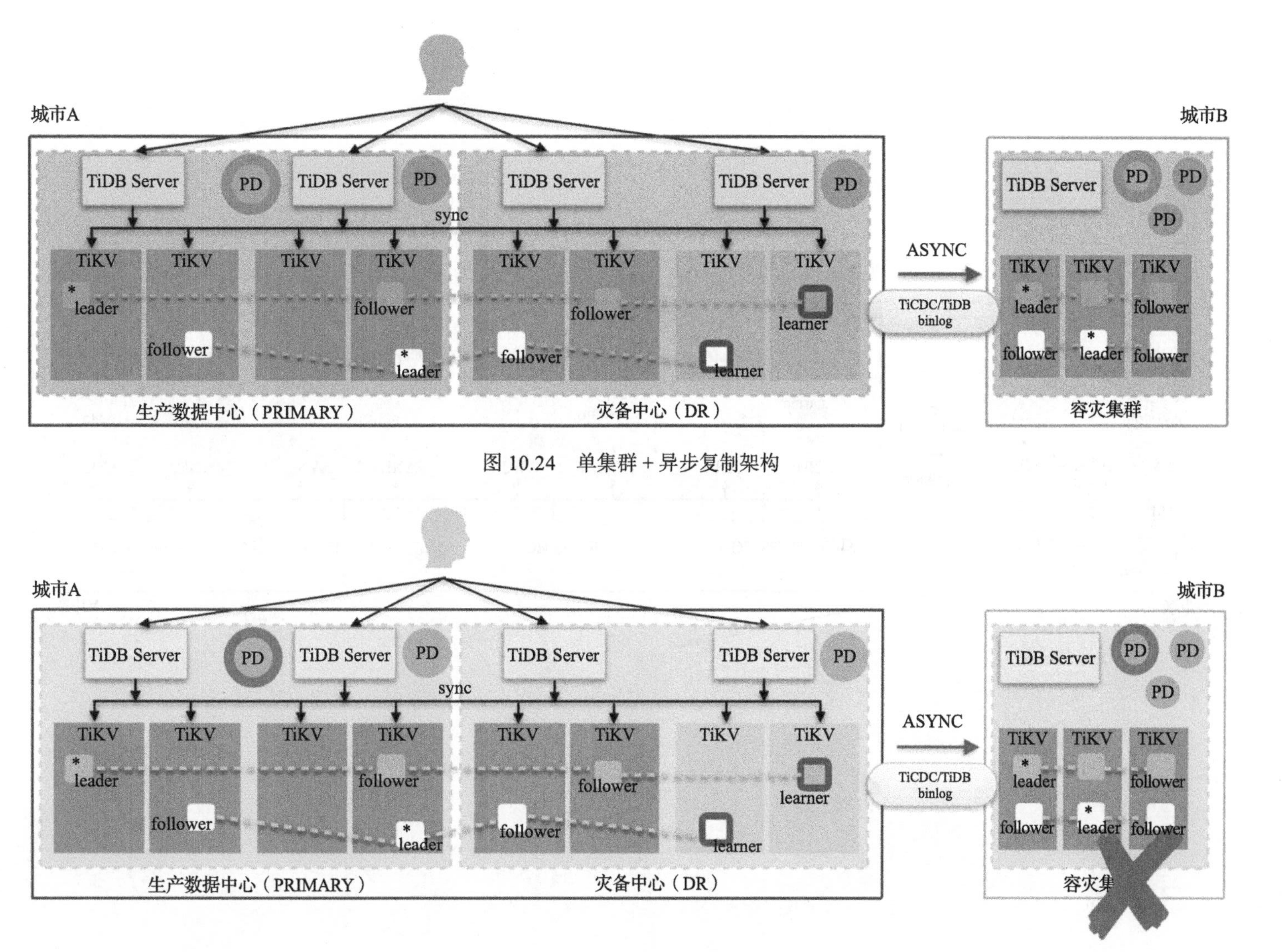

图 10.24　单集群 + 异步复制架构

图 10.25　副城市故障

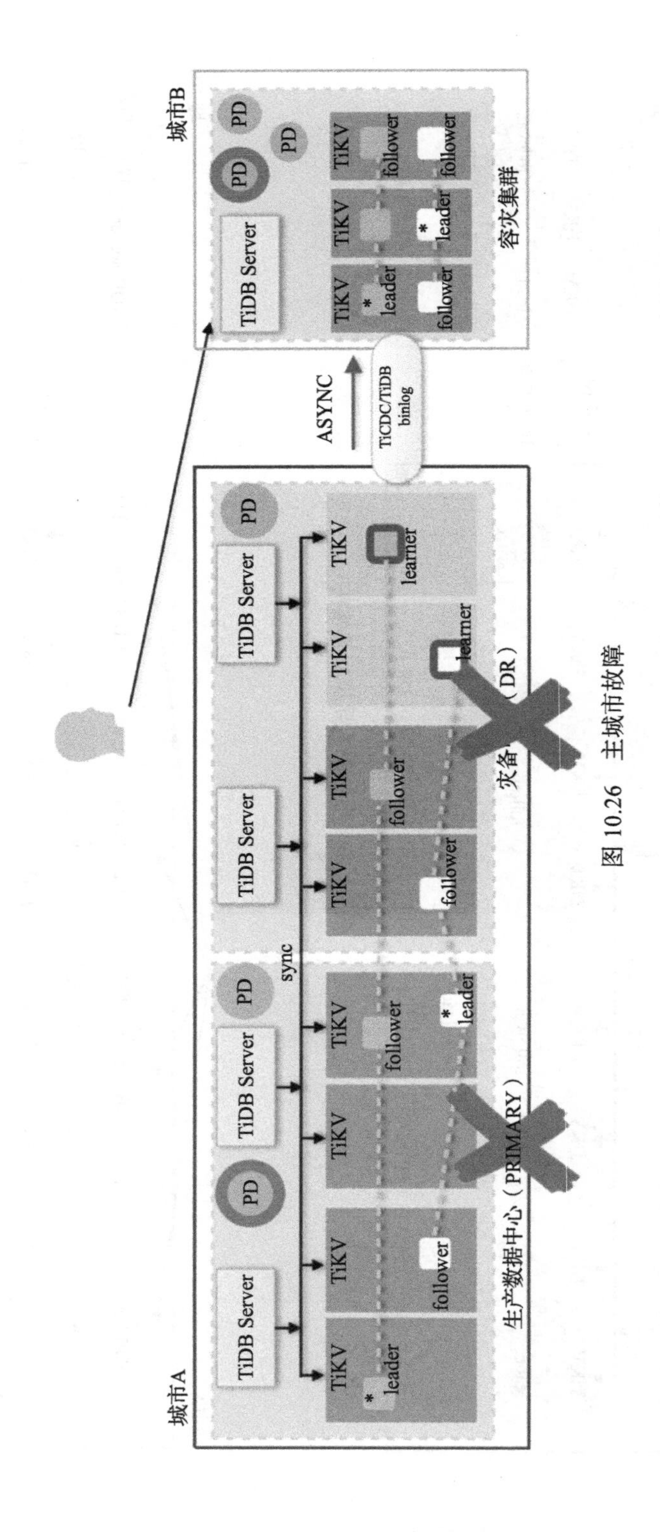

城市A
TiDB Server
PD
TiKV
leader
follower
sync
生产数据中心（PRIMARY）
灾备（DR）
learner
ASYNC
TiCDC/TiDB binlog
城市B
容灾集群

图 10.26　主城市故障

第 11 章　异步复制架构设计

在异步复制架构设计章节中，主要介绍基于异步复制的架构如何设计。所谓异步复制一般指的是在不要求多副本数据强一致性的场景，例如灾备、读写分离和多副本读等，通常架构师采用 TiDB Binlog 和 TiCDC 两个生态组件来完成异步复制架构的规划，本章会分别进行介绍。需要注意的是，从 TiDB 7.x 版本开始，TiDB Binlog 就不再为新版本进行维护了（从 TiDB 5.x 开始，TiDB Binlog 不再支持数据库新的特性），所以读者后续在进行架构设计的时候应首选 TiCDC 作为复制组件。

11.1 TiDB 数据库的异步复制

所谓 TiDB 数据库的异步复制指的是类似 MySQL、PostgreSQL 的主从复制、Oracle 的 Data Guard 架构，在整个架构中往往会有一个主库加多个备库（从库）。之所以称其为异步复制，是因为事务修改往往在主库已经完成（比如将 id = 1 的 name = 'Tom' 改为 name = 'Jack'），再通过物理或者逻辑日志的方式将修改传递到备库（从库），这样的效果就是在主库会先于备库（从库）看到修改的数据，也就是会出现某一个时刻，主库看到的 id = 1 是 name = 'Jack'，备库（从库）看到的还是 name = 'Tom'，直到备库（从库）应用了主库的日志后，才会将两边一致。所以有的人也称这种架构是最终一致的异步复制。

异步复制有很多作用，比如容灾、读写分离、数据整合等。TiDB 数据库是靠逻辑日志来实现异步复制的，所谓逻辑日志就是在日志中记录了事务中每行数据的改变，之后发送给备库（从库），物理日志则是记录每一个数据文件中数据块（页）的改变，之后发送给备库（从库），备库（从库）只要有相同的表和数据就可以应用；物理日志要求主库和备库（从库）两边的文件都必须一致，而且备库（从库）完全不能修改。但是这里要注意的是，相比物理日志的复制，逻辑日志的复制就有一定的不可靠性，所以可能会出现主库和备库（从库）不一致的现象。

TiDB 数据库的异步复架构主要是基于 TiDB Binlog 和 TiCDC 两种组件实现的，TiDB Binlog 组件还在更新，但是目前 TiDB 数据库的新功能已经不会合并到其中了。建议读者选择 TiCDC 来完成异步复制。

下面，就介绍基于 TiCDC 和 TiDB Binlog 的异步复制架构。

11.2 基于 TiDB Binlog 的异步复制架构

11.2.1 原理

TiDB Binlog 的架构如图 11.1 所示。从左向右看，TiDB 数据库的数据修改（事务）产生 Binlog 写入 Pump 组件集群中，Pump 组件负责存储自己接收的 Binlog 并排序，之后各个 Pump 组件的 Binlog 由 Drainer 组件按照事务顺序排序，写入最右边的目标中，每一个 Drainer 组件可以对应 TiDB 数据库、MySQL 或者 Apache Kafka。

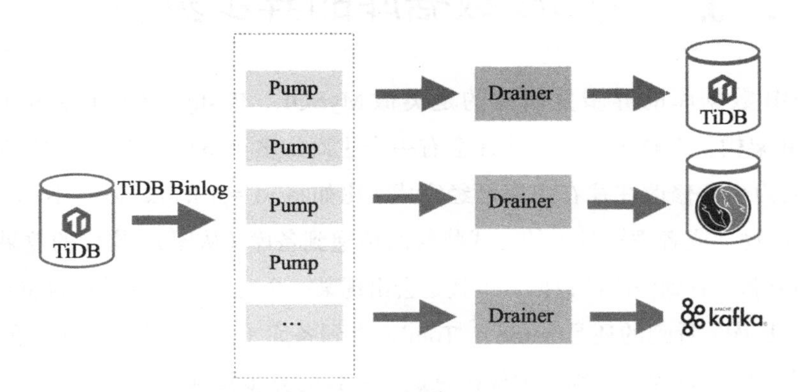

图 11.1　TiDB Binlog 的架构

所以，组成 TiDB Binlog 的核心组件为 Pump 集群和 Drainer。下面会分别进行介绍。

介绍组件之前，先要对 TiDB 数据库的 Binlog 日志的特点进行总结：

1）它与 MySQL Binlog 的 Row 格式类似，是逻辑日志，记录事务及事务中每一行数据的修改。

2）它以每一行数据的变更为最小单位进行记录。

3）数据库中只有被提交的事务才会被记录，且记录的是完整事务：在 Binlog 中会记录每一行修改的主键和开始的时间戳以及事务提交的时间戳。

至于 TiDB Binlog 的部署，可以参考 TiDB 数据库官方文档或者课程。

11.2.2　Pump 集群

Pump 用于实时记录 TiDB 数据库产生的 Binlog，并将 Binlog 按照事务的提交时间进行排序，再提供给 Drainer 进行消费。Pump 集群对事务的处理如图 11.2 所示。Pump 具有如下特点：①多个 Pump 形成一个集群，可以水平扩容，当集群中某个 Pump 实例不可用后，不影响整个集群，所以具有高可用性；② TiDB 数据库通过内置的 Pump Client 将 Binlog 分发到各个 Pump，所以 Pump 可以并行接受 Binlog；③ Pump 负责存储 Binlog，并将 Binlog 按顺序提供给 Drainer。

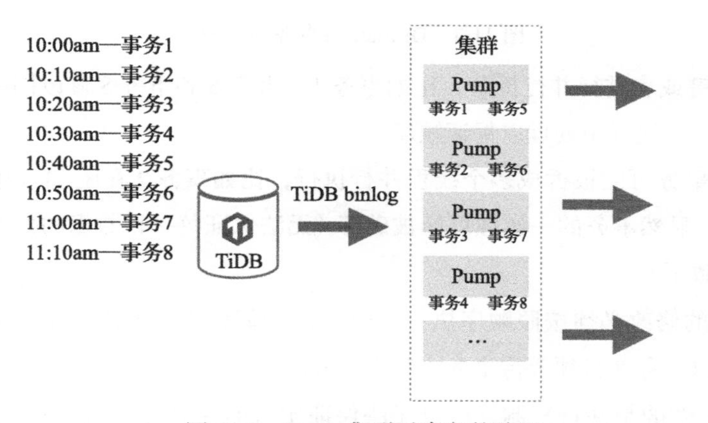

图 11.2　Pump 集群对事务的处理

11.2.3　Drainer

Drainer 从各个 Pump 中收集 Binlog 进行归并，再将 Binlog 转化成 SQL 或者指定格式的数据，最终同步到下游。Drainer 对事务的处理如图 11.3 所示。

Drainer 具有如下特点：① Drainer 负责读取各个 Pump 的 Binlog，归并排序后发送到下游；② Drainer 支持日志重放功能，通过日志重放保证下游集群的一致性状态；③ Drainer 支持将 Binlog 同步到 MySQL、TiDB、Kafka 或者本地文件。

这里需要注意：下游的数据库（TiDB 或者 MySQL）只能对应一个 Drainer，Drainer 组件不具备高可用性，但是它具备并行处理的能力。因为 Drainer 中将 Binlog 按照提交的时间顺序排好序，如果串行应用到下游的数据库（TiDB 或者 MySQL），效率非常低。所以，只能采取并行的方式，通过图 11.3 可以看到并行应用有如下特点：

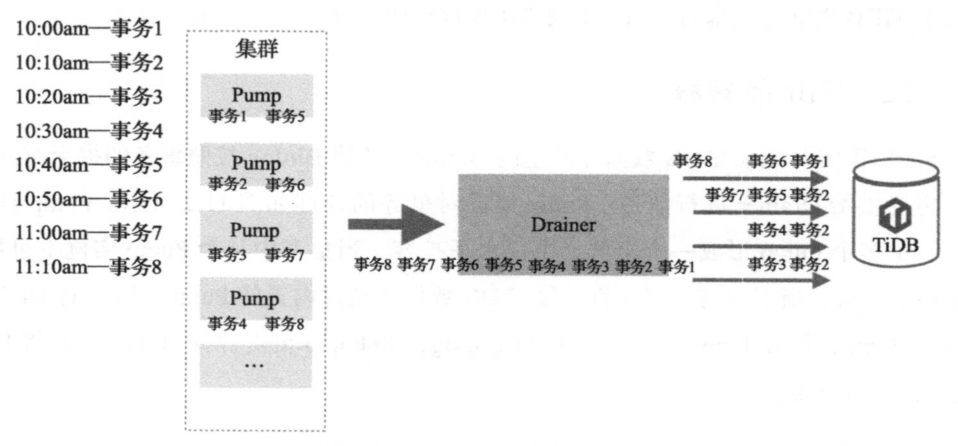

图 11.3　Drainer 对事务的处理

（1）按照主键或表进行并行拆分，比如事务 1、事务 6 和事务 8 修改同一张表的同一行数据，所以放在一个线程中处理以保证顺序。

（2）同一个事务可能被拆成多个线程并行执行，比如事务 2 在图 11.3 中就被拆成了在 3 个线程中执行，显然事务的一致性可能被破坏（无法保证每一行数据的修改和在原来一个事务中的顺序一致了）。

（3）有冲突的修改必须按照顺序执行，图 11.3 中假设事务 8 修改了事务 1 和事务 6 中修改的数据，所以事务 8 必须等待事务 1 和事务 6 的修改。

由于 Drainer 做的是并行复制，所以无法保证实时的一致性，但是 Drainer 保证最终一致性，也就是 Drainer 会按照 Binlog 中事务提交的 TSO 时间戳，保证在复制停止后的一致性。这一点，TiCDC 组件比 TiDB Binlog 先进，它可以保证单表的一致性复制。下面，为读者介绍 TiCDC 的异步复制架构。

11.3 基于 TiCDC 的异步复制架构

11.3.1 原理

TiCDC 的架构如图 11.4 所示。TiCDC 集群是由多个运行 TiCDC 进程（capture）的无状态节点组成的，具有高可用特性。TiCDC 集群支持创建多个同步任务，可以向多个不同的下游对象（TiDB、MySQL、Kafka 等）进行数据同步。

TiCDC 集群只能进行增量复制，并通过 PD 节点实现高可用管理，当数据发生改变时 TiKV 节点会主动将发生的数据改变以变更日志（KV change logs，change logs）的方式发送给 TiCDC 节点。当然，当 TiCDC 节点发现收到的变更日志并不是连续的时候，也会主动发起请求，获得需要的变更日志。

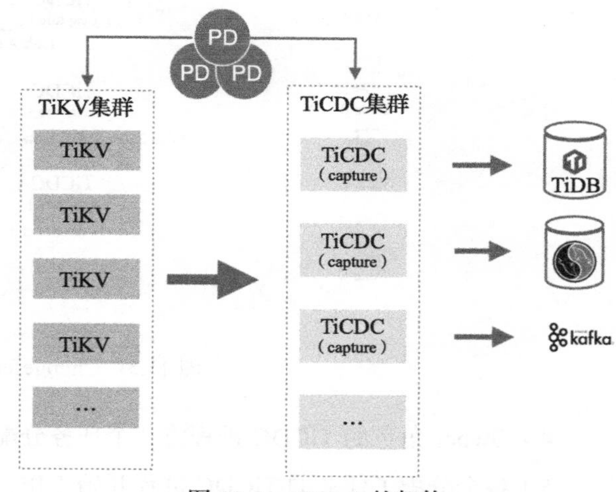

图 11.4　TiCDC 的架构

TiCDC 集群中的每个 TiCDC 进程中是从 TiKV 节点中拉取一个或者多个表中的数据改变，在内部进行排序，并同步到下游数据库或者对象中。

至于 TiCDC 的部署，读者可以参考 TiDB 数据库官方文档或者课程。

11.3.2 Changefeed 与 Task

Changefeed 与 Task 是 TiCDC 中的两个逻辑概念。Changefeed 表示一次同步任务，这个任务中有上游数据（源数据库）和下游数据（目标数据库），两者靠 TiCDC 同步；Task 表示将 Changefeed 这样一个同步任务拆分成一个个的子任务，每个子任务由一个 TiCDC 进程来完成。

Changefeed 示意图如图 11.5 所示。图中创建了一个 Changefeed，它的上游数据是 TiDB 数据库，下游数据也是 TiDB 数据库，上游的 TiDB 数据库中有 4 张表，TiCDC 负责将这 4 张表的增量数据同步到下游，TiCDC 是这样做的：

1）PD 组件从 TiCDC 集群中选择一个 TiCDC 进程的节点作为 Owner 角色。

2）Owner 角色的 TiCDC 进程负责和 PD 组件同步信息。

3）Owner 角色的 TiCDC 进程负责将 Changefeed 的总任务拆分成 3 个 Task 子任务，分别是 Task1（Table A 的变更日志抽取）、Task2（Table B 和 Table C 的变更日志抽取）和 Task3（Table D 的变更日志抽取）。

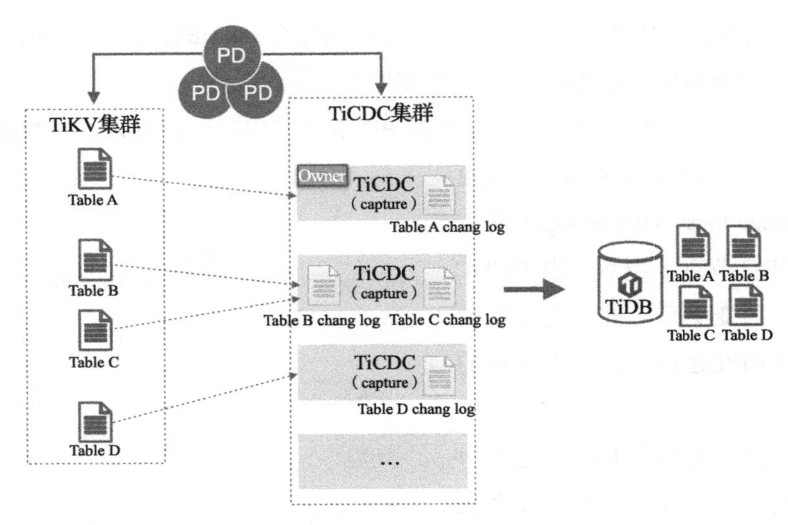

图 11.5　Changefeed 示意图

4）Owner 角色的 TiCDC 进程将 3 个任务分配给 3 个 TiCDC 进程来并行处理。

5）各个分配了任务的 TiCDC 进程开始工作，完成增量同步。

这里需要注意，相比于 TiDB Binlog，TiCDC 能够保证单行或单表的更新与上游数据库的更新顺序一致；TiCDC 无法保证事务的执行顺序和上游完全一致；TiCDC 能够保证最终一致性。

11.3.3　适用场景

基于 TiCDC / TiDB Binlog 的异步复制架构在选项中可以考虑如下场景：

1）跨区域数据高可用和容灾方案，保证在灾难发生时保证主备集群数据的最终一致性。但是，请注意这里的一致性是最终一致性，也就是说只要是异步复制，就有丢失数据的可能性，在容灾方案选型前需要进一步评估。

2）对于网络的要求较低，适用于同城灾备和异地（1 000 km）以上的灾备场景，一般来说 TiCDC 与 TiDB Binlog 对于网络带宽要求较低，例如 500 TPS（每秒的事务数）的指标在 50 Mbit/s 的网络带宽条件下可以实现（实践中的经验值），而且对于网络延迟不敏感，可以在延迟较大的情况下运行。

3）提供同步实时变更数据到异构数据库或系统的功能，用户可以在其下游数据中进行数据分析、采集、检索等多场景的实时应用。

11.4 如何保证主从一致性读取和校验

当用户使用基于 TiCDC 的异步复制时，由于它只能保证最终一致性，无法确保在同步的过程中数据是一致的。所以可能出现一种情况，当读取某行数据的时候，上游数据的事务还没有完全在下游数据库上完成复制，这个时候就会出现主从不一致。该如何避免呢?

在 TiCDC 中提供了 Syncpoint 的功能，只需要在 TiCDC 的配置文件中做如下配置：

```
# 开启 SyncPoint
enable-sync-point = true
```

开启 Syncpoint 功能后，TiCDC 在数据的同步过程中，将上下游已经一致的 TSO 时间戳对应关系保存在下游的 tidb_cdc.syncpoint_v1 表中，如下：(例子取自 TiDB 数据库官方文档)

```
select * from tidb_cdc.syncpoint_v1;
+------------------------+--------------+------------------+------------------
+------------------------+
| ticdc_cluster_id       | changefeed   | primary_ts       | secondary_ts
| created_at             |
+------------------------+--------------+------------------+------------------
+------------------------+
| default                | test-2       | 435953225454059520 | 435953235516456963
| 2022-09-13 08:40:15    |
+------------------------+--------------+------------------+------------------
+------------------------+
```

其中，primary_ts 是上游数据库快照的时间戳；secondary_ts 是下游数据库快照的时间戳，这行数据就表示，主库截至 primary_ts，从库截至 secondary_ts，这两个时间戳的数据是完全一致的，可以放心进行一致性查询。

也就是说，在上个例子中，在从库（备库）查询数据的时候，只要设置：

```
set @@tidb_snapshot='435953235516456963'
```

就能够保证，和主库 TSO 时间戳在 '435953225454059520' 时，查询的数据是一样（一致）的。

这个从库中 tidb_cdc.syncpoint_v1 记录的叫作 ts-map，开启 Syncpoint 功能后，TiCDC 便会自动维护里面的记录，如果用户经常要从从库查询数据，并且很在意一致性，可以加快其更新 ts-map 的频率，方法是在 TiCDC 的配置文件中加快更新频率，或进行 ts-map 记录的清理，如下：

```
# 每隔 1 分钟对齐一次上下游的 snapshot
sync-point-interval = "1m"

# 每隔 1 小时清理一次下游 tidb_cdc.syncpoint_v1 表中的 ts-map 数据
sync-point-retention = "1h"
```

当使用 sync-diff-inspector 对 TiCDC 的上游数据和下游数据做校验时，如果复制还在进行中，可以在 sync-diff-inspector 的配置文件中配置快照，这样校验的结果就是一致的，如下：（此例子来自官方文档）

```
######################### Datasource config #########################
[data-sources.uptidb]    host = "172.16.0.1"
    port = 4000
    user = "root"
    password = ""
    snapshot = "435953225454059520"
[data-sources.downtidb]    host = "172.16.0.2"
    port = 4000
    user = "root"
    password = ""
    snapshot = "435953235516456963"
```

另外，TiDB Binlog 也具有类似的 ts-map 功能保证主从的读一致性和校验一致性，用户需要开启 Drainer 组件的日志重放（就是上游数据库 Binlog 的转储），这样 Drainer 就通过日志重放中的时间戳来恢复下游数据到一个一致的状态了。

开启日志重放，需要在 Drainer 的配置文件中添加：（此例子来自官方文档）

```
[syncer.relay]
# 保存重放的目录，空值表示不开启。
# 只有下游是 TiDB 或 MySQL 时该配置才有生效。
log-dir = "/dir/to/save/log"
# 单个重放日志文件大小限制（单位：B）。
# 超出该值后会将 binlog 数据写入到下一个重放日志文件。
max-file-size = 10485760
```

之后，可以通过下游的 tidb_binlog.checkpoint 表获取两边的一致性 ts-amp，如下：

```
mysql> select  * from tidb_binlog.checkpoint;
+---------------------+-------------------------------------------
    ----------------------+
| clusterID           | checkPoint
                          |
+---------------------+-------------------------------------------
    ----------------------+
```

```
| 6791641053252586769 | {"consistent":false,"commitTS":41452910
    5591271429,"ts-map":{"primary_ts":435953225454059520,"secondary_
    ts":435953235516456963}} |
+--------------------+----------------------------------------
    ---------------------+
```

可以看到，在 checkPoint 列中有 "ts-map":{"primary_ts":435953225454059520,"secondary_ts":435953235516456963}，其使用方法和 TiCDC 的 ts-map 一致。

本章介绍了基于 TiDB Binlog 和 TiCDC 两个生态组件进行 TiDB 异步复制架构设计的内容。TiCDC 在 TiDB 数据库未来的版本中，会作为异步复制的核心组件。读者当遇到类似异步复制架构需求的时候，可以结合本章的内容与 TiCDC 官方文档进行实践。

第 12 章　HTAP 场景架构设计

在本章中，首先为读者介绍 HTAP 的概念和特点，之后针对 HTAP 场景的一系列特征结合 TiDB 数据库 TiFlash 组件列存储和 MPP 计算引擎的作用阐述了 HTAP 场景架构设计。读者在学习本章时，可以结合第一部分中 TiFlash 组件的结构和运行原理，对于列存储和 MPP 计算引擎在 HTAP 场景中的应用进行重点掌握。

12.1　HTAP 场景概述

HTAP（Hybrid Transactional Analytical Processing，混合事务分析处理）数据库需要同时支持 OLTP 和 OLAP 两种场景。OLTP 业务的特点可以概括为：一般采用行存，支持实时更新；支持高并发，对于一致性要求高；每次查询少量数据。OLAP 业务的特点可以概括为：一般采用列存，批量更新和数据扫描较多；并发数低；每次操作大量数据。例如，日常的支付、转账属于 OLTP 业务，报表和实时统计属于 OLAP 业务。HTAP 指的就是可以同时支持 OLTP 和 OLAP 场景的数据库技术。

为什么会提出 HTAP 数据库的需求呢，先来看一下传统的 OLTP 与 OLAP 架构，如图 12.1 所示，图中最左边是 OLTP 业务的数据库，支持行存，数据写入 OLTP 业务数据库后，会被 ETL 组件抽取到 OLAP 数据库（数据仓库或者数据湖）中，用来支持分析业务。后面，数据有可能还被从 OLAP 数据库经过处理抽取回 OLTP 业务数据库或者数据集市等其他业务场景，这里就不展开了。

从刚才的描述中，不难看出传统的 OLTP 与 OLAP 架构的两个问题：① ETL 的抽取有相当大的延时性，无法做到实时分析，比如会出现 T+1，T+2 等延迟情况；②数据存在多个副本，维护变得越来越难。

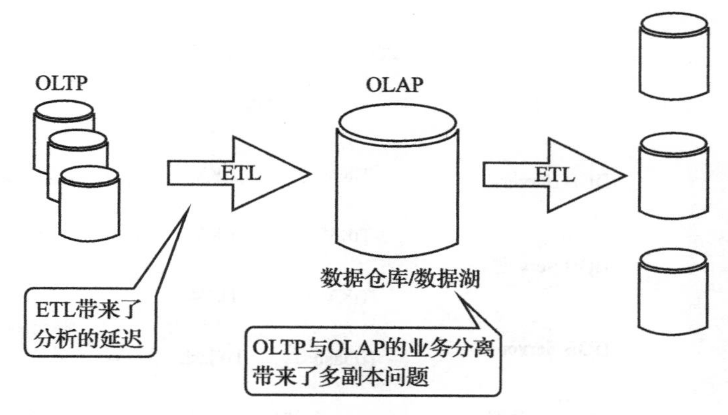

图 12.1　传统的 OLTP 与 OLAP 架构

基于 HTAP 的定义和它要解决的问题，我们对一个 HTAP 技术的数据库提出如下要求：

1）可扩展性，由于数据量的庞大，所以分布式存储是一些 NOSQL 数据库对于 OLAP 业务的存储解决方案。但是，由于需要同时支持 OLTP 业务，所以实时的数据写入与更新和分布式事务的要求就被提了出来。

2）同时支持 OLTP 与 OLAP 业务，由于两种业务的不同特征，所以对于行存和列存的同时支持也是必要的，但是，OLTP 要求高并发和保证一致性，OLAP 要求高性能的数据扫描，如何保证两者不相互影响（业务隔离），也是需要解决的问题。

3）众所周知，实时数据分析已经是一个比较普遍的需求了，那么承担着实时数据写入的行存能够实时将数据变化同步到列存储，也是一个 HTAP 技术的必备条件。

综上所述，一个符合 HTAP 场景的数据库系统，必须能够满足以上 3 点才称得上真正解决了 OLTP 与 OLAP 业务的融合。

12.2　TiDB 数据库的 HTAP 场景架构

TiDB 数据库的 HTAP 场景架构如图 12.2 所示。读者可以看到 TiDB Server、PD 和 TiKV 没有变化，数据以行存的方式存储在 TiKV 中。有所改变的是在数据存储集群中增加了列存 TiFlash 节点，TiFlash 节点以 Raft Learner 方式接入 Multi Raft 组，使用准实时同步的方式同步数据，当数据同步到 TiFlash 以后，会被从行格式拆解为列格式。

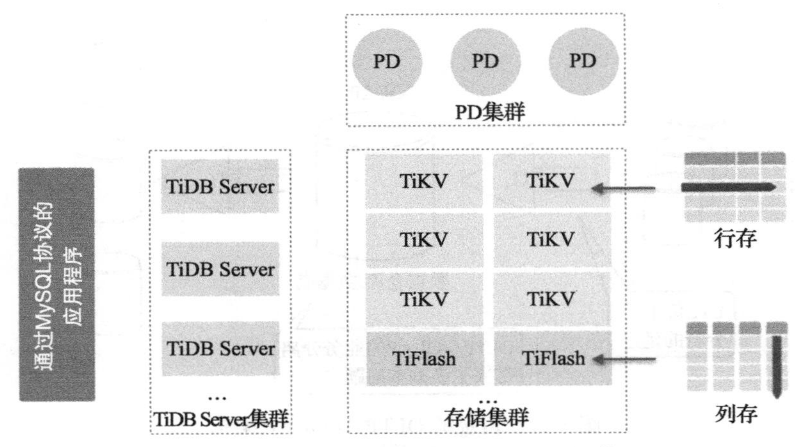

图 12.2　TiDB 数据库的 HTAP 场景架构

TiFlash 的特性如下：①列存储；②保证了 TiKV 的准实时同步；③数据一致性；④智能选择。

除了 TiFlash 的列存储外，TiDB 数据库还在 TiFlash 上支持了 MPP 计算架构，对于聚合和连接的加速起到了非常明显的作用。下面总结一下 TiDB 数据库的 HTAP 特性：

1）行列混合：TiKV 和 TiFlash 分别实现了数据的行存和列存：列存（TiFlash）支持基于主键的实时更新；TiFlash 作为列存副本；OLTP 与 OLAP 业务隔离。

2）智能选择：在点查和范围较复杂的环境下，CBO（Cost-Based Optimization，基于成本的优化）实现了将数据自动路由到 TiKV 集群或者 TiFlash 的功能，对于 OLTP 和 OLAP 业务清晰的场景，用户也可以采用人工指定的方式。

3）MPP 架构：实现了在 TiFlash 上（注意，只能在 TiFlash 上完成）对于聚合和连接操作的加速。

12.3 MPP 架构

TiDB 数据库的 MPP（Massively Parallel Processing）架构如图 12.3 所示。在这个架构中，TiDB Server 作为协调者，每一个 TiFlash 拥有列存的 Region，并且作为 MPP Worker 参与计算。对于 MPP 架构的使用，这里先给读者提出三点建议：① MPP 架构适合大量数据表的连接与聚合操作；②所有 MPP 计算都是在 TiFlash 节点内存中完成的；③ enforce_mpp 参数帮助验证 SQL 语句是否可以使用 MPP。

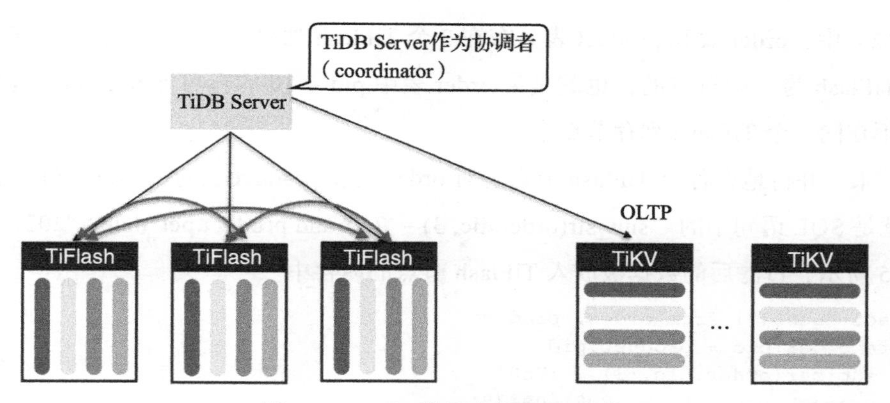

图 12.3　TiDB 数据库的 MPP 架构

12.3.1　MPP 架构的原理

先假设一条 SQL 语句如下：

```
select count(*) from order, product
where order.pid = product.pid
and sub_str(order.dic, 3) = '7c0'
and product.pct_date > '2021-09-30'
group by order.state;
```

MPP 中 TiFlash 的数据分布如图 12.4 所示。

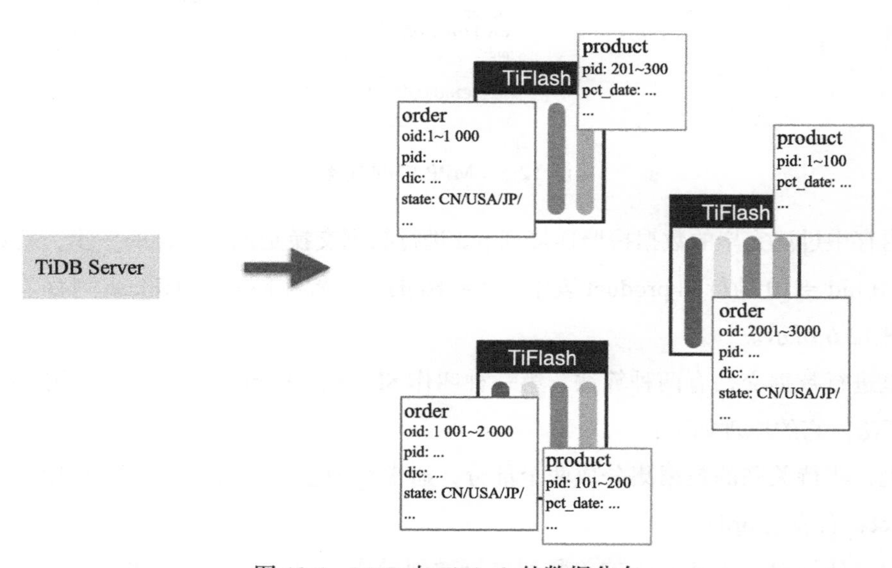

图 12.4　MPP 中 TiFlash 的数据分布

图 12.4 中，order 表和 product 表分布在 3 个 TiFlash 列存节点上，两表的连接列 pid 并不是以 TiFlash 为基础对应的，也就是说 order 表中 pid = 10 的行可能和 product 表中 pid = 10 的行不在同一个 TiFlash 列存节点中。

接下来，并行地在各个 TiFlash 节点上对 order 表和 product 表的数据进行过滤操作，过滤条件就是 SQL 语句中的“sub_str(order.dic, 3) = '7c0' and product.pct_date > '2021-09-30'”，如图 12.5 所示，过滤后的数据被放入 TiFlash 节点的内存中。

```
select count(*) from order, product
where order.pid = product.pid
and sub_str(order.dic, 3) = '7c0'
and product.pct_date > '2021-09-30'
group by order.state;
```

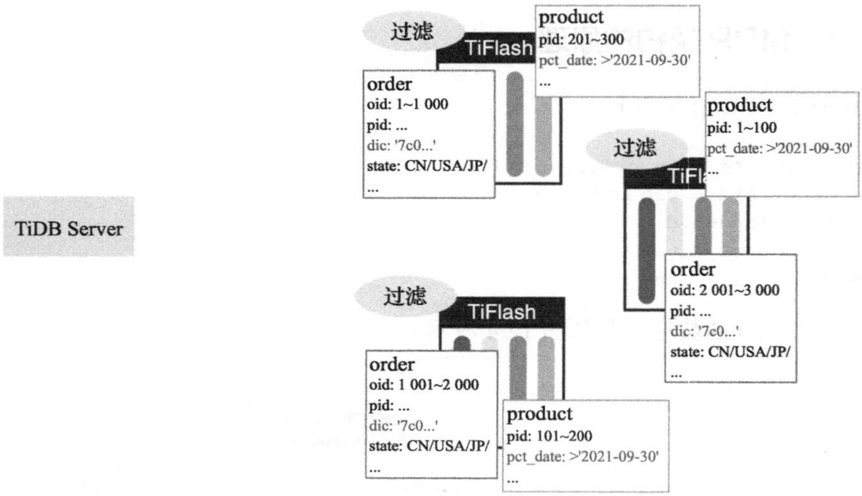

图 12.5　MPP 中的过滤

将内存中过滤完毕的数据按照连接列 pid 进行数据交换是比较关键的一步，就是类似将 order 表中 pid = 10 的行和 product 表中 pid = 10 的行放置在同一个 TiFlash 列存节点的内存中，如图 12.6 所示。

这里进行数据交换有两种算法，第一种叫作 Shuffled Hash Join，是一种用于处理关联查询的算法。它的原理如下：

首先，将待关联的数据集分成两个部分，通常称为左表和右表。比如图 12.6 中，左表是 product，右表是 order。

其次，通过对左表和右表的关联列进行散列操作，为每个表创建散列表。这些散列表将关联列的值作为键，相应的行作为值。图 12.6 中，以左表 product 的连接列 pid 和右表 order 的连接列 pid 的散列值分别生成散列表（这里假设散列函数是对 10 取模）。

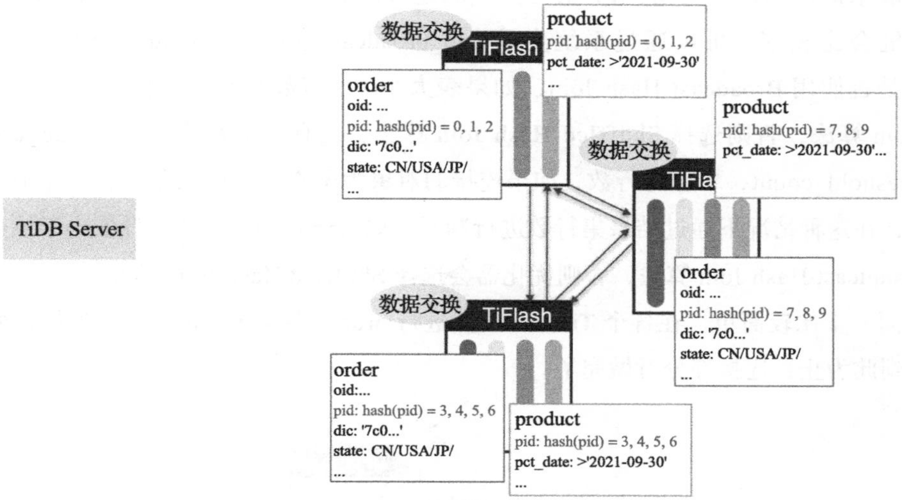

图 12.6 MPP 中的数据交换

接下来，在左表和右表之间选择一方作为驱动表（通常选择行数较少的表），将其拆分为多个分区，并将每个分区按照关联列的散列值进行分组，这里选择左表 product 表，作为驱动表。

最后，将右表的每个分区发送到左表的相应分区所在的计算节点上。在图 12.6 中，将右表 order 按照驱动表左表 product 的 pid 的散列值进行发送。

Shuffled Hash Join 的原理在于使用散列操作将关联列的值进行分组和匹配，以提高查询效率。这种算法适用于大型数据集的关联查询，可以充分利用分布式计算的优势，加快查询速度。

第二种叫作 Broadcast Hash Join，是一种优化技术，目的是提升联接操作的性能。原理如下：假设有两个表，分别称为 A 表和 B 表，需要根据某个相同的列（通常是主键）对它们进行连接操作。选择较小的表（通常是尺寸较小的表）作为广播表，而将较大的表作为非广播表。

首先，将广播表的数据集复制到所有的执行节点上，使每个节点都具备广播表的完整数据副本。其次，对非广播表和广播表的数据进行散列操作，生成相应的散列表。散列操作基于连接列的值，将数据分散到各个节点上。最后，每个执行节点将自己的非广播表与所有节点上的广播表进行连接操作，利用散列表快速定位符合连接条件的数据。

通过 Broadcast Hash Join 的优化，可以减少网络传输的数据量，提高连接操作的效率。同时，它还能在分布式环境中充分利用各个节点的计算能力，使整个连接过程更加并行化。

总的来说，Broadcast Hash Join 通过在所有执行节点上广播较小的表的完整副本，并利用散列表快速定位符合连接条件的数据，从而优化连接操作的性能。

一般来讲，用户希望用 MPP 架构完成的连接的表都比较大，所以选择 Shuffled Hash Join 的机会比较多，可以通过系统变量 tidb_broadcast_join_threshold_size（默认 100 MB）来控制是否使用 Broadcast Hash Join，如果表大小（字节数）小于该值，则选择 Broadcast Hash Join 算法，否则选择 Shuffled Hash Join 算法。还有一个系统变量是 tidb_broadcast_join_threshold_count，单位为行数。如果连接的对象为子查询，优化器无法估计子查询结果集大小，在这种情况下通过结果集行数进行判断。如果子查询的行数估计值小于该变量，则选择 Broadcast Hash Join 算法，否则优化器会选择 Shuffled Hash Join 算法。

下面一步比较简单，在各个 TiFlash 节点进行 orders 表与 products 表的连接，如图 12.7 所示。到此为止，连接部分就做完了。

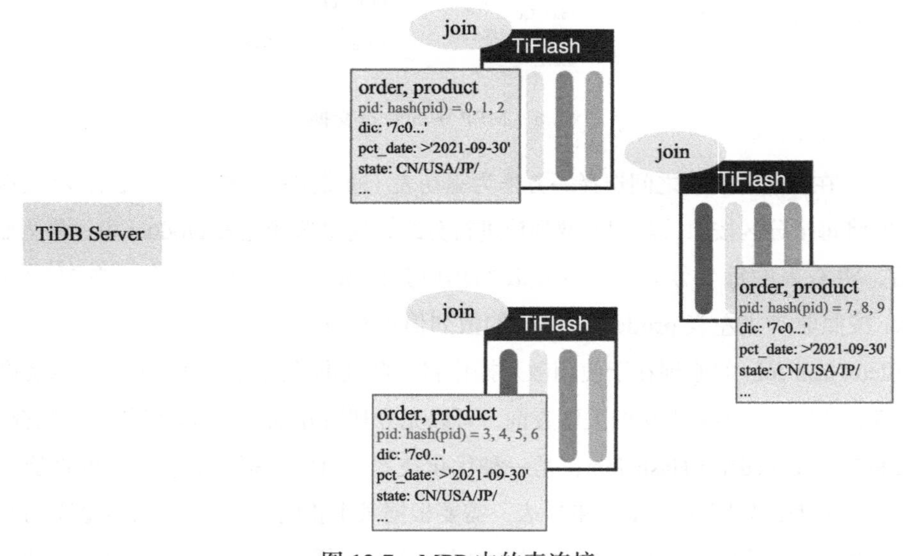

图 12.7　MPP 中的表连接

接下来，就是对于连接后的结果集进行分组聚合的操作了，对于聚合操作 MPP 架构一样可以提高速度，如图 12.8 所示。

图 12.8 中，TiFlash 再次进行数据交换，这次为了取 order 表 state 列的散列值。目的是让 state 列相同的行在同一个 TiFlash 节点，便于聚合计算。

```
select count(*) from order, product
where order.pid = product.pid
```

```
and sub_str(order.dic, 3) = '7c0'
and product.pct_date > '2021-09-30'
group by order.state;
```

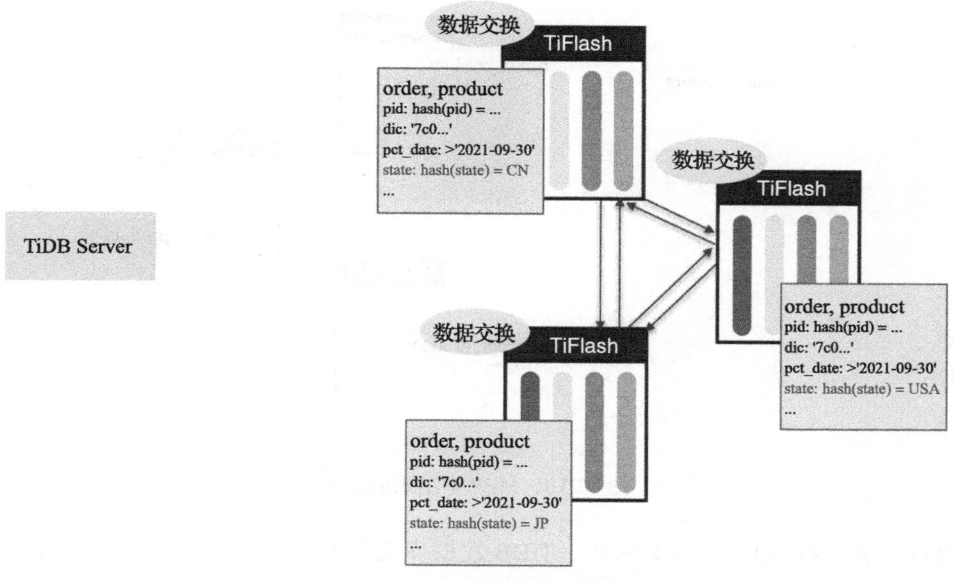

图 12.8　MPP 中聚合操作的数据交换

由于分组项（state 列）相同的行已经在同一个 TiFlash 上，所以现在 TiFlash 可以并行地进行聚合操作了，如图 12.9 所示，这里是求 count(*) 操作。

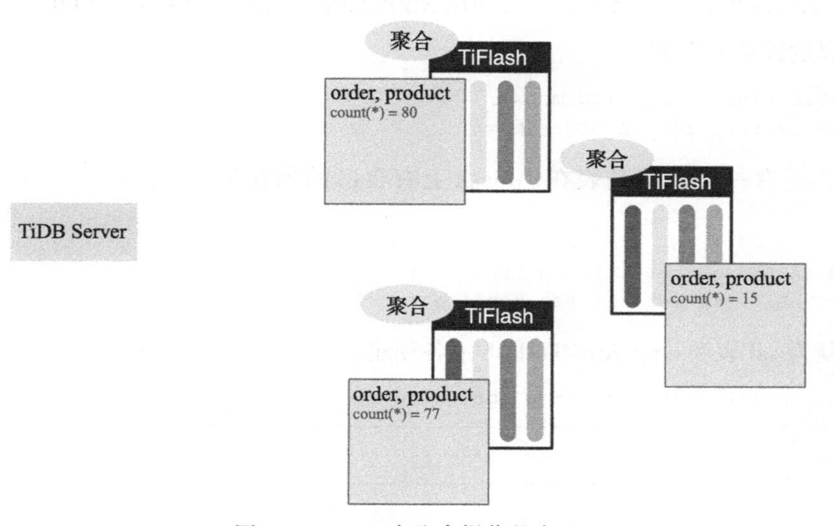

图 12.9　MPP 中聚合操作的实现

最终，各个 TiFlash 节点将自己内存中聚合的结果发送给 TiDB Server 进行汇总，计算完毕，如图 12.10 所示。

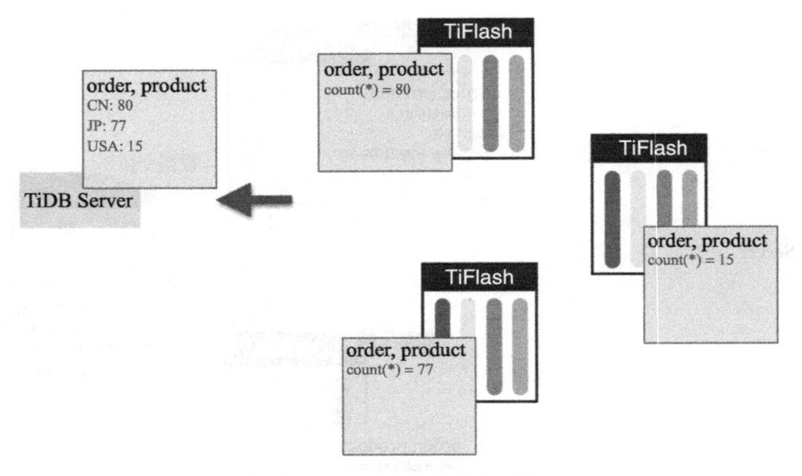

图 12.10　MPP 中结果的返回

可以看到，在 MPP 计算架构中，TiDB 数据库充分利用了多个节点并行计算的优势，所有的操作在内存和网络中完成，所以对于大型表连接和聚合操作的提速效果十分明显。

12.3.2　MPP 架构的相关算子

TiDB Server 的优化器会评估是否使用 MPP 架构。此外，如果希望 SQL 语句使用 MPP 架构，可以设置系统变量：

```
set @@session.tidb_allow_mpp=1;
set @@session.tidb_enforce_mpp=1;
```

当然，还有一个前提是表在 TiFlash 上有自己的列存副本，用户可以添加列存副本如下：

```
ALTER TABLE sal set tiflash replica 1;
ALTER TABLE emp set tiflash replica 1;
```

这样就为 sal 表和 emp 表在 TiFlash 上各创建了 1 个副本。先来看一个聚合操作：

```
explain select count(*) from emp group by hire_date;
+------------------------------------+----------+--------------+---------------
+--------------------------------------------------------------------------------
-----------------------------------------------+
| id                                 | estRows  | task         | access object
```

```
| operator info
                                                                              |
+------------------------------------+-----------+--------------+--------------
+------------------------------------------------------------------------------
------------------------------------------+
| TableReader_44                      | 5434.00   | root         |
| MppVersion: 1, data:ExchangeSender_43
                                                                              |
| └─ExchangeSender_43                  | 5434.00   | mpp[tiflash] |
| ExchangeType: PassThrough
                                                                              |
|   └─Projection_39                    | 5434.00   | mpp[tiflash] |
| Column#7
                                                                              |
|     └─HashAgg_40                     | 5434.00   | mpp[tiflash] |
| group by:employees.emp.hire_date, funcs:sum(Column#11)->Column#7,
stream_count: 2                                                               |
|       └─ExchangeReceiver_42          | 5434.00   | mpp[tiflash] |
| stream_count: 2
                                                                              |
|         └─ExchangeSender_41          | 5434.00   | mpp[tiflash] |
| ExchangeType: HashPartition, Compression: FAST, Hash Cols: [name: employees.
emp.hire_date, collate: binary], stream_count: 2 |
|           └─HashAgg_37               | 5434.00   | mpp[tiflash] |
| group by:employees.emp.hire_date, funcs:count(1)->Column#11
                                                                              |
|             └─TableFullScan_26       | 300024.00 | mpp[tiflash] | table:emp
| keep order:false
                                                                              |
+------------------------------------+-----------+--------------+--------------
+------------------------------------------------------------------------------
------------------------------------------+8 rows in set (0.02 sec)
```

关于执行计划的阅读，读者可以参考第二部分，这里介绍一下两个算子 ExchangeSender 和 ExchangeReceiver，其中 ExchangeSender 将 hire_date 列的哈希值相同的行交换到相同的 TiFlash 节点中，ExchangeReceiver 为接收这些交换来的行。接下来看一个表连接操作：

```
explain select * from emp, sal where emp.emp_no=sal.emp_no;
+-----------------------------------+------------+--------------+---------------
+--------------------------------------------------------------+
| id                                | estRows    | task         | access object
| operator info                                                |
+-----------------------------------+------------+--------------+---------------
+--------------------------------------------------------------+
| TableReader_36                    | 2825288.58 | root         |
| MppVersion: 1, data:ExchangeSender_35                        |
| └─ExchangeSender_35               | 2825288.58 | mpp[tiflash] |
```

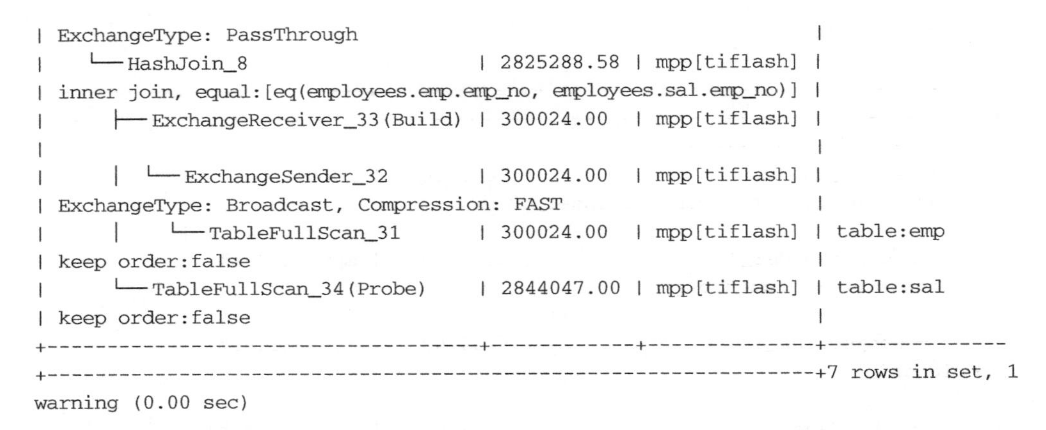

```
| ExchangeType: PassThrough                                         |
|   └─HashJoin_8                      | 2825288.58 | mpp[tiflash] |
| inner join, equal:[eq(employees.emp.emp_no, employees.sal.emp_no)] |
|     ├─ExchangeReceiver_33(Build)  | 300024.00  | mpp[tiflash] |
|                                                                   |
|     │ └─ExchangeSender_32         | 300024.00  | mpp[tiflash] |
| ExchangeType: Broadcast, Compression: FAST                        |
|     │   └─TableFullScan_31        | 300024.00  | mpp[tiflash] | table:emp
| keep order:false                                                  |
|     └─TableFullScan_34(Probe)     | 2844047.00 | mpp[tiflash] | table:sal
| keep order:false                                                  |
+-------------------------------------+------------+--------------+---------------
+------------------------------------------------------------------+7 rows in set, 1
warning (0.00 sec)
```

第一步，全表扫描了 emp 表（TableFullScan_31），第二步，将 emp 表全表广播发送到各个 TiFlash 节点（ExchangeSender_32），所以用的是 Broadcast Hash Join 算法，第三步 ExchangeReceiver_33(Build) 代表每个 TiFlash 节点都接收发送过去的 emp 表；第四步，每个 TiFlash 节点对自己存储的 sal 表部分进行全表扫描（TableFullScan_34(Probe)），第五步，每个 TiFlash 节点中，都用一个完整的广播过来的 emp 表和本身存储的 sal 表做 Hash Join（HashJoin_8）；第六步，各个 TiFlash 节点将连接结果发送给 TiDB Server（ExchangeSender_35），第七步，在 TiDB Server 中完成最终的汇总（TableReader_36）。

MPP 结构是大表连接和聚合有效的提速方法，也是 TiDB 数据库 HTAP 结构中一个重要特征。

本章介绍了 HTAP 场景、TiDB 数据库如何基于 HTAP 场景进行架构设和 TiFlash 组件如何在 MPP 架构中发挥作用。希望读者在遇到符合 HTAP 场景的架构设计中，尽量要考虑 OLAP 业务与 OLTP 业务的差异，选择隔离性好的数据库架构。

第 13 章　Online DDL

本章主要介绍 TiDB 数据库的一个优势特性，即当用户进行表结构修改（DDL 语句执行）时，该表上的其他读写操作（DML 语句）不会被阻塞，依然能够保证系统在线。读者掌握了 TiDB 数据库的这个特性后，在遇到含有变更表结构操作的场景时，就可以发挥 TiDB 分布式数据库的 Online DDL 优势，设计高效的程序结构了。

13.1 Online DDL 概述

读者在工作中可能会有这样的体验，当需要对表中的某一列进行变更（比如将数字类型变为字符类型）时，与这张表相关的所有增、删、改、查操作可能都会被阻塞，尤其是表很大的时候，这个过程的时间会更长，有时候应用场景是无法接受这种表结构变更带来的数据库不可用的。

也有一些用户反馈他们使用的数据库在进行表结构变更（加减列、为列修改属性或者加减索引等）时，会将整个表锁住很长时间，迫使他们不得不使用一些在线 Schema 变更的工具（比如 pt-online-schema-change、gh-ost 等），修改表结构变成了一项非常繁重且易出错的工作。

表结构变更会阻塞数据增、删、改、查操作的原因主要是在表变更的过程中，数据库要保证数据的一致性，比如应用要查询 1 000 万行数据，刚查到 500 万行时，其他会话突然将表的某列删除了，甚至用了 drop table / truncate table 语句，此时，还剩下的 500 万行数据查询就会出现和刚才的 500 万行不一致的情况（少了 1 列），如果使用了 drop table / truncate table 语句，干脆就没有数据了。

由此可见，为了保证数据的一致性，必须约定，在数据进行增、删、改、查的时候，不允许进行表结构的变更，同样，在表结构变更的时候，不允许操作数据。

之前大部分数据库采用了锁的方式，比如元数据锁，在表结构的变更操作之前，会为表加一把锁，阻塞其他任何操作，如图 13.1 所示；表中数据的增、删、改、查也会加锁，这把锁不会阻塞其他的增、删、改、查，但是会阻塞表结构的变更，如图 13.2 所示。

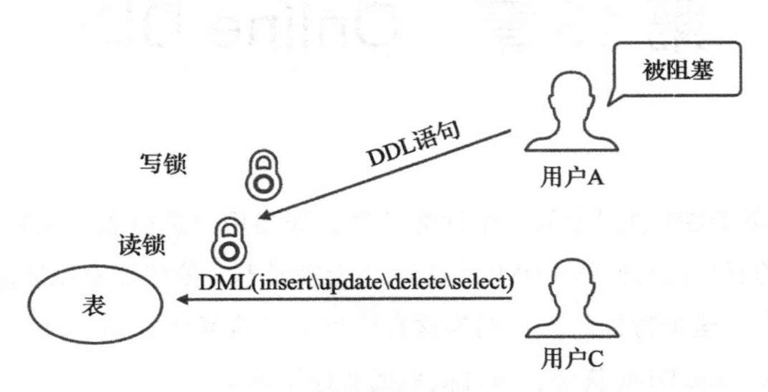

图 13.1　元数据锁阻塞 DDL 语句

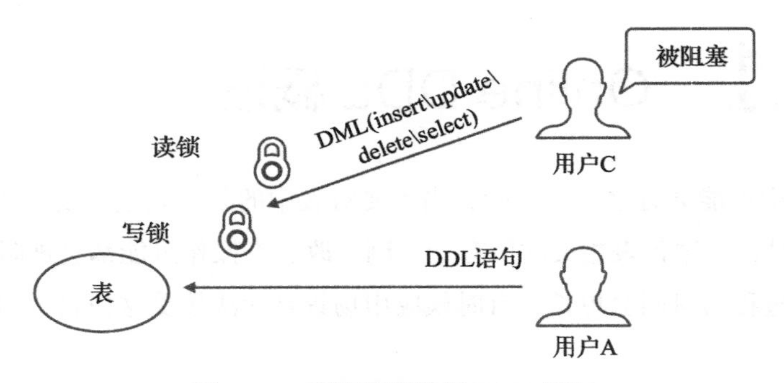

图 13.2　元数据锁阻塞 DML 语句

可以说，用锁的方式保证了数据的一致性，但是性能却相对较低。于是各个数据库产品纷纷开始解决表结构变更带来的阻塞问题，并称之为“在线 Schema 变更”或者“ Online DDL ”。

TiDB 是一款分布式数据库，所以保证每个节点数据的一致性就显得更加重要了，它对于 Online DDL 实现的理论基础来自 F1 团队发表的论文“ Online, Asynchronous schema change in F1”[⊖]。这篇论文针对具有“无状态计算层”“共享存储层”和“没有全局成员列表”的分布式数据库提出了一种 Schema 变更的方案，该方案具备在线（不加锁，不阻塞 DML）、异步（允许集群中的不同节点在不同的时刻切换到新版本的 Schema）的特点。

⊖ Rae I, Rollins E, Shute J, et al. Online, asynchronous schema change in F1 [J]. Proceedings of the Vldb Endowment, 2013, 6(11):1045-1056.

下面就对 TiDB 数据库的在线 Schema 变更进行详细的介绍，假设要为一张表 t 增加一个索引 idx。

13.2 Online DDL 状态

Online DDL 的状态示意图如图 13.3 所示。

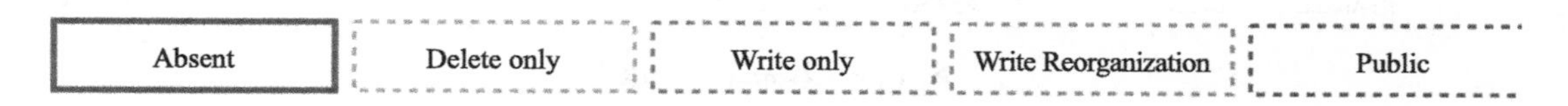

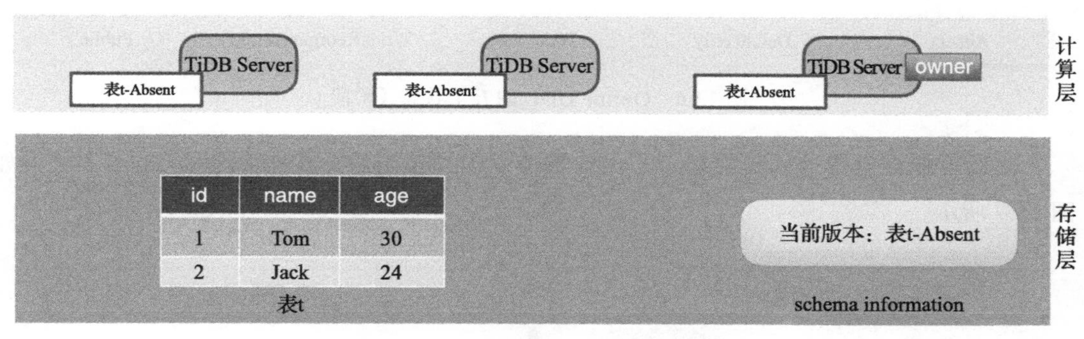

图 13.3 Online DDL 的状态示意图

Online DDL 实际上表示的是分布式存储，如图 13.4 所示，比如有很多个 TiKV 节点，表 t 是存储在分布式存储上的表。右边的 schema information 表示当前这张表的定义信息（元数据信息）、相关的索引信息以及这张表在进行在线 Schema 变更时的版本状态，图 13.4 中表示 Absent 版本状态，即没有做任何变更。

图 13.4 分布式存储层

在分布式存储层的上面就是数据库的分布式计算层，如图 13.5 所示，可以看到有 3 个 TiDB Server，每一个 TiDB Server 都显示了如果连接到其上看到的表 t 的版本变更状态。最右边的 TiDB Server 是 owner 角色，owner 角色代表无论应用连接到哪个 TiDB Server，都会由 owner 角色的 TiDB Server 来负责执行 DDL 变更语句。（关于 TiDB Server 的 owner 角色执行 DDL 变更语句，可以参考 2.5 节“Online DDL 相关模块”的介绍。）

图 13.5　分布式计算层

Online DDL 的五个状态（阶段）如图 13.6 所示，这里的五个方块代表将整个在线 Schema 变更分成了五个状态（阶段）来完成。

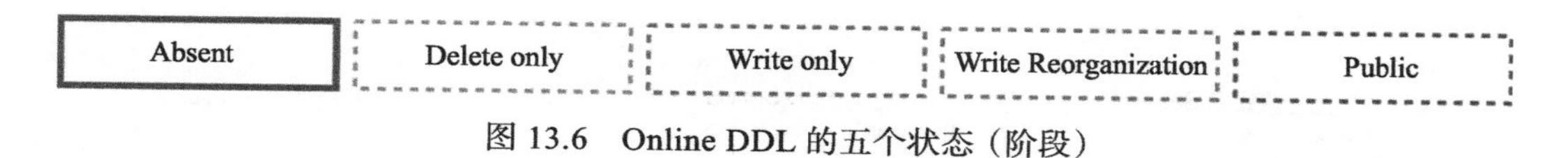

图 13.6　Online DDL 的五个状态（阶段）

读者可能会觉得这样更复杂了，比如增加索引操作用两个状态（阶段）就可以了，如图 13.7 所示。

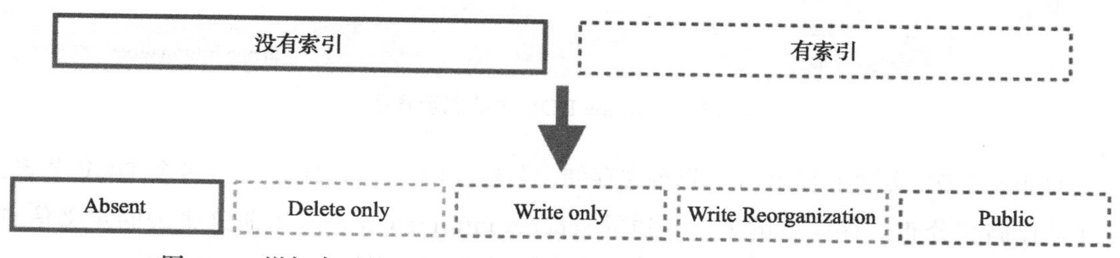

图 13.7　增加索引的两个状态（阶段）与 Online DDL 的五个状态（阶段）

没错，其实任何 Schema 变更都可以分为变更前和变更后两个状态。比如增加索引操作就可以分为没有索引和有索引两个状态，但是，由于分布式系统中可能会有多个 TiDB Server 节点，就可能会出现某一时刻某些 TiDB Server 看到的是没有索引的状态（增、删、改数据不考虑新添加的索引），而某些 TiDB Server 节点看到的是有索引的状态（增、删、改数据考虑新添加的索引），最终的结果就是索引和表的数据可能被不同的 TiDB Server 操作得不一致了。

这样，将简单的只表示有、无的两个状态分成五个状态的目的就是使得所有的 TiDB Server 节点能够在这五个状态中一个一个逐步过渡到最终一致的状态，而不会出现有的 TiDB Server 节点能看到变更、有的看不到的情况。

这里有一个约定也是保证一致性的必要条件，就是必须保证在整个过程中每个 TiDB Server 节点的状态都相同，或者相邻。例如，一个节点的状态是 Delete only，那么要不然所有节点都是 Delete only 状态；要不然一部分节点是 Absent，另一部分是 Delete only；要不然一部分节点是 Delete only，另一部分是 Write only。总之，不可能在所有的节点中出现多于两种状态，而且这两种状态要求必须相邻。这一点非常重要，也是在线 Schema 变更一致性的基础。

假设有一个 DDL 的 SQL 请求正好发送给了当前是 owner 角色的 TiDB Server（如果发送给非 owner 角色的 TiDB Server 也是由 owner 角色的 TiDB Server 来执行），这条 DDL 语句是为表 t 创建一个索引。这个时候，TiDB 数据库进入了五个状态中的第一个状态，也就是 Absent 状态，如图 13.8 所示。

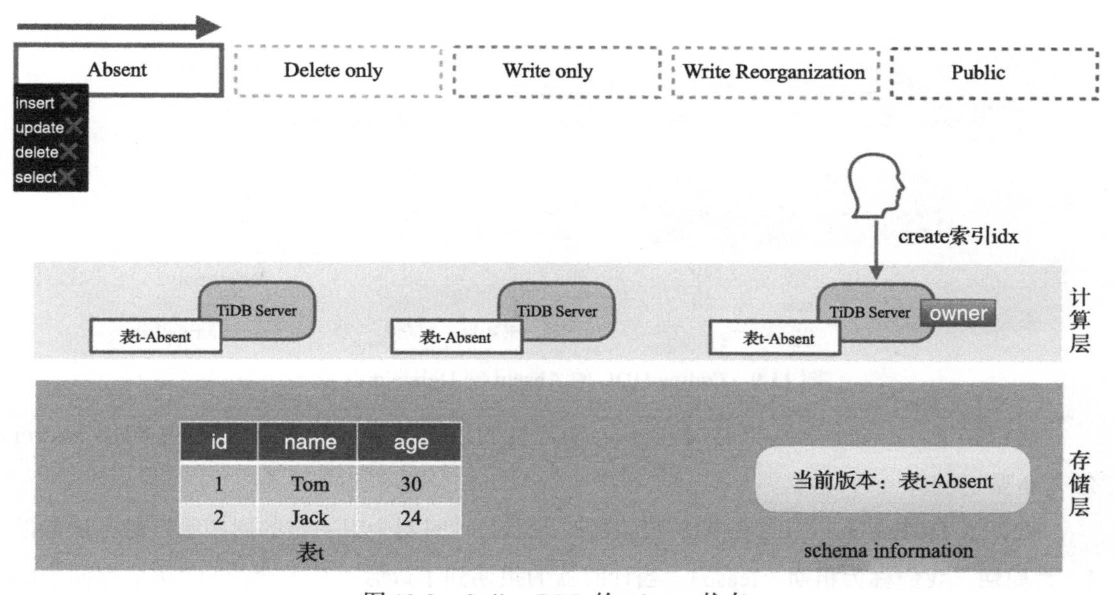

图 13.8　Online DDL 的 Absent 状态

图 13.8 中，谁都看不到索引的存在（因为还没有建立），所以任何的 insert、update、delete 和 select 命令对于索引都是无效的。所有的 TiDB Server 看到的表都是 Absent 状态，所以都不会对索引有任何操作。下面分别介绍各状态的变化。

13.3 从 Absent 到 Delete only

owner 角色的 TiDB Server 开始执行加索引的操作，将自己的缓存和 TiKV 存储中的 schema information 的表状态改为第二个状态 Delete only。

当 owner 角色的 TiDB Server 节点变为 Delete only 状态后，schema infromation 中的表定义就记录了表有索引（只不过索引中没有任何数据），如图 13.9 所示，列 name 的索引 idx 和当前表的状态为 Delete only。所谓 Delete only 状态就是 insert、update、delete 和 select 命令中，只有 delete 命令是对索引有效的，其他操作依然对索引视而不见。

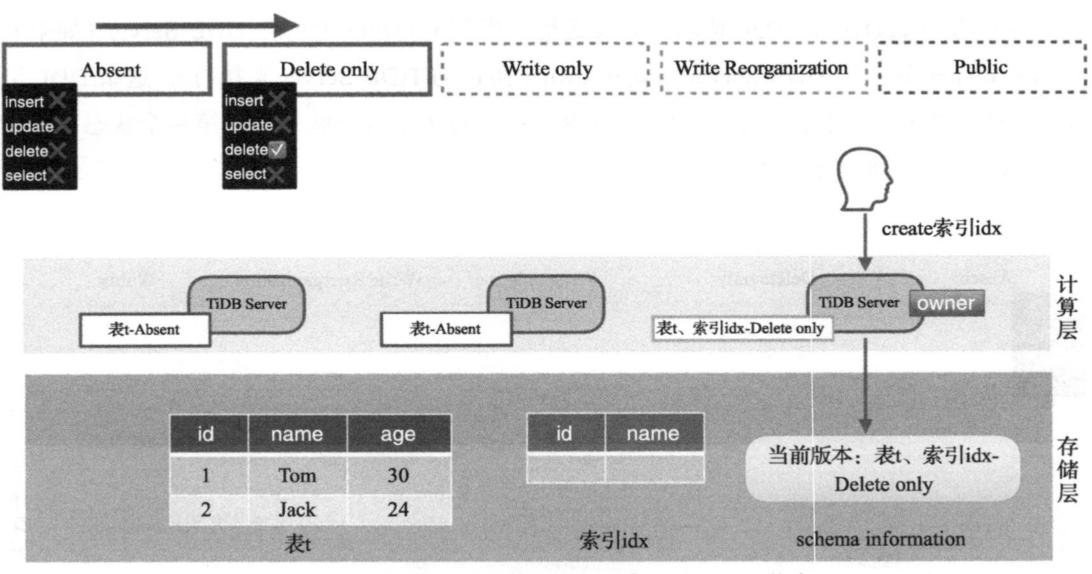

图 13.9　Online DDL 的 Absent 到 Delete only 状态

问题来了，owner 角色的 TiDB Server 节点变为 Delete only 状态后，其他 TiDB Server 怎么办呢？

在每个 TiDB Server 中会维护一个小的计时器，计时器会以一定的周期倒计时，比如以 1 s 为周期，我们称为租期（lease）。当计时器的租期到了以后，马上会访问 TiKV 存储中的 schema information 获取表当前的最新状态，一旦发现有更新，马上对自己记录的状态进行更新。以此类推，所有 TiDB Server 节点都会获取最新的状态，如图 13.10 所示。

还有一个问题，当前分布式系统中出现了两种状态，那这个时候有应用对数据进行修改，会有影响吗？比如应用在状态为 Absent 的节点上进行了 insert 操作，如图 13.11 所示。

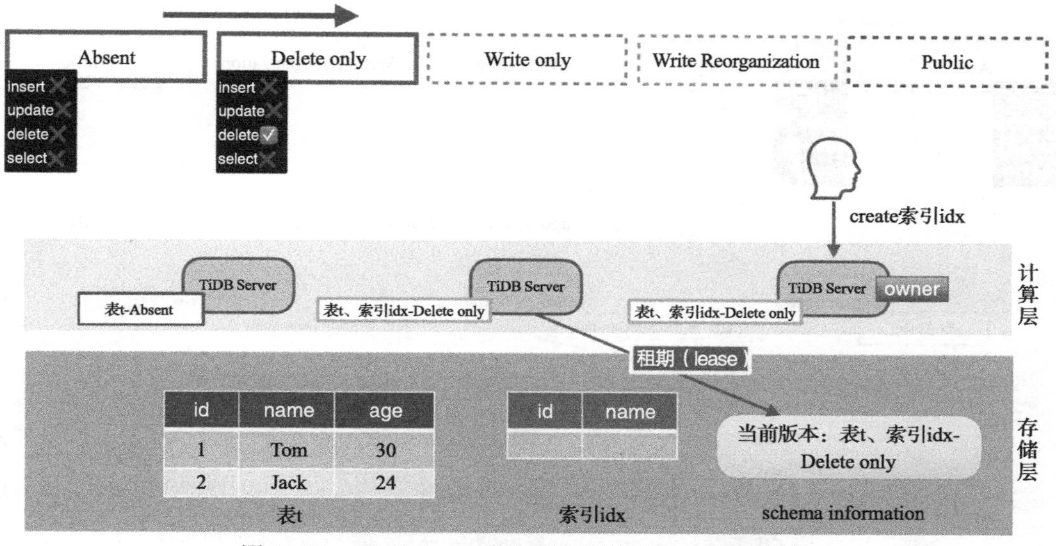

图 13.10　TiDB Server 节点逐个变为 Delete only 状态

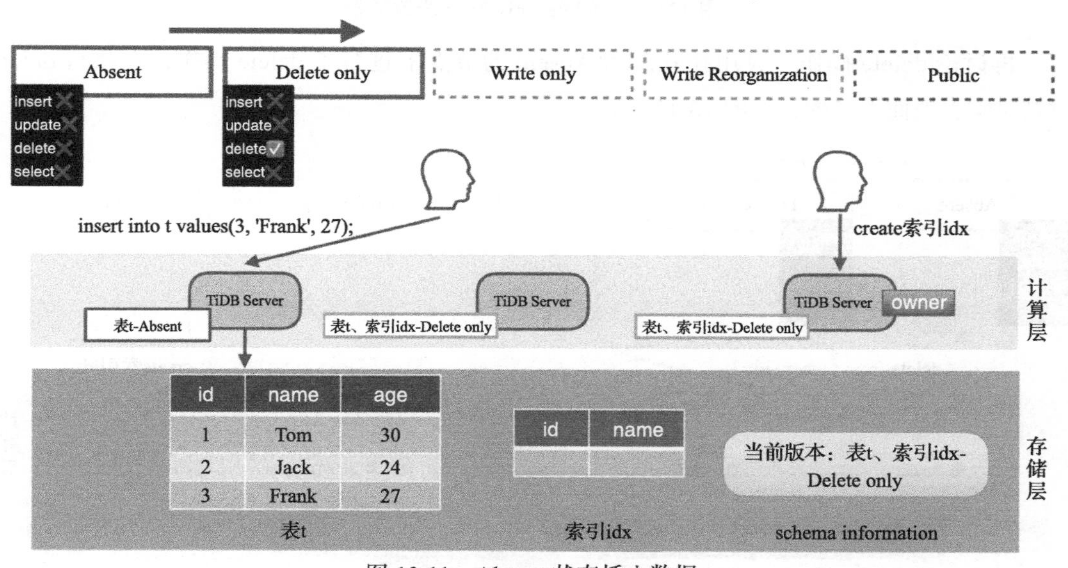

图 13.11　Absent 状态插入数据

图 13.11 中，由于 Absent 状态的节点对于表 t 的操作是不会影响 DDL 语句的，所以此时索引 idx 没有影响。同理，update、select 和 delete 操作都不会影响 idx 索引。

应用在状态为 Delete only 的节点上进行了 update 操作，如图 13.12 所示。由于 Delete only 状态的节点对于表 t 的操作除了 delete 以外是不会影响 DDL 语句的，所以此时索引 idx 没有影响。同理，update 和 select 操作都不会影响 idx 索引。

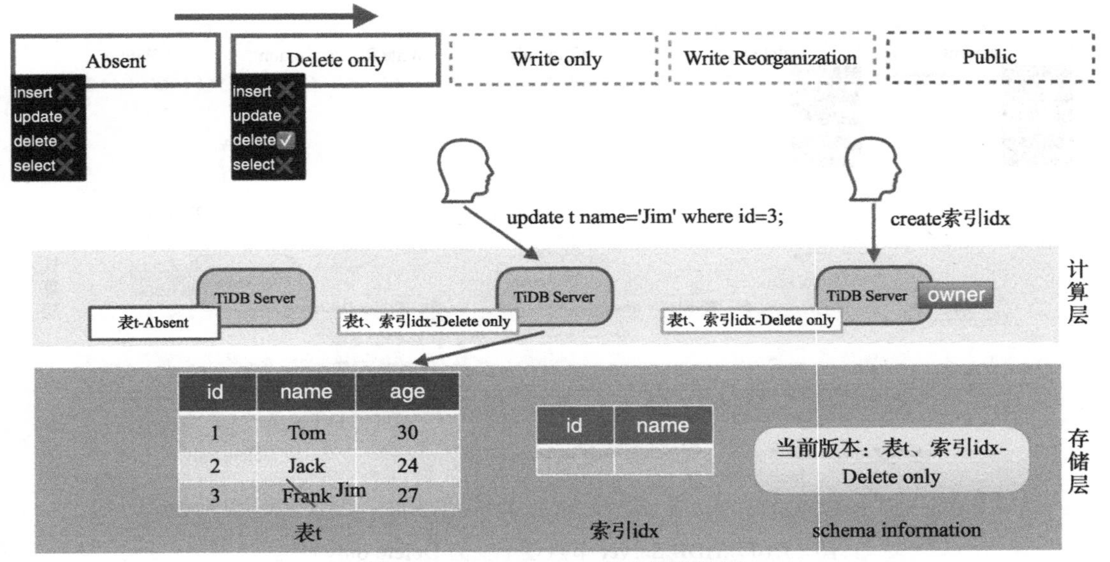

图 13.12　Delete only 状态修改数据

再讨论 delete 操作。应用在状态为 Absent 的节点上进行了 delete 操作，在执行 delete 时是对索引视而不见的，如图 13.13 所示。

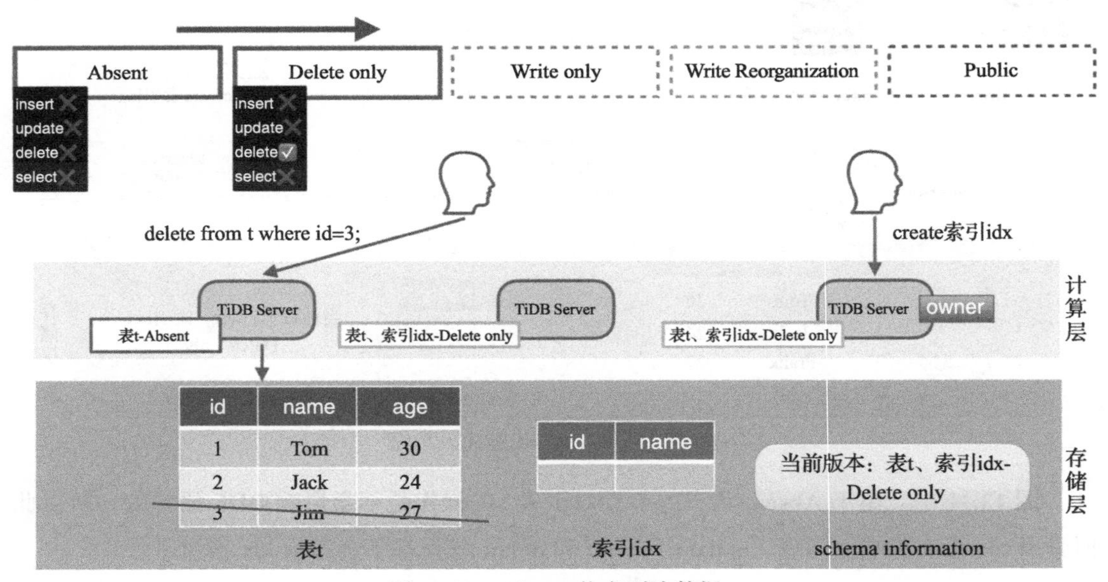

图 13.13　Absent 状态删除数据

但是，对于 Delete only 状态的 TiDB Server，在执行 delete 时是要操作索引的，如图 13.14 所示。问题是此时的索引中没有数据，delete 操作相当于没有做，所以能够得出结论，相邻的 Absent 状态和 Delete only 状态，其实不会出现数据不一致性的问题。

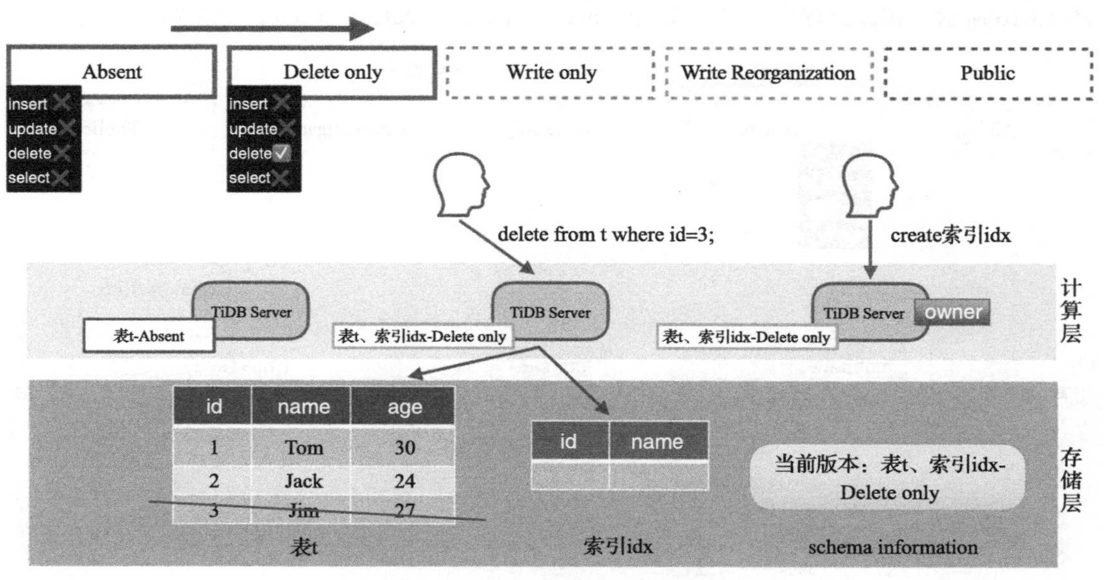

图 13.14　Delete only 状态删除数据

接下来，所有节点都会在 2 个租期内完成状态的更新，也就是变为 Delete only 状态，如图 13.15 所示。

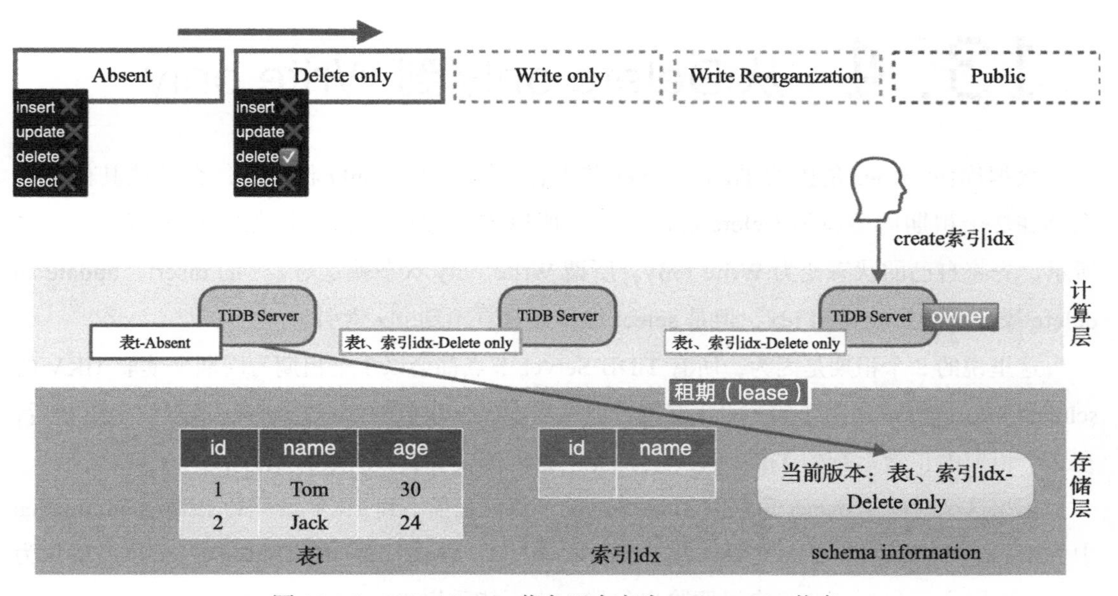

图 13.15　TiDB Server 节点逐个变为 Delete only 状态

最终得到的结果是，整个数据库对于表 t 上的 DDL 语句进入了 Delete only 状态，如图 13.16 所示，在此过程中，对于表 t 的 insert、update、delete 和 select 操作均正常进行。

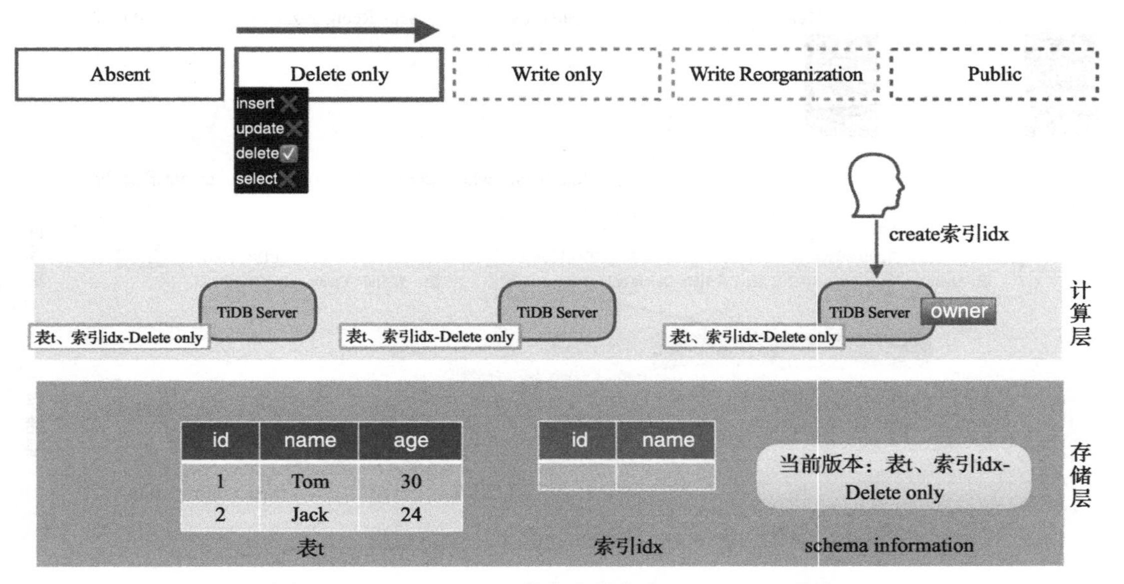

图 13.16　TiDB Server 节点全部变为 Delete only 状态

13.4 从 Delete only 到 Write only

数据库中 owner 角色的 TiDB Server 节点在变为 Delete only 状态后，会默认其他节点也会在 2 个租期内更新为 Delete only 状态，所以它会继续向下一个状态推进，如图 13.17 所示，先将自己的状态变为 Write only。所谓 Write only 状态就是对表 t 的 insert、update 和 delete 操作都会影响索引 idx，但是 select 操作还是看不到 idx 索引。

这里说的 2 个租期是因为，所有 TiDB Server 节点都会以 1 个租期为周期来读取 TiKV 的 schema information 中关于表 t 的状态值，那么当 owner 角色的 TiDB Server 节点发生更新后，在 2 个租期内正常运行的 TiDB Server 节点一定会获取至少一次最新状态。

如果这个时候非 owner 角色的 TiDB Server 节点就是读不到 TiKV 集群的 schema information 中关于表 t 的状态值（网络故障或者主机故障等），非 owner 角色的 TiDB Server 节点就认为自己已经脱离了集群，会将自己驱除出集群，也可能重启来重新加入集群。

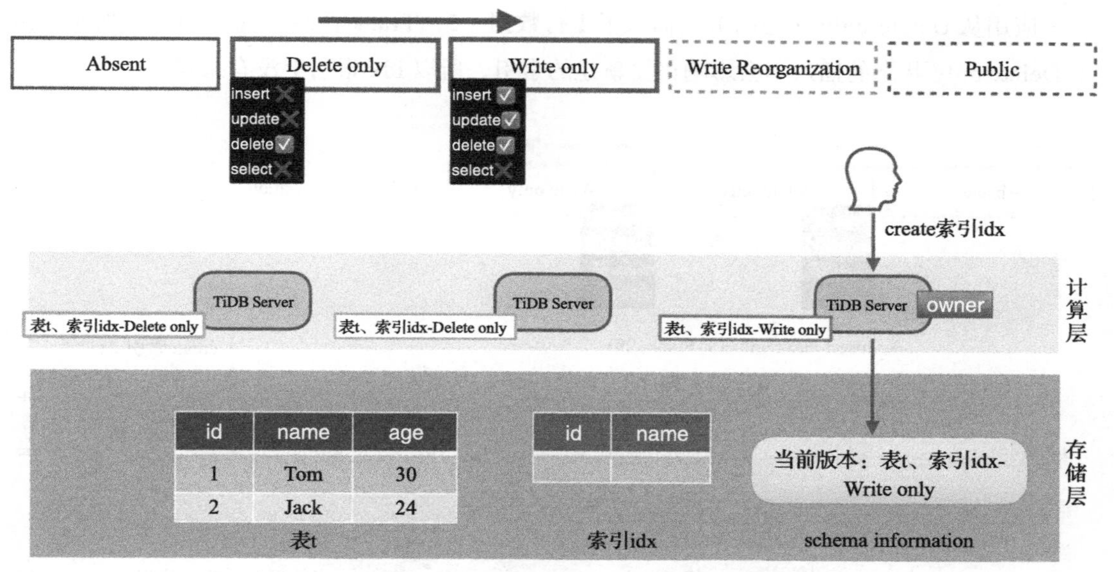

图 13.17　Online DDL 的 Delete only 到 Write only 状态

随后，数据库中其他的非 owner 角色节点开始逐一更新自己的状态为 Write only，如图 13.18 所示。这个时候会出现一部分 TiDB Server 是 Delete only 状态，而一部分是 Write only 状态，这个时候是否会出现表 t 和索引 idx 的数据不一致呢？

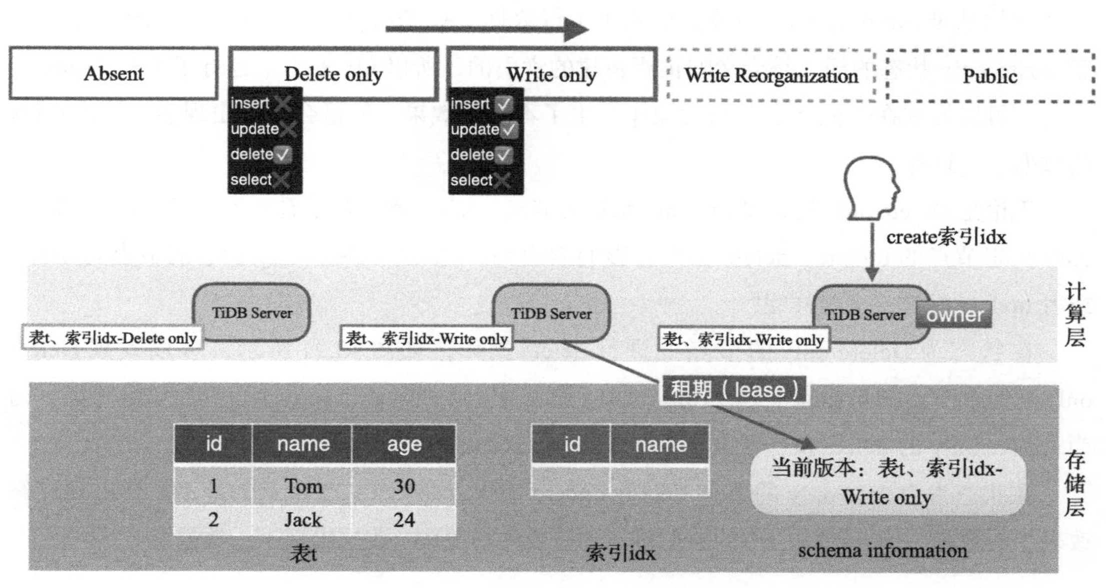

图 13.18　TiDB Server 节点逐个变为 Write only 状态

应用从 Delete only 状态的节点插入了 1 行数据（3，'Frank'，29），如图 13.19 所示。由于 Delete only 状态的插入不会影响正要新建的索引，所以 idx 索引上没有感知。

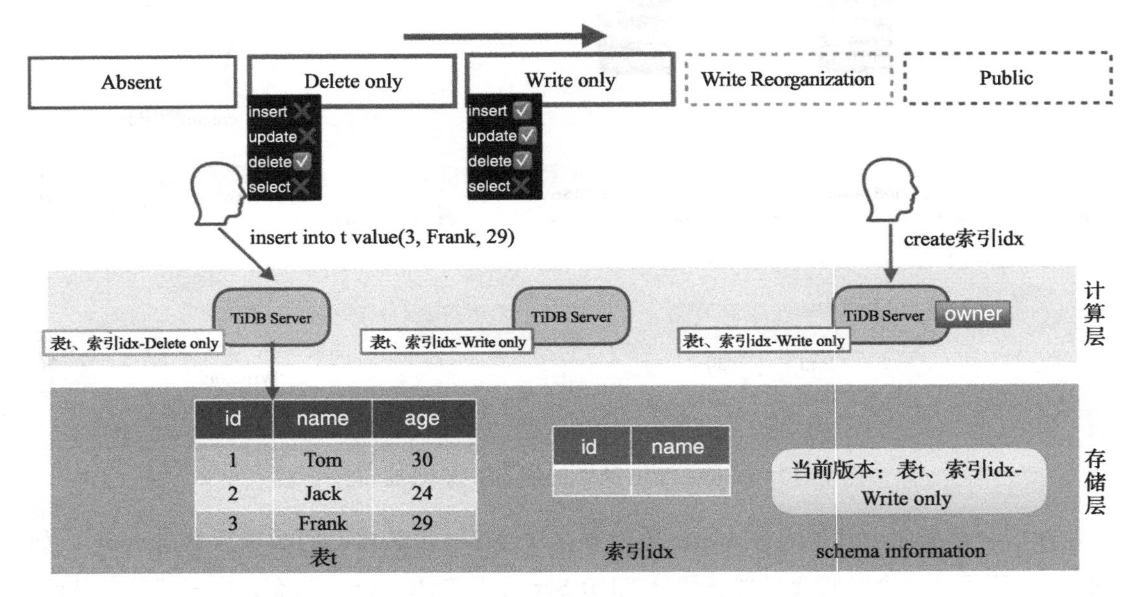

图 13.19　Delete only 状态插入数据

应用从 Write only 状态的节点插入了 1 行数据（4，'Tony'，28），如图 13.20 所示。由于 Write only 状态的插入是会影响正要新建的索引的，所以 idx 索引上也有了（4，'Tony'）。此时，可以发现在不同状态节点的操作产生了不同的效果，但是会不会出现表 t 和索引 idx 的数据不一致呢？

无论是 Delete only 还是 Write only 状态的节点，select 操作都是看不到索引 idx 的，Write only 状态节点的 update、delete 操作会影响索引 idx。如果 Delete only 状态的节点有 delete 或者 update 操作，会怎样呢？

在状态为 Delete only 的节点上进行 delete 操作，如图 13.21 所示，可以发现 Delete only 状态的节点如果删除了 (4, 'Tony', 28)，那么索引中的（4，'Tony'）也会跟着删除掉，因为 Delete only 的 delete 操作是会影响新建索引 idx 的。

在状态为 Delete only 的节点上进行 update 操作，如图 13.22 所示，是不是会出现只修改表中的数据，而新建索引中的数据得不到修改的情况呢（数据出现不一致情况）？

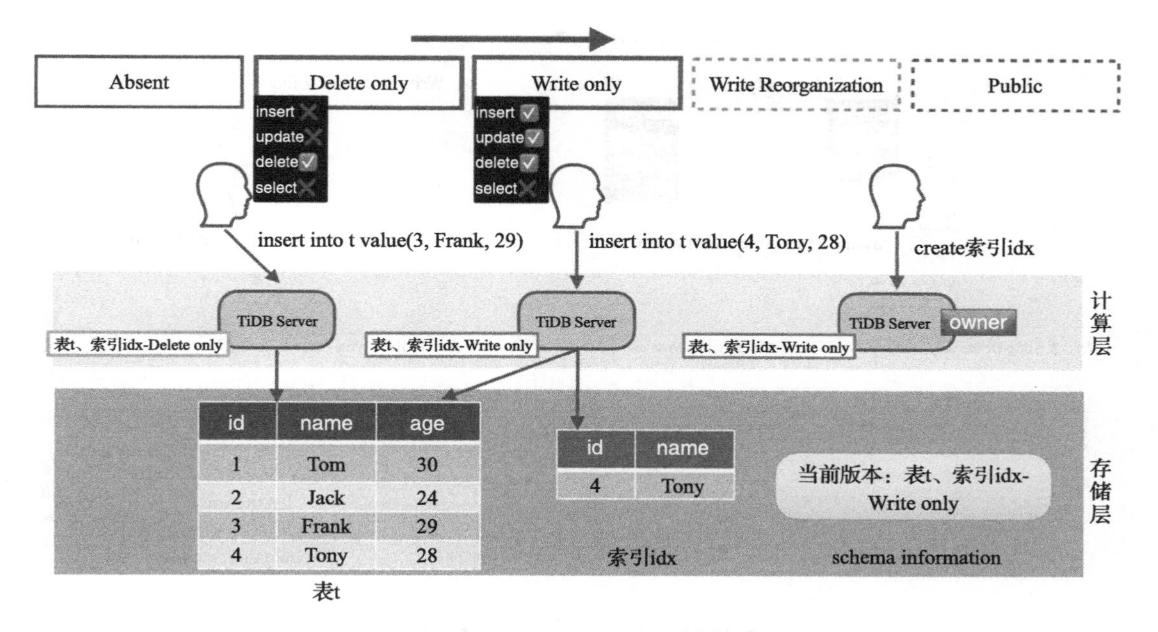

图 13.20　Write only 状态插入数据

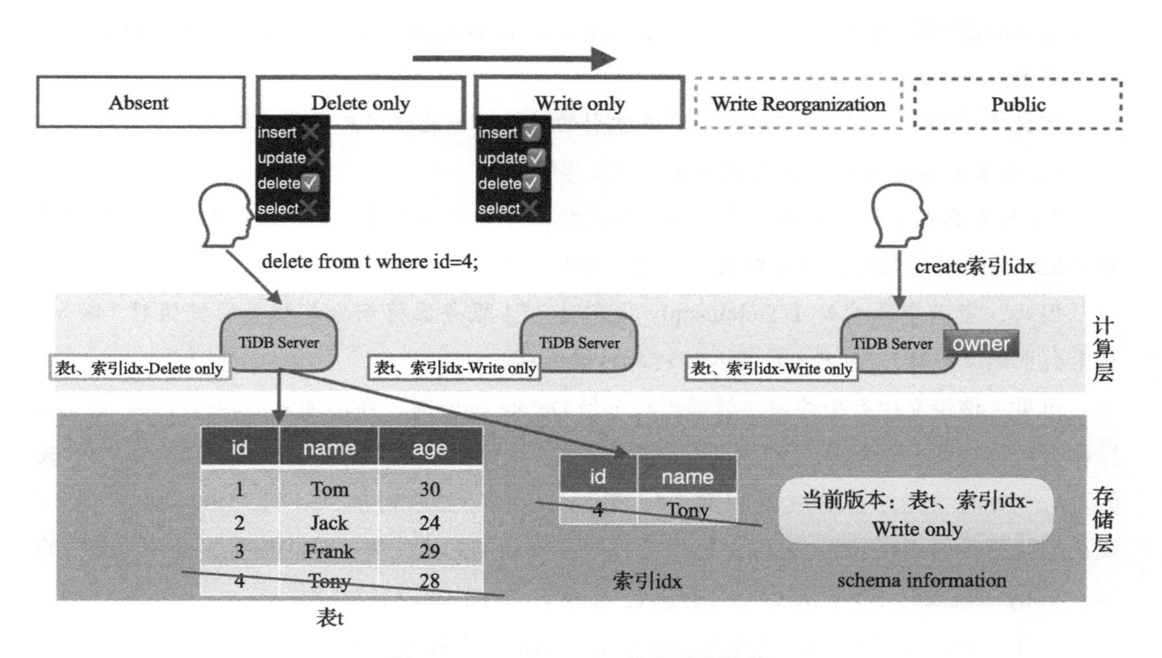

图 13.21　Delete only 状态删除数据

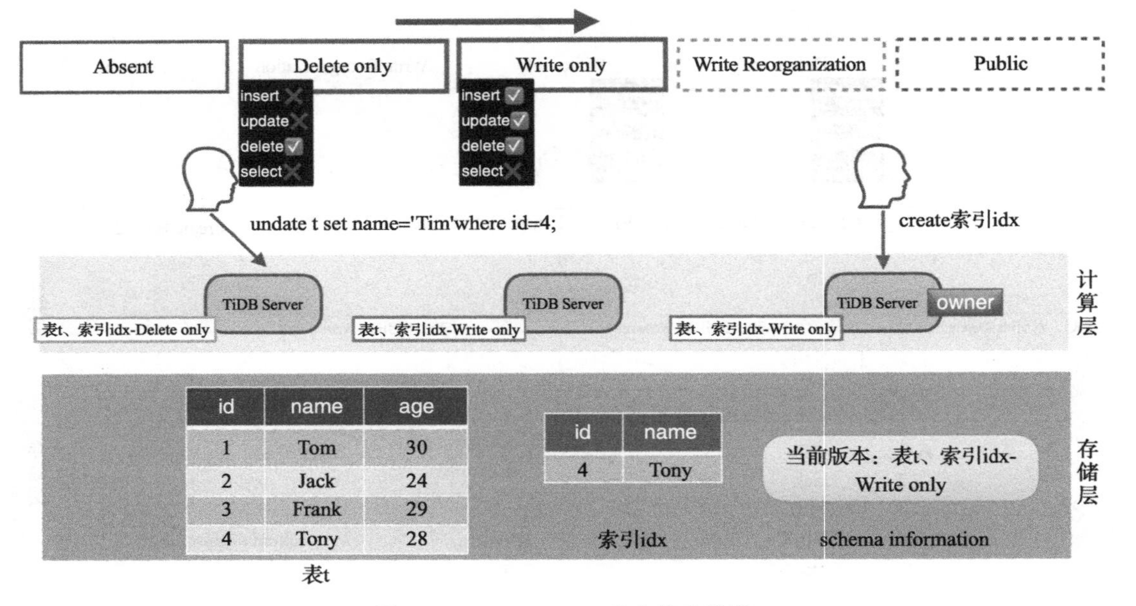

图 13.22　Delete only 状态修改数据

这个问题在论文“ Online, Asynchronous schema change in F1”已经提到了，论文中有如下描述：

定义 1　Delete-only 状态的表、列或索引的键值对不能被用户事务读取且

1）如果 E 是表或列，则只能通过删除操作修改。

2）如果 E 是索引，则只能通过删除和更新操作修改。此外，更新操作可以删除与更新索引键相对应的键值对，但不能创建任何新的键值对。

因此，当一个元素处于 Delete-only 状态时，F1 服务器将删除其相关的键值对（例如，从索引中删除条目），但不允许插入任何新的键值对。

可见，该论文中有个约定，就是当状态是 Delete only 时，在增加索引的过程中，update 操作会被当成两个子操作，即先 delete 再 insert。比如，刚才的操作将（4，'Tony'，28）改为（4，'Tim'，28），会变成先删除（4，'Tony'，28），之后再插入（4，'Tim'，28），由于现在的状态是 Delete only，delete 操作会被同步到新加的索引上，这个时候，索引 idx 中的（4，'Tony'）就没有了，但是也不会有（4，'Tim'），如图 13.23 所示。

这样一来，表 t 中的数据和索引 idx 中的数据依然不会出现不一致的情况。

接下来，在 2 个租期内，所有节点的状态都进入 Write only，如图 13.24 所示。

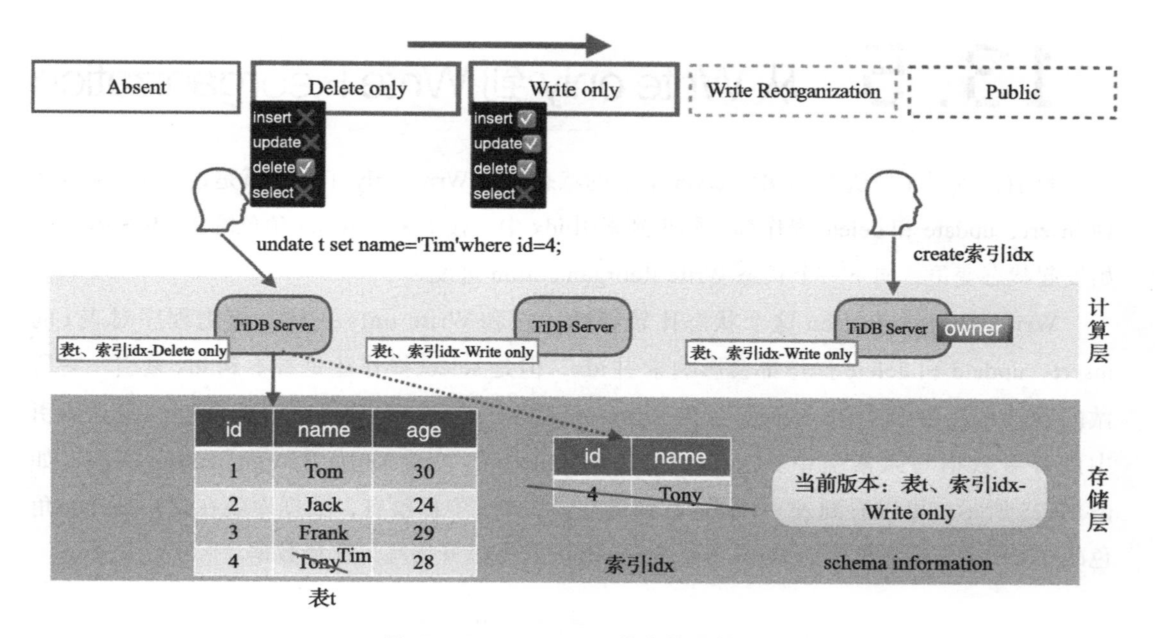

图 13.23　Delete only 状态修改数据

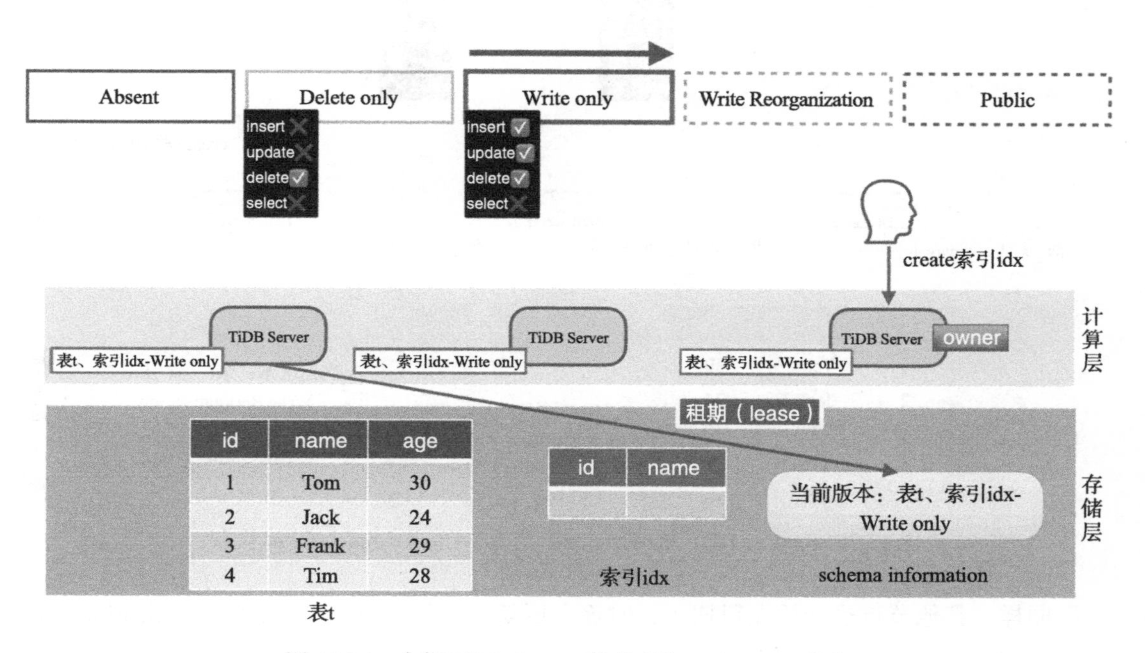

图 13.24　全部 TiDB Server 节点变为 Write only 状态

13.5 从 Write only 到 Write Reorganization

目前，数据库中所有 TiDB Server 节点的状态都是 Write only 了，也就是说对于表 t 的任何 insert、update 和 delete 操作都会同步到索引 idx 中。接下来，owner 角色的 TiDB Server 开始发起状态变更，向下一个状态 Write Reorganization 进发。

Write Reorganization 这个状态比较特殊，它和 Write only 一样，应用程序对表 t 的 insert、update 和 delete 操作都会影响索引 idx，但是 select 操作还是看不到 idx 索引。它所做的事就是在各个 TiDB Server 变为 Write only 状态之前，将那些还没有能够同步到索引中的存量数据写入索引中。Online DDL 从 Write only 变为 Write Reorganization 状态，如图 13.25 所示，可以看到表 t 中的 4 行数据在索引 idx 中都没有，数据库就在这个 owner 角色的 TiDB Server 节点变为 Write Reorganization 状态后开始写入存量数据。

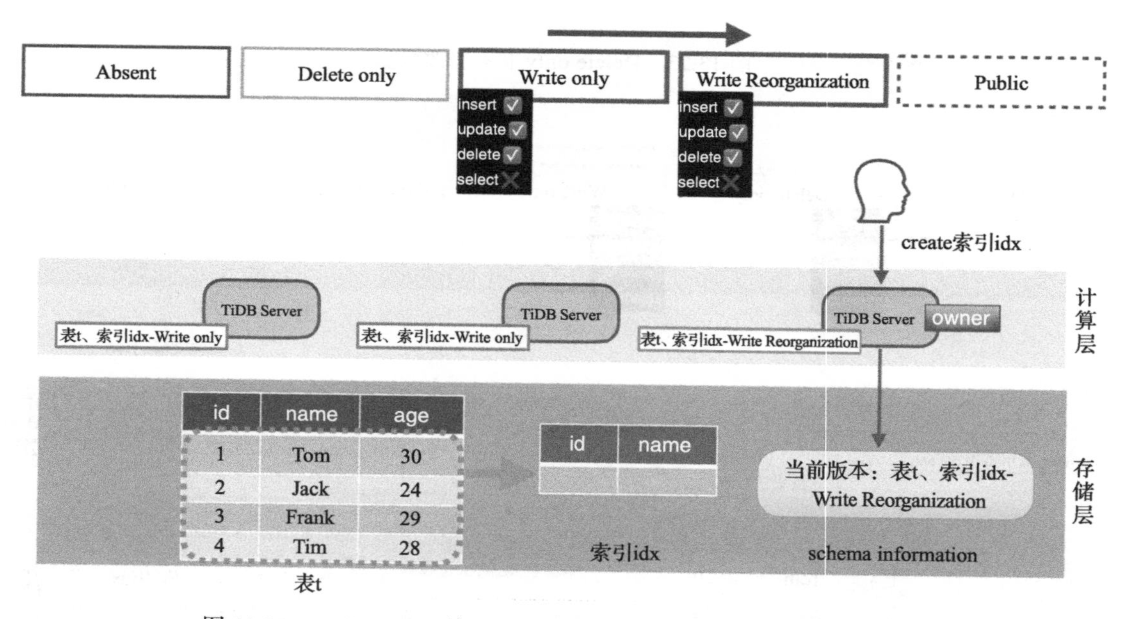

图 13.25　Online DDL 从 Write only 变为 Write Reorganization 状态

同样，其他节点也开始在租期到达时逐个更新自己的状态到 Write Reorganization，如图 13.26 所示。

在状态为 Write only 的节点上进行 insert 操作，如图 13.27 所示。无论是 Write only 状

态还是 Write Reorganization 状态的 TiDB Server，如果发生了 insert 操作，都会以增量的方式同时体现在表 t 和索引 idx 上。

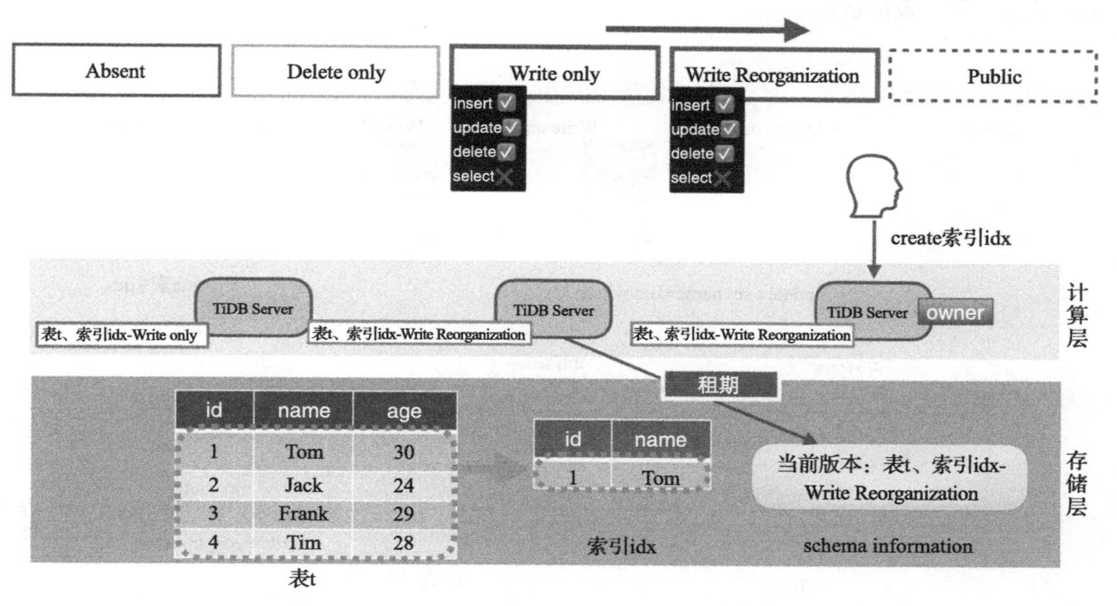

图 13.26　TiDB Server 节点逐个变为 Write Reorganization 状态

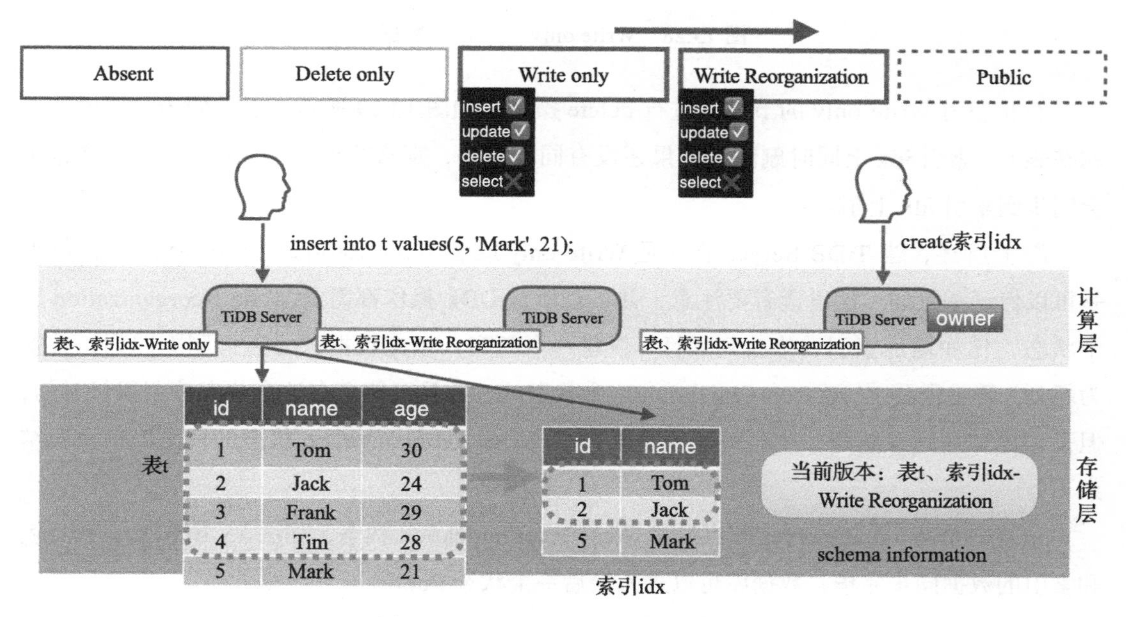

图 13.27　Write only 状态插入数据

在状态为 Write only 的节点上进行 update 操作，如图 13.28 所示。已经同步过去的数据就在表 t 和索引 idx 上同时修改，如果还没有同步过去，那么只修改表 t 的，等同步到索引 idx 时自然是一致的数据了。

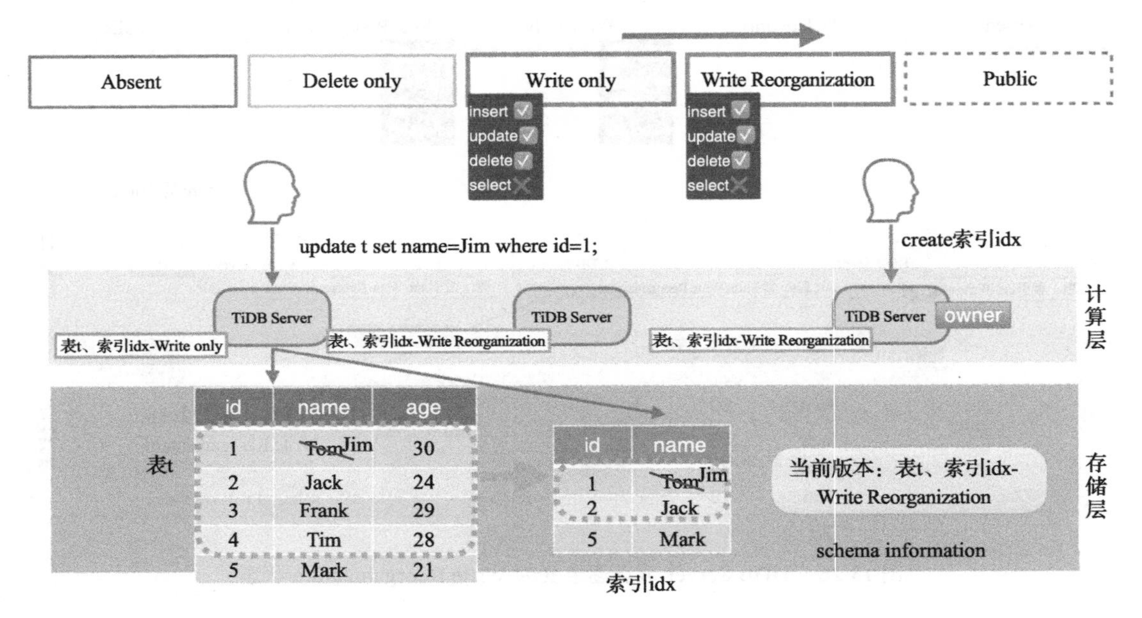

图 13.28　Write only 状态修改数据

在状态为 Write only 的节点上进行 delete 操作，如图 13.29 所示。已经同步过去的数据就在表 t 和索引 idx 上同时删除，如果还没有同步过去，那么只删除表 t 的数据，这样也不会同步到索引 idx 上了。

综上所述，当 TiDB Server 节点是 Write only 或者 Write Reorganization 状态时，数据是可以保证一致的。这里读者要注意，并不是所有 DDL 操作都需要 Write Reorganization 这个状态，比如增加索引、修改列属性（新建一个新列，填充数据，之后再删除旧列，替换为新列）等是需要 Write Reorganization 这个状态的，并且可能会在这个状态停留很长时间，但是，比如加列、减列、改名等操作是不需要 Write Reorganization 状态的，所以很快就结束了。

最终，全部 TiDB Server 节点变为 Write Reorganization 状态，如图 13.30 所示，并且表和索引的数据同步完毕，数据库可以进入最后一个状态 Public 了。

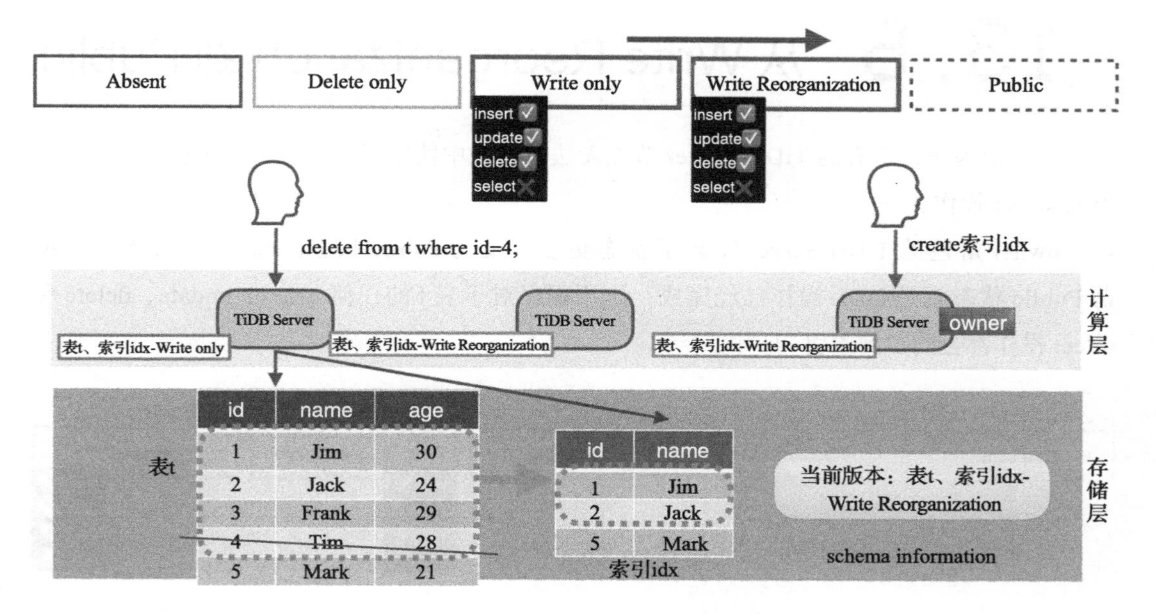

图 13.29　Write only 状态删除数据

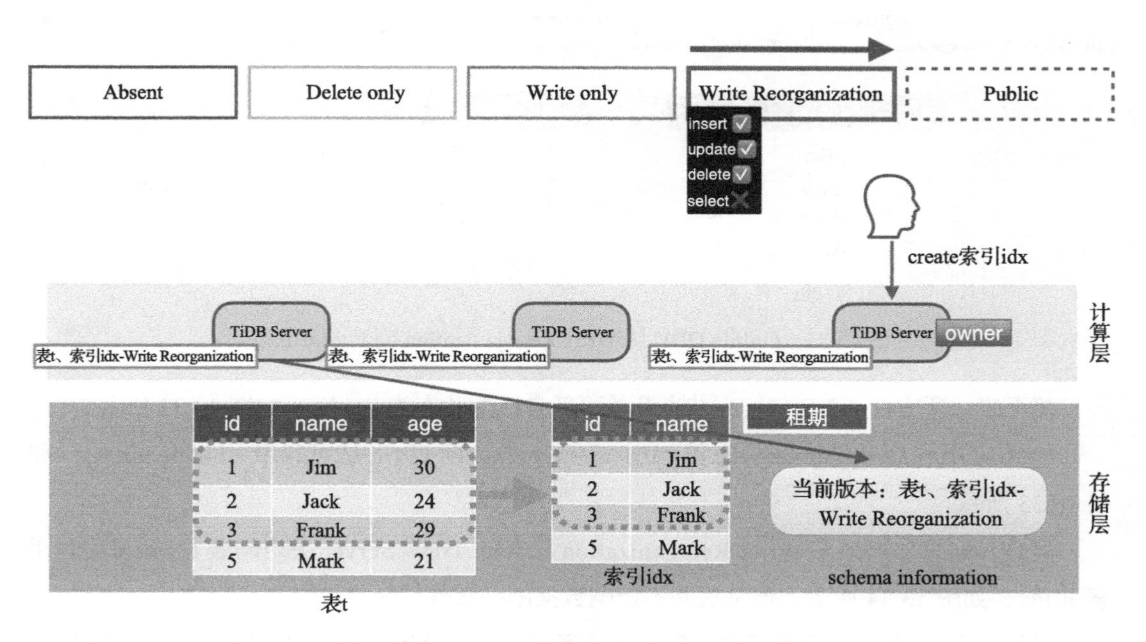

图 13.30　全部 TiDB Server 节点变为 Write Reorganization 状态

13.6 从 Write Reorganization 到 Public

到目前为止，所有的 TiDB Server 节点无法在查询中使用索引，下一个状态将开放对索引的 select 操作。

owner 角色的 TiDB Server 发起了状态更新，变为 Public 状态，如图 13.31 所示。所谓 Public 状态就是 DDL 操作已经完成，应用程序对于表 t 的任何 insert、update、delete 和 select 操作都会同步到索引 idx 中。

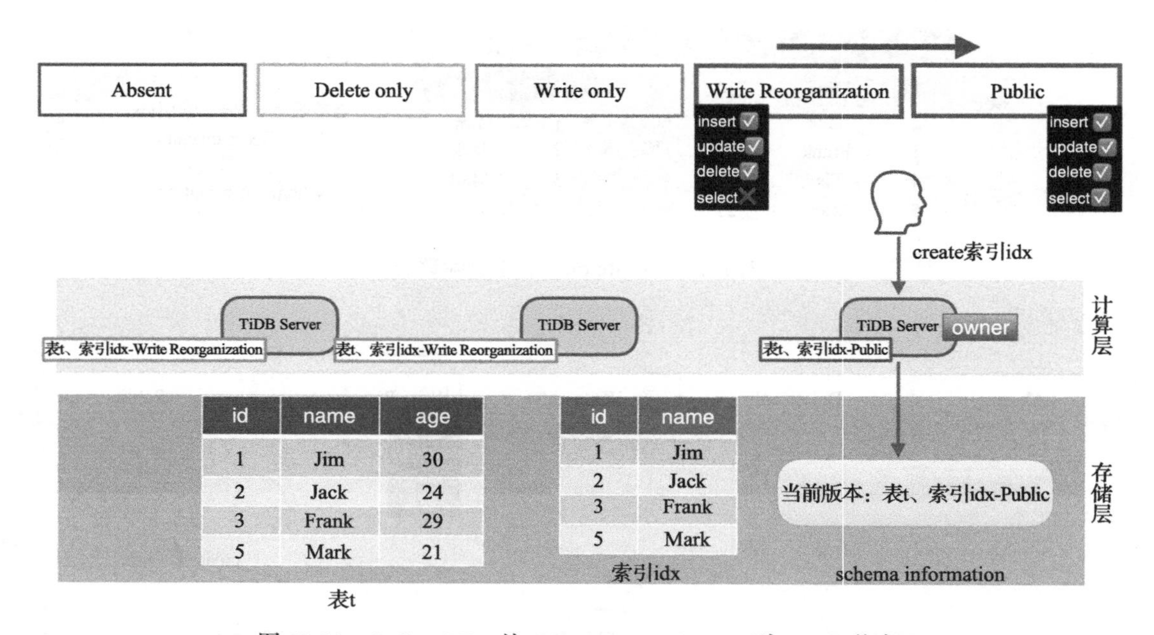

图 13.31　Online DDL 从 Write Reorganization 到 Public 状态

接下来，所有的 TiDB Server 节点开始更新自己的状态为 Public，如图 13.32 所示。

如果应用程序从 Public 状态的 TiDB Server 去访问表 t，是可以利用索引 idx 的，如图 13.33 所示。

但是，如果从仍处于 Write Reorganization 状态的 TiDB Server 去访问表 t，则无法利用索引 idx，如图 13.34 所示。但是这并不影响数据的一致性。

最终，数据库中所有的 TiDB Server 状态都变为 Public，如图 13.35 所示，可以认为 DDL 语句操作的完成。整个执行过程中，数据库并没有阻塞任何的 insert、update、delete

和 select 操作，更没有将一张表复制一份新的，修改之后再上线，完全做到了在线变更 Schema 的效果。

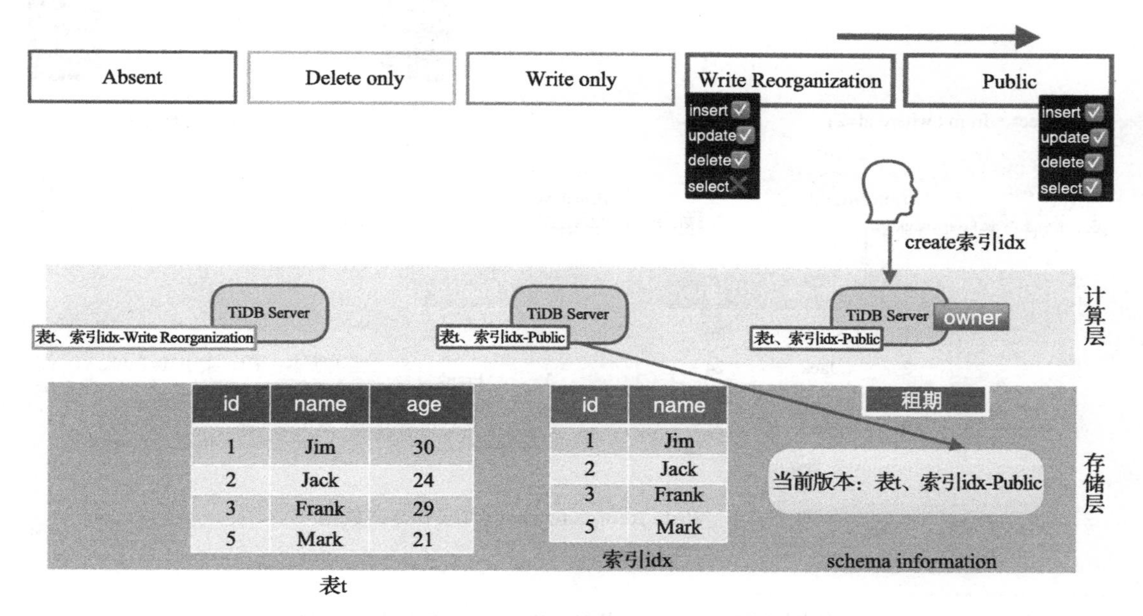

图 13.32　TiDB Server 节点逐个变为 Public 状态

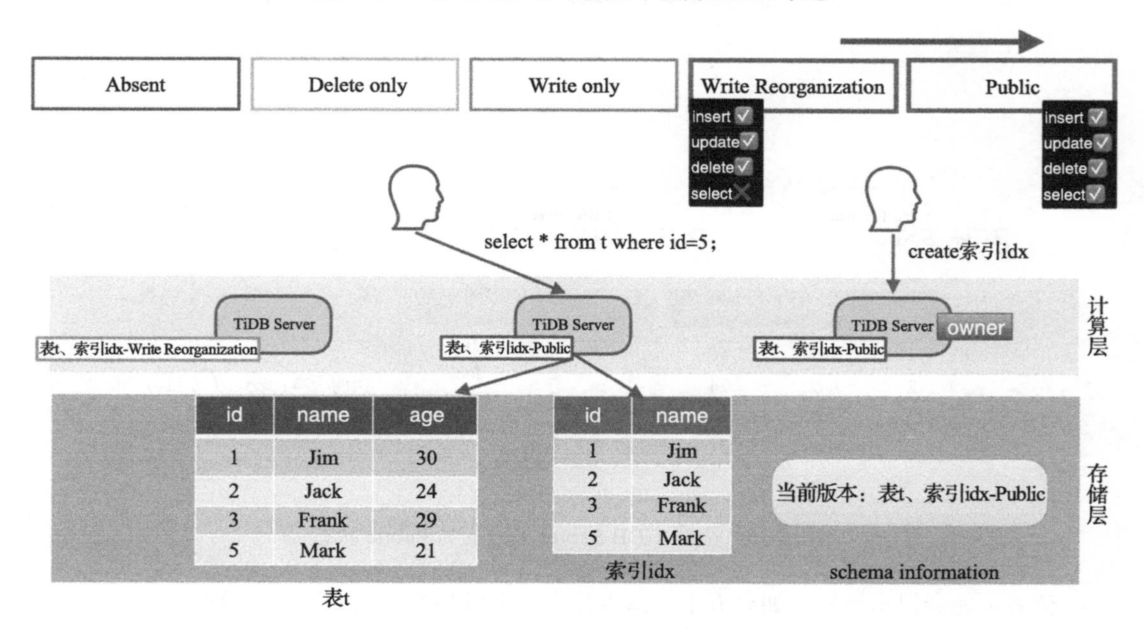

图 13.33　Public 状态下查询数据

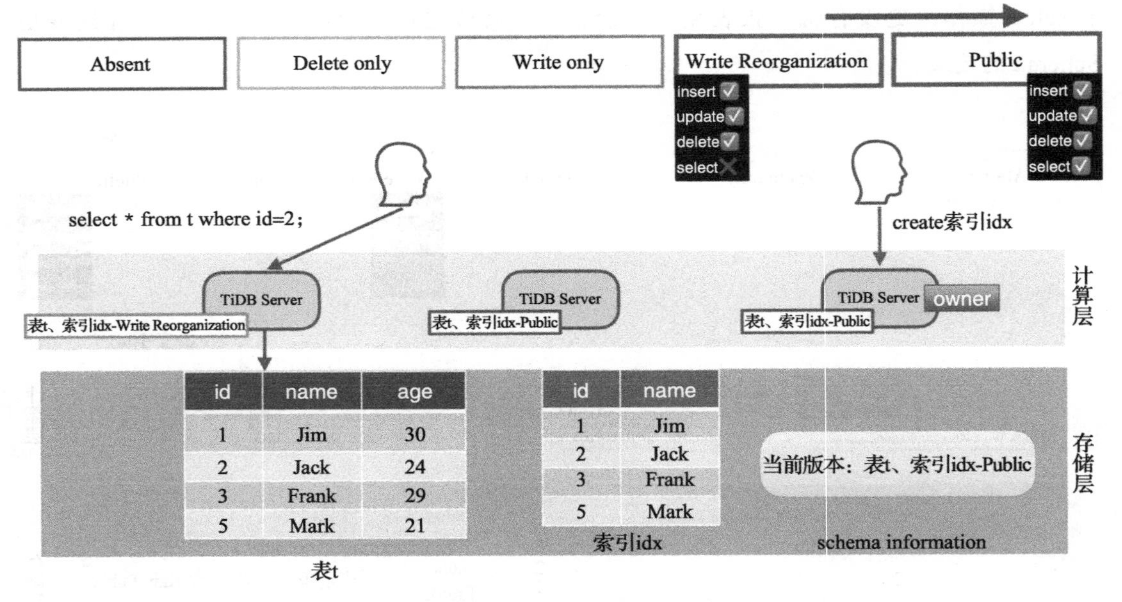

图 13.34　Write Reorganization 状态下查询数据

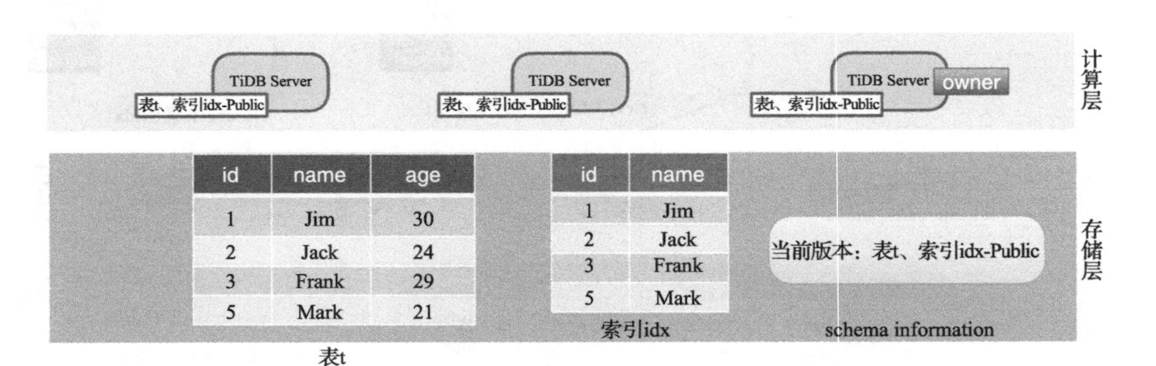

图 13.35　全部 TiDB Server 节点变为 Public 状态

读者可能会提出疑问：如果五个状态少几个也可以吗？下面分别进行说明。

13.7 如果没有 Delete only 状态

将表恢复到原样，从 Absent 开始，如图 13.36 所示。

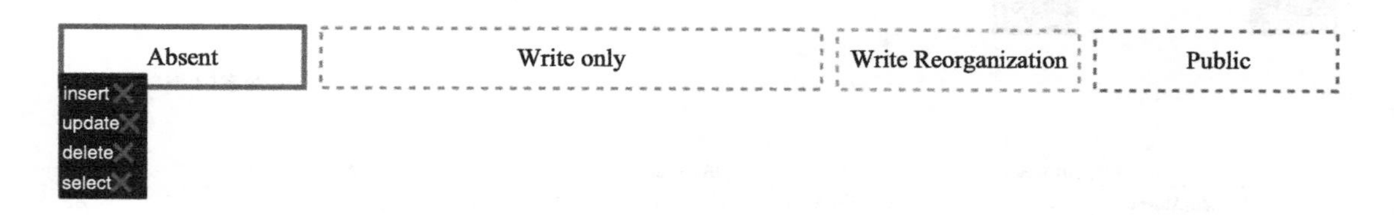

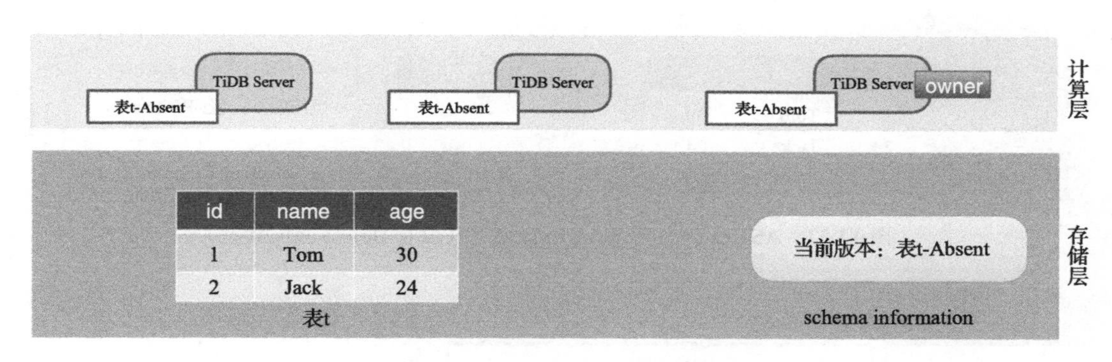

图 13.36　Absent 状态（没有 Delete only 状态）

用户从 owner 角色的 TiDB Server 开始，对表上的 name 列添加索引，并且将表的状态改为 Write only，如图 13.37 所示。之前已经说明，Write only 的特点就是对表 t 的 insert、update 和 delete 操作都会影响索引 idx，但是 select 操作还是看不到 idx 索引。

这里看到了非 owner 的 TiDB Server 节点会在自己的租期到达后开始更新状态为 Write only，如图 13.38 所示。

下面再看一下在加索引的过程中发生数据修改的情况。

有一个会话从 Write only 的 TiDB Server 进行数据插入，如图 13.39 所示。由于 Write only 对于 insert 操作是在表 t 和索引 idx 上都起作用的，也就是图 13.39 中，表 t 有（3，'Frank'，29），索引 idx 有（3，'Frank'）。

另一个会话在状态为 Absent 的 TiDB Server 节点上执行了 delete 操作，如图 13.40 所示。这时表 t 中的（3，'Frank'，29）被删除掉了。

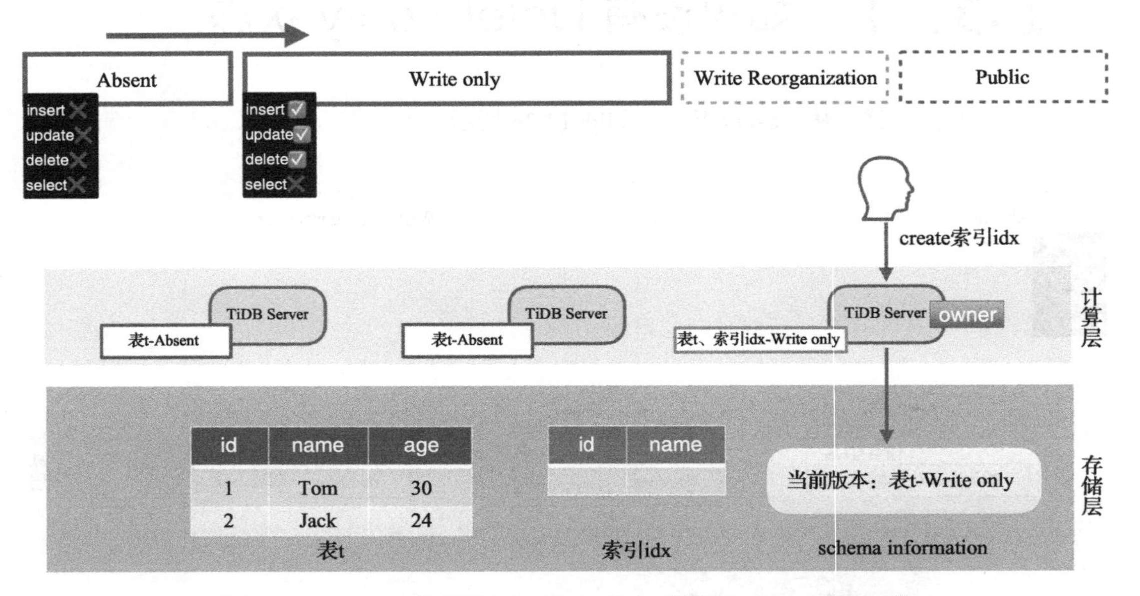

图 13.37　Absent 状态到 Write only 状态（没有 Delete only 状态）

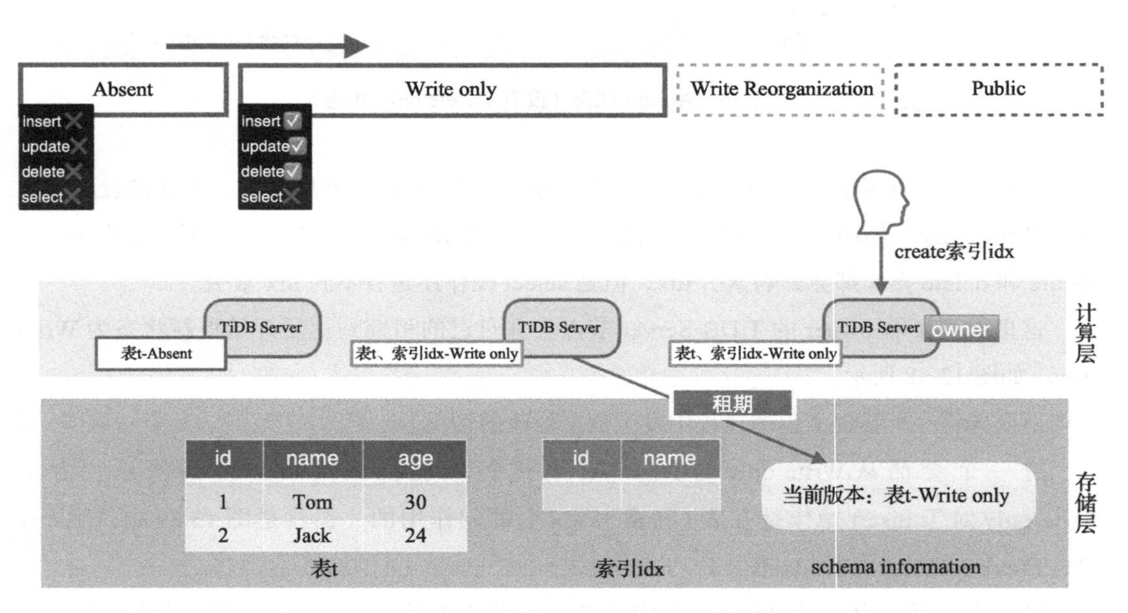

图 13.38　TiDB Server 节点逐个变为 Write only 状态（没有 Delete only 状态）

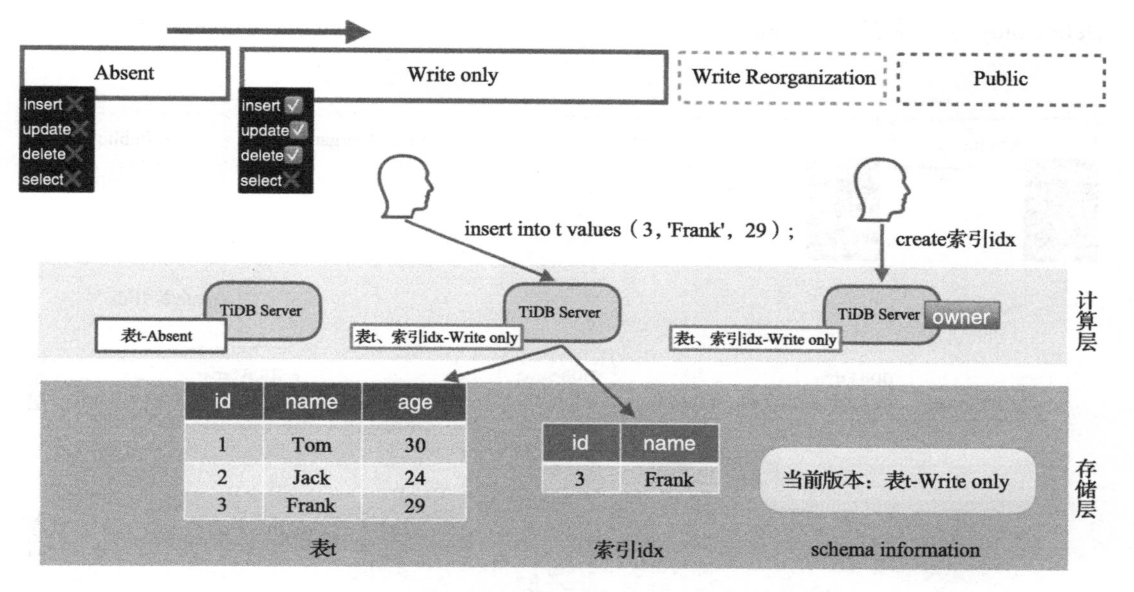

图 13.39　Write only 状态插入数据（没有 Delete only 状态）

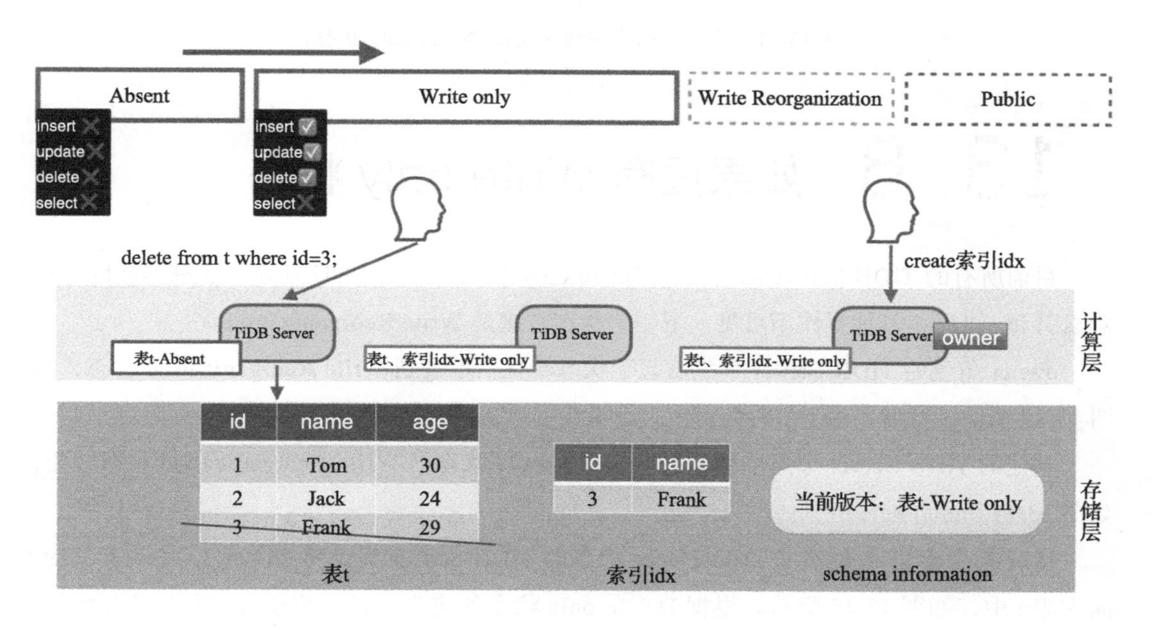

图 13.40　Absent 状态删除数据（没有 Delete only 状态）

到目前为止，表 t 的数据和索引 idx 的数据发生了不一致现象，如图 13.41 所示，说明 Delete only 这个状态无法去除。

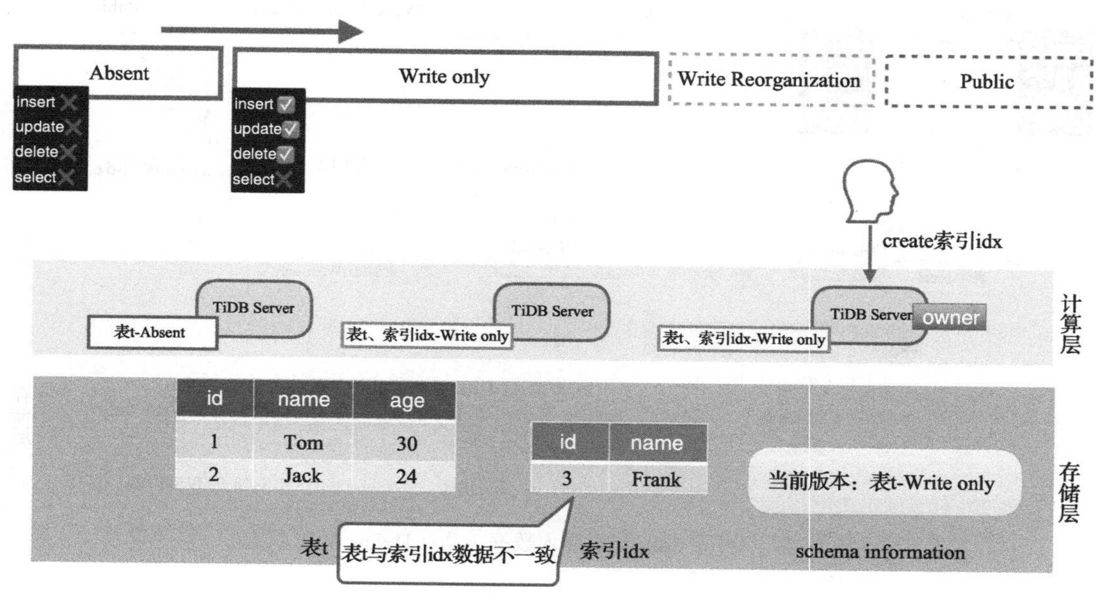

图 13.41　表与索引不一致（没有 Delete only 状态）

13.8 如果没有 Write only 状态

目前所有的 TiDB Server 都进入了 Delete only 状态，如图 13.42 所示。也就是删除操作对索引 idx 可见，其他操作不可见。下一个状态直接是 Write Reorganization。

owner 角色的 TiDB Server 率先发起了状态转化，推进到 Write Reorganization 状态，如图 13.43 所示。此时，表 t 中的数据作为存量数据准备向索引 idx 进行同步。

其他的 TiDB Server 节点陆续开始从 Delete only 状态向 Write Reorganization 状态转变，如图 13.44 所示。

这时某个会话从仍然是 Delete only 状态的 TiDB Server 节点将数据（3，'Frank'，29）插入表 t 中，如图 13.45 所示。根据 Delete only 状态的定义，此时索引 idx 中并没有数据。由于之前在锁定存量数据的时候只有 id ＝1 和 id = 2 两行，那么表 t 的（3，'Frank'，29）是永远不会被同步到索引 idx 中的。

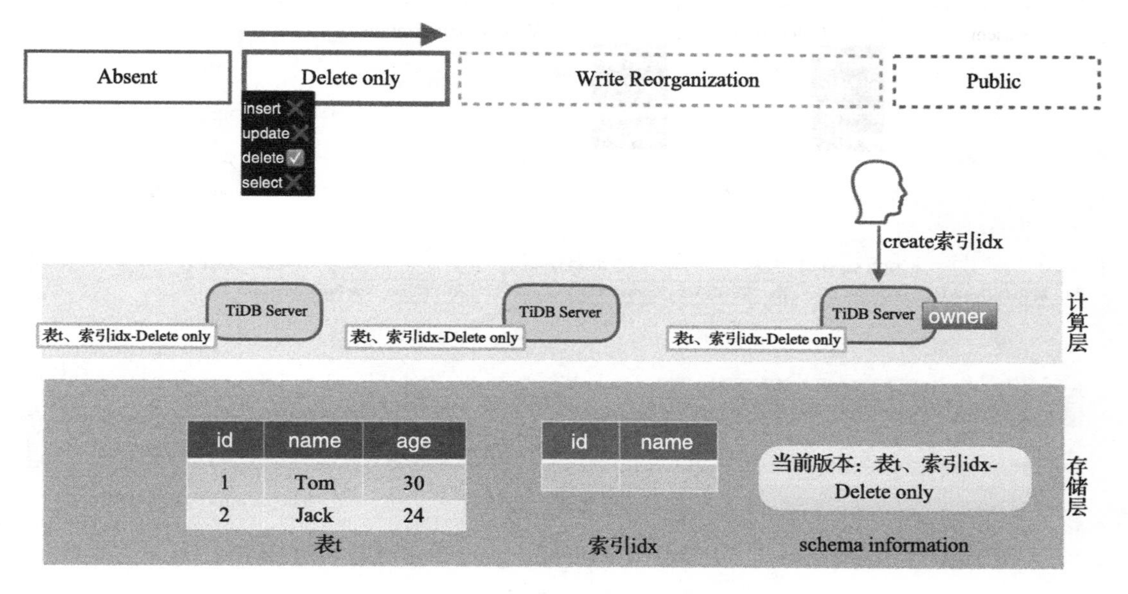

图 13.42 Delete only 状态（没有 Write only 状态）

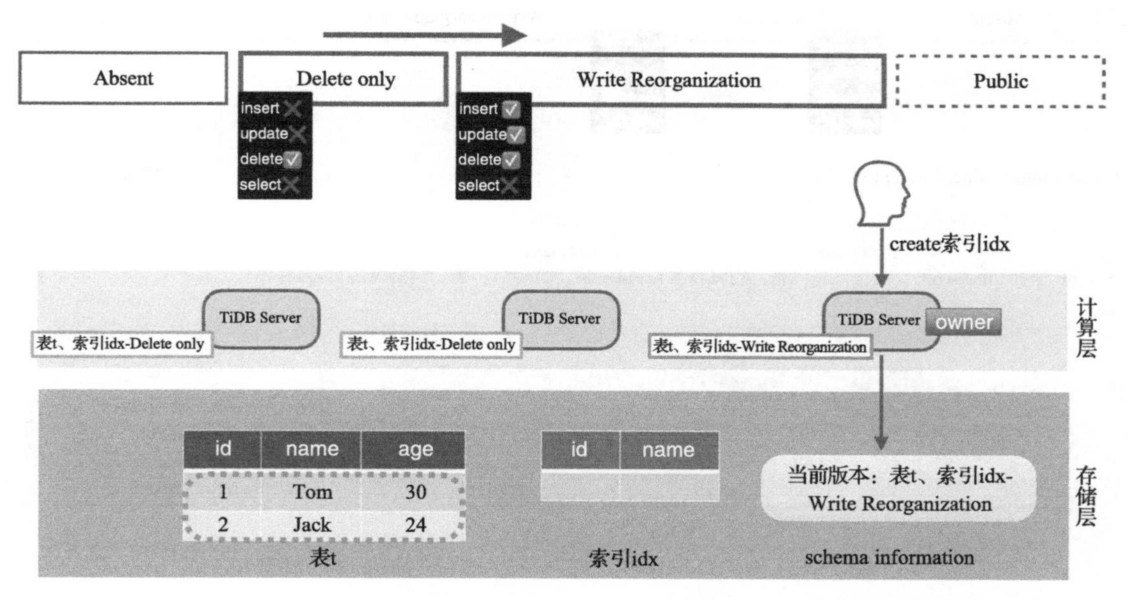

图 13.43 Online DDL 从 Delete only 变为 Write Reorganization 状态（没有 Write only 状态）

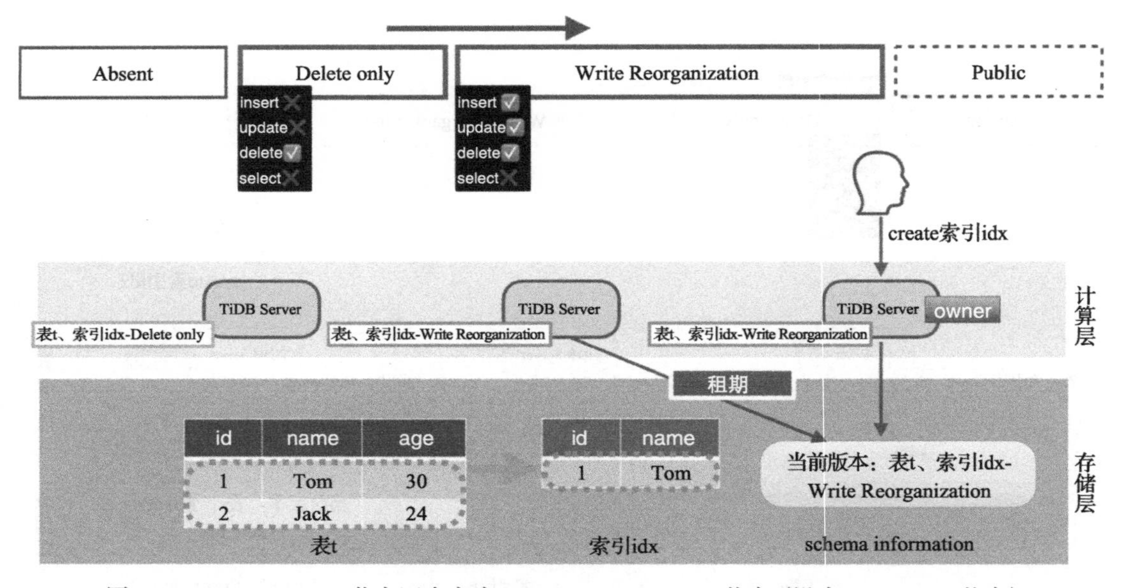

图 13.44　TiDB Server 节点逐个变为 Write Reorganization 状态（没有 Write only 状态）

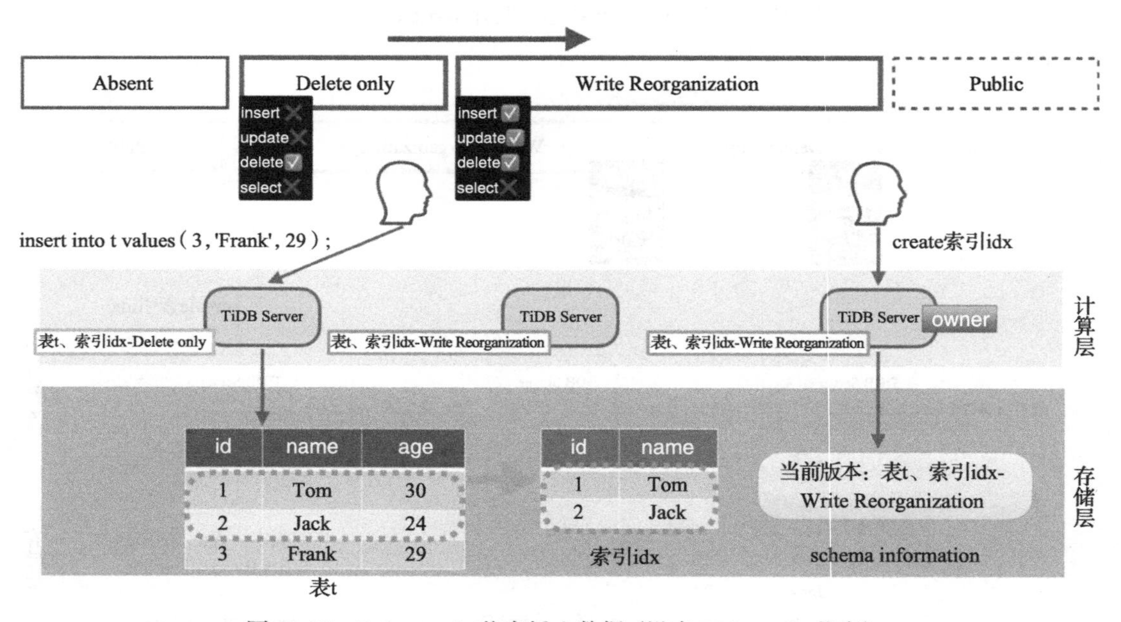

图 13.45　Delete only 状态插入数据（没有 Write only 状态）

又有会话从 Write Reorganization 状态的 TiDB Server 插入（4，'Tony'，28）到表 t 中，如图 13.46 所示，这时可以发现索引 idx 中是有（4，'Tony'）的，因为它是增量数据。

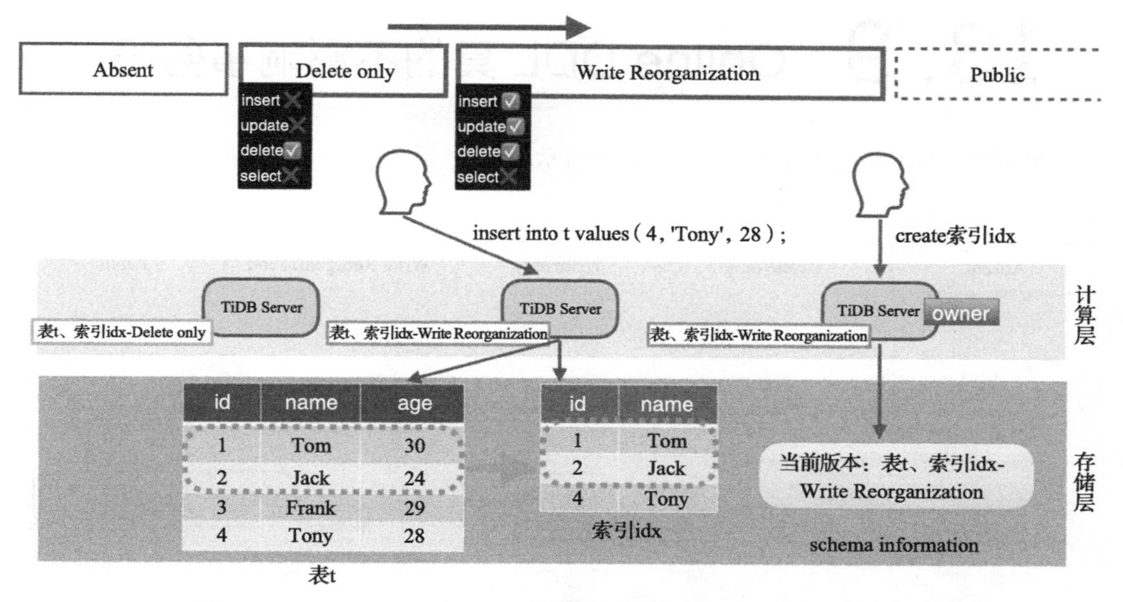

图 13.46　Write Reorganization 状态插入数据（没有 Write only 状态）

当所有 TiDB Server 节点变为 Write Reorganization 状态后，可以发现索引 idx 中的数据比表 t 的数据少了一条，两边数据不一致了，如图 13.47 所示，说明 Write only 状态是不可缺少的。

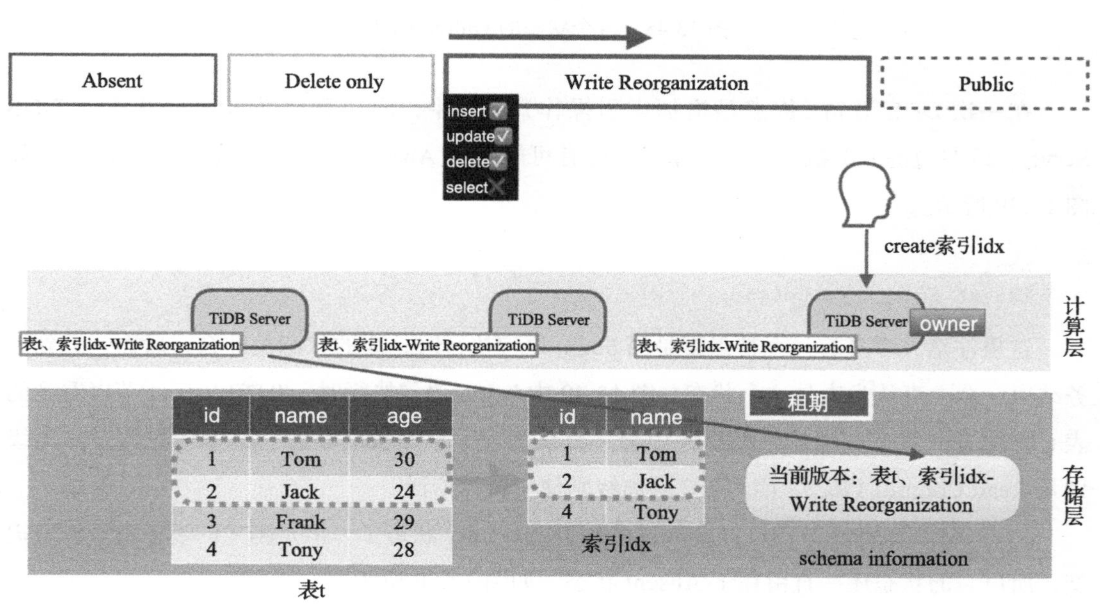

图 13.47　表与索引数据不一致（没有 Write only 状态）

将表恢复到最开始的情形，如图 13.48 所示。

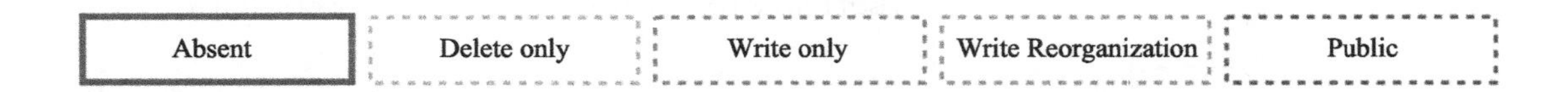

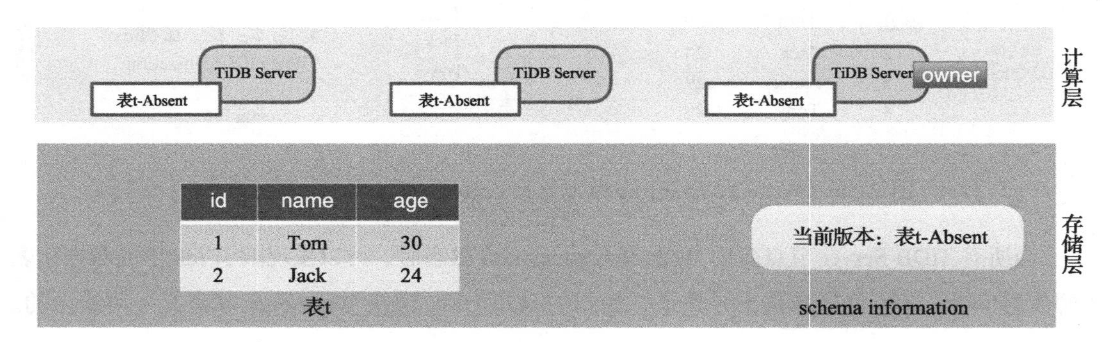

图 13.48　五个状态的 Online DDL

在一次 DDL 语句（依然是增加索引操作）过程中，应用程序在 Absent 状态的 TiDB Server（最左边的）上执行了一个事务（也有可能是在 Absent 状态之前就开始了很久），如图 13.49 所示。

```
begin
insert into t values(5, 'Mark', 21);
```

这里注意，事务有一个特点就是当 begin 语句执行时，表的状态是什么，后面一直到事务结束，会一直认为表是这个状态。图 13.49 中 begin 语句执行时，TiDB Server 节点看到的表 t 是 Absent 状态，也就是说事务中会一直认为表 t 是 Absent 状态。这里请先假设隔离级别是 Read Commit（RC），因为 RC 隔离级别使用比较广泛。

所有 TiDB Server 节点已经全部过渡到 Delete only 状态了，但是刚才的事务由于没有提交，所以它的状态还一直留在了 Absent 状态，如图 13.50 所示。

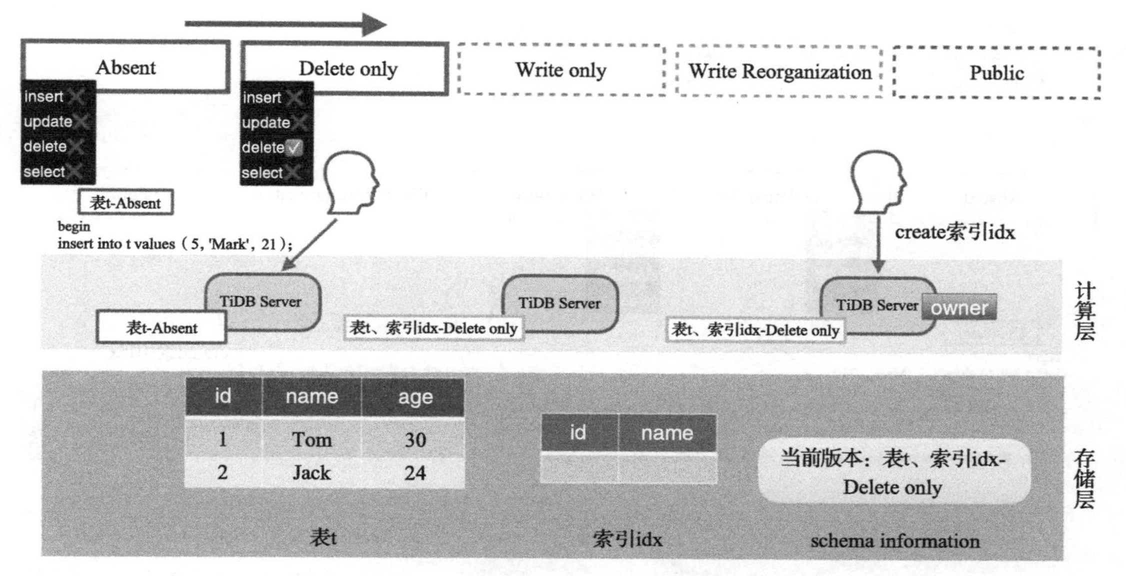

图 13.49　向 Absent 状态的 TiDB Server 插入数据

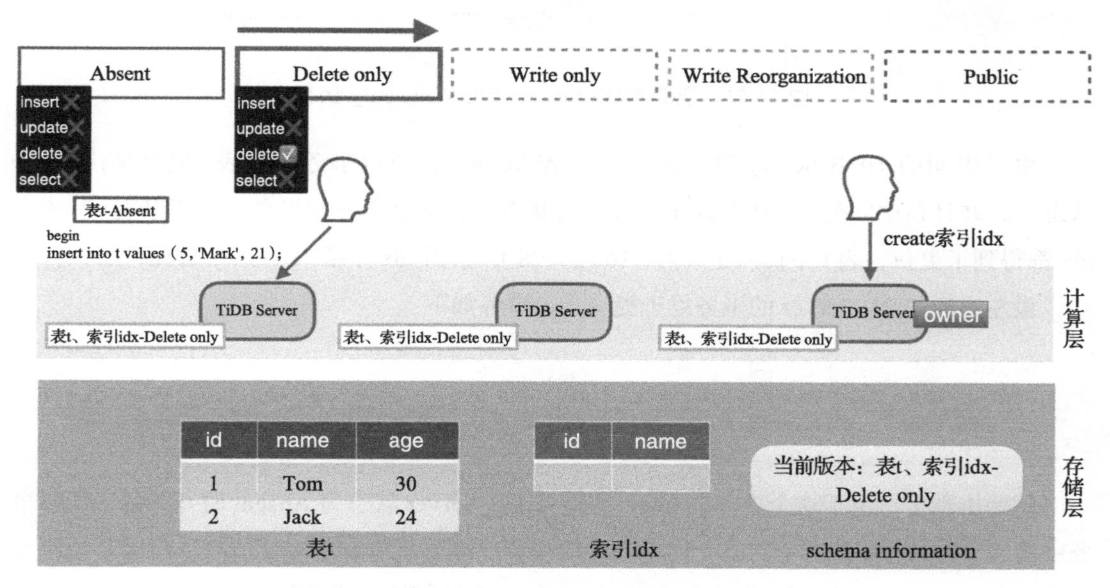

图 13.50　全部 TiDB Server 变为 Delete only 状态

数据库所有的 TiDB Server 已经转换到了 Write only 状态，这时，一个会话在中间的 TiDB Server 上执行了一个事务，如图 13.51 所示。

```
begin
insert into t values(4, 'Tony' , 28);
commit;
```

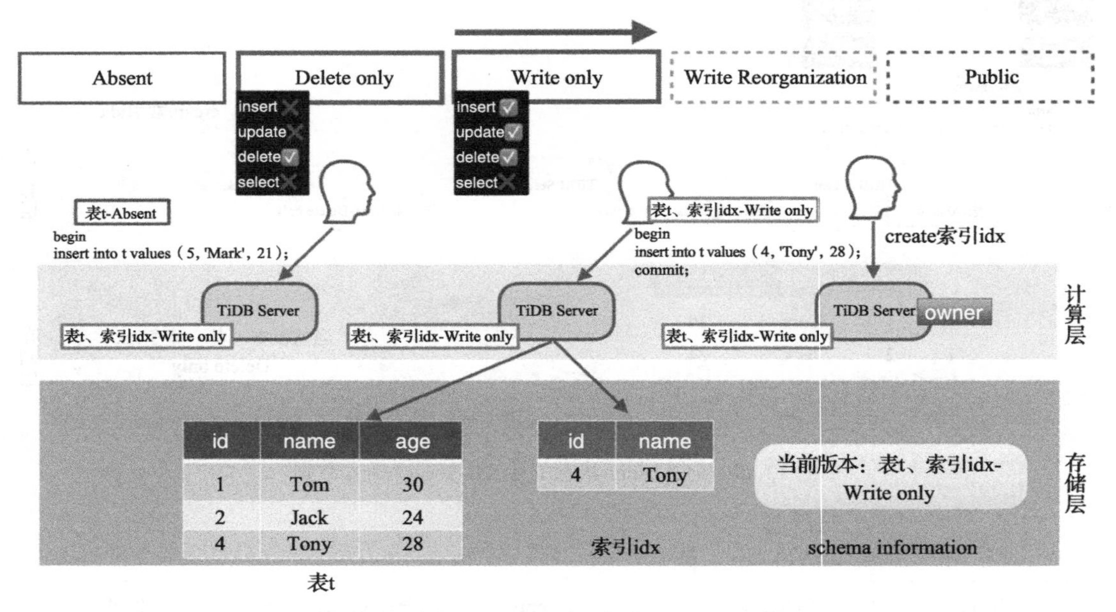

图 13.51　全部 TiDB Server 变为 Write only 状态

由于中间的 TiDB Server 的当前状态是 Write only，所以事务中的表 t 也是 Write only 状态了，并且在中间的 TiDB Server 没有改变状态时，这个事务就提交了。所以表 t 和索引 idx 都得到了更新，表 t 中插入了（4，'Tony'，28），索引 idx 中插入了（4，'Tony'）。

最左边的 TiDB Server 的事务终于提交了，事务如下：

```
begin
insert into t values(5, 'Mark', 21);
delete from t where id > 2;
commit;
```

问题出现了，由于这个事务的 begin 是在 TiDB Server 状态为 Absent 时开始的，所以事务中的表 t 会一直保持这个状态，而事务中应用程序删除了所有 id > 2 的行，也就是说刚才从中间 TiDB Server 节点插入的（4，'Tony'，28）会被删除，由于事务中的表是 Absent 状态，所以索引 idx 中的（4，'Tony'）不会被删除。此时，又出现了表 t 和索引 idx 不一致的情况，如图 13.52 所示。

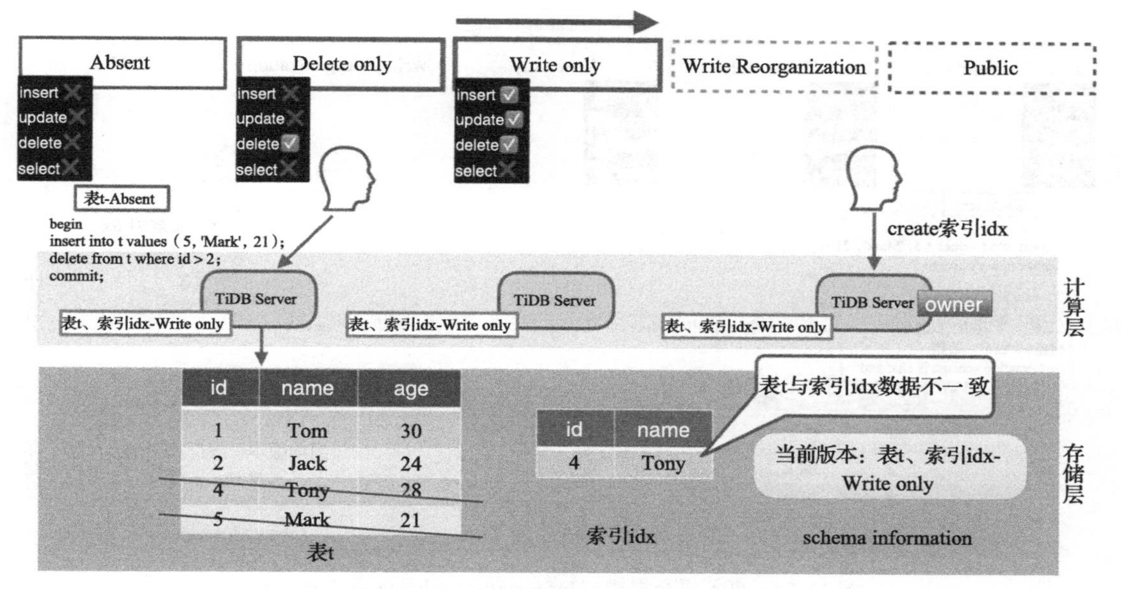

图 13.52　表 t 与索引 idx 数据不一致

在论文“ Online, Asynchronous schema change in F1”中阐述了这个问题，这种现象叫作 Write Fencing，它在论文中的描述如下：

Write Fencing　如果一个写操作需要很长时间才提交，这个写操作将会跨越多个变更的状态，这将会违反我们关于任何操作只能经历当前操作和上一个操作的约定。Spanner 允许我们为写操作设置一个最终时间线，写操作的提交时间超过这个时间线以后将会失败。

也就是说，某些事务过长，在 beign 和 commit 之间跨越了多个 Online DDL 的表变更状态，例如刚才的例子中，最左边 TiDB Server 上的事务是在 Absent 状态开始的，而结束的时候已经是 Write only 状态了，中间跨越了 3 个状态。前面介绍过 Online DDL 的原则之一就是，系统只能支持两个相邻的状态，不应该同时出现两个以上的状态。这种现象叫作 Write Fencing。

同时，也提供了一个简单粗暴的办法，就是规定在 Online DDL 中执行的事务的执行时间，比如规定一个时间段，称之为租期，如果时间超过了 2 个租期，那么就认为它可能会跨越 3 个状态，此时事务的提交会报错，如图 13.53 所示。

可以看到，最左边 TiDB Server 上的事务在提交时，由于时间超过了 2 个租期，所以报了错：Information schema is changed。而实际上，TiDB Server 也确实都切换到了 Write only 状态。

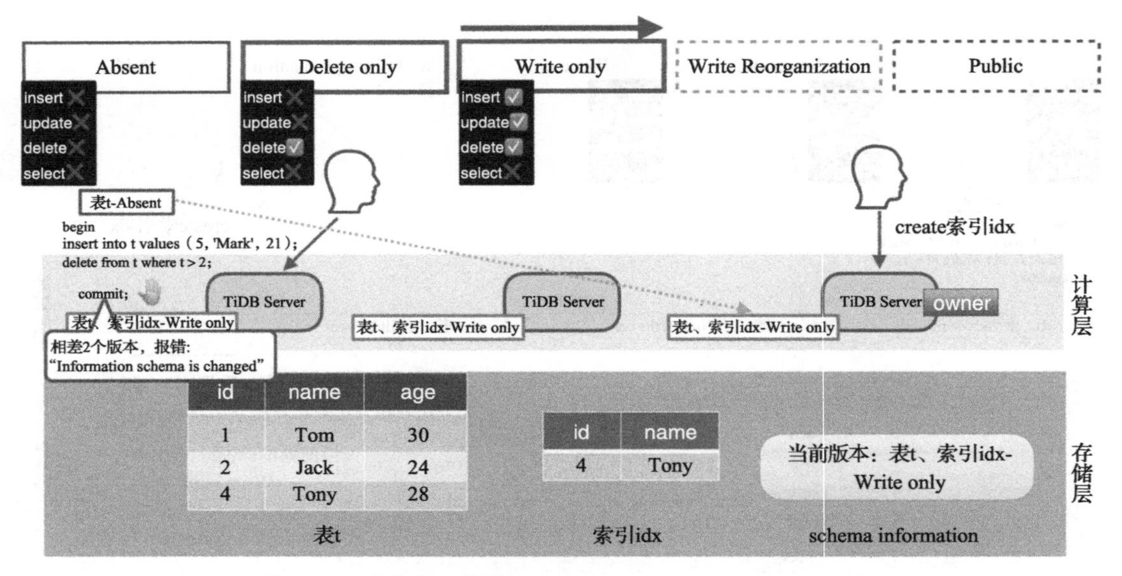

图 13.53　事务提交报错“Information schema is changed”

下面再看一个例子，在 Delete only 状态执行事务，如图 13.54 所示。

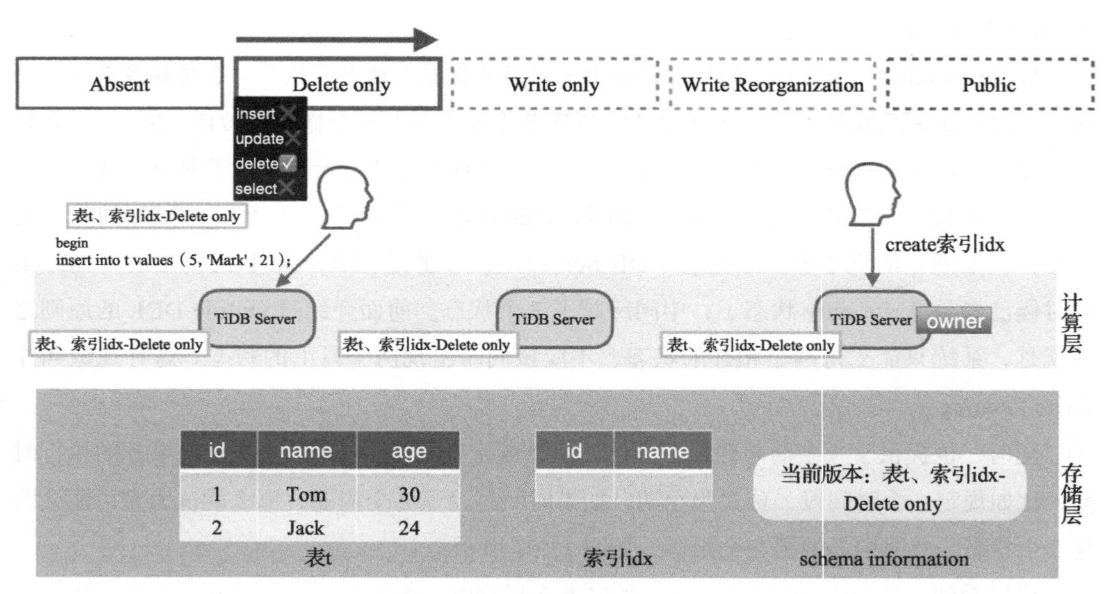

图 13.54　Delete only 状态执行事务

图 13.54 中，可以看到所有的 TiDB Server 已经过渡到 Delete only 状态，最左边的 TiDB

Server 执行了一个事务（没有提交）：

```
begin
insert into t values(5, 'Mark', 21);
```

此时，事务中表 t 就是 Delete only 状态，会一直持续到事务提交。

过了一段时间，所有的 TiDB Server 已经转变为 Write Reorganization 状态了，如图 13.55 所示。表 t 中的存量数据也开始同步了，而事务还是 Delete only 状态，并且进行了提交，由于是 Delete only 状态，所以新插入的（5，'Mark'，21）只会出现在表 t 中，索引 idx 中是没有的。

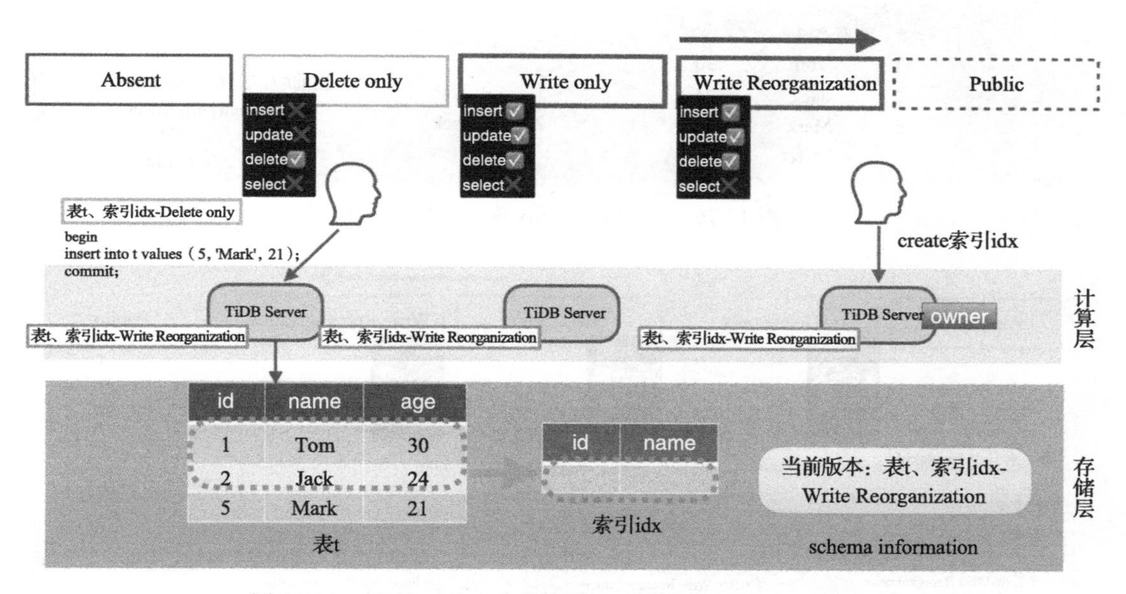

图 13.55　TiDB Server 全部变为 Write Reorganization 状态

当所有的存量数据同步到索引 idx 后，发现表 t 和索引 idx 中的数据是不一致的，如图 13.56 所示，因为（5，'Mark'，21）在这里既不是增量数据也不是存量数据。

当事务提交时，发现 begin 和 commit 相距 2 个租期了，只能做报错（Information schema is changed）处理，如图 13.57 所示。

注意：刚才两个例子中的事务开始时间是在 Absent 状态（或者 Absent 状态之前）或 Delete only 状态，实际中这两个状态的时间非常短暂。但是到了 Write only 状态以后，就不会出现报错（Information schema is changed）的情况了，读者可以自己推演一下。

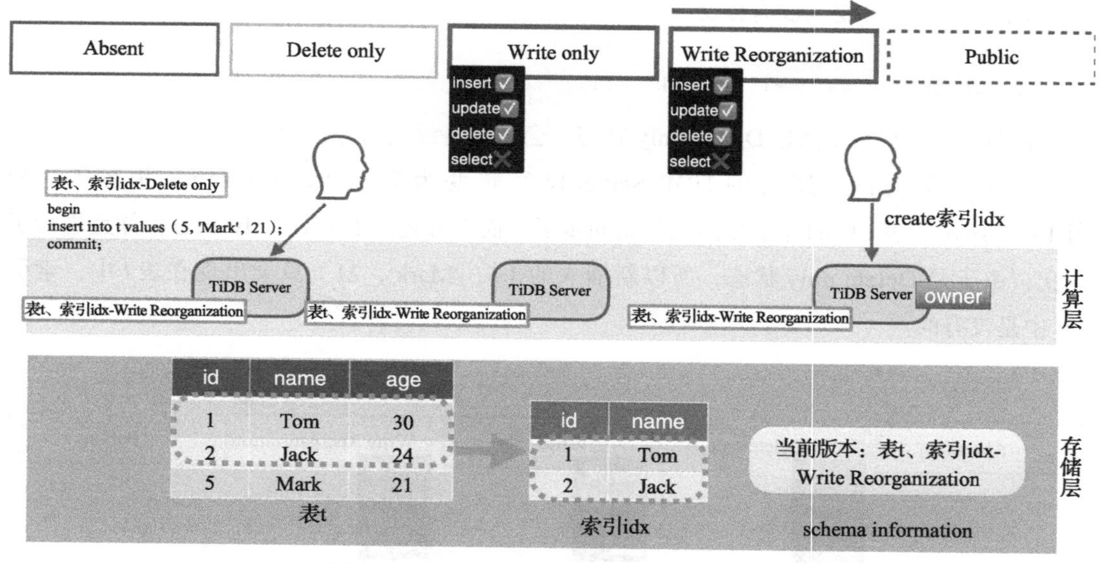

图 13.56 表 t 和索引 idx 中的数据不一致

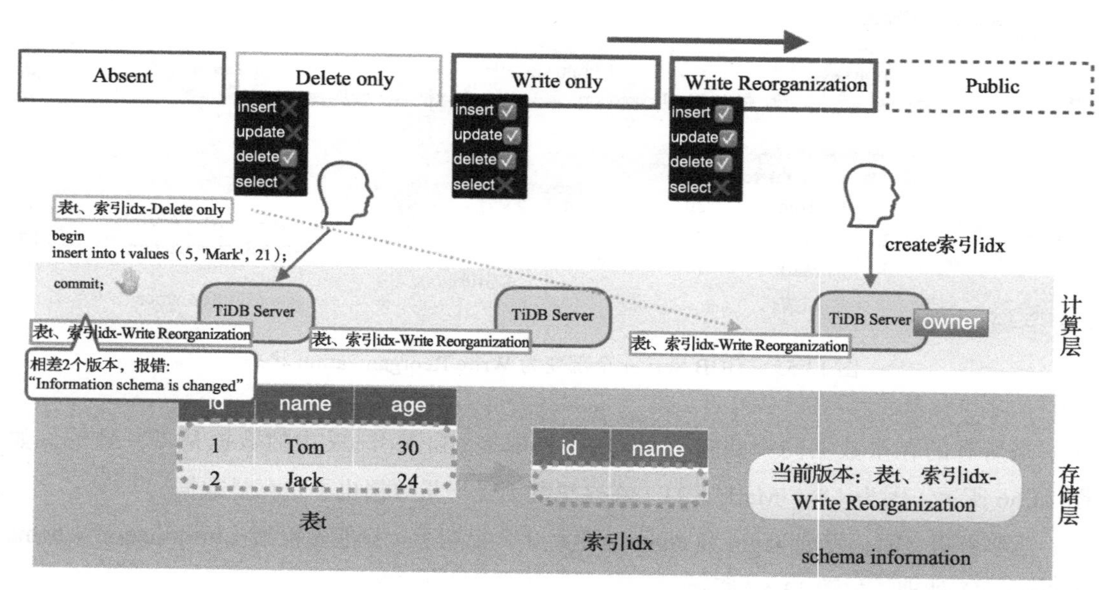

图 13.57 Information schema is changed 错误

但是，目前又遇到了一个问题，就是 Online DDL 虽然不会阻塞事务，但是当事务的开始时间在 Absent 状态（也可能是 Absent 状态之前已经开始了）或者 Delete only 状态时，还是可能会有报错的问题发生（事务时间超过 2 个租期）。

于是，当应用程序有一个比较大的事务正在执行，修改了很多行，就当其快要执行完毕的时候，突然一个 DDL 语句出现了。显然这个事务中的表算是 Absent 状态，但当事务提交的时候，Online DDL 正好是 Write only 之后了，这个时候，前面辛辛苦苦做的事务就报错了。所以，能不能给用户一个选择，在执行 Online DDL 语句时先等待所有在表上的事务执行完毕，再进行 Online DDL 操作呢？这个问题就靠 TiDB 数据库的元数据锁来解决了。

13.10 事务不报错的解决方案

现在希望在 Online DDL 语句开始前就已经执行的事务，不会因为在 Online DDL 运行过程中提交而报错。

这就需要 PD 组件存储一个标记，TiDB 数据库将其叫作元数据锁，如图 13.58 所示。不过这里请读者注意，MySQL、PostgreSQL、Oracle 等数据库中也有元数据锁的概念，那种元数据锁的意思是增、删、改、查操作会阻塞表上所有的 DDL 操作，反过来表上所有的 DDL 操作会阻塞所有的增、删、改、查操作，是真的会有阻塞发生。而 TiDB 数据库的元数据锁，只是一种行为选择，用户可以选择（通过参数 tidb_enable_metadata_lock 选择是否开启）：在进行 DDL 之前等待所有已经开始的事务都完成，也可以不等。但是 DDL 语句和事务之间是不会相互阻塞的。

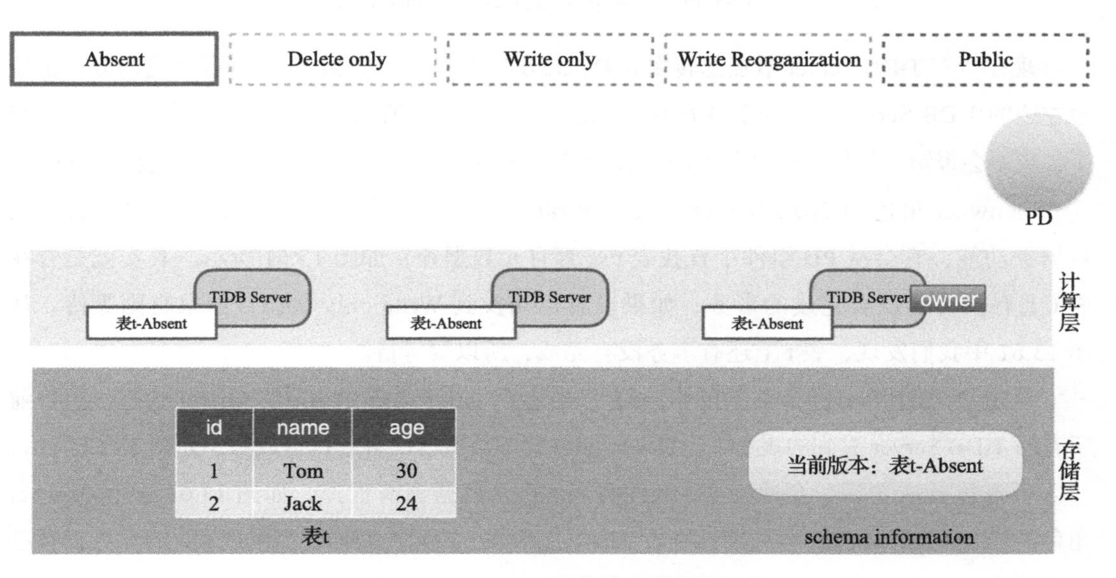

图 13.58 PD 组件存储元数据锁

假设用户开启了 TiDB 的元数据锁功能，那么当事务开始时（begin 在 DDL 语句开始前就执行了），将会在 PD 组件中记录一下 t 表目前处于事务中，这就是 TiDB 数据库的元数据锁。于是，事务正在运行时，一条增加索引的 DDL 语句开始运行，这个时候有一部分 TiDB Server 节点中的表 t 已经是 Delete only 状态了，如图 13.59 所示。

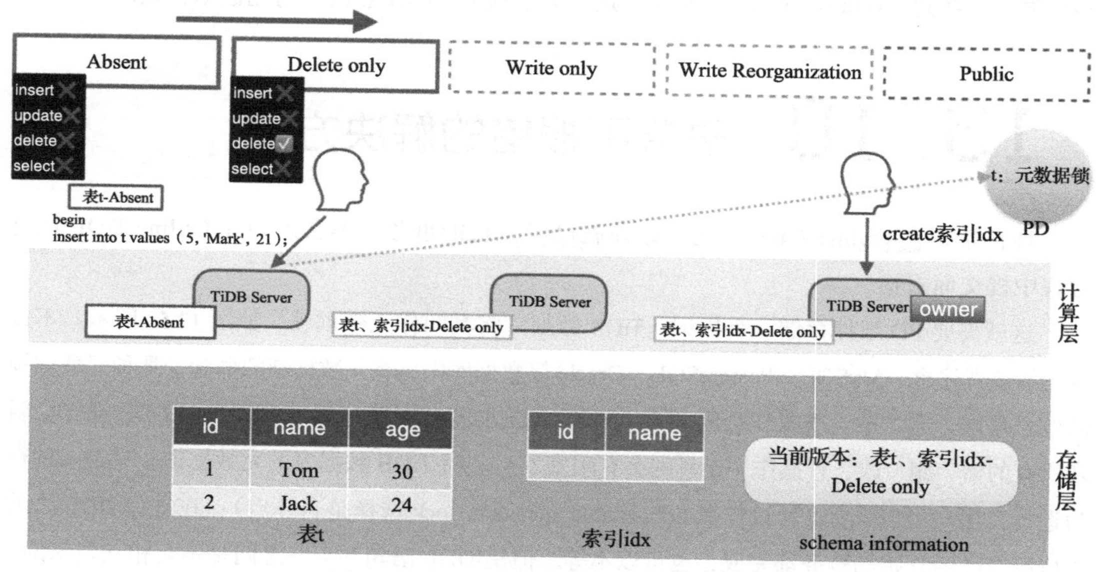

图 13.59　Absent 状态到 Delete only 状态

现在所有 TiDB Server 节点都转变到 Delete only 状态了，如图 13.60 所示。这时候，由于最左边的 TiDB Server 节点处于事务中，表是 Absent 状态，所以一切都正常，就算这时候提交了，也不会报错。但是，只要有 TiDB Server 节点跨入 Write only 状态，那么事务就会失败。

在 owner 角色的 TiDB Server 正要向 Write only 状态推进的时候，由于用户开启了元数据锁功能，它会从 PD 组件中查找表 t 是否有元数据锁，如图 13.61 所示。其实就是看在表 t 上有没有还没有完成的事务，如果没有再切换到 Write only 状态，如果有则等待。从图 13.61 中我们发现，表 t 上还有事务没有完成，所以要等待。

最左边 TiDB Server 节点上的事务终于提交了，由于事务中表 t 是 Absent 状态，而目前所有的 TiDB Server 看到的表 t 都是 Delete only 状态，所以，事务执行成功，如图 13.62 所示。

事务执行成功后，会通知 PD 组件将表 t 的元数据锁清理掉，如图 13.63 所示。owner 角色的 TiDB Server 节点会周期性查看 PD 组件中表 t 的元数据锁，当发现表 t 的元数据锁已经被清理了，就可以继续推荐状态的更改了。

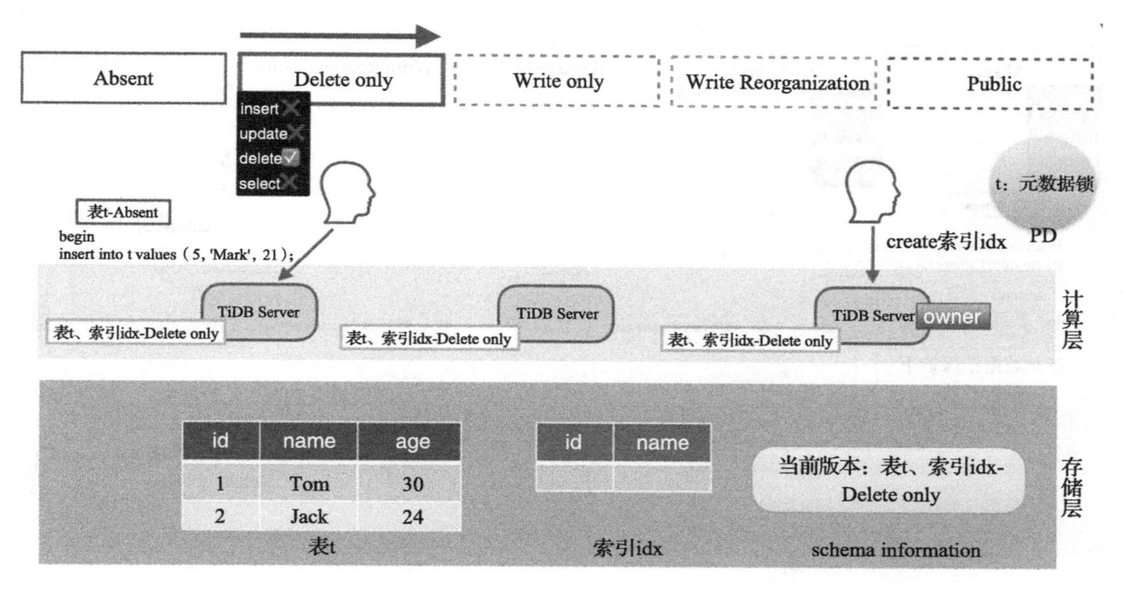

图 13.60　Delete only 状态

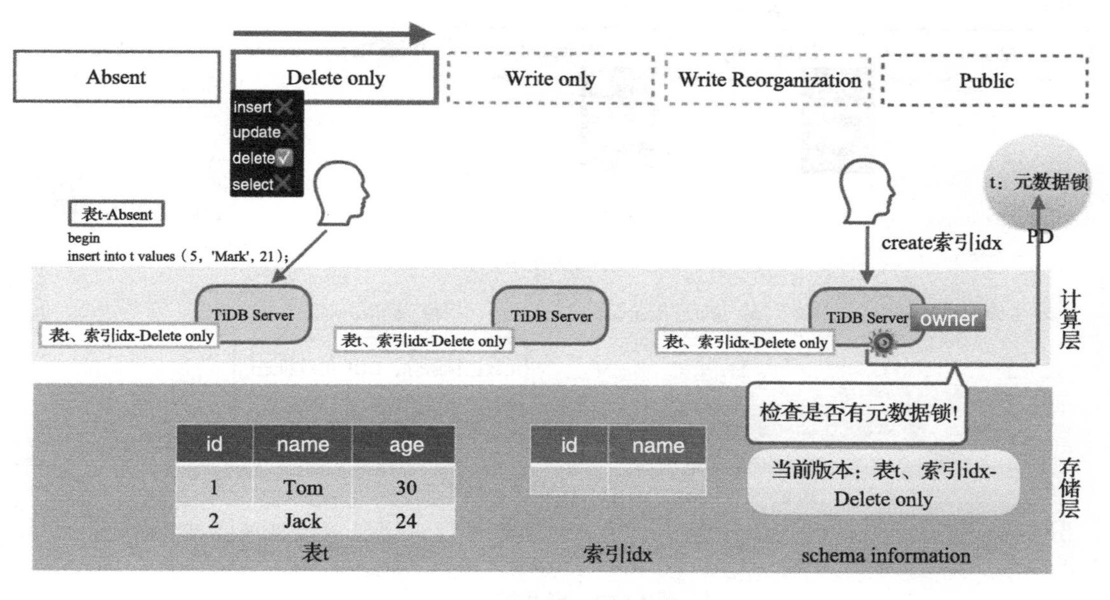

图 13.61　检查是否有元数据锁

可以看到，随后的操作就是 DDL 语句向后推进了，就算有在 DDL 语句前开始的事务，也没有失败。

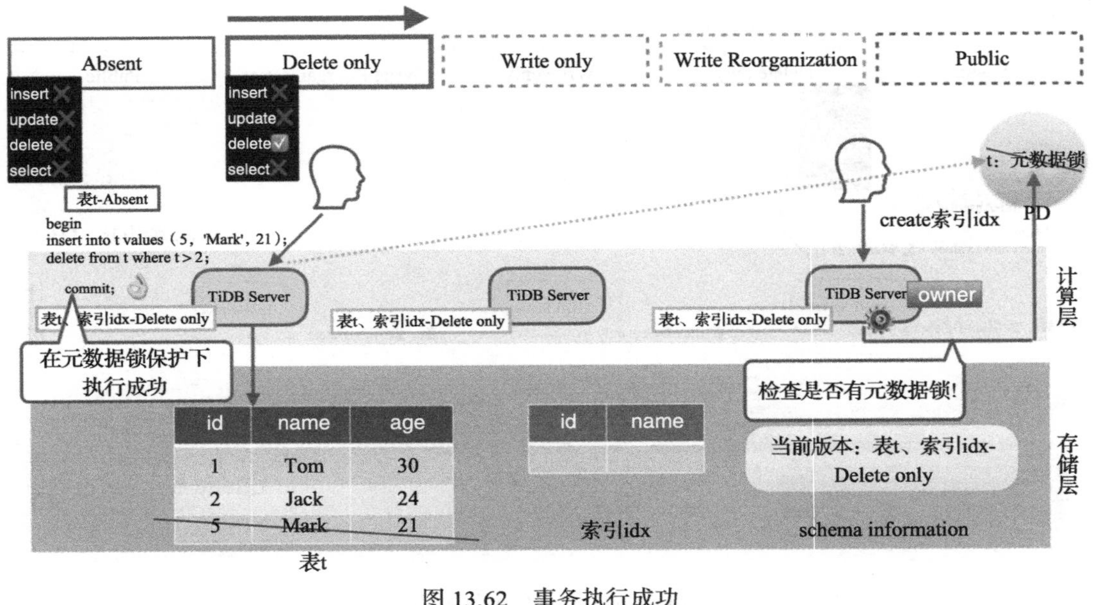

图 13.62　事务执行成功

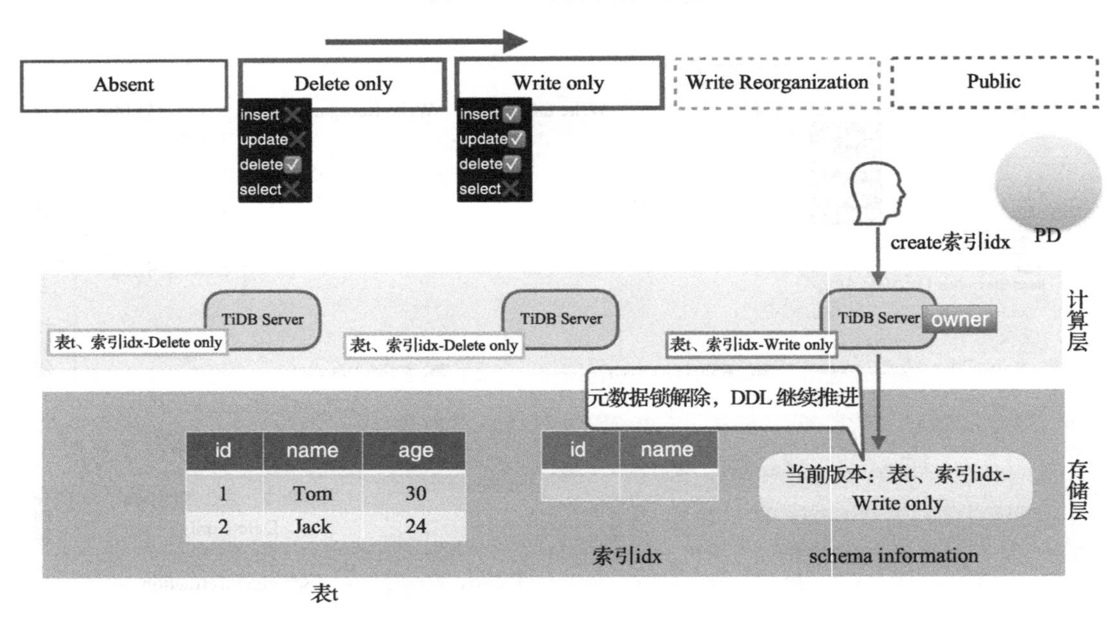

图 13.63　元数据锁解除

本章介绍了 Online DDL 的内容。读者可以了解到 Online DDL 特性对于需要在线变更数据结构的应用场景是十分有用的，在未来遇到应用场景中有类似需求时，应考虑所选数据库是否具有此特性。

第 14 章　数据库整合与资源管控

本章首先介绍数据库整合的场景以及传统多租户架构在数据库整合中存在的问题。然后，着重介绍 TiDB 数据库在 v7.1、v7.5 和 v8.0 版本中的一个重要功能：资源管控（Resource Control，RC）。用户可以通过资源管控功能精确控制每个会话，甚至是每条 SQL 语句对于计算和存储资源的使用。最后，介绍 TiDB 数据库在最新版本中基于细粒度资源管控功能实现的数据库整合架构。

14.1 数据库整合场景概述

数据库整合指的是将多个业务系统中用到的多套数据库集群整合到一套数据库集群中，这样做的原因主要有如下三个。

（1）纵向预留成本（Over-provisioning）考虑　这里的纵向预留成本指的是为了某个系统在业务最高峰时候能够有较好的处理性能，架构师就必须在为其选择基础配置的时候预留很大性能空间。比如某个较重要的业务，在每天中会有 2 个小时的 QPS 达到 20 万，而其他的时间其 QPS 只有 2 万，但是架构师不得不考虑其业务高峰时期的资源需求，因此会按照 2 个小时的业务高峰需求进行配置，2 小时高峰之外的时间这些配置可能根本不会使用，就成了纵向预留成本。因此减少纵向预留成本就是数据库整合的一个主要目的。

（2）运维与开发的效率问题　随着微服务和松散程序架构的兴起，中小企业一般有几十至上百套数据库，大型企业甚至达到了上千套数据库的规模。这就为数据库的管理和维护带了非常大的挑战，所以整合也是一条必需的技术路线。

（3）业务扩展能力考虑　一个系统一套数据库的架构在遇到系统压力突变的时候，反应是比较迟钝的。例如，架构师按照最高 QPS 20 万的数据库负载能力配置的数据库资源，但是由于某个特殊事件，负载会达到 40 万的 QPS，这个时候，我们就不得不重新扩展整个架构，而这种突发情况可能几年才会出现一次。再比如，业务进入了衰退期，负载从 QPS 20 万落到了最高 2 万，那么我们多余的数据库资源又无法被其他项目共享，造成了很大的浪费。

基于以上三点原因，对数据库进行整合就变得十分迫切，那么实现数据库整合需要具备哪些能力？总结如下。

（1）隔离性需求　隔离性的需求又可以展开为以下三个方面。

1）资源管控，如果将多个业务系统迁移到一套数据库中，最重要的就是如何避免多个业务系统之间的干扰，这个干扰可以是多方面的，比如数据安全、性能、高可用和维护差异等。其中，性能方面如何做到每个业务按需分配并相互隔离是最为重要的。

2）冷热数据分离，每一套系统都有历史数据（冷数据）与当前数据（热数据），如果不考虑两种数据的隔离就会出现数据量膨胀、效率低下的问题。能够将历史数据（冷数据）存储在较为经济的存储中，不影响当前数据（热数据）的性能和使用是隔离性的良好体现。

3）差异化高可用等级，除了性能以外，整合到一个数据库集群的业务在高可用上也会有不同的需求，比如某些系统比较重要，可能需要一份数据有 5 个副本保存在不同隔离区域，而某些系统可能没有那么重要，保留 1 ～ 2 个副本就足够了。如何使一个数据库集群满足不同业务的高可用需求，也是隔离性的重要体现。

（2）扩展能力需求　这里是指整合到单一数据库的各个业务，如果需要立即扩容或缩容是否能够即时响应，并且不影响正在运行的业务，甚至哪个业务需要扩展就可以做到只针对其进行扩容，其他业务保持不变。

（3）支持多数据类型和数据模型（HTAP）　有的系统以交易类型为主，是 TP 业务，而有的系统以分析类型为主，是 AP 业务，这时就用到 HTAP 架构了。第 12 章介绍了 TiDB 数据库的 HTAP 能力，读者可以参考这部分内容。

（4）操作是否便捷　将之前的多套系统迁移到一套数据库集群，必然会出现数据库管理员要在一套数据库中维护多个租户的场景。是否能够方便地控制各个租户资源的占用，是否能够将计算能力和存储能力在不同租户之间调配，是否可以方便地进行针对租户的扩容、缩容和高可用设置等一系列问题，都是数据库整合项目选型所必须考虑的。

（5）成本可控并提升效率　之前讨论了资源管控，读者可以得出一个结论，就是对资源管控的粒度越细，控制成本的效率就越高，比如，数据库可以精细化到每一条 SQL 的 CPU 和 IO 使用，那么就可以准确地为会话和租户分配资源了，而不至于要为满足租户的最高负载分配很多预留成本了。

本章重点介绍 TiDB 数据库对于隔离性的支持，以及资源管控功能在隔离性、操作便捷性和成本可控上的支持。

14.2 传统多租户数据库架构

在传统的多租户数据库架构中，一般会把自己的计算和存储能力从逻辑上看作一个大的资源池，再根据业务系统的重要程度和对资源的需求来划分多个子资源池。传统多租户数据库架构如图 14.1 所示。

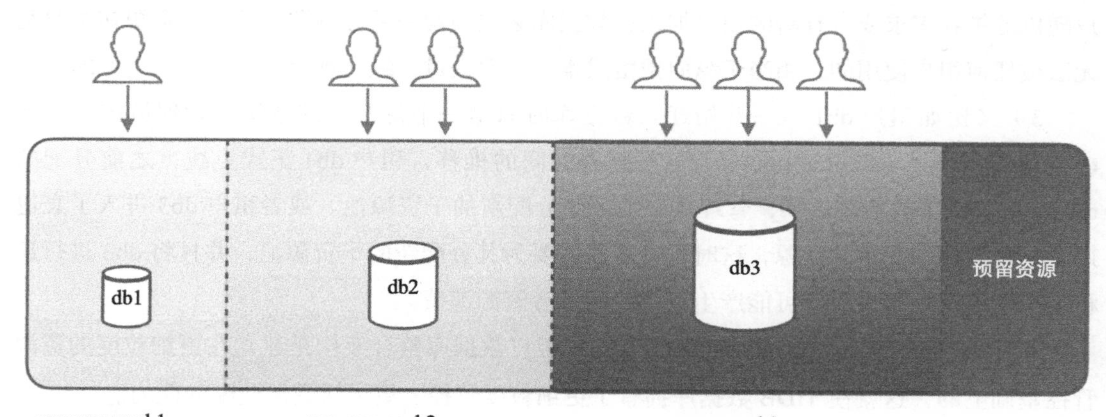

resource pool 1
8 CPU
内存：32 GB
存储：500 GB、128 MAX IOPS

resource pool 2
16 CPU
内存：128 GB
存储：500 GB、1000 MAX IOPS

resource pool 3
32 CPU
内存：512 GB
存储：5 TB、1 W MAX IOPS

图 14.1 传统多租户数据库架构

在图 14.1 中，一共有 3 个租户，分别是 db1、db2 和 db3。其中 db1 的业务不是很重要，管理员就分配子资源池 resource pool 1 给它，resource pool 1 可以使用整个数据库的 8 个 CPU，32 GB 内存，500 GB 存储并分配了 IO 带宽最大为 128 IOPS（每秒读取次数）。而 db3 租户的业务非常重要，访问它的人也很多，管理员就分配了子资源池 resource pool 3 给 db3 租户，resource pool 3 可以使用整个数据库的 32 个 CPU，512 GB 内存，5 TB 存储并分配了 IO 带宽最大为 10 000 IOPS。对于租户 db2，管理员分配了 resource pool 2 资源池，可以使用整个数据库的 16 个 CPU，128 GB 内存，500 GB 存储并分配了 IO 带宽最大为 1 000 IOPS，resource pool 2 的配置属于居中，因为它比 db1 租户重要且繁忙，但是没有 db3 租户重要。租户 db1、db2 和 db3 就只在自己的子资源池中使用数据库资源，不会超过自己的配额，这样就达到了资源隔离的目的。

传统多租户数据库架构对于资源的隔离往往有如下三个问题：

1）无法灵活地在各个预设的子资源池中调配资源，比如图 14.1 中，租户 db2 突然因为某个事件要使用更多的数据库资源，该租户只能使用 resource pool 2 中的算力和存储能力。就算租户 db1 或者 db3 当前不是非常繁忙，数据库也无法在各个已经分配好的子资源池中分配资源。

2）针对（1）中的问题，如果管理员提前进行子资源池扩容的准备，比如提前一天开始对 resource pool 2 扩容，也是可以的。但请注意，这里的扩容资源并不是从 resource pool 1 或者 resource pool 3 中调配，而是从图 14.1 中最右边的预留资源池中调配。为了某一个租户随机的扩容需求或者有新的租户加入，数据库必须预留一部分资源，这部分资源在平时是无法被任何租户使用的，相当于纵向预留成本。前面提过，纵向预留成本是需要避免的。

3）又比如租户 db1 在一开始迁入数据库时只是一个待上线的系统，管理员按照较低配置给它分配了 resource pool 1。但是随着时间的推移，租户 db1 正式上线，之前分配的 resource pool 1 就不合适了，管理员必须重新分配新的子资源池。或者租户 db3 进入了衰退期，不再需要如此多的资源，这时管理员就需要为其分配新的子资源池，并且将 db3 进行迁移。操作不仅烦琐，而且可能产生停机时间或者资源浪费。

相比传统多租户架构，TiDB 数据库的多租户数据库整合架构是建立在更细粒度的资源管控基础上的，这就使 TiDB 数据库拥有了更细粒度管控、更灵活资源调配的能力。

14.3 TiDB 数据库的资源管控

当租户数据库迁移到 TiDB 数据库之前，管理员并不需要为其提前划分资源池。管理员可以在任何时候创建资源组（Resource Group），资源组实际上是一个逻辑概念，和租户之间没有直接关系。资源组有几个属性组成：一个较重要的属性是配比（quota）值，表示这个资源组的会话能够使用多少 CPU、IO 带宽和 IOPS，不同的资源组可以有不同的配比值，这样同属于一个资源组中的会话就只能在资源组限定的算力和存储能力上使用系统资源了；另一个较重要的属性是优先级（PRIORITY），也就是如果某资源组的会话和其他资源组的会话在 TiKV 上发生了资源争抢，这时候就会按照优级来决定谁率先持有资源。

资源组如图 14.2 所示，租户 db1 由于不是很重要且平时负载不高，管理员可以为访问租户 db1 的会话分配资源组 Resource group 1，Resource group 1 的配比值是比较低的，图 14.2 中标记为“ Less quota”，也就是说会话（图 14.2 中是 App1 ）在访问租户 db1 的时候只能分得较少的 CPU、IO 带宽和 IOPS。同时，租户 db3 的系统很重要也最繁忙，那么管理员就将拥有最高配比值的资源组 Resource group 3 分配给访问租户 db3 的会话（图 14.2 中是 Service 1、Service 2 和 Service 3)，且 Resource group 3 的优先级也是最高的，也就是说如果 TiKV 资源发生了争抢，属于该资源组的会话优先获得资源，图 14.2 中标记为“ Maximum quota”。访问租户 db2 的会话（图 14.2 中是 Service A 和 Service B）归属到资源组 Resource group 2 中，该资源组的配比值和优先级都居中，图 14.2 中标记为“ Medium quota”，主要是因为租户 db2 不是非常繁忙。

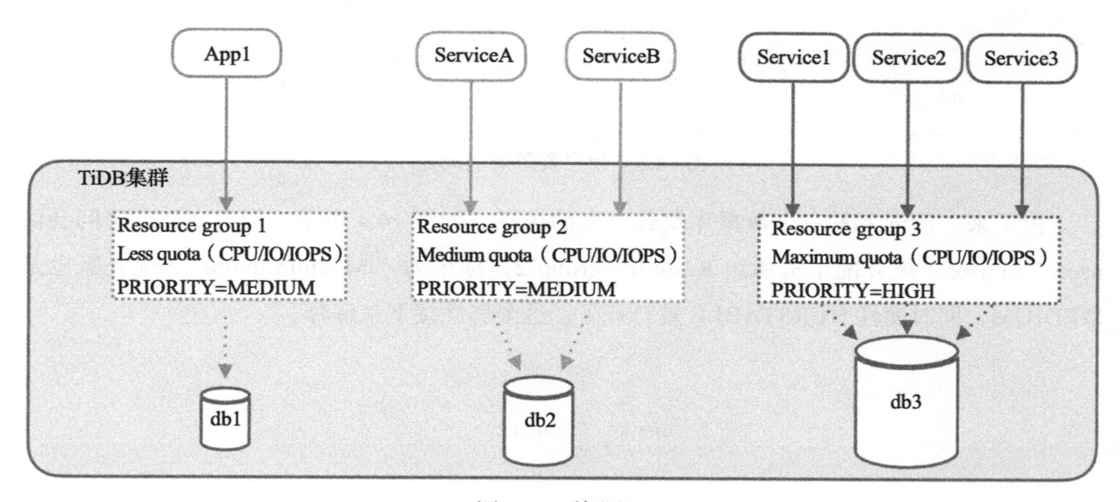

图 14.2　资源组

从图 14.2 中可以看到，资源组的使用使得管理员不需要为租户数据库事先规划资源，而是将使用租户数据库的会话和资源组绑定，从而进行隔离。下面为读者介绍这种设计的优点。

当租户数据库所需要的系统资源改变的时候，管理员只需要为访问租户数据库的会话绑定不同的资源组即可，不需要对租户数据库进行设置，如图 14.3 所示，租户 db2 的业务现在变得更加繁忙，相反，租户 db3 的业务进入衰退期，不再那么重要了，此时管理员只需要将访问租户 db2 的会话（图 14.3 中是 Service A、Service B 和 Service C）绑定到拥有最多资源的资源组 Resource group 3 上去，同时将访问租户 db3 的会话（图 14.3 中是 App2 ）绑定到配比居中的资源组 Resource group 2 上，这个时候就满足了租户负载变更的场景，此场景中管理员并不需要去变更租户的任何配置。而且，图 14.3 中的租户 db4 是一个新的业务系统数据库，几乎无人使用，这时管理员就可以不用理会其存在，因为不必为租户 db4 预先分配任何资源，相当于不需要预留资源。

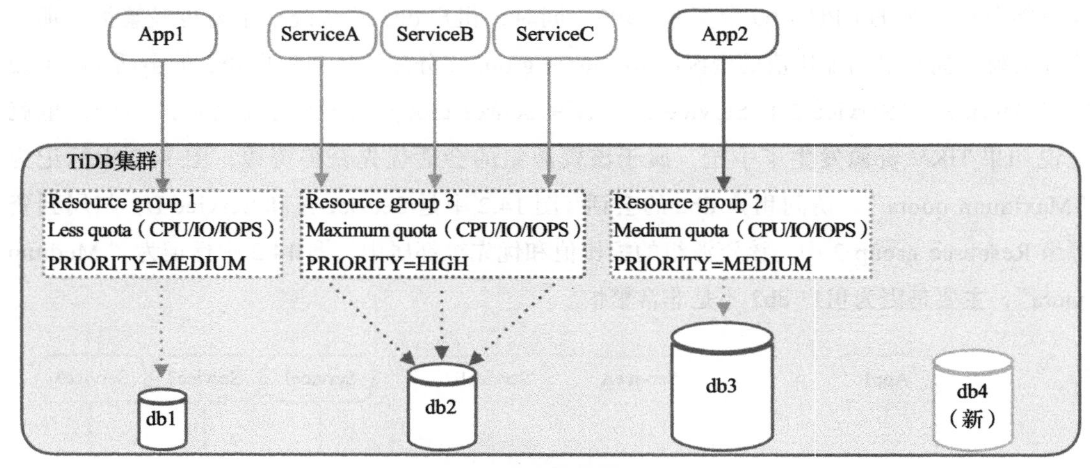

图 14.3　租户资源需求改变

接下来，请读者看一个数据库负载突变的场景，如图 14.4 所示，租户 db2 的访问会话 user 1 和 user 2 被分配了资源组 Resource group 2，标记为“ Medium quota”，优先级也是 MEDIUM，同时属性 BURSTABLE 被打开了，这个属性接下来解释。

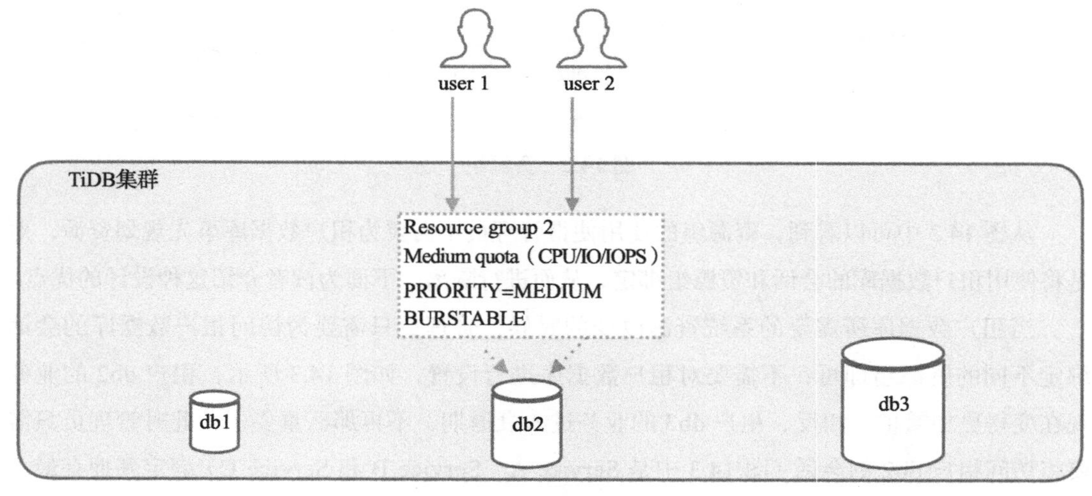

图 14.4　数据库负载突变之前

如果突然有一类会话将为租户 db3 带来非常大的负载，如图 14.5 所示，user 3 会话将马上访问租户 db2，且会带来很大的负载，例如市场活动或者突发情况都会有这种问题。如果是传统多租户数据库，则只能采用扩大租户 db2 资源池的方法，但会连带 user 1 和 user 2 原本不需要很多资源的会话也和 user 3 混合使用了扩大的资源池，隔离性不是很理想。

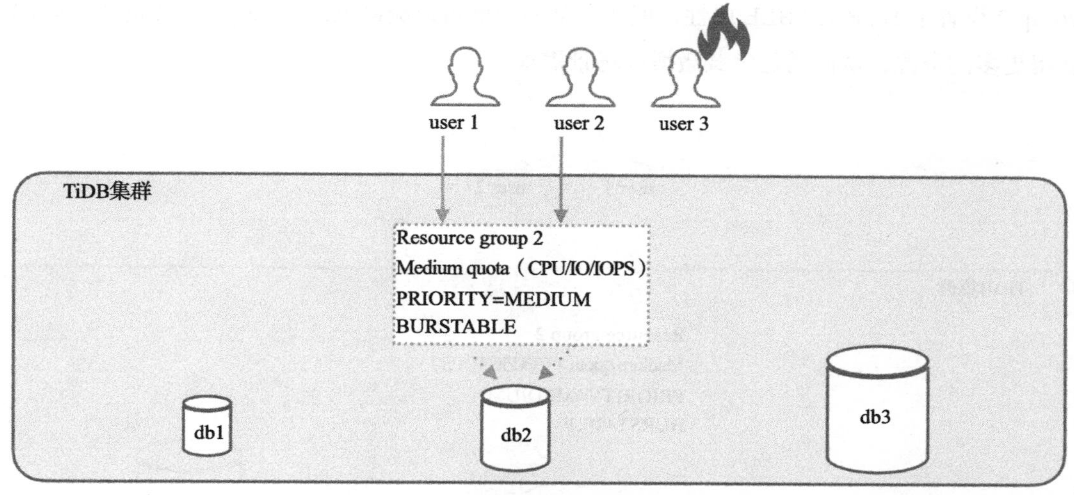

图 14.5　数据库负载将增大

在 TiDB 数据库中，管理员遇到负载即将突变的场景时，可以为会话 user 3 绑定一个新的资源组 Resource group 3，如图 14.6 所示，标记为“Maximum quota”，这样只有会话 user 3 访问租户 db2 时会分配较多资源，会话 user 1 和 user 2 在访问的时候还维持原来的资源不变，这样，资源管控的隔离性就非常具有优势了。

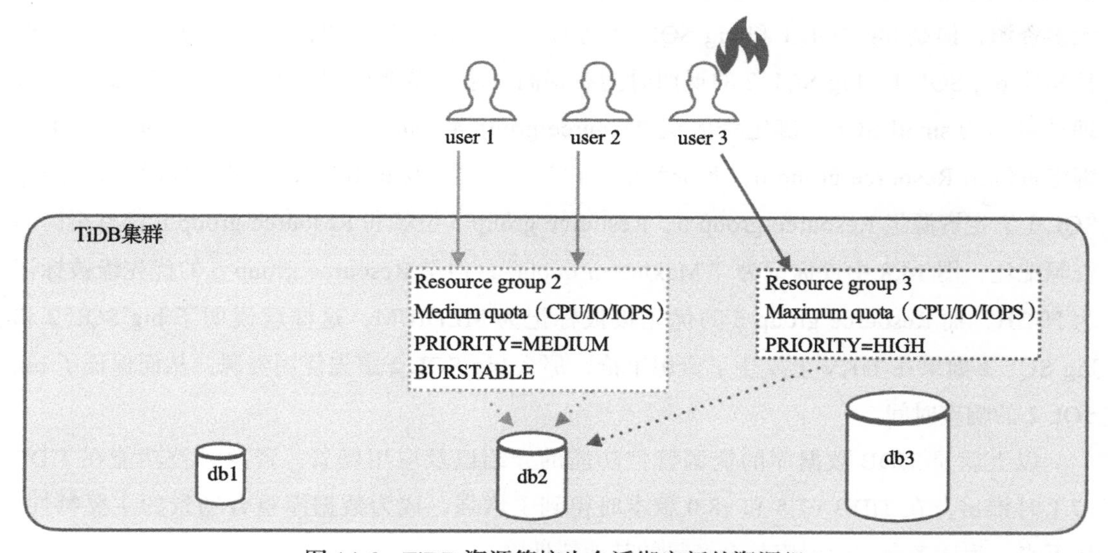

图 14.6　TiDB 资源管控为会话绑定新的资源组

下面解释资源组 Resource group 2 中属性 BURSTABLE 的作用，user 2 会话突然出现了瞬间负载激增，例如异常切换等情况会出现这种现象，如图 14.7 所示。此时由于 Resource group 2 设置了 BURSTABLE 属性，就代表某些会话可以突破 Resource group 2 的资源限制，获得更多的资源，从而满足负载激增的场景需求。

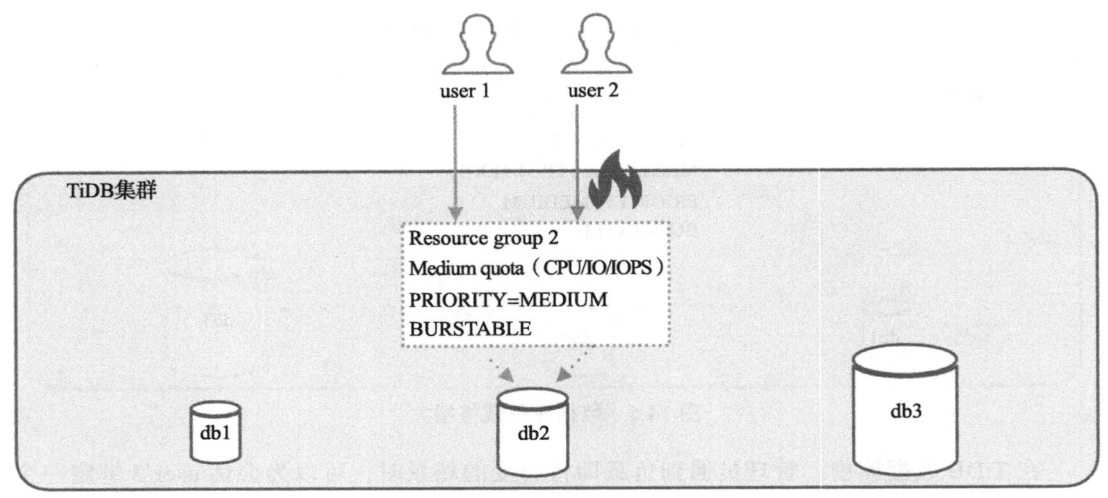

图 14.7　TiDB 资源管控对于突发负载的处理场景

TiDB 数据库的资源管控功能还可以细粒度到 SQL 级别，如图 14.8 所示，同样是 Service X 会话，它不在意自己发出的 small SQL 1 这个语句的返回时间，也不希望它占用太多资源，但是 big SQL 1 和 big SQL 2 这两个 SQL 语句就需要占用较多的系统资源，而且相比 big SQL 1，big SQL 2 的返回时间有很高要求，希望以很快的速度响应。此时，管理员可以为 small SQL 1 绑定资源组 Resource group 4，此资源组配比最低，为 big SQL 2 绑定资源组 Resource group 6，此资源组配比最高，能够保证 SQL 语句的响应时间，为 big SQL 1 绑定资源组 Resource group 5，Resource group 5 虽然和 Resource group 6 都有很高的资源配比，图 14.8 中皆标记为“Maximum quota”，但是 Resource group 6 的优先级被标记为 HIGH，而 Resource group 5 的优先级被标记为 MEDIUM，这样就说明了 big SQL 2 和 big SQL 1 如果在 TiKV 上发生了资源争抢，那么 big SQL 2 率先使用资源，从而保证了 big SQL 2 的响应时间。

以上就是 TiDB 数据库的资源管控功能的介绍以及应用场景，资源管控功能在 TiDB v7.1 时推出，在 TiDB v7.5 和 v8.0 版本时得到了增强，成为数据库整合场景的主要特性。接下来，为读者介绍数据库整合场景的其他特性。

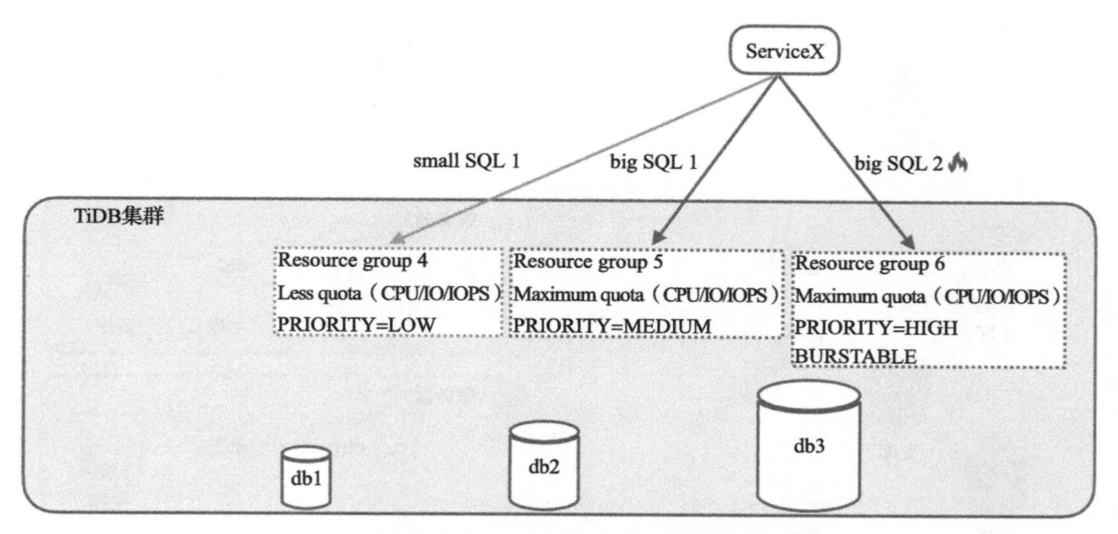

图 14.8　TiDB 对于 SQL 语句的资源管控

14.4 TiDB 数据库的差异化高可用等级

由于原先各个数据库有自己的高可用需求，db1 只是个测试库，并没有高可用需求；db2 是一般业务系统，拥有主从的高可用等级；db3 非常重要，高可用等级最高，拥有一主两从的架构。当 db1、db2 和 db3 迁移到多租户数据库以后，一些传统数多租户数据库只能参考最高高可用等级的要求（也就是 db3），为三个租户都设置最多的副本数，这样一来，租户 db1 和 db 2 就单纯为了满足 db3 的高可用等级而过多占用了数据库资源。高可用等级一致的多租户数据库如图 14.9 所示。

虽然图 14.9 中租户 db1 和 db2 的高可用等级实现了“多多益善”，但是也增加了额外的运维成本和硬件成本，所以也有一些传统多租户数据库采用高可用等级不一致的多租户数据库，如图 14.10 所示。这种做法的问题是，虽然租户 db1 和 db2 保持了自己原来的高可用等级，但是，服务器 1、2 和 3 必须按照统一的硬件配置，因为要防止租户 db3 的高可用故障转移，这样一来服务器 2 和 3 就没有得到充分利用，会出现一部分浪费。

相比较以租户为单位设置高可用等级的多租户数据库，TiDB 数据库采用了以表为粒度设置高可用等级，其用到了 Placement Rules in SQL 特性中对于不同表设置差异副本数的功能，在 10.2 节“TiDB 数据库的高可用能力”中已经有所描述，读者可以回顾一下。

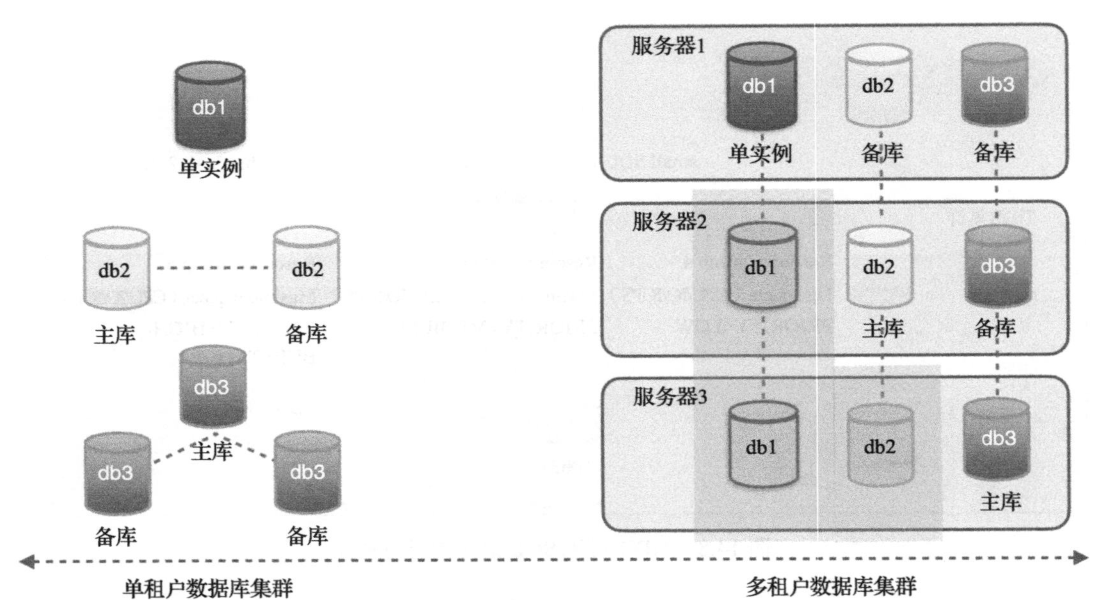

图 14.9　高可用等级一致的多租户数据库

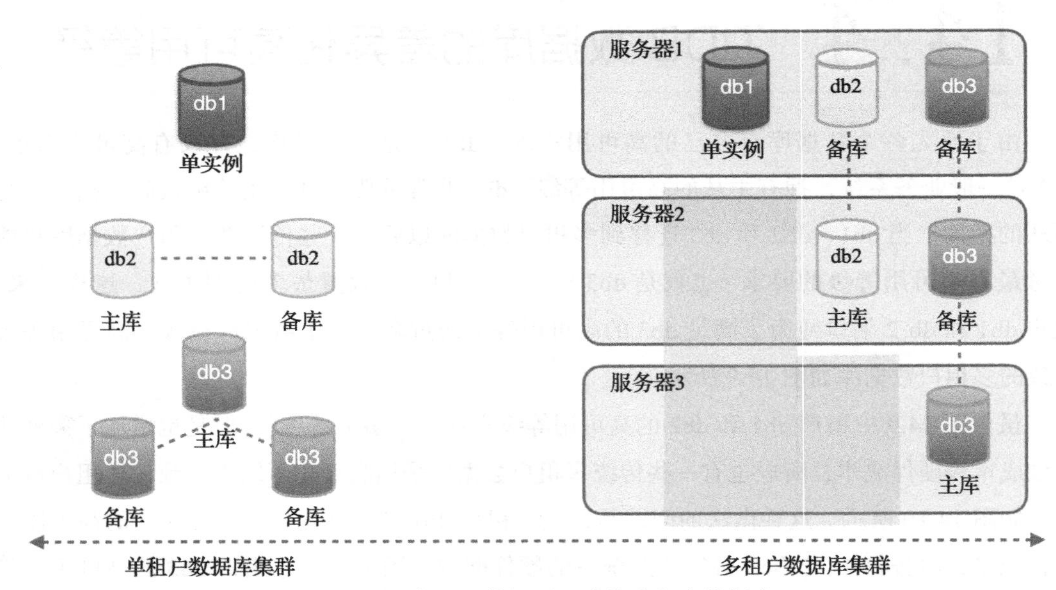

图 14.10　高可用等级不一致的多租户数据库

TiDB 数据库高可用等级配置如图 14.11 所示，表 Table1 和 Table3 都是默认的 3 副本配置，只有 Table 2 的高可用等级比较高，管理员为其配置了 5 副本，这样就保证了不同表之间的高可用等级差异和隔离性。

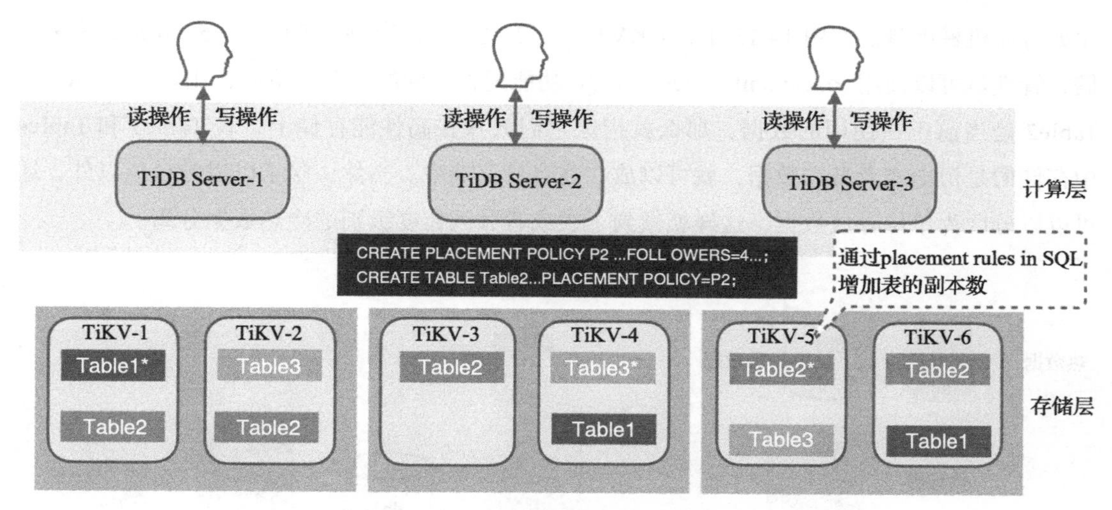

图 14.11　TiDB 数据库高可用等级配置

上面为读者介绍了 TiDB 数据库通过 Placement Rules in SQL 功能实现按照表粒度定义高可用等级，从而实现了不同租户的高可用等级需求。下面介绍 TiDB 数据库通过 Placement Rules in SQL 功能实现数据库的冷热分离。

14.5 TiDB 数据库的冷热分离实现

多个数据库迁移到一个数据库集群之前，可能有各自不同的冷热数据分离策略，如图 14.12 所示，租户 db1 采用了冷热数据分别存放在不同数据库的方式，租户 db2 采用了不分库，但是冷数据存放在单独的表或者分区中的策略，租户 db3 没有做任何冷热数据分离的策略。接下来，如果将这三个数据库系统迁移到传统多租户数据库中，就会出现无论是热数据还是冷数据都会使用相同配置的存储，比如 SSD 盘，这种对于冷热数据无差别的存储方式在成本上其实是有较大浪费的。

TiDB 数据库的 Placement Rules in SQL 功能中除了对于不同表能够设置差异副本数外，还可以以表的粒度指定其存储的位置。

TiDB 数据库的冷热数据分离如图 14.13 所示。在 TiDB 数据库的存储层配置了两种不同类型的存储：一种是高性能存储，它的特点是读取速度快，但是价格昂贵，所以容量相对小，比如 SSD 盘；另一种是高容量存储，它的特点是容量大但读取速度慢，并且价格低廉，比如普通机械硬盘。在图 14.13 中，TiKV1、2、3 是高性能存储，TiKV4、5、6 是高容量存储，管理员可以使用 Placement Rules in SQL 功能配置不同的表存储策略，比如表 Table1 和 Table2 是当前正在使用的数据，那么就指定它们放置在高性能存储上，表 Table3 和 Table4 中存储的是历史或者日志数据，就可以放在高容量存储中。当然，除了以表为单位以外，还可以以分区为单位存放数据，这样就做到了表或者分区粒度级别的冷热数据分离。

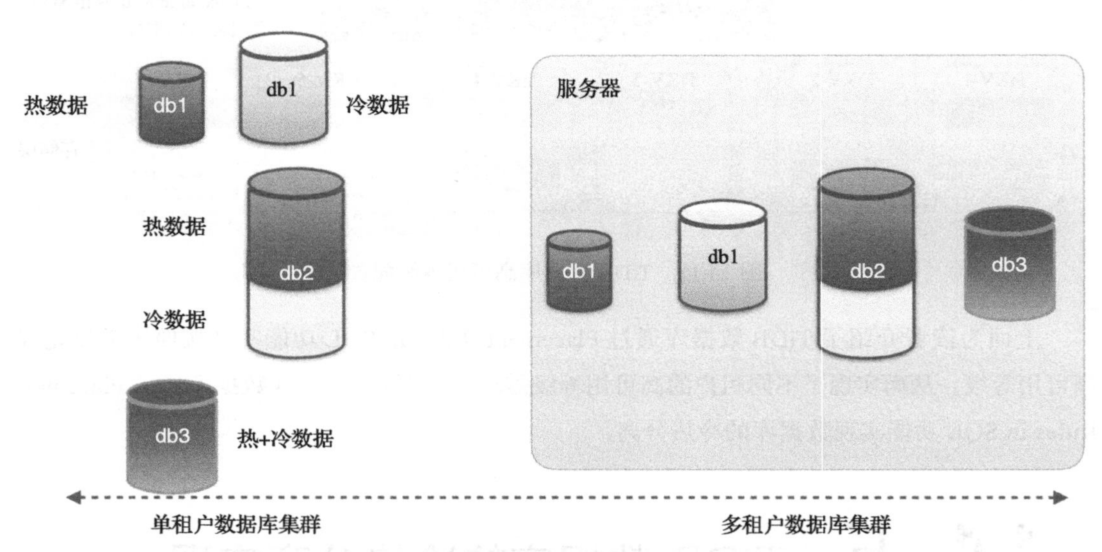

图 14.12　冷热数据策略不同的数据库迁移到多租户数据库

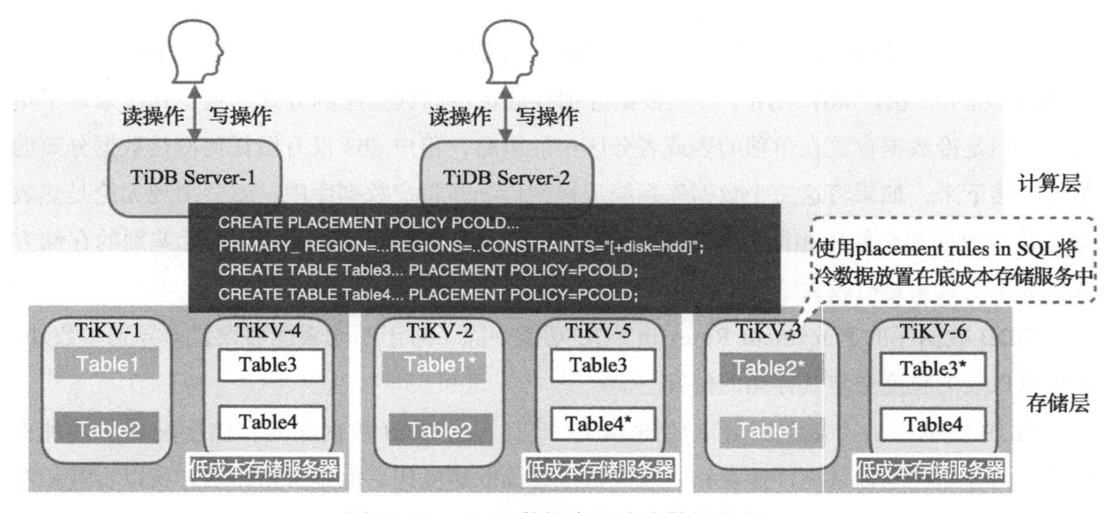

图 14.13　TiDB 数据库的冷热数据分离

14.6 存算一体和存算分离架构在数据库整合中的差异

由于分布式数据库的横向扩展能力相比单体数据库有非常大的优势，所以现在的数据库整合项目中往往会考虑采用分布式多租户数据库。而分布式数据库本身又存在存算一体和存算分离两种架构，在本节中，就和读者一起来分析这两种分布式架构在数据库整合中的差异。

首先，讨论存算一体的分布式数据库，如图 14.14 所示。对于租户 db1，原来被分配了 6 个服务器资源，目前其业务数据量正在减少，而访问量不减反增，也就是其需要大量计算资源但不需要原来一样多的存储资源了。可问题是在存算一体的架构中，存储和计算是不能分开的。换句话说，租户 db1 需要 6 个服务器节点的计算资源，这 6 个服务器的存储资源也必须分配给租户 db1，这就造成了存储资源的浪费。

同样，租户 db2 原本占用 3 个服务器资源，但是其并发访问变得非常繁忙，管理员为了提高 SQL 处理能力为其额外增加了 3 个服务器资源，但是在存算一体的架构中，算力和存储能力是不分的，所以额外增加的 3 个服务器资源的存储能力并没有得到利用。

租户 db3 与 db2 的情况相反，它的数据量发生了增长，但是访问量却一直比较少，管理员为了能存储更多的数据为其额外增加了 3 个服务器资源，同样额外增加的 3 个服务器资源的计算能力并没有得到利用。

可以看到，在存算一体架构中，管理员应对单一的算力改变或者存储能力改变需求的时候，都有可能出现资源的浪费。但是，存算一体架构的一个天然优势就是计算和存储之间不需要网络，每个服务器节点都负责本地存储数据的计算，访问效率非常高。

接下来，讨论存算分离的分布式数据库，如图 14.15 所示。对于租户 db1，目前其数据量正在减少，而访问量不减反增，管理员只需在存储层下线（缩容）不用的存储节点（TiKV)，至于计算层的计算节点不需要进行调整。

租户 db2 的并发访问变得非常繁忙，管理员为了提高 SQL 处理能力，为其在计算层额外增加了 2 个计算节点（TiDB Server)，因为是存算分离的架构，所以管理员不必对存储层做任何操作。

租户 db3 与 db2 的情况相反，它的数据量发生了增长，但是访问量却一直比较少，管理员为了能存储更多的数据在存储层为其增加了 3 个存储节点（TiKV)，但是由于存算分离的架构中，存储能力和算力是可以分开扩缩容的，所以管理员就不需要对计算层进行调整了。

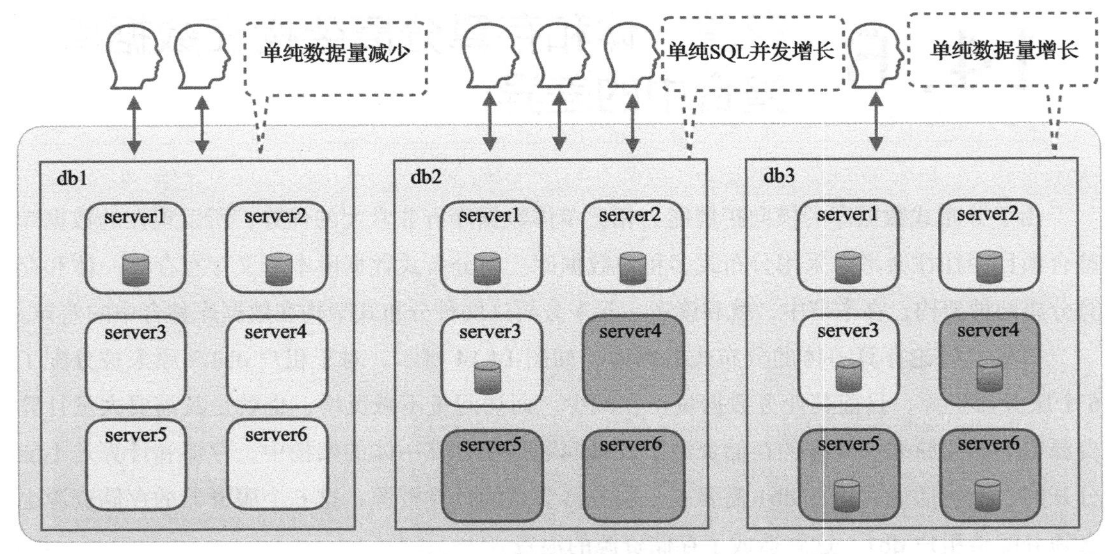

图 14.14　存算一体的分布式数据库

可以看到，在存算分离架构中，管理员应对单一的算力改变或者存储能力改变需求的时候，可以利用数据库存储节点和计算节点分离的架构优势，对存储和计算层分别进行横向调整，从而达到更细粒度的管控。但是，由于存储节点与计算节点的分离，必然会产生数据的网络传输，访问效率就不如存算一体架构了。

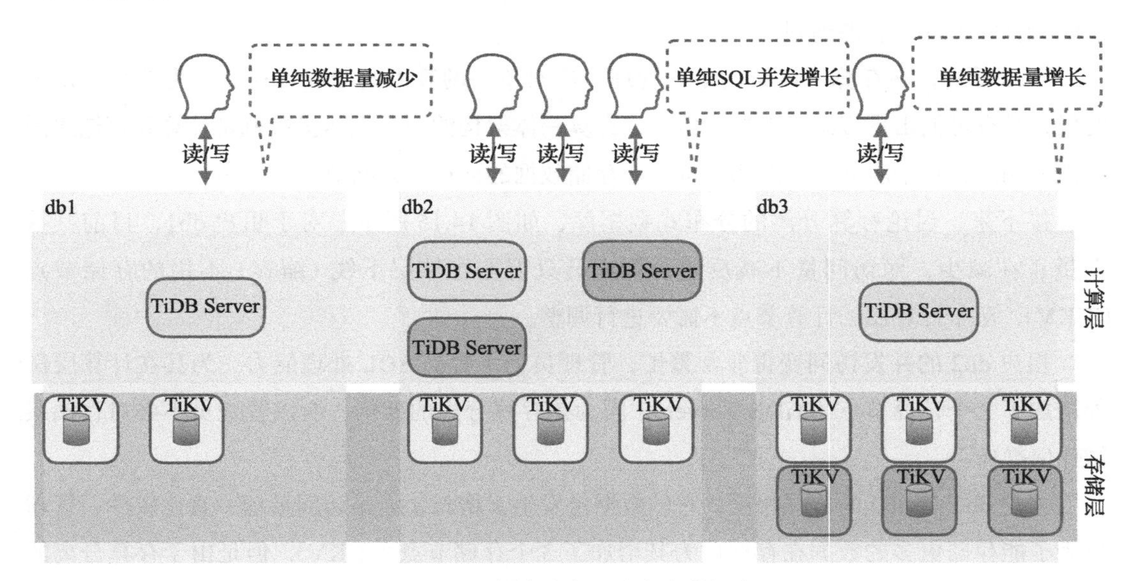

图 14.15　存算分离的分布式数据库

综上所述，对于数据库整合中的多租户数据库，在保证性能指标符合要求的前提下，选择资源管控更加细粒度、更加灵活的存算分离架构分布式数据库是能够节约成本并带来管理与维护上的便利的。但是，如果追求更高的性能或者访问响应时间，存算一体的架构也是有一定优势的。

如果读者需要在数据库整合项目中选择多租户数据，建议从以下几个主要方面进行考量：

1）数据库是否可以进行较细粒度的资源管控，从而很好地隔离各个租户对于资源的使用。

2）数据库是否可以满足不同租户对于高可用性的差异化需求。

3）数据库是否可以对冷热数据进行分离存储，节约更多资源。

4）数据库是否能够针对单个租户进行更细粒度的横向扩展（例如对计算层和存储层分别进行扩缩容操作）。

5）多租户数据库是否可以很好地隔离 TP 与 AP 业务，从而保证不同类型的业务系统不会相互干扰。

第 15 章 TiDB Serverless

TiDB Serverless 是云原生数据库 TiDB Cloud 的一种最新模式，它具有自动伸缩、高可用性、安全性和按使用量付费等特性。本章会从两个用户案例开始，引出 TiDB Serverless 的原理解读，并归纳 TiDB Serverless 的最佳适用场景。

15.1 数据库负载变化案例

第一个客户案例主要说明在数据库负载变化的场景中 TiDB Serverless 的优势。这位客户维护着一套车辆识别系统，其工作方式如下：步骤 1，对于几十个路口通过的车辆进行拍照；步骤 2，将拍摄的照片发送到后台图像识别模块（运行在云平台上）进行车牌和其他特征识别；步骤 3，将步骤 2 识别的结果写入到数据库中，如图 15.1 所示。

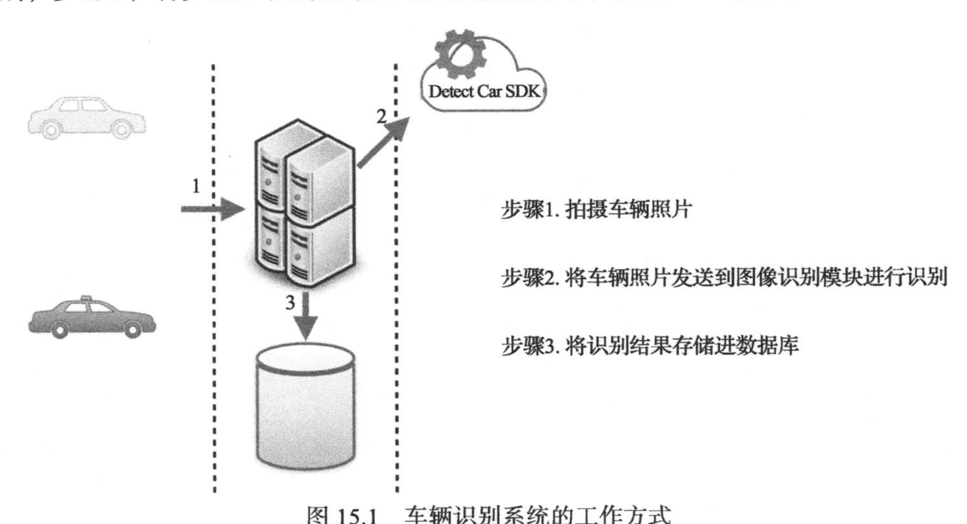

图 15.1 车辆识别系统的工作方式

这套车辆识别系统的特征是当每天的交通高峰时间（大概为 9:00 到 11:00 和 17:00 到

19:00 共四个小时左右），系统需要识别的车辆数是其他时间段的 100 倍以上。所以客户的数据库负载在一天中是有多次变化的，而且变化非常明显，如图 15.2 所示。

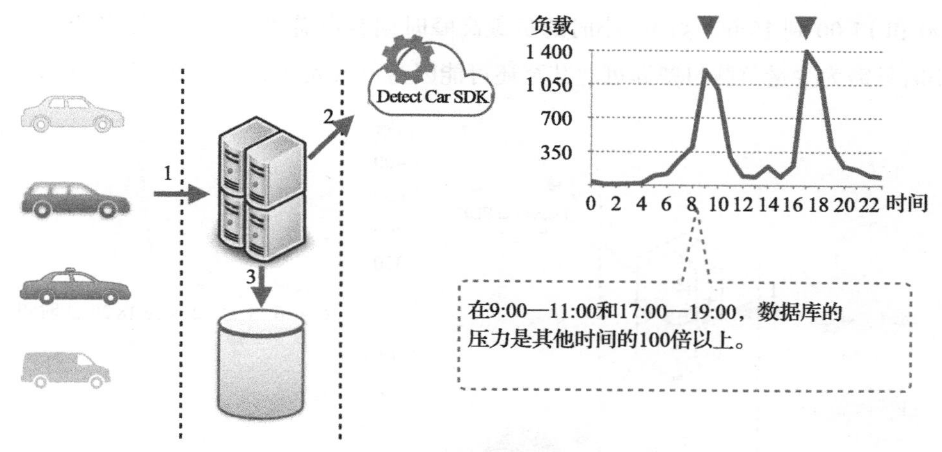

图 15.2　车辆高峰与低峰时负载对比

基于硬件、软件和维护成本的考虑，客户将数据库系统迁移到了公有云上。数据库迁移到公有云上后的负载与成本关系如图 15.3 所示。但迁移后客户发现了一个问题，就是在选择云数据库服务时，必须要考虑业务高峰时期的数据库负载承受能力，也就是说按照 9:00 到 11:00 和 17:00 到 19:00 这四个小时的负载情况来购买数据库服务。前面已经说过，这四个小时业务高峰的数据库负载是一天内其他时间的 100 倍以上，也就是说客户购买的云数据库在一天内的 20 个小时左右业务低峰时间里只使用了不到 1% 的资源，经过一段时间使用后，客户提出了再次降低成本的需求。

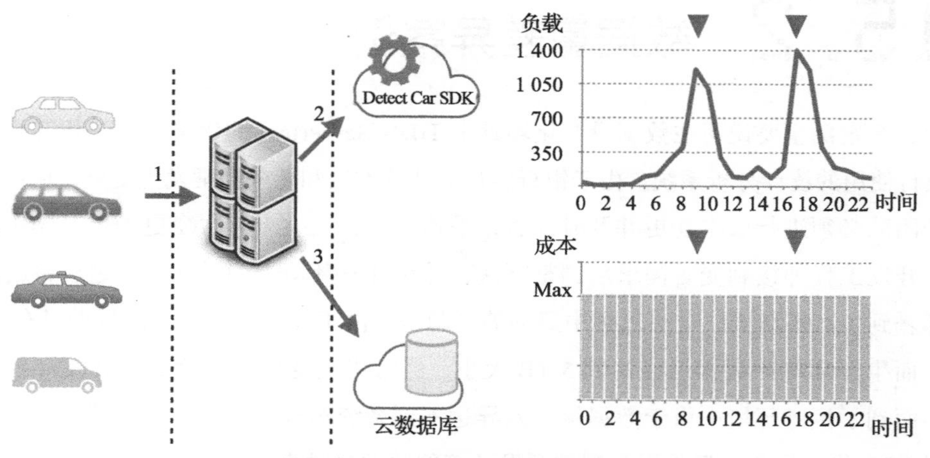

图 15.3　数据库迁移到公有云上后的负载与成本关系

最终客户选择了 TiDB Serverless 数据库，很大原因是 TiDB Serverless 数据库是根据用户对数据库资源的使用量收费的。TiDB Serverless 的负载与成本关系如图 15.4 所示，9:00 到 11:00 和 17:00 到 19:00 这四个小时的负载高峰时期客户需要支付相对较多费用，而其他 20 个小时只需为少量负载付费即可，甚至还可能因为负载太低而处于免费使用范围。

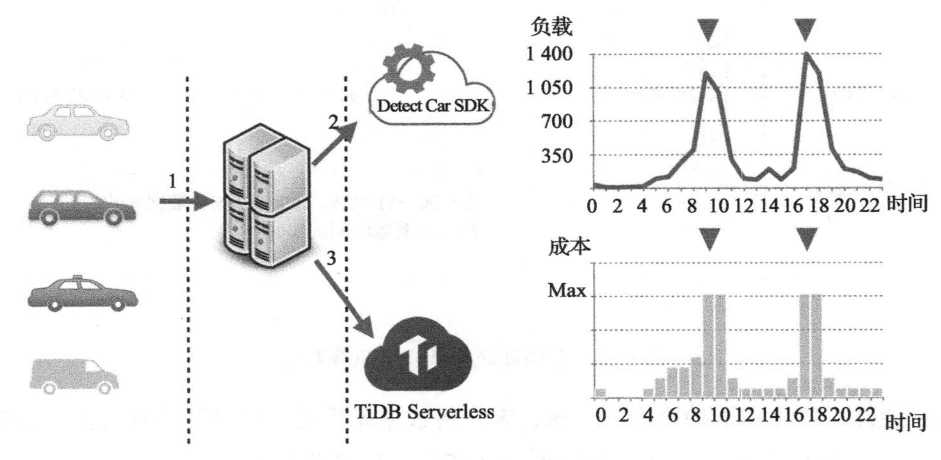

图 15.4　TiDB Serverless 的负载与成本关系

这个案例对于负载多变的业务场景如何选择数据库非常有参考价值，在后面的小节中，将从原理层面为读者着重分析 TiDB Serverless 是如何做到按使用量计费的。下面请再了解一个客户案例。

15.2 数据量差异案例

第二个案例主要说明在数据量变化场景中 TiDB Serverless 的优势。另一位客户维护着一套银行使用的统计分析系统。由于银行客户的计算方法和业务经常发生变更，所以分析系统维护团队必须进行版本变更并及时部署，平均每天会发生十几次变更操作。操作流程一般是，开发工程师接到变更需求后调整算法，并在开发环境中测试通过，之后将新的应用版本部署到生产环境上。变更过程中遇到的问题是，由于开发环境的测试数据只有 500 GB 大小，而生产环境的数据已经达到 5 TB 大小，经常出现变更后的代码在开发环境上测试通过，而到了生产环境中由于数据量的差异达不到系统响应的要求，应用端报错并需要重新进行 SQL 代码优化，但是因为测试开发环境的数据量过小，工程师很难进行生产环境的模拟，所以有些变更往往需要进行多次反复优化，效率十分低下。开发环境与生产环境的差异如图 15.5 所示。

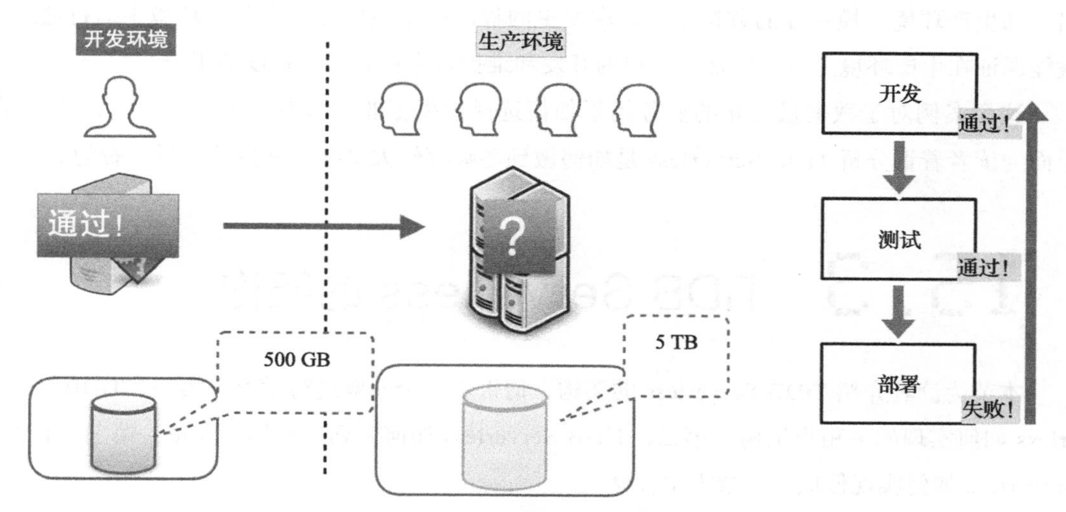

图 15.5　开发环境与生产环境的差异

为了解决开发测试环境与生产环境数据量差异带来的变更频繁失败问题，客户选择了 TiDB Serverless，在 TiDB Serverless 的多租户架构下，开发环境和生产环境可以作为两个租户部署到一套 TiDB Serverless 集群中，多租户架构的隔离性保证了开发测试环境和生产环境互不影响，如图 15.6 所示。

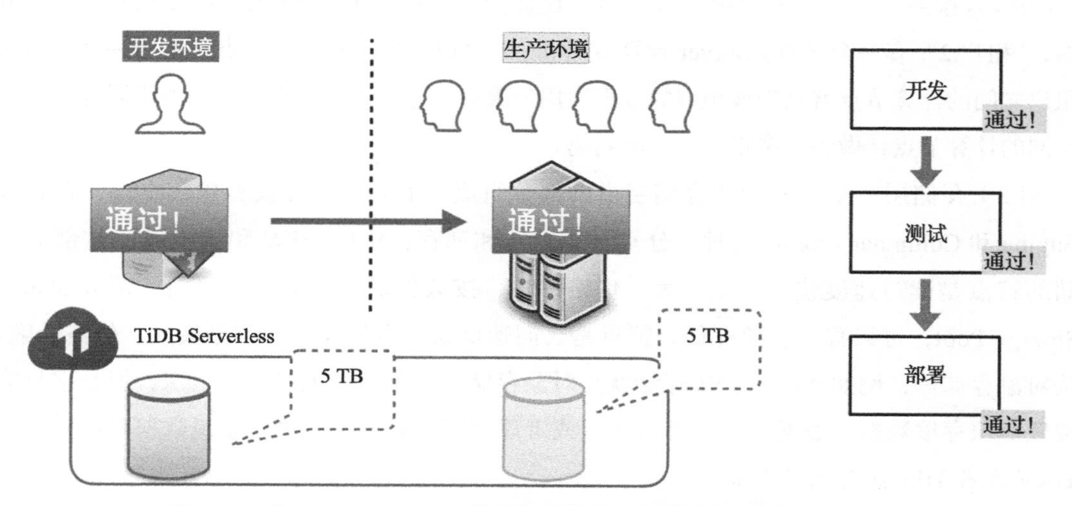

图 15.6　在 TiDB Serverless 的多租户架构上部署开发环境与生产环境

更加关键的是，在 TiDB Serverless 中，客户能够为开发测试环境配置与生产环境相同的 5 TB 数据量，而不必担心成本的大幅度上涨。这样一来，客户就在开发测试环境中模拟出了和生产环境一模一样的数据量，每次变更的程序版本只要在开发测试环境中运行通过，就能保证在生产环境上运行正常，客户的开发和维护效率得到了大幅度的提升。

这个案例对于数据量变化的业务场景如何选择数据库非常有参考价值，下面将从原理层面为读者着重分析 TiDB Serverless 是如何做到能够存储大量数据并按使用量计费的。

15.3 TiDB Serverless 的架构

本节为读者介绍 TiDB Serverless 的架构，请带着三个问题进行学习：第一，TiDB Serverless 如何实现的多租户架构？第二，TiDB Serverless 如何做到按使用量计费？第三，TiDB Serverless 如何实现低成本大数据量存储？

TiDB Serverless 架构如图 15.7 所示，可以分为四个部分。

（1）Gateway　这一层主要负责多租户路由，不同租户数据库的用户会连接到他们专属的 Gateway 模块上，每个 Gateway 模块负责将用户的连接路由到指定租户的计算节点上。

（2）计算层　计算层是由计算节点组成的，图 15.7 中包含了两类，TiDB Server 代表处理 TP 服务的计算节点，MPP Worker 代表处理 AP 服务的计算节点。在计算层，TiDB Serverless 按照“租户”来组织计算节点，比如图中“租户 1”有一个 TiDB Server 计算节点，“租户 2”有一个 TiDB Server 计算节点和一个 MPP Worker 计算节点，这样一来，不同租户之间的计算节点就只为该租户的数据库用户服务，并可以根据不同租户的不同需求调配不同的计算节点，做到了多租户的性能隔离。

（3）存储层　图 15.7 中的存储层由两部分组成，上面的部分读者比较熟悉，有 Row Engine 和 Columnar Engine 两种，分别对应行存和列存，比如 TiKV 和 TiFlash，这部分存储的特点是读写速度快、容量不大、价格昂贵、按数据块存取数据。下面的部分 Shared Storage Pool，可以称为对象存储，特点是访问速度快、数据安全、容量极大、价格低廉、按对象存储等，例如 AWS 的 S3 存储就是对象存储。对象存储虽然优点很多，但是它只能按照对象存取数据，数据库一般都是逐行或者逐列存取数据的，也就是说数据库比较适合 TiKV 或者 TiFlash 这种块存储。

TiDB Serverless 的办法就是将大量的数据先存储在对象存储中（图 15.7 中的 Shared

Storage Pool)，这样用户用低廉的价格就实现了大量数据的存储。当计算层需要访问数据时，及时将所需要的数据从对象存储读取到块存储 TiKV 或者 TiFlash 中（图 15.7 中的 Row Engine 或 Columnar Engine）。这样就实现了大量数据的廉价存储并且不会占用昂贵的高速存储资源。

（4）资源池　TiDB Serverless 的每个租户在业务负载的不同时刻可能会有不同的计算资源需求，TiDB Serverless 于是就将空闲的计算节点池化，放到资源池中。如果某些租户突然需要大量计算资源，TiDB Serverless 就立即从资源池中调配计算节点补充到该租户的计算层，当负载过去以后，TiDB Serverless 还可以将刚才调配的计算节点调回资源池，准备给其他租户使用。

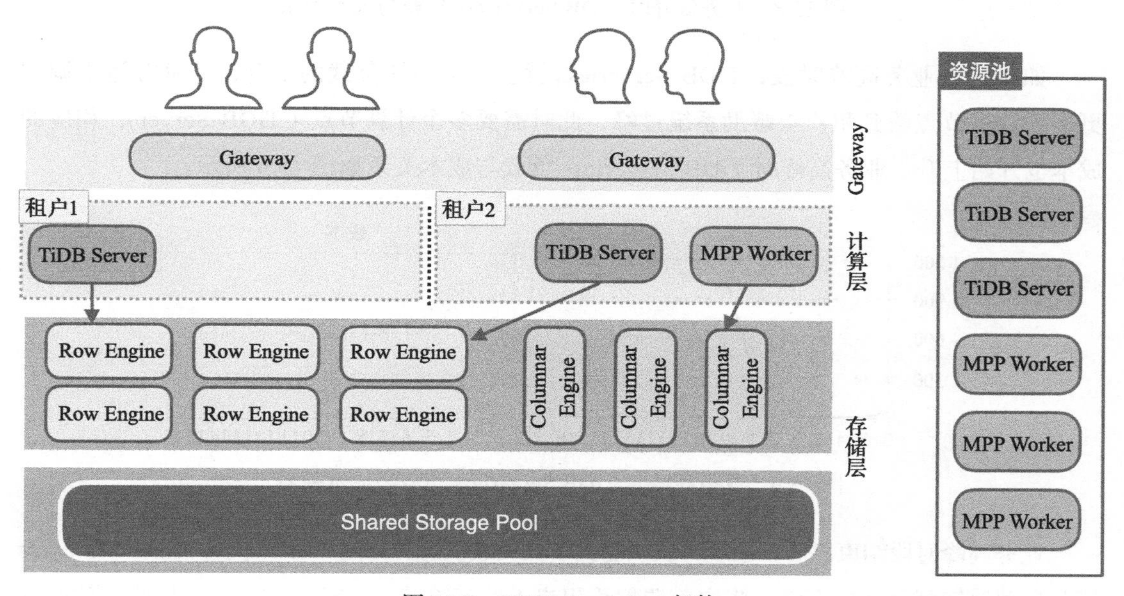

图 15.7　TiDB Serverless 架构

通过对 TiDB Serverless 架构原理的阐述，读者对于本节开始提到的三个问题可能也有了一定的思考。第一，TiDB Serverless 的多租户架构主要是靠 Gateway 和按租户组织的计算层实现的。第二，按数据库使用量计费主要是依靠按租户组织的计算层和可以自由调配计算节点的资源池实现的。第三，对象存储与块存储的协作实现了低成本存储大量数据的功能。

接下来，请读者再回顾本章开始的两个案例，结合刚刚学习的 TiDB Serverless 架构进行原理分析。

首先，请回顾第一个客户案例，假设客户是租户 1，由于现在处于业务低峰时期，所以默认的一个计算节点（TiDB Server）就够了，此时成本最低甚至处于免费范围。业务低峰时 TiDB Serverless 负载与成本关系如图 15.8 所示。

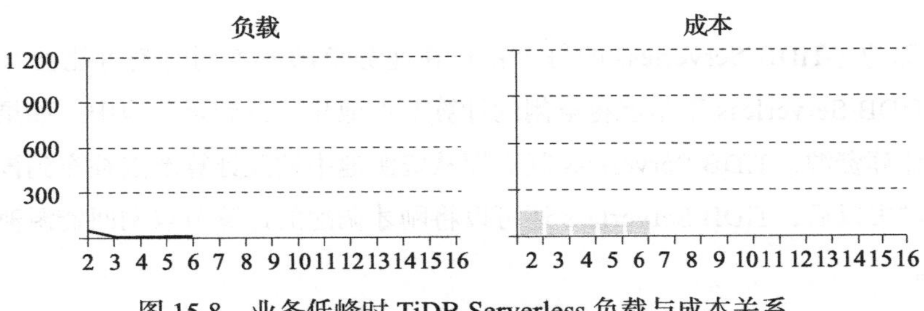

图 15.8 业务低峰时 TiDB Serverless 负载与成本关系

如果进入业务高峰时段，TiDB Serverless 就会自动感知负载的上升，从资源池中调配更多的计算节点给到租户 1 帮助系统过峰，此时需要多个计算节点（TiDB Server），相应的成本也开始上升。业务高峰时 TiDB Serverless 负载与成本关系如图 15.9 所示。

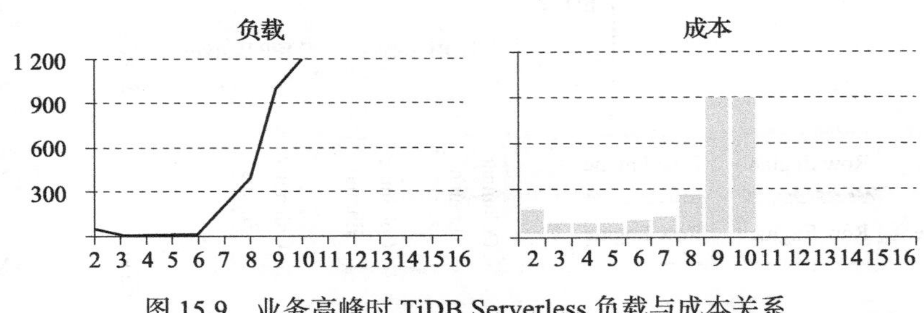

图 15.9 业务高峰时 TiDB Serverless 负载与成本关系

业务高峰时段结束以后，系统再次恢复到了低负载状态，如图 15.10 所示，TiDB Serverless 就会自动感知到负载的下降，将之前调配给租户 1 的计算节点（TiDB Server）回收，放回到资源池中备用，此刻，相应的成本也开始下降了。

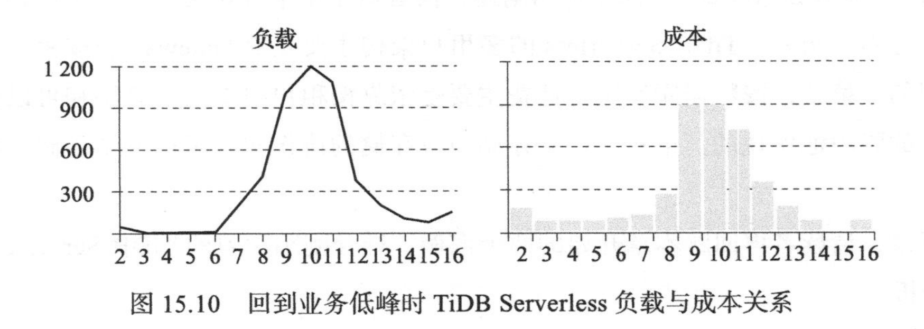

图 15.10 回到业务低峰时 TiDB Serverless 负载与成本关系

以上就是 TiDB Serverless 如何实现按用户使用量计费的原理，接下来请回顾一下案例二的场景。将开发环境和生产环境部署到 TiDB Serverless 多租户数据库中，如图 15.11 所示。开发环境和生产环境分别对应两个租户，由于存储层中的对象存储价格低廉，因此可以为开发环境与生产环境配置相同数据量的数据，所不同的是，由于生产环境访问非常频繁，所以有大量数据被从对象存储读取到块存储中，相反，开发环境由于只有工程师进行调试，就不会占用太多的块存储。这样就保证了开发测试环境和生产环境的数据量一致。

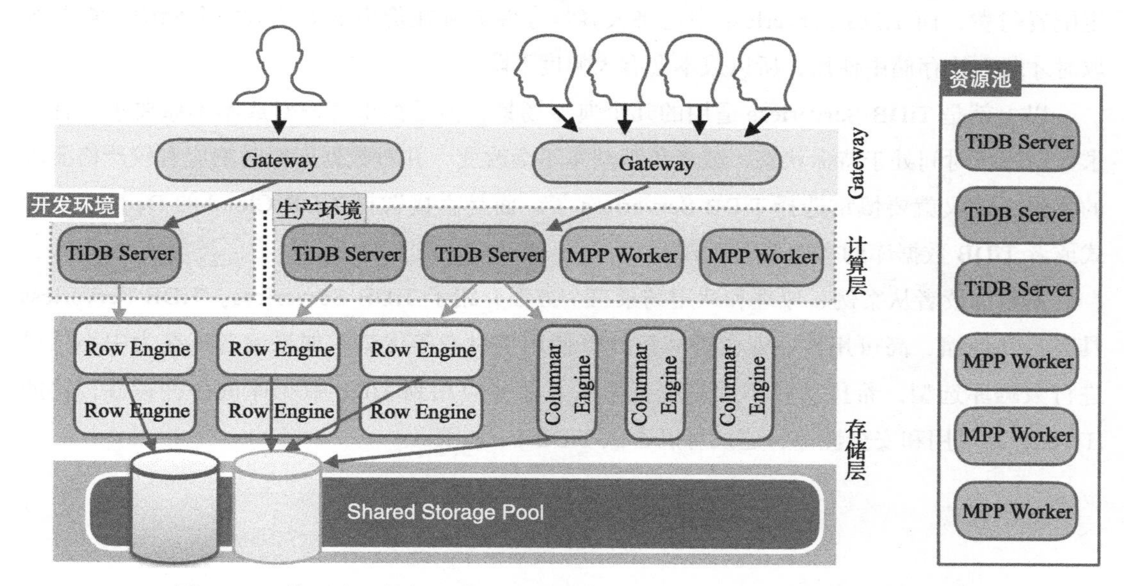

图 15.11　将开发环境与生产环境部署到 TiDB Serverless 多租户数据库中

通过对于 TiDB Serverless 的架构和原理解析，相信读者能够理解 TiDB Serverless 在多租户基础上如何做到按使用量付费和存储海量数据的。

15.4 TiDB Serverless 的最佳适用场景

TiDB Serverless 自问世以来，受到了不少客户的好评，其中主要以中小规模客户或者大企业的中小型项目为主。本节对 TiDB Serverless 的适用场景进行总结。

1）业务高峰与低谷的负载相差悬殊，且业务高峰时间占比不多的情况。例如客户案例一，这种场景使用 TiDB Serverless 可以最有效地节约成本。

2）业务负载规律性变化，比如日间业务和夜间业务负载差异较大的场景。TiDB Serverless可以起到节约成本的作用。

3）数据读写业务随机发生的场景。TiDB Serverless只在读写发生时计费，其他时间几乎免费存储数据。

4）有大量数据需要存储，但访问负载不高的场景。当数据量较大时，一般云数据库服务就会配置大容量存储，但是某些业务数据量很大，但并不是频繁读取，此时也只能按照固定配置付费，而TiDB Serverless中是将大容量存储放置在价格低廉的对象存储中，需要读取时才载入块存储中使用，所以成本会有大幅度下降。

以上就是TiDB Serverless适用的几个典型场景，但是如果客户对成本不做要求，且要求数据库长时间处于待命状态，或者负载基本不会改变，并对数据库瞬时响应有较严格要求的场景，建议就要慎重选择TiDB Serverless了，而是直接选择TiDB Cloud的Dedicated形式或者TiDB数据库的本地部署形式。

本章为读者从案例、原理和适用场景三个方面介绍了TiDB Serverless。TiDB Serverless具有自动伸缩、高可用性、安全性和按计算使用量付费等优势。如果读者正在为中小项目进行数据库选型，希望从成本上多进行考量并需要应用到TiDB数据库的各种特性，比如HTAP、高可用和安全性等，建议可以尝试TiDB Serverless。

拓展阅读

本书在写作过程中参考了 TiDB 数据库的官方文档和博客、Raft 分布式协议、Rocksdb 官方 wiki 和 Percolartor 分布式事务等内容，读者如果需要继续深入学习与研究，可以参考以下网址。

1. TiDB 源码阅读：https://cn.pingcap.com/blog/tag/tidb-source-code-reading/
2. TiKV 源码解析：https://cn.pingcap.com/blog/tag/tikv-source-code-analysis/
3. TiFlash 源码解析阅读：https://cn.pingcap.com/blog/tag/tiflash-source-code-reading/
4. Raft 分布式协议：https://raft.github.io/raft.pdf
   https://cn.pingcap.com/blog/tag/raft/
5. Rocksdb 官方 wiki：https://github.com/facebook/rocksdb/wiki/SeekForPrev
6. Percolator 分布式事务：https://tikv.org/deep-dive/distributedtransaction/percolator/